优质特色农产品高产高效集成栽培技术

杨新田　皇甫柏树　毛恒西　李　威　主编

黄河水利出版社
·郑州·

内容提要

本书是根据近年来特色农产品种植的研究成果和指导生产的实践经验编写而成的。内容包括彩色小麦、强筋小麦、甜糯玉米、富硒谷子、彩色甘薯、北方果蔗、保护地蔬菜、果树等特色农产品种植新技术,对32种特色农产品的生物学特性、环境要求、主要品种与特点、集成栽培技术、病虫防治等做了详细介绍。本书内容充实,具有较强的指导性和可操作性,适合广大特色农产品种植者和基层农业技术推广者参考使用,也可作为产业精准扶贫培训教材。

图书在版编目(CIP)数据

优质特色农产品高产高效集成栽培技术/杨新田等主编.—郑州:黄河水利出版社,2020.7 (2021.8 重印)
ISBN 978-7-5509-2743-8

Ⅰ.①优… Ⅱ.①杨… Ⅲ.①作物-高产栽培-技术培训-教材 Ⅳ.①S31

中国版本图书馆CIP数据核字(2020)第126517号

出 版 社:黄河水利出版社　　网址:www.yrcp.com
地址:河南省郑州市顺河路黄委会综合楼14层　　邮政编码:450003
发行单位:黄河水利出版社
发行部电话:0371-66026940、66020550、66028024、66022620(传真)
E-mail:hhslcbs@126.com
承印单位:河南匠之心印刷有限公司
开本:787 mm×1 092 mm 1/16
印张:30.75
字数:710千字
版次:2020年7月第1版　　印次:2021年8月第2次印刷

定价:88.00元

#《优质特色农产品高产高效集成栽培技术》

编 委 会

主　　编　杨新田　皇甫柏树　毛恒西　李　威

副 主 编　(按姓氏笔画排序)

王向杰　任　尚　李文斌　张启成　胡晓锋
郭　宁　郭华婷　郭　嘉　徐红丽　曹海霞
樊会丽

编写人员　(按姓氏笔画排序)

王向杰　王　舜　毛恒西　白玉瑞　任　尚
吕海霞　李文斌　李军喜　李　威　李　浩
张　丹　张启成　吴玲玲　杨丹丹　杨新田
皇甫柏树　胡晓锋　郭　宁　郭华婷　郭进涛
郭　嘉　徐红丽　曹海霞　董雅杰　樊会丽

前 言

发展特色农产品产业，是顺应农业发展新趋势，培育农村发展新动能的重要内容，对推进农业现代化具有重大意义。推广应用绿色生产方式，有序开发优质特色资源，增加绿色优质农产品和生态产品的供给，有利于打造资源利用更加节约高效、产地环境更加清洁、绿色供给能力更加突出的特色农产品生产基地，促进特色产业实现绿色发展。加快培育特色农产品产业发展，有利于将产业扶贫落到实处。特色农产品生产大都属于劳动密集型产业，产品价值较高，对农民增收带动作用明显，是增加农民收入的重要来源。河南省特色农产品资源丰富，经过多年努力，特色农产品总量不断增加，质量不断提高，生产规模不断扩大，一批特色农产品产加销龙头企业快速成长，形式多样的农民合作组织和行业协会不断涌现，形成了众多特色鲜明、分工合理、协调发展的优势产业区，产生了许多知名品牌产品，极大地带动了当地特色农业发展和市场拓展。但从总体上看，特色农产品产业发展水平不高，科技支撑能力不足，市场竞争力不强，生产布局有待进一步优化，上规模、成体系的特色产业聚集区不多，难以满足日益增长的消费需求，对农民增收和区域经济发展的带动作用尚未充分发挥出来。为顺应农业生产转方式调结构新形势，集成组装绿色高产高效技术模式，提升特色农产品的科技含量，实现良种良法良机配套、绿色高质高效同步，以期促进特色农产品产业又好又快发展。

有鉴于此，我们根据近年来特色农产品生产研究的新成果、新技术、新经验，参阅有关科技资料，组织编写了这本《优质特色农产品高产高效集成栽培技术》。该书比较系统地介绍了彩色小麦、强筋小麦、甜糯玉米、富硒谷子、彩色甘薯、北方果蔗、保护地蔬菜、果树等特色农产品新品种、新技术。结合作者多年在生产一线的实践经验，把生产中实用的、先进的特色作物栽培管理技术做了翔实介绍，突出了特色作物栽培管理技术的实用性和可行性，书中理论联系实际，文字通俗易懂，既可作为特色农产品种植者和基层农业技术推广者的参考用书，也可作为产业扶贫农业技术培训教材。

本书在写作过程中，引用了大量前人的文献资料、科研成果、数据，也得到了河南省科研院所及农技推广系统许多专家同行们的支持和帮助，在此一并致谢。由于时间仓促，加之受编者水平和能力的限制，疏漏、错误及缺点难免，诚望广大读者批评指正，以便进一步修改和补充，在此深表感谢。

编 者

2020 年 2 月

目　录

第一章 特色小麦

第一节 概 述

一、特色小麦的概念及分类

小麦属于禾本科(Gramineae),小麦族(Triticeae),小麦属(Triticum)。小麦族中包括小麦、大麦、黑麦等重要粮食作物,另有些种则是优良牧草。小麦是世界上最早的栽培植物之一,早在1万多年前,人类就已经开始种植栽培一粒小麦并以其作为粮食。小麦起源于亚洲西部,西亚和西南亚一带至今还广泛分布有野生一粒小麦、野生二粒小麦及与普通小麦亲缘关系较近的粗山羊草。小麦在原始人类文化遗物中年代最早的发现是在叙利亚和伊拉克一带,继而在埃及,以后才出现在欧洲。

特色小麦是具有特殊用途、特殊性状、特殊色泽等特殊类型的小麦品种,如企业特殊用途的糯小麦品种、特殊株型和抗性的白色强筋小麦品种、特殊色泽的彩色小麦品种等。

(一)糯小麦

糯小麦是能做黏性较大面食食品的小麦。糯小麦淀粉中,支链淀粉的比例几乎占到了全部。糯小麦的吸水率也较普通品种高不少,最高可达70%以上。糯小麦的主要特点是不含直链淀粉或直链淀粉含量极低。一般小麦中淀粉是小麦籽粒的主要成分,占籽粒质量的65%~70%。淀粉的数量和组成成分对小麦粉制品的品质有很大影响。小麦籽粒胚乳中的淀粉,通常由20%~25%的直链淀粉和75%~80%的支链淀粉组成。大多数的糯小麦是通过人工杂交和人工诱变等技术获得的。具体地说,就是人们或通过诱变技术,或将含有缺失WX-A蛋白、WX-B蛋白和WX-D蛋白的三个糯隐性基因组合到一个小麦品种中而获得的糯性小麦。品种只有一个缺失WX蛋白基因存在时,糯性不表现;有两个缺失WX蛋白存在时,糯性有少部分的表现,称作“半糯”。这种“半糯(支链淀粉含量远远低于全糯面粉)”的小麦品种更适合做面条。

糯小麦是特色小麦的一种,籽粒几乎不含直链淀粉,在糊化、膨胀、凝胶、结晶等方面的理化特性明显不同于普通小麦,在食品工业和非食品工业中有着巨大的应用价值。糯小麦在理化特性和食用性能上与普通小麦有很大的互补性,合理的配合使用将有利于面包等食品品质与抗老化性能的改善。随着农业供给侧结构调整的不断深入,糯小麦将会被派上更广泛的作用。面食食品中,由于有糯小麦的介入,其会让面食食品更好吃、花样更多、品种更丰富、更具有面食食品的特色。糯麦粉与普通麦粉进行配粉,可降低面粉的直链淀粉含量,从而提高面条的食用品质,改善馒头的口感和储藏性能,提高面包的持水性能,延长面食制品的保质期。

随着人们饮食习性的多样化,糯性食品由于其独特的食品特性逐渐受到人们的青睐。

糯小麦可作为一种新材料,在新型食品开发、造纸、医药等众多工业生产领域有良好的应用潜力。糯小麦淀粉特性优异,在新型食品开发、丰富面粉品种、增加淀粉工业原料来源等方面具有广阔的应用前景:

(1)糯麦粒可以加工麦仁、麦片等;糯麦粉与糯米粉的用途近似,糯麦粉可以替代糯米粉或同糯米粉混合制作糯麦汤圆、炸糕等黏食品。由于糯麦粉含有面筋,不仅营养价值提高了,其做成的食品口感会表现更好、更有嚼头。

(2)少量去皮糯麦米与稻米混合蒸制米饭或熬粥,在增加食品新鲜感的同时,使营养和保健价值有所提升。

(3)一定比例的糯麦面粉加在面条水饺粉中,由于支链淀粉增加,可以使面条粉的延展性和黏弹性得到较好的改善,面条品质和口感会更好、汤更清亮。但纯粹的糯麦面粉由于有太黏或面筋品质太差等缺陷,不能直接制作面条和水饺。

(4)加在面包粉中,可以提高产品的抗回生能力,减少成品面包的回生性,延长面包货架期,保鲜提高口感,并能够解决速冻食品开裂问题,降低商品成本。

(5)制作食品包装纸、硬纸板、浓缩剂、糨糊、生物可降解塑料、制药添加剂等,同时也为农业化学等行业提供新的淀粉来源。其比糯米更经济、效果更好;比其他的原料更加安全、环保。

(6)糯小麦具有代替其他谷物酿造新型风味白酒的潜在优势。用一定比例糯小麦与其他原料混合酿酒,可明显提升酒精转化率和白酒口感,其酒的品质更好、产量更高。

(二)强筋小麦

强筋小麦是指籽粒硬度大,蛋白质含量高,面筋筋力强,吸水率高,具有较好的面团流变学特性,适合于生产面包粉以及搭配生产优质面条、方便面、饺子粉等其他专用粉的小麦。具体指标见表 1-1。

表 1-1　小麦品种品质分类(GB/T 17320—2013)

项目		指标			
		强筋	中强筋	中筋	弱筋
籽粒	容重(g/L)	≥770	≥770	≥770	≥770
	硬度指数	≥60	≥60	≥50	<50
	粗蛋白质(干基)(%)	≥14.0	≥13.0	≥12.5	<12.5
小麦粉	湿面筋含量(14%水分基)(%)	≥30	≥28	≥26	<26
	沉淀值(mL)	≥40	≥35	≥30	<30
	吸水量(mL/100 g)	≥60	≥58	≥56	<56
	稳定时间(min)	≥8	≥6	≥3	<3
	最大拉伸阻力(EU)	≥350	≥300	≥200	—
	能力(cm^2)	≥90	≥65	≥50	—

(三)弱筋小麦

与强筋小麦相反,弱筋小麦要求籽粒硬度低,粉质,蛋白质、面筋含量低,面团稳定时间短,软化度高,适合做饼干、蛋糕、糕点等食品。具体指标见表1-1。

(四)彩色小麦

特殊粒色小麦亦称彩色小麦。彩色小麦是应用小麦属间有性杂交、定向选育而成,有的是通过物理化学条件诱导基因突变。小麦育种专家利用优质小麦与偃麦草、冰草等野生资源远缘杂交,从中成功筛选到蓝粒小麦。再利用埃塞俄比亚的紫粒小麦与蓝粒小麦杂交,获得了黑粒小麦。经过一系列杂交筛选,获得了不同色度的彩色小麦。彩色小麦的种皮或粉层中天然花色苷类化合物含量丰富,籽粒呈现黑色、紫色、蓝色、绿色、红色等。彩色小麦籽粒的长度比较大,宽度与普通小麦接近,无明显差异。彩色小麦不需要任何添加剂,以其制作的馒头、面条等就带有天然色彩。而且不同颜色对应的是不同的营养价值与保健价值,可以满足不同人群的需要。大部分品种含有丰富的淀粉、脂肪、蛋白质、多种维生素、膳食纤维,以及碘、硒、钙、铁、锌等多种矿物质元素、微量元素,成熟后在种皮上呈现出不同的颜色,还富含普通小麦中缺乏的花青素、黄酮、生物碱、植物甾醇、强心苷等活性物质,集营养、保健、食疗功能于一体,是一种天然保健型粮食作物。

彩色小麦营养丰富,蛋白质和膳食纤维含量高,维生素和矿物质种类齐全,作为我国新型的谷物资源,有巨大的开发潜力。鉴于彩色小麦独特的营养品质性状,可以开发系列营养食品:一是丰富面粉品种,以不同的包装和等级形式进入市场,改造或替代普通面粉;二是开发新型食品,利用籽粒特殊色泽的特点,增加市场的花色品种,加工彩色麦仁、麦片、挂面和彩色小麦包子、彩色小麦饺子等产品,满足人们多彩的生活需求;三是提供农产品深加工原料,可作为酿酒、酿醋和营养保健品等行业的原料,生产新的食品品种。随着国民经济的发展和人民生活水平的提高,一些具有营养保健功能的安全食品越来越受到消费者的青睐。因此,种植彩色小麦,符合当前的消费潮流,对增加农民和食品企业的收益,满足广大消费者的需求有重要的意义,特殊粒色小麦领域有着广阔的市场发展前景。

(五)富硒小麦

富硒小麦是指在富含硒的土壤环境中或是在经过专门技术制造的富硒环境中通过生物富集(在生长过程中自然转化、富集在体内,而非收获后添加硒),而且小麦籽粒硒含量在0.1~0.3 mg/kg(各地规定不同,如山西省、内蒙古自治区规定在0.04~0.3 mg/kg;常德市规定在0.15~0.6 mg/kg;河北省规定在0.3 mg/kg以上)标准的小麦。硒是地球上的一种稀少而又分散的元素,它是动物及人的生理必需微量元素,是植物生长的有益元素。化学符号:Se,熔点:217 ℃,沸点:684.9 ℃,常见化合价:在自然界中可以 -2 价、0 价、+4 价、+6 价 4 种价态的无机和有机形式存在。硒能提高人体免疫力,促进淋巴细胞的增殖及抗体和免疫球蛋白的合成。富硒小麦加工的富硒面粉是一种有预防疾病、提高人体身体健康功效的优质产品。其零售价可高于普通小麦2~3倍,富硒小麦麸皮都含有很丰富的提高人体身体健康功效的优质硒原料,其价格会高于普通的麸皮。硒肥是由硒酸盐与腐植酸发生螯合反应而生成的。在小麦播种期使用的拌种型硒肥的硒含量为0.25%,叶面喷施型硒肥的硒含量为0.83%,在小麦扬花结束后5日内,选晴且无风日弥雾喷施小麦叶面。通过硒肥拌种或叶面喷施含硒肥料,经过吸收与自然富集,小麦籽粒中硒的含量可达0.1~0.3 mg/kg的规定值,能够生产出质量安全、满足市场需求的富硒小麦。

二、小麦品质的概念与评价

小麦品质是指籽粒对某种特定最终用途的适合性,由于不同民族和地区生活习惯、经济发展水平及个人偏爱不同,人们对小麦品质的评价标准就有差异。一般地,小麦品质主要包括物理品质、化学品质、营养品质和加工品质四个方面。

(一)物理品质

物理品质主要包括籽粒形状、颜色、硬度、角质率、籽粒饱满度、容重、不完善粒等指标。它们不仅直接影响小麦的商品价值,而且与加工品质和营养品质有一定的关系。

1. 籽粒形状

小麦籽粒分为长圆形、卵圆形、椭圆形和短圆形等。一般圆形和卵圆形籽粒的表面积小、容重高,出粉率也高。而腹沟较深的籽粒皮层比例较大,影响出粉率和面粉质量。

2. 籽粒颜色

小麦籽粒颜色取决于种皮的色素层,主要分红色、琥珀色、白色等,与品种遗传有关。红粒小麦一般出粉率和面粉白度较低,而蛋白质含量、沉降值及面筋含量相对较高。白粒品种一般休眠期短,收获期间遇雨易发生穗发芽,降低加工品质。小麦除白粒和红粒外,还有紫粒、绿粒和蓝粒等多种颜色,俗称彩色小麦。

3. 硬度

籽粒硬度是对胚乳质地软硬度的评价,也是各国区分小麦类别和贸易等级的重要依据之一。硬质小麦籽粒中淀粉和蛋白质黏着力强,碾磨时易形成颗粒较大、形状较整齐的粗粉,易于流动和筛理,出粉率也高。同时,由于在磨粉过程中破损淀粉比例较大,吸水能力强。软质小麦则相反,磨粉时易形成极细、无规律的颗粒,淀粉破损率低,吸水性差。一般硬质小麦所含蛋白质多,适合制作面包,而软质小麦则适合制作糕点和饼干类食品。2008 年实施的 GB 1351—2008 规定,硬质小麦的硬度指数不低于60,软质小麦不高于45。

4. 角质率

角质率是指角质籽粒占整批小麦的比例,一般硬度大的品种籽粒角质率高。根据籽粒中角质胚乳所占比例,可分为全角质、半角质和粉质;也可根据角质籽粒占全部籽粒的百分比来计算。角质率高的品种,籽粒透明、色泽好,一般蛋白质含量和面筋含量较高。美国、加拿大、日本、中国等都把角质率在70%以上的小麦定为硬质小麦。

5. 容重

容重是指单位体积中籽粒的质量,它是小麦籽粒大小、形状、整齐度、腹沟深浅、胚乳质地的综合反映,是小麦收购、储运、加工和贸易分级的主要依据。一般容重高的出粉率也高,灰分含量低。我国按容重大小分五个等级,一级冬小麦容重的最低标准是790 g/L,一级春小麦是770 g/L,一级以下每差20 g/L为一个等级。

(二)化学品质

化学品质是指籽粒的化学成分及其表现特性,包括蛋白质、淀粉(糖类)、核酸、脂类、色素、维生素、酶类和各种无机物质等,其中主要是淀粉和蛋白质。

1. 蛋白质

蛋白质的数量和质量影响营养品质与加工品质,是小麦国际贸易和品质评价中的基本指标。小麦籽粒各部位都含有蛋白质,但分布不匀,面粉中的蛋白质主要来自于小麦胚乳,靠近表皮部分的胚乳中蛋白质含量较高,中心部分蛋白质含量较低。小麦籽粒蛋白质含量因品种、种植区域、生态环境和栽培措施有很大差异。一般地,冬小麦蛋白质含量高于春小麦,晚熟品种高于早熟品种,北方种植的高于南方的。中国农科院(1984)对全国527份小麦品种的分析结果显示,蛋白质含量变幅为8.07%~22.0%,平均12.76%。蛋白质含量高低与食品品质密切相关,一般含量在15%以上的适于做面包,10%以下的适于做饼干,12.5%~13.5%的适于做馒头和面条。

2. 淀粉

淀粉是小麦籽粒中含量最多的物质和最主要的糖类,仅存在于胚乳部分,约占籽粒干重的65%;其中直链淀粉约占1/4,支链淀粉约占3/4。小麦淀粉含量因品种、生态条件及栽培措施不同而存在差异。糯小麦含支链淀粉(含量≥99%)和小麦独有的面筋蛋白,糯麦粉具有独特的麦香、糯香和糯感,具有糯淀粉的黏性、容易揉和成型的加工品质、较高的营养价值,是很好的开发新型食品的原料,是改良现有食品品质的绝好添加材料,可解决速冻食品的保鲜问题,能有效延长烘烤面食的货架时间,同时还有极高的食品工业、轻工业利用价值,产业化开发前景看好。

3. 纤维素

纤维素是由许多葡萄糖分子结合而成的多糖类化合物,是小麦籽粒细胞壁的主要成分,为籽粒干重的2.3%~3.7%。虽然它对人体无直接营养价值,但有利于胃肠蠕动,促进营养的消化吸收。

4. 游离糖

小麦籽粒中除淀粉和纤维素外,还含有2.8%的糖。但籽粒各部分的分布不均,胚的含糖量达24%,麸皮含糖量5%左右,主要是蔗糖和棉籽糖。葡果聚糖集中在胚乳中,胚和麸皮中很少。

5. 脂类

小麦籽粒中脂肪含量很低,为2.9%左右,但脂肪酸组成较好,其亚油酸所占比重达58%。脂肪含量以胚中最高(28.5%),其次是糊粉层(8.0%),果皮最低(1.0%)。

6. 维生素

小麦籽粒中的维生素主要是复合维生素B、泛酸及维生素E,维生素A含量很少,几乎不含维生素C和维生素D。水溶性B类维生素主要集中在胚和糊粉层中,而脂溶性维生素E主要集中在胚内。

7. 矿物质

小麦籽粒中含有多种矿质元素,多以无机盐的形式存在。其中钙、钾、磷、铁、锌、锰、钼、铝等对人类机体的作用最大。小麦籽粒中铁、锌平均含量分别为40.3 mg/kg和23.3 mg/kg。面粉中铁含量8.32~39.31 mg/kg,锌含量3.23~14.7 mg/kg,锰含量为3.32~12.6 mg/kg,铜含量为0.32~2.6 mg/kg,钼含量为0.07~0.79 mg/kg。

8. 色素

小麦含有大量黄色类胡萝卜素,主要是叶黄素粉体和它的酯类,以及更少量的β-胡萝卜素(2%~12%)。叶黄素、叶黄素酯和胡萝卜素在胚中浓度最高。彩色小麦中含有以花青素类为主的天然色素。

(三)营养品质

营养品质是指所含的营养物质对人(畜)营养需要的适合性和满足程度,包括营养成分的多少及平衡状况。

氨基酸是组成蛋白质的基本单位,小麦籽粒蛋白质由20多种基本氨基酸组成,其中人体必需的8种氨基酸在小麦籽粒中的含量(mg/g)分别为:缬氨酸42.2、亮氨酸71.1、异亮氨酸35.8、苏氨酸30.5、苯丙氨酸+酪氨酸45.3、蛋氨酸+胱氨酸41.1、赖氨酸24.4和色氨酸11.4。最为缺乏的是人体第一需要的赖氨酸,只能满足人体需要的45%。因此,提高小麦赖氨酸含量至关重要。

小麦籽粒中含有铁、铜、锌、硒等人体必需的矿物质元素,是构成人体骨骼、体液的主要成分,并能维持人体液的酸碱平衡。衡量矿物质营养品质时,不仅考虑种类与含量高低,而且考虑其生物有效性。

(四)加工品质

在小麦籽粒磨制成面粉,再加工成各种面食制品的过程中,对小麦品质的要求称为加工品质,包括磨粉品质和食品加工品质。

1. 磨粉品质

磨粉品质也称一次加工品质,是指将小麦加工成面粉的过程中,加工机具和生产流程对小麦籽粒物理学特性要求的适应性和满足程度。一般要求出粉率高、粉色白、灰分少、粗粒多、磨粉简易、便于筛理、能耗低。这些特性对小麦籽粒的要求是容重高、籽粒大而整齐、饱满度好、皮薄、腹沟浅、胚乳质地较硬。主要衡量指标有出粉率、面粉灰分、白度、吨粉耗电量。

(1)出粉率。出粉率是指单位重量小麦籽粒所磨制的面粉与籽粒重的比值,其高低取决于胚乳占麦粒的比例以及胚乳与其他成分分离的难易程度。理论出粉率在82%~83%,实验磨(Buhler磨)统粉出粉率在72%~75%,它是面粉企业最为关心的品质指标,也是世界各国制定小麦等级标准的重要评价指标。

(2)灰分。灰分是小麦籽粒中矿质元素的氧化物,常用来衡量面粉的精度。灰分含量主要受品种的影响,也受清理程度和出粉率的影响。出粉率高、籽粒清理不干净均会提高灰分含量。

(3)面粉颜色。面粉颜色是衡量磨粉品质的重要指标。入磨小麦中杂质、不良小麦的含量(发霉、穗发芽小麦等)、面粉颗粒大小及黄色素、氧化酶类等都影响面粉色泽。一般来说,软麦比硬麦的粉色稍浅,白麦比红麦的粉色稍浅。面粉颜色除与品种特性有关外,还受加工精度的影响。一般出粉率低、麸星少的面粉洁白而有光泽,反之则呈暗灰色。新鲜面粉因含胡萝卜素而略带微黄,储藏时间较久的面粉因胡萝卜素被氧化而变白。面粉颜色通常用白度计测定,70粉白度为70%~84%。

此外,小麦杂质、润麦、磨粉工艺、籽粒性状等也影响磨粉品质的优劣。

2. 食品加工品质

食品加工品质也称二次加工品质,分为烘烤品质和蒸煮品质。就烘烤品质而言,制作面包多选用蛋白质含量高、面筋弹性好、筋力强、吸水率高的小麦及面粉;而烘烤饼干、糕点应选用软质小麦，要求蛋白质含量低、面筋弱、灰分少、粉色白、颗粒细腻、吸水率低、黏性较大。就蒸煮品质来说，制作面条要求面粉的延伸性好、筋力中等；蒸制馒头要求蛋白质含量中上、面筋含量稍高、中等强度，弹性和延伸性要好。

三、特色小麦栽培的基本原则

特色小麦栽培应在深刻认识小麦生长发育和产量形成规律及其与外界生态环境相互关系的基础上，合理确定适宜的耕作制度和种植方式，并采取相应的综合配套栽培技术措施，协调小麦与环境、群体与个体、地上与地下、营养生长与生殖生长的关系，最大限度地发挥品种的遗传潜力和光、热、水、土等资源环境中的有利因素，克服不利因素对其的影响，实现特色小麦的"高产、优质、高效、生态、安全"生产。

（一）进行农田基本建设，创造良好环境条件

环境条件对特色小麦生长发育和产量均有较大的影响。因此，发展特色小麦生产应针对本地区自然资源和生产条件，进行农田基本建设，不断改良土壤，培肥地力，为特色小麦正常生长发育创造良好的环境条件。

（1）改良土壤，培肥地力。当气候条件能基本满足小麦生长发育需求时，水、肥、土条件与小麦的产量关系很大。小麦对土壤的适应能力较强，耕层深厚、质地良好、土壤肥沃、养分充足的土壤有利于小麦的高产稳产。一般认为，适宜小麦生长的土壤条件为土壤容重 1.2 g/cm^3 左右、空隙度 50% ~55%，有机质含量在 1.0% 以上，pH 值 6.8 ~7.0，氮、磷、钾等营养元素丰富，且有效供肥能力强，通气性和保水性好。而对于广大的中低产麦田，土壤结构不良、肥力不足、水分亏缺或多余、抗逆能力差等是影响小麦产量进一步提高的主要限制因素。因此，不论是高产麦田，还是中低产麦田，都应在合理耕作的基础上，按照营养归还理论的要求，采取秸秆还田，增施有机、无机肥，科学搭配大量、中量、微量元素等措施，改善土壤的营养结构和营养水平，不断培肥地力，为实现小麦高产稳产奠定良好的肥力基础。

（2）深耕深翻，平整土地。高产麦田应具有熟土层深厚、土壤肥沃、结构良好、质地适宜等特点。因此，应采取深耕深翻，平整土地，不断加厚活土层，使得麦田土壤疏松绵软，通气保温，保水保肥，耐旱耐涝，宜耕宜耙，肥力稳定，不断提高土壤微生物活性，促进养分分解，确保麦田越耕越厚，越种越肥。小麦播种前平整土地，可起到破除板结、匀墒保墒、深施肥料等作用，能有效防止水土流失，并有利于小麦生育期间中耕、灌水、管理、收获等田间作业，是保证播种质量，实现苗全、苗齐、苗匀、苗壮的重要措施。

（3）扩大灌溉面积，健全排涝设施。丘陵旱地地区自然降雨量较少，不能满足小麦生长发育对水分的需要，对小麦产量影响很大。因此，必须充分挖掘现有灌溉设施和水资源潜力，努力扩大灌溉面积，建立完善的灌溉和排水设施，打造高标准农田，做到旱能浇、涝能排，为小麦正常生长发育创造良好的环境条件，克服制约小麦产量的障碍因素，并大力推广节水灌溉，确保小麦持续高产稳产。在无水浇条件的旱地麦田，要积极推广旱作高产栽培技术，着力提高自然降水的利用效率。低洼易涝地区，要注意做好排水防渍的农田基本建设，切实开好腰沟、围沟、厢沟，确保沟沟相通，排水顺畅。

(二)选用优良品种,良种良法配套

特色小麦优良品种是在一定生态条件下,经过人工选择和自然选择培育而成的。每一个小麦品种都有各自适宜的生态环境,因而具有一定的适应性,只有环境条件能充分满足或适合其生态生理和遗传特性的需求时,才能充分发挥优良品种的遗传特性和生产潜力。因此,在特色小麦栽培实践中,应选用最适宜当地的小麦品种种植,并配之以适宜的栽培管理措施,真正做到良种良法配套,实现小麦高产优质高效生产。

特色小麦良种选用应掌握的一般原则如下:

(1)根据本地区生态条件选用良种。各地的气候条件、土壤类型、耕作制度等生态因素差异很大,即使在一个大的生态类型麦区或一个省份,也往往由于光、温、水、土等生态因素的差异,可以进一步划分为若干个相对较小的生态类型区,不同生态类型区适宜种植的品种类型差异较大。因此,各地在选用小麦良种时,首先要根据当地的生态条件,特别是温度条件,因地制宜选用冬性、半冬性或春性品种种植。如果品种类型选择不当,如在黄淮冬麦区北部种植春性品种,经常出现由于冬前发育过快,提前拔节遭受冻害而造成减产损失。

(2)根据本地区生产水平选用良种。要充分发挥小麦良种的增产潜力,就必须根据当地的生产条件和产量水平,因地制宜合理选用良种。如在中低产水平下选用高产品种,往往由于地力水平跟不上,难以发挥良种的增产潜力而不能实现高产。同样,高产麦区应选用丰产潜力大的耐肥、抗倒品种,若继续种植中低产品种,使得当地的资源优势难以得到充分发挥,也不能实现高产。

(3)根据不同耕作制度选用良种。在选用小麦良种时,应根据当地的耕作制度和作物茬口合理选用良种。

(4)根据当地逆境灾害特点选用良种。生产实践证明,逆境灾害是造成小麦减产和影响产量稳定的最主要因素之一,不同小麦良种对各种逆境灾害的抗御能力有明显差异。因此,各地在选用小麦良种时,要根据当地的主要逆境灾害特点,选用高产优质,且抗逆能力强、适应性广、稳产性好的小麦良种。如干热风发生重的地区,应选用适当早熟、抗早衰、抗青干的品种,以躲避或减轻干热风的危害;干旱或无水浇条件的半干旱地区,应选用抗(耐)旱性好的节水稳产型品种。小麦病虫害的发生情况比较复杂,往往一个地区会有多种病虫害发生,这些地区在选用小麦良种时,既要注意对当地主要病虫害具有高度抗性,同时也应对其他次要病虫等自然灾害具有较高的抗(耐)性。

(5)根据市场需求选用良种。北方人民以小麦为主食,食品种类繁多,对相应面粉原料的质量要求各不相同,特别是随着人民生活水平的提高和膳食结构的改变,人们对小麦质量提出了优质化、多样化的市场需求,各地在发展特色小麦生产时,要因地制宜选用适宜的小麦良种。

(6)根据试验示范结果选用良种。发展特色小麦生产既要根据当地生产条件变化和产量水平提高,不断更换新品种,也要防止不经过试验就大量引种调种及频繁更换良种。同时,积极引进新品种进行试验示范,并做好种子繁育工作,以便确定"接班"后备品种,保持生产用种质量高、数量足。

根据各地小麦高产栽培经验,要实现小麦良种良法配套,必须抓住以下几个方面:一是据本地的气候、土壤、地力、种植制度、产量水平和病虫害发生情况等,因地制宜选用最适宜当地的品种种植，并依据品种的温光反应特性，合理确定适宜的播种期；二是根据品种的分蘖成穗特性和实现高产的最佳产量结构，合理确定适宜的播种量，建立高质量的群体起点，构建合理的群体结构；三是根据所选品种生长发育特点和实现高产优质高效的需肥规律与需水特性，合理确定肥水等田间管理措施；四是根据当地病虫草害发生规律和发生危害程度，选用对路农药，及时进行综合防治；五是搞好品种布局，做到主导品种突出，搭配品种合理。

优质特色小麦必须按品质生态区划实行区域化连片种植，才能保证生产出达标的特色小麦。根据河南小麦品质区划，豫北、豫中东部黄淮海平原强筋中筋麦适宜区就绝对不适合发展弱筋小麦；而在秦岭—淮河以南的信阳适宜发展弱筋麦的地方也只能种植弱筋小麦，不能种植强筋小麦。在同一个区域内，一般黏土地适合种植强筋小麦，沙土地适合种植弱筋小麦。

强筋小麦与弱筋小麦在水肥运筹方面是不同的。对于强筋小麦水肥管理方面，河南农科院小麦中心提出了“氮肥前轻、中重、后补充”的施肥模式，即在高肥力条件下，底氮肥少施或不施，起身拔节期重追氮肥，后期适当补充。该项技术在保持总施氮量不增加的基础上，增加了强筋小麦吸氮高峰（拔节至孕穗）的氮素供应量，一般可提高氮素利用率10%以上。强筋小麦不宜灌水过多、过晚。产量和品质俱佳又节水的时期为小麦生育中期供水即浇拔节期水。中后期2次供水产量最高，但强筋小麦品质有所降低。因此，一般情况下，以小麦生育中期（拔节期）灌一水产量最高，品质也好，若灌水次数过多，强筋小麦品质下降。小麦灌浆水对强筋小麦籽粒品质的提高不利，不提倡浇灌浆水。后期灌水不利的情况下，通过叶面喷洒磷酸二氢钾和尿素，有利于提高籽粒蛋白。与强筋小麦相比，弱筋小麦水肥运筹恰恰相反。

彩色小麦在栽培上和普通小麦大体相同。为防止彩色小麦与白粒小麦的自然杂交而导致后代籽粒粒色分离，从而降低其优异品质，彩色小麦田需要与白粒小麦隔离种植。黑粒小麦籽粒体积比普通小麦小一些，播种时要注意播深浅点。多数彩色小麦具有开颖受粉、自然异交率高、粒色稳定性较差等特点，因此通过良种繁育及提纯，保持其特有品种特性显得尤为重要，同时在收割、运输、晾晒等各个环节不得与普通小麦混杂。黑小麦颖壳较松，收获期应当提前，以免落粒，收获的时间不可过早，也不可过晚，要适时收获。黑小麦适时收获的标准为籽粒光亮、饱满，外观品质好。麦收期间特别注意躲避连雨天，防止穗发芽，在籽粒蜡熟期即可采用联合收割机收获，确保颗粒归仓。收获黑小麦时特别要注意清扫收割机，以防造成人为机械混杂，影响商品价值。

目前，个别彩色小麦品种产量接近普通小麦，但大部分彩色小麦品种产量较低，严重制约该资源的推广应用。

（三）建立合理群体，充分利用光能

科学试验证明，小麦干物质质量的90%～95%来自于光合作用，因此小麦的产量高低，在很大程度上取决于植株对太阳光能的利用情况。麦田管理采取的各项技术措施，实质上也是直接或间接地创造有利于小麦光合作用的条件，使其能积累更多的有机物，从而增加产量。但在小麦生育期间，往往由于种种原因，造成光能损失而导致减产。如冬小麦拔节之前行间的漏光损失，越冬期间温度低于0 ℃造成的光能损失，生育中后期群体内的遮阴及反射损失,成熟前衰老器官的吸光损失,以及植株中下部因光照不足对光合作用的影响等,都是影响小麦光合作用和产量的重要因素。因此,要根据品种的特征特性和产量构成特点,采取合理的栽培管理措施培育壮苗,构建合理的群体结构,力促个体发育健壮,根系发达,株型结构合理,从而经济有效地利用光能和地力,使源、流、库,穗、粒、重协调发展,生物产量和经济产量同步提高,争取穗足、粒多、粒饱,达到高产、优质、高效的目的。

(四)优化综合技术,高产优质高效

实现特色小麦高产优质高效的栽培技术,是一个由若干个单项技术优化集成组装而成的综合配套栽培技术体系,其中任何一个单项技术在综合技术体系中的配合状况,都直接或间接影响到综合技术体系的实施效果,而且有些单项技术可同时满足多重目标的需要,在综合技术体系中起到主导和关键的作用。因此,要实现特色小麦的高产优质高效生产,就必须针对当地主推品种的特征特性和产量构成特点,将耕作整地、种子与土壤处理、测土配方施肥、播期播量,以及中耕、化控、追肥、浇水、病虫草害防治等单项技术优化集成,制定出特色小麦高产优质高效的综合配套栽培技术体系。在具体实施过程中,还要根据小麦苗情、土壤墒情和天气条件变化,做出适当调整,确保各项技术措施及时、准确落实到位,使小麦的生长发育和群体结构按照预定的指标发展,以实现高产优质高效的生产目标。

(五)保护生态环境,保证食品安全

保护生态环境,保证食品安全是现代小麦栽培的重要任务。国内外生产实践证明,农产品的产地环境安全直接或间接地影响着农产品的质量安全,加强农产品产地环境和农业投入品的安全管理,对从源头上确保农产品安全具有极其重要的作用。具体来说,要实现小麦的安全生产,应做到以下几个方面:

(1)建立生产基地,确保产地环境安全。小麦的安全生产与产地环境密切相关,良好的产地环境是小麦安全生产的先决条件和基本保证,也是从农田到餐桌各个环节中保障小麦及其加工制品安全最难控制的因素。产地环境污染主要来自于大气、水体和土壤污染三个方面,小麦安全生产基地的选择应综合考虑本地区自然生态条件、社会经济发展规划等方面的因素,选择生态条件良好,远离污染源,且土壤耕层深厚,地势平坦,排灌方便,土壤肥力较高,在产地范围内、灌溉水上游、产地上风向均没有对产地环境构成威胁的污染源的生产区域。同时,小麦的安全生产区域应尽量避开工业园区和交通要道,以防止工业“三废”、农业废弃物、城市垃圾和生活污水等对小麦产地的污染。

(2)增施有机肥,适量施用化肥。由于化学肥料的肥效快,施用方便,增产效果显著,不少地方对化肥投入过量,超过了小麦正常生长和食品安全的需要量,致使土体、水体污染严重,硝态氮含量增加,水体富营养化,对农田生态环境和小麦产品质量安全造成了严重威胁。因此,要保证小麦的安全生产,必须做到增施有机肥,适量施用化肥,通过测土配方,合理施肥,做到有机肥料与无机肥料相结合,大量元素与微量元素相结合,基肥与追肥相结合,提高肥料利用效率。同时要求所施用的肥料中污染物在土壤中的积累不致危害小麦的正常生长发育,所生产的小麦产品中污染物的残留量不得超标;土壤中污染物的累积不会对土壤有益微生物产生明显不利影响;不会对地表水和地下水产生污染。具体施肥量应根据目标产量所需养分吸收量、土壤养分供给量、肥料有效养分含量、肥料利用率等施肥参数确定。

(3)推广生物农药,防止化学农药污染。农药是小麦生产发展必需的生产资料,也是对生态环境与生物有害的有毒化学品。目前,我国对小麦病虫草害的防治主要靠化学农药,而绝大多数化学农药及其代谢物和杂质对人、畜、有益微生物都会产生毒害,并对生态环境安全产生不利影响。还有一些农药,如有机氯农药等,其化学性质稳定,施用后不易被生物体分解转化,极易对环境和农产品造成污染,进而危害动物和人体健康。由于农药本身的性质、环境因素和农药的使用时期与使用方法等都是造成农药污染的主要原因,因此小麦安全生产使用农药的关键是,针对麦田病虫草害的发生种类、发生时期及发生危害程度,选择适宜的高效、低毒、低残留农药,并按照国家和行业标准,合理掌握农药的使用时期、使用方法、使用次数、间隔时间等技术指标,同时,要大力发展和积极推广高效、低毒、环境友好的生物农药和生物综合防治技术,以尽量减少或避免化学农药对生态环境和小麦产品带来的污染。

(4)严禁污水灌溉麦田,避免施用城市垃圾肥料。小麦是灌溉用水较多的作物,造成麦田水体污染的来源主要有城市生活污水和工业污水等,这些污水中含有重金属等无机有毒物和苯酚等有机有毒物,还含有病毒、病菌、寄生虫等,极易造成麦田生态环境和产品污染。因此,要严格禁止使用污水灌溉麦田。近年来,随着我国新农村建设和工业化、城镇化的快速推进,产生了大量的城市生活垃圾,这些生活垃圾也含有大量有害物质,如果施入农田,将对生态环境和小麦产品造成极大安全隐患。要确保小麦的安全生产,就必须坚持做到不用城市生活垃圾肥料。对于已经产生污染的麦田,应采用生物或化学修复的方法逐步进行恢复。

(六)以销定产,发展订单农业

特色小麦类型品种因其具有特殊用途,不可盲目种植,要以销定产,以订单农业形式进行种植。目前育成的彩色小麦品种存在着高产与优质营养的矛盾,以及优质高产品种少、适应性不强、抗病性较弱等问题,有待于进一步提高,尤其是产量水平与优良的白粒小麦品种相比,还存在着相当的差距。

第二节　主要特色小麦品种简介

一、糯小麦品种

(一)济糯1号

由济源市农业科学研究所选育,品种来源:全糯小麦(C183－4)/济麦3号,审定编号:豫审麦2011015。

特征特性:弱春性早熟糯质类型品种,平均全生育期230 d,比对照漯珍1号早熟1.8 d。幼苗半直立,叶色浓绿,抗寒性较好,分蘖力强,成穗率高,穗数多。春季起身拔节早,两极分化快;株高64.7 cm,株型松散,茎秆有蜡质,叶片细长下披;纺锤形穗,小穗排列较密,结实性好,穗数多,白粒,偏粉质,饱满度较好,千粒重略低;产量构成三要素:亩[1]穗数

[1] 1亩＝1/15 hm^2≈666.67 m^2。

40. 0 万,穗粒数 30. 6 粒,千粒重 39. 0 g。2009 年河南省农科院植保所成株期综合鉴定,中抗白粉病、条锈病、叶锈病和纹枯病,中感叶枯病。2010 年农业部谷物及制品质量监督检验测试中心(哈尔滨)测试,容重 801 g/L,蛋白质(干基)15. 85%,湿面筋 34. 4%,降落数值 65 s,吸水量 77. 1 mL/100 g,形成时间 4. 0 min,稳定时间 2. 1 min,沉淀值 38. 5 mL,粉质质量指数 54 mm,直链淀粉含量(占淀粉)0. 48%,出粉率 71. 2%,评价值 45。

栽培技术要点:①播期和播量。10 月 5 ~22 日均可播种,最佳播期 10 月 15 日左右;高肥力地块亩播量 6 ~9 kg,中低肥力可适当增加播量,如延期播种,以每推迟 3 d 增加 0. 5 kg 播量为宜。②田间管理。施足底肥,一般亩施肥量:纯氮 12 kg,五氧化二磷 7. 5 kg,氧化钾 7. 5 kg,拔节后每亩追施尿素 6 kg。从小麦拔节期开始,注意防治纹枯病、白粉病及蚜虫等。搞好根外喷肥,于开花期和灌浆期进行 2 ~3 次叶面喷肥,喷施微肥、磷酸二氢钾、尿素等,以提高小麦产量和品质。该品种作为特用类型品种,以订单农业形式在河南省麦区(南部稻茬麦区除外)中晚茬种植。该品种适宜在河南省水地、旱肥地种植。

(二)天糯 158

由漯河天翼生物工程有限公司选育,品种来源:郑麦 9023//(Ike/河南白火麦),审定编号:豫审麦 2011016。

特征特性:属弱春性早熟糯质类型品种,平均全生育期 231. 7 d,比对照漯珍 1 号早熟 1. 1 d。幼苗直立,长势旺,深绿,冬季有冻害;拔节抽穗早,分蘖成穗率高;株高 85 cm,株型偏紧凑,抗倒伏能力一般;旗叶宽大上举,穗下节间长;长方形大穗,小穗排列较稀,受倒春寒影响,穗上部有虚尖缺粒现象,成熟早,落黄好;籽粒半角质,饱满度好,千粒重高。产量构成三要素:亩穗数 34. 2 万,穗粒数 27. 7 粒,千粒重 47. 0 g。

抗性鉴定:2008 年河南省农科院植保所成株期综合鉴定,中感白粉病和叶锈病,中抗条锈病、叶枯病和纹枯病。

品质分析:2010 年经农业部谷物及制品质量监督检验测试中心(哈尔滨)测试,容重 818 g/L,蛋白质(干基)15. 62%,湿面筋 32. 4%,降落数值 63 s,吸水率 73. 4%,形成时间 4. 3 min,稳定时间 2. 8 min,沉淀值 44. 5 mL,弱化度 178 FU,粉质质量指数 61 mm,直链淀粉含量(占淀粉)0%,出粉率 73. 1%,评价值 47。

栽培技术要点:①播期和播量。10 月 15 ~25 日均可播种,适宜播种期为 10 月 20 日;高肥力地块播种量 7 ~8 kg,中低肥力可适当增加播量,每亩基本苗 15 万为宜。②田间管理。施足底肥,一般每亩施纯氮 8 ~10 kg,五氧化二磷 7 ~10 kg,氧化钾 5 kg,3 月中下旬追施尿素 7. 5 ~10 kg。拔节期结合田间化学除草适当进行化控,以降低株高,增强抗倒伏能力。灌浆期喷施磷酸二氢钾,结合天气情况及时防治白粉病、叶锈病以及蚜虫。

适宜地区:作为特用类型品种,以订单农业形式在河南省麦区(南部稻茬麦区除外)中晚茬种植。

二、优质强筋小麦品种

(一)西农 20

育种者:西北农林科技大学,品种来源:郑麦 366/陕农 981//郑麦 366,引 种 者:河南滑丰种业科技有限公司,引种备案号:(豫)引种〔2017〕麦 006。

特征特性：属半冬性中早熟品种，全生育期 227.1 d。幼苗半匍匐，叶色深绿，分蘖率较强；株型紧凑，平均株高 73.8 cm，抗倒能力较强；穗长方形，籽粒卵圆形，角质。平均亩穗数 46 万，穗粒数 33 粒，千粒重 44 g。条锈病中抗，叶锈病中抗，白粉病中抗，纹枯病中感，赤霉病中感。

据农业部农产品质量监督检验测试中心（郑州）2017 年对西农 20 的检测结果，粗蛋白质（干基）16.45%，湿面筋 32.4%、吸水量 67.6%，稳定时间 17.1 min，延伸性 176 mm，面包体积 945 mL，面包评分 95，各项指标均达到强筋小麦标准。

栽培技术要点：①适宜播期为 10 月上中旬，每亩基本苗 12 万～18 万，②生产上氮肥后移提高小麦品质。③注意防治蚜虫、纹枯病和赤霉病等病虫害。该品种适宜河南省（信阳市和南阳市南部麦区除外）早中茬地种植。

（二）丰德存麦 21

育种者：河南丰德康种业有限公司，品种来源：丰德存麦 5 号/周麦 21，审定编号：豫审麦 20190059。

特征特性：半冬性品种，全生育期 220.4～228.9 d，平均熟期比对照品种周麦 18 早熟 0.7 d。幼苗半直立，叶色浓绿，苗势壮，分蘖力强，成穗率较高。春季起身拔节早，两极分化快，抽穗早，耐倒春寒能力弱。株高 71.1～80.8 cm，株型较紧凑，抗倒性一般。旗叶宽短，穗层整齐，熟相好。穗纺锤形，长芒、白壳、白粒，籽粒半角质，饱满度较好。亩穗数 34.8 万～38.8 万，穗粒数 27.8～35.5 粒，千粒重 39.0～44.8 g。抗病鉴定：中感条锈病、叶锈病、白粉病和纹枯病，高感赤霉病。品质结果：2017 年、2018 年检测，蛋白质含量 15.1%、16.6%，容重 816 g/L、792 g/L，湿面筋含量 31.8%、35.9%，吸水量 59.4 mL/100 g、60.1 mL/100 g，稳定时间 14.3 min、10.4 min，拉伸面积 109 cm^2、125 cm^2，最大拉伸阻力 486 EU、452 EU。2018 年品质指标达到强筋小麦标准。

栽培技术要点：适宜播种期 10 月上中旬，每亩适宜基本苗 18 万～20 万。注意防治蚜虫、赤霉病、条锈病、叶锈病、白粉病和纹枯病等病虫害，倒春寒易发区慎用。

该品种适宜河南省（南部长江中下游麦区除外）早中茬地种植。

（三）中麦 578

选育单位：中国农业科学院作物科学研究所、中国农业科学院棉花研究所，品种来源：中麦 255/济麦 22，审定编号：豫审麦 20190057。

特征特性：半冬性品种，全生育期 219.5～229.6 d，平均熟期比对照品种周麦 18 早熟 1.0 d。幼苗半直立，叶色浓绿，苗势壮，分蘖力较强，成穗率较高，冬季抗寒性好。春季起身拔节早，两极分化快，抽穗早。株高 76.8～85.7 cm，株型较紧凑，抗倒性中等。旗叶宽长，穗层整齐，熟相好。穗纺锤形，长芒、白壳、白粒，籽粒角质，饱满度较好。亩穗数 39.5 万～43.6 万，穗粒数 26.0～29.1 粒，千粒重 46.0～48.6 g。抗病鉴定：中感条锈病、叶锈病、白粉病和纹枯病，高感赤霉病。品质结果：2017 年、2018 年检测，蛋白质含量 15.1%、16.3%，容重 821 g/L、803 g/L，湿面筋含量 30.8%、32.6%，吸水量 61.6 mL/100 g、57.6 mL/100 g，稳定时间 18.0 min、12.7 min，拉伸面积 131 cm^2、140 cm^2，最大拉伸阻力 676 EU、596 EU。2017 年品质指标达到强筋小麦标准。

栽培技术要点：适宜播种期 10 月上中旬，每亩适宜基本苗 16 万～18 万。注意防治蚜虫、赤霉病、条锈病、叶锈病、白粉病和纹枯病等病虫害,注意预防倒春寒。该品种适宜河南省(南部长江中下游麦区除外)早中茬地种植。

(四)丰德存麦5号

育种者:河南丰德康种业有限公司,来源:周麦16/郑麦366,审定编号:国审麦2014003。

特征特性:半冬性中晚熟品种,全生育期228 d,与对照周麦18熟期相当。幼苗半匍匐,苗势较壮,叶片窄长直立,叶色浓绿,冬季抗寒性较好。冬前分蘖力较强,分蘖成穗率一般。春季起身拔节较快,两极分化快,抽穗较早,耐倒春寒能力一般。后期耐高温能力中等,熟相较好。株高76 cm,茎秆弹性一般,抗倒性中等。株型稍松散,旗叶宽短、外卷、上冲,穗层整齐,穗下节短。穗纺锤形,长芒、白壳、白粒,籽粒椭圆形,角质,饱满度较好,黑胚率中等。亩穗数38.1万穗,穗粒数32粒,千粒重42.3 g;抗病性鉴定:慢条锈病,中感叶锈病、白粉病,高感赤霉病、纹枯病。品质混合样测定:籽粒容重794 g/L,蛋白质(干基)含量16.01%,硬度指数62.5,面粉湿面筋含量34.5%,沉降值49.5 mL,吸水率57.8%,面团稳定时间15.1 min,最大抗延阻力754 EU,延伸性177 mm,拉伸面积171 cm^2。品质达到强筋品种审定标准。

(五)藁优2018

选育单位:藁城市农业科学研究所,引种单位:河南丰源农业科技有限公司,品种来源:9411/98172,引种证号:豫引麦2011005号,审定编号:冀审麦2008007。

特征特性:属半冬性多穗型中熟强筋品种,平均全生育期229.6 d,比对照周麦18早熟0.4 d。幼苗半匍匐,苗势壮,叶片窄短、青绿色;冬前分蘖力较强,冬季抗寒性一般;春季起身拔节快,两极分化快,苗脚利索,株型较紧凑,蜡质层厚,叶片窄长、内卷、上冲,2010~2011两年平均株高74.1~76 cm,茎秆弹性好,较抗倒;长方形穗、短芒,码稀,籽粒灌浆慢,成熟落黄一般,受倒春寒影响有缺粒现象;籽粒角质、饱满,黑胚率低,容重高。田间自然发病较轻,中抗条锈病及白粉病。本年度成产三要素为:亩穗数48.0万,穗粒数29.3粒,千粒重42.7 g。2010年经农业部农产品质量监督检验测试中心(郑州)测试,容重832 g/L,粗蛋白质(干基)15.2%,湿面筋33.2%,降落数值428 s,沉淀值81.2 mL,吸水量57.6%,形成时间7.2 min,稳定时间21.4 min,烘焙品质评分值86.7,出粉率71.9%。主要品质指标达强筋粉标准。

(六)藁优5218

石家庄市藁城区农业科学研究所、河南粮征种业有限公司选育,品种来源:西农979/8901-11-14,审定编号:豫审麦20190056。

特征特性:弱春性多穗型早熟强筋品种,全生育期219.7~229.0 d,平均熟期比对照品种偃展4110晚熟0.2 d。幼苗半匍匐,叶色浓绿,苗势一般,分蘖力较强,成穗率一般。春季起身拔节早,两极分化快,耐倒春寒能力一般。株高75.7~84.6 cm,株型较松散,抗倒性一般。旗叶窄短,穗层整齐,熟相一般。穗近长方形,长芒、白壳、白粒,籽粒角质,饱满度一般。亩穗数36.5万~42.9万,穗粒数31.0~37.3粒,千粒重32.1~37.7 g。抗病鉴定:中抗白粉病,中感条锈病、叶锈病和纹枯病,高感赤霉病。品质结果:2017年、2018年检测,蛋白质含量15.8%、15.9%,容重802 g/L、788 g/L,湿面筋含量31.2%、35.2%,

吸水量62.2 mL/100 g、58.1 mL/100 g，稳定时间22.3 min、14.4 min，拉伸面积106 cm^2、134 cm^2，最大拉伸阻力539 EU、584 EU。2017年品质指标达到强筋小麦标准。

栽培技术要点：适宜播种期10月中下旬，每亩适宜基本苗16万~18万。注意防治蚜虫、赤霉病、条锈病、叶锈病和纹枯病等病虫害，注意预防倒春寒，注意防止倒伏。

该品种适宜河南省（南部长江中下游麦区除外）中晚茬地种植。

（七）师栾02-1

选育单位：河北师范大学、栾城县原种场，品种来源：9411/9430，审定编号：国审麦2007016。

半冬性，中熟，成熟期比对照石4185晚1 d左右。幼苗匍匐，分蘖力强，成穗率高。株高72 cm左右，株型紧凑，叶色浅绿，叶小上举，穗层整齐。穗纺锤形，护颖有短绒毛，长芒、白壳、白粒，籽粒饱满，角质。平均亩穗数45.0万穗，穗粒数33.0粒，千粒重35.2 g。春季抗寒性一般，旗叶干尖重，后期早衰。茎秆有蜡质，弹性好，抗倒伏。抗寒性鉴定：抗寒性中等。抗病性鉴定：中抗纹枯病，中感赤霉病，高感条锈病、叶锈病、白粉病、秆锈病。2005年、2006年分别测定混合样：容重803 g/L、786 g/L，蛋白质（干基）含量16.30%、16.88%，湿面筋含量32.3%、33.3%，沉降值51.7 mL、61.3 mL，吸水率59.2%、59.4%，稳定时间14.8 min、15.2 min，最大抗延阻力654 EU、700 EU，拉伸面积163 cm^2、180 cm^2，面包体积760 cm^2、828 cm^2，面包评分85分、92分。该品种品质优，应以优质订单生产为主。

（八）锦绣21

选育单位：河南锦绣农业科技有限公司，品种来源：矮抗58/06101，审定编号：国审麦20180023。

特征特性：半冬性，全生育期230 d，与对照品种周麦18熟期相当。幼苗近匍匐，叶片宽长，分蘖力较强，耐倒春寒能力中等。株高78.5 cm，株型稍松散，茎秆弹性中等，抗倒性中等。旗叶宽大、平展，穗层厚，熟相一般。穗长方形，长芒、白壳、白粒，籽粒半角质，饱满度中等。亩穗数39.7万穗，穗粒数34.3粒，千粒重44.2 g。抗病性鉴定：高感白粉病和赤霉病，中感叶锈病和纹枯病，中抗条锈病。品质检测：籽粒容重824 g/L、828 g/L，蛋白质含量14.30%、14.74%，湿面筋含量28.2%、30.6%，稳定时间8.2 min、16.4 min。2016年主要品质指标达到强筋小麦标准。

栽培技术要点：适宜播种期10月上中旬，每亩适宜基本苗12万~20万，注意防治蚜虫、白粉病、赤霉病、叶锈病、纹枯病等病虫害。高水肥地块注意防止倒伏。

该品种适宜黄淮冬麦区南片的河南省除信阳市和南阳市南部部分地区以外的平原灌区高中水肥地块中茬种植。

（九）新麦26

选育单位：河南省新乡市农业科学院、河南敦煌种业新科种子有限公司，品种来源：新麦9408/济南17，审定编号：国审麦2010007。

特征特性：半冬性，中熟，成熟期比对照新麦18晚熟1 d，与周麦18相当。幼苗半直立，叶长卷，叶色浓绿，分蘖力较强，成穗率一般。冬季抗寒性较好。春季起身拔节早，两极分化快，抗倒春寒能力较弱。株高80 cm左右，株型较紧凑，旗叶短宽、平展、深绿色。

抗倒性中等。熟相一般。穗层整齐。穗纺锤形，长芒、白壳、白粒，籽粒角质、卵圆形、均匀、饱满度一般。2008 年、2009 年区域试验平均亩穗数 40.7 万穗、43.5 万穗，穗粒数 32.3 粒、33.3 粒，千粒重 43.9 g、39.3 g，属多穗型品种。接种抗病性鉴定：高感白粉病和赤霉病，中感条锈病，慢叶锈病，中抗纹枯病。区试田间试验部分试点高感叶锈病、叶枯病。2008 年、2009 年分别测定混合样：籽粒容重 784 g/L、788 g/L，硬度指数 64.0、67.5，蛋白质含量 15.46%、16.04%，面粉湿面筋含量 31.3%、32.3%，沉降值 63.0 mL、70.9 mL，吸水率 63.2%、65.6%，稳定时间 16.1 min、38.4 min，最大抗延阻力 628 EU、898 EU，延伸性 189 mm、164 mm，拉伸面积 158 cm^2、194 cm^2。品质达到强筋品种审定标准。该品种外观商品性好，品质优，深受粮食加工企业喜爱，应以优质订单生产为主，生产利用时应注意防治白粉病和赤霉病，预防倒春寒，控制群体，防止倒伏，稳定品质。

（十）新麦 28

河南敦煌种业新科种子有限公司选育，品种来源：新麦 18/陕优 225，审定编号：豫审麦 2014016。

特征特性：属半冬性中熟强筋旱地品种。全生育期 223.9 ~ 230.8 d。幼苗半匍匐，叶片细长，叶色深绿，分蘖力较强，成穗率较高，春季发育较慢，抽穗较迟，冬季及春季抗寒性较弱；成株期株型半松散，旗叶细长、上举，有干尖，株高 62 ~ 75.7 cm，茎秆较细，弹性好，抗倒性较好。纺锤形穗，长芒，穗下节长，白壳、白粒，角质，黑胚率低；后期早衰，不抗干热风，落黄差。产量构成三要素：亩穗数 32 万 ~ 38.2 万，穗粒数 28.2 ~ 34.5 粒，千粒重 35.9 ~ 37.6 g。中抗条锈病，中感叶锈病，中感白粉病，中感纹枯病，高感赤霉病。

（十一）阳光 818

审定编号：国审麦 2014012。

特征特性：半冬性早熟品种，全生育期 236 d，比对照洛旱 7 号早熟 2 d。幼苗半直立，叶片较宽，苗期生长势强，成穗率较高，成穗数中等。春季起身较早，两极分化较快，抽穗早。落黄好。株高 70 cm，抗倒性好。株型半紧凑，旗叶半披，茎秆、叶色灰绿，穗层整齐。长方形穗，小穗排列紧密，长芒、白壳、白粒，籽粒半角质，饱满度好。平均亩穗数 40 万穗、穗粒数 42 粒，千粒重 45 g。抗病性鉴定：高抗锈病，中抗白粉病、纹枯病。品质混合样测定：籽粒容重 773 g/L，蛋白质（干基）含量 14.9%，硬度指数 58.5，面粉湿面筋含量 31.9%，沉降值 42.2 mL，吸水率 55.6%，面团稳定时间 8.2 min，最大抗延阻力 358 EU，延伸性 172 mm，拉伸面积 87 cm^2。品质达到强筋品种审定标准。

（十二）郑麦 101

河南省农业科学院小麦研究所丰优育种室选育的优质强筋早熟小麦新品种，审定编号：国审麦 2013014。

弱春性中早熟品种，全生育期 216 d。幼苗半匍匐，叶片细长直立，叶色浓绿。冬前分蘖力强，冬季抗寒性较好。春季起身拔节迟，两极分化较快，抽穗早，分蘖成穗率中等，亩成穗数较多。株高适中，株高 75 ~ 80 cm，茎秆弹性好，抗倒伏性好；根系活力较强，耐热性较好，灌浆较充分，成熟落黄快，熟相好；穗近长方形，穗大码稀，白壳、白粒，籽粒大小中等，角质，饱满度较好，黑胚率低，商品性好。综合抗性较好，耐渍性强，耐肥抗倒；高抗梭条花叶病毒病，中抗叶枯病、叶锈病，条锈病、纹枯病轻，叶枯病和赤霉病发病率低，有一定耐病性。平均亩穗数 41.6 万穗，穗粒数 33.5 粒，千粒重 41.4 g。经农业部质量监督检验测试机构品质测试，籽粒容重 784 g/L，蛋白质含量 15.58%，面粉湿面筋含量 34.6%，沉降值 40.8 mL，吸水率 55.9%，面团稳定时间 7.1 min，品质指标达到强筋小麦品质标准。

（十三）郑麦 3596

河南省农科院小麦所丰优育种室选育，品种来源：郑麦 366 航天诱变，审定编号：豫审麦 2014002。

属半冬性中晚熟强筋品种，全生育期 225.6～234.9 d。幼苗半匍匐，叶色深绿、宽大，冬季抗寒性强；分蘖力中等，成穗率高；春季起身拔节早，两极分化快，抽穗早；成株期株型紧凑，旗叶偏小、上冲、有干尖，穗下节短，株高 75～76.6 cm，茎秆弹性好，抗倒伏能力强；穗纺锤形，大小均匀，籽粒卵圆形，角质率高，饱满度好，外观商品性好；根系活力好，叶功能期长，较耐后期高温，成熟落黄好。经河南省农业科学院植保所接种鉴定，中感条锈病、叶锈病、白粉病和纹枯病，高感赤霉病。综合抗病性较优。经农业部农产品质量监督检验测试中心（郑州）检测，蛋白质 16.14%～15.99%，容重 798～799 g/L，湿面筋 33.2%～33.8%，形成时间 7.6～11.8 min，稳定时间 13.3～18.6 min，品质达到国家一级强筋小麦标准。

（十四）郑麦 366

选育单位：河南省农业科学院小麦研究所，品种来源：豫麦 47/PH82－2－2，审定编号：国审麦 2005003。

半冬性早中熟品种，成熟期比对照豫麦 49 号早 1～2 d。幼苗半匍匐，叶色黄绿。株高 70 cm 左右，株型较紧凑，穗层整齐，穗黄绿色，旗叶上冲。穗纺锤形，长芒、白壳、白粒，籽粒角质，较饱满，黑胚率中等。平均亩穗数 39.6 万穗，穗粒数 37 粒，千粒重 37.4 g。越冬抗寒性好，抗倒春寒能力偏弱，抗倒伏能力强，不耐干热风，后期熟相一般。接种抗病性鉴定：高抗条锈病和秆锈病，中抗白粉病，中感赤霉病，高感叶锈病和纹枯病。田间自然鉴定，高感叶枯病。2004 年、2005 年分别测定混合样：容重 795 g/L、794 g/L，蛋白质（干基）含量 15.09%、15.29%，湿面筋含量 32%、33.2%，沉降值 42.4 mL、47.4 mL，吸水率 63.1%、63.1%，面团形成时间 6.4 min、9.2 min，稳定时间 7.1 min、13.9 min，最大抗延阻力 462 EU、470 EU，拉伸面积 110 cm^2、104 cm^2。该品种品质指标均衡，加工品质优良，深受粮食加工企业重视，适于订单农业种植，生产中注意防治赤霉病和纹枯病，预防倒春寒。

（十五）郑麦 379

河南省农业科学院小麦研究所用周 13 和 D9054－6 选育的小麦品种，审定编号：国审麦 2016013。

属半冬性中晚熟品种，平均生育期 224.4 d，与对照品种周麦 18 相当。冬季抗寒性一般，成穗率偏高；穗层整齐，长方形穗，籽粒椭圆形，大小均匀，黑胚少，角质率高，饱满度中等，外观商品性好。平均亩成穗数 45.9 万，穗粒数 33.5 粒，千粒重 44.2 g。中抗叶锈病、纹枯病和叶枯病，中感白粉病和条锈病，高感赤霉病。据农业部农产品质量监督检验测试中心（郑州）测定，蛋白质 14.08%，容重 823 g/L，湿面筋 30.4%，降落数值 442 s，吸水量 63.4 mL/100 g，形成时间 5.5 min，稳定时间 9.2 min，弱化度 17 FU，沉淀值 53.2 mL，硬度 72 HI，出粉率 70%。品质达到国家强筋小麦标准。

（十六）西农 979

选育单位：西北农林科技大学，品种来源：西农 2611/（918/95 选 1）F1，审定编号：国审麦 2005005。

半冬性偏春早熟强筋品种，成熟期比豫麦 49 号早 2 ~ 3 d。幼苗匍匐，叶片较窄，分蘖力强，成穗率较高。株高 75 cm 左右，茎秆弹性好，株型略松散，穗层整齐，旗叶窄长、上冲。穗纺锤形，长芒、白壳、白粒，籽粒角质，较饱满，色泽光亮，黑胚率低。平均亩穗数 42.7 万穗，穗粒数 32 粒，千粒重 40.3 g。苗期长势一般，越冬抗寒性好，抗倒春寒能力稍弱，抗倒伏能力强，不耐后期高温，有早衰现象，熟相一般。中抗至高抗条锈病，慢秆锈病，中感赤霉病和纹枯病，高感叶锈病和白粉病。田间自然鉴定：高感叶枯病。2004 年、2005 年分别测定混合样：容重 804 g/L、784 g/L，蛋白质（干基）含量 13.96%、15.39%，湿面筋含量 29.4%、32.3%，沉降值 41.7 mL、49.7 mL，吸水率 64.8%、62.4%，面团形成时间 4.5 min、6.1 min，稳定时间 8.7 min、17.9 min，最大抗延阻力 440 EU、564 EU，拉伸面积 94 cm^2、121 cm^2。

（十七）西农 511

育种者：西北农林科技大学，品种来源：西农 2000 - 7/99534，审定编号：国审麦 20180040。

半冬性，全生育期 233 d，比对照品种周麦 18 晚熟 1 d。幼苗匍匐，分蘖力强，耐倒春寒能力中等。株高 78.6 cm，株型稍松散，茎秆弹性较好，抗倒性好。旗叶宽大、平展，叶色浓绿，穗层整齐，熟相好。穗纺锤形，短芒、白壳，籽粒角质，饱满度较好。亩穗数 36.9 万穗，穗粒数 38.3 粒，千粒重 42.3 g。抗病性鉴定：高感白粉病、赤霉病，中感叶锈病、纹枯病，中抗条锈病。品质检测：籽粒容重 815 g/L、820 g/L，蛋白质含量 14.00%、14.68%，湿面筋含量 28.2%、32.2%，稳定时间 11.2 min、13.6 min。2017 年主要品质指标达到强筋小麦标准。

（十八）周麦 36 号

育种者：周口市农业科学院，品种来源：矮抗 58/周麦 19//周麦 22，审定编号：国审麦 20180042。

半冬性，全生育期 232 d，与对照品种周麦 18 熟期相当。幼苗半匍匐，叶片宽短，叶色浓绿，分蘖力中等，耐倒春寒能力中等。株高 79.7 cm，株型松紧适中，茎秆蜡质层较厚，茎秆硬，抗倒性强。旗叶宽长、内卷、上冲，穗层整齐，熟相好。穗纺锤形，短芒、白壳、白粒，籽粒角质，饱满度较好。亩穗数 36.2 万穗，穗粒数 37.9 粒，千粒重 45.3 g。抗病性鉴定：高感白粉病、赤霉病、纹枯病，高抗条锈病和叶锈病。品质检测：籽粒容重 796 g/L、812 g/L，蛋白质含量 14.78%、13.02%，湿面筋含量 31.0%、32.9%，稳定时间 10.3 min、13.6 min。2016 年主要品质指标达到强筋小麦标准。

三、优质弱筋小麦品种

（一）扬麦 13（扬 97 - 65）

选育单位：江苏里下河地区农科所，品种来源：扬 88 - 84//MarisDove/扬麦 3 号。

该品种属春性弱筋品种。株高 85 cm,幼苗直立,茎秆粗壮;分蘖力中等,成穗率高,一般亩有效穗 28 万左右,穗粒数 40 粒上下,千粒重 38~40 g。长芒、白壳、红粒,半角质至粉质。高抗白粉病,中抗纹枯病,较耐赤霉病,耐湿,熟相较好。2003 年农业部谷物品质监督检验测试中心检测结果:粗蛋白质(干基)10.24%,容重 796 g/L,湿面筋含量 19.7%,沉降值 23.1 mL,降落值 339 s,吸水率 54.1%,形成时间 1.4 min,稳定时间 1.1 min,达到国家优质弱筋小麦的标准,适宜作为优质饼干、糕点专用小麦生产。

（二）扬麦 15

品种来源:原名"扬 0-118",属春性中熟小麦品种,由江苏里下河地区农业科学研究所以扬 89-40/川育 21526 杂交,于 2001 年选育而成。2005 年 9 月通过江苏省品种审定委员会审定。

该品种春性,中熟,比扬麦 158 迟熟 2 d;分蘖力较强,株型紧凑,株高 80 cm,抗倒性强;幼苗半直立,生长健壮,叶片宽长,叶色深绿,长相清秀;穗棍棒形,长芒、白壳,大穗大粒,籽粒红皮粉质,每穗 36 粒,籽粒饱满,粒红,千粒重 42 g;分蘖力中等,成穗率高,每亩穗数 30 万左右;中抗至中感赤霉病,中抗纹枯病,中感白粉病。耐肥抗倒,耐寒、耐湿性较好。

2003 年农业部谷物品质监督检验测试中心检测结果:水分 9.7%,粗蛋白质(干基)10.24%,容重 796 g/L,湿面筋含量 19.7%,沉降值 23.1 mL,吸水率 54.1%,形成时间 1.4 min,稳定时间 1.1 min,达到国家优质弱筋小麦的标准,适宜作为优质饼干、糕点专用小麦生产。

（三）绵麦 51

选育单位:绵阳市农业科学研究院,品种来源:1275-1/99-1522,审定编号:豫审麦 20190053。

特征特性:弱春性品种,全生育期 190.7~217.0 d,平均熟期比对照品种偃展 4110 晚熟 0.3 d。幼苗半直立,叶色浓绿,苗势壮,分蘖力弱,成穗率较高。春季起身拔节早,两极分化快。株高 76.3~80.6 cm,株型松散,抗倒性一般。旗叶窄长,穗层整齐。耐渍性一般,熟相一般。穗近长方形,长芒、红壳、红粒,籽粒半角质,饱满度差。亩穗数 31.7 万~32.9 万,穗粒数 34.2~38.8 粒,千粒重 38.0~39.7 g。抗病鉴定:中抗白粉病,中感条锈病,高感叶锈病、纹枯病和赤霉病。

栽培技术要点:适宜播种期 10 月中下旬,每亩适宜基本苗 14 万~16 万。注意防治蚜虫、叶锈病、纹枯病、赤霉病和条锈病等病虫害,注意预防倒春寒,高水肥地块种植注意防止倒伏。该品种适宜河南省南部长江中下游麦区种植。

（四）农麦 126

育种者:江苏神农大丰种业科技有限公司、扬州大学,品种来源:扬麦 16/宁麦 9 号,审定编号:国审麦 20180008。

特征特性:春性,全生育期 198 d,比对照品种扬麦 20 早熟 2 d。幼苗直立,叶片较宽,叶色淡绿,分蘖力较强。株高 88 cm,株型较紧凑,秆质弹性好,抗倒性较好。旗叶平伸,穗层较整齐,熟相较好。穗纺锤形,长芒、白壳、红粒,籽粒角质,饱满度较好。亩穗数 30.4 万穗,穗粒数 37.1 粒,千粒重 41.3 g。抗病性鉴定:高感条锈病、叶锈病,中感赤霉病、纹枯病、白粉病。品质检测:籽粒容重 770 g/L、762 g/L,蛋白质含量 11.65%、12.85%,湿面筋含量 21.3%、24.9%,稳定时间 2.1 min、2.6 min。2015 年主要品质指标达到弱筋小麦标准。

栽培技术要点:适宜播种期 10 月下旬至 11 月上旬,每亩适宜基本苗 12 万~15 万。注意防治蚜虫、条锈病、叶锈病、赤霉病、白粉病和纹枯病等病虫害。该品种适宜河南信阳地区种植。

(五)光明麦 1311

育种者:光明种业有限公司、江苏省农业科学院粮食作物研究所,品种来源:3E158/宁麦 9 号,审定编号:国审麦 20180005。

特征特性:春性,全生育期 201 d,比对照品种扬麦 20 晚熟 1~2 d。幼苗直立,叶色深绿,分蘖力较强。株高 84 cm,株型较松散,抗倒性较强。旗叶上举,穗层整齐,熟相中等。穗纺锤形,长芒、白壳、红粒,籽粒半角质,饱满度中等。亩穗数 30.1 万穗,穗粒数 38.7 粒,千粒重 38.6 g。抗病性鉴定:高感条锈病、叶锈病和白粉病,中感纹枯病,中抗赤霉病。品质检测:籽粒容重 780 g/L、783 g/L,蛋白质含量 11.38%、12.63%,湿面筋含量 22.5%、26.4%,稳定时间 2.5 min、4.0 min。2015 年主要品质指标达到弱筋小麦标准。

栽培技术要点:适宜播种期 10 月下旬至 11 月上旬,每亩适宜基本苗 14 万~16 万。注意防治蚜虫、赤霉病、白粉病、纹枯病、条锈病和叶锈病等病虫害。该品种适宜河南信阳地区种植。

四、彩色小麦品种

(一)正能 2 号

育种者:刘海富、李航、梁硕敏,品种来源:达赖草/宛源 50-2,审定编号:豫审麦 20180050。

特征特性:半冬性特殊用途类型小麦品种,全生育期 228~229 d,平均与对照品种周黑麦 1 号熟期相当。幼苗半匍匐,苗势壮,分蘖力弱。春季起身拔节较迟,苗脚不利索,耐倒春寒能力一般。株高 72.0~82.8 cm,株型松散,抗倒性一般。旗叶上举,下部叶片退化早,干尖明显,穗层整齐,熟相一般。穗纺锤形,籽粒半角质、深褐色,饱满度中等。亩穗数 30.1 万~37.5 万,穗粒数 36.7~40.1 粒,千粒重 32.5~35.3 g。抗病鉴定:中感条锈病、叶锈病、白粉病和纹枯病,高感赤霉病。

栽培技术要点:适宜播种期 10 月上中旬,每亩适宜基本苗 12 万~15 万。注意防治蚜虫、条锈病、叶锈病、白粉病、赤霉病和纹枯病等病虫害,高水肥地块注意防止倒伏。

该品种适宜作为特殊用途类型品种以订单农业形式在河南省(南部长江中下游麦区除外)早中茬地种植。

(二)中鼎原紫 1 号

育种者:刘海富、李航、梁硕敏,品种来源:宛 7107/高原青稞紫,审定编号:豫审麦 20180052。

特征特性:半冬性特殊用途类型小麦品种,全生育期 231~233 d,平均比对照品种周黑麦 1 号晚熟 4 d。幼苗半匍匐,苗期叶色浓绿,分蘖力一般,冬季抗寒性较好。春季起身迟,耐倒春寒能力一般。株高82.0～96.6 cm,株型较紧凑,抗倒性一般。叶片干尖多,穗层整齐,熟相一般,成熟偏晚。穗纺锤形,籽粒角质、深褐色,饱满度中等。亩穗数26.2万～29.6万,穗粒数40.5～43.5粒,千粒重39.6～42.1 g。抗病鉴定:中感叶锈病、白粉病和纹枯病、高感条锈病和赤霉病。

栽培技术要点:适宜播种期10月上中旬,每亩适宜基本苗12万～15万。注意防治蚜虫、条锈病、叶锈病、白粉病、赤霉病和纹枯病等病虫害,高水肥地块注意防止倒伏。

该品种适宜作为特殊用途类型品种以订单农业形式在河南省(南部长江中下游麦区除外)早中茬地种植。

(三)豫教黑1号

选育单位:河南教育学院,品种来源:漯珍1号/周麦9号,审定编号:豫审麦2011014。

特征特性:属半冬性中晚熟黑色类型品种,全生育期233.7 d,比漯珍1号晚熟0.9 d。幼苗半直立,苗期长势壮,分蘖力强,抗寒性好;株高72.7 cm,株型半紧凑,抗倒性一般,旗叶上举,干尖重,熟相一般;穗层较厚,受倒春寒影响,有虚尖缺位现象;籽粒黑色,角质,饱满度一般。产量构成三要素:亩穗数38.4万,穗粒数26.3粒,千粒重39.3 g。

抗性鉴定:2008年河南省农科院植保所成株期综合鉴定,中感白粉病和叶锈病,中抗条锈病、叶枯病和纹枯病。品质分析:2010年经农业部农产品质量监督检验测试中心(郑州)测试,铁含量31.4 mg/kg,硒含量0.040 4 mg/kg,碘含量1.80 mg/kg。

适宜地区:作为特用类型品种,以订单农业形式在河南省麦区(南部稻茬麦区除外)早中茬地种植。

栽培技术要点:①播期和播量:适播期10月5～20日;每亩播量7～9 kg。②田间管理。施足底肥,有机肥与化学肥料配合,根据土壤肥力、墒情和苗情,酌情、适量追施冬肥和春肥及灌水。小麦扬花后用磷酸二氢钾、粉锈宁加氧化乐果间隔7 d田间喷雾两次,防病治虫,延长叶片功能期,增加千粒重。生产上利用时应适当控制群体,防止倒伏。蜡熟末期及时收割。

(四)周黑麦1号

选育单位:周口市农业科学院,品种来源:周麦9号/漯珍1号,审定编号:豫审麦2011013。

品种特征:半冬性品种,全生育期232.2 d(比对照漯珍1号早熟0.5 d)。幼苗半匍匐,苗壮,抗寒力强,分蘖力强,成穗率一般;春季返青后叶色变浅;株高79 cm,茎秆弹性好,抗倒伏能力强。旗叶上举,穗层整齐;耐后期高温,成熟落黄较好。穗中等,结实性较好,黑粒,籽粒半角质,饱满度较好;产量三要素为:亩成穗数39.5万左右,穗粒数35.0粒,千粒重36.9 g。

抗性鉴定:2008～2009年度经河南省农科院植保所成株期综合抗病性鉴定和接种鉴定,对条锈病、纹枯病中抗,对叶锈病、白粉病和叶枯病中感。品质分析:2010年生产试验混合样品质分析结果,铁含量29.6 mg/kg,硒含量0.038 2 mg/kg,碘含量1.78 mg/kg。可制作黑色面条、馒头、麦仁等特殊的黑色食品,满足缺乏铁、硒、碘等微量元素人群的需求。

栽培技术要点:①播期。10月5～25日均可播种,最佳播期10月10日左右。②播量。适宜播量8～10 kg/亩。③田间管理。一般全生育期每亩施肥量为:纯氮12～14 kg,

磷(P_2O_5)6~10 kg,钾(K_2O)5~7 kg,氮肥底肥与追肥的比例为6∶4。中后期防治病虫害:一般应在4月中旬至5月上旬喷雾重点防治白粉病和叶锈病2次,可用20%三唑酮100 mL/亩;防治蚜虫用吡虫啉30~40 g/亩;叶面喷施磷酸二氢钾200 g/亩两次。

(五)灵黑麦1号

育种者:李怀江、三门峡市农业科学研究院,品种来源:中普黑麦1号/予原黑麦1号,审定编号:豫审麦20190062。

特征特性:半冬性特殊用途类型小麦品种,全生育期219.0~222.3 d,平均熟期比对照品种周黑麦1号早熟2.3 d。幼苗直立,叶色深绿,长势旺,分蘖力中等,成穗率较高。春季起身拔节迟,抽穗晚,耐倒春寒能力一般。株高77.2~84.0 cm,株型较紧凑,抗倒性较好。旗叶大,穗层较整齐,熟相好。穗长方形,长芒、白壳、黑粒,籽粒半角质,饱满度较好。亩穗数36.8万~40.2万,穗粒数33.8~37.8粒,千粒重35.2~35.8 g。抗病鉴定:中感条锈病、叶锈病和纹枯病,高感白粉病和赤霉病。

栽培技术要点:适宜播种期10月上中旬,每亩适宜基本苗18万~20万。注意防治蚜虫、白粉病、赤霉病、条锈病、叶锈病和纹枯病等病虫害,注意预防倒春寒。

该品种适宜作为特殊用途类型品种以订单农业形式在河南省(南部长江中下游麦区除外)早中茬地种植。

(六)灵绿麦1号

育种者:李怀江、朱建明、三门峡市农业科学研究院,品种来源:中普绿麦1号/中普6号灵黑麦1号,审定编号:豫审麦20190061。

特征特性:半冬性特殊用途类型小麦品种,全生育期221.9~226.2 d,平均熟期比对照品种周黑麦1号晚熟0.8 d。幼苗半匍匐,叶色深绿,长势旺,分蘖力较强,成穗率一般。株高81.4~87.9 cm,株型较紧凑,抗倒性较好。旗叶大,穗下节长,穗层较整齐,熟相好。穗长方形,长芒、白壳、绿粒,籽粒半角质,饱满度好。亩穗数29.2万~32.2万,穗粒数39.9~47.8粒,千粒重36.5~37.6 g。抗病鉴定:中抗条锈病,中感叶锈病、白粉病和纹枯病,高感赤霉病。

栽培技术要点:适宜播种期10月上中旬,每亩适宜基本苗20万~22万。注意防治蚜虫、赤霉病、叶锈病、白粉病和纹枯病等病虫害,注意预防倒春寒。

该品种适宜作为特殊用途类型品种以订单农业形式在河南省(南部长江中下游麦区除外)早中茬地种植。

(七)农大3753(农大876)

由中国农业大学小麦育种研究所以组合京冬8号×黑小麦76采用系谱法选育而成的黑小麦新品种。

特征特性:冬性,抗寒性强。幼苗半匍匐,苗色深绿,长势健壮。株高75~80 cm,旗叶上冲,株形紧凑。茎秆柔韧,抗倒性好。穗长方形,长芒、白壳、粒紫黑色。籽粒短圆形,角质,千粒重42 g左右。成熟期同京411,属中早熟品种。熟相、落黄好。经农业部谷物监督检验中心测定,该品种微量元素硒含量达87.89 mg/kg,容重829 g,沉降值42.4 min,湿面筋28%,形成时间10.5 min,稳定时间14.6 min。是富硒优质面包小麦,营养与加工品质均属优良。

栽培技术要点：适当深耕，施足底肥，提倡增施有机肥及合理的配方施肥，重施拔节肥。适时播种，每亩基本苗，黄淮麦区 10 万 ~15 万，北部冬麦区 20 万左右；生产上应注意在返青至拔节初期控制肥水，应蹲苗；春水根据苗情应在起身至拔节期为好，并提倡灌浆中后期的叶面喷肥。

该品种适宜在河南、山东等地种植。加工用途广泛，既可作为特用品种加工营养全麦粉、面包粉、富硒面粉，又可作为普通强筋品种加工各类专用粉。

（八）中普黑 1 号

育种者：三门峡中普农业科技有限责任公司周中普，品种来源："宛原 50－2"与冰草远缘杂交。2005 年 11 月 1 日被国家农业部授予新品种权。

特征特性：弱冬性小麦，与俄罗斯黑小麦品种相比，籽粒大、产量高，蛋白质含量也高。它株高 80 cm 左右，抗倒伏性强；籽粒形状长圆形，呈黑紫色（咖啡红）玻璃质，颜色发亮；一般情况下穗长 10 ~12 cm，单穗籽粒 60 粒左右，千粒重在 50 g 左右。2005 年 8 月经中国农业部农产品质量检测中心（郑州）检测，蛋白质含量 16.03%，赖氨酸 0.40%，含微量元素铁为 41.2 mg/kg，锌为 36.2 mg/kg，硒为 37.0 μg/kg，钙 184 mg/kg。

适于亩产 500 kg 肥力地块种植。在河南适播期为 10 月 25 日至 11 月 20 日播种，适播期每亩播种量 8 kg 左右（不同种植区域有所不同），晚播时适当加大播种量。该品种分蘖适中，每亩成穗以 30 万 ~32 万穗为宜。施肥以底肥为主，重施氮肥并注意氮、磷、钾配合。追肥应掌握氮肥后移原则，一般可在 3 月中下旬亩追尿素 5 ~7.5 kg，扬花后 4 ~10 d 及灌浆初期注意喷施叶面微肥和磷酸二氢钾，灌浆期注意防治蚜虫。

（九）中普绿 1 号

育种者：三门峡中普农业科技有限责任公司周中普，品种来源："宛原 50－2"与冰草远缘杂交。

特征特性：半冬性。它株高 85 cm 左右，抗倒伏；籽粒形状椭圆形，颜色深青、硬质、冠毛少；一般穗长 6 ~8 cm，单穗籽粒 60 粒左右，千粒重在 40 g 左右。"中普绿麦 1 号"小麦抗条锈、叶锈等多种小麦病害，大田种植亩产一般在 400 ~500 kg。2003 年 10 月 27 日经农业部农产品质量监督检验测试中心（郑州）检测，蛋白质含量（干基）18.83%，赖氨酸（干基）0.51%，湿面筋 42.6%；微量元素铁 184 mg/kg，锌 40.8 mg/kg，硒 0.075 6 mg/kg，碘 0.28 mg/kg，钙 272 mg/kg。其中微量元素铁、锌、硒的含量在已通过国家农业部检测中心检测的小麦中属于非常高的。

适于亩产 400 ~500 kg 肥力地块种植。在河南适播期为 10 月 8 ~28 日，最晚可延迟到 11 月 10 日播种，适播期每亩播种量 6 ~8 kg（不同种植区域有所不同），晚播时适当加大播种量。中普绿麦 1 号分蘖适中，每亩成穗以 35 万穗为宜。施肥以底肥为主，重施氮肥并注意氮、磷、钾配合。追肥应掌握氮肥后移原则，一般可在 3 月中下旬亩追尿素 5 ~7.5 kg，扬花后 4 ~10 d 及灌浆初期注意喷施叶面微肥和磷酸二氢钾，灌浆期注意防治蚜虫。

（十）豫圣黑麦一号

育种者：漯河市农业科学院、河南裕泉种业有限公司，品种来源：漯珍 1 号系选，审定编号：豫审麦 20180051。

特征特性:弱春性特殊用途类型小麦品种,全生育期 228 ~ 229 d,平均与对照品种周黑麦 1 号熟期相当。幼苗半匍匐,苗期叶色浓绿,分蘖力中等。春季起身拔节早,耐倒春寒能力一般。株高 75.0 ~ 91.0 cm,株型偏松散,茎秆弹性一般,抗倒性中等。叶片偏大、卷曲,穗层整齐,熟相中等。穗近长方形,结实性较好,籽粒角质、深褐色,饱满度中等。亩穗数 33.0 万 ~ 39.3 万,穗粒数 34.7 ~ 36.9 粒,千粒重 31.6 ~ 35.8 g。抗病鉴定:中感条锈病、叶锈病、白粉病和纹枯病,高感赤霉病。

栽培技术要点:适宜播种期 10 月中下旬,每亩适宜基本苗 15 万 ~ 18 万。注意防治蚜虫、条锈病、叶锈病、白粉病、赤霉病和纹枯病等病虫害。

该品种适宜作为特殊用途类型品种以订单农业形式在河南省(南部长江中下游麦区除外)中晚茬地种植。

(十一)漯珍 1 号

河南省豫中农作物品种展览中心选育,1997 年 10 月经河南省品种审定委员会备案,1991 年从偃师 86(117)[黔丰 1 号/山前/(偃师 9 号/小偃 5 号)]中发现的变异单株,经数年连续定向培育而成。

特征特性:属弱春性品种,幼苗匍匐,分蘖力强;株高 74 ~ 76 cm。穗长方形,长芒、白壳、籽粒黑色,长圆形,硬质,品质好;多花多实,穗粒数 49.9 粒,粒重 35 g 左右;根系发达,秆矮秆硬抗倒,抗逆力强,株型较紧凑,穗层整齐,亩产一般在 400 kg 左右。该品种高抗条锈病、叶锈病,中抗白粉病,轻感叶枯病。后期落黄好、早熟、抗干热风。

漯珍 1 号适应于黄淮地区,尤其是河南的中、北部,山西的东、南部,安徽的中、西部等地区的中晚茬中上等肥力地种植。播期以 10 月中下旬至"霜降"前为宜,亩播量 6 ~ 8 kg,肥力低和晚播时应适当增加播量。播前应施足底肥,一般亩施农家肥 4 000 ~ 5 000 kg,注意增施磷肥,以利培育冬前壮苗。拔节后可视苗情追施尿素 8 ~ 10 kg/亩。春季低温多湿应注意防治纹枯病。后期应根据天气情况和土壤湿度控制浇水。

第三节 彩色小麦高产高效栽培技术

一、选用良种

在有订单或销路的情况下,选用通过国家或河南省农作物品种审定委员会审定,经当地试验、示范,适应当地生产条件的对路品种。种植彩色小麦可分别选用豫教黑 1 号、周黑麦 1 号、灵黑麦 1 号、中普黑 1 号、漯珍 1 号、豫圣黑麦 1 号、农大 3753(农大 876)、中鼎原紫 1 号、正能 2 号等黑(褐色)小麦,灵绿麦 1 号、中普绿 1 号等绿色小麦。

(一)精选种子

播前要精选种子,去除病粒、霉粒、烂粒等,并选晴天晒种 1 ~ 2 d。种子质量应达到如下标准:纯度≥99.0%,净度≥99.0%,发芽率≥85%,水分≤13%。

(二)种子包衣和药剂拌种

为预防土传、种传病害及地下害虫,特别是根部和茎基部病害,必须做好种子包衣或药剂拌种。条锈病、纹枯病、腥黑穗病等多种病害重发区,可选用 2% 戊唑醇(立克秀)干拌剂或湿拌剂按每 100 kg 种子用药剂 100 ~ 150 g,或 6% 戊唑醇(亮穗)悬浮种衣剂按 100 kg 种子用药剂 33 ~ 45 mL,或苯醚甲环唑(3% 敌萎丹)悬浮种衣剂按药种比 1:(167 ~ 200)进行种子包衣;氟咯菌腈(2.5% 适乐时)悬浮种衣剂按每 100 kg 种子用药剂 100 ~ 200 mL,或 27% 酷拉斯(苯醚·咯·噻虫)悬浮种衣剂按每 100 kg 小麦种子用制剂 200 mL 拌种。小麦全蚀病重发区,可选用硅噻菌胺(12.5% 全蚀净)悬浮剂每 10 kg 种子 20 ~ 40 mL,或适麦丹(2.4% 苯醚甲环唑 + 2.4% 氟咯菌腈)悬浮种衣剂按每 100 kg 种子用 10 ~ 15 g 药剂拌种。小麦黄矮病和丛矮病发生区,可用 27% 酷拉斯悬浮种衣剂拌种。防治蝼蛄、蛴螬、金针虫等地下害虫,可用 40% 甲基异柳磷乳油或 40% 辛硫磷乳油进行药剂拌种。多种病虫混发区,采用杀菌剂和杀虫剂各计各量混合拌种或种子包衣。

(三)土壤处理

地下害虫严重发生地块,每亩可用 40% 辛硫磷乳油或 40% 甲基异柳磷乳油 0.3 kg,加水 1 ~ 2 kg,拌细土 25 kg 制成毒土,耕地前均匀撒施于地面,随犁地翻入土中。

(四)精细整地

前茬玉米收获后,应及早粉碎秸秆,秸秆切碎长度 ≤10 cm,均匀撒于地表,用大型拖拉机耕翻入土,耙耱压实,并浇塌墒水,每亩补施尿素 5 kg,以加速秸秆腐解。

秋作物成熟后及早收获腾茬,耙耱保墒。按照"秸秆还田必须深耕,旋耕播种必须耙实"的要求,提倡用大型拖拉机深耕细耙。连续旋耕 2 ~ 3 年的麦田必须深耕一次,耕深 25 cm 左右,或用深松机深松 30 cm 左右,以破除犁底层,促进根系下扎,有利于吸收深层水分和养分,增强抗灾能力。耕后耙实耙细,平整地面,彻底消除"龟背田"。

播前土壤墒情不足的麦田应适时造墒,保证土壤含水量达到田间最大持水量的 70% ~ 85%,确保足墒播种,一播全苗。

(五)科学施肥

一般亩产 400 kg 左右麦田亩施纯氮(N)12 ~ 14 kg,磷肥(P_2O_5)5 ~ 7 kg,钾肥(K_2O)4 ~ 6 kg;亩产 500 kg 以上高产麦田亩施纯氮(N)14 ~ 16 kg,磷肥(P_2O_5)8 ~ 10 kg,钾肥(K_2O)5 ~ 8 kg。小麦玉米一年两熟麦田应注意增加磷肥施用量。

基肥应在耕地前撒施或用旋耕播种机机施。机施肥料宜选用颗粒肥,且注意肥层与种子之间的土壤隔离层不小于 3 cm,肥带宽度略大于种子的播幅宽度。

(六)播种

根据品种特性,确定适宜播期。豫北、豫西北地区半冬性品种宜在 10 月 5 ~ 12 日播种,弱春性品种在 10 月 12 ~ 18 日播种;豫中、豫东地区半冬性品种在 10 月 8 ~ 15 日播种,弱春性品种在 10 月 15 ~ 20 日。适期播种范围内,早茬地种植分蘖力强、成穗率高的品种,亩基本苗控制在 15 万 ~ 18 万,一般亩播量 8 ~ 10 kg;中晚茬地种植分蘖力弱、成穗率低的品种,亩基本苗控制在 18 万 ~ 22 万,一般亩播量 9 ~ 12 kg。如播种时土壤墒情较差、因灾延误播期或整地质量差、土壤肥力低的麦田,可适当增加播种量。一般每晚播 3 d 亩增加播量 0.5 kg,但亩播量最多不能超过 15 kg。

提倡半精量播种,并适当缩小行距。高产田块采用 20 ~ 23 cm 等行距,或(15 ~ 18)cm × 25 cm 宽窄行种植;中低产田采用 20 ~ 23 cm 等行距种植。机播作业麦田要求做到下种均匀,不漏播、不重播,深浅一致,覆土严实,地头地边播种整齐。与经济作物间作套种还应注意留足留好预留行。播种深度以 3～5 cm 为宜，在此深度范围内，应掌握沙土地宜深，黏土地宜浅；墒情差的宜深，墒情好的宜浅；早播的宜深，晚播的宜浅的原则。采用机条播时，播种机行走速度控制在每小时 5 km，确保下种均匀、深浅一致，不漏播、不重播。旋耕和秸秆还田的麦田，播种时要用带镇压装置的播种机随播镇压，踏实土壤，确保顺利出苗。

二、田间管理技术

（一）冬前及越冬期管理

1. 查苗补种，疏密补稀

缺苗在 15 cm 以上的地块要及时催芽开沟补种同品种的种子，墒情差时在沟内先浇水再补种；也可采用疏密补稀的方法，移栽带 1～2 个分蘖的麦苗，覆土深度要掌握上不压心、下不露白，并压实土壤，适量浇水，保证成活。

2. 适时中耕镇压

每次降雨或浇水后要适时中耕保墒，破除板结，促根蘖健壮发育。对群体过大过旺麦田，可采取深中耕断根或镇压措施，控旺转壮，保苗安全越冬。对秸秆还田没有造墒的麦田，播后必须进行镇压，使种子与土壤接触紧密；对秋冬雨雪偏少，口墒较差且坷垃较多的麦田，应在冬前适时镇压，保苗安全越冬。

3. 看苗分类管理

（1）对于因地力、墒情不足等造成的弱苗，要抓住冬前有利时机追肥浇水，一般每亩追施尿素 10 kg 左右，并及时中耕松土，促根增蘖。

（2）对晚播弱苗，冬前可浅锄松土，增温保墒，促苗早发快长。这类麦田冬前一般不宜追肥浇水，以免降低地温，影响发苗。

（3）对有旺长趋势的麦田，要及时进行深中耕镇压，中耕深度以 7～10 cm 为宜。

4. 科学冬灌

对秸秆还田、旋耕播种、土壤悬空不实或缺墒的麦田必须进行冬灌，保苗安全越冬。冬灌的时间一般在日平均气温 3～4 ℃时开始进行，在夜冻昼消时完成，每亩浇水 40 m^3，禁止大水漫灌。浇过冬水后的麦田，在墒情适宜时要及时划锄松土，以免地表板结龟裂，透风伤根，造成黄苗死苗。

5. 防治病虫草害

麦田化学除草。于 11 月上中旬至 12 月上旬，日平均气温 10 ℃以上时及时防除麦田杂草。对野燕麦、看麦娘、黑麦草等禾本科杂草，每亩用 6.9% 精恶唑禾草灵（骠马）水乳剂 60～70 mL 或 10% 精恶唑禾草灵（骠马）乳油 30～40 mL 加水 30～40 kg 喷雾防治；对节节麦、野燕麦等杂草，亩用 3% 甲基二磺隆乳油（世玛）25～30 mL 加水 30～40 kg 喷雾防治。对播娘蒿、荠菜、猪殃殃等阔叶类杂草，每亩可用 75% 苯磺隆（阔叶净、巨星）干悬浮剂 1.0～1.8 g，或 10% 苯磺隆可湿性粉剂 10～15 g，或 20% 使它隆乳油 50～60 mL 加水 30～40 kg 喷雾防治。

也可以在播后芽前或芽后早期亩用 50% 吡氟酰草胺（骄马）可湿性粉剂 15～20 g，防治麦田阔叶杂草和部分一年生禾草。骄马在小麦播种后至拔节前均可使用，骄马既能杀死已出土杂草,又能封闭未出土杂草,有效防除小麦田猪殃殃、繁缕、牛繁缕、婆婆纳、宝盖草、麦家公、野油菜、荠菜、播娘蒿、野老鹳草等绝大多数一年生阔叶杂草。兑农药时要采取两步配制法,即先用少量水配制成较为浓稠的母液,然后再倒入盛有水的容器中进行最后稀释。

越冬前是小麦纹枯病的第一个盛发期,每亩可用12.5%烯唑醇(禾果利)可湿性粉剂20~30 g,或15%三唑酮可湿性粉剂100 g,对水40~50 kg,均匀喷洒在麦株茎基部进行防治。

对蛴螬、金针虫等地下虫危害较重的麦田,每亩用40%甲基异柳磷乳油或50%辛硫磷乳油500 mL加水750 kg,顺垄浇灌;或每亩用50%辛硫磷乳油或48%毒死蜱乳油0.25~0.3 L,对水10倍,拌细土40~50 kg,结合锄地施入土中。

对麦黑潜叶蝇发生严重麦田,亩用4%阿维·啶虫乳油3 000~4 000倍液,或用1%阿维菌素3 000~4 000倍液喷雾,同时兼治小麦蚜虫和红蜘蛛。对小麦胞囊线虫病发生严重田块,亩用0.5%阿维菌素颗粒剂2.5~3 kg,或5%线敌颗粒剂3.7 kg,在小麦苗期顺垄撒施,撒后及时浇水,提高防效。

6. 严禁畜禽啃青

要加强冬前麦田管护,管好畜禽,杜绝畜禽啃青。

(二)返青—抽穗期管理

1. 中耕划锄

返青期各类麦田都要普遍进行浅中耕,以松土保墒,破除板结,增加土壤透气性,提高地温,消灭杂草,促进根蘖早发稳长。对于生长过旺麦田,在起身期进行隔行深中耕,控旺转壮,蹲秸壮秆,预防倒伏。

2. 因苗制宜,分类管理

(1)对于一类苗麦田,应积极推广氮肥后移技术,在小麦拔节中期结合浇水每亩追施尿素8~10 kg,控制无效分蘖滋生,加速两极分化,促穗花平衡发育,培育壮秆大穗。

(2)对于二类苗麦田,应在起身初期进行追肥浇水,一般每亩追施尿素10~15 kg并配施适量磷酸二铵,以满足小麦生长发育和产量提高对养分的需求。

(3)对于三类苗麦田,春季管理以促为主,早春及时中耕划锄,提高地温,促苗早发快长;追肥分两次进行,第一次在返青期结合浇水每亩追施尿素10 kg左右,第二次在拔节后期结合浇水每亩追施尿素5~7 kg。

(4)对于播期早、播量大,有旺长趋势的麦田,可在起身期每亩用15%多效唑可湿性粉剂30~50 g或壮丰胺30~40 mL,加水25~30 kg均匀喷洒,或进行深中耕断根,控制旺长,预防倒伏。

(5)对于没有水浇条件的麦田,春季要趁雨每亩追施尿素8~10 kg。

3. 预防"倒春寒"和晚霜冻害

小麦晚霜冻害频发区,小麦拔节期前后一定要密切关注天气变化,在预报有寒流来临之前,采取浇水、喷洒防冻剂等措施,预防晚霜冻害。一旦发生冻害,应及时采取浇水施肥等补救措施,一般每亩追施尿素5~10 kg,促其尽快恢复生长。

4. 防治病虫草害

重点防治麦田草害和纹枯病,挑治麦蚜、麦蜘蛛,补治小麦全蚀病。

(1)早控草害。返青期是麦田杂草防治的有效补充时期,对冬前未能及时除草而杂草又重的麦田,此期应及时进行化学防除。播娘蒿、荠菜发生较重田块,每亩用10%苯磺隆可湿性粉剂10~15 g加水40 kg喷雾;猪秧秧、野油菜、播娘蒿、荠菜、繁缕发生较重地块,每亩用5.8%麦喜悬浮剂用药量为10 mL加水喷施;对以野燕麦、看麦娘、早熟禾、黑麦草、节节麦、雀麦为主的麦田恶性禾木科杂草的除草剂品种可用3%世玛(甲基二磺隆)30 mL/亩加助剂喷雾进行防治。对以猪秧秧、泽漆、繁缕等较难防除的阔叶杂草为主的田块,每亩用20%使它隆50~60 mL或20%二甲四氯钠盐水剂150 mL+20%使它隆乳油25~35 mL加水喷雾;对硬草、看麦娘等禾本科杂草和阔叶杂草混生田块,用3%世玛(甲基二磺隆)30 mL/亩加助剂+10%苯磺隆每亩10 g或6.9%骠马水剂50 mL+20%溴苯腈乳油100 mL加水喷雾。化学除草技术性很强,特别专业化统一防治要特别注意:严格掌握用药量、施药时期和用水量;小麦拔节后(进入生殖生长期,株高13 cm时)对药剂十分敏感,绝对禁止使用化学除草剂,以防药害;极端天气,气温过高或寒潮来临时一般不要用药;大风天气不能施药,以免药液飘移,对邻近敏感作物产生药害。

(2)小麦纹枯病。小麦起身至拔节期,气温达到10~15 ℃是纹枯病第二个盛发期。当发病麦田病株率达到15%,病情指数为3%~6%时,每亩用12.5%烯唑醇(禾果利)可湿性粉剂20~30 g,或15%三唑酮可湿性粉剂100 g,或25%丙环唑乳油30~35 mL,加水50 kg喷雾,隔7~10 d再施一次药,连喷2~3次。注意加大水量,将药液喷洒在麦株茎基部,以提高防效。

(3)蚜虫、麦蜘蛛。麦二叉蚜在小麦返青、拔节期,麦长管蚜在扬花末期是防治的最佳时期。当苗期蚜虫百株虫量达到200头以上时,每亩可用50%抗蚜威可湿性粉剂10~15 g,或10%吡虫啉可湿性粉剂20 g加水喷雾进行挑治。当小麦市尺单行有麦圆蜘蛛200头或麦长腿蜘蛛100头以上时,每亩可用1.8%阿维菌素乳油8~10 mL,加水40 kg喷雾防治。

5. 化学调控

在小麦返青期,用壮丰安30~40 mL/亩,或多效唑40 mL/亩对水喷施,可使植株矮化,抗倒伏能力增强,并能兼治小麦白粉病和提高植株对氮素的吸收利用率,提高小麦产量和籽粒蛋白质含量;在拔节初期,对有旺长趋势的麦田,用0.15%~0.3%的矮壮素溶液喷施,可有效地抑制基部节间伸长,使植株矮化,基部茎节增粗,从而防止倒伏;在小麦拔节期,也可亩用助壮素15~20 mL,对水50~60 kg叶面喷施,可抑制节间伸长,对防止小麦植株倒伏有显著效果。

(三)抽穗—成熟期管理

1. 适时浇好灌浆水

小麦生育后期如遇干旱,在小麦孕穗期或籽粒灌浆初期选择无风天气进行小水浇灌,此后一般不再灌水,尤其不能浇麦黄水,以免发生倒伏,降低品质。

2. 叶面喷肥

在小麦抽穗至灌浆期间,亩用尿素1 kg或硫酸钾型三元复合肥加磷酸二氢钾200 g

对水 50 kg 进行叶面喷洒,以补肥、防早衰、防干热风危害,提高粒重,改善品质。

3. 防治病虫害

(1)抽穗至扬花期。

早控条锈病、白粉病,科学预防赤霉病;重点防治麦蜘蛛。

小麦条锈病、白粉病、叶枯病:每亩可用25%戊唑醇可湿性粉剂 20～30 g,或25%氰烯菌酯悬浮剂 100 mL,或12.5%烯唑醇可湿性粉剂 30～50 g,或15%三唑酮可湿性粉剂 80～100 g,或25%丙环唑乳油 30～35 g,或30%戊唑醇悬浮剂 10～15 mL,加水 50 kg 喷雾防治,间隔 7～10 d 再喷药一次。

小麦赤霉病:小麦抽穗扬花期,若天气预报有 3 d 以上连阴雨天气,应抓住下雨间隙期每亩可用50%多菌灵可湿性粉剂 100 g,或多菌灵胶悬剂、微粉剂 80 g 加水 50 kg 喷雾。如喷药后 24 h 遇雨,应及时补喷。尤其是地势低洼、土质黏重、排水不良、土壤湿度大的麦田更应注意赤霉病的防治。

麦蜘蛛:当平均每市尺行长小麦有麦蜘蛛 200 头时,应选择晴天中午前或下午 3 点后无风天气,每亩用1.8%虫螨克乳油 8～10 mL,或20%甲氰菊酯乳油 30 mL,或40%马拉硫磷乳油 30 mL,或1.8%阿维菌素乳油 8～10 mL,加水 50 kg 喷雾防治。

(2)灌浆期。

灌浆期是多种病虫重发、叠发、为害高峰期,必须做到杀虫剂、杀菌剂混合施药,一喷多防,重点控制穗蚜,兼治锈病、白粉病和叶枯病。

小麦蚜虫:当穗蚜百株达500 头或益害比 1∶150 以上时,每亩可用50%抗蚜威可湿性粉剂 10～15 g,或10%吡虫啉可湿性粉剂 20 g,或40%毒死蜱乳油 50～75 mL,或3%啶虫咪 20 mL,或4.5%高效氯氰菊酯 40 mL,加水 50 kg 喷雾,也可用机动弥雾机低容量(亩用水 15 kg)喷防。

小麦白粉病、锈病、蚜虫等病虫混合发生区,可采用杀虫剂和杀菌剂各计各量,混合喷药,进行综合防治。每亩可用15%三唑酮可湿性粉剂 100 g,或12.5%烯唑醇(禾果利)可湿性粉剂 40～60 g,或25%丙环唑乳油 30～35 g,或30%戊唑醇悬浮剂 10～15 mL 加10%吡虫啉可湿性粉剂 20 g,或40%毒死蜱乳油 50～75 mL 加水 50 kg 喷雾。上述配方中再加入磷酸二氢钾 150 g 还可以起到补肥增产的作用,但要现配现用。

黏虫防治。当发现每平方米有 3 龄前黏虫 15 头以上时,用5%甲维·高氯氟乳油 20 mL 对水,或25%灭幼脲三号 500～600 倍,或4.5%高效氯氰菊酯 2 000～3 000 倍液喷雾防治。机动喷雾器每亩对水 15 kg、手动喷雾器每亩对水 30～40 kg。

4. 适时收获,预防穗发芽

在蜡熟末期至完熟初期适时收获。破碎粒不超过 2.0%,收割前注意清理收割机中的杂麦。留茬高度以不丢失麦穗和有利于下茬作物的播种、管理为原则。若收获期有降雨过程,应适时抢收,天晴时及时晾晒,防止穗发芽和籽粒霉变。收储时要做到单收、单打、单运、单晒,确保彩色小麦的纯度和品质。

第四节　优质小麦高产高效生产技术

发展优质专用小麦,必须坚持适应性种植和比较优势的原则,在适宜强筋和弱筋小麦生产的生态区内发展优质专用小麦生产。优质强筋小麦生产的生态区分为豫北强筋小麦适宜生态区、豫中东强筋小麦次适宜生态区。

豫北强筋小麦适宜生态区位于河南省黄河以北,包括安阳、濮阳、鹤壁、新乡、焦作、济源等地,该区年平均降水量600 mm左右,小麦抽穗后降水量相对较少,光照充足,土壤类型以潮土为主,质地以中壤为主,适应发展优质强筋小麦(黄河故道沙地除外)。

豫中东强筋小麦次适宜生态区位于河南省中东部,黄河以南、沙河以北。包括开封、商丘、郑州、许昌、洛阳等地及平顶山、漯河、周口3市的沙河以北地区。该区年平均降水量700~900 mm,小麦生育期内光、温、水等气候条件地区间、年际间变化较大,土壤类型以潮土、黄褐土、砂姜黑土为主,质地沙壤至重壤。该区内土壤质地偏黏、肥力较高、小麦生育后期降水较少的地区,适宜发展优质强筋小麦。

豫南沿淮优质弱筋小麦适宜生态区位于河南省南部,包括信阳市固始县和南阳市桐柏县、驻马店市正阳县。该区年平均降水量1 000~1 100 mm,土壤类型以水稻土和黄棕土为主,小麦生育期特别是灌浆期间降水较多,土壤和空气相对湿度较大、光照较差,该区沿淮沙壤土适宜发展优质弱筋小麦。

一、强筋小麦生产技术

(一)产地环境

1.生态环境

中壤土或黏质土壤,远离污染源的地块。小麦生育期间光照充分、后期降雨量偏少。宜在豫北、豫西北麦区及豫中、豫东部的部分中高肥力麦田种植。

2.土壤养分

0~20 cm土壤耕层有机质含量≥15 g/kg,全氮(N)含量≥1.2 g/kg,有效磷(P)含量≥15 mg/kg,速效钾(K)含量≥110 mg/kg。

(二)播前准备

1.品种选用

选用通过国家或河南省农作物品种审定委员会审定,适应种植地区生态条件的抗逆、抗病、抗倒伏稳产高产品种。品质性状应符合GB/T 17320—2013强筋小麦的规定。种子质量应符合GB 4404.1—2008的规定。

2.种子处理

选用包衣种子;未包衣种子应在播种前选用安全高效的杀虫剂、杀菌剂进行拌种。杀虫剂和杀菌剂的使用应符合GB 4285和NY/T 1276—2007的规定。

3.造墒保墒

前茬作物收获后及早粉碎秸秆,均匀覆盖地表,秸秆长度小于5 cm。播种时耕层土壤相对含水量应达到70%~80%,土壤墒情不足时应适时适量地浇灌底墒水。

4. 整地

秸秆还田的地块,应进行机械深耕(耕作深度 25 cm 左右);旋耕地块则应隔 2 ~ 3 年深耕一次。耕后耙实,达到坷垃细碎、地表平整。地下害虫严重的地块应用杀虫剂进行土壤处理,杀虫剂的使用应符合 GB 4285 和 NY/T 1276—2007 的规定。

5. 施肥

在测土配方施肥的基础上,适量增施氮肥、补施硫肥。施氮总量在测土配方施肥的基础上每亩增加纯氮(N)2 ~ 4 kg,每亩施硫肥(S)3 ~ 4 kg。

磷肥和钾肥一次性底施,氮肥分基肥与追肥两次施用,基肥与追肥比例为 6∶4。有条件的地方应增施有机肥,适当减少化学肥料用量。肥料使用应符合 NY/T 496—2010 的规定。

(三)播种

1. 播期

根据品种特性,确定适宜播期。豫北、豫西北地区半冬性品种宜在 10 月 5 ~ 12 日播种,弱春性品种在 10 月 12 ~ 18 日播种;豫中、豫东地区半冬性品种在 10 月 8 ~ 15 日播种,弱春性品种在 10 月 15 ~ 20 日播种。

2. 播量

在适宜播期范围内,每亩播量 9 ~ 10 kg。整地质量较差或晚播麦田,应适当增加播量。超出适播期后,播期每推迟 3 d 每亩应增加播量 0.5 kg,但播量最多每亩不超过 15 kg。

3. 播种方法

采用精量播种机播种,播深 3 ~ 5 cm。采用等行距(18 ~ 20 cm)或宽窄行(24 cm × 16 cm)播种,或采用宽幅播种方式(带宽 8 cm,行距 22 ~ 26 cm)播种,播后镇压。

(四)田间管理

1. 前期管理(出苗—越冬)

(1)查苗补种。出苗后应及时查苗补种,对缺苗断垄(10 cm 以上无苗为缺苗,17 cm 以上无苗为断垄)的地块,用同一品种的种子浸种催芽(露白)后及早补种。

(2)中耕松土。11 月中旬至 12 月中旬应普遍中耕一遍,以松土保墒、破除板结、灭除杂草。

(3)合理灌溉。土壤墒情严重不足(耕层土壤相对含水量低于 50%)时,可进行冬灌。提倡节水灌溉,每亩灌溉量以 30 ~ 40 m^3 为宜,灌水后应及时中耕保墒。灌溉水应符合 GB 5084—2005 的规定。

(4)促弱控旺。越冬期壮苗指标:叶龄达到六叶一心至七叶,每亩总茎数 65 万 ~ 80 万,叶面积系数 1 ~ 1.5,幼穗分化达到二棱初期或二棱中期。如果麦苗生长过旺或冬前出现基部节间伸长,应采取镇压、深中耕或化控技术控制生长。弱苗以促为主,土壤墒情适宜时每亩追施尿素 2 ~ 3 kg;土壤干旱应结合灌溉追肥。

(5)防除杂草。于 11 月上中旬(小麦 3 ~ 4 叶期),日平均温度在 10 ℃以上时及时防除麦田杂草。农药使用应符合 GB 4285 和 NY/T 1276—2007 的规定。

2. 中期管理(返青—抽穗)

(1)中耕除草。早春浅中耕松土,提温保墒,灭除麦田杂草。冬前未进行化学除草的麦田,在早春返青期(日平均气温10 ℃以上时)应及时进行化学除草。

(2)镇压控旺。对长势过旺的麦田宜采用镇压、深耘断根或化控剂控制旺长。

(3)肥水调控。在小麦拔节期,结合灌水追施氮肥,每亩灌溉量以40~50 m^3为宜。追氮量为总施氮量的40%左右。但对于早春土壤偏旱且苗情长势偏弱的麦田,灌水施肥可提前至起身期。

(4)防治病虫害。在返青至抽穗期,重点防治小麦纹枯病、锈病、白粉病及吸浆虫、蚜虫和红蜘蛛。当病虫达到防治指标时,及时进行药剂防治。

(5)预防晚霜冻害。小麦拔节后,若预报出现日最低气温降至0~2 ℃的寒流天气,且日降温幅度较大时,应及时灌水预防冻害发生。寒流过后,及时检查幼穗受冻情况,发现幼穗受冻的麦田,应及时追肥浇水,每亩宜追施尿素5~10 kg。

3. 后期管理(抽穗—成熟)

(1)灌溉。当土壤相对含水量低于60%、植株呈现旱象时进行灌水,每亩灌溉量以30~40 m^3为宜。灌溉应在花后15 d以前完成,灌溉时应避开大风天气。

(2)叶面喷肥。在灌浆前、中期,每亩用尿素1 kg和磷酸二氢钾200 g对水50 kg进行叶面喷肥,促进籽粒氮素积累。叶面喷肥可与病虫害防治结合进行。

(3)防治病虫害。抽穗—扬花期要注意防治小麦赤霉病。若遇花期阴雨,应在药后5~7 d补喷一次。灌浆期应注意防治白粉病、锈病、叶枯病、黑胚病及蚜虫等。成熟期前20 d内停止使用农药。

(五)收获与储藏

1. 收获

在完熟初期,当籽粒呈现品种固有色泽、籽粒含水量达到18%以下时应及时收获,防止穗发芽。

2. 储藏

收获后籽粒水分含量降至12.5%时,入库储藏。

二、弱筋小麦生产技术

(一)产地环境

1. 生态环境

宜选择在排灌条件良好的豫南麦区或沿黄稻茬麦田,且远离污染源的地块种植。

2. 土壤养分

0~20 cm土壤耕层有机质含量≥13 g/kg,全氮(N)含量≥0.8 g/kg,有效磷(P)含量≥12 mg/kg,速效钾(K)含量≥100 mg/kg。

(二)播前准备

1. 品种选用

选用通过国家或河南省农作物品种审定委员会审定,适应种植地区生态条件的抗病、耐湿、耐穗发芽稳产高产品种。品质性状应符合GB/T 17320—2013中弱筋小麦的规定。

种子质量符合 GB 4404.1—2008 的规定。

2. 种子处理

宜选用包衣种子，未包衣种子应在播种前选用安全高效的杀虫剂、杀菌剂进行拌种。杀虫剂和杀菌剂的使用应符合 GB 4285 和 NY/T 1276—2007 的规定。

3. 整地起沟

宜采用机械深耕（耕作深度 25 cm 左右），旋耕地块应隔 2 ~ 3 年深耕一次。耕后机耙，达到坷垃细碎、地表平整。整地时起好腰沟、厢沟和边沟，做到内外沟配套、沟沟相通，排灌通畅。地下害虫严重的地块应用杀虫剂处理，杀虫剂的使用应符合 GB 4285 和 NY/T 1276—2007 的规定。

4. 底肥

坚持"减氮、增磷、补钾微"的施肥原则，磷、钾肥用量按当地测土配方推荐施肥量的要求施用，氮肥在推荐施肥量基础上每亩减少 10% ~15%。

磷钾肥一次性底施，氮肥分基肥与追肥两次施用。其中 60% ~70% 氮肥作基肥，30% ~40% 作为春季追肥。在施用有机肥的情况下，可适当减少化学氮肥的用量。

（三）播种

1. 播期

根据品种特性确定适宜播期。豫南半冬性品种在 10 月 15 ~25 日播种，弱春性品种在 10 月 20 日至 10 月底播种；沿黄稻茬麦半冬性品种在 10 月 6 ~13 日播种，弱春性品种在 10 月 13 ~19 日播种。

2. 播量

在适宜播期范围内，每亩播量 9 ~10 kg。整地质量较差或晚播麦田，应适当增加播量。超出适播期后，播期每推迟 3 d 每亩应增加播量 0.5 kg，但每亩播量最多不超过 15 kg。

3. 播种方法

采用精量播种机播种，播深 3 ~4 cm。采用等行距（20 ~22 cm）或宽窄行（24 cm × 16 cm）播种，播后镇压。

（四）田间管理

1. 前期管理（出苗—越冬）

（1）查苗补种。出苗后应查苗补种，对缺苗断垄（10 cm 以上无苗为缺苗，17 cm 以上无苗为断垄），用同一品种的种子浸种催芽（露白）后及早补种。

（2）中耕松土。11 月中旬至 12 月中旬普遍进行中耕，松土保墒，破除板结，灭除杂草。

（3）合理灌溉。土壤墒情严重不足（耕层土壤相对含水量低于 50%）时，可进行冬灌。提倡节水灌溉，每亩灌溉量以 30 ~40 m^3 为宜，灌水后应及时中耕保墒。灌溉水应符合 GB 5084—2005 的规定。

（4）促弱控旺。越冬期壮苗指标：叶龄达到六叶一心至七叶，每亩总茎数 65 万 ~80 万，叶面积系数 1 ~1.5，幼穗分化达到二棱初期或二棱中期。如果麦苗生长过旺或冬前出现基部节间伸长，应采取镇压、深中耕或化控技术控制生长。弱苗以促为主，可以在土墒情适宜时,每亩追施尿素 2 ~ 3 kg。

(5)防除杂草。于 11 月上中旬,小麦 3 ~ 4 叶期,日平均温度在 10 ℃以上时及时防除麦田杂草。农药使用应符合 GB 4285 和 NY/T 1276—2007 的规定。

2. 中期管理(返青—抽穗)

(1)中耕除草。早春浅中耕松土,提温保墒,灭除麦田杂草。冬前进行化学除草,可在早春返青期(日平均气温 10 ℃以上时)及时进行化除。

(2)镇压控旺。对长势过旺的麦田采用镇压、中耕断根或用化控剂控旺。

(3)肥水调控。在小麦起身至拔节期进行灌溉追肥,一般采用畦灌或喷灌,每亩灌溉量为 40 ~ 50 m^3,追施总施氮量的 30% ~ 40%。

(4)预防晚霜冻害。小麦拔节后若预报出现日最低气温降至 0 ~ 2 ℃的寒流天气,且日降温幅度较大时,应及时浇水,预防冻害发生。寒流过后,及时检查幼穗受冻情况,发现幼穗受冻的麦田,每亩可追施尿素 5 ~ 7 kg。

(5)防治病虫害。在返青至抽穗期,重点防治小麦纹枯病、锈病、白粉病及吸浆虫、蚜虫和红蜘蛛,在病虫达到防治指标时及时进行药剂防治。

(6)清沟排渍。应经常进行清沟排渍,排除田间积水,防止渍害发生。

3. 后期管理(抽穗—成熟)

(1)灌溉。在小麦开花期至籽粒形成期(在开花后 7 ~ 10 d)灌水,每亩灌溉量为 30 ~ 40 m^3,灌溉时避开大风天气。在灌浆中期可根据田间情况,进行少量灌溉,注意防倒。

(2)叶面喷肥。在灌浆期每亩用 200 g 磷酸二氢钾对水 50 kg 叶面喷施。叶面喷肥可与病虫害防治结合进行。

(3)排涝防渍。雨后及时进行沟厢清理,疏通沟渠,排渍降湿,增加土壤透气性。

(4)防治病虫害。抽穗至扬花期要注意防治小麦赤霉病,若遇花期阴雨,应在药后 5 ~ 7 d 补喷一次。灌浆期应注意防治白粉病、锈病、叶枯病、黑胚病及蚜虫等。成熟期前 20 d 内停止使用农药。

(五)收获与储藏

1. 收获

在完熟初期,当籽粒呈现品种固有色泽、籽粒含水量达到 18% 以下时应及时收获,防止穗发芽。

2. 储藏

收获后籽粒水分含量降至 12.5% 时,入库储藏。

第五节　糯小麦高产高质高效栽培技术

一、区域化种植、规模化生产

糯小麦作为特用类型品种,以订单农业形式选种。区域化种植、规模化生产是实现糯小麦优质、高产、高效的基础,在优质糯小麦生产适宜区的中壤土和轻黏壤土地上,集中连片规模种植为商品小麦生产的基础。在品种的选用上,应在集中连片的基地内采用相同品种，做到专种、专收、专储、专卖，确保粮食质量均匀，不混杂，这样才能保证商品小麦籽粒品质的一致性。

二、选用优质高产品种

小麦的品质、产量特性是由其遗传基础所决定的，栽培措施对其有重要的影响。要生产出高质量的糯小麦，首先要选用优质高产的糯小麦品种。目前，在生产上积极推广和应用的优质糯小麦品种有天糯158、济糯1号等。可根据当地生态条件和产量水平，因地制宜，合理选用。一些在生产上连续多年种植，混杂退化严重，不能够生产出符合要求的糯小麦品种，应注意防杂保纯和提纯复壮，确保生产上种植的品种质量纯正达标，对一些已经不适应品质要求的老品种要及时更新。

三、推广包衣种子和种子处理技术

多采用以防治小麦苗期病虫害为主，以调节小麦生长为辅的不同配方种衣剂包衣技术。利用31.9%奥拜瑞（30.8%吡虫啉＋1.1%戊唑醇）悬浮种衣剂或27%酷拉斯（苯醚·咯·噻虫）悬浮种衣剂或氟咯菌腈（2.5%适乐时）悬浮种衣剂为小麦种子包衣，有利于防治地下害虫和苗期易发生的根腐病、纹枯病等苗期病虫害，培育冬前壮苗，目前已成为对种子进行处理的主要措施。没有种衣剂时可采用50%的辛硫磷或40%的甲基异柳磷或其他同类产品进行拌种，可防止蝼蛄、蛴螬、金针虫等地下害虫；在散黑穗病、白粉病、纹枯病、全蚀病或苗期锈病易发生地区，可用20%的粉锈宁、12.5%烯唑醇或多菌灵拌种；同时防治病害和虫害时，可以选杀虫剂和杀菌剂混合拌种，达到病虫兼治的效果。

四、增施氮肥，补施硫肥

在测土配方施肥的基础上，适量增施氮肥、补施硫肥，注重前氮后移。施氮总量在测土配方施肥的基础上，每亩增加纯氮（N）2～4 kg，每亩施硫肥（S）3～4 kg。磷肥和钾肥一次性底施，氮肥分基肥与追肥两次施用，基肥与追肥比例为6∶4。有条件的地方应增施有机肥，适当减少化学肥料用量。一般底施肥50～60 kg复合肥（硫基）（N 24∶P_2O_5 14∶K_2O 7左右的含量），生物有机肥40 kg。

五、足墒下种，一播全苗

足墒播种是实现小麦苗齐、苗全、苗匀、苗壮的基础。前茬作物收获后及早粉碎秸秆，均匀覆盖地表，秸秆长度小于5 cm。糯小麦适宜种植的土壤是壤土和轻黏壤、两合土，最适宜出苗的土壤含水量为18%～20%。播种时耕层土壤相对含水量应达到70%～80%。若土壤水分低于上述指标，则应浇好底墒水，以确保一播全苗，为冬前小麦的健壮生长打下坚实的基础。

六、适时精量匀播

冬小麦的适宜播种期，因各地气候、品种、耕作制度等不同差异很大。但原则上要求麦苗在越冬前主茎有6～7片叶，3～5个分蘖，达到壮苗标准。半冬性品种一般在10月

5～15 日播种，春性品种在 10 月 15～20 日播种。天糯 158 品种 10 月 15～25 日均可播种，适宜播种期为 10 月 20 日。济糯 1 号品种 10 月 5～22 日均可播种，最佳播期 10 月 15 日左右；高肥力地块亩播量 6～9 kg，中低肥力可适当增加播量，如延期播种，以每推迟 3 d 增加 0.5 kg 播量为宜。

具体的播种量可遵循“以田定产，以产定种，以种定穗，以穗定苗，以苗定播量”的原则来确定。在适宜播期范围内，天糯 158 品种一般每亩播量高肥力地块 7～8 kg，中低肥力可适当增加播量 9～10 kg；济糯 1 号品种高肥力地块亩播量 6～9 kg，中低肥力地块可适当增加播量。整地质量较差或晚播麦田，应适当增加播量。超出适播期后，播期每推迟 3 d 每亩应增加播量 0.5 kg，但播量最多每亩不超过 15 kg。具体到每块地的播种量，可根据基本苗、种子的千粒重、种子发芽率、整地情况和土壤墒情等综合确定。

采用精量播种机播种，播深 3～5 cm。采用等行距（18～20 cm）或宽窄行（24 cm×16 cm）播种，或采用宽幅播种方式（带宽 8 cm，行距 22～26 cm）播种，播后镇压。

七、加强冬前管理

小麦的生育前期是指从播种出苗到返青这一阶段。是小麦以生根、长叶、分蘖为主的营养生长时期。在这个时期，麦田管理的主攻目标是确保全苗，促根增蘖，培育壮苗，防止冻害，实现安全越冬，为春季早发健壮生长，获得足够的穗数奠定基础。

（1）查苗补缺，疏密补稀。小麦出苗后，要立即进行查苗。对缺苗断垄的地方，要用原品种的种子浸种催芽后进行补种；对出苗过于密集的地方，要在分蘖前及时进行间苗；小麦分蘖后若仍有缺苗断垄的地方，要进行疏苗补栽。补栽用的苗要选壮苗，并做到“上不压青，下不露白”，栽后浇水，保证成活。

（2）中耕除草。小麦苗期中耕，可以破除板结，改善土壤通透性，提高地温，调节土壤水分，增加土壤微生物活性，有利于土壤养分的释放，并且具有断老根、生新根，促进根系发育，控制无效分蘖，防止群体过大的作用。苗期中耕应根据苗情、墒情和土壤质地来确定。一般晚播弱苗、根系较浅较少，中耕宜浅，以防伤根和埋苗；对壮苗、旺苗，在群体总茎数达到合理指标时，则应适当深中耕，深度可在 10 cm 左右。

（3）镇压防冻。因地制宜对麦田进行镇压，可以减少土壤孔隙度，防止冬季透风受冻，并可减轻由寒风引起的土壤气态水损失，有利于保墒防旱。在整地质量差、土块大的麦田，镇压可以压碎土块，覆盖分蘖节，防止冻害。镇压损伤一部分小麦叶片，可以控制麦苗旺长，减少叶片养分消耗，促使养分向分蘖节积累，使麦苗健壮，减轻冻害。麦田镇压应在土壤封冻前进行，但对于土壤湿度大、含盐量高的盐碱地则不宜镇压。

（4）推广化学除草。在 11 月中旬至 12 月上旬，根据麦田杂草类型选用化学除草剂进行化学除草。对以猪秧秧、荠菜等双子叶杂草为主的麦田，亩可选用 75% 杜邦巨星 1 g 或 10% 苯磺隆可湿性粉剂 10～15 g 或 20% 氯氟吡氧乙酸乳油 50～60 mL 对水 40～50 kg 喷洒进行化学除草；对以节节麦、野燕麦为主的麦田，亩可选用 3% 甲基二磺隆乳油（世玛）25～30 mL 或 70% 氟唑磺隆（彪虎）水分散剂 3～5 g 或 6.9% 的骠马乳油 50 mL 或 15% 炔草酸（麦极）可湿性粉剂 30 g 对水 40～50 kg 进行防除。禾本科和阔叶杂草混生的麦田杂草可选用 3.6% 阔世玛 20 g 或麦极 + 苯磺隆复配剂对水防治。施用化学除草剂要严格按照产品说明书进行,不可随意加大或减少用药量,也不可随意重喷或漏喷,同时要选择在无风晴朗的天气条件下喷洒。

八、春季管理

春季管理是指从小麦返青到抽穗期的管理。小麦返青后,随着外界温度的逐渐升高,小麦根、茎、叶、蘖开始迅速生长。这一阶段是小麦一生中生长发育最旺盛的时期,也是小麦需水、需肥最多的时期。此期,群体生长与个体生长、营养生长与生殖生长的矛盾非常突出,并且随温度的回升,病、虫、草害也逐渐进入高发期。因此,这一时期麦田管理的中心任务就是因苗管理,合理运筹水肥,调控两极分化,促弱控旺,争取穗大粒多,秆壮不倒。

(1)中耕松土。在小麦返青期,要及时中耕松土,以利通气、保墒、提高地温,促进根系发育,使麦苗稳健生长。

(2)肥水调控。3 月中下旬拔节期重施肥,促大蘖成穗,结合灌水追施氮肥,每亩追施尿素 8～10 kg,每亩灌溉量以 40～50 m^3为宜,灌水追肥时间在 3 月下旬。但对于旱春土壤偏旱且苗情长势偏弱的麦田,灌水施肥可提前至起身期。

(3)化学调控。高秆易倒伏的小麦如天糯 158,在小麦返青起身期(3 月初),亩用壮丰安 30～40 mL,或喷多效唑 60～80 g 对水 30～40 kg 喷施,可使植株矮化,抗倒伏能力增强,并能兼治小麦白粉病和提高植株对氮素的吸收利用率,提高小麦产量;在拔节初期,对有旺长趋势的麦田,用 0.15%～0.3% 的矮壮素溶液喷施,可有效地抑制基部节间伸长,使植株矮化,基部茎节增粗,从而防止倒伏。

(4)防治病虫。在小麦返青后,应注意小麦锈病、白粉病、纹枯病等病害及蚜虫、红蜘蛛等虫害的防治。在拔节或孕穗期亩用 12.5% 烯唑醇(禾果利)可湿性粉剂 40～60 g,或 25% 丙环唑乳油 30～35 g,或 30% 戊唑醇悬浮剂 10～15 mL 或 20% 的粉锈宁 50 g 对水 50 kg 喷施,对小麦锈病、白粉病等具有较好的防治作用。在小麦返青期用 5% 的井岗霉素 100～150 g 对水 50 kg,或用 25% 丙环唑乳油 30～35 g 对水喷施,对小麦纹枯病有较好防治作用。对红蜘蛛危害的麦田,可用 1.8% 阿维菌素 4 000～5 000 倍液、15% 哒螨灵 1 500～2 000 倍液等药剂进行喷雾防治。防治麦叶蜂,可用 2.5 氟氯氰菊酯或高效氯氰菊酯 2 000～3 000 倍喷雾。

(5)预防晚霜冻害。小麦拔节后,若预报出现日最低气温降至 0～2 ℃的寒流天气,且日降温幅度较大时,应及时灌水,预防冻害发生。寒流过后,及时检查幼穗受冻情况,发现幼穗受冻的麦田,应及时追肥浇水,每亩宜追施尿素 5～10 kg。

九、重视后期管理

从抽穗开花到成熟是小麦的生育后期,是决定小麦产量和品质的关键时期。因此,小麦后期管理的中心任务是养根、护叶、防早衰、防倒伏和防止病虫危害,促进有机物质的合成和向籽粒运转,提高粒重和品质。

(1)叶面喷肥。做好叶面喷肥是提高小麦品质的重要措施。叶面喷肥能有效改善植株的营养状况,延长叶片的功能期,促进碳氮代谢,提高粒重和蛋白质含量,增加产量和改善品质。在灌浆前、中期,每亩用尿素 1 kg 和 200 g 磷酸二氢钾对水 50 kg 进行叶面喷肥,促进籽粒氮素积累。

（2）防治病虫害。小麦生育后期的病虫害主要有锈病、白粉病、赤霉病、蚜虫、吸浆虫和黏虫等。病虫危害会大幅度降低小麦粒重，导致小麦减产和籽粒品质变差，应切实注意，加强预测预报，及时进行防治。抽穗（麦穗露出旗叶）—扬花期（5 月 1 ~ 9 日）要注意防治小麦赤霉病，4 月下旬喷洒氰烯菌酯 + 己唑醇 + 高效氯氟氰菊酯 + 磷酸二氢钾，重点预防和控制小麦赤霉病的发生兼治穗蚜，若遇花期阴雨，应在药后 5 ~ 7 d 补喷一次。

提倡一喷三防综合用药，每亩可选用 30% 戊唑醇悬浮剂 10 ~ 15 mL 或 15% 粉锈宁可湿性粉剂 70 ~ 100 g + 3% 啶虫咪乳油 20 ~ 30 mL 或菊酯类农药 40 ~ 50 mL 或 10% 吡虫林可湿性粉剂 10 ~ 15 g + 磷酸二氢钾 100 g，对水 50 kg 喷雾防治。

十、适期收获

收获时期对小麦产量、营养品质、加工品质和种子质量有较大影响。收获过早，籽粒成熟度差，含水量大，干燥后籽粒不饱满，千粒重降低，籽粒品质差；收获过晚，易折秆掉穗落粒，加上呼吸作用和淋溶作用，使粒重降低，容重减小，色泽变差，严重影响产量和品质。高产麦田的适宜收获期应在蜡熟末期。蜡熟末期的小麦植株呈现黄色，叶片枯黄，茎秆尚有弹性，籽粒颜色接近本品种固有的色泽，养分停止向籽粒运转，籽粒较硬，含水量在 18% 以下。作为优质专用小麦生产，必须做到单收单脱，单独晾晒，单储单运。若采用机械收割，可在完熟期收获。收获后及时晾晒，防止遇雨和潮湿霉烂，并在入库前做好粮食精选，保持优质小麦商品粮的纯度和质量。收获后籽粒水分含量降至 12.5% 时，入库储藏。

第六节　富硒小麦高产栽培技术

硒元素是人体必需的微量元素，具有解毒、保护心血管、保护肝脏、抗肿瘤等作用。根据医学界统计，全世界有 40 多个国家和地区的人口缺硒。我国是一个缺硒大国，从东北三省到云贵高原，从青海西藏乃至东部大多数沿海地区，约占全国总面积的 70% 以上居住的人口缺硒。

科学家研究发现，冠心病、动脉硬化、高血压、糖尿病、癌症患者等均与人体内缺硒密切相关。据武汉工业学院李庆龙教授介绍，我国居民每天膳食中硒的摄入量处于较低水平，仅靠天然食品中的硒摄入量已不能满足人体的正常需要，从而对人体健康构成威胁。而富硒小麦的出现解决了这个令人关注的问题。河南省地方标准《富硒小麦栽培技术规程》（DB41/T 899—2014）颁布实施为河南省富硒小麦标准化生产提供了科学依据。

一、小麦富硒技术

（1）“富硒增产素”拌种技术。取含硒 0.25% 拌种型硒肥（硒酸盐与腐殖酸螯合而成）250 g，用水稀释拌 1 亩地种子 10 ~ 15 kg，拌匀放 1 h 播种（如进行喷施可不拌种）。

（2）富硒叶面肥喷施技术，分两次进行：第一次小麦扬花结束后 5 d 内亩用含硒 0.83% 喷施型硒肥 250 g 对水 30 kg 均匀喷施；第二次在小麦灌浆期喷施，亩用 250 g 喷施型硒肥对水 45 kg 均匀喷施。

二、富硒小麦栽培技术

(一)整地与施肥

(1) 选择肥力中上等、轮作 3 年以上的沙壤质土地,要求秋深耕 20 ~ 24 cm,每三年深耕一次,突破犁底板结层。适时适量储水灌溉,及时磙耙,做到地平、块小、土碎、墒好。

(2) 每亩施入富硒生物有机肥 200 kg 和硫酸钾 10 ~ 15 kg、磷酸二铵 15 ~ 25 kg、尿素 10 ~ 15 kg,均匀撒到地表,立即进行耕翻。拔节期随水追施尿素 10 kg/亩。

(二)选种

(1) 种子处理。宜选用 31.9% 奥拜瑞(30.8% 吡虫啉 + 1.1% 戊唑醇)悬浮种衣剂或 27% 酷拉斯(苯醚·咯·噻虫)悬浮种衣剂或氟咯菌腈(2.5% 适乐时)悬浮种衣剂为小麦种子包衣。未包衣种子应在播种前选用安全高效的杀虫剂、杀菌剂进行拌种。每 10 kg 种子用 75% 的卫福可湿性粉剂(含福美双 37.5%)22 ~ 28 g 拌种,或 3% 敌萎丹 50 ~ 60 mL,或 2.5% 适乐时 15 ~ 20 mL;拌种时加入甲基异柳磷乳油等杀虫剂,可同时防治地下害虫及苗期蚜虫。拌好的种子放在阴凉处晾干后即可播种。

(2) 品种选择。一般选用高产、优质、抗逆性强、适应性广的小麦品种。目前主要用当地推广的优质高产小麦品种,如周麦 22 号、周麦 27 号、百农 419、百农 207、新麦 26、郑麦 366 等。也可选用中鼎原紫 1 号、农大 3753、灵黑麦 1 号等彩色小麦品种。对所选的地块要求地力水平高,土、肥、水条件良好。

(三)适时播种

在适播期内,应掌握"宁可适当晚播,也要造足底墒"的原则,做到足墒下种,确保一播全苗。小麦的最佳播期的适宜气温为半冬性品种 18 ~ 16 ℃、弱春性品种 16 ~ 14 ℃。根据常年麦播期间的气候条件和小麦生育特点,郑麦 366 适播期为 10 月 10 ~ 20 日;矮抗 58、周麦 18、周麦 22 适播期为 10 月 5 ~ 15 日。播前进行种子粒选和发芽试验,晒种 1 ~ 2 d,播种要做到深浅适宜、下籽均匀、覆土一致。小麦在适期播种情况下,一般亩播量掌握在 8 ~ 10 kg,分蘖力强、成穗率高的品种,应适当降低播量;适播期后晚播应适当增加播量,每晚播 2 d 约增加 0.5 kg;黏质土壤也要适当增加播种量。

(四)田间管理

1. 前期管理

前期管理的目标是:争取苗齐、匀、全、壮,通过加强管理促根增蘖,保护麦苗安全越冬。出苗后及时查漏补缺,对密度过大和疙瘩苗也要及时剔除。播种后及小麦返青后要根据土壤墒情、苗情及时中耕、镇压。前期肥水管理的原则是,适当控制施肥量,冬前浇足越冬水,春季浇水要适当推迟,移至拔节后。

2. 中期管理

从起身(开始拔节)至抽穗、开花期间的麦田管理为中期管理。中期管理目标是塑造合理株型,争取壮秆大穗;科学控制群体,获得合理穗数;协调营养关系,增加穗粒数,提高小麦品质。正常状态下生长的小麦在起身期要适当控制肥水,适当蹲苗。在小麦进入两极分化阶段,要加强肥水管理,施肥、灌溉量要大一些,根据"氮肥后移"施肥新技术,施肥、灌溉可移至倒二叶露尖至旗叶展开这一段时间,随水追施尿素 10 kg/亩。

3. 后期管理

从抽穗、开花至成熟期的麦田管理为后期管理。后期管理要围绕防灾减灾这条主线,以养根护叶、防止早衰为目标,最终实现保花增粒、提高粒重、提高品质、增加产量的目的。小麦乳熟期至收割阶段,要适当控制水分,在小麦抽穗后一般不再浇水。在没有施富硒生物有机肥情况下,可于小麦扬花结束后 5 d 内亩用含硒 0.83% 喷施型硒肥 250 g 及磷酸二氢钾 150~200 g,加水 30~40 kg,进行叶面喷洒,以延长叶片的功能期,增加粒重,提高籽粒品质。喷施“富硒增产素”时,要避开阴天。喷施时间为:上午 9~10 时,下午 4 时以后。喷施后 24 h 内如遇雨天,需补喷。另外,对于蚜虫发生严重的麦田,喷施高效低毒、低残留农药或植物农药。及时拔除大草和去杂去劣,促进小麦生长。若未进行第二次喷施,结合灭蚜喷施有机硒肥富硒增产素。

(五)收获

植株变黄,茎节处微带淡黄色,麦粒呈现本品种原有特色时抢收;用联合收割机收获,及时晾晒。应选择无污染的晒场,晒干扬净,颗粒归仓。及时收获,单打单收,防止不同品种间混杂,以便提高优质麦的等级。

(六)仓储

富硒绿色小麦,单独仓储,取样化验待收购。

第二章　特用玉米

第一节　概　述

一、玉米的分类

玉米又名玉蜀黍、大蜀黍、棒子、苞米、苞谷、玉菱、玉麦、六谷、芦黍和珍珠米等，属禾本科玉米属。玉米原产于中南美洲，全世界热带和温带地区广泛种植，为一重要谷物。玉米是C_4作物，号称“高产之王”。玉米在光合生理上属于C_4作物，相比小麦等C_3作物而言，具有“二高”：光饱和点高和光合效率高；“二低”：光呼吸低和CO_2补偿点低。换言之，在同样条件下，玉米比小麦等C_3植物具有较高的光合生产能力，单位时间内生产的光合产物较多，而呼吸消耗又较低，因此玉米比小麦等C_3植物具有更大的增产潜力。冬小麦生长期长达8个多月，每亩最高产量才达600 kg，而夏玉米生长季节仅有3个多月，每亩最高产量已能超吨。

目前，生产上种植的为栽培种(Zea mays L.)，根据其植物学特性和生物学特性以及在生产上的利用情况，玉米可分为不同的类型。

（一）籽粒特征分类

根据籽粒的形状、胚乳淀粉的结构分布，以及籽粒外部稃壳的有无，可将玉米分为9个类型（亚种）：

(1)硬粒型(Zea mays L. indurata Sturt)，亦称硬粒种或燧石种。果穗多为圆锥形，籽粒方圆形，坚硬饱满，平滑，有光泽。籽粒顶部和四周的胚乳均为角质淀粉，仅中部有少量粉质淀粉。角质胚乳环生于外层，故籽粒外表透明，多为黄色、白色，也有紫红色。品质较好，适应性强，成熟较早，需肥少，产量虽低但较稳定。

(2)马齿型(Zea mays L. indentata Sturt)，亦称马牙种。果穗多呈圆筒形，籽粒扁平呈方形或长方形。角质胚乳分布于籽粒两侧，中央和顶部为粉质胚乳，成熟时顶部失水干燥较快，故籽粒顶部凹陷如马齿状。多为黄、白两色，不透明，品质较差。马齿型品种产量较高，植株高大，需肥水较多，增产潜力大。

(3)半马齿型(Zea mays L. semindentata Kulesh)，亦称中间型。是由硬粒种和马齿种杂交而产生的。与马齿型相比，籽粒顶端凹陷不明显或呈乳白色的圆顶，角质胚乳较多，种皮较厚，边缘较圆。植株、果穗的大小、形态和籽粒胚乳的特性都介于硬粒型与马齿型之间，籽粒的颜色、形状和大小具有多样性，产量一般较高，品质比马齿型好，是各地生产上普遍栽培的一种类型。

(4)糯质型(Zea mays L. Sinesis Kulesh)，亦称蜡质型。胚乳全部为角质淀粉组成，籽粒不透明，坚硬平滑，暗淡无光泽如蜡状，水解后易形成胶黏状的糊精。蜡质型玉米的胚乳,遇碘液呈褐红色反应。此种最早发现于我国,主要作为鲜食或食品玉米,在美国主要作为工业原料。糯玉米又称黏玉米或蜡质玉米。籽粒不透明,无光泽,胚乳全为支链淀粉,富有黏糯性,口感较好。主要是食用鲜嫩籽粒。

(5)爆裂型(Zea mays L. everta Sturt),亦称爆裂种。籽粒小而坚硬,粒形圆或籽粒顶端突出,胚乳几乎全为角质淀粉。籽实加热时,由于淀粉粒内的水分遇到高温,形成蒸汽而爆裂,籽粒胀开如花。爆裂后的籽粒的膨胀系数达 25 ~45 倍。按籽实形状可分为两类,一类为米粒形,籽粒小如稻米状,顶端带尖;一类为珍珠形,籽粒顶部呈圆顶形如珍珠。

(6)粉质型(Zea mays L. amylacea Sturt),性状与硬粒种相似,但籽粒无光泽。籽粒胚乳完全由粉质淀粉组成,或仅在外层有一薄层角质淀粉。籽粒乳白色,内部松软,容重很低,容易磨粉,是制造淀粉和酿造的优质原料。

(7)甜质型(Zea mays L. seccharata Sturt),亦称甜质种(甜玉米)。乳熟期籽粒含糖量为10% ~18%,高达25%,比普通玉米高2 ~4 倍。成熟时籽粒的淀粉含量只有 20%左右,脱水后表现凹陷,使种子皱缩,坚硬呈半透明状。胚乳多为角质,胚大。食用方式:鲜嫩果穗直接蒸煮,或速冻保鲜,或将鲜嫩果穗加工成罐装食品 。甜玉米是玉米的一种类型,可以鲜食,口感脆甜,其籽粒在最佳采收期一般在授粉后 21 ~25 d。干基可溶性糖含量≥8%。甜玉米分普通甜(含糖 10%左右)、超甜(含糖 20% ~24%)和加强甜(含糖 24%以上)。甜玉米有白粒、黄粒、黑粒之分。

(8)有稃型(Zea mays L. tunicata Sturt),亦称有稃种。籽粒包于长稃内(颖片和内外稃的变型),有的具芒。籽粒坚硬,角质胚乳环生外层,有色泽,具有各种颜色和形状。植株多叶,雄花序发达,高度自交不孕,是一种原始类型,无栽培价值。

(9)甜粉型(Zea mays L. amylacea-seccharata Sturt),亦称甜粉种。籽粒上半部为角质胚乳,下半部为粉质胚乳。

(二)生物学特性分类

1.生育期分类

根据玉米的生育期长短可分为早熟、中熟和晚熟三类(见表 2-1)。玉米生育期的长短,随环境不同而改变。一般日照加长、温度变低时生育期加长;反之,则生育期缩短。因此,生态条件和地域习惯不同,在品种的熟期划分上也有一定的差异。一般我国北方的同一熟期划分的玉米生育期天数相对长于南方。

2.株型分类

植株茎叶角度和叶片的下披程度是玉米株型的重要分类形态指标,通常将玉米分为紧凑型、平展型和半紧凑型三种类型。

(1)紧凑型。表现为果穗以上叶片直立、上冲,叶片与茎秆之间的夹角小于 30°。植株中部叶片比较长,而上部和下部叶比较短。紧凑型玉米群体的透光性能较好,对光能的利用率高,特别适合于高密度种植,具有较高的群体生产潜力,是目前高产玉米的主要类型。

(2)平展型。表现为果穗叶以上叶片平展,叶尖下垂,叶片与茎秆夹角大于 45°。植株上部叶片较长,下部叶片较短,个体粗壮,群体透光性能差,不宜高密度种植。

表 2-1 玉米生育期分类表

项目		←—早 熟—→	←—中 熟—→	←—晚 熟—→
春播	生育天数(d)	70--------85---------120--------150		
	积温($\sum t \geq 10$ ℃·d)	2 000------2 200--------2 500-------2 800		
夏播	生育天数(d)	70---------85--------95---------115		
	积温($\sum t \geq 10$ ℃·d)	1 800-------2 100-------2 200-------2 500		
基本特征		植株矮,叶片数少,一般叶数为 14~17 片,籽粒小,千粒重为 150~200 g	植株性状介于二者之间,千粒重 200~300 g。产量较高,适应地区较广	植株高大,叶片数较多,一般为 21~25 片,籽粒大,千粒重 300 g 左右,产量较高

(3)半紧凑型。植株形态介于紧凑型和平展型之间。

(三)主要用途及相关标准分类

优质专用玉米定义为品质优良,具有专门加工用途,且经过规模化、区域化种植,种性纯正,品质稳定,达到国家相关营养品质标准的玉米。根据玉米的主要用途及相关标准,可以将优质专用玉米分为以下几种类型。

1. 饲用玉米

我国饲料用玉米所占比例最大,产量约占玉米总产量的 70%~80%。国家饲用玉米质量指标为:容重(干基)≥660 g/L,粗蛋白质≥8.0%,不完善粒≤8.0%,籽粒含水量≤14%,杂质≤1.0%,色泽、气味正常(三级)。饲用玉米包括优质蛋白玉米、高油玉米、青饲玉米 3 种类型。

2. 优质蛋白玉米

优质蛋白玉米(也称高赖氨酸玉米)主要是赖氨酸含量较高,约 0.4%,比普通玉米高 1 倍。虽然赖氨酸的含量增加有限,但属人类和动物的必需氨基酸,因此优质蛋白玉米是一种质优价廉的食品原料和优质高效饲料。

3. 高油玉米

普通玉米含油量 4%~5%,高油玉米含油量比普通玉米高 1 倍以上,一般占全籽粒的 8%~10%,最高可达 20%。关于高油玉米的含油量,目前还没有一个统一的标准,有的资料称玉米籽粒的含油率超过 7%则被称为高油玉米,有的指含油率高于 6%的玉米。根据高油玉米含油量比普通玉米高 1 倍以上的共同说法,应该将含油率高于 8%的玉米确定为高油玉米。

高油玉米是高能优质饲料、优质粮食和优质食用油的重要来源。高油玉米除脂肪含量较高外,还具有相对较高的蛋白质含量、赖氨酸含量和类胡萝卜素含量,比普通玉米有较高的食用和饲用价值,主要用作饲料。虽然玉米油是一种优质食用油和保健油,但高油玉米籽粒含油量为 8%~10%,出油率 5%左右,因此高油玉米籽粒主要用途并不在于榨油,玉米油一般只是副产品。

4. 青饲玉米

所谓青饲玉米,是指利用玉米绿色秸秆、幼嫩果穗切碎后直接或经发酵后用作牲畜饲料的玉米。青饲玉米有专用型和兼用型两种。

专用型青饲玉米是收割玉米鲜嫩植株或在乳熟期收获整株玉米用作牲畜饲料,其特点是:茎叶产量高,可溶性碳水化合物丰富,营养生长期长,光合效率高,蛋白质含量高,木质素和纤维素含量低,茎叶粗壮,抗倒伏能力强,耐密性好,茎叶柔软多汁,营养丰富,消化率高,尤其经过储藏(青储)发酵以后,适口性更好,是肉牛和奶牛的主要饲料来源。

兼用型青饲玉米是在玉米籽粒成熟时,植株仍保持青绿,在获得高产玉米籽粒的同时,还可获得大量家畜可利用的秸秆。兼用型青饲玉米可做到粮食与饲料兼顾,适合我国国情,符合我国玉米生产发展方向。

5. 淀粉玉米

根据国家标准,淀粉玉米的质量指标是:淀粉(干基)≥69%,不完善粒≤5.0%,籽粒含水量≤14%,杂质≤1.0%(三级)。高淀粉玉米的淀粉含量必须在72%以上。普通玉米平均含有27%~28%的直链淀粉和72%~73%的支链淀粉,根据籽粒中两种淀粉所含比例的不同,淀粉玉米又可分为高直链淀粉玉米、高支链淀粉玉米和混合型淀粉玉米3种类型。

高直链淀粉玉米是指直链淀粉含量在50%以上的玉米类型。高直链玉米淀粉具有独特的应用价值,在食品工业、食品包装材料、光解塑料膜、酒精、汽油等方面应用广泛。

高支链淀粉玉米即糯玉米,籽粒中的淀粉几乎全部是支链淀粉,广泛应用于食品、纺织、造纸、黏合剂、铸造、建筑等行业。

混合型淀粉玉米:前两种淀粉玉米之外的均称为混合型淀粉玉米。

6. 鲜食玉米

鲜食玉米也称为果蔬玉米,指收获物是像水果和蔬菜一样食用的玉米鲜嫩果穗,而不是其成熟的籽粒。国家鲜食玉米记载项目和标准(试行)从外观、色泽、籽粒排列、饱满度、柔嫩性、食味口感、种皮厚度等方面制定了感官等级指标。鲜食玉米主要包括甜玉米、糯玉米、彩色玉米品种。

甜玉米是集蔬菜、水果、饲料为一体的新型经济作物,有普甜型、超甜型、加强甜型、甜脆型、甜糯型等。甜玉米营养价值高,且易被人体消化吸收,是人类的理想食品,主要是鲜食、制作罐头和速冻加工等。

糯玉米又称黏玉米、高支链淀粉玉米,蛋白质含量约10.16%,氨基酸含量约8.13%,分别比糯米粉高21.75%和11.7%。同时含有人体所必需的赖氨酸、谷氨酸、维生素、铁、钙等矿物质元素,食用具有极高的营养价值。鲜食是糯玉米的传统食用方法,糯玉米罐制品和饮品是近年来饮食加工业新兴的开发项目,糯玉米淀粉还是造纸、纺织、酿酒等工业的重要原料。

笋玉米是指以采收幼小果穗为目的的玉米,这种玉米由于吐丝授粉前的幼嫩果穗下粗上尖,形似竹笋,故名笋玉米或玉米笋。笋玉米有专用型、粮笋兼用型、甜笋兼用型3种类型。其食用部分为玉米的雌穗轴以及穗轴上一串串珍珠状的小花,其营养丰富,清脆可口,别具风味,是一种高档蔬菜,可制作成各种菜肴和不同风味的罐头。

7. 彩色玉米

玉米除黄、白颜色的籽粒外，还具有紫、红、黑等颜色的玉米籽粒，它们除了适口性较佳外，还具有颜色上的新奇和一定的营养，是鲜食玉米的新种类。

8. 爆裂玉米

爆裂玉米籽粒小，胚乳全部为角质，半透明状，加热时可自动爆花，优良品种的爆花率达99%以上，膨胀倍数达30多倍，含有丰富的蛋白质、矿物质、维生素，能提供同等重量牛肉所含蛋白质的67%、铁质的110%和等量的钙质。用爆裂玉米加工的爆玉米花香甜酥脆，方便卫生，有促进消化、预防牙病和癌症及减肥的功效，是一种营养丰富的保健休闲食品。特别是解决了传统上将普通玉米籽粒用高压机制作爆米花的铅中毒问题。

9. 其他类型玉米

(1)花粉玉米。

花粉玉米是以采集花粉为主要目的的专用型玉米，而籽粒却成为了“副产品”。玉米花粉含有丰富的蛋白质、氨基酸、维生素、肌醇、有机酸、矿质元素及玉米素、芦丁等，可制成玉米花粉口服液和玉米花粉素，也可作为食品、保健品、化妆品的添加剂，其开发前景和经济效益很好。

(2)转基因玉米。

目前在国外主要有抗玉米螟基因和抗除草剂基因的玉米，我国在抗虫玉米转基因育种方面也取得了一定的成就。但由于消费者对转基因食品安全的疑虑日益加重，有限制转基因食品发展的趋势。

二、玉米生长发育与生态条件

(一)玉米对光照的要求

1. 玉米生长对光照强度的要求

玉米是喜光作物，属于C_4植物。与水稻、小麦等C_3作物相比，玉米光饱和点较高。玉米净光合强度则可以达到30~60 μmolCO_2/(m^2·s)。玉米在高光强下表现出高光效的特点，其原因之一是在自然充分光照条件下，基本不存在光抑制。玉米的高光饱和点和高光合速率有利于有机物质的积累和籽粒产量的形成，从而表现出较高的物质生产和产量水平。

2. 玉米对光照时数的要求

玉米属于短日照作物。玉米出苗后，如长期处在短日照条件下，发育加快、植株矮小、提早抽雄开花而降低产量，如长期处在长日照条件下，植株增高、茎叶繁茂、抽雄开花期延迟，甚至不能开花结实。玉米保证正常的生长发育，一般要求日照时数播种至乳熟每天至少为7~9 h，乳熟至成熟每天要大于8 h。在保证正常成熟的条件下，日照时数多，光照强，则产量高。在品种的引种中要特别注意品种对光照时数的要求，一般我国南方玉米品种向北方引种时，往往由于日照时数长和温度低造成生育期延迟，植株高大，叶数增加。北方的品种向南方引种时，结果相反。但这种反应还因品种的特性而异。

(二)玉米对温度的要求

1. 玉米全生育期对温度的要求

玉米原产于热带，在系统发育过程中形成了喜温的特性。玉米的生物零点温度为10

℃,在整个生育期间只有达到品种要求的一定的有效积温才能正常生长发育达到成熟。

2. 玉米各生育阶段对温度的要求

玉米在不同的生长发育阶段对温度的要求也有所不同。

(1)播种至出苗。玉米种子发芽要求的温度范围较宽。最低温度为 6 ~ 7 ℃,春玉米的最适温度为 10 ~ 12 ℃,28 ~ 35 ℃时发芽最快。生产上通常把土壤表层 5 ~ 10 cm 温度稳定在 10 ℃以上的时期作为春播玉米的适宜播期。晚播耽误农时,过早播种又易引起烂种缺苗。

(2)出苗至拔节。玉米出苗适宜温度为 15 ~ 20 ℃,温度过低生长缓慢,温度过高苗旺而不壮。由于玉米苗期以根系生长为主,因此土壤温度状况对根系的生长发育有很大影响。土壤温度在 20 ~ 24 ℃时,对玉米根系的生长发育较为有利。当土壤温度较低时,即使气温适宜,也会影响根系的代谢活动,抑制磷向地上器官的转移和各种含磷有机物的合成。磷素营养不足又影响植株体内的氮素代谢,致使玉米苗色变黄、变红,同化减弱,生长迟缓。当地温下降到 4.5 ℃时,玉米根系生长完全停止。玉米苗期对低温有一定的抵抗能力。幼苗在 -2 ~ -3 ℃时,虽然会受到伤害,但及时加强管理,或低温持续时间短,气温回升快,植株还可恢复生长,对产量不会有显著影响。

(3)拔节至抽雄。春玉米在日平均温度达到 18 ℃时开始拔节。拔节至抽雄期的生长速度在一定范围内与温度成正相关。穗期在光照充足,水分、养分适宜的条件下,日平均温度为 22 ~ 24 ℃时,既有利于植株生长,也有利于幼穗发育。

(4)抽雄至授粉。玉米花期要求日平均温度为 26 ~ 27 ℃,此时空气湿度适宜,可使雄、雌花序开花协调,授粉良好。低于 18 ℃时,不利于开花授粉。当温度高于 32 ~ 35 ℃、空气湿度接近 30%、土壤田间持水量低于 70% 时,雄穗开花持续时间缩短,雌穗抽丝期延迟,而使雌雄花序开花间隔时间拖长,易造成花期不能相遇。同时由于高温干旱,花粉粒在散粉后 1 ~ 2 h 内即迅速失水(花粉含 60% 水分),甚至干枯,丧失发芽能力。花丝也会过早枯萎,寿命缩短,严重影响授粉,造成秃顶、缺粒。遇上述情况,应及时浇水,提高土壤湿度,改善田间小气候,减轻高温干旱的影响。

(5)授粉至成熟。玉米籽粒形成和灌浆成熟期间,仍然要求有较高的温度,以促进同化作用。玉米成熟后期,温度逐渐降低,有利于干物质的积累,此期最适宜于玉米生长的日平均温度为 22 ~ 24 ℃。在此范围内,温度越高,干物质积累越快,千粒重越大。当温度低于 16 ℃时,玉米的光合作用降低,淀粉酶的活性受到抑制,影响淀粉合成、运输和积累,导致粒重降低,影响产量。

三、玉米的需肥需水规律

(一)玉米的需肥规律

玉米进行正常生长发育的必需矿质元素中,大量元素为氮、磷、钾,常量元素为钙、镁、硫,微量元素为铁、锰、铜、锌、钼、硼等。生产实践中,在重视氮、磷、钾肥施用的前提下,应充分考虑常量元素和微量元素的作用,特别应注意主要矿质元素间的平衡施用。

玉米的矿质元素吸收量是确定玉米施肥的重要依据。研究结果表明,玉米一生对矿质元素吸收最多的是氮素,其他依次为钾、磷、钙、镁、硫、铁、锌、锰、铜、硼、钼。据研究表明，玉米生产100 kg籽粒需要大量元素的基本数量与比值为：N：P_2O_5：K_2O为2.5(kg)：1.0(kg)：2.5(kg)。一般随产量水平的提高，单位面积玉米的吸收量亦随之提高，但肥料利用效率提高。一般生育期长、植株高大、适合密植的品种需肥量大；反之，需肥量小。肥力较高的土壤，由于含有较多的可供吸收的速效养分，因而植株吸收总量要高于低肥力土壤条件，一般随施肥量增加产量水平亦随之提高，但超过一定范围肥料增产效率相对降低。据此并参照产量目标可以估算出玉米的需肥量。

玉米氮、磷、钾的吸收积累量从出苗至乳熟期随植株干重的增加而增加，而且钾的快速吸收期早于氮和磷。

从不同时期的三要素累积吸收百分率来看，苗期0.7%～0.9%，拔节期4.3%～4.6%，大喇叭口期34.8%～49.0%，抽雄期49.5%～72.5%，授粉期55.6%～79.4%，乳熟期90.2%～100%。玉米抽雄以后吸收氮、磷的数量均占50%左右。因此，要想获得玉米高产，除要重施穗肥外，还要重视粒肥的供应。

（二）玉米的需水规律

需水量也称耗水量，是指玉米在一生中土壤棵间蒸发和植株叶面蒸腾所消耗的水分（包括降水、灌溉水和地下水）总量。玉米是用水比较经济的作物之一。各生育阶段的蒸腾系数为250～500。因为玉米植株比较高大，一生制造的干物质比较多，而且生育期多处于高温季节，所以绝对耗水量很大。玉米全生育期需水量受产量水平、品种特性、栽培条件、气候等诸多因素的影响。一般来说，玉米一生的耗水总量，春玉米为170～400 m^3/亩，夏玉米为124～296 m^3/亩。每生产1 kg籽粒约耗水0.6 m^3。

由于玉米各个生育阶段历时长短、植株生长量、地面覆盖度以及气候变化等诸多因素的影响，不同生长阶段对水分消耗有一定的差异。玉米一生需水动态基本上遵循“前期少，中期多，后期偏多”的变化规律。

1. 播种—拔节

此期土壤水分状况对出苗及幼苗壮弱有重要作用。此阶段耗水约占总耗水量的18%，日平均耗水量2 m^3/亩左右。虽然该阶段耗水少，但春播区早春干旱多风，不易保墒。夏播区气温高，蒸发量大，易跑墒。土壤墒情不足会导致出苗困难，苗数不足；水分过多，则易造成种子霉烂，影响正常发芽出苗。

2. 拔节—吐丝

此阶段植株生长速度加快，生长量急剧增加。此期气温高，叶面蒸腾作用强烈，生理代谢活动旺盛，耗水量加大，约占总耗水量的38%，日平均耗水达3～4 m^3/亩。自大喇叭口期至开花期是决定有效穗数、受精花数的关键时期，也是玉米需水的临界期，水分不足会引起小花大量退化和花粉粒发育不健全，从而降低穗粒数。抽雄开花时干旱易造成授粉不良，影响结实率，有时造成雄穗抽出困难，俗称“卡脖旱”，严重影响产量。因此，满足玉米大喇叭口至抽穗开花期对土壤水分的要求，对增产尤为重要。

3. 吐丝—灌浆

此阶段水分条件对籽粒库容大小、籽粒败育数量及籽粒饱满程度都有所影响。此期同化面积仍较大，耗水强度也比较高，日耗水量可达45～60 m^3/hm^2，阶段耗水量占总耗水量的32%左右。在该阶段应保证土壤水分相对充足,为植株制造有机物质并顺利向籽粒运输,实现高产创造条件。

4. 灌浆—成熟

此阶段耗水较少,但玉米叶面积系数仍较高,光合作用也比较旺盛,日耗水强度可达到2.4 m^3/亩,阶段耗水量约占总耗水量的10%~30%。生育后期适当保持土壤湿润状态,有益于防止植株早衰、延长灌浆持续期,同时也可提高灌浆强度、增加粒重。

四、甜、糯玉米特点

(一)甜玉米特点

甜玉米起源于美洲大陆。世界上种植甜玉米已有100多年的历史,主要分布在美国、加拿大、欧洲、泰国、中国、日本等地区。甜玉米是世界范围内第三大蔬菜作物。

甜玉米第一大特点:好吃。甜、嫩、香、脆,生吃、熟食均可,口感“清甜爽脆、嫩滑无渣”。第二大特点:营养保健。①糖、食用纤维等碳水化合物丰富。丰富的膳食纤维,促进胃肠蠕动,有利老年人排便,降低各类肠癌发生率。②维生素含量丰富,无胆固醇,富含不饱和脂肪酸。可以防治和改善动脉硬化,降低高血压、心脏病等心血管疾病的发病率。③含有18种氨基酸和蛋白质,赖氨酸、缬氨酸、亮氨酸、蛋氨酸含量高;其中的核黄素、玉米黄质可预防、延缓中老年视神经黄斑恶化和白内障的发病与病程发展。

(二)糯玉米特点

糯玉米起源于我国的西南地区,由当地种植的硬粒型玉米突变、经过人工选择培育的一种新类型,形成于1760年,是玉米各类型中唯一起源于我国的类型 。糯玉米作为栽培种有60多年的历史。糯玉米有较高的黏滞性和适口性;胚乳全部由支链淀粉组成,煮熟后柔软细脆、甜、黏、清香,皮薄无渣,营养丰富,采收期长,适于鲜食;粗蛋白、粗脂肪、油酸、赖氨酸含量都高于普通玉米,具有比普通玉米高20%以上的消化率。

(三)甜糯玉米特点

甜糯玉米是甜质基因与糯质基因杂交培育而成,利用遗传学原理使各种不同基因型的甜籽粒、糯籽粒着生在同一果穗上。甜糯玉米作为鲜食玉米的一个新类型,近几年已得到市场认可,进入快速发展阶段,是目前鲜食玉米发展的潮流和重点。甜加糯型玉米很好地综合甜玉米和糯玉米的优点,使之风味更佳,既可鲜食,又可加工成各类产品;可调节甜和糯的比例,有普甜糯、超甜糯,满足不同消费人群的需求。

甜糯玉米是一种水果、蔬菜、杂粮3种性质结合的鲜食食品,是普通玉米的一个变种,又被称为蔬菜玉米,既有糯玉米的黏性,又比普通的玉米甜很多,弥补了过去的糯玉米只黏不甜的缺点,其风味独特,香甜软糯,营养丰富,容易消化、吸收,是很好的蒸煮玉米休闲食品,也是炒玉米粒很好的原材料,深受人们的喜爱。

此外,鲜食玉米种植早于转基因技术出现。1974年,科恩(Cohen)将金黄色葡萄球菌质粒上的抗青霉素基因转到大肠杆菌体内,才揭开了转基因技术应用的序幕。仅仅不到50年的历史。鲜食玉米种植早于转基因技术出现,鲜食玉米不是转基因作物。

第二节　特种玉米品种介绍

一、甜玉米品种

（一）斯达甜 221

北京中农斯达农业科技开发有限公司育种，品种来源：S608H × D347B。

特征特性：北方（黄淮海）鲜食甜玉米组出苗至鲜穗采收期 72.7 d，与对照中农大甜 413 生育期相当。幼苗叶鞘绿色，叶片绿色，叶缘绿色，花药绿色，颖壳绿色。株型平展，株高 226 cm，穗位高 89 cm，果穗长筒形，穗长 20.4 cm，穗行数 14 ~ 22 行，穗粗 5.0 cm，穗轴白，籽粒黄色、甜质型，百粒重 34.8 g。接种鉴定：抗小斑病，感丝黑穗病、茎腐病，高感瘤黑粉病、矮花叶病。皮渣率 9.62%，还原糖含量 7.33%，水溶性总含糖量 22.75%，品尝鉴定 86.3 分。2017 ~ 2018 年参加北方（黄淮海）鲜食甜玉米组区域试验，两年平均亩产 884.72 kg，比对照中农大甜 413 增产 25.22%。每亩种植密度 3 500 株为宜，套种或直播均可，春夏播均可。该品种喜肥水，抗倒性强；苗期缓苗偏慢，应加强前期的肥水管理，早定苗。一蹴而就，不要蹲苗炼苗。需要注意掌握采收期，一般在开花授粉后 21 ~ 24 d 采收较为适宜。在采用垄作宽窄行种植时更有利于增产征收，一级穗率高。适宜在黄淮海鲜食玉米类型区的河南省等地作为鲜食玉米种植。

（二）京科甜 307

北京市农林科学院玉米研究中心育种，品种来源：T3587 × T32。

特征特性：北方（黄淮海）鲜食甜玉米组出苗至鲜穗采收期 75 d，比对照中农大甜 413 晚熟 1.8 d。幼苗叶鞘绿色，叶片绿色，叶缘白色，花药淡绿色，颖壳绿色。株型平展，株高 229 cm，穗位高 82 cm，成株叶片数 19 片。果穗长筒形，穗长 21.7 cm，穗行数 16 行，穗粗 4.6 cm，穗轴白，籽粒黄色、甜质，百粒重 33.8 g。接种鉴定：中抗瘤黑粉病，感丝黑穗病、小斑病，高感矮花叶病、南方锈病。皮渣率 11.19%，还原糖含量 7.84%，水溶性总含糖量 23.32%，品尝鉴定 85.9 分。每亩适宜种植密度 3 000 ~ 3 500 株。施足基肥，重施穗肥，增加钾肥量。适时采收。甜玉米采收鲜果穗，采收期较短，授粉后 21 ~ 23 d 为最佳采收期。注意防治矮花叶病、南方锈病和虫害。

（三）京科甜 533

国审玉 2016025，育种者：北京市农林科学院玉米研究中心，品种来源：T68 × T520。

特征特性：黄淮海夏玉米区出苗至鲜穗采摘 72 d，比中农大甜 413 早 3 d。幼苗叶鞘绿色，叶片浅绿色，叶缘绿色，花药粉色，颖壳浅绿色。株型平展，株高 182 cm，穗位高 53.6 cm，成株叶片数 18 片。花丝绿色，果穗筒形，穗长 17.3 cm，穗行数 14 ~ 16 行，穗轴白色，籽粒黄色、甜质型，百粒重（鲜籽粒）37.5 g。接种鉴定：中抗矮花叶病，中感小斑病。还原糖含量 7.48%，水溶性糖含量 23.09%。亩种植密度 3 500 株。注意及时防治小斑病。

（四）ND488

国审玉 2016016，育种者：中国农业大学，品种来源：S3268 × NV19。

特征特性：黄淮海夏玉米区出苗至鲜穗采收期71 d，比中农大甜413早5 d。幼苗叶鞘绿色。株型松散，株高197.5 cm，穗位高68.8 cm。花丝绿色，果穗筒形，穗长19.3 cm，穗粗4.9 cm，穗行数14~16行，穗轴白色，籽粒黄色、硬粒形，百粒重（鲜籽粒）41.8 g。接种鉴定：中抗小斑病，感茎腐病和瘤黑粉病，高感矮花叶病。品尝鉴定86.7分；品质检测：皮渣率8.31%，还原糖含量7.65%，水溶性糖含量24.08%。亩种植密度3 500株。注意防治茎腐病、矮花叶病和瘤黑粉病。

（五）斯达甜224

国审玉20190382，北京中农斯达农业科技开发有限公司育种，品种来源：S608H×D501-4/B3。

特征特性：北方（黄淮海）鲜食甜玉米组出苗至鲜穗采收期74 d，比对照中农大甜413晚熟1.4 d。幼苗叶鞘绿色，叶片绿色，叶缘绿色，花药绿色，颖壳绿色。株型平展，株高236 cm，穗位高90 cm，果穗筒形，穗长18.1 cm，穗行数14~20行，穗粗4.7 cm，穗轴白，籽粒黄色、甜质型，百粒重39.5 g。接种鉴定：感丝黑穗病、茎腐病、小斑病、瘤黑粉病，高感矮花叶病、南方锈病。皮渣率9.72%，还原糖含量7.85%，水溶性总含糖量23.49%，品尝鉴定86.1分。2017~2018年参加北方（黄淮海）鲜食甜玉米组联合体区域试验，两年平均亩产782.5 kg，比对照中农大甜413增产9.6%。每亩种植密度3 500株，套种或直播均可，春夏播均可。该品种喜肥水，抗倒性强；苗期缓苗偏慢，应加强前期的肥水管理，早定苗。一蹴而就，不要蹲苗炼苗。需要注意掌握采收期，一般在开花授粉后21~24 d采收较为适宜。在采用垄作宽窄行种植时更有利于增产征收，一级穗率高。注意防治玉米丝黑穗病、矮花叶病和南方锈病。适宜在黄淮海鲜食玉米类型区的河南省、山东省等玉米夏播种植区作为鲜食甜玉米种植。

（六）双甜318

国审玉20180157，育种者：北京中农斯达农业科技开发有限公司，品种来源：688×115HZH。

特征特性：北方（黄淮海）鲜食甜玉米组出苗至鲜穗采收期73.35 d，比对照中农大甜413晚熟0.2 d。株高257.25 cm，穗位高93.9 cm，穗长21.85 cm，穗行数14.9行，穗粗4.7 cm，穗轴白，籽粒黄、白色、甜质型，百粒重39.76 g。接种鉴定：中抗茎腐病，感小斑病，感瘤黑粉病，高感矮花叶病。品质分析：皮渣率8.9%，还原糖含量7.37%，水溶性总含糖量23.92%。品尝鉴定87.8分。2016~2017年参加北方（黄淮海）鲜食甜玉米组品种试验，两年平均亩产855.9 kg，比对照中农大甜413增产16.2%。每亩栽培密度在3 500株左右。注意防治叶斑病、瘤黑粉病和丝黑穗病等当地主要病害。适宜河南省、山东省等鲜食玉米夏播区作鲜食甜玉米种植。

（七）京科甜179

国审玉2015040，育种者：北京市农林科学院玉米研究中心，品种来源：T68×T8867。

特征特性：黄淮海夏玉米区出苗至鲜穗采摘72 d，比中农大甜413早2 d。株高207.8 cm，穗位高66.9 cm。穗长18.7 cm，穗粗4.8 cm，百粒重（鲜籽粒）39.2 g。接种鉴定：感小斑病、茎腐病、瘤黑粉病，高感矮花叶病。品尝鉴定86.8分；品质检测：皮渣率11.2%，还原糖含量7.76%，水溶性糖含量23.47%。夏播甜玉米与常规玉米间隔20~30 d

播种，春直播4月底5月初播种，亩种植密度3 500株。隔离种植，适时采收。适宜山东省、河南省作鲜食甜玉米品种夏播种植。注意防治小斑病、茎腐病、瘤黑粉病和矮花叶病。

（八）中农甜414

国审玉2015041，育种者：中国农业大学，品种来源：BS641W×BS638。

特征特性：黄淮海地区夏播出苗至采收70 d，比中农大413早5 d。幼苗叶鞘绿色，叶片绿色，花丝绿色，花药黄绿色。株高176 cm，穗位高52 cm。果穗筒形，穗长19 cm，穗粗4.6 cm，穗行数14～16行，穗轴白色，籽粒黄白色，百粒重（鲜籽粒）37.6 g。接种鉴定：中抗茎腐病、小斑病，高感矮花叶病，感瘤黑粉病。品尝鉴定为84.72分；品质检测：皮渣率10.51%，水溶糖含量20.3%，还原糖含量11.8%。亩种植密度3 500株。隔离种植、适时采收。适宜山东省、河南省作鲜食甜玉米夏播种植。注意防治瘤黑粉病和矮花叶病。

（九）雪甜7401

京审玉20190014，系福州金苗种业有限公司选育的超甜玉米品种，品种来源：AC822W×AC802W。

特征特性：出苗至鲜穗采收72 d，比对照京科甜183早1 d。株型平展，株高162.9 cm，穗位28～40 cm，双穗率0.0%，空秆率3.2%。果穗筒形，穗长20.7 cm，穗粗4.9 cm，轴粗2.7 cm，秃尖长1.7 cm，穗行数18.1行，行粒数36.8。籽粒白色，鲜籽粒百粒重33.9 g。籽粒（鲜样）含粗蛋白质3.01%、粗脂肪1.47%、粗淀粉2.89%、还原糖1.7%、蔗糖5.2%。外观商品性和蒸煮品质优，经农业部农产品质量监督检验测试中心（杭州）检测，可溶性总糖含量44.4%；感官品质、蒸煮品质综合评分88.7分，比对照超甜4号高3.7分。优质早熟类型，适宜作早春设施种植，由于其花粉耐高温性弱，为有效避开散粉期高温影响，结合最佳上市时间，一般采用大棚、小拱棚促早栽培，在2月中旬播种，露地地膜覆盖栽培3月上旬播种。该品种分蘖性较强，植株上分蘖及果穗有多个时，留植株最上部的一个雌穗使其充分长大，摘去较下部的雌穗及分蘖。含糖量在授粉后20 d左右达到最高值，鲜果穗采收宜在乳熟末期即吐丝后20～24 d为最佳时期，表现为鲜棒翠绿、花丝枯萎变黑、穗顶籽粒饱满、顶端苞叶开始变松软。一般选择在清晨或傍晚采收，采收时鲜苞不宜在阳光下暴露，否则苞叶失水变黄，甜度下降，影响商品性。在中等肥力以上地块栽培，种植密度每亩3 000～3 300株。注意防治小斑病和纹枯病。

（十）甜单9号

国审玉2005049，选育单位：辽宁园艺种苗有限公司，品种来源：母本937，来源为甜单8号的二环系；父本为259，来源于美国。

在东北、华北地区出苗至采收82 d，比对照甜单21早10 d。幼苗叶片绿色，叶缘绿色，花药黄色，颖壳绿色。株型平展，株高207 cm，穗位高61 cm，成株叶片数17～18片。花丝黄绿色，果穗筒形，穗长20.7～21.9 cm，穗行数18行左右，穗轴白色，籽粒黄白色，粒型为超甜型，百粒重（鲜重）33.0 g。倒伏率平均8.1%。高抗丝黑穗病、灰斑病和茎腐病，抗大斑病、抗弯孢菌叶斑病、纹枯病和玉米螟。经吉林农业大学农学院测定，鲜籽粒可溶性糖含量18.3%、还原糖含量6.2%，达到部颁甜玉米标准（NY/T 523—2002）。

（十一）甜单10号

中国农业大学宋同明教授培育的甜玉米品种，加强甜型玉米新品种。授粉后20～25 d

即可采摘青穗。幼苗长势较壮。叶片平展,叶尖下披,叶色较浅。株型清秀。株高230 cm,穗位约75 cm。果穗筒形,长18~20 cm,粗约5 cm,穗行数20行,行粒数36~40粒,穗轴白色。成熟籽粒皱缩,黄色透明。抗玉米大、小斑病等病害。较抗倒伏。密度3 000~3 500株/亩时,一般亩产鲜穗1 200 kg以上。含糖量高。鲜穗粒大,饱满,透明。穗不秃尖。食用香甜可口。上市早,效益可观。也可速冻加工或做罐头。收获青穗后,青秆还是牲畜的上等饲料。

(十二)超甜1号

中国农业大学宋同明教授育成的超甜玉米品种。植株清秀,叶片较为平展,老株青绿。株高240 cm,穗位80 cm。雄穗分枝12个,主轴不突出。雌穗花柱青色,苞叶顶部有小叶着生。气生根较为发达。抗大、小叶斑病等病害。籽粒果肉深厚,粒大皮薄,粒黄色,商品性好。含糖量高,风味独特,香甜适口。适于鲜食或速冻加工,也可加工成粒状或糊状罐头,品质极好。

二、糯玉米品种

(一)粮源糯1号

国审玉20170042,育种者:河南省粮源农业发展有限公司,品种来源:CM07-300×FW20-2。

特征特性:黄淮海区夏播出苗至鲜穗采收平均76 d,株型半紧凑,第一叶片尖端为软圆形;幼苗叶鞘紫色,叶片深绿色,花药浅紫色。株高243 cm,穗位高117 cm,空株率2.5%,倒伏率12.1%,倒折率0.7%,花丝浅紫色,果穗苞叶适中,穗长19.1 cm,穗粗4.6 cm,秃尖1.1~1.0 cm,穗行数14~16行,穗轴白色,籽粒白色。专家品尝鉴定86.5分。据河南农大品质检测,粗淀粉含量61.2%,支链淀粉占粗淀粉98.4%,皮渣率7.9%。中等肥力以上地块栽培,亩种植密度3 800株左右。隔离种植,适时采收。适宜在河南省、山东省等黄淮海鲜食糯玉米区种植。注意防治小斑病和矮花叶病。

(二)洛白糯2号

国审玉20170041,育种者:洛阳农林科学院、洛阳市中垦种业科技有限公司,品种来源:LBN2586×LBN0866。

特征特性:黄淮海区夏播鲜穗播种至采收期平均75.7 d,株型半紧凑,苗期叶鞘紫色,第一叶片尖端为卵圆形;平均株高255.3 cm,穗位101.5 cm,空株率2.1%,倒伏率0.1%,倒折率1.6%,全株叶片数19~20片,花丝粉红色,花药黄色。果穗柱形,平均鲜穗穗长19.8 cm,秃尖0~3.0 cm,穗粗5.0 cm,穗行数16.2行,商品果穗率80.5%,穗轴白色,籽粒白色、糯质。专家品尝鉴定平均86.9分。据河南农大品质检测,平均粗淀粉含量56.4%,支链淀粉占粗淀粉97.8%,皮渣率7.4%。中等肥力以上地块栽培,4月下旬至6月下旬播种,亩种植密度3 000~3 500株。适宜在河南省、山东省等黄淮海鲜食糯玉米区种植。注意防治矮花叶病和瘤黑粉病。

(三)斯达糯38

国审玉20180154,育种者:北京中农斯达农业科技开发有限公司,品种来源:S鲁花1白9×D7A~YH。

特征特性:幼苗叶鞘绿色,叶片绿色,叶缘绿色,花药黄色,颖壳绿色。果穗锥形,穗轴白,籽粒白色、糯质形,株型半紧凑。北方(黄淮海)鲜食糯玉米组出苗至鲜穗采收期74.8 d,比对照苏玉糯2号晚熟1.4 d。株高259.1 cm,穗位高111.4 cm,成株叶片数20片。穗长19.8 cm,穗行数15.4,穗粗4.7 cm,百粒重34.2 g。接种鉴定:高感茎腐病,感小斑病,感瘤黑粉病,高感矮花叶病。品质分析:皮渣率7.4%,支链淀粉占总淀粉含量97.38%。品尝鉴定85.32分。一般每亩种植密度3 300~3 500株为宜,套种或直播均可,春、夏、秋播均可。该品种喜肥水,苗期缓苗偏慢,应加强中后期的肥水管理,早定苗稍控苗。一般在开花授粉后24~26 d采收较为适宜。该品种在采用垄作宽窄行种植时更有利于增产征收,一级穗率高。注意防治小斑病、丝黑穗病等当地主要病害。适宜在河南省、山东省等玉米夏播区作鲜食糯玉米种植。

(四)郑黄糯968

国审玉20180160,育种者:河南省农业科学院粮食作物研究所,品种来源:Twx016×Twx028。

特征特性:北方(黄淮海)鲜食糯玉米组出苗至鲜穗采收期75.95 d,比对照苏玉糯2号晚熟2.55 d。幼苗叶鞘紫色,叶片绿色,叶缘绿色,花药紫色,颖壳紫色。株型半紧凑,株高230.5 cm,穗位高94.7 cm,成株叶片数19.0片。果穗筒形,穗长21.8 cm,穗行数15.2,穗粗4.5 cm,百粒重31.5 g。接种鉴定:高感茎腐病,中抗小斑病,中抗瘤黑粉病,高感矮花叶病。品质分析:皮渣率7.88%,支链淀粉占总淀粉含量98.08%。品尝鉴定84.96分。每亩适宜播种密度3 300~3 600株。防治玉米螟危害果穗。适时采收,在授粉(吐丝)后20~27 d采收。注意防治茎腐病等当地主要病害。适宜在河南省、山东省等玉米夏播区作鲜食糯玉米种植。

(五)万糯2000

国审玉2015032,育种者:河北省万全县华穗特用玉米种业有限责任公司,品种来源:W67×W68。

特征特性:黄淮海夏玉米区出苗至鲜穗采摘期77 d,比苏玉糯2号晚3 d。株高226.8 cm,穗位高85.9 cm,成株叶片数20片。果穗长锥形,穗长20.3 cm,穗行数14~16行,百粒重(鲜籽粒)41.3 g。接种鉴定:高抗茎腐病,感小斑病、瘤黑粉病,高感矮花叶病。品尝鉴定88.35分,达到鲜食糯玉米二级标准。粗淀粉含量63.86%,支链淀粉占总淀粉含量的99.01%,皮渣率9.09%。亩种植密度3 500株,隔离种植。及时防治苗期地下害虫。适宜河南作鲜食糯玉米品种夏播种植。注意及时防治玉米螟、小斑病、矮花叶病、瘤黑粉病。

(六)佳糯668

国审玉2015033,育种者:万全县万佳种业有限公司,品种来源:糯49×糯69。

特征特性:黄淮海夏玉米区出苗至鲜穗采收75 d。株高233.0 cm,穗位高102 cm,成株叶片数20片。果穗长锥形,穗长19.6 cm,穗行数12~14行,籽粒白色、硬粒型,百粒重(鲜籽粒)37.8 g。平均倒伏(折)率3.4%。接种鉴定:抗茎腐病,感小斑病和感瘤黑粉病,高感矮花叶病。品尝鉴定86.1分,达到部颁鲜食糯玉米二级标准;品质检测:支链淀粉占总淀粉含量的98.0%,皮渣率8.99%。黄淮海区亩种植密度3 500~4 000株。隔离种植,适时采收。适宜在河南省、山东省灌区作鲜食糯玉米夏播种植。注意防治小斑病、矮花叶病、瘤黑粒病。

三、甜糯品种

(一)密花甜糯3号

国审玉20180153,育种者:北京中农斯达农业科技开发有限公司,品种来源:S658-3×D306NT。

特征特性:幼苗叶鞘浅紫色,叶片深绿色,叶缘绿色,花药浅紫色,颖壳浅紫色。株型半紧凑,穗轴白,籽粒花色、甜加糯型。北方(黄淮海)鲜食糯玉米组出苗至鲜穗采收期72.4 d,比对照苏玉糯2号早熟1 d。株高217.1 cm,穗位高89.6 cm,成株叶片数19片。果穗筒形,穗长17.7 cm,穗行数14.4,穗粗4.8 cm,百粒重38.9 g。接种鉴定:中抗茎腐病,感小斑病,感黑粉病,高感矮花叶病。品质分析:皮渣率8.82%,支链淀粉占总淀粉含量98.43%。品尝鉴定88.49分。一般每亩种植密度3 500~3 800株为宜,套种或直播均可,春、夏、秋播均可。该品种一般在开花授粉后23~25 d采收较为适宜。该品种在采用垄作宽窄行种植时更有利于增产征收,一级穗率高。注意防治叶斑病。适宜在河南省、山东省等玉米夏播区作鲜食糯玉米种植。

(二)密甜糯1号

国审玉20190386,育种者:北京中农斯达农业科技开发有限公司,品种来源:S300M-1×D2-300。

特征特性:北方(黄淮海)鲜食糯玉米组出苗至鲜穗采收期74 d,比对照苏玉糯2号晚熟2.1 d。幼苗叶鞘紫色,叶片绿色,叶缘绿色,花药浅紫色,颖壳绿色。株型半紧凑,株高233 cm,穗位高97 cm,果穗筒形,穗长18.9 cm,穗行数14~20行,穗粗4.7 cm,穗轴白,籽粒白色、糯质型,百粒重35.2 g。接种鉴定:高抗茎腐病,抗瘤黑粉病,感丝黑穗病、小斑病,高感矮花叶病、南方锈病。皮渣率5.88%,品尝鉴定87.95分,支链淀粉占总淀粉含量98.2%。蒸煮品尝:果皮柔脆,甜黏滑软,既有甜玉米的清新甜脆,又有糯玉米的香黏软滑,口感风味俱佳,商品性好。一般每亩种植密度3 800株,套种或直播均可,春、夏、秋播均可。一般在开花授粉后22~26 d采收较为适宜。该品种在采用垄作宽窄行种植时更有利于增产增收,一级穗率高。黄淮海鲜食玉米类型区注意防治矮花叶病、南方锈病。适宜在黄淮海鲜食玉米类型区的河南省、山东省作鲜食糯玉米种植。

(三)甜糯182号

国审玉2016004,育种者:山西省农业科学院高粱研究所,品种来源:京140×1h36。

特征特性:黄淮海夏玉米区出苗至鲜穗采收期76 d,比苏玉糯2号晚2 d。幼苗叶鞘浅紫色。株型半紧凑,株高251.6 cm,穗位104.7 cm。花丝浅紫色,穗长20.3 cm,穗行数14~16行,穗轴白色,籽粒白色,百粒重(鲜籽粒)39.3 g,平均倒伏(折)率6.1%。接种鉴定:高感小斑病,感茎腐病、矮花叶病和瘤黑粉病。品尝鉴定87.6分;支链淀粉占粗淀粉98.2%,皮渣率6.8%。黄淮海夏玉米区5月下旬至6月中旬播种,亩种植密度3 500株。隔离种植,适时采收。适宜在河南省、陕西省等地作鲜食糯玉米夏播种植,注意防治小斑病、茎腐病、矮花叶病和瘤黑粉病。

第三节　甜玉米优质高产栽培技术

甜玉米是甜质型玉米的简称，是由普通型玉米发生基因突变，经长期分离选育而成的一个玉米亚种(类型)。甜玉米又称“蔬菜玉米”，它以新鲜果穗为产品，可以煮熟后直接食用，也可以加工成不同风味的罐头等食品，有些甚至可以生食。甜玉米的幼穗(玉米笋)也是一种独特的蔬菜，甜玉米籽粒糖分含量高达10% ~20%，比普通玉米高数倍至几十倍，并含有丰富的蛋白质、食用纤维及维生素E，鲜食皮薄无渣，黏甜清香，味道可口，对预防心血管疾病和胃病也有一定功效，是新型天然营养保健食品。

根据控制基因的不同，甜玉米可分为三种类型：普通甜玉米、超甜玉米、加强甜玉米。甜玉米的营养价值高于普通玉米，除含糖量较高外，赖氨酸含量是普通玉米的2倍。籽粒中蛋白质、多种氨基酸、脂肪等均高于普通玉米。甜玉米籽粒中含有多种维生素(VBl、VB2、VB6、VC、Vpp)和多种矿质元素。甜玉米所含的蔗糖、葡萄糖、麦芽糖、果糖和植物蜜糖都是人体容易吸收的营养物质。甜玉米胚乳中碳水化合物积累较少，蛋白质比例较高，一般蛋白质含量占干物质的13%以上。甜玉米不含普通玉米的淀粉，冷却后不会产生回生变硬现象，无论即煮即食还是经过常温、冷藏后，都能鲜嫩如初，因此适于加工罐头和速冻。

一、地块、品种选择

应选择土质肥沃、不板结、保水保肥性能好的地块。品种选择上，应依据用途选用适宜的甜玉米品种。生育期要适当，适宜当地气候条件下种植；抗病虫性要强，能抵抗当地的主要病虫害；高产性状好，品质优，风味佳，口感好，果穗外观符合消费者嗜好等。如甜单9号、甜单10号、紫甜8号；以幼嫩果穗作水果、蔬菜上市为主的，应选用超甜玉米品种，如超甜1号；以作罐头制品为主的，则应选用普通甜玉米品种，并按厂家要求的果穗大小、重量选择合格品种。要注意早、中、晚熟期搭配，不断为市场和加工厂提供原料。

二、隔离种植

甜玉米的甜性受隐性基因控制，如果普通玉米或不同类型的甜玉米串粉，就会产生花粉直感现象，变成普通玉米，失去甜味。因此，甜玉米要与其他玉米严格隔离种植。最好是连片种植，平原地区种植，400 m以内不应种植其他类型的玉米和其他的甜玉米品种。如果空间隔离不易做到，还可利用村庄、树林、山丘等障碍物进行隔离，还可采用错开播期的方法，即花期隔离法，以花粉不相遇为原则，春播间隔30 d以上，夏播间隔20 d以上即可。在播种时，还要严防普通玉米种子混入，如果混入普通玉米，普通玉米长势强，花粉量大，应及时去除，否则甜玉米质量就会大大下降，甚至不能作甜玉米销售。尤其需要注意的是，不同类型的甜玉米因受不同基因控制，相互授粉后籽粒都会失去甜质特性，因此也需隔离种植。

三、播期安排

甜玉米种子表面皱缩,发芽率低,苗势弱。在播种前一周,选择晴暖天气晾晒2~3 d,用种子量0.15%的50%辛硫磷乳油拌种。播期的安排,预测何时采收上市能获得理想的价格和较高经济效益,再根据品种的生育期来安排最佳播种期,以便在预测的时间采收上市。根据当地气候、无霜期长短、品种生育期长短和上市需求确定播种期。4~7月均可播种,春播在土壤表层5 cm地温连续7 d稳定在10 ℃以上,气温稳定在15~17 ℃时为宜。设施育苗可以早一点,大田扣小棚要晚一点。膜覆盖可于3月底或4月初提前15~20 d播种。也可采用浸种催芽或营养钵育苗等措施提早播种。淡季收获上市,可大大提高经济效益。进行地膜覆盖种植,可提早上市。也可实行分期播种,延长市场供应时间。对于做罐头用的甜玉米,应根据工厂的加工能力和不同时期的需要量,合理安排好播种时间,或者搭配种植早中晚熟品种。秋播须考虑抽雄吐丝灌浆时期的平均气温在18 ℃以上,这样果穗才能正常灌浆结实。

甜玉米因为采收鲜嫩果穗集中,季节性强,短时间内就要采收上市,因此要利用分期播种来延长采鲜时间,一般可隔5~10 d播种一批。出售鲜嫩玉米,应考虑每天的销售能力,以销定产,避免积压造成经济损失。加工罐头或速冻,要考虑加工能力,做到当天采收当天加工,以保证产品质量,延长上市或加工时间。

四、整地

春播前宜精细整地,应力求做到深、松、细、匀、肥、温。整地前每亩施入农家肥1 000~1 500 kg。

夏播、秋播:麦收后用播种机铁茬精量直播。一般每亩播种量1~1.5 kg(每亩密度3 000株左右)播种深度3~5 cm。宜采用机械播种,将种子和甜玉米生育期内所需的氮肥总量的30%及全部磷、钾肥一起施入大田。种子适当浅播,以2~4 cm为宜。种子与肥料的行数比为1:1,种肥水平距离10~15 cm,施肥深度≥15 cm。肥料用量按每亩施用纯氮12~15 kg、五氧化二磷7.5~10 kg、氧化钾7.5~10 kg。

五、设施育苗

设施栽培的玉米应在大棚等设施进行育苗,然后再移栽到大田里种植。

(一)苗床准备

育苗盘每亩需15~18张盘,3月中旬将经过培肥的苗床做成1.5 m宽的畦面,耙平耙细浇透水后,在畦面上排放两排塑盘,并压实,同时准备适量有机质丰富的过筛肥土作盖籽用。

(二)播种育苗

一般每亩播种量1~1.5 kg,3月中旬选择晴好天气在压实的塑盘上播种育苗,每孔播1粒精选过的种子,播后上一层薄薄的过筛肥土,上土厚度应高出塑盘0.5~1 cm,以不露出塑盘为准,盖籽后在盘面淋透水,后覆盖地膜保湿,并在塑盘上搭小拱棚增温,一般每亩大田约需半分地的苗床面积。

（三）喷叶面肥

出棚移植前一周，喷施 1 ~2 次磷钾型叶面肥（磷酸二氢钾）。

六、移栽种植

大田施足基肥后可于 3 月下旬覆膜，一般大小行种植的玉米可在预设的小行上盖膜，以 1 行地膜盖两小行玉米，宽行 80 ~90 cm，窄行 30 ~40 cm，移栽深度一般控制在 4 cm 左右。3 月中旬育苗，大概 30 d 左右，叶龄在 70% 以上达 3 叶 1 心为最佳移栽叶龄期，加强控苗练苗，特别要注意徒长和小老苗。移栽时应选择苗龄基本一致的苗，并将大小苗分开移栽，以提高田间整齐度。

栽植密度一般为 3 000 株/亩左右，具体参照说明书。果穗销售面向市场，易适当稀播，商品性好，更受市场欢迎。果穗销售面向加工厂，适当加大密度，争取最大效益。栽后最好浇水，灌溉设施不好时，土壤水分大的时候移栽，栽后一定要覆膜。

七、田间管理

5 叶期一次性定苗，及时去除分蘖和空秆。在甜玉米生产中，应根据其吸肥特性、土壤肥力状况和肥料种类确定施肥时期和施肥量。用量：复合肥（N - P - K）75 ~100 kg/亩。地膜玉米追肥较困难，施足基肥（有机肥 + 磷钾锌肥 +40% 的氮），重施穗肥（60% 的氮）的原则；基肥中有机肥部分可全田培肥，氮、磷、钾、锌肥可在玉米小行间开沟集中撒施，追肥时可用小锹在玉米株间挖破地膜穴施。小喇叭口期一次追施剩下的全部氮肥。粒期可适当喷施 0.1% ~0.2% 硫酸锌溶液和 0.3% 磷酸二氢钾 500 ~800 倍液 1 ~2 次。

甜玉米整个生育期一般年份保证的灌水量为 80 ~100 m^3，在拔节、大喇叭口、吐丝、灌浆期，每亩按 20 ~25 m^3 的标准进行灌溉。如遇追肥，应追肥后再灌溉。采收前 7 ~10 d 适当控水。如果玉米生长期间降雨较多，则应做好排涝降渍工作。

八、辅助授粉

鲜食玉米开花阶段如遇大风、持续降雨等恶劣气候条件，会出现授粉不良，形成秃顶缺粒等现象，此时可适当进行人工辅助授粉，时间以上午 9 ~11 时最佳，用竹棍等工具沿玉米行间敲打玉米雄穗，使花粉集中散落下来，也可将花粉抖落在铺有纸张的广口容器内，然后授在尚未授粉的花丝上。如遇下雨，雨后散粉时即可进行。

九、去除多余雌穗、去分蘖

甜玉米具有分蘖特性，苗期要除去分蘖，如果不及时除蘖，将影响主茎生长，造成降低产量或造成果穗太小。部分鲜食玉米品种在肥水条件较好时，会出现 3 ~5 个腋芽发育成雌穗的现象，如果听任 3 ~5 个雌穗自由生长，则每个果穗都很小，而失去商品性。因此，为确保上面 1 ~2 个果穗的正常生长，必须去掉其他雌穗。鲜食玉米比普通玉米更容易产生分蘖，因分蘖要消耗养分应及时打掉，以促进主茎生长，提高商品质量，去分蘖时间宜早不宜迟，一般要打两次，第一次在开始长出分杈时进行，7 ~8 d 后再打一次。

十、防治病虫

甜玉米较其他玉米更易感病虫害,极易招致玉米螟、金龟子、蚜虫等害虫为害,后期穗粒腐病较重。甜玉米的果穗受害后,严重影响商品质量和售价。因此,对甜玉米的病虫害应做到防重于治,首先要注意选择抗病品种,其次在生长过程中注意防治(见表 2-2)。为了防止残毒,甜玉米授粉后尽量用生物农药防治,不用或少用化学农药,决不能用残留期长的剧毒农药。

十一、适时收获

一是看花丝的变化,手指掐嫩籽粒,品尝甜味。二是测定嫩籽粒水分含量。超甜玉米上市时的水分应在 73% ~75%,做罐头的普通甜玉米水分在 68% ~72%。三是计算有效积温。超甜玉米在授粉后有效积温在 270 ℃左右时采收,普通甜玉米在 290 ~350 ℃时采收。

普通甜玉米在吐丝后 17 ~23 d,超甜玉米在吐丝后 20 ~28 d,加强甜玉米在吐丝后 18 ~30 d 采收。收得太早,籽粒内容物少,色泽浅,风味差,产量低,含糖量也少;收晚了则果皮变厚,籽粒内糖分向淀粉转化,甜度下降,风味也差,失去了甜玉米特有的风味。

除制种留作种子用的甜玉米要到籽粒完熟期收获外,做罐头、速冻和鲜果穗上市的甜玉米,都应在最适"食味"期(乳熟前期)采收。因为甜玉米籽粒含糖量在乳熟期最高,收获过早,含糖量少,果穗小,粒色浅,乳质少,风味差;收获过晚,虽然果穗较大,产量高,但含糖量降低,淀粉含量增加,果皮硬,渣滓多,风味降低。甜玉米收获时期较难掌握,而且不同品种、不同地点、不同播期之间也存在差异。一般来说,春播的甜玉米采收期在授粉后 17 ~22 d,秋播的在 20 ~26 d 收获为宜。果穗花丝变深褐色,籽粒饱满、色泽鲜亮,压挤时呈乳浆,适时分批采收。宜在上午 10 时以前、下午 16 时以后连苞叶一起采收。另外,甜玉米采收后含糖量迅速下降,因此采收后要及时加工处理。采收后宜摊放在阴凉通风处,随后剥去外侧苞叶,保留 2 ~3 层内侧苞叶,根据外观品质等级分类储存。鲜穗采收后,秸秆宜用于青储饲料,或直接还田,禁止焚烧。

表 2-2　甜/糯玉米病虫草害化学防治方法

防治对象	药品通用名	剂型	有效成分含量	每亩有效成分用量	稀释倍数	使用时间	安全间隔期(d)	每季最多使用次数	MRL 值
玉米螟	苏云金杆菌	WP	16 000 IU/mg	250 ~300 g	600 ~1 000	喇叭口期灌心	7	2	—
	溴氰菊酯	EC	25 g/L	0.5 ~0.7 g	拌 2 kg 细砂	喇叭口期撮心	—	1	0.2
	辛硫磷	GR	3%	—	1 ~1.5 kg	喇叭口期撮心	—	1	—
	氯虫苯甲酰胺	SC	200 g/L	0.6 ~1 g	3 000 ~5 000	喇叭口期灌心	—	1	0.02

续表 2-2

防治对象	药品通用名	剂型	有效成分含量	每亩有效成分用量	稀释倍数	使用时间	安全间隔期(d)	每季最多使用次数	MRL值
大小斑病	丙环·嘧菌酯	SC	18.70%	10~14 g	1 000~1 500	发病初期大田喷雾	7	2	1
	代森铵	AS	45%	35~45 g	1 000~1 500	发病初期大田喷雾	7	2	5
纹枯病	井冈霉素	SP	5%	3.5~5 g	1 000~1 500	发病初期大田喷雾	10	2~3	—
南方锈病	三唑酮	WP	25%	9~12 g	1 500~2 000	发病初期大田喷雾	10	2~3	0.5
	丙环唑	EC	250 g/L	8.3~10 g	3 000~4 000	发病初期大田喷雾	10	2~3	0.1
地老虎(蝼蛄)	辛硫磷	EC	50%	30~40 g	1 000~1 500	苗期灌根	—	1	0.05
杂草	草甘膦	AS	30%	50~110 g	100~300	播前或移栽前	7	1	1
	乙草胺	EC	50%	50~70 g	150~300	播后苗前	7	1	0.05
	硝磺·莠去津	SC	550 g/L	44~66 g	3 000~5 000	玉米苗期	7	1	0.05
	苯唑草酮	SC	30%	1.5~2 g	1 500~3 000	玉米苗期	7	1	—

注：* AS：水剂；SC：悬浮剂；WP：可湿性粉剂；SP：可溶粉剂；TC：原药；EC：乳油；GR：颗粒剂。

第四节　糯玉米优质高产栽培技术

糯玉米即为蒸煮后黏性较强的玉米。籽粒脱水干燥后不透明、无光泽，呈蜡质状，胚乳淀粉主要是支链淀粉，直链淀粉含量较低。糯玉米淀粉比普通玉米淀粉易于消化，蛋白质含量比普通玉米高3%~6%，赖氨酸、色氨酸含量较高，在淀粉水解酶的作用下，其消化率可达85%，而普通玉米的消化率仅为69%。鲜食糯玉米的籽粒黏软清香、皮薄无渣、内容物多，一般总含糖量为7%~9%，干物质含量达33%~58%，并含有大量的维生素E、B1、B2、C和肌醇、胆碱、烟碱及矿质元素，比甜玉米含有更丰富的营养物质和更好的适口性。

一、选用良种

糯玉米品种较多，品种类型的选择上要注意市场习惯要求，且注意早、中、晚熟品种搭配，以延长供给时间，满足市场和加工厂的需要。选择粒大、饱满、发芽力强并去除瘪小、虫蛀、霉变和已萌动的种子。宜选用包衣种子。未包衣种子在播种前一周，选择晴暖天气晾晒2~3 d，用种子量0.15%的50%辛硫磷乳油拌种。或者用40%溴酰·噻虫嗪种子处理悬浮剂(20%噻虫嗪+20%溴氰虫酰胺，福亮)防治玉米田蓟马和蛴螬等，拌种，用药量为150~300 mL/100 kg种子。

二、隔离种植

糯质玉米基因属于胚乳性状的隐性突变体。当糯玉米和普通玉米或其他类型玉米混交时，会因串粉而产生花粉直感现象，致使当代所结的种子失去糯性，变成普通玉米品质。因此，种植糯玉米时，必须隔离种植。平原地区种植，500 m 以内不应种植其他类型的玉米和相同类型的不同糯玉米品种。如有林木、山岗等天然屏障，可适当缩短隔离间距。如果空间隔离有困难，也可利用高秆作物、围墙等自然屏障隔离。另外，也可利用花期隔离法，将糯玉米与其他玉米分期播种，以花粉不相遇为原则，春播间隔 20 d 以上，夏播间隔 15 d 以上。

三、分期播种

为了满足市场需要，作加工原料的，可进行春播、夏播和秋播，作鲜果穗煮食的，应该尽量赶在水果淡季或较早地供给市场，这样可获得较高的经济效益。因此，糯玉米种植应根据市场需求，遵循分期播种、前伸后延、均衡上市的原则安排播期。

根据当地气候、无霜期长短、品种生育期长短和上市需求确定播种期。4～7 月均可播种，春播在土壤表层 5 cm 地温连续 7 d 稳定在 10 ℃以上，气温稳定在 15～17 ℃时为宜。

播种前宜精细整地，整地前每亩施入农家肥 1 000～1 500 kg。夏播也可免耕。

宜采用机械播种，将种子和糯玉米生育期内所需的氮肥总量的 30% 及全部磷、钾肥一起施入大田。种子适当浅播，以 2～4 cm 为宜。种子与肥料的行数比为 1∶1，种肥水平距离 10～15 cm，施肥深度≥15 cm。肥料用量按每亩施用纯氮 12～15 kg、五氧化二磷 7.5～10 kg、氧化钾 7.5～10 kg。

采用设施栽培，其育苗、移栽方法同甜玉米。

四、合理密植

糯玉米的种植密度安排不仅要考虑高产要求，更重要的是要考虑其商品价值。种植密度与品种和用途有关。高秆、大穗品种宜稀，适于采收嫩玉米。如果是低秆、小穗紧凑品种，种植宜密，这样可确保果穗大小均匀一致，增加商品性，提高鲜果穗产量。依据品种特性、当地肥水条件确定适宜的种植密度，以每亩种植 3 000～3 500 株为宜。5 叶期一次性定苗；及时去除分蘖和空秆。

五、肥水管理

糯玉米的施肥应坚持增施有机肥，均衡施用氮、磷、钾肥，早施前期肥的原则。有机肥作基肥施用，追肥应以速效肥为主，追肥数量应根据不同品种和土壤肥力而定。大喇叭口期一次追施剩下的 70% 的全部氮肥。粒期可适当喷施 0.1%～0.2% 硫酸锌溶液和 0.3% 磷酸二氢钾 500～800 倍液 1～2 次。

糯玉米的需水特性与普通玉米相似。苗期可适当控水蹲苗，土壤水分应保持在田间持水量的 60%～65%，拔节后，土壤水分应保持在田间持水量的 75%～80%。在拔节、大喇叭口、吐丝、灌浆期,根据土壤墒情节水灌溉。

六、病虫害防治

糯玉米的茎秆和果穗养分含量均高于普通玉米,故更容易遭受各种病虫害,而果穗的商品率是决定糯玉米经济效益的关键因素,因此必须注意及时防治病虫害。糯玉米作为直接食用品,必须严格控制化学农药的施用,要采用生物防治及综合防治措施。

七、适期采收

不同品种的最适采收期有差别,主要由"食味"来决定,最佳食味期为最适采收期,宜在授粉后 25 d 左右,籽粒发育达到乳熟期(籽粒含水量 68% ~70%),即手掐鲜穗中部籽粒呈弹性柔韧状且籽粒饱满时采收。用于磨面的籽粒,要待完全成熟后收获;利用鲜果穗的,要在乳熟末或蜡熟初期采收。过早采收糯性不够,过迟采收缺乏鲜香甜味,只有在最适采收期采收的才表现出籽粒嫩、皮薄、渣滓少、味香甜、口感好。

采收方法:将果穗直接由从植株穗柄处折断,保留穗柄长度不超过 1 cm,采收时连苞叶一起采收,并根据外观品质等级进行分类。鲜穗采收后,及时销售;未及时销售的,应在 6 h 之内速冻保藏或低温冷藏。鲜穗采收后,秸秆宜用于饲料,或直接还田,禁止焚烧。

第三章 谷 子

第一节 概 述

一、谷子在国民经济中的地位

(一)特点及地位

谷子属禾本科,黍族,狗尾草属,又名粟,是我国主要栽培作物之一。谷子耐旱、耐瘠薄,抗逆性强,适应性广,是很好的抗旱作物;籽实外壳坚实,能防湿、防热、防虫,不易霉变,可长期保存,是重要的储备粮食。谷子是我国北方地区主要粮食作物之一。在北方旱粮作物中仅次于小麦、玉米,居第三位,是调剂城乡人民生活不可缺少的作物,在作物生产中占有重要地位。

谷子去壳后称小米,小米营养价值高,味美好吃,易消化,深受人民喜爱。据中国农科院分析,含蛋白质7.5%~17.5%,平均11.7%,脂肪3%~4.6%,平均4.5%,碳水化合物72.8%,还含有人体所必需的氨基酸和钙、磷、铁及维生素A、维生素B1、胡萝卜素等。每百克小米可产生热量1 516 kJ,比大米、小麦、高粱、玉米都高。对某些化学致癌物质有抵抗作用的维生素E(5.59~22.36 mg/100 g小米)、硒(小米含量25 mg/kg)的含量也很高。同时对动脉硬化、心脏病有医疗作用的维生素B1量更为突出,每百克小米含1.03~0.66 mg。它是一种很好的营养品,体弱多病和产妇食用具有较好的滋补、强身作用。小米能益肾和胃、除热补虚、安神健胃。小米所含丰富的色氨酸,可轻松被人吸收,色氨酸会促使分泌五羟色氨酸促睡血清素,是很好的安眠健胃食品。小米除焖饭、煮粥等直接食用外,还可加工煎饼、发糕、小米酥系列产品,如高蛋白酥卷、保健酥卷、强化酥卷和营养调味食品,如高级米酯、米酒饮料、冰淇淋以及酿酒、制糖等。

谷粒、谷糠、谷芽入药后主治多种病。谷草营养价值高,含粗蛋白质3.16%,粗脂肪1.35%,无氮浸出物44.3%,钙0.32%,磷0.14%,高于其他禾本科牧草。接近豆科牧草,品质优良,适口性强,耐储藏,经久不变,是大牲畜的优质饲料。谷糠既能酿酒做醋,又是家禽的好饲料,且能提炼谷浆油、糠醛等。

(二)谷子起源与分类

国际公认谷子起源于我国,是世界和我国古老的栽培作物之一。据对西安半坡遗址、磁山遗址、裴李岗遗址等出土的大量炭化谷子考证,谷子在我国有5 000~8 000年的栽培历史。早在七八千年以前,中国已经培育出粟品种,在中原与华北的广大地区推广与种植。自商代直到秦汉,粟都被列为五谷之首,是广大人民的主要食粮。据历史资料记载,在隋唐期间谷子经朝鲜传入日本,元、明代开始传播到西伯利亚、欧洲及世界各地。又据谷子野生种遗传多样性研究结果,谷子遗传基因分为中国和欧洲两个基因库,认为这两个基因库有独立驯化的可能性，为谷子的起源与演化充实了论据。刘润堂等对国内外谷子同工酶分析结果也表明，狗尾草与栽培谷子亲缘关系较近，是谷子近缘祖先，谷莠子与栽培谷子的亲缘关系最近，是谷子与狗尾草的中间类型。

谷子类型的划分，常用的有以下几种：依穗型、稃色、刚毛色、粒色等划分，可分为龙爪谷、毛粱谷、青谷子、红谷子等；依籽粒粳糯性划分，可分为硬谷、红酒谷等；依植株叶色、鞘色、分蘖多少划分，可分为白秆谷、紫秆谷、青卡谷等；依据生育期划分，可分为早熟类型（春谷少于110 d，夏谷70～80 d）、中熟类型（春谷111～125 d，夏谷81～91 d）、晚熟类型（春谷125 d以上，夏谷90 d以上）。

二、谷子的生育时期

全生育期又可分为五个小阶段。

(1)幼苗期。从种子萌发出苗到分蘖，这阶段春播条件经历25～30 d，夏播需12～15 d。

(2)分蘖拔节期。从分蘖到拔节。春谷为20～25 d，夏谷10～15 d，此阶段是谷子根系生长的第一个高峰时期，又是谷子一生中最抗旱的时期。

(3)孕穗期。从拔节到抽穗。春谷需25～28 d，夏谷经历18～20 d，是谷子根茎叶生长最旺盛时期，是根系生长的第二个高峰期，同时又是幼穗分化发育形成时期。

(4)抽穗开花期。自抽穗经过开花受精到籽粒开始灌浆。春谷经历15～20 d，夏谷经历12～15 d，是开花结实的决定期，是谷子一生对水分养分吸收的高峰时期，要求温度最高，怕阴雨、怕干旱。

(5)灌浆成熟期。自籽粒灌浆开始到籽粒完全成熟。春谷经历35～40 d，夏谷经历30～35 d，是籽粒质量决定时期。

三、谷子的品质

（一）谷子的营养品质

谷子的品质包括营养品质和食味品质。营养品质主要包括蛋白质、脂肪、淀粉、维生素和矿物质等；小米含多种人体所需氨基酸，见表3-1。食味品质主要指色泽、气味、食味、硬度等。目前主要以直链淀粉含量、糊化温度和胶稠度作为谷子食味品质的定量测定指标。

谷子的维生素A、B1、D、E均超过小麦、水稻和玉米。谷子的必需矿物质铁、锌、铜、镁均超过水稻、小麦和玉米，硒含量为70～191个单位。

表3-1 几种主要粮食氨基酸含量 （单位：mg/100 g）

	色氨酸	蛋氨酸	苏氨酸	苯氨酸	颉氨酸	亮氨酸	赖氨酸
小米	194	297	462	546	415	1 360	334
八一面粉	123	168	347	527	460	—	274
玉米	68	157	372	412	408	1 315	254
成年人日需量	200	860	400	785	625	860	625

1. 蛋白质

谷子蛋白质含量平均11.42%,消化率83.4%,生物价57,高于水稻和小麦。谷草粗蛋白3.16%,接近豆科牧草,谷糠为畜禽精饲料。谷子蛋白质含量有随降水量增加而提高的趋势。在同样降水年份,旱地谷子比水地谷子的粗蛋白质含量要高。施用肥料的种类、用量不同,对谷子蛋白质含量影响也不同。据张珠玉试验,在单施氮肥时,0~112.5 kg/hm^2用量范围,其蛋白质含量的增加幅度最大,112.5~168.75 kg/hm^2时,蛋白质含量的增加趋势减弱,配合施磷与单施氮肥相比,对谷子蛋白质的增加影响不明显。谷子的产地、品种与生产年份不同,蛋白质含量有明显差异。

2. 脂肪

谷子脂肪含量平均为3.68%,高于大米和小麦,85%为不饱和脂肪酸,结构合理,对防治动脉硬化有益。

干旱有助于谷子脂肪的含量提高。据杨官厅研究,在干旱条件下比在水分充足的条件下脂肪含量提高9.6%,最高的提高27.4%。谷子脂肪含量与温度呈负相关。随着积温的增加,脂肪含量呈下降趋势。脂肪含量还随纬度、海拔增加而呈增加趋势,随施肥量增加而呈下降趋势。

3. 淀粉

谷子无论是单施氮肥,还是氮、磷配合,均随施肥量的增加而总淀粉含量减少。直链淀粉含量随施肥量增加呈增长趋势,支链淀粉含量则随施肥量增加呈下降趋势。

(二)小米的食味品质

1. 淀粉

谷子淀粉由直链淀粉与支链淀粉组成,两种淀粉的比例关系决定着小米饭的适口性,据王润奇等人研究,大多数谷子品种直链淀粉含量为14%~25%,我国公认的泌州黄、晋谷14等优质品种,直链淀粉含量为9.0%~11.9%。直链淀粉含量分别与小米饭的柔软性、香味、色泽、光泽有关。

2. 糊化温度

糊化温度是小米淀粉粒在热水中膨胀而不可逆转时的温度,由此可以反映出胚乳和淀粉粒的硬度。糊化温度越低,小米越容易煮烂,且食味较好;反之,糊化温度高,小米越不易煮烂,且食味较差。谷子品种不同,糊化温度不同。小米的糊化温度划分为低(<60 ℃)、中(60~63 ℃)和高(>63 ℃)三个等级。糊化温度与蒸煮米饭时间及用水量成正相关。

3. 胶稠度

胶稠度是指小米蒸煮一定时间后,米汤中胶质的流动长度。胶稠度反映了米胶冷却后的黏稠程度,与小米饭的柔软性有关。胶稠度与适口性之间呈正相关。胶稠度在6~7 cm的品种,其米饭黏性适中,冷却后仍柔软,有光滑感,食味品质好;胶稠度在6 cm以下的品种,其米饭干燥,冷后发硬,适口性差。胶稠度与糊化温度之间呈中度负相关。糊化温度高的品种其米胶质流动长度较短。

4. 其他因素

谷子品种是影响小米食味质的主要因素。品种不同,小米的直链淀粉含量、糊化温度、胶稠度不同。收获期的早晚,特别是提早收获,籽粒灌浆尚未结束,小米中蛋白质、脂肪与淀粉等物质尚未完全充实,减少了固形物质,而影响食味品质。除此之外,肥料、土壤类型及光、温、水等气候因子的变化也会影响食味品质。

(三) 小米品质分级

小米质量基本要求不完善粒不高于1.0%;杂质小于0.5%,其中粟谷小于0.3%、矿物质小于0.02%;水分小于14%;碎米小于4.0%。小米质量指标分级分四个等级,见表3-2。小米品质指标总分等于样品的加工精度、色泽、直链淀粉、胶稠度、碱消值等项指标之和,满分为100分,进行综合打分评价。

表3-2 小米质量指标分级

项目	等级			
	一等	二等	三等	四等
加工精度,等级	粒面种皮基本脱掉的颗粒≥90%	粒面种皮基本脱掉的颗粒≥80%	粒面种皮基本脱掉的颗粒≥70%	粒面种皮基本脱掉的颗粒≥60%
颜色、光泽	深黄,亮,一致	黄,亮,一致	浅黄,较一致	浅黄,暗,有垩白
直链淀粉(%)	≤28.0	28.1~30.0	30.1~32.0	≥32.1
胶稠度(mm)	≥150	140~149	130~139	≤130
碱消值(级)	≥3.5	3.0~3.4	2.5~2.9	≤2.5
质量指数(%)≥	85	80	75	70

四、谷子对环境条件的要求

(一) 对温度的要求

谷子属喜温作物,全生育期以20 ℃的日平均气温为宜,完成生长发育需要大于或等于10 ℃的积温为1 600~3 300 ℃。谷子在不同的生长发育阶段,对温度的要求各不相同。①谷种发芽的最适宜温度为24 ℃,温度高于30 ℃时,种子发芽快,幼芽细嫩,极易烧芽。温度低于5 ℃时,种子发芽缓慢,1~2 ℃时全株会受冻害。②苗期的适宜温度为20~22 ℃。③在谷子生育中期最适宜温度为25~30 ℃,在此温度条件下,茎秆生长迅速而粗壮,幼穗分化良好,抽穗整齐。如果温度过高,幼穗分化期缩短,穗子就小;温度低,幼穗分化期延长,穗子增大。温度低于13 ℃时,谷子不能抽穗。④谷子开花期适宜温度为22~25 ℃,温度过高会影响花粉粒的生活力,缩短花柱寿命,因而受粉不良。如果温度低于10 ℃,则花药不开裂,花器易受冻害。⑤灌浆期适宜温度为20~22 ℃,温度低会影响光合产物的合成,不能正常成熟。如果昼夜温差大,白天温度高,有利于制造养分。夜间温度低,呼吸减弱,消耗的养分少,有利于积累养分。这样,干物质积累多,灌浆充足,籽粒饱满,就能高产。

(二)谷子需水规律

谷子是耐旱作物,与其他作物比较,谷子对水分利用率较高,蒸腾系数较小。谷子每形成 1 kg 干物质只需耗水 271 kg,而高粱为 332 kg,玉米为 368 kg,小麦为 513 kg。

谷子在不同的生长发育时期,对水分的要求也不相同。①种子发芽时要求水分极少,吸水量达到种子重量的25%,土壤含水量达 9% ~15% 时,就可发芽。②出苗至拔节期,苗小叶少,耗水量约占全生育期的 3.1%,这一时期谷子抗干旱能力极强,且适当干旱有利于蹲苗,促进根系生长,对培育壮苗和后期抗倒伏具有积极作用。③拔节至抽穗阶段,是谷子一生中需水最多、最迫切的时期,是谷子的需水临界期。这个时期如果水分充足,则谷穗长、穗码多、粒数多。在抽穗前的 8 ~10 d 对水分最为敏感,土壤含水量低于 20%,应及时浇水。④开花、灌浆期需水量较多,占全生育期总需水量的 20%,为谷子需水的第二个临界期。开花遇旱,会影响花粉的正常成熟,造成秕谷增多。但开花期遇雨,部分花粉吸水过多,会膨胀破裂,不能正常受粉,也会造成大量秕谷。

(三)谷子对光照的要求

谷子是短日照作物,即需要较长的黑暗与较短的光照交替条件,才能开花。谷子一般出苗后 5 ~10 d 进入光照阶段,在 8 ~10 h 的短日照条件下,经过 10 d 即可完成光照阶段。在短日照条件下,能提前使营养生长转入生殖生长,提前抽穗、开花,而在长日照条件下,则推迟营养生长向生殖生长转化,延迟抽穗、开花。不同品种对光照反应不同,一般春播品种比夏播品种反应敏感,红绿苗品种比黄绿品种反应敏感。

谷子是喜光作物。幼苗期,在光照充足的条件下,幼苗生长正常,叶绿素含量高,干物质积累多;如果光照不足,则幼苗细高,叶黄而窄,叶绿素含量少,干物质积累少;灌浆期也需要充足的光照,光照不足,籽粒成熟不好,秕子增加。正如农谚所说:“淋出秕来,晒出米来”。

谷子是 C_4 作物,在充足的光照条件下,净光合强度很高,为 26 mg/(m^2 · h)左右,而 CO_2 补偿点和光呼吸都比较低。

(四)对养分的要求

谷子虽然有耐瘠薄的特点,但要获得高产,就必须满足谷子对养分的需要。一般谷子每生产 100 kg 籽粒,需要从土壤中吸收氮(N)4.7 kg、磷(P)1.6 kg、钾(K)5.7 kg。

谷子在不同的生育阶段,对氮、磷、钾的需要量各不相同。①幼苗期吸氮量只占全生育期的 3.37%,吸磷量占 1.87%,吸钾量占 3.86%。②拔节期,随着根系的发育,吸收量逐渐增加,此期氮素不足,表现出植株矮小,叶片数量少,叶片黄绿,发育加快,引起早衰;磷素不足,根系发育缓慢,叶片变红;生育前期对钾素的反应不明显。③谷子生育中期既有营养生长,又有生殖生长,是谷子一生中生长最旺盛的时期,也是养分吸收量最多、最迫切的时期。氮素的吸收量占全生育期吸收总量的 46.6%,磷素吸收量占 57.7%,钾素吸收量占 80.29%。④抽穗后,营养体生长迅速下降,体内养分分配重新调整,养分吸收暂时减少。⑤灌浆期养分吸收又有较大增加,氮素的吸收量占全生育期吸收总量的 50.03%,磷素吸收量占 41.06%,钾素吸收量占 15.85%,形成了第二个吸肥高峰。

(五)对土壤的要求

谷子对土壤质地的要求不严格,沙土、壤土、黏土都可以种植,但最适合谷子生长的还是土层深厚、结构良好、有机质丰富的壤土。谷子适合于中性土壤,耐盐性较差,含盐量0.3%时,幼苗成活率仅有59%;含盐量0.4%时,幼苗成活率仅有50%;含盐量超过0.5%时,几乎全部不发芽。所以,在盐碱地种植时,要适当加大播种量。

第二节 谷子新品种介绍

一、常规品种

(一)豫谷36

安阳市农业科学院选育,品种来源:安06-4112×“豫谷6号×SK325”。

该品种属常规品种。幼苗绿色,生育期88~132 d,株高105.1~128.47 cm。穗呈纺锤形,穗码偏紧,穗长17.89~24.3 cm,单穗重12.99~17.67 g,穗粒重10.12~17.42 g,千粒重2.54~2.85 g,出谷率74.25%~87.59%,黄谷黄米。粗蛋白8.85%,粗脂肪4.73%,总淀粉86.8 %。感谷瘟病,中抗谷锈病,中抗白发病,线虫病发病率为0~0.44%,蛀茎率为0~3.5%。

(二)豫谷17号

该品种2011年通过河南省品种审定委员会审定。幼苗叶、鞘绿色,株高90 cm左右,春播生育期125 d,夏播89 d左右,对光温反应不敏感,纺锤形穗,穗长17.38 cm,单穗重13.31 g,千粒重2.68 g。抗倒性1级,高抗谷锈病,中抗纹枯病、褐条病,综合性状表现良好,适应在华北夏谷区种植。注意夏播增施磷肥,足墒早种。各级试验平均产量350.8 kg/亩,适合河南、河北、山东等地夏播及同类生态区推广种植。

(三)豫谷18

原名安07-4585,育种者为安阳市农业科学院,品种来源:豫谷1号×保282。

豫谷18幼苗绿色,华北生育期88 d,西北、东北122 d,株高120 cm,穗重20 g,穗粒重17 g,千粒重2.7 g,出谷率80%,黄谷黄米。抗倒、抗旱、耐涝性均为1级,高抗谷子各种病害。豫谷18出米率高,比对照出米率高2.35%,增加小米加工企业效益。抗穗发芽,适合机械化收割,便于规模化种植。小米品质:豫谷18小米橘黄、黏香,适口性好,蒸煮时间短,商品、食用品质兼优。在2009年第八届全国优质食用粟评选中,来自全国各地的专家通过对参试的春夏谷品种的小米商品品质(色泽、一致性)和食用品质(小米稀饭、干饭,香味、感观品质、适口性)综合评价,以总分第一的成绩被评为国家一级优质米。适宜在河北、山东、河南夏季种植。注意防治谷子谷瘟病、纹枯病、线虫病。

(四)豫谷22

生育期95 d,株高101 cm。幼苗绿色,在亩留苗4.0万株的情况下,成穗率91.5%;纺锤形穗,松紧适中,穗长18.0 cm,穗粗2.6 cm,单穗重20.6 g,单穗粒重17.4 g,千粒重2.83 g,出谷率84.4%,黄谷黄米。株型紧凑,穗层整齐,灌浆结实好,熟相好。抗性鉴定:经河南省夏谷区域试验,2011~2012年两年自然鉴定,1级抗倒伏,对谷锈、谷瘟病抗性均为1级,对纹枯病抗性为2级。品质分析:取2014年区试混合样品碾米,农业部农产品质量监督检验测试中心分析(郑州),蛋白质9.45 %,粗脂肪2.84%,粗纤维0.10%,锌28

mg/kg,铁 28.8 mg/kg,硒 0.033 0 mg/kg,维生素 B2 达 4.37×10^{-3} mg/100 g。

(五)豫谷 23 号

该品种幼苗绿色,生育期 91.7 d,与对照品种生育期 92.4 d 相当。株高 102.3 cm,在留苗 4 万/亩的情况下,平均成穗 58.95 万,成穗率 98.25%,纺锤形穗,码松紧度适中;穗长 17.13 cm,穗粗 2.4 cm,单穗重 14.34 g,穗粒重 11.45 g,千粒重 2.58 g,出谷率 79.86%,出米率 79.55%,浅黄谷浅黄米。熟相一般。该品种抗倒性、抗旱性均为 1 级,对谷锈病、谷瘟病、纹枯病抗性分别为 1 级、1 级、2 级,高抗白发病,红叶病和线虫病发病率分别为 4% 和 1%,蛀茎率 7%。经农业部农产品质量监督检验测试中心(郑州)检测,含蛋白质 10.88%,粗脂肪 2.84%,粗纤维 0.26%,含锌 28 mg/kg,铁 21.2 mg/kg,硒 0.014 1 mg/kg,维生素 B2 达 4.41×10^{-3} mg/kg。

(六)冀谷 19

该品种河北省农林科学院谷子研究所以"矮 88"为母本,"青丰谷"为父本,采用杂交方法育成谷子品种。

该品种幼苗叶鞘绿色,夏播生育期 89 d,平均株高 113.7 cm,纺锤形穗,松紧适中,平均穗长 18.1 cm,单穗重 15.2 g,穗粒重 12.4 g,出谷率 81.6%,出米率 76.1%,褐谷,黄米,千粒重为 2.74 g。高抗倒伏、抗旱、耐涝,抗谷锈病、谷瘟病、纹枯病,中抗线虫病、白发病。米色鲜黄,煮粥黏香省火,口感略带甘甜,商品性、适口性均好。经农业部谷物品质监督检测中心检测,小米含粗蛋白质 11.3%,粗脂肪 4.24%,直链淀粉 15.84%,胶稠度 120 mL,碱消指数 2.3,维生素 B1 含量 6.3 mg/kg。2003 年在"全国第五届优质食用粟品质鉴评会"上,冀谷 19 以总分第一名被评为"一级优质米"。在多种环境条件下,直链淀粉、糊化温度、碱消指数等主要品质指标稳定。

(七)豫谷 33

由安阳市农业科学院、河北省冀科种业有限公司选育,品种来源:豫谷 18 ×"冀谷19 × SK492"。

该品种生育期 83 ~ 124 d,幼苗绿色,株高 115.0 ~ 142.4 cm,穗长 17.20 ~ 28.82 cm,单穗重 11.55 ~ 40 g,穗粒重 9.71 ~ 25.36 g,千粒重 2.56 ~ 3.02 g,出谷率 65.2% ~ 87.88%,穗呈纺锤形,穗码松紧适中,黄谷黄米。粮用粗蛋白质 10.12%,粮用粗脂肪 4.92%,粮用总淀粉 69.31%,粮用支链淀粉 43.95%,粮用赖氨酸 0.32%。感谷瘟病,中抗谷锈病,感白发病,蛀茎率为 3%。注意防治谷子谷瘟病、纹枯病、线虫病、白发病。

二、抗除草剂品种

(一)冀谷 31(懒谷 3 号)

育种者为河北省农林科学院谷子研究所,品种来源:冀谷 19 × 冀谷 25。该品种抗拿扑净除草剂,生育期 89 d,绿苗,株高 120.69 cm。纺锤形穗,松紧适中;穗长 21.43 cm,单穗重 13.38 g,穗粒重 10.93 g,千粒重 2.63 g;出谷率 82.41%,出米率 71.77%;褐谷黄米。经 2008 ~ 2009 年国家谷子品种区域试验自然鉴定,抗倒性、抗旱性、耐涝性均为 1 级,对谷锈病抗性 3 级,谷瘟病抗性 2 级,纹枯病抗性 3 级,白发病、红叶病、线虫病发病率分别为 1.91%、0.48%、0.05%。适宜在河北、山东、河南夏谷区种植。

（二）豫谷 31 号

安阳市农业科学院选育，品种来源：豫谷 18 ×［豫谷 18 ×（豫谷 18 ×“冀谷 19 × SK492”）］。

该品种为抗除草剂拿捕净品种。幼苗绿色，生育期 89 ~ 129 d，株高 116.58 ~ 125.54 cm，在亩留苗 4.0 万株的情况下，成穗率 85.87%，纺锤形穗，穗码较密；穗长 20.49 ~ 27.65 cm，单穗重 16.60 ~ 28.40 g，单穗粒重 13.80 ~ 22.30 g，千粒重 2.81 ~ 3.00 g，出谷率 78.69% ~ 84.39%，黄谷黄米。田间自然鉴定：该品种无倒伏，对谷锈病和谷瘟病的抗性均为 2 级，对纹枯病和褐条病的抗性均为 2 级，红叶病的发病率为 0.99%。在 2017 年全国第十二届优质食用粟鉴评会上获二级优质米。苗期 3 ~ 4 片叶时喷施拿捕净可有效防除田间单子叶杂草。河南夏谷区注意防治谷子谷瘟病、纹枯病、线虫病。

（三）豫谷 35（安 15 – S748）

安阳市农业科学院选育，品种来源：豫谷 18 ×［豫谷 18 ×（豫谷 18 ×“冀谷 19 × SK492”）］。

该品种属有性杂交选育的常规品种。生育期 84 ~ 123 d，幼苗绿色，株高 106 ~ 144.5 cm，穗长 19.3 ~ 29.36 cm，穗呈纺锤形或圆锥形，穗码偏紧，单穗重 12.06 ~ 30.67 g，穗粒重 9.95 ~ 27.88 g，千粒重 2.63 ~ 3.04 g，出谷率 77.7% ~ 90.90%，黄谷黄米。熟相好。线虫病发病率为 0.33%，蛀茎率为 2.01%。

该品种抗除草剂拿捕净，苗期 3 ~ 4 片叶时喷施拿捕净可有效防除田间单子叶杂草；注意防治谷瘟病。

（四）豫杂谷 1 号

安阳市农业科学院选育，品种来源：安育 1 号 × 安 14 – 62295。

该品种属两系杂交谷子品种。生育期 87 ~ 116 d，幼苗绿色，株高 103.1 ~ 144.2 cm。穗长 20.5 ~ 27.7 cm，穗粗 2.9 ~ 3.5 cm，单穗重 18.4 ~ 30.4 g，穗粒重 15.38 ~ 17.3 g，千粒重 2.9 ~ 3.1 g，出谷率 81.4% ~ 83.6%，穗呈纺锤形或筒形，穗码松紧适中，黄谷黄米。粗蛋白 9.42%，粗脂肪 5.02%，总淀粉 85.7%，支链淀粉 41%。1 级谷瘟病，1 级谷锈病，0 级白发病，线虫病发病率为 0.23%，蛀茎率为 0.47%。

该品种为抗除草剂拿捕净，苗期 3 ~ 4 片叶时必须喷施拿捕净；注意防治谷锈病、纹枯病、线虫病。

（五）保谷 22 号

保定市农业科学院、河北省农林科学院谷子研究所育种，品种来源：济谷 12 × K325。

该品种从出苗到成熟 93 d 左右，幼苗绿色，植株高度 120.25 cm 左右。在亩留苗 4.0 万株的情况下，成穗率 93.79%，纺锤形穗，穗子松紧适中，穗长 19.04 cm，单穗重 15.82 g，穗粒重 13.24 g，千粒重 2.96 g，出谷率 80.55%，出米率 78.73%，黄谷黄米，熟相较好。粗蛋白含量 10.57%，粗脂肪含量 1.38%，总淀粉含量 82.47%，赖氨酸含量 0.12%，食味品质佳。中抗谷瘟病和谷锈病，田间调查谷子白发病病株 0.94%，蛀茎率 3.21%。

该品种为抗拿扑净除草剂品种，未经过试验实证的其他除草剂品种禁止使用。谷苗 3 ~ 5 叶期（出苗后 10 d 左右）于晴朗无风天气喷施配套拿扑净除草剂，用于间苗，并可防治尖叶杂草和谷莠子，每亩 100 mL，对水 30 ~ 40 kg，注意垄上垄背都要喷施，并确保药剂不飘散到其他谷田或其他作物。

(六)豫谷28号(郑谷16)

河南省农科院粮食作物研究所、河北省农林科学院谷子研究所育种,品种来源:白米×(K359×M4-1)。

采用有性杂交,系谱选育而成。该品种为抗除草剂拿扑净及咪唑乙烟酸的双抗品种,生育期94 d,株高110~131 cm,与对照豫谷9号相当。幼苗绿色,在亩留苗4.0万株的情况下,成穗率92.5%;纺锤形穗,松紧适中,穗长20.3 cm,穗粗2.7 cm,单穗重21.7 g,穗粒重18.4 g,千粒重2.95 g,出谷率84.6%,出米率76.46 %,黄谷黄米,熟相好。经河南省夏谷区域试验,2014~2015年两年自然鉴定,1级抗倒伏,对谷锈、谷瘟病的抗性均为1级,对纹枯病抗性为2级。农业部农产品质量监督检验测试中心分析(郑州),2016年区试混合样品,蛋白质9.20%,粗脂肪2.64%,粗纤维0.15%,锌30 mg/kg,铁29.8 mg/kg,硒0.069 2 mg/kg,维生素B2达4.32×10^{-3} mg/100 g。

市场所售豫谷28号种子一般混有无抗性的姊妹系,播种量应按说明操作,正常每亩播种1 000 g。播后苗前喷施“谷友”封地,在3~5叶期喷施拿扑净间定苗、除草,亩留苗4.5万株。

第三节 谷子绿色轻简优质高效栽培技术

一、品种选择及种子处理

(一)品种选择

谷子生态适应性窄,应选择同一生态区育成的品种。如夏谷区应选用山东、河南、河北南部育种单位育成的谷子品种。其他生态区引种,必须先进行小面积试验,防止引种不当对生产造成大的危害。可选用豫谷18号(黄谷黄米)、豫谷17号(黄谷黄米)、豫谷36(黄谷黄米)、豫谷33(黄谷黄米)、冀谷19(褐谷黄米)、豫谷23号(蒸煮米粥时间短,适口性好)、豫谷28号(抗除草剂品种)、豫谷35(抗除草剂品种)、豫谷31号(抗除草剂品种)、冀谷31(褐谷黄米、抗除草剂拿扑净)、冀谷39(米色金黄,适口性好,抗咪唑啉酮类兼抗烟嘧磺隆除草剂)、豫杂谷1号(抗除草剂品种)、保谷22号(抗除草剂品种)、中谷5号(抗除草剂拿扑净)、济谷17(特色高产灰米品种)等。

(二)种子处理

(1)晒种。播种前半月左右,选择晴天将谷种薄薄摊开2~3 cm厚,曝晒2~3 d,以提高发芽率和发芽势。

(2)盐水选种。用10%的盐水浸种,种子发芽率能显著提高。选种后清水淘洗晾干。采用“三洗一拌一闷”,即清水—10%盐水—清水—拌种—闷种。

(3)药剂处理。为了预防黑穗病、白发病,临播前用种子量0.3%的拌种双或瑞毒霉拌种,效果良好。也可用种子量0.1%~0.2%的25%辛硫磷微胶囊剂;或用种子量0.2%~0.3%的50%辛硫磷乳剂闷种3~4 h,以防线虫病、地下害虫。其方法是:5 kg种子,用药50~100 g,对水2.5~4 kg,用喷雾器喷到种子上,随喷随拌,拌匀后堆起来用麻袋覆盖闷种。

二、整地施肥

谷籽粒小，要求精细整地，“不怕谷粒小，就怕坷垃咬”，说明精细整地的重要性。谷子属小粒作物，种子顶土力弱，整地质量直接影响到能否保证苗全苗壮。春谷地块秋冬翻，及时进行整地保墒。

夏谷整地之所以不宜深耕，是因为深耕后土地松暄，播后遇雨易出现沉垄和灌耳现象，造成缺苗断垄；并且雨后土壤吸水量大，土壤通气性差，易芽涝苗荒，造成幼苗细弱，不能高产，耕地后播种夏谷，还必须注意镇压，以免遇旱失墒，在高温条件下出现“悬苗”，造成断垄。故夏谷不需要精细整地，只在前茬作物收获后，立即抢墒，贴茬播种，争时早种。值得注意的是，贴茬播种的地块麦茬不能过高，最好用机械灭茬后再播种，否则影响谷苗通风透光，也不便于谷田除草和清垄作业。夏谷若要整地，含水量 15% ~20% 时耕作作业质量最好，太干、太湿均不宜。

浇地后或雨后播种，保证墒情。中等地力条件，每亩施氮磷钾复合肥(15 - 15 - 15) 30 kg 左右，有条件的多施有机肥。根据不同地区土壤肥力，相应调整。也可用缓控释肥一次性施肥。

三、播种

（一）播种期

春谷“谷雨”后即可播种，5 月上、中旬播种较适宜。夏谷播期取决于前茬作物收获的早晚，一般要求 6 月上、中旬播种，最晚可延至 7 月初。夏谷生育期短，应尽量抢墒早播。晚播也能获得一定产量，但减产幅度大。7 月下旬播种还能获得 200 kg 左右的产量，不耽误小麦种植。特殊干旱年份，因缺墒不能适时播种，可采取措施，一是选用中早熟品种；二是采用干寄籽播种技术，即在无墒情况下先行播种，这样播种的好处是，一旦有少量降雨即可出苗，减少了降雨后播种跑墒，并可提前出苗。干寄籽一般应适当加大播种量，最好采用包衣种子或对种子进行药剂处理，这样既可减少蚂蚁和鼠类危害，也能达到防病治虫的目的。晚播谷子应加强田间管理，并在灌浆初期喷施磷酸二氢钾，以促进灌浆和提早成熟。

（二）精量播种

(1)播量。墒情较好，整地质量较高，亩用种量 0.3 ~0.4 kg；麦茬地播种量应适当加大，用种量 0.5 ~0.6 kg/亩左右；应根据整地质量、土壤质地、墒情以及种子籽粒大小、出苗率适量调整播量。

(2)播深。播深 3 cm 左右。播种过深，出土慢，芽鞘细长，生长弱，不利于培育壮苗，幼芽在土中停留时间长，受病虫侵染机会多，发病重；播种过浅容易落干。

(3)行距。行距 35 ~45 cm，机械除草行距 45 ~50 cm，或根据机械定制行距。高产夏谷大穗型品种密度不宜超过 5 万株/亩，小穗抗倒品种密度 4.5 万株/亩左右。高产夏谷较晚熟的品种和早播、肥地高温多雨地区要适当稀植，留苗密度在 4.5 万株/亩左右；反之，应增加密度达 5 万株/亩。夏谷留苗低限不应低于 3.5 万株/亩，高限不超过 6

万株/亩。

(4)种肥。夏谷前茬多为冬小麦,苗期速效养分不足,施种肥是夏谷生产中的一项重要措施。瘠薄地上、肥力中等以上的地块施种肥明显增产。施用种肥一般可增产8%~12%。以氮、磷、钾复合肥或磷酸二铵效果最好,施用量5 kg/亩。

(5)播后注意1~2次镇压。如播种后下暴雨,表土淤实,形成硬壳,可到第4天表土发白,不湿不干时斜耙一遍,破除表土硬壳,以利于谷子出土。

四、及时除草

常规谷子田地,使用"谷友"(10%单嘧磺隆可湿性粉剂)除草剂,播后、出苗前地表喷施,每亩用100~120 g,对水30~50 kg,对单、双子叶杂草均有效。地表干燥用低限,湿润用高限。除草剂要在无风、12 h内无雨的条件下喷施,确保不飘散到其他作物上。垄内和垄背都要均匀喷施,不漏喷。

五、化控间苗

选用抗除草剂品种时要严格按照品种说明书要求,确定适宜的谷子播种量,选择适宜的除草剂品种、药剂剂量,起到间苗、除草双重作用。一般多为抗拿扑净除草剂品种,适宜配比的化控间苗谷种,谷子播种量0.9~1 kg/亩。抗除草剂品种种植先封后间,播后苗前喷施"谷友"封地,在谷子苗生长至3~5片叶时可再喷施配套谷子专用间苗剂100~120 mL/亩,进行间苗。喷药后7 d左右自动达到大田生产所需的留苗密度,25 d内对一年生杂草除草效果95%左右,对谷田中少量存在的多年生杂草抑制鲜草重70%左右,总防效90%以上,全生育期基本不需要人工间苗和除草。注意,谷子专用间苗剂与对应的抗除草剂的谷子配套使用,不得用于普通谷子品种。

六、适时中耕

(1)间苗期中耕。常规谷子的第一次中耕,结合间苗、定苗进行,同时清除垄间杂草。

(2)拔节期中耕。第二次中耕,清垄之后可结合追肥进行。

(3)孕穗期中耕。中耕不宜过深,比前2次适当加深,有利于支持根的生长,提高抗倒伏能力。一般深度以5 cm左右为宜。

七、水肥管理

(一)水分管理

谷子幼苗期耐旱性很强,有"小苗旱个死,老来一包籽"的农谚。第一水分临界期为孕穗中后期,第二临界期为灌浆期。有条件的如遇干旱应进行灌溉。

(二)合理施肥

谷子需要量较多而一般土壤又较缺乏的元素是氮、磷、钾,谷子对氮、磷、钾吸收数量,因地区、品种、产量水平等的不同而有差异。大约每生产100 kg谷子籽粒,需要氮2~4.75 kg、磷0.5~2.8 kg、钾2~5.7 kg。

(1)基肥。基肥有农家肥、饼肥等,还可以配合施用化肥(磷肥最适宜做基肥施用)。

鸡粪效果好，一般每亩施用腐熟有机肥1 000 kg以上，结合整地施入。也可用施肥机械垄间施用基肥，一般地块20 kg氮磷钾复合肥即可。能施用缓释肥最好。

(2)追肥。一般地块可于孕穗前中期(播后30 d)追施一次氮肥，一般每亩追施尿素10 kg左右。

八、绿色防控

地下虫为害最重的是蝼蛄，农民反映不怕吃、就怕拱，夜间蝼蛄顺着播种沟爬行，将刚生一条根的谷子拱断，造成缺苗断垄，晚上可撒毒谷(用豆饼拌药也可)，每亩地用于谷子0.5～0.8 kg、90%晶体敌百虫50 g，先将谷子煮成半熟，捞出晾至半干；敌百虫用少量水化开，再将谷子和药拌匀，晾至八成干，播种时撒入播种沟或播种穴里。

地下虫为害严重的地块，提前一天撒毒饵诱杀。用50%辛硫磷乳油100 mL或90%晶体敌百虫50 g，对水1～1.5 kg稀释，再与2.5～3 kg炒香的豆饼或麦麸拌匀制成毒饵。每亩地用毒饵2～3 kg，傍晚时均匀洒在播种沟或播种穴里。

蚜虫、灰飞虱：春播在6～10叶期左右，夏播7～9片叶时，亩喷施10%吡虫啉2 000倍液、25%吡蚜酮可湿性粉剂20 g、25%噻虫嗪水分散粒剂(阿克泰)4 g、30%乙酰甲胺磷乳油240 g、4.5%高效氯氰菊酯50 mL，对水30 kg叶面均匀喷雾防治蚜虫、灰飞虱、螟虫，兼治红叶病。

粟灰螟(钻心虫)：谷田发现500茎谷苗有卵1块或千茎苗累计达5块卵时，应立即用2.5%溴氰菊酯100～150 mL加水1～1.5 kg稀释后，拌细土10～20 kg，顺垄撒于谷苗根部。

玉米螟、黏虫：8月中下旬成虫产卵至初龄幼虫蛀茎前用2.5%溴氰菊酯乳油与40%乐果乳油混配剂1 000倍液喷雾，或20%氯虫苯甲酰胺悬浮剂4 000倍液，或亩用4.5%高效氯氰菊酯50 mL加灭幼脲50 mL，或40%氯虫·噻虫嗪水分散粒剂8～12 g对水30～45 kg喷雾防治玉米螟，兼治黏虫。

纹枯病：病株叶鞘上生椭圆形病斑，中部枯死，呈灰白色至黄褐色，边缘较宽，深褐色至紫褐色，病斑汇合成云纹状斑块，淡褐色与深褐色交错相间，整体花秆状。病叶鞘枯死，相连的叶片也变灰绿色或褐色而枯死。茎秆上病斑轮廓与叶鞘相似，浅褐色。高湿时，在病叶鞘内侧和病叶鞘表面形成稀疏的白色菌丝体和褐色的小菌核。病株不能抽穗，或虽能抽穗但穗小，灌浆不饱满。病秆腐烂软弱，易折倒，造成严重减产。亩用25%戊唑醇30～40 g，或30%苯甲·丙环唑(爱苗)15～20 g，或12.5%井·蜡质芽孢杆菌100 g，对水50 kg对准谷子茎基部均匀喷雾防治。

谷瘟病：苗期发病在叶片和叶鞘上形成褐色小病斑，严重时叶片枯黄。谷子拔节后以叶片感病较为常见，抽穗后也可侵染谷穗。叶片病斑多为梭形、椭圆形，中央灰白或灰褐色，叶缘深褐色，一般长1～5 mm，宽1～3 mm，严重发生时，病斑密集，互相汇合，叶片枯死，潮湿时叶背面发生灰霉状物，穗部主要侵害小穗柄和穗主轴，病部灰褐色，小穗随之变白枯死，引起“死码子”，严重时半穗或全穗枯死。田间初见叶瘟病斑时，用40%克瘟散乳油500～800倍液，或6%春雷霉素可湿性粉剂1 000倍液，或70%甲基托布津可湿性粉剂500～600倍液喷雾，视病情轻重，间隔5～7 d可再喷1～2次。

褐条病:苗期和成株期均可受害。苗期染病,在叶片或叶鞘上出现褐色小斑,后扩展呈紫褐色长条斑,有时与叶片等长,边缘清晰。病苗枯萎或病叶脱落,植株矮小。成株期染病,先在叶片基部中脉发病,初呈水浸状黄白色,后沿叶脉扩展上达叶尖,下至叶鞘基部形成黄褐至深褐色的长条斑,病组织质脆易折,后全叶卷曲枯死。叶鞘染病呈不规则斑块,后变黄褐,最后全部腐烂。心叶发病,不能抽出,死于叶苞内,拔出有腐臭味,用手挤压有乳白至淡黄色菌液溢出。发病时,可用72%农用链霉素5 000倍液,或20%噻森铜悬浮剂500倍液喷防,每7 d喷1次,最好连防2~3次。病害较重的地块,要剥除老叶,除去无效茎以及过密和生长不良植株,通风透气,降低温度。

九、适时收获

谷子成熟时可用谷子专用联合收割机或调整筛网的约翰迪尔-70(或80)或常发CF-450小麦联合收割机收获。一次性完成收割、脱粒、灭茬等流程。

收获要根据谷子籽粒的成熟度来决定,收获过早籽粒不饱满,青粒多,籽粒含水量高,籽实干燥后皱缩,千粒重低,产量不高,而且过早收获后,谷穗及茎秆含水量高,在堆放过程中易放热发霉,影响品质;收获过迟,茎秆干枯易折,穗码脆弱易断,谷壳口松易落粒。一般谷子以蜡熟末期或完熟初期收获最好。

第四节　富硒谷子高产高效栽培技术

谷子是河南省的特色优势作物,是公认的富硒作物,从产地、品种、栽培技术以及加工等方面制定富硒小米生产技术。

一、产地环境

选择地势平坦、无涝洼、无污染、有灌溉条件的地块。

二、播前准备

(一)小麦秸秆粉碎还田

用秸秆还田机切碎前茬秸秆,麦茬高度应控制在15 cm以内,秸秆切碎长度不超过15 cm,并做到麦秸抛撒覆盖均匀。

(二)造墒

播种前如墒情不足,应于小麦收获后浇地造墒。

(三)选择免耕精量播种机

选用可一次性完成破茬清垄、精量播种、施肥、覆土镇压等多项作业的免耕播种机。可选用洛阳鑫乐机械有限公司生产的全还田防缠绕免耕施肥精量播种机播种,该机型技术先进,功能齐全,复式作业,可一次完成秸秆的铡切、灭茬、开沟、播种、施肥、覆土、镇压等多道工序。用该机器在前茬作物收获后抢时精量播种,谷子不用剔苗。播种前将上茬作物秸秆收集、打捆、销售,独留根茬进行播种,出苗更好。

（四）品种选择

选择适合当地条件的抗旱、抗倒伏、高产优质、适宜机械化收获的谷子品种。可选用优质高产、商品性好的谷子品种，如豫谷18、豫谷19、豫谷23号、豫谷33、豫谷36、冀谷19等。为了实现轻简化生产，可在富硒、绿色、无公害生产条件下，优先选择抗除草剂谷子品种，如豫谷28号、冀谷31、冀谷36、冀谷39、豫谷31号、豫谷35、豫杂谷1号、保谷22号等。

（五）种子处理

1. 晒种

播种前10 d内晒种1～2 d，但防止暴晒，以免降低发芽率。

2. 精选种子

播种前对种子进行精选，一是机选处理，采用机械风选、筛选和重力择选等方法，择选有光泽、粒大、饱满、无虫蛀、无霉变、无破损的种子；二是人工处理，用10%盐水对种子进行精选，清除草籽、秕粒、杂物等，清水洗净，晾干。

三、播种

（一）播期与播量

夏播谷子可在5月下旬至6月上旬播种，在此播种期内早播比晚播好。谷子耐旱，黄墒或足墒均可出苗，土壤耕作层含水量13%～15%较为适宜，低于10%不利于出苗。根据近两年的实践，上茬小麦收获后6 d左右，当落地小麦出苗后再进行播种，能有效控制杂草（麦苗）危害。墒情适宜时每亩播量0.4 kg为宜。墒情较差时，播量可加大至0.6 kg。

（二）播种

播种行距一般为50 cm，播种深度2～3 cm。播种要匀速，保证破茬清垄效果，播种、施肥、镇压均匀。

四、施肥

（一）种肥同播

中等地力条件下，用 $N:P_2O_5:K_2O=20:10:10$ 或配方相近的复合肥，亩用量25～30 kg，种肥同播。

（二）追肥

分拔节肥和花粒肥2次施用。谷子拔节至抽穗前10～15 d，每亩顺垄追施尿素7.5～10 kg。追肥后立即用中耕机进行中耕培土，深度7～8 cm，利于蓄水保墒，防止倒伏。花粒肥：灌浆初期叶面喷施0.2%磷酸二氢钾水溶液2次。

（三）硒肥使用

根据土壤的含硒量，喷施不同浓度和剂量的硒肥。土壤含硒量0.4～3.0 mg/kg的富硒土壤，可以选择富硒谷子品种种植，不施硒肥可以生产出富硒谷子；土壤含硒量<0.4 mg/kg的中晒土壤和低晒土壤，选择硒肥进行叶面喷施。当前市场上销售的富硒叶面肥主要是多元复合液体或固体水溶硒肥，都是富含多营养元素的复合叶面肥，其中硒元素多以亚硒酸钠的形式存在。亚硒酸钠是允许使用的食品营养强化剂。选取营养元素全面、

含硒量高的多元复合液体或水溶硒肥,可选用补硒液态肥(利土生物),每亩用量 0.5 kg,稀释 300 倍,同时添加“聚天”液肥、春雷霉素和磷酸二氢钾,一次喷施。通过叶面喷施,有利于提高谷子光合效率,从而有助于提高籽粒品质。

抽穗期至灌浆前期谷子蒸腾代谢与光合作用旺盛,是籽粒形成和成熟期,亦是硒肥喷施时期。将固体液体硒肥用水进行稀释,根据不同土壤类型进行喷施,药液施用量为30 ~ 40 kg/亩(见表 3-3)。

表 3-3　不同土壤类型生产富硒谷子的硒肥施用量

土壤类型	土壤含硒量(mg/kg)	亚硒酸钠用量(g/hm^2)	小米中硒含量(mg/kg)
低硒土壤	≤0.1	9.0 ~ 21.0	0.1 ~ 0.3
中硒土壤	0.1 ~ 0.4	4.5 ~ 18.0	0.1 ~ 0.3
富硒土壤	0.4 ~ 3.0	0 ~ 15.0	0.1 ~ 0.3

喷施肥应在晴朗天气的早晨或傍晚进行,用喷雾器向谷子的茎叶均匀喷施。避免在高温天和刮风天施用。若喷施后 8 h 内遇到降雨,需重新喷施。施肥人员要做好个人防护,穿工作服,佩戴口罩,尽量避免吸入硒肥。

五、田间管理

(一)机械喷洒除草剂

播种常规谷种的田块,要在播后 3 d 内喷施“谷友”“谷田草净”等芽前除草剂进行除草。每亩地用谷友 100 ~ 120 g,对水 45 kg。使用之前必须先用小容器把药剂稀释一遍,使药剂充分溶解后再对水,搅拌均匀后,均匀喷在土壤表面。采用机械喷洒,可在播种机上加装喷药设备,边播种,边喷药,既节工节时又节能。

抗除草剂品种采用配套除草剂化学除草。如种植冀谷 39 春夏播均可在谷子 3 ~ 5 叶期、杂草 2 ~ 4 叶期,每亩使用与谷种配套的谷阔清(二甲氯氟吡氧乙酸异辛酯)40 ~ 50 mL 对水 30 kg 防治双子叶杂草,采用 12.5% 烯禾啶(拿捕净)80 ~ 100 mL,对水 30 kg 防治单子叶杂草,若单双子叶杂草同时较多,可将两种除草剂混合喷施。夏播区也可在杂草 2 叶期每亩喷施 5% 咪唑乙烟酸 100 ~ 150 mL 对水 30 ~ 40 kg;或 4% 甲氧咪草烟水剂 75 ~ 80 mL 对水 20 ~ 40 kg。注意除草剂要在无风晴天喷施,防止飘散到其他谷田和其他作物上,垄内和垄间都要均匀喷施。注意喷施除草剂前后严格用洗衣粉洗净喷雾器。

(二)病虫害防治

防治地下害虫蝼蛄、金针虫可采用耕地时在地表匀撒毒谷,然后耕翻入土内的方法,也可顺垄沟撒入。毒谷制备方法:用 50% 辛硫磷乳油 30 mL 加水 200 mL 搅拌匀,拌炒熟的谷子 10 kg,拌匀晾干后使用。每亩用 50% 辛硫磷乳油 0.5 kg。

用自走式喷药机械或无人机喷药防治病虫害。

谷子定苗后喷施 10% 吡虫啉可湿性粉剂 1 000 倍液,或 4.5% 高效氯氰菊酯乳油 800 ~ 1 000 倍液,防治蚜虫、灰飞虱。

防治谷黏虫：在幼虫三龄盛期以前可用20%氯虫苯甲酰胺悬浮剂3 000倍液或48%毒死蜱乳油1 000倍液喷雾防治。

防治粟灰螟：在田间发现枯心株要及时拔除。重点防治二、三代幼虫，在成虫产卵及幼虫孵化盛期，可选用2.5%溴氰菊酯乳油或50%杀螟松乳油1 000～1 500倍液，在幼虫钻蛀前针对谷子茎基部喷雾防治。卵盛期时可释放赤眼蜂进行防治。

防治谷瘟病：发病初期用40%克瘟散乳油500～800倍液喷雾，或6%春雷霉素可湿性粉剂500～600倍液喷雾，每亩用药液40 kg。

防治白发病：用25%的甲霜灵（瑞毒霉）可湿性粉剂按种子重量的0.3%拌种。

防治纹枯病：当病株率达到5.0%，可选用12.5%的烯唑醇可湿性粉剂800～1 000倍液，对茎基部喷雾防治，间隔7～10 d酌情补喷一次。纹枯病重发区用2.5%咯菌腈悬浮剂按照种子量的0.1%拌种。

六、机械收获

一般在蜡熟末期或完熟初期，此期种子含水量约20%，95%谷粒硬化。早收或晚收产量都低。机械收获可选用久保田、雷沃谷神、中联重科谷王收割机等谷物联合收获机，只要总损失率低于3%的联合收割机，均可用于谷子收获。

小地块采用手扶式割晒机收获，植株割倒后晾晒3 d左右，然后采用脱粒机脱粒。割晒机选用能满足割茬高度小于10 cm，总损失率小于3%，铺放质量90°±20°的机型。脱粒时可选用5T－45 型整株脱粒机。

七、机械烘干储藏

谷子收获期时常遇到降雨天气。对于大面积种植谷子的种植大户或家庭农场，还要对收获的谷粒进行机械烘干，以防谷子堆积，发热霉变。当谷子被烘干或风干至含水量13%以下时，方可入库储藏。

第四章 鲜食彩色甘薯

第一节 概 述

一、甘薯营养与种类

甘薯属于旋花科,甘薯属,甘薯种,蔓生草本植物,又名红薯、白薯、山薯、地瓜、红苕、番薯等。甘薯是我国重要的低投入、高产出、抗旱、耐瘠、多用途(粮食、饲料和工业原料)作物。甘薯是满足人们食物多元化,提供食品加工、能源及化工原料的重要经济作物。甘薯原产热带,营养成分丰富,除含有丰富的淀粉和可溶糖外,还含有蛋白质、脂肪酸,红黄肉甘薯含有多种维生素及矿物质,特别是含有较多胡萝卜素,维生素 B1、B2、C、E 及丰富细腻的食用纤维(被称为第七营养素),是儿童发育、老年保健和防治多种富贵病的营养保健品。甘薯营养价值很高,"有色甘薯"的营养保健作用更为人们所推崇,尤其是紫甘薯(又称黑薯),薯肉紫色至深紫色,除具有普通甘薯的营养成分外,还富含硒元素和花青素,其抗癌防癌能力居各种食物之首,被人们誉为"抗癌之王"。美国科学家研究发现,甘薯独有的脱氢表雄酮,可以防止结肠癌和乳腺癌,日本国立预防研究所研究证实,在具有显著抑制肿瘤作用的 20 种蔬菜中,生、熟甘薯的抗癌作用排名第一。同时,甘薯含有大量钾素,是生理碱性食物,有调节米、面、鱼、肉等生理酸性食物的中和作用。发达国家把甘薯视为营养丰富、养分平衡而完全的保健食品。

我国人民随着生活水平的提高,鲜食甘薯市场发展很快,烤甘薯遍布城乡,为保健把甘薯摆上餐桌。优质鲜食甘薯,物美价廉,家家都可用蒸、烤、炸、熬、煮等方法,做成蒸薯、烤薯、炸薯、薯饭、薯粥、点心、菜肴等食物,香甜可口。

甘薯块根的皮色大致可分为紫、红、淡红、土红、黄、褐、白等多种,薯肉颜色又因胡萝卜素、花青素等成分含量的差异,呈现出白、黄白、黄、杏黄、橘红、浅紫、紫色等多种颜色,这就是目前所说的"彩色甘薯"。彩色甘薯是一个概念,不是特指一个甘薯品种,而是皮和薯肉颜色不同的多个甘薯优良品种的组合。可选择上等精品,搭配几个皮色不同、肉色各异的品种,装入特制包装箱内,形成一种独具特色的馈赠礼品。彩色甘薯装入礼品箱后,利润可呈几倍增长,因此近几年彩色甘薯发展较快。

鲜食用彩色甘薯作为一个产业在生产中应用,不仅要求其组成品种的皮色和薯肉颜色要独特、多样,而且要求外观好看,薯形纺锤较短,两端较钝,大小适中,皮色鲜艳,皮光滑,无条沟,根眼浅。特别要求熟食味佳,味道纯正,粉质适中,口感香、甜、糯、软,或栗子口味,纤维少,口感细腻,品质上乘。并且无病虫危害,薯块不带黑斑病、茎线虫病,无虫口、无破伤。

二、分级处理

彩色优质甘薯运用特色包装可提升品牌形象，提高产品的档次，利润呈几倍增长。一定要注意表里如一，保证产品质量，切忌掺杂使假，以次充好。可进行如下处理：

(1)分级。依薯块大小分为3级，提高整齐度，以质论价，分级销售。北方市场以200～500 g的薯块大小较好，南方市场要求薯块稍小，以100～400 g的薯块或单个薯块重50～100 g的"迷你甘薯"较受欢迎。

(2)对于上等精品，进行洗涤、晾干，采用小包装或5 kg特制纸箱包装，投放超市或作为礼品箱出售。不同的甘薯品种各有其最佳的食用方式，或蒸煮，或烧烤，或煮粥，或生食，最好予以说明。

(3)较大规格的甘薯可用编织袋包装，进行批发或零售，也要注意清除杂质，尽量保证干净、整洁。

三、脱毒甘薯

甘薯脱毒技术是我国甘薯栽培史上的一次重大技术革命，是组培生物技术、病毒检测技术和良种快繁技术的有机结合，甘薯脱毒苗应用是我国继脱毒马铃薯之后生物技术应用于农业生产的又一成功典范。甘薯脱毒是在无菌条件下，将甘薯苗茎尖长0.1～0.3 mm不带或很少带病毒的分生组织在合适的培养基上经过离体培养诱导再生苗。茎尖苗经病毒检测确认不带有某种(些)病毒后在防虫网棚或空间隔离条件下进行扩繁，最后将这些无病毒薯块或薯苗供给薯农种植。这里的"毒"指的是引发甘薯病毒病的植物"病毒"，与我们常说的"毒"的概念不同。"脱毒"指的是"除去甘薯体内病毒"。"脱毒甘薯"指的是利用生物技术有效去除甘薯体内的病毒，并在严格的防病毒再侵染措施下大量繁殖出来的无病毒种薯。

脱毒甘薯的生产过程包括茎尖苗诱导培养、病毒检测、优良株系评选、脱毒试管苗快繁、原原种繁育、原种繁育和良种繁育等7个环节。

(1)茎尖苗诱导培养。选红薯苗顶部芽段，经消毒后在超净工作台内解剖镜下剥离茎尖。将剥离的长0.1～0.2 mm的茎尖分生组织接种在培养基上，在无菌人工气候室内培养，茎尖膨大变绿分化成茎尖试管苗。培养诱导茎尖苗是红薯脱毒的技术关键。

待到苗长至5～6片叶时进行病毒检测。一般从剥茎尖到诱导出5～7片叶的茎尖苗至少要60～90 d。

(2)病毒检测。茎尖分生组织培养得到的茎尖苗并不都是脱毒苗，只有部分苗不含病毒。茎尖苗必须经过严格的病毒检测确认不带病毒后，才是脱毒茎尖苗。常用的病毒检测方法有血清学、分子生物学、指示植物嫁接方法。

(3)优良株系评选。经病毒检测确认的脱毒苗必须进行优良株系评选，淘汰变异株系，保留优良株系。

(4)脱毒试管苗快繁。茎尖脱毒苗多采用试管苗单叶节快繁方法。在无菌条件下，将植株切成一叶一节，插入培养基内进行培养。继代繁殖成活率高，不受季节、气候和空间限制，可进行工厂化生产。

(5)原原种繁育。用脱毒试管苗在防蚜虫网棚内无病原土壤上生产的种薯即原原种。原原种生产必须具备3个条件:第一,栽种的必须是脱毒试管苗;第二,必须在网眼40目以上的防虫网棚内生产;第三,所用地块必须是无病原土壤,最好选用多年未种过甘薯的土壤。

(6)原种繁殖。用原原种苗(原原种种薯育出的薯苗)在500 m以上空间隔离条件下生产的薯块为原种。

(7)良种繁育。用原种苗(原种薯块育苗长出的芽苗)在普通大田条件下生产的薯块称为良种,又叫生产种,是直接供给薯农栽种的脱毒薯种。

脱毒甘薯的优越性主要表现在以下四个方面:①增产效果明显。与相同品种的普通甘薯相比,脱毒甘薯的增产幅度可达20%~200%,具体增产幅度依品种对病毒感染的耐性差异而不同,病毒感染越严重,脱毒后增产幅度越大。②生长势增强。甘薯经过脱毒以后,地上部生长势明显增强。田间春栽或夏栽均表现还苗快,茎节粗短,叶片肥厚,生长势旺,叶面积系数增加,茎分枝数增加。③品质提高。脱毒甘薯的品质性状优于普通甘薯,薯皮光滑,色泽鲜亮,薯块整齐,切干率和出粉率提高1%以上。并且育苗时较普通甘薯提早2~3 d出苗,产苗量增加15%~35%,百苗重增加20%以上,苗粗壮,质量好。④减少多种病害发生。脱毒甘薯不仅脱去了病毒,通过茎尖培养还去除了多种真菌、细菌、线虫(黑痣病、黑斑病和茎线虫病)等病原菌,使其发生的概率大大减少。

四、自然环境与甘薯生长

(一)光照

甘薯是喜光作物,整个生长过程都需要充足的光照。光照充足时,甘薯的叶片深绿,叶龄长,制造的光合产物多,有利于块根膨大;反之,光照不足时,则叶黄、节长,叶龄短,同化产物少,产量低。在甘薯与高秆作物间、套作时,应特别注意选用较早熟的低秆品种,并注意间种方式,尽可能减少对甘薯的遮阴。

除光照强度外,每天受光时间的长短对甘薯生长也有影响。甘薯属短日照作物,每天受光时间较长时(13 h左右),对茎叶生长有利,也能促进块根膨大;若日照较短时(每天日照8~10 h),则能促进现蕾开花,抑制块根膨大。

(二)温度

甘薯原产热带,是喜温怕冷作物。5~10 cm深的土温在10 ℃以下时,栽苗后,不发根,15 ℃时才缓慢发根,在15~30 ℃范围内,温度愈高发根愈快。气温在18 ℃以上时,茎叶才能正常生长,当气温降到15 ℃时,茎叶生长基本停止。最适宜茎叶生长的温度为25~28 ℃。试验证明,22~24 ℃的地温条件最有利于块根形成,20~25 ℃的地温最适于块根膨大,地温低于20 ℃或高于30 ℃,块根膨大变慢,低于18 ℃膨大基本停止。

昼夜温差对块根膨大也有影响,温差大时,利于养分积累,可促使块根膨大。据试验,温差在12~14 ℃时,块根膨大最快。生产上采用起垄栽培增产的原因之一,就是扩大了昼夜温差。温度条件不仅影响块根重量,而且影响块根的品质。在适宜的温度范围内,一般温度愈高,块根含糖量愈高。

（三）水分

甘薯有较发达的根系，吸水力强；茎叶富含果胶质，持水与耐脱水能力较强；另外薯块储存一定的水分，干旱时可暂时维持植株的水分平衡。因此，甘薯是比较耐旱的作物。甘薯的蒸腾系数（251～284）明显低于小麦（513）和玉米（368），与耐旱性较强的谷子（270）相当。北方薯区降水分布不均，多集中在7～8月，往往出现“两头旱，中间涝”的情况。因此，为了夺取甘薯高产，既需灌水，又需排水，土壤湿度以保持田间最大持水量的65%～70%为宜。低于50%时，会影响光合作用和养分运输，导致减产；如高于80%，会影响块根的正常呼吸，使薯块膨大变慢。干率降低，产量减少。长期受淹时，还会引起薯块变质，发生硬心、腐烂等。

以亩产鲜薯2 500 kg计算，甘薯一生约需耗水230 m^3。不同生育期的需水量有所不同，总的趋势是从栽植至收获，耗水量由少到多，再由多到少。生长前期（发根分枝结薯期）土壤水分应保持最大持水量的60%～70%为宜。春薯栽插时气温、地温不高，土壤水分保持不低于65%即可满足。夏薯栽时，气温较高，根系和地上部生长较快，土壤水分保持在最大持水量的70%为宜。如果此期土壤水分不足，影响薯块的形成和地上部的分枝封垄。甘薯生长前期耗水量占全生育期总耗水量的20%～30%，每亩每日耗水量1.3～2.1 m^3。生长中期（薯蔓并长期）气温高，蒸腾旺盛，甘薯耗水大，占全生育期总耗水量的40%～45%。此期一般每亩每日耗水量达5～5.5 m^3，若供水不足，影响光合产物的制造和积累。但如果土壤水分过多，加之肥多，易引起茎叶徒长。此期土壤水分应保持最大持水量的70%～80%。生长后期（薯块盛长期）耗水量占全生育期总耗水量的30%～40%。该期甘薯地上部生长缓慢，薯块快速膨大，每亩每日耗水量2 m^3左右，土壤水分应保持最大持水量的60%～70%。

（四）土壤

甘薯适应性强，对土壤要求不严格，但以疏松、土层深厚、含有机质多、通气性好、排水良好的沙质壤土最好。黏结紧密的土壤，保水保肥力虽好，但通气性差，易受涝害，块根皮薄色淡，含水量高，出干率低，食味差，不耐储藏；疏松的沙壤土，通气性好，供氧充足，能促进根系的呼吸作用，有利于根部形成层活动，促进块根膨大，而且块根皮色鲜艳，食味好，出干率高，耐储性好。甘薯耐酸碱性也好，在pH值为4.2～8.3的土壤中均能生长，但最适宜的酸碱度为pH值5～7，土壤含盐量不超过0.2%。

（五）养分

甘薯在生长过程中，对营养三要素的要求以钾最多，氮次之，磷最少。在中低产情况下，甘薯吸收氮、磷、钾三要素的比例约为2∶1∶3。据分析，在亩产2 500 kg鲜薯生产水平下，约需施氮20 kg、磷15 kg、钾35 kg。这三种肥料要素均以茎叶生长前期吸收较少，随后由于植株生长，吸收量增加较多，到生长末期，随植株衰老，吸收量便降低。具体讲，钾素在封垄时吸收较少，茎叶生长盛期与落黄期吸收较多；氮素在茎叶生长盛期吸收较多，落黄期较少；磷在整个生长过程中以落黄期吸收较多。

甘薯所需的营养元素除氮、磷、钾等大量元素外，还需要某些微量元素，如硫、锰、锌、硼、铁、铜等。在常规甘薯生产中，大量元素的补充以无机肥为主，微量元素的补充多以有机肥为主。在绿色食品甘薯生产中各种营养元素的补充则以有机肥为主。

第二节　鲜食彩色甘薯品种介绍

一、食用型品种

（一）徐薯 34

徐州甘薯研究中心以华北 166 为母本、以群力 2 号为父本杂交选育而成的，原系号 81－29－34，是一个优质、早熟的食用品种。该品种顶叶、叶片均为绿色，顶叶稍有皱缩，叶片较大，茎绿色；烘烤、制薯脯品质好，鲜薯含可溶性糖 3.09%、维生素 C 19.39 mg/100 g、胡萝卜素 3.93 mg/100 g，春薯干率 29.0% 左右，夏薯 27.0% 左右，薯块纺锤形，光滑、外观好，薯皮赭红色，薯肉橘红色，食味上等，食味香面甜，纤维少；抗茎线虫病，不抗根腐病、黑斑病，易感染病毒病。徐薯 34 结薯早，比一般的甘薯种早收获 20～30 d，能早上市，经济效益较高。春薯每亩栽植 3 500 株，夏薯尽可能早栽插，每亩栽植 4 000 株。注意防治黑斑病。

（二）浙薯 132

浙江省农业科学院作物选育，该品种为优质食用型品种，种薯发芽快，苗期长势旺。顶叶色绿边紫，叶形心齿形，成叶绿色，叶脉紫色，茎色绿，蔓长 250.3 cm，中蔓型，薯块短纺形，红皮橘红肉，结薯集中、整齐，单株结薯 4～6 个，薯块个头较小，大中薯率以块数计为 46.06%，以重量计为 76.59%，薯块萌芽性中等，生育期 110 d 左右。可溶性总糖 7.06%。夏（春）薯块干率 29.14%，食味优。适宜在排水良好的田块或丘陵山地栽培，亩植 4 000 株，适时收获，全生育期 90～120 d。不宜在薯瘟区种植。

（三）济薯 22 号

山东省农业科学院作物研究所选育，该品种属食用型品种，萌芽性一般，中长蔓型，平均分枝数 7.7 个，茎绿色，叶形深裂复缺刻，顶叶绿色，成叶绿色，叶脉淡紫色，叶柄绿色，脉基部紫色；薯形纺锤形，黄皮橘黄肉，结薯较集中，单株结薯 3.3 个，薯块大小较整齐，食味较好，较耐储，大中薯率高。食味黏、香，甜味中等，纤维量少，食味优。亩植 3 500 株，夏薯亩植 4 000 株。抗根腐病，抗茎线虫病，感黑斑病。

（四）北京 553

华北农科所从胜利百号放任的杂交后代中选育而成。该品种推广种植年限较长，生产上普遍退化严重，必须用脱毒种更换。顶叶紫色，叶形浅裂复缺刻，叶片大小中等，叶脉淡紫，脉基和柄基紫色，茎为紫红色；薯块长纺锤形至下膨纺锤形，薯皮黄褐色，薯肉杏黄色；萌芽性好，鲜薯产量较高，耐肥、耐湿性较强，耐旱、耐瘠；较抗茎线虫病，不抗根腐病、黑斑病，储性较差，易感软腐病。薯块水分较大，生食脆甜多汁，烘烤食味软甜爽口。蒸、烤均可，是加工薯脯的主要品种。一般春薯每亩产量 3 000 kg，夏薯每亩产量 2 000 kg。经脱毒后，鲜薯产量可大幅度提高。北京 553 作为烘烤食用型品种，数十年长盛不衰，今后仍有较好的开发前景。在食用型品种中，该品种是当前国内栽培面积较大的鲜食品种。栽培技术要点：施足基肥，起垄栽插，栽插密度春薯每亩栽植 3 000～3 500 株，夏薯每亩栽植 4 000 株。

（五）金玉（浙1257）

浙江省农科院作物所选育，属迷你型优质食用甘薯新品种。特征特性：皮色粉红，肉色纯黄，薯形短圆形，表皮光滑，薯形美观，商品性非常好。口感粉、甜、糯，质地细腻，没有粗纤维，风味香浓，可溶性总糖高达10.76%；烘干率34.2%；粗纤维0.94%，淀粉糊化温度较低，是浙江品牌甘薯“红宝宝”迷你薯的依托品种。烘干率30%～32%。早熟性好，110 d左右可以收获。产量表现：早收产量高，1996年在省区试105 d早期收获试验组中，“金玉”鲜薯每亩1 313.9 kg，比对照徐薯18增产9.87%。栽培技术要点：种植密度增加到4 000株/亩；水平栽，入土3～4节，达到结薯分散，薯块均匀美观。施用配制50%有机肥+50%无机复合甘薯专用肥，可防止甘薯徒长，提高商品性和品质。为了有效控制薯块大小，一般收获期控制在110 d左右，收获前取样测定商品率，当商品薯70%时可以开始收获。

（六）遗字138

中国科学院遗传研究所1960年用胜利100号和南瑞苕杂交种实生苗选育而成。该品种含糖量高，黏软度好，是城乡人民喜欢食用的烘烤型甘薯品种之一。该品种顶叶、叶片、叶脉与柄基为黄绿色，脉基带紫色，浅复缺刻叶，黄绿色，分枝数中等，属匍匐型。薯块为下膨纺锤形，无条沟，红褐皮，橘红心。蔓中长，较细，种薯萌芽性良好，生长势中等，属春、夏薯型。耐肥、耐渍性较好，适应城市郊区。结薯早，薯数多，薯块中等。晒干率27%左右。食味较好，适于鲜食和食品加工。耐储性中等。春薯密度每亩栽植3 000株左右，夏薯密度每亩栽植3 500～4 000株。为提高鲜食及烘烤品质，氮肥不宜多施。

（七）心香

浙江省农业科学院作物与核技术科学所、勿忘农集团有限公司选育的早熟迷你型甘薯品种。该品种适宜生育期（扦插至收获）100 d左右。萌芽性一般，中短蔓，平均分枝数7.6个，茎粗0.66 cm，叶片心形，顶叶和成年叶绿色、叶脉绿色，茎绿色；薯形长纺锤形，紫红皮黄肉，结薯集中，薯干洁白平整，品质好，食味好，面甜，耐储藏。抗蔓割病，中感茎线虫病，感黑斑病。薯块大小较均匀，商品率高。综合评价食用品质好。密度每亩4 000～5 000株，90～120 d收获。注意防治黑斑病、茎线虫病。不宜在根腐病、黑斑病区种植。

（八）岩薯5号

福建省龙岩市农业科学研究所选育。该品种株型半直立，茎叶生长势强；顶叶紫色，叶脉绿色，叶形浅复缺刻，短蔓，主蔓长98～100 cm；薯纺锤形，薯皮光滑紫红色，肉橘红色，结薯集中，薯块大小较均匀，薯块较耐储藏；种薯发芽早，长苗快。缺点：出芽量低；干率26%左右，较徐薯18低2～3个百分点，出粉率11.7%；熟食品质较好。每100 g鲜薯中含可溶性糖5.79 g，胡萝卜素7.7 mg，维生素C 25.9 mg；薯干含粗淀粉51.6%，粗蛋白4.38%，粗脂肪1.7%，磷0.084%，钾1.32%；耐旱，较耐水肥，适应性强，高抗蔓割病，较抗茎线虫病，不抗薯瘟病。适时早插，一般每亩栽植3 500～4 000株。该品种适宜南方夏秋薯区非薯瘟病地种植。

（九）普薯23号

广东省普宁市农业科学研究所选育。该品种株型半直立，顶叶紫色，叶为尖心形，叶片中等大小，叶脉绿色茎带紫色，茎较细，短蔓多分枝，蔓长95～120 cm；薯块下膨，薯皮土黄色,薯肉黄色,食味甜,维生素 C 含量 22.17 mg/100 g,薯形美观、光滑,商品薯率高,耐储性与萌芽性好;早熟,一般 25 ~ 30 d 结薯;烘干率 29.25%,淀粉率 18.07%;大田抗薯瘟病,室内接种鉴定为Ⅰ群高感,Ⅱ群中感,中感蔓割病。每亩栽插 4 000 株左右;结薯裂缝后及时培土,预防高温晒伤薯块及鼠害;栽植后 1 个月重施氮磷钾复合肥。

(十)西农 431

由陕西省农科院培育的鲜食、烤薯型红薯新品种,结薯早而集中,薯块纺锤形,表皮光滑、美观。皮橙黄色,肉色橘红,食味较甜,口感较好,叶心脏形突起。叶色、叶脉、茎色均为绿色,中蔓,一般蔓长 1.5 m,基部分枝多,熟后皮肉易分离,很适合烤薯和薯脯加工,抗涝,耐储运。春薯一般亩产 4 000 kg,夏薯 3 000 kg 左右。其高产、早熟、品质较好,是取代北京 553 的理想品种之一。

(十一)龙薯 9 号

福建省龙岩市农业科学研究所选育。该品种顶叶绿,叶脉、脉基及柄基均为淡紫色,叶色淡绿。短蔓,茎粗中等,分枝性强,株型半直立,茎叶生长势较旺盛。单株结薯数 5 条左右,大中薯率高,结薯集中,薯块大小较均匀整齐,短纺锤形,红皮橘红肉,整齐光滑,大块率高,口味甜糯,是一个食用烘烤的上等品种,适用性强。种薯萌芽性中等,长苗较快。薯块耐储藏性中等。耐旱、耐涝、耐瘠薄,耐寒性较强,适应性广。高抗蔓割病,高抗甘薯瘟病Ⅰ群。薯块晒干率 22% 左右,出粉率 10% 左右,食味软、较甜。扦插密度为 3 500 ~ 4 000 株/亩为宜。注意防治病虫害。由于品种茎叶生长量偏小,中后期注意防治斜纹夜蛾等食叶害虫。

(十二)宁选 1 号(红香蕉)

江苏省农科院以西农 431 为母本、以豫薯 10 号为父本杂交选育而成。该品种特早熟、高产,品质与产量优于苏薯 8 号,早春覆膜栽培,7 ~ 8 月上市,价格高、效益好。生长 100 d,亩产高达 2 500 kg 以上,春薯、夏薯高产田,分别可达 4 000 kg 和 3 000 kg 以上。叶小,茎蔓细弱,薯皮橙红,肉橘红色,食味较甜、细腻。

(十三)郑红 2A-1

河南省农科院粮作所以豫薯 13 × 豫薯 11 杂交选育而成。高产、早熟,红皮红肉,抗多病。国家区试鲜薯平均产量 2 619.2 kg/亩,较对照增产 30.7%,达极显著水平,居第一位。薯干较对照增产 9.3%,平均烘干率 24.0%。该品种萌芽性一般,中短蔓,分枝多,茎较细,叶片心形带齿,顶叶淡绿,叶色、叶脉色、茎色均为绿色;薯形纺锤形,紫红皮橘红肉,结薯集中,大中薯率高,食味中等;高抗根腐病,抗茎线虫病和黑斑病。

(十四)郑薯 20

襄城县甘薯名优品种保鲜科研所从苏薯 8 号芽变中选出。除薯皮色为黄,其他同苏薯 8 号。优点:高产、早熟,鲜薯产量稍高于苏薯 8 号,较徐薯 18 增产 35% 以上,平均干率 23.3%。春薯生长 100 d,可达到 2 500 kg/亩以上,早上市,效益高。缺点:不抗根腐病、食味一般。

(十五)苏薯 8 号

江苏省南京地区农科所选育,是通过常规育种,以“苏薯 4 号”为母本、以“苏薯 1 号”为父本的杂交后代选育出的红皮红心食用品种。短蔓半直立型,分枝较多,叶片呈复缺刻形,顶叶绿色,叶脉紫色,结薯早而集中,大薯率和商品薯率高,薯皮红色,薯肉橘红,食味一般,适宜食用及食品加工;抗旱性强;高抗茎线虫病和黑斑病,不抗根腐病。产量表现:省区试鲜薯产量较徐薯18增产达30%以上,春、夏薯高产田每亩分别可达4 000 kg、3 000 kg以上。平均干率21.8%。栽培技术要点:起埂单行栽插,施包心肥;密度3 500~4 000株/亩。该品种适宜在江苏、河南、河北、安徽及北方无根腐病薯区作春、夏薯种植。

(十六)烟薯25(原系号为93-251)

烟台农科院用鲁薯3号为母本、红肉红为父本杂交,从其后代中选育的优质甘薯新品种。该品种叶绿色、心脏形,叶脉带紫色,柄基和蔓均为绿色;蔓长中等,生长势强,萌芽性好,出苗多;抗根腐病,中抗黑斑病,耐旱,耐储藏。薯块商品性好,表皮黄色,薯肉橘红,薯块纺锤形,大而整齐,结薯集中,口感细腻,黏糯甜度大;富含胡萝卜素和维生素C,烘干率28.5%,含糖量高,100 g薯含糖量高达45 g,口味极佳,特别适合烤薯。

(十七)普薯32号(俗称西瓜红)

广东省普宁市农业科学研究所以普薯24/徐薯94/47-1为父本选育而成,该品种丰产性好,食用品质优,香甜浓郁,口感极佳,耐储性较好。株形匍匐,长蔓,分枝多。顶叶浅紫色,叶心形,叶脉浅绿色,茎绿色。结薯分散,单株结薯较多,薯形下膨,薯身光滑,薯皮深红色,薯肉橘红色,胡萝卜素含量高。薯块干物率平均29.33%,食味80.45分,淀粉率18.89%,胡萝卜素含量17.30 mg/100 g。大田薯瘟病抗性鉴定为中抗,室内薯瘟病抗性鉴定为中感。

二、紫薯食用型品种

紫薯又叫黑薯,薯肉呈紫色至深紫色。它除了具有普通红薯的营养成分外,还富含硒元素和花青素。紫薯茎尖嫩叶中富含维生素、蛋白质、微量元素、可食性纤维和可溶性无氧化物质,经常食用具有减肥、健美和健身防癌等作用。因此,黑薯从茎尖嫩叶到薯块,均具有良好的保健功能,是当前无公害、绿色、有机食品中的首推保健食品。近年来,紫薯在国际、国内市场上十分走俏,发展前景非常广阔。要注意的是,一般紫薯的产量及口感较普通甘薯稍差。

(一)郑群紫1号

河南省农科院育成,顶叶色、叶色均绿带褐,叶掌形,叶脉色、茎色均紫,薯皮黑紫色,薯肉紫色。味较甜、细。抗根腐病和茎线虫病,感黑斑病,中抗蔓割病。栽插密度3 500~4 000株/亩。

(二)济薯18

山东省农业科学院作物研究所选育,系徐薯18与PC99-2等38个品种放任授粉后系统育成。萌芽性较好,蔓紫色中长,生长势强;叶片心形带齿、绿色,顶叶绿色,叶脉紫;结薯集中整齐,薯块纺锤形,薯皮紫红色,薯肉紫色,薯块膨大早,食味中上。耐旱、耐瘠性好,耐肥、耐湿性稍差。

(三)宁紫4号

江苏省农科院粮油作物研究所育成,可鲜食,具有抗旱、耐瘠薄、适应性强、产量较高、薯块均匀、薯皮光滑、色泽鲜艳和肉质细腻等特点,口感软绵、入口即化,适宜广大甘薯产区种植。

(四)京薯6号

北京农学院选育出的一个紫黑薯新品种。该品种蔓长1.5 m左右,生长势强。薯块纺锤形,薯皮紫黑光亮,无纵沟。肉质细腻,食味香甜面沙,且富含抗癌物质硒、碘等元素,营养价值远远高于普通甘薯,是极好的鲜食保健食品。也可用来提取色素,加工地瓜枣、地瓜汁、彩色粉条、面条等,用途十分广泛。该品种抗病性好,耐旱、耐瘠、耐大肥,产量高。

美国黑薯、德国黑薯、紫菁1号、紫菁2号等紫薯在种植中也有较好的表现。

第三节 鲜食彩薯育苗技术

甘薯育苗是甘薯生产中的首要环节。只有适时育足苗壮苗,才能实现适时早栽、一茬栽齐、苗全、苗匀、苗壮的目标要求,打下良好的高产基础。

壮苗标准是:叶色青绿,舒展叶7~8片,叶大、肥厚,顶部三叶齐平;茎节粗短,根原基大,茎韧不易折断(折断有较多的白浆流出),苗高25 cm左右;苗龄30~35 d,茎粗约5 mm;苗茎上没有气生根,没有病斑;苗株挺拔结实、乳汁多;百苗鲜重,春薯苗500 g以上,夏薯苗1 500 g以上;薯苗不带病虫害。

一、育苗准备

为了保证甘薯适时、育足、育壮苗,要制订好育苗计划并提前做好准备工作。育苗基地应根据甘薯种植面积、需苗数量、供苗时间等进行安排。制订育苗计划还要考虑品种出苗的特性、育苗手段等。要使排薯的数量和计划种植面积或计划供苗量相符合,育苗所用种薯数量与苗床面积相符合,育苗所用的物资和苗床面积相符合。

(一)物资准备

育苗前要准备好育苗需要的塑料农膜、草苫、酿热物或燃料、沙土、拱棚支架、砖坯、作物秸秆、温度计及种薯等物资。如塑料农膜按每10 m^2苗床需1.5 kg左右计算。

(二)育苗场所准备

育苗场所要选择地势高、阳光充足、靠近水源、有利排水、土壤疏松和3年以上没有种植过甘薯的肥沃地块,在冬季或早春结合施足基肥,深翻、耙碎整平,做成宽畦。

育苗地面积按每平方米实地排种薯18~20 kg计算,除去走道和大棚间距等,排种用地实占苗床总面积的比例为75%左右,每亩育苗地排种薯仅占地500 m^2,实排种薯约9 000 kg。

(三)种薯准备

育种量根据供苗时间、供苗量、栽插期、栽插次数、育苗方法以及品种出苗的特性、种薯质量来确定。一般每亩春薯大田需种薯量50~60 kg。专业育苗户还应根据供苗合同及预测供苗量确定下种量。种植大户育苗需根据种植面积和育苗方法来确定育苗的种薯量。

二、育苗方式

育苗方式有很多,主要有大棚、火炕、阳畦、太阳能温床、双膜育苗、电热温床、地上加温式塑料大棚等育苗方法。北方寒冷地区选用加温式火炕塑料大棚、温室大棚、土温室、改良火炕等,中部地区和南方地区育苗可用冷床育苗。

(一)火炕塑料大棚育苗

每座大棚一般长 10 m、宽 6 m,可育种薯 1 500 kg 左右,外观与蔬菜大棚温室相似,只是棚的长度为普通温棚的 1/5,地面以下设 8 条回龙火道与火灶连接。这种育苗方法,将甘薯育苗所需的光、水、气、热统一起来,能充分利用时间,可提早育苗,出苗快、出苗多,并能进行多级育苗,扩大繁苗系数。适宜北方薯区繁殖优良品种薯苗和春薯区专业户甘薯育苗。

(二)日光温室育苗

日光温室的建造地址应选择交通便利、水源近、光照充足的地方。温棚坐北朝南,东西延长,南北净跨度 6 m,东西长 50 ~ 60 m,顶高 2. 8 m,前屋面呈拱形,拱杆间距 1. 2 m,拱架与地面切线角 60°,平均屋面角 23° ~ 25°。拱杆下端由水泥墩固定,上端直接插入后墙里。拱杆间由 3 道钢筋焊接,使之成为一体。后墙高 1. 8 ~ 2 m,土墙厚度 1 m,或 0. 5 m 空心砖墙。棚膜用厚度为 0. 08 ~ 0. 12 mm 的无滴长寿膜撑紧,四周固定牢固,拱杆间膜上用压膜带压紧,膜上备置一层草苫。

(三)回龙火炕育苗

火炕育苗是春薯区的主要育苗方式,常见的形式从火炕上分,有一火一炕、一火多炕。炕长 4. 5 ~ 6 m,宽 1. 5 ~ 2 m,一般长为宽的 3 倍。下挖 10 cm,将土建成炕墙,墙厚 30 cm。顺炕的方向中间挖一条宽 25 cm 的主火道。通灶口处深为 60 cm,炕尾深 30 cm,主火道到头分支向两侧折回,拐角处深为 25 cm,折回后深 20 cm,主火道沟中间向下挖 25 cm 见方的火道,回火道沟中间向下挖 20 cm 高的火道。于炕首外侧挖烧火炕并建炉灶,在墙外先挖一个 1. 3 m 见方、1. 6 m 深的火炕,距炕边 50 cm 处砌一个炉灶。炉顶部略低于火道底部。每炕用煤约 100 kg。灶顶要低于火道底部,使其与火道有较大的坡度。主火道挖好后,即可在火道沟上密铺秸秆,用麦秸泥糊严,在主火道 100 cm 内应铺 3 层秸秆抹 3 层泥,100 ~ 160 cm 可减为各 2 层,以后为各 1 层。主火道盖好后再挖回火道,并在墙外回烟道修好烟囱。然后松土,填床土整平即可,再生火升温,排薯。出苗后,火炕上再拱塑料薄膜。

(四)电热温床育苗

电热温床育苗是利用电热线加温的一种育苗方法,具有温度均匀、升温可靠、降低成本和便于管理等优点。

选择北方向阳、地势稍高而又平坦、靠近水源和电源的地方建造苗床。一般苗床长 6. 3 m、宽 1. 5 m、深 23 cm。床墙高 40 cm、厚 23 ~ 26 cm。床底填 13 cm 厚的碎草,草上铺一层牛马粪,或把碎草和牛马粪等酿热材料加水掺匀填放在苗床底层,在酿热层上铺 7 cm 厚筛细的床土,踩实整平。用两块长度等于苗床宽度的小木条板,按中间稍稀、两边稍密的线距钉上钉子,放在苗床两头固定好,然后用 20# 铅丝电热线,在 7. 95 m^2(5. 3 m × 1. 5 m)的温床上布电热线,可布线 30 圈,线距为 5 ~ 10 cm。若用 DV21012 型 1 000 W 地热线,布线距离可扩大到 6. 6 ~ 9 cm,可满足 10 m^2 育苗面积。要求布线平直、松紧一致,通电检查合格后覆 3 cm 厚的床土压住电热线,再把木板翻转取出,随即浇水、覆盖塑料薄膜和草苫,通电加温达到要求的温度后进行排种。电热线的长度是根据电热线的型号功率确定的,不得随意截短。如北京生产的20#铅丝电热线,电压为220 V,电流为5 A,功率为1 100 W,线长160 m。如截短则电流加大,会引起烧线。至于布线距离,则根据需要而定,如要求升温快,则线距缩小;反之,线距可放大。大床可布2根电热线,进行并联(电压220 V),或用3根电热线进行星形联结(电压380 V)。

使用电热线应该注意:①电热线不能直接布在马粪上,亦不能整盘做通电试验,以免烧线;②在进行测温或管理薯炕时,应先停电;③苗床排种前,要做通电试验,若指示灯不亮或电线不热,须查清原因,及时补救;④电热线外皮有破损之处,要包上塑料绝缘胶布,以防烧焦;⑤育苗结束收线时,要先清除炕土,再把电热线绕在板上,禁止用铁铣挖炕土,亦不可硬拉线,取出线后,应洗净、包好,以防老化。

(五)地上加温式塑料大棚育苗

为了省工、方便,简化火炕大棚加温设施,育苗基地可将地下加温式火炕塑料大棚改为地上加温式塑料大棚,大棚外观同上述火炕大棚。

大棚地面中间建类似平卧烟囱式的火道。可用3 cm厚的特制薄土坯或机瓦砌成40 cm见方的简易火道,也可用直径15~20 cm的陶瓷管架设。火道可设在大棚中线位置,也可沿大棚前后墙和两山墙架设。建火道时应注意火道侧不触墙、下不触地。火道下边用立砖支起,保持有1%~2%的坡度。火道首端棚外砌火灶,火灶数量根据火道的长度可建一个或数个。火膛与火道相接处坡度为45°,棚内火道首端温度很高,可建一个假火灶,其上放置大锅,热水既能增加棚内湿度与温度,又能供应苗床补浇温水。在火道末端墙外建170~200 cm高的烟囱。烟囱最好设在后墙或两山墙处,以防遮光。排薯前先预热苗床30 ℃,排薯后烧大火,白天充分利用阳光加温,晚上充分利用火道加温,当床土温度上升到33 ℃时封火,床温升到35~37 ℃,保持3~4 d,床温下降到30~32 ℃,保持到出苗。当苗高6 cm时,温度下降到25~28 ℃。剪苗前温度下降到20 ℃左右。

(六)塑料大棚(大型拱棚结构)育苗

塑料大棚有竹木骨架结构和钢筋结构两种类型,一般每个大棚面积为300~334 m^2,可育种薯4 000 kg左右。这种育苗方法适应春薯区大规模商品苗育苗。在北方寒早春利用温室大棚育苗时,为提高温度,可在棚内苗床上面搭小拱棚,在拱棚内苗床表面上盖一层地膜,也可在种薯下面适当铺放些酿热物,出苗效果也很好。若在棚上加覆尼龙防虫网,可进行脱毒甘薯繁苗、育苗。

(七)小拱棚冷床双膜育苗

春夏薯区、烟薯套或两薯套或麦薯套种区可用冷床双膜育苗法。所谓"双膜"育苗,是指出苗前除在苗床上边搭小拱棚所需用的一层塑料薄膜外,苗床上再盖一屋地膜或常用膜,用以增加床温的一种育苗方法。苗床选用水肥地,施足基肥,整好地。建畦宽1 m,长不限,在出齐苗时揭去床苗地膜,其他不变,用这种方法一般提早出苗3~5 d,增加20%~30%的出苗量,为了提早育苗。这种方法也适用于在塑料大棚内应用。应用时应注意两点:一是在苗床上撒些作物秸秆再盖地膜,四周不宜压实,以免缺氧烂种影响出苗;二是在齐苗时及时揭去地膜,以防"烧芽",并且要注意适时两端通风,棚内气温不超过35 ℃。

在上述育苗方法中,无论采用哪种方式,关键是如何保证苗床有一个较高的温度环境，并注意平摆、稀摆薯，低温炼苗，早出壮苗。

（八）地膜覆盖夏薯采苗圃

为夺取夏薯高产，及早栽上秧头苗，于夏薯栽前45 d左右，从苗床上剪取壮苗，栽好采苗圃，注意选择水肥地，施足肥料，整好地。

1. 畦栽

畦面宽1 m、长10 m，先浇透水，后覆膜，再按一畦6行，株距17～20 cm，每亩1.6万～2万株栽插。注意栽苗时做到根土密接，薄膜四周压实。

2. 垄栽

按宽50 cm、高10 cm起成垄，先按一垄双行、株距15 cm栽苗，后覆膜，四周压紧，然后放水浇透垄土。苗床管理上应注意适时打顶，勤浇水，分枝长到25 cm长可以采苗，采苗后，如需继续采苗，可待叶片无露水时及时施肥（每10 m^2施尿素0.3 kg）、浇水。

三、选种和排薯

（一）种薯精选与处理

“好种出好苗”，种薯的标准是具有本品种的皮色、肉色、形状等特征，无病、无伤，没有受冷害和湿害。薯块大小均匀，块重150～250 g为宜。排薯前为防止薯块带菌，排薯前应进行处理，用51～54 ℃温水浸种10 min，或用70%甲基托布津（或50%多菌灵）500倍液浸种5～10 min。

（二）排种浇水覆土

采用大棚加温或用火炕或温床育苗，应在当地薯栽插适期前30～35 d排种；采用大棚加地膜或冷床双膜育苗于栽前40～45 d排薯。排种前，在苗床上铺一层无病细沙土。排种时，要注意分清头尾，切忌倒排，大小分开，平放稀排，保持种薯上齐下不齐（以利覆土厚薄均匀）。一般种薯间留空隙1～2 cm，能使薯苗生长茁壮，要达到适时用一、二茬苗栽完大田，每亩用种量以50～75 kg为宜。排种密度不能过大，每平方米15～20 kg为好。种薯的大小以0.15～0.2 kg比较合适。排种后浇足水，覆3～5 cm厚的沙壤土，再在上面盖一层地膜或农膜（注意地膜与床面不能贴得过紧，以防缺氧造成烂种）。

四、苗床管理

苗床管理的基本原则是“以催为主，以炼为辅，先催后炼，催炼结合”。

（一）温度

（1）前期高温催芽（1～10 d）。种薯排放前，加温预热苗床至30 ℃左右，排薯后使床温上升到35～37 ℃，保持3～4 d，然后降到32～33 ℃。

（2）中期平温长苗。待齐苗后，注意逐渐通风降温，床温降至25～28 ℃，棚温短时不超过40 ℃，棚温前阶段的温度不低于30 ℃，一周以后逐渐降低到25 ℃左右。

（3）后期低温炼苗。当苗高长到20 cm左右时，栽苗前5～7 d，逐渐揭炼苗，使苗床温度接近大气温度，以利栽插成活。

（4）正确测量温度。市售温度计有的误差较大，应校正后再用。测温点应分别设在苗床当中、两边和两头。火炕的高温点是进火口和回烟口，找出全床的高温点和低温点，便于安全管理。温度计插在苗床上不宜过深或过浅,以温度计下端与种薯底面相平为宜。盖薄膜的苗床,注意测量膜内苗茎尖层的温度,防止温度过高烧伤薯苗。

(二)浇水

排种后,盖土以前要浇透水,浇水量约为薯重的1.5倍。采过一茬苗后立即浇水。掌握高温期水不缺,低温炼苗时水不多,酿热温床浇水量要少,次数多些。

(三)通风、晾晒

通风、晾晒是培育壮苗的重要条件。在幼苗全部出齐,开始展新叶后,选晴暖天气的上午10时到下午3时适当打开薄膜通风降温,剪苗前3~4 d,采取白天晾晒、晚上盖,达到通风、透光炼苗的目的。

(四)追肥

每剪采1茬苗,结合浇水追1次肥。选择苗叶上没有露水的时候,追施尿素,每10 m^2一般不超过0.25 kg。追肥后立即浇水,迅速发挥肥效。

(五)采苗

薯苗长到25 cm高度时,及时采苗,否则薯苗拥挤,下面的小苗易形成弱苗,并会减少下一茬出苗数。采苗用剪苗的方法,可减少病害感染传播,还能促进剪苗后的基部生出再生芽,增加苗量,以利下茬苗快发。

第四节　鲜食彩薯地膜覆盖栽培技术

一、地膜覆盖方法

采用垄栽覆盖,一垄单行或一垄双行,单行垄宽0.8 m,双行垄宽1 m,覆膜0.8 m宽。覆膜方法有人工覆膜和机械覆膜。

二、栽种方法

人工覆膜的可先栽苗后覆膜,然后按每株位置开孔,掏出薯苗,再抓土盖压膜孔。机械覆膜一般采用先盖膜后栽种,可提前趁墒盖膜,栽时在膜上打孔栽苗,用直径0.5 cm、长约25 cm的铁钎由膜面斜插入土,拔出后形成深7 cm、水平长10 cm的洞,然后对准洞将薯苗插入,待水下渗后,再用手轻轻按一下薯苗插入部位的垄面,使薯苗根部与土紧密结合,再用土将膜口封严。为防除田间杂草,覆膜前可在垄面均匀喷洒适宜的化学除草剂,喷后立即覆膜。

盖膜后地温提高,因此春薯栽期应适当提前。中原地带,在4月上中旬,地温稳定在16 ℃时即可栽种。由于地膜覆盖甘薯生长旺盛,单株发育相对较好,因此栽种密度应比露地栽培密度小10%~20%。

采苗前5~7 d逐渐揭膜炼苗,在常温条件下炼苗。壮苗标准:春薯苗长20 cm左右,展开叶片7~8片,叶色浓绿,顶三叶齐平,茎粗节短无病斑。根原基多,百棵苗鲜重0.5~0.75 kg。壮苗扎根快、成活率高、结薯早、耐旱能力强,据各地试验,壮苗比弱苗增产10%~15%。

趁墒适时栽种是旱地成功的保苗经验。但若栽期长期缺墒,需抗旱栽种,栽时加大浇水量。

采苗后将薯苗捆成捆,薯苗基部6 cm左右蘸上稀泥,栽前暂放阴凉处,护根防脱水,以利栽插成活。据观察,拉泥条的薯苗扎根快、返苗快、成活率高。茎线虫病区栽时将30%辛硫磷微胶囊剂等按1:5的比例配好后,再将薯苗基部10～15 cm完全浸入药液中,使药液充分附着在薯苗表面,蘸根5 min,可有效防治甘薯茎线虫病。

栽种方法采用留三叶埋四栽植法,封土时地上部分只留苗上部三片展开叶,下部四节带叶子在封土时埋入土内,以利于扎根缓苗。在墒情好时,采用水平栽浅插,可提高结薯数量和薯块产量。在严重干旱时,采用直栽法可提高薯苗成活率。

一般情况下,栽插期早的密度小些,栽插期晚的密度大些;甘薯品种为大叶型的密度小些,甘薯品种为小叶型的密度大些;品种株型紧凑的密度大些,品种株型松散的密度小些;土壤肥力水平高的密度小些,土壤肥力水平低的密度大些;大田浇灌条件好的密度小些,大田浇灌条件差的密度大些。一般单行垄作春薯密度为3 000～3 300株/亩。

三、田间管理

(1)压苗与补栽。栽苗后要经常进行田间检查,如发现地膜有破损,应立即用土压膜,薯苗移栽后5～7 d,发现缺苗及时采壮苗补苗。

(2)拔草。地膜覆盖栽培田间不能进行除草,当发现膜内滋生杂草不能被高温灼死时,可在杂草较大的地膜上盖土,不让草见光生长,逐渐闷死。如果杂草较大,已经破膜而出,可把有草处的薄膜揭开,将其拔出,然后将膜盖好。

(3)水肥管理。地膜覆盖栽培施足底肥,一般不追肥。如果生长前期肥力不足,茎叶发黄,植株生长不良时,可在封垄前在薯垄上扎眼施肥,如硫酸铵、尿素等肥料用水溶解后用细塑料管或水壶浇入,然后用土将膜孔盖严。水肥地应适当早控,遇连续干旱应及时浇水,遇连阴雨时应注意排除田间积水。

(4)提蔓不翻蔓。甘薯藤蔓正确的管理方法是:在前期结合除草适当提蔓,减少藤蔓扎根,使得后期能够接触地面的藤蔓所占比例不高,大部分悬空生长,一般扎根现象并不严重。

(5)控制旺长。在薯蔓并长期,如果氮肥过量、雨水过多,土壤湿度大,通气性差,再加阴雨天气多,易引起茎叶旺长。凡茎尖突出、茎叶繁茂、叶色浓绿、叶柄长为叶宽的2.5倍以上、叶面积系数超过5的,可认定为旺长田。对旺长田管理的措施是:提蔓、不翻秧、不摘叶;喷洒1～2次0.2%～0.4%磷酸二氢钾液;每亩用15%的多效唑100～150 g,对水60 kg,叶面喷打化控1～2次。

(6)及时防治病虫害。甘薯叶片上有红蜘蛛危害时,用1.8%阿维菌素乳油2 000～3 000倍液,或15%哒螨灵乳油1 000～2 000倍液,或5%噻螨酮(尼索朗)1 000倍液,或20%甲氰菊酯(灭扫利)2 000～3 000倍液(还兼治斜纹夜蛾),或20%速螨酮可湿性粉剂2 000～4 000倍液,或15%速螨酮乳油2 000～3 000倍液防治,以上药交替使用,每隔7 d喷药一次,一次药液50 kg/亩,连续喷药3次。发现有甘薯麦蛾等食叶性害虫危害时,每亩用90%敌百虫1 000倍液,或50%辛硫磷1 000倍液,或2.5%溴氰菊酯(敌杀死)

2 000 倍液,或 10% 氯氰菊酯(灭百可)2 000 倍液等喷雾,以上药可交替使用。

(7)防早衰。如果后期养分不足,有早衰趋势时,可喷施 1% 的尿素与 0.2% ~0.4% 的磷酸二氢钾混合液 1 ~2 次。

四、适时收获,安全储藏

甘薯是块根作物,一般在霜降来临前,日平均气温 15 ℃左右开始收获为宜,先收春薯后收夏薯,先收种薯后收食用薯,至 12 ℃时收获基本结束。如果收获期过晚,甘薯在田间容易受冻,为安全储藏带来困难;收获过早,储藏前期高温愈合,库温难以降下来,容易腐烂。收获时要做到轻刨、轻装、轻运、轻卸等,尽量减少薯块破损。甘薯在储藏期间要求环境温度在 9 ~13 ℃,湿度控制在 85% 左右,还要有充足的氧气。

第五节 夏季鲜食彩薯起垄栽培技术

一、深耕起垄,科学施肥

垄栽可以扩大地表受光受热面积,合理蓄、排自然降雨,对甘薯增产作用十分明显。耕作深度以 26 ~33 cm 为宜。土地整好后按 80 cm 的垄距起垄。垄高 20 ~25 cm,垄面宽 40 cm,垄面呈瓦背形。垄作质量要求:垄距均匀,垄直,垄面平,垄土松,土壤散碎,垄心无漏耕。夏薯随施肥,随耕作,随起垄。

根据土壤肥力水平,计划产量指标,确定相应施肥量和施肥方法。掌握以基肥为主,有机肥为主,少施氮素化肥,增施钾肥、磷肥的原则,推广配方施肥技术。栽植时,穴施磷酸二氢钾 2 kg/亩作种肥,有机复合专用肥及化肥在做垄时包入垄心。起垄前每亩施腐熟的有机肥 2 500 ~3 000 kg,15 -15 -15(氮磷钾)硫酸钾复合肥 50 kg,2/3 撒施,1/3 起垄时条施。

二、田间栽植

夏薯要抢时早栽。栽植密度的确定,应根据品种植株的形态、土壤肥力、栽期的早晚来定。掌握肥地宜稀、旱薄地宜密,长薯品种宜稀、短薯品种宜密的原则。夏薯行距一般为 60 ~70 cm,株距一般以 20 ~25 cm 为宜。一般旱薄地 3 500 ~4 000 株/亩,肥地 3 000 ~3 500 株/亩。春薯适当增加密度,每亩栽植 4 000 株以上;夏薯适当减少密度,每亩栽植 3 500 株左右。在土壤墒情好和雨水足的情况下,以水平浅栽,垄作有利提高产量。栽插时要剔去病苗、弱苗,选择壮苗。薯苗较短时用斜栽法,苗较长时用船底形栽法,栽深以 5 ~7 cm 为宜。夏薯从采苗圃剪下带顶芽的秧苗栽插,生长势强,结薯多,栽插时顶芽要露出地面,为 3 ~4 cm,并在地面留叶 3 片,把其余的叶片埋入土中。

三、加强田间管理

(一)前期管理

从栽植至有效薯数基本形成为生长前期,主攻目标是根系、茎叶生长,管理目标是保

证全苗。主要措施如下:

(1)查苗补缺。一般在栽后2~3 d,应该进行查苗,对缺苗的进行补栽。补苗过晚,苗株生长不一致,大苗欺小苗,起不到保苗作用。补苗应当选用一级壮苗,补一棵,活一棵。补苗时要避开烈日照晒,选择下午或傍晚进行。最好在地头栽一些备用苗。补苗时,连根带土一起挖,栽后要浇水,以利成活。同时要查清缺苗原因,如果是因为地下虫害造成缺苗,要用毒饵诱杀防治虫害;因土壤水分不足造成的缺苗,应结合补苗浇水保证成活。

(2)化学除草。薯秧栽植后每亩用50%乙草胺100 g对水50~60 kg均匀喷洒垄面。

(3)早追肥,防弱苗。肥地不追,弱苗偏追,穴施尿素5~10 kg/亩。如基肥不足,距棵15 cm左右条施适量复合肥和硫酸钾各20~30 kg/亩。

(4)覆盖麦草。薯田中耕和追肥结束后,将麦秸和麦糠均匀地撒进薯田,不能盖住薯苗,每亩盖麦草400 kg左右,厚度2~2.5 cm为宜。过薄起不到防旱保墒、抑制杂草、肥田等作用,过厚土壤透气性差,不利于薯块膨大。

(5)适时打顶。主蔓长50~60 cm时,打去未展开嫩芽,待分枝长50 cm时,打群顶。

(二)中期管理

从结薯数基本稳定至茎叶生长达高峰为生长中期。主攻目标是地上、地下部均衡生长,管理的核心是茎叶稳长,群体结构合理。主要措施如下:

(1)防旱排涝。当叶片中午凋萎,日落不能恢复,连续5~7 d,可浇水,垄作以浇半沟水为宜。遇到多雨季节,使垄沟、腰沟、排水沟三沟相通,保证田间无积水。

(2)控制旺长。可提蔓,不翻秧,不摘叶,提蔓技术是将蔓自地面轻轻提起,拉断蔓上不定根,然后将茎蔓放回原处,使其仍保持原来的生长姿态。高水肥地块,在封垄后,每亩可用15%多效唑75 g,加水50~60 kg喷洒一次,隔10~15 d再喷洒一次,控制茎叶后期疯长。

(3)叶面喷肥。出现脱肥现象的薯田,可喷施1%的尿素与0.2%的磷酸二氢钾混合液1~2次。此外,可用甘薯膨大素对所有薯田进行叶面喷洒,它是一种植物生长调节剂的复配剂,无毒、无副作用,喷施后,茎、叶光合作用增强,加速薯块膨大。每亩可用10 g膨大素,对水20 kg进行叶面喷洒,每隔7~10 d喷1次,连续2~3次。

(三)后期管理

从茎叶生长高峰期至收获为生长后期。主攻目标是护叶、保根、增薯重,主要管理措施如下:

(1)防早衰。脱肥田落黄较早,喷洒1%尿素与0.2%磷酸二氢钾混合液。

(2)控制旺长。可以提蔓不翻秧,喷洒0.2%磷酸二氢钾液两遍。

(3)及时防旱排涝。

四、病虫害防治

防治甘薯天蛾、斜纹夜蛾、甘薯潜叶蛾,每亩用10%虫螨腈悬浮剂1 500倍液、1%氨基阿维菌素苯甲酸盐乳油1 000倍液、20%氯虫苯甲酰胺悬浮剂2 500倍液、1.8%阿维菌素乳油1 000倍液、2.5%高效氯氟氰菊酯乳油1 000倍液、5%氟铃脲乳油1 200倍液、40%毒死蜱乳油1 000倍液喷雾,以上药交替使用。

防治黑斑病，选用无病种薯育苗，引进的甘薯用50%多菌灵可湿性粉剂800～1 000倍液，浸种5 min，直接喷洒种薯表面，待种薯上下湿润即可盖土；采取高剪苗定植，定植时每亩穴施木质素菌肥20 kg，既预防了甘薯黑斑病的发生与危害，同时对甘薯根腐病也有一定的预防和治疗效果。

茎线虫病主要为害块根。用2%阿维菌素乳油与木质素菌肥以1∶400比例混合均匀后在秧苗插植时穴施，每穴20 g左右，不仅全面杀灭茎线虫的成虫，而且能杀灭线虫的虫卵。

五、收获与储藏

甘薯在地温15 ℃以下块根停止膨大，10 ℃以上茎叶开始枯死，薯块在地温9 ℃以下时间长了，易受冷害，在地温降至15 ℃以下时应适时收获。一般在10月中下旬（地温12～15 ℃）开始收获，储藏鲜薯与种薯于“霜降”前收完。收挖时应尽量避免挖伤薯块。经过田间晾晒后于当天下午入窖或堆放，收挖时防止破伤，轻装、轻卸，最好用塑料周转箱装运。

储藏前要将窖清扫干净后进行消毒，喷洒多菌灵或点燃硫黄粉熏蒸，杀灭病菌。入窖的甘薯要严格去除带病、冻害、破伤严重的薯块。窖内要留出一定的空间，储藏量占窖空间约2/3，薯堆中间要放入通气孔，湿度以85%～90%为宜，窖温保持在9～14 ℃。在储藏期间，一定要定期检查，发现病薯及时清理出储藏窖。重点防治黑斑病、黑痣病特别是软腐病在这一期间的危害。

第五章　北方果蔗

第一节　概　述

一、甘蔗的分类及经济利用价值

甘蔗是一种一年生或多年生热带和亚热带草本植物，属 C_4 作物。甘蔗是用途广泛的经济作物，按用途的不同，甘蔗主要可分为糖蔗和果蔗两大类。水果型甘蔗分为果蔗和糖蔗兼用蔗两类。糖蔗是用于制糖的专用甘蔗。果蔗即可直接食用的甘蔗，即专供鲜食的甘蔗，是人们喜爱的一种传统果品。果蔗为多倍杂合体植物，其皮薄、茎脆、多汁、味甜、营养丰富，所含糖分极易被人体吸收利用，可以解渴、充饥、消除疲劳，还有清凉解毒的功效，且含有多量的铁、钙、磷、锰、锌等人体必需的微量元素，以及有利于人体的氨基酸和维生素等。甘蔗在我国古代就被列入“补益药”，中医认为，甘蔗入肺、胃二经，具有清热、生津、下气、润燥、补肺益胃的特殊功效。甘蔗因其甜蜜的口感、丰富的营养且具补益身体之功效而深受人们的青睐。随着市场经济的发展，城镇居民消费习惯的改变和对纯自然饮料的新要求，果蔗的需求量逐年增加，是冬季最受欢迎的时令水果之一。

甘蔗主要分布在长江流域以南省区。以广西、云南和广东的面积最大。以前仅限于长江以南地区种植。近几年来，随着南凉北热的逆差，品种引进、驯化和栽培技术的改进及种蔗效益的提高等，蔗区逐年北移，现已扩大到河北、山东、山西、陕西、辽宁等省。种植的品种主要有黑皮蔗、青皮蔗、白皮蔗、糖果兼用蔗等。北方种蔗尽量延长其生长时间，早春育苗移栽，采取铺地膜加扣小拱棚双膜覆盖，抵御晚霜和倒春寒，促使早分蘖，增加有效茎，经过精细管理，北方果蔗也能获得较高的产量，其外观与品质均可与南方果蔗相媲美。

二、甘蔗的形态特征

（一）根

甘蔗根系属须根系，分为种根（临时根）和苗根（或株根、永久根）。

种根从种苗节上的根点萌发生长，较纤细，分枝较多，寿命不长。苗根在幼苗长出3片真叶时开始发生，是由新蔗株基部节上的根点长出的根，生长粗壮，色白、富肉质，分枝少，生长旺盛。

（二）茎

甘蔗茎分主茎和分蘖茎，由节和节间组成。茎圆柱形，实心，内部为维管束和薄壁细胞。节是下自叶痕起上至生长带，包括叶痕、芽、根带和生长带。节间是生长带以上、叶痕以下的蔗茎部分。生产上根据节间的粗度可把品种划分为3种类型，即大茎种（茎径 >3 cm）、中茎种（茎径2.5~3 cm）和细茎种（茎径 <2.5 cm）。有效茎指收获时达到1 m以

上的蔗茎,包括主茎和分蘖茎。一般主茎占总有效茎数的 80% ~90%,分蘖茎只占10% ~20%。

(三)叶

甘蔗叶由叶片、叶鞘和叶环三部分组成。叶鞘自叶痕处长出;叶环由叶舌、叶耳、叶喉和肥厚带等部分构成。肥厚带位于叶环上方的两旁,具有弹性和伸缩性,主要功能是调节叶片伸展的角度。叶片着生于叶环上方,展布于空中,因肥厚带的大小、厚薄、形状和叶片中脉的发达程度而呈疏散、弯曲、斜集、挺直和下垂等姿态。

(四)花和果实

甘蔗的花为顶生圆锥花序,由主轴、支轴、小穗梗和小穗组成。

甘蔗的子实为颖果,成熟时为棕色,长卵圆形,长约 1.5 mm,宽约 0.5 mm。从颖果的纵切面可见到果皮、种皮、胚乳和胚四部分。胚由胚芽、胚根、胚轴和子叶四部分组成。

三、甘蔗生长发育及其与环境条件的关系

(一)萌芽期

下种后至萌发出土的芽数占总萌芽数的 80% 时称为萌芽期。萌芽期又可分为萌芽初期(占 10% 以上)、盛期(占 50% 以上)和后期(占 80% 以上)。萌芽期的特点是芽和根不断萌发、生长。甘蔗萌芽要求的最低温度为 13 ℃左右,最适宜温度是 26 ~32 ℃;蔗根萌发的最低温度为 10 ℃左右,最适宜温度为 20 ~27 ℃。要求土壤水分含量为 20% ~30% 较适合,最好为 25%。

(二)幼苗期

自萌发出土后的蔗芽有 10% 发生第一片真叶起,到有 50% 以上的蔗苗长出 5 片真叶时止,称为甘蔗的幼苗期。此期种根继续生长,苗根不断发生,叶片不断出现,新陈代谢旺盛,生活能力强。苗期生长所需的最低温度比萌芽期稍高,约为 15 ℃。土壤水分含量保持在 20% ~30% 就可满足其生长所需。河南省应为早春植蔗,幼苗期正值气温上升快,但土温上升慢,对幼苗生长不利。要防止土壤积水,增加土壤通气和提高土温,以利根系发育和地上部生长。

(三)分蘖期

在甘蔗幼苗长到 5 ~6 片真叶时,幼苗基部密集节上的侧芽在适宜的条件下萌发成新的蔗株称为分蘖。自有分蘖的幼苗占 10% 起至全部幼苗已开始拔节,蔗茎平均伸长速度每旬达 3 cm 时,为分蘖期。分蘖期可分为分蘖初期(分蘖苗占 10% 以上)、分蘖盛期(分蘖苗占 50% 以上)和分蘖后期(分蘖苗占 80% 以上)。

品种对分蘖的影响。一般细茎品种的分蘖力较强,中茎品种次之,大茎品种较弱。光照强分蘖多,光照弱分蘖少。分蘖发生要求的最低温度约为 20 ℃,随温度的上升分蘖增加并提早发生,至 30 ℃时分蘖最快。温度过高分蘖也会受阻,同时分蘖随土温的提高而增加。有灌溉的比无灌溉的分蘖数增加,分蘖期提早,分蘖相对集中,适宜的土壤水分一般为田间持水量的 70% 左右。

(四)伸长期

甘蔗的伸长期是蔗株自开始拔节且蔗茎平均伸长速度每旬达 3 cm 以上起至伸长基

本停止这一生长阶段。按蔗茎平均伸长速度可划分为伸长初期（每旬达 3 cm 以上）、伸长盛期（每旬达 10 cm 以上）、伸长后期（每旬降至 10 cm 以下）。最适温度为 30 ℃，低于 20 ℃则伸长缓慢，在 10 ℃以下则生长停止，超过 34 ℃，生长也会受到抑制。光照充足，蔗株生长粗壮，叶阔而绿，单茎重大，纤维含量高，干物质和蔗糖含量高，不易倒伏；相反，如阳光不足，则蔗茎细长，叶薄而狭窄，影响产量和品质。对水分的消耗最大，占生育期总需水量的 50% ~60%，土壤水分以田间持水量的 80% 为宜；同时需要养分最多，其中氮约占整个生育期的 50%，磷、钾为 70% 以上。这是甘蔗旺盛生长的开始，是甘蔗以发展群体为主转向发大根、开大叶、长大茎的个体为主的时期。此期的充分生长是决定产量的关键。

（五）工艺成熟

甘蔗成熟可分为工艺成熟和生理成熟。工艺成熟期是指蔗茎蔗糖分积累达到高峰，蔗汁纯度达到最适宜于糖厂压榨制糖的时期。成熟顺序：主茎先成熟，然后是第一次分蘖、第二次分蘖。工艺成熟的过熟现象——回糖。工艺成熟期的判断：蔗株外部形态及解剖特征、田间锤度的测定及进行蔗糖分分析。

品种是影响工艺成熟的内在因素，按其成熟的迟早可把甘蔗品种分为特早、早、中、晚熟品种。夜间温度较低且昼夜温差较大时，蔗糖分积累较快，成熟较早；土壤水分在田间持水量的 60% ~70% 较适宜。在生产上，成熟期要适当控制水分供应，在成熟前 30 d 停止灌溉。水分过多或氮肥过大，会妨碍或延迟果蔗成熟，降低糖分。因此，收获前一个月停止灌溉和施肥。但生长后期需剥枯老叶，使蔗田通风透气，增强光照，以促进成熟。

（六）甘蔗的生理成熟

甘蔗的生理成熟指蔗株具有 4 个节以上，在适宜的条件下通过光周期生长锥细胞发生质的变化，停止营养生长而转向生殖器官的发育，进行花芽分化、孕穗、抽穗、开花和结实的过程。决定甘蔗花芽分化的主要条件是光周期，一般品种花芽分化的日照长度为 12 ~12.5 h；在改变光照期间，以白天温度 20 ~30 ℃、夜间温度 21 ~27 ℃最为适宜。

第二节　主要果蔗品种及特点

一、冀蔗一号

该蔗种属鲜食型果蔗。皮色紫红，叶片互生，一叶一节，单株总叶 18 ~24 片。茎粗 5 ~6 cm，节长 20 cm，含糖量高，含糖量为 6.8% ~15%。质地松脆、多汁少渣、入口酥甜，适口性和鲜食率均可与南蔗相媲美。该蔗种较南方蔗株高大挺拔，生长势强，一般株高 2.5 ~3.0 m，最高达 3.2 m 以上。单芽茎分蘖 7 ~10 个，一般每亩栽二芽段茎 1 800 株左右。每株选留壮蘖 4 ~5 根，高肥田可留 6 根，确保亩有效茎 8 000 ~10 000 根。最高有效茎 1.5 ~1.9 m，单茎重 2 ~3 kg，增幅高于南蔗 30% 以上。

二、北国红

该蔗种特早熟，特高糖，分孽力强且上糖均匀，极易脱叶，自然转色，自然封顶，抗逆性强。中至中大茎品种，平均茎径 3. 0 cm 以上，最大茎径在 5 cm 左右；植株株高 2. 5 ~ 3. 0 m；节间为圆筒形，节间长 15 cm 左右；蔗茎通体红色，蜡粉少，无水裂，无气根，均匀美观。叶片易脱落。皮薄易撕，汁多味甜，含糖量 17%，内部结构充实，无花心、无空洞，是理想的果蔗品种。该品种一般亩产 7 500 ~ 8 500 kg。耐旱抗瘠，抗逆性强；但易遭受蔗螟虫为害。

三、黑果蔗（原名巴地拉）

该蔗种属早熟、高产、优质果蔗品种。生育期 210 d 左右，根系发达，抗旱、耐涝、抗倒伏性强，分蘖能力强。株高 200 ~ 250 cm，成品蔗 120 ~ 180 cm，茎径 4 ~ 6 cm，节长 10 ~ 18 cm，表皮紫黑色。皮薄、肉脆、汁多，含糖量 17% 左右，口感好。适宜于中高肥田种植，耐高温多湿，喜大肥大水，病虫害少，管理省工。近年来，采用茎尖脱毒组织培养技术获得健康种苗供种，可使其品质提高，产量提高 15% ~ 20%。

四、黑果蔗 5 号

该品种早熟、高产、优质，生育期 210 d 左右。根系发达，叶色嫩绿，生长势强，耐旱、耐涝，抗倒性强，分蘖力强，喜大肥大水，病虫害少。株高 250 ~ 300 cm，成品蔗 120 ~ 180 cm，茎粗 4 ~ 6 cm，节长 10 cm 左右，表皮紫黑色，皮薄肉脆汁多，含糖量 14% 左右。

五、高农 96

该甘蔗种是山东菏泽地区高新农业科学研究所培育品种，早熟，全生育期 180 ~ 210 d，蔗叶黄绿色，幼苗长势稍弱，全株有效叶 20 片。带叶株高 280 cm，有效茎高 1. 7 ~ 1. 8 m，平均茎节间长 15 ~ 18 cm，蔗茎颜色呈紫黑色，茎粗 4. 5 ~ 5 cm，单株重 1. 75 ~ 2 kg，最大单株重 3. 5 kg。含糖量 14% ~ 15%。无纤维，口味纯正，酥软甜脆，一般亩产量 7 500 kg，高者达 10 000 ~ 12 000 kg。

六、浚蔗二号

该甘蔗种叶片互生，一叶一节，单株 18 ~ 24 片，茎粗 6 ~ 7 cm，节长 18 ~ 25 cm，株高 3 m 以上，早春温棚栽培最高可达 4. 5 m，最重单根达 5 kg 以上。该品种颜色纯白，皮薄，纤维少，口感酥甜，质地细腻。分蘖力强，单株分蘖高达 40 多个。

七、太空一号

该甘蔗品种早熟，茎粗 4 ~ 6 cm，株高 3. 5 ~ 4 m，出苗率高，分蘖力强，耐淹，耐肥，耐寒，耐储，高产，抗病，抗倒，芽圆饱满，叶片宽大深绿，半直立，蔗茎紫红色，节间长，呈筒状，节间 10 ~ 18 cm，脆甜多汁爽口。含糖量 22% 左右，偶遇低温霜雪不“回糖”。一般每亩定植幼苗 1 000 株左右，每株可留分蘖苗 5 ~ 6 根，每亩产商品蔗 5 000 根左右。

八、宇航 8 号

该甘蔗品种植株高大，群体整齐，大茎实心，圆筒形，节间较长，蔗茎颜色曝光后成紫黑色，披厚蜡粉，芽角形过生长带，芽沟浅，蔗皮薄，蔗肉脆，蔗汁清甜，口感好，平均株高3.5～3.8 m，亩有效茎5 000～6 000根，茎粗4～5 cm，单茎重3～4 kg。经农业部甘蔗及制品监督检测中心检测，宇航8号黑果出汁率76.5%，甘蔗纤维7.15%。

第三节　果蔗双膜覆盖栽培技术

一、育苗方式

（一）温室大棚育苗

（1）苗床整理。最好选择背风向阳、靠近水源和移栽地的沙壤土作苗床地。苗床先浇水促墒，而后深耕多耙，打碎整细。然后开畦，施炉灰、草木灰、沙，土、肥混匀，再铺上一层细土。畦宽根据育苗方式来定，一般以方便管理为好。

（2）种茎处理。一般用于育种的蔗茎在育苗时不切断，移栽大田时再切断。如蔗芽损伤较大，可切成两芽或三芽的茎段。然后用2%生石灰水浸种10～14 h或用50%代铵锌400倍液浸种后进行堆储催芽，芽萌动后再放种。

（3）蔗种排放。育苗排种不同于直播下种。整株育苗要排齐，芽位侧向平放。蔗种间隔一指。放种时要用湿土固定两端，避免滚动。排放好蔗种后，用1%的石灰水泼浇蔗种，然后覆土2 cm，不必太厚。

（4）调温控水。棚内温度应保持在20～30 ℃，超过35 ℃要淋水或揭膜降温，低于15 ℃要注意保暖，晚上加盖草帘。蔗种发芽对水分敏感，如蔗茎中含水量低于50%，发芽率就会显著降低，经常保持土壤湿润尤为重要。

（5）适时断茎移栽。当蔗苗3～5叶龄时即可起苗断茎，如要求更高产，可育苗至6～7叶蔗苗分蘖后再择时移栽大田。

（二）塑料大拱棚育苗

由于棚内气温、湿度和土温高，可提高蔗芽早发率和出苗率。畦宽根据棚膜宽窄来定，一般比棚膜窄0.3～0.5 m。

（1）盖膜。下种工作完成后盖膜。盖膜前，先用长竹片弯成拱形支架插在苗床；然后盖膜，四周用湿土压紧棚膜边沿；上覆草帘，以有利于提高土温，促进萌发。

（2）苗床管理。盖膜后，棚内温度升高，要随时检查，超过35 ℃要揭膜或淋水降温，以防灼伤蔗苗。检查棚内温度应在晴天中午进行。覆膜苗床易出现边涝中旱，土壤水分不一致。因此，要及时淋水，保持苗床湿润。如出现黄弱苗，应及时用尿素水提苗。

（3）炼苗。幼苗长到2～3片时，要在中午或白天揭膜炼苗，使蔗苗逐步适应外界环境条件。

（三）大拱棚营养钵育苗

营养钵育成的蔗苗素质好，移栽时不怕旱，返青快，成活率高，产量高，又节约土地和蔗种。

（1）制作营养钵。用菜园土、农家肥和细河沙拌成营养土，再用口径8～10 cm、高14 cm的塑料袋制成土钵，装大半钵（占土钵容积的3/4）。

(2)蔗种砍成单芽茎段。

(3)放种。装好底肥后,把种苗放于钵内,再将钵放入挖好的育苗畦坑中,然后浇水,盖1~2 cm细土,最后覆盖棚膜。苗龄45 d后脱袋移栽。

二、选种与催芽

选用皮薄、茎粗、肉脆、节间均匀、汁液多、甜度适中、口感好、高产、抗性强的优良品种。选种选用特早熟、生育期相对较短(210 d左右)、抗寒、抗旱、生长势旺盛、拔节快、上糖快而集中的品种,如太空一号、浚蔗二号、黑果蔗5号、黑果遮、脆蜜蔗1号、江淮红、海棠红、绿宝红、万山红等。种蔗芽饱满,芽鳞新鲜,无虫伤、无病变,粗大蔗茎。选用无病虫健壮甘蔗,最好是新植蔗梢头苗做种。

有条件的选用脱毒蔗苗。果蔗健康种苗在整个生长期中都表现出明显的生长优势,蔗株早生快发、早伸长拔节,节间长,植株高大,为此,在生产上应推广果蔗健康种苗,可大幅度地提高果蔗的产量,从而显著提高果蔗生产的经济效益。

截种时,剥去种茎叶鞘,截成每种段含3~4个芽苗,节下部留2/3节间,上部留1/3节间。

北方甘蔗最好用蔗梢作种进行育芽。以蔗的梢部作种,发芽率高,生长势强;中下部作种芽,生长较差,栽培中不常用。用作种苗的蔗梢苗,下种前剥去叶鞘。剥叶鞘时,不要撕破种皮,砍去梢部无芽或弱芽部分(一般保留3~5芽)。由于果蔗种芽易干枯腐烂,因而种苗宜留长些,芽数宜多些,苗底茎粗2 cm以上。

芽段剥叶晒2~3 d后,便可浸种。浸种后,种苗吸足水分,可提高酶的活性,促进种苗萌发和幼苗生长。催芽时,选晴天把种蔗放入无污染清洁的水中浸泡48 h,然后检查种蔗浸水饱满情况,如饱满可捞出。捞出种蔗梢晾干水后,用50%多菌灵或70%甲基硫菌灵可湿性粉剂50 g,对水50 kg,浸种10 min,以消除病菌;再用50%辛硫磷乳油或40%乐斯本乳油300~400倍液浸种1~2 min。晾干备用。

选靠近蔗田、水源方便、地面平整、避风向阳的地方进行催芽。2月下旬至3月上旬,日平均温度稳定通过5 ℃时,晴天下种催芽。在阳光充足条件下,把经处理后的蔗种在场地上堆放成宽1.5~2.0 m、高度0.5~0.7 m,长度不限,根据蔗种的多少在地面上平铺7~13 cm厚的堆肥,也可下铺湿草,然后每摆放一层蔗种,薄薄地撒一层肥土(以刚盖着蔗种为宜)。蔗种摆好后,用湿麻袋盖上,再用塑料薄膜四周封严,温度保持在18~25 ℃,夜间用棉被或软草盖好保温。为防止闷芽,每24 h透1次气,透气时间2 h。一般芽长2 cm左右即可停止催芽。催好芽后小心地将芽鞘慢慢剥掉,以免碰掉种芽。经催芽处理的种茎,在蔗芽萌动长成鹰嘴状时即可种植。注意发芽的种蔗梢不用催芽。

由于梢头蔗种发芽率高,可省去催芽处理,直接用梢头蔗种下种到大田。

三、大田整地

土地选择排灌方便的水田地。种植甘蔗的地块要适当加深耕作层。冬至前后深耕晒垡,翻耕深度25~30 cm。下种前进行精细整地,使耕作层土壤细、碎、深、松、平。果蔗种植方式分为穴植、条植,不同种植方式,其整地方式也不同。

（一）穴植整地

按行距 3.0～3.2 m（含沟）用小型挖掘机开排水沟起畦，沟宽 40 cm、深 40～50 cm，沟土放置于畦中间；每畦开双行穴，穴距沟边 20 cm，穴距 1.1～1.2 m，穴深 15～20 cm，350～370 穴/亩。

（二）条植整地。

用小型培土机按行距 1.5～1.6 m 开种植沟，沟宽 45～50 cm、深 30 cm，底宽 15～20 cm，在沟中间整一宽 25 cm、高 10 cm 的龟背形小畦，果蔗种植于小畦中央。若为旱地种植，果蔗可直接种于沟内。

四、基肥施用

甘蔗喜欢高效有机肥，如鸡粪、饼肥等。在化肥使用上应实行土壤检测分析平衡施肥，有效成分含量比例为 10 － 8 － 10（N － P_2O_5 － K_2O）较为适宜，全生育期氮、磷、钾全部化肥分 3 次施用。在开春种植前整地时，每亩撒施腐熟有机肥 2 500～5 000 kg；硫酸钾、复合肥各 40～50 kg，或者用钙镁磷肥 100～120 kg、尿素 20～25 kg、硫酸钾 25～30 kg 均匀撒在地里，然后深耕，耙平备播。下种前每亩施用不含氯 NPK 含量 15－15－15 复混（合）肥 20～30 kg。结合种植沟的开挖，基肥集中施肥于种植穴或沟内，并碎土拌匀，肥土要充分拌种，上铺一层薄土（耕翻地也可开挖植沟，留 1/3 基肥施于植沟内）。

五、开沟下种

合理的下种期能提高果蔗光能利用率，协调各期的生长。当土表 10 cm 土温稳定在 10 ℃以上时，便可下种。一般在 3 月 20 日到 4 月 15 日播种为佳。可采用宽窄行或等行种植，株距 25～33 cm，采用宽窄行种植，宽行距 140 cm，窄行距 80 cm；采用等行种植，行距 110 cm。按照所采用的种植模式开沟，沟深 15～20 cm，沟开好后往沟内浇透墒水，拌成浆糊状，待沟内没有明水时，把催好芽的种蔗梢平放在沟内，芽向两侧，芽统一朝向一方，蔗芽与土壤紧密接触。将蔗种略加压紧，使蔗种陷入泥浆中，深度以半个蔗芽露出土面为度，盖 2 cm 薄土。均匀一致。盖种的土壤要细、松、软。一般每亩选种蔗梢 1 150～1 200 段，每段正常发 5 个左右芽。

六、施药

下种后每亩用 3% 辛硫磷颗粒剂 2～3 kg，混 20～30 kg 沙土拌匀后撒施在种茎上防地下害虫；同时用 30% 氯虫苯甲酰胺·噻虫嗪悬浮剂（度锐）10 mL 对水 15 kg 左右喷施。

盖地膜前，将畦面表土湿润，每亩用 50% 乙草胺 70 mL 加 40% 扑草净 120 g 对水 30 kg 均匀喷雾于土表，封杀杂草。全畦地膜覆盖，拉紧盖严。

七、双膜覆盖

使用双层地膜技术，可提前播种，能有效延长果蔗生育期，增加产量，而且可以提早上市，避免和南方果蔗的销售形成冲突。下种施药后覆盖地膜，拉紧盖严，然后再扣小拱棚膜。对不起泥浆种植的果蔗地，在盖膜后 1～2 d 内进行沟漫灌，至蔗地畦面湿润后排掉水分。

八、田间管理

(一)补苗

在70%以上蔗株长至2~3叶期时,进行一次查苗补苗工作。齐苗后如发现断垄缺苗,用备用苗补植或移密补稀。补苗一般在阴雨天进行,并淋足定根水,保证移苗成活。

(二)间苗、定苗

间苗在分蘖盛期开始,要进行多次间苗,去除多余的小苗、弱苗、有病虫害的苗。定苗的原则是去密留疏、去弱留强、去病留健,并使蔗株分布均匀。定苗在株高40~50 cm时进行,定基本苗3 000~3 200株/亩,同时进行施肥培土,抑制分蘖的发生。分蘖高峰时,剔除小蘖、弱蘖,选留大蘖、壮蘖,每亩有效茎6 000~6 500株。

(三)破膜、揭膜

蔗苗出土后幼苗不能穿出膜外的,应及时人工穿孔帮助幼苗穿出膜外,以利蔗苗正常生长,破膜孔要尽量小。遇高温,每天一次人工破膜。苗穿出地膜后,用细土封口,防止膜下高温伤苗。5月下旬至6月上旬,在果蔗生长4~5叶时揭去地膜。

(四)及时培土,防止倒伏

果蔗茎秆高大,遇风容易倒伏,应及时培土和多次培土,培土一般结合施肥进行。

第一次培土是在果蔗4~5叶期,每亩施用含量45%的复合肥10 kg,把露出地表的种茎埋入土下5 cm左右;间定苗后培土,高度10~15 cm。

第二次培土结合定苗进行,每亩施用不含氯含量45%的复合肥25 kg。先剥除基部蔗叶,去除多余分蘖,进行一次湿培土,高度10~15 cm。

第三次培土是在果蔗拔节前期进行,并施攻茎肥,每亩施用不含氯含量45%复合肥100 kg、硫酸钾20 kg、钙镁磷肥50 kg,结合培土施肥每亩撒施3%辛硫磷颗粒剂或8%毒·辛颗粒剂5~6 kg+70%噻虫嗪可分散粉剂40 g防治地下害虫,控制苗期蚜虫等害虫发生。

施肥后进行大培土,培土高度20 cm以上。在追肥时,肥料不要离蔗苗太近,以20 cm为宜。之后根据果蔗的长势及施肥情况,进行1~2次培土工作。培土后适当加以压实,使基部节上的根点紧靠土壤,以利长新根。果蔗生长中后期,将被风吹斜或吹倒的蔗及时扶正,并培土压实,必要时可将每蔸蔗用绳子扎起,以增强抗风能力。易发大风天气的地区,在大培土之前应进行搭架防倒。

(五)水分管理

整个生育期浇水原则:苗期润、中期湿、后期润。苗期保持田间土壤湿润无积水。伸长拔节期需水量较大,保持土壤最大持水量的75%左右,使土壤长期处于湿润状态;灌水要勤灌、浅灌,每次灌水量至沟内1/2左右深度,后自然落干,下一次灌水时间以土壤干而不露白为度。伸长中后期及时灌溉,保持水分充足。干旱缺水和水分过多都不利于果蔗的正常生长。生长后期应适当控制水分,以提高果蔗糖分含量,同时使果蔗组织结实,利于砍收搬运,使果蔗不易失水与变色,提高果蔗品质。此期保持土壤最大持水量的70%

左右。收获前一个月停止灌水。

（六）中后期施肥管理

果蔗全期需肥量较多，大培土后若果蔗生长未达预期效果，需进行追肥，为提高肥料利用率，追肥进行深施、覆盖土壤。大培土后1个月、2个月分两次，每次分别在蔗畦一边每亩穴施含量45%的复合肥50 kg、硫酸钾10 kg，施后盖土；根据生长具体情况，后期每亩可配施10～15 kg的尿素。果蔗进入拔节期后，根据果蔗生长情况，选用氨基酸类、NPK类、微量元素类、稀土类等进行叶面施用。

（七）赤霉素施用

在植株进入拔节初期至整个旺盛生长期，根据节间生长长度表现情况，喷施赤霉素，适当延长果蔗节间长度。进入拔节期后，喷施赤霉素3～4次，每次间隔10 d，喷施浓度为每升水加入40～50 mg赤霉素，喷施时加入0.2%尿素和0.2%磷酸二氢钾溶液。

（八）适时剥叶

适当剥除枯叶，可减少病虫寄生数量，抑制病虫害发生，还可防止气根与侧芽的萌发。剥叶一般从伸长中期开始，15～20 d进行一次，每次剥除3～4片，每株甘蔗经常保持绿叶数在10片以上，以满足果蔗生长需要。

（九）化学除草

在果蔗出苗后至拔节前，每亩用30%硝磺·莠去津悬浮剂120～180 mL，对水50 kg喷施。由于果蔗对除草剂比较敏感，应使用定向喷雾的方法，只喷杂草叶面，尽量避免除草剂溅落到果蔗绿叶上。大培土后再施用一次莠去津+丁草胺进行蔗田封闭。株间杂草提倡人工去除，不用或少用化学除草剂。结合培土进行中耕除草，用地膜覆盖栽培的揭膜后要立即进行中耕除草。

（十）病虫防治

遵循"预防为主，综合防治"的植保方针，加强田间病虫害测报，掌握病虫害的发生动态，采用综合防治，优先采用农业防治、物理防治和生物防治技术，必要时采取化学药剂防控病虫害。苗期施用30%苯甲丙环唑3 000倍液3～5次进行预防叶斑病；叶斑病发病初期可用50%多菌灵可湿性粉剂800倍液或22.5%的啶氧菌酯悬浮剂（阿砣）1 500倍液防治，连续喷施2～3次。防治螟虫可用1.8%阿维菌素可湿性粉剂2 000倍液或50%杀螟丹1 000倍液或30%氯虫·噻虫嗪悬浮剂（度锐）5 000倍液喷雾。蚜虫在点片发生期，用50%抗蚜威可湿性粉剂2 000倍液或5%吡虫啉乳油2 000～3 000倍液喷雾防治。

九、收获

立秋节后，北方气候逐渐转向白天热、夜间凉、昼夜温差大的特定环境，最适合甘蔗积累糖分，剥除底部枯黄老叶，根据墒情少浇水或不浇水，尽量延长生长期至立冬节前后，日最低气温4～5 ℃时适时砍收。由于果蔗比较脆，收获、搬运、堆放、装车等环节应注意用力，避免蔗茎损伤、断裂，减少不必要的损失。采收时，从根基部挖起，除去须根，砍掉梢叶。分等分级，扎成10根/捆。

十、储藏

（一）室内储藏

温度5～8 ℃，横放地面，根梢方向一致，叠放整齐。堆放高度50～60 cm，用梢叶覆盖。

（二）室外坑藏

选择地势高、土壤干燥、排水畅通、四周无污染源、运输方便的地块坑藏。坑宽为蔗长，坑深50 cm，坑长10～20 m。坑底中间开排水沟，宽20 cm、深20 cm，底部垫蔗叶，整齐堆放；气温较高时，根部适当浇水；盖上蔗叶，细泥严封。四周开排水沟，以防积水。经常检查窖坑，防冻、防热、防干、防湿、防鼠。

第六章　西　瓜

第一节　概　述

一、西瓜营养

西瓜又称夏瓜、寒瓜，堪称瓜中之王，味甘甜而性寒，是夏季的主要水果。西瓜属葫芦科、西瓜属、西瓜种的一年生蔓生草本植物，原产于非洲热带沙漠地区，经古“丝绸之路”传入我国，在我国已有1 000多年的栽培历史。小果型西瓜俗称礼品西瓜，单果质量不大于2.5 kg，果实发育期80 d左右，口感好、含糖量高、皮薄、外观小巧、易包装、方便携带，可满足人们对高品质果品的要求。

西瓜除不含脂肪外，富含人体所需要的多种营养素。每100 g西瓜瓤中约含蛋白质1.3 g，碳水化合物4.2 g，粗纤维0.3 g，钙6 mg，磷10 mg，铁0.2 mg，富钾。维生素A原（胡萝卜素）含量0.17 mg，维生素B1含量0.02 mg，维生素B2含量0.02 mg，维生素C含量3 mg，热量92.1 kJ。另含各种氨基酸、有机酸、无机盐和微量元素锌等。所含糖类包括蔗糖、果糖和葡萄糖。

西瓜以成熟果实瓜瓤鲜食为主，具有清热解暑、清凉止渴的作用。西瓜瓤还可做罐头，果汁可做西瓜酒；果皮可用于做菜，并可做成蜜饯、果酱等，也可提炼果胶。西瓜种子可以炒食，也可榨油。

二、形态特征

（一）根

西瓜根系呈圆锥形，由主根、侧根、不定根组成，在疏松的沙质壤土中，主根深达1 m以上，侧根分布直径可达3 m。根群主要分布在20～30 cm耕作层内，纤细易断，再生能力差，不耐移植，育苗移栽最好采用营养钵或大土方育苗，以保护根系，提高成活率。适宜根系生长的土壤温度为28～32 ℃，土壤空气18%～20%，空隙度以60%为宜，以沙质壤土为最好。

（二）茎

西瓜的茎又称蔓，俗称秧。幼苗时直立生长，节间短缩，4～5节后节间伸长，5～6片叶开始匍匐生长。分枝性强，可形成3～4级侧枝，依次称主蔓、子蔓和孙蔓，其上着生叶、花、果和卷须。

（三）叶

西瓜的叶为单叶互生，叶序为2/5，可分为子叶和真叶两种。子叶椭圆形，较肥厚，其内储存丰富的营养物质，为幼苗的生长发育提供养分，在真叶未展开前，子叶对瓜苗生长起着决定性的作用。西瓜的第一对真叶较小，呈龟背形，又称初生叶，自第三片真叶以后，叶柄增长，叶片变大，呈掌状深裂，叶面有茸毛和蜡质，蒸腾量小而耐旱。

（四）花

西瓜的花多为单性花，雌雄同株异花，着生于茎的叶腋里。主茎3～5节出现雄花，5～7节形成雌花，雄花出现早且数量多，是雌花的4～8倍。雌雄花均具有蜜腺，虫媒花，早晨6～7时开放，午后闭合，每天的7～9时是花粉生命力最强的时间，也是最适宜的人工授粉时间。

（五）果实

西瓜的果实为瓠果，由果皮、果肉及种子组成。果皮由于品种不同，分别呈现绿、浓绿、青、黄、黑等不同颜色，间有网纹和条带。果肉通常称瓜瓤，是主要的食用部分，分红、黄、白等颜色，肉质有脆、沙等类型，是品种代表性的鉴定标准之一。一般雌花授粉后2～3 d，果柄伸长，子房明显开始膨大，授粉后20 d内是影响果实大小的营养发育期。以后是影响品质的成熟发育期。

（六）种子

西瓜种子扁平，卵圆或长卵圆形，种皮平滑或有裂纹，浅褐、褐、黑或棕色。千粒重大籽类型100～150 g，中籽类型40～60 g，小籽类型仅有10～30 g，籽用西瓜种子千粒重可达150～200 g。一般单瓜内种子数150～300粒，多者达700粒，少者100粒左右。西瓜种子的寿命一般条件下为2～3年。

三、生长发育习性

西瓜全生育期100～120 d，经历了营养生长和生殖生长两个过程，包括发芽期、幼苗期、伸蔓期和结果期四个阶段。

（一）发芽期

从播种到第一片真叶显露。此期主要是消耗种子中储藏的养分，供幼胚的萌发、胚根和下胚轴的伸长。在气温15～25 ℃条件下，这一时期需8～10 d，子叶是此期的主要同化器官，保护子叶是培育壮苗的关键。

（二）幼苗期

自第一片真叶显露到团棵。幼苗5～6片真叶，从上方看植株投影为圆形，俗称团棵，此时为幼苗期与伸蔓期的临界特征。该期在18～25 ℃条件下，需25～30 d时间。

自第一片真叶显露到二片真叶形成一般需10～12 d，这时根系生长较快，地上生长很慢。二叶期以后，已开始有花芽分化，团棵时主蔓第三雌花已分化结束。栽培管理上应创造适宜的温度、光照条件，特别是土壤温度，以促进根系发育，培育壮苗。

（三）伸蔓期

从团棵到主蔓上第二或第三雌花开放为止称伸蔓期。进入伸蔓期以后，植株由直立状态转向匍匐生长，标志着进入一生中的旺盛生长阶段。在20～25 ℃适温条件下，该期需18～20 d，伸蔓期以雄花始开为界限，分为前期和后期。

（1）伸蔓前期，即从团棵到第一朵雄花开放。此期生长特点是：节间伸长并开始抽蔓，叶数迅速增加。但叶面积较小，侧枝出现并孕蕾。为了促进雌花的发育，栽培上应以促为主，尽快扩大叶面积，为开花坐果奠定物质基础。

（2）伸蔓后期，从雄花始开到坐果节位雌花开放。这一阶段地上茎叶生长速度加快，根系生长渐趋缓慢，坐果节位雌花正处在现蕾开花之际。栽培上要以控为主，通过控水、控肥、压蔓整枝等措施，防止跑秧，提高坐果率。

（四）结果期

从留果节位雌花开放到果实生理成熟。在28～35 ℃的适温条件下，需28～45 d，该期可分为坐果期、果实膨大期和变瓤期三个阶段：

1. 坐果期

从留瓜节位雌花开放到果实退毛。在25～30 ℃适温条件下需4～6 d，退毛是指果实长到鸡蛋大小，表面茸毛逐渐稀疏而呈现明显光泽。"退毛"是坐果期和果实膨大期的临界特征，它标志着果实已基本坐稳，一般情况下不再发生落果现象。坐果期是西瓜以营养生长为主转向以生殖生长为主的过渡阶段，长秧和坐果的矛盾较为突出，是决定西瓜坐果与化瓜的关键时期。如果肥水过多，极易引起植株疯秧而导致落花落果。因此，该期管理应以促进坐果为中心，严格控制灌水、施肥，及时整枝压蔓，并配合人工辅助授粉，促使坐果整齐。

2. 果实膨大期

从果实退毛到定个为果实膨大期。在28～35 ℃适温条件下需18～24 d，"定个"指果实的大小已基本定型，果皮开始发亮，果实表面的蜡粉逐渐消失，种子基本表现该品种应有的色泽和大小。该期生长特点是：果实生长优势已形成，养分集中向果实输送，果重迅速增加，是决定西瓜产量高低的关键时期，也是西瓜一生中需肥最多的时期。生产上应从退毛开始每周浇一次膨瓜水，退毛期追施膨果肥，定个前后叶面追肥，加强病害防治，避免叶片早衰。

3. 变瓤期

从果实定个到生理成熟为变瓤期。在适温条件下需7～10 d，该期果形不再膨大，外观条纹清晰，果实比重下降，瓜瓤着色，瓤质变软，甜度提高。此期对产量影响不大，是决定西瓜品质的关键时期，在栽培上应停止灌水，注意排水，保护叶片，防止早衰，并及时垫瓜、翻瓜，提高果实品质。

西瓜生长发育过程如图6-1所示。

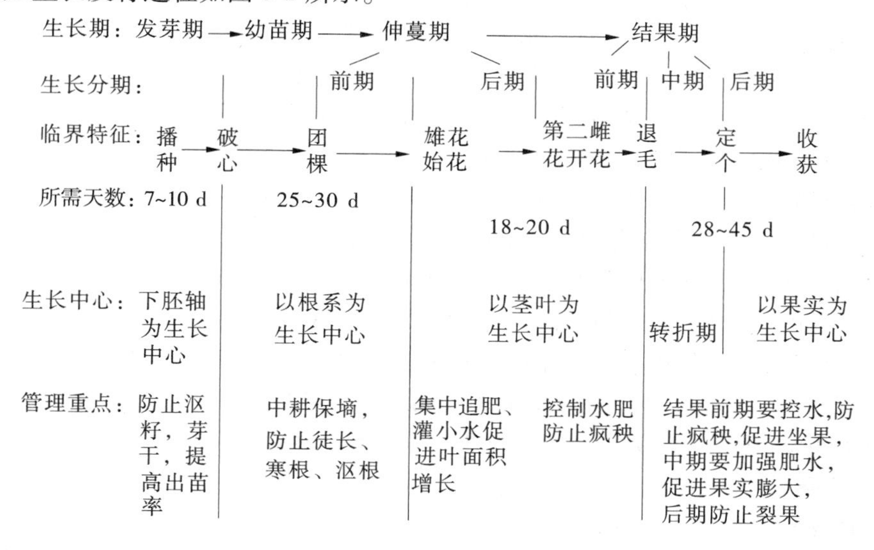

图6-1　西瓜生长发育过程示意图

第二节 优质品种介绍

西瓜品种按用途分为饲用种、籽用种和鲜食品种。鲜食品种按成熟期不同分为早熟品种、中熟品种和晚熟品种；按种子的有无又分为普通西瓜和无籽西瓜。目前生产上主要栽培品种如下：

(1)流星雨无籽。中小果型，易坐果，高番茄红素含量，品质特优早中熟，植株生长势中，抗病耐湿。单瓜重 3～4 kg，椭圆形，绿皮网条。瓤大红，质脆，中心含糖量 13% 以上，不空心，白秕籽小而少，品质优。果皮硬，耐储运。适应性广，全国各地均可栽培。

(2)金玫瑰无籽 2 号。早中熟，果实发育期 30 d 左右。生长势中等，抗病耐湿，易坐果，普通栽培平均单果重 6 kg 以上，亩产 4 500 kg。果实短椭圆形，果皮近黑色，果肉柠檬黄色，瓤色鲜艳，肉质细脆，剖面美观，含糖量 13% 左右，糖分均匀，风味好，品质优，白瘪子小而少，为高档礼品瓜，露地、棚室栽培均可。8、9 月成熟采收食用品质最佳。

(3)金宝无籽 1 号。早中熟，果实发育期 30 d 左右，生长势较强，抗病耐湿，果实中等大，普通栽培平均单果重 5.5 kg 以上，亩产一般 4 000～4 500 kg。果实圆球形，浅绿色果皮上显墨绿色齿状花条，果肉柠檬黄色，质细而酥脆，含糖量 13% 以上，边心梯度小，汁液多，风味好，品质优。适应性广，全国各地的露地、保护地，春季和秋季均可栽培。

(4)甜宝。京欣类型，早熟，大红瓤，抗裂瓜，单瓜重 6～8 kg，适合早春地膜、拱棚栽培。

(5)中玉 1 号。中小果型有籽西瓜品种，全生育期 90 d 左右，果实发育期 28 d 左右。生长势中，易坐果；叶色深绿，叶形呈掌状深裂，缺刻中；第一雌花着生节位第 3～4 节，雌花间隔节位 4～5 节；果实圆，果型指数 1.05，果实圆球形，浅绿色果皮覆深绿色齿条，单瓜重 2.5～3.0 kg，果肉柠檬黄色。果皮较硬，不易裂果。

(6)中意 1 号。中小果型有籽西瓜品种，全生育期 90 d 左右，果实发育期 28 d 左右。生长势中，易坐果；叶色深绿，叶形呈掌状深裂，缺刻中；第一雌花着生节位第 3～4 节，雌花间隔节位 4～5 节；果实长椭圆形，果型指数 1.45，浅绿色果皮覆深绿色齿条，单瓜重 2.5～3.0 kg，果肉红色。果皮较硬，不易裂果。

(7)盛夏佳友。中熟种，全生育期 100～110 d，开花到成熟 43 d 左右。单瓜重 6 kg，一般亩产 4 000 kg，花皮大红瓤，心糖 12%。皮韧耐储运。

(8)甘甜无籽。中晚熟无籽西瓜，生育期 120 d 左右，开花到成熟 43～45 d，耐重茬，易坐果，瓜形圆整，黑皮红瓤，品质优。一般单瓜重 8～10 kg，亩产 5 000 kg 以上。

(9)菠萝蜜无籽。中晚熟无籽品种，全生育期 120 d 左右，开花到成熟 43～45 d。奶油风味，品质特佳，黑皮黄肉，一般单瓜重 6～8 kg，亩产 5 000 kg 左右。

(10)黑小宝(大果黑美人)。河南农业大学选育。主蔓 6～7 节出现第一朵雌花，雌花着生密，长椭圆形，果皮薄而韧，极耐储运。瓤色鲜红，少籽，果肉中心可溶性固形物含量 12%～13%。单瓜重 4～5 kg。

(11)FS 台湾小黄宝。极早熟，膨瓜快。花皮黄肉小黑籽，一般单瓜重 1～2 kg，品质特佳，是礼品瓜主栽品种。

(12)黄肉京欣(金花二号)。豫艺种业选育的优质早熟西瓜,花皮,高圆形,瓜肉为黄色,含糖量13%左右,具奶香味,口感品质极好,抗枯萎病,耐重茬性好,全生育期88 d左右,开花后26～28 d成熟,单瓜重2～3 kg,可一株多果栽培,亩产3 500 kg。适于大棚、小拱棚早熟栽培。该品种以其特优的品质正在被广大瓜农和消费者所接受,很有发展潜力。

(13)特小凤。特小凤西瓜,改良早熟西瓜品种,生育期80 d左右,果实发育期25 d左右。原产我国台湾,20世纪90年代后引入大陆。瓜型一般为高球形至微长球形,单果重1.5 kg左右,浅绿条纹,果皮薄,肉色晶黄,肉质细腻,脆甜多汁。

(14)小兰。该品种为小型黄肉西瓜,极早熟,结果力强,丰产,果实圆球形至微长球形,皮色淡绿底子、青黑色狭条斑,果重常在1.5～2 kg,瓤肉黄色晶亮,种子小而少为其主要特点,是特小凤型西瓜的改良品种。

(15)京颖。小型西瓜杂种一代。植株生长势中等,第一雌花平均节位7.7节,果实发育期32.7 d。单瓜重量1.62 kg,果实椭圆形,果皮绿色、较脆。果肉红色,中心折光糖含量11.7%,边糖含量9.4%。果实商品率99.0%,中抗枯萎病。平均亩产量4 000 kg左右,选择沙壤地块种植,提倡立体栽培,双蔓整枝,亩定植1 600～1 800株,三蔓整枝,亩定植1 400～1 600株,采收前7～10 d控水。

(16)超越梦想。小型西瓜杂种一代。植株生长势中等,第一雌花平均节位8.5节,果实发育期31.0 d。单瓜重量1.72 kg,果实椭圆形,果型指数1.29,果皮绿色,果肉红色,中心折光糖含量11.7%,边糖含量9.5%,口感好。果实商品率99.4%。苗期不抗枯萎病,亩产一般为2 900 kg左右。选择沙壤地块种植,双蔓整枝,亩定植1 600～1 800株;三蔓整枝,亩定植1 400～1 600株。采收前7～10 d控水。

(17)京欣2号。中早熟西瓜一代杂种。全生育期90 d左右,果实成熟期30 d左右。叶型中等,生长势中等,该品种在低温弱光下坐瓜性好,膨瓜快,商品性好,圆果、瓜瓤红色,果肉脆嫩。含糖量为12%以上。皮薄,抗枯萎病,耐炭疽病,单瓜重6～8 kg。一般亩产4 000 kg左右。收获前7 d要停止浇水。

(18)春秀。小型西瓜杂种一代。植株生长势中等,第一雌花平均节位8.5节,果实发育期33.9 d。单瓜质量1.94 kg,果实短椭圆形,果型指数1.16,果皮绿色,皮厚0.8 cm,果皮较硬。果肉红色,中心折光糖含量11.0%,边糖含量8.9%,口感较好。果实商品率99.3%。苗期高感枯萎病。产量3 300 kg左右。采取高垄双行定植,每亩定植1 600株左右,双蔓或三蔓整枝;爬地栽培,采用平畦或半高畦,每亩地大约定植800株,三蔓整枝。主蔓第2～3雌花留瓜,每株留一个瓜。

(19)全美4k。椭圆花皮红肉中果,单果4 kg,故名4k西瓜,瓜皮薄但结实,不易裂果,成熟果实上可站立一体重在75 kg的成人,瓜肉脆感好,甜度适宜。

(20)墨童。植株生长势旺,分枝力强。第一雌花节位6节,雌花间隔节位6节。果实圆形,黑皮,果肉鲜红,纤维少,汁多味甜,质细爽口。中心糖含量11.5%～12%,边延梯度小,无籽性好。皮厚0.8 cm,平均单果重2.0～2.5 kg。果实生育期25～30 d,易坐果,果实商品率90%以上,亩产2 500 kg左右。耐储运。抗逆性中等,适应性广。抗病毒病、枯萎病能力较强。

(21)早花香。河南农业大学豫艺种业选育。特早熟,全生育期约83 d,从坐果到果实成熟 24～26 d。生长势中等，极易坐果。果实椭圆，绿花皮，条带细而清晰，商品性好。果肉红色，肉质酥脆细腻，口感风味好，中心糖含量可达 12%。一般单瓜重 5～6 kg，嫁接栽培时，单瓜重可达 10 kg。适合保护地及早春栽培。

(22)豫艺吉祥。河南农业大学选育的早熟优质高产型品种，全生育期 88～90 d，坐瓜后 28 d 左右成熟，椭圆形，绿皮具细网纹，果型端正匀称，中心糖高达 12.8%，红沙瓤，瓜内种子少而小，品质佳，单瓜重 6～8 kg，大瓜 15 kg，亩产量 5 000 kg 以上。发苗快，长势健壮，瓜胎多，易坐果，抗炭疽病能力较强，综合性状优秀。适于小拱棚、早春地膜露地及麦瓜套栽培。

(23)农抗二号。河南农业大学豫艺种业选育。椭圆形，绿花皮、条带清晰，中早熟，全生育期 91 d，坐瓜后 30 d 收获，中心糖含量 12%，口感好，生长稳健，耐湿、耐低温、耐弱光性好，在不良气候条件下仍能较好坐瓜，且膨瓜快、畸形少，单瓜重 7～10 kg，亩产量 5 500 kg，是适宜保护地栽培的大果高产型品种，综合性状优于金钟冠龙。适应性强，春大棚、小拱棚及地膜覆盖均可栽培，南北方均可种植。

(24)郑抗 3 号。郑州果树研究所选育。早熟，植株生长势中等，易坐果。果实椭圆形，果皮绿色，上有墨绿色锯齿形条带，外形美观，商品性好。果肉大红，肉质脆沙，中心可溶性固形物含量可达 12%，肉细口感好，品质上等。一般单瓜重 7～9 kg。高抗枯萎病，可重茬种植。

(25)汴杂七号。开封市蔬菜科研所选育。中熟，全生育期 105 d 左右，果实发育期 32～35 d。植株生长健壮，较易坐果，果实椭圆形，纯黑皮，外形美观。果肉红色，肉质脆细，口感风味好，中心含糖量 11.5% 左右，品质上等。果皮薄且硬，耐运输。一般单瓜重 8 kg 左右，最大可达 18 kg，每亩产量 5 000 kg 以上。

(26)西农 8 号。西北农业大学选育。中熟，全生育期 105 d 左右，果实发育期约 35 d。植株生长势强健，抗枯萎病，易坐果。果实椭圆形，底色淡绿，上覆有深绿色条带。果肉粉红色，肉质酥脆，口感好，中心含糖量 12%，品质好，果皮韧，耐运输。一般单瓜重 8～10 kg，每亩产量约 5 000 kg。是全国推广面积最大的品种之一。

(27)台湾黑宝。河南农业大学与台湾第一种苗合作选育。中熟，全生育期 105 d，坐瓜后 35 d 成熟，生长势强，耐旱、耐重茬。纯黑皮、皮色油黑发亮，瓜型椭圆、端正匀称，瓜肉大红、沙脆，品质好，中心含糖量 12%。单瓜重 8～10 kg，每亩产量 5 500 kg 以上。适于北方及南方旱季栽培。

(28)台湾绿宝。中熟新红宝类型西瓜品种，果实内种子较少，果实剖面均匀，但皮色为深绿色，比新红宝皮色绿。坐瓜后 33 d 成熟，平均单瓜重 8 kg，大瓜 20 kg，亩产 5 000 kg，是替代新红宝西瓜、绿宝王西瓜的理想品种。

(29)豫艺如意。大果型品种，该品种幼苗健壮，生长强健，耐重茬性较好，椭圆形，瓜皮绿色具网纹，外观漂亮，红沙瓤，少籽、多汁，脆沙可口，中心含糖量可达 12%，易坐瓜，耐储运性好，单瓜重 11 kg 左右，大瓜 20 kg，坐瓜后 35 d 成熟，亩产 6 000 kg。

(30)豫艺 2000。河南农大育成的大果、高产型黑皮西瓜品种。椭圆形，瓜型周正，大红瓤，瓜皮坚韧且瓜肉硬脆，极耐储运，全生育期 105 d，坐瓜后 33～36 d 成熟，单瓜重 10～15 kg，高产可达 7 500 kg/亩。生长势强，抗性好，耐重茬，耐旱能力强，适于华北、北方区域及南方早季栽培。是全国推广面积最大的品种之一。

(31)豫艺黑优219。河南农业大学培育的大果黑皮西瓜新品种,皮色转黑快,椭圆形,瓜型匀称美观,生长势强,易坐瓜,且膨瓜速度快。全生育期105 d,坐瓜后35 d左右成熟,单瓜重10 kg左右,高产6 500 kg/亩。

(32)豫艺新墨玉。全生育期95 d左右,坐瓜后30~33 d成熟,单瓜重8~10 kg,高产6 000 kg/亩左右,瓜型椭圆,皮色油黑,外观好、品质好。抗枯萎病、耐湿、适应性广,全国各地均可栽培。另其耐低温性较好,也是国内大棚、露地均可栽培的少数优质黑皮西瓜品种之一。

(33)豫星一号。河南农业大学豫艺种业选育的地膜露地专用京欣类品种,生长健壮,不易裂瓜,早熟,全生育期85 d左右,坐瓜后26 d收获。果肉鲜红多汁,不易倒瓤,中心糖含量高达12.5%,口感细腻、品质好,单瓜重6 kg,亩产量4 000 kg。该品种最大特点是膨瓜快、口感品质非常好。露地地膜栽培表现优秀。

(34)豫星三号。保护地露地兼用大果京欣类品种,全生育期90 d左右,耐低温,膨瓜快,瓤色大红,不裂瓜,瓜型端正美观,单瓜重7~8 kg,中心含糖量达13%,是目前品质和口感最好、果型较大的京欣类品种之一,适合春大棚、小拱棚及地膜覆盖早熟栽培。

(35)豫星七号。春大棚、拱棚专用早熟京欣类品种。油绿皮上覆清晰黑窄条带,有蜡粉,不易裂瓜,瓜肉大红,耐低温弱光,易坐瓜,全生育期85 d,比京欣一号早熟,春大棚栽培比其他大果类京欣早上市7~10 d,单瓜重5~6 kg,大瓜8~10 kg。

(36)豫艺黄珍珠。河南农业大学选育的高档高效益礼品西瓜品种,圆形,黄皮黄肉,外观美丽,品质佳,糖度12%~13%,单瓜重2~3 kg,抗病,抗蚜虫,耐储运。可一株多果栽培,适宜保护地及露地栽培。

(37)小天使。丰乐种业选育。极早熟,全生育期80 d左右,果实发育期24 d,植株长势强,分枝多,第一雌花着生在主蔓8~10节,雌花间隔6~8节,果形椭圆,平均单瓜重1.5 kg,皮色鲜绿,覆深绿色中细齿条,果肉红,中心糖含量13%以上,果皮厚0.5 cm,不裂果。适宜早春和夏秋保护地吊蔓或爬蔓栽培。

(38)黑蜜二号无籽。中熟,圆形果,墨绿皮,果皮坚韧,耐储运,耐重茬,果肉红色,中心含糖12%,单瓜重7~8 kg,大瓜15 kg,亩产5 000 kg。

(39)豫艺926无籽。京欣皮色类无籽西瓜,2002年通过河南省审定。中熟,全生育期103 d,坐瓜后33 d成熟。花皮圆球形,条带清晰,瓜型端正美观,比黑蜜二号膨瓜速度快,瓜肉鲜红脆甜,含糖量高达13%,品质特佳。该品种瓜个大而均匀,单瓜重8~10 kg。大棚露地均可栽培。

(40)花宝无籽二号。花皮,中晚熟,圆球形,瓜型端正美观,含糖量可高达13%,品质优于黑蜜二号,比黑蜜二号易坐瓜,且耐重茬抗病性好,产量更高。单瓜重7~8 kg。

(41)豫艺天盛无籽。豫艺种业选育的纯黑皮优质无籽西瓜,中熟,全生育期100 d,坐瓜后33 d成熟,生长稳健,耐湿性好,易坐瓜,单果重8 kg,中心含糖量12%,品质好,耐储运,南北方均可栽培。

(42)华晶四号。洛阳市农兴瓜果开发公司育成的中熟黑皮黄瓤优质无籽西瓜品种。果实圆形,一般单果重5~6 kg,最大8.2 kg,果皮墨绿色,具黑色隐条带,皮厚1 cm,果肉鲜黄色，中心含糖量12%，汁多味甜，爽脆细腻，口感极好。植株生长强健，极易坐果，从坐果至成熟29 d左右，适于保护地和露地常规栽培。

(43)华晶一号。洛阳市农兴瓜果开发公司育成的早熟黄皮红瓤精品无籽西瓜品种。其果型圆正，果皮金黄色覆深黄色条带，果肉鲜红色，中心含糖量12%，肉质脆甜，皮厚1 cm，单果重一般4～5 kg，最大7.5 kg，较耐储运。该品种植株生长稳健，耐湿性强，易坐果，果实生长期28 d，适于保护地和露地早熟栽培。露地以亩种植800株为宜，三蔓整枝；保护地种植可根据栽培方式酌情增加株数，减少每株留蔓数。注意及时翻瓜，保证光照充足均匀，使其果皮着色正常。

(44)金玉玲珑无籽1号。属早熟小果型西瓜品种，果实发育期31.8～34.7 d，全生育期101 d。长势稳健，易坐果，分枝性多；叶色深绿，叶形呈掌状深裂；第一雌花着生节位第7.9节，雌花间隔节位4.9节；果实圆形，果型指数1.0；果皮绿色，覆墨绿色齿条，单瓜重1.4～1.7 kg，果皮厚0.3～0.5 cm；果肉黄色，肉质脆；种子短椭圆形，褐色，千粒重约37 g。

(45)菊城绿之美。开封市农林科学研究院培育作早熟栽培，生育期97 d，果实成熟天数29 d，长势稳健，分枝性中等，易坐果。单性花，第一雌花位于主蔓第7～8节，间隔7节，雌花率16.67%。果实椭圆形，果皮青绿色有细网纹，表面光滑，外形美观，皮厚1.11 cm，中心含糖量12.1%，瓤色大红，瓤质脆，纤维少，口感好。平均单瓜重4～7 kg，一般亩产3 500 kg。该品种耐病毒病，轻抗枯萎病，果皮韧、抗裂性好，架货期长，商品率高。

(46)菊城龙旋风。开封市农林科学研究院培育的高产高抗耐运西瓜新品种，属早熟品种，全生育期96 d，果实成熟天数29 d。长势稳健，坐果较易，分枝性中等；单性花，第一雌花位于主茎第5～8节，间隔6节，雌花率17.7%。果实椭圆形，纵径25.83 cm，横径19.42 cm，指数1.33。果皮深绿色，上覆墨绿色锯齿条，表面光滑，外形美观，皮厚1.12 cm，中心含糖量12.1%，瓤色大红，瓤质脆，纤维少，口感好。平均单瓜重5～7 kg，一般亩产3 500 kg。籽中型，麻褐色，单瓜平均224粒左右。种子麻褐，中型，千粒重45 g。

(47)蜜宝一号。耐低温性强，坐瓜整齐度好，开花到成熟30～35 d。果实高球形，皮色深绿，条纹鲜明，外观漂亮。瓤色鲜红，肉质较硬，糖度高，品质好，耐储运。单瓜重可达7～9 kg，产量高。

(48)珍甜1217。冰糖高品质西瓜品种，易坐瓜，瓜近圆形，底色较绿，单果重6 kg左右，条带较细，清晰度较好，皮薄，大红瓤，糖度高，品质非常好。

(49)众天美颜。二倍体早熟小果型西瓜，以高代自交系'N119'为母本、高代自交系'N26'为父本杂交选育出的早熟鲜食小果型西瓜新品种。该品种果实高近圆形，绿色果皮上覆深绿色齿状条带，单瓜质量1.5～2.5 kg，果皮厚度0.4 cm，果实中心可溶性固形物含量11.5%～13.5%，边部10.0%左右，瓜瓤黄红双色，瓤质酥脆，口感好。在河南地区2～6月进行大棚栽培，全生育期100 d左右，雌花开放至果实成熟需30 d左右。该品种抗逆性好，商品性好。耐低温弱光，适宜在日光温室或塑料大棚内栽培。

(50)郑抗无籽7号。中国农科院郑州果树研究所最新育成。中晚熟，果实发育期33～35 d，生长势强，抗病耐湿，易坐果，产量高，平均单瓜重8.5 kg以上，产量可达6 000 kg/亩，果实圆球形，纯黑皮，覆蜡粉，外形美观。瓜瓤大红色，含糖量12%以上，瓤质硬脆,白秕子小、少,品质优,耐储运,适应性强。

第三节　西瓜育苗技术

西瓜是深根性作物,根的再生能力较差。一些地区常采用大田直播的方法种植,但随着保护设施的建立、栽培季节的延长、复种指数的提高以及嫁接换根技术的应用,西瓜育苗移栽已被种植者广泛接受,应用规模越来越大。育苗移栽可以通过保护设施的应用,人为改变环境条件,按计划播种,按计划供苗,达到提早播种、提早成熟、增加产量和收入的目的。同时,育苗还可以节省种子,缩短占地时间,便于人为控制环境,有利培育壮苗。

一、苗床的形式和建造

西瓜育苗多在冬春低温季节进行,要求苗床必须具备良好的增温、保温、采光条件。当前,生产上广泛应用的苗床形式有阳畦、酿热温床、电热温床等。无论采用什么样的苗床形式,床址的选择都要求具备背风向阳、地势高燥、灌溉及运输方便的条件,以利各项操作。

(一)阳畦苗床

在秋末土壤封冻前建造。一般畦宽 1.3～1.5 m、长 7～10 m,畦深 20～25 cm。苗床底部全部铲平,畦北侧垛 60～80 cm 高的墙,南侧垛土高于地平面 20 cm 左右,东西两头连接南北墙垛成斜坡,并在北侧墙外夹设风障,风障高 2 m 左右,向南斜靠在北墙上。阳畦上搭设竹片或竹竿,覆盖塑料膜,夜间加盖草苫,一般每平方米苗床可育苗 100 株,每亩大田需苗床 8～10 m^2。

阳畦育苗唯一的热量来源是阳光,因而在高寒地区应用受到一定限制,但在长城以南大部分地区适用。

(二)酿热温床

酿热温床是一种用新鲜马粪、厩肥、稻草、麦秸、饼肥等酿热物加温的苗床,具有温度均衡、热量持续时间长的特点,能使幼苗生长整齐一致。

酿热温床的床址、建造与阳畦基本相同,也可建在日光温室内。一般床池深 50～60 cm,床底北端比中央深 5 cm,南端较中央深 10 cm,铲平池底后呈“凸”形。床池挖好后,于播种前 7～10 d 填充酿热物,酿热物可选用 70% 的新鲜骡、马粪,加入 30% 的碎稻草或麦秸,充分混合并洒水,使含水量在 65%～70%,也可将马粪、麦秸分层填入,厚度 25～30 cm,上边加盖塑料编织布,再铺 5 cm 厚的土,并踏实,其上排放营养钵或做营养土方。

(三)电热温床

利用电热线加温床土进行育苗的方法即为电热温床育苗。电热温床育苗,成本低,床温易控制,操作简便,出苗整齐,在有电源的地方均可使用。

电热温床可建在阳畦内,也可建在温室及拱棚内。床池的长、宽、深与阳畦基本相同。布线前,先在床底铺 5～10 cm 厚的麦秸或稻草,再填土 5～8 cm,铲平踏实。布线时,先在苗床两端按间距固定好小木桩。从一端开始,将电热线来往绕木桩铺在床底上,要求电热线都处在同一个水平面上。每绕过一根木桩,都要将线拉直拉紧,电热线接线头从床的同一端引出，以便连接电源。铺设完毕后，床面铺 2～3 cm 沙土，电源接头必须埋入土中，引线留在外面。如果没有使用控温仪，可直接将电热线并联到电源线上。若使用控温仪，要注意连接方法，控温仪背面有三个插头，其中电源插头接 220 V 电源，感温探头插孔连接感温探头，感温探头插到加热苗床土壤中，随时测定土壤温度。控温仪要放到清洁、干燥处，切勿放入电热温床内。线路全部安装好后，用电表检查全部线路，验明无故障后，方可通电使用。

电热温床布线相关数据依据所育种苗所需的功率密度，按以下公式计算：

电热温床总功率 = 功率密度 × 加温面积　（西瓜幼苗所需功率密度为 100 W/m^2）

所需电热线根数 = 电热温床总功率/每根电热线功率　（保留整数）

布线行数 =（电热线总长度 − 苗床宽度）/苗床长度

布线间距 = 苗床宽度/（布线行数 −1）

实际布线时，参照计算出的布线间距，畦两端稍密，中间稍稀，以使床温均匀。播种前接通电源升温到 30 ℃左右，再行播种。育苗结束后，及时并小心抽出电热线，以免造成断线或绝缘损坏，影响下年使用。

除上述三种育苗形式外，在西瓜种植规模较大且比较集中的地区，可考虑实行工厂化育苗，统一供苗，以保证种性，提高产品的商品性能。

二、播种前的准备

（一）配制营养土

西瓜育苗土要求疏松透气，无病虫草害。以肥沃大田轻壤土或葱蒜土较适宜，忌用种过瓜类蔬菜的土壤和用其残体沤制的肥料。营养土的配比，一般按体积计算，腐熟过筛马粪 30%，腐熟细碎草肥（如粪堆底等）20%，园田表土 50%，将其充分混合均匀并过筛，每立方米混合土中加入氮、磷、钾三元复合肥 1.5 kg，并用敌百虫 1 000 倍液（或 50% 乐果乳油 1 000 倍液）、50% 多菌灵 600 倍液喷洒翻匀，闷堆消毒，对防治苗期病害和地蛆、蛴螬有显著效果。也可用 40% 的福尔马林 300 mL 加水 30 kg，均匀喷在 1 000 kg 的土里，盖薄膜熏蒸 2～3 d。也可在配营养土时，喷 1 000 倍液的 50% 辛硫磷和特立克（2 亿活孢子/g 木霉菌）。营养土的配制因各地土质和肥料种类、质量不同，以肥沃疏松而不散坨为原则，其比例可灵活调整。目前，随着栽培规模化及工厂化育苗的兴起，利用草炭、蛭石、珍珠岩等基质育苗，已广泛应用于生产，基质育苗可缩短西瓜日历苗龄 5～7 d，并可明显降低病虫害发生率，有利于培育壮苗。

（二）营养土方和营养钵的制作

营养土方的制作较为简单，即在挖好、整平的苗床内铺 0.5～1 cm 厚的细沙土或过筛炉灰，再把配好的营养土铺在床内，厚度 10～12 cm，整平并轻轻压实，浇透水，待水渗下后切成 10 cm 见方的土块，即为营养土方。

西瓜育苗营养钵可直接购买 8～10 cm 的塑料黑钵，也可用废旧报纸或塑料薄膜制作。用薄铁皮做成直径 8～9 cm、高 10～12 cm 的铁筒，将配好的营养土装满铁筒，用裁好的报纸（纸长 38 cm、宽 18 cm）卷在铁筒上，使报纸的一边与铁筒底边对齐，开口一端长出的报纸向内折叠，完全封住铁筒口，然后将铁筒翻转，使其底部朝上，整齐排入苗床内，抽出铁筒,床土即可装入纸钵内。

(三)种子处理

播种前的种子处理主要包括选种、晒种、消毒、浸种、催芽五个方面。

1. 选种

为保证苗齐、苗全和苗壮,播种前必须选种。即根据品种的特征,按种子大小、种皮颜色、形状、饱满程度进行挑选,剔除畸形、混杂和变质的种子。

2. 晒种和种子消毒

将经过精选之后的种子,于晴天晒1~2 d,可以提高发芽势和发芽率。种子消毒常用的有温汤烫种和药剂消毒,温汤烫种即用55~60 ℃(3份开水加1份凉水兑成)的温水浸种15 min,药剂消毒常用药剂有:100倍福尔马林,浸种30 min杀死种皮枯萎和炭疽病菌;50%多菌灵500倍液浸种40 min防治炭疽病;10%磷酸三钠浸种20 min,纯化病毒。不论使用哪种药剂浸种消毒,都要捞出用清水冲洗干净,以免产生药害。

3. 浸种

西瓜种皮较厚,出苗缓慢,浸种可使种子充分吸水,软化种皮,提高发芽率。一般用55 ℃温水将种子浸泡15~20 min,然后使水温自然下降,浸种6~8 h,水量为种子量的5~6倍,西瓜种子表面的果胶、糖分等黏液有抑制发芽的作用,因此在浸种过程中要注意洗种。一般用草木灰、细沙或锯末搓揉,直至种皮不滑,没有黏液。浸种结束后,用棉布擦干种子表面水分,包在拧干水的湿棉布中催芽。无籽西瓜因种胚瘦小,不易出芽,要人工破嘴后,再行催芽。

4. 催芽

西瓜催芽的方法很多,可参照当地情况,就地取材。如用火炉催芽、温室火道催芽、马粪催芽,少量种子也可用人体催芽。无论用什么方法,必须使种子吸足水分,保持所需温度、湿度和充足的氧气,一般开始催芽时将温度控制在32 ℃,保持24 h,当种子有少量露白时,再把温度调到28~30 ℃,2~3 d出芽。如果温度过高,幼芽细长,组织不健壮;温度过低,种子萌发慢,发芽率降低。水分也是影响催芽成败的重要因素。水分不足,加之催芽时包装不严,水分蒸发过多,种皮失水而变硬,影响萌芽;相反,水分过多或催芽时湿度过大,氧气不足,轻则发芽缓慢,重则使胚腐烂或窒息死亡。因此,在催芽期间每天应解开种子包布进行检查,并用清水淘洗种皮黏液。

在催芽过程中,有时因种子质量欠佳,或温度、氧气不均匀而造成出芽不整齐,可用变温处理催芽。白天将温度调整到30 ℃,夜间降至0~1 ℃,交替处理1~2次,可以促使萌芽整齐。如果播种前的准备工作尚未完成或因天气骤变、阴天多雨不能按时播种,可将出芽的种子放在4~8 ℃低温处进行"蹲芽",防止胚根过长。

三、播种育苗

(一)播种期的确定

西瓜育苗播种期应根据计划定植期和苗龄来定。而定植期又以栽培形式而定,一般西瓜定植时幼苗达到3~4片真叶,苗龄30 d左右。普通大田栽培,4月中下旬定植,3月中下旬播种;小棚双覆盖栽培3月下旬定植,2月底3月初播种育苗;日光温室多层覆盖栽培,2 月初播种育苗,3 月上旬定植。

(二)播种

播种前 3 ~ 5 d,苗床浇透水,盖膜烤畦,以提升地温。电热线育苗,提前一天通电加温,当地下 5 ~ 10 cm 地温达到 22 ℃时即可播种。播种要选择晴朗、无风、温暖的天气,上午播种。播种前先将营养土表层喷湿,每钵中央挖一个 1 cm 深的小坑,将发芽的种子芽尖向下平贴在小孔底部,每钵一粒,随点播随覆 1 ~ 1.5 cm 厚的消毒细土。畦面覆盖薄膜,夜间加盖草苫防寒保温。

(三)苗床管理

苗床管理主要包括温度、湿度管理、光照的调节和病虫害防治。

1. 温度管理

依据西瓜幼苗不同时期对温度的要求,为幼苗创造适宜生长的温度条件是培养壮苗的关键。分以下四个阶段变温管理:

(1)播种—出苗。白天揭苫见光不放风,提高床温在 25 ~ 32 ℃;夜间加盖草苫保持床温,促进种子尽快出土。

(2)出苗—破心。这一阶段的管理中心是防止下胚轴过度伸长而造成高脚苗。通过揭苫和少量的放风,适当降低苗床温度,白天控制在 20 ~ 25 ℃,夜间保持 12 ~ 15 ℃。

(3)破心—定植前 7 d。白天床温掌握在 25 ℃左右,夜间 15 ~ 18 ℃,促进幼苗健壮生长和花芽分化。在合理调节温度的同时,要注意防止"闪苗"和"烧苗"。苗床放风不及时,造成温度过高,或叶片贴近薄膜,均会造成叶片烧伤,即烧苗;相反,放风量过大或迎风口放风,致使寒风吹入苗床而引起寒害,轻者叶缘上翘,重者倒伏,即闪苗。

(4)定植前 7 d—定植。逐步降低苗床温度,以适应定植后的环境条件。逐渐加大放风量,草苫早揭晚盖,使苗床环境条件逐步向定植场所环境条件靠近,如为营养土方育苗,此时应二次倒坨囤苗,促进伤根愈合,在定植后尽快生根缓苗。

2. 肥水管理

育苗前期,尚处于地温较低阶段,在灌足底水的基础上,一般不再灌水,可采用出苗后分次覆细土的方法保湿;如果因底水不足而造成干旱,可用喷壶适量浇 35 ℃左右的温水,再覆细土保湿。育苗后期,随外界气温和地温的不断回升,适当控水以防秧苗徒长,在按照营养土配方要求配制营养土的情况下,育苗期一般不需追肥,如确有脱肥的现象,可叶面喷施 0.2% 的尿素或磷酸二氢钾。

3. 光照调节

光是植物叶片光合作用的唯一能量来源,光照条件的好坏,直接影响秧苗的生长发育。早春光照时间较短且强度较弱,光照调节的中心是:增加苗床光照强度,延长光照时间。一般日出后,及时揭苫见光,下午在床温没有较大下降的情况下,尽量晚盖苫,并于每天揭苫后,清除棚膜上的尘土,增加透光率。连阴雨雪天气,在白天床温不低于 16 ℃的条件下,也要适当揭苫,让秧苗接受散射光,连阴骤晴,不要急于揭苫,适当覆盖遮阴,以防闪苗。

4. 病虫害防治

西瓜苗期病害主要是猝倒病,床内湿度过大是造成该病发生的主要条件。可在瓜苗出土后，床面撒一层干细土，降低土表及空气湿度，减少病害发生。一旦发病，可用70%甲基托布津700倍液或40%普力克800倍液细雾喷洒叶面和土表，加以防治。苗期害虫主要有蚜虫和根蛆，蚜虫可用2.5%三氟氯氰菊酯乳油(功夫)或20%甲氰菊酯乳油(灭扫利)2 500倍液于发生初期喷雾防治。根蛆在土中蛀食种子及幼苗嫩茎而造成死苗，一般有未腐熟粪肥及饼肥招致成虫产卵或腐熟有机肥中带有虫卵，而引发危害。防治方法：做好营养土的杀菌、杀虫处理，育苗期间发现危害时，根部灌药防治，常用农药有90%敌百虫1 000倍液等，间隔7 d使用两次。

此外，在西瓜育苗期间，鼠害常常发生，严重时，一夜间播入苗床的种子大部分被啃食干净。目前市面出售的鼠药虽可毒死苗床已有老鼠，但刚刚窜入的老鼠仍可对苗床进行突然袭击，因此播种后采用避鼠法来预防鼠害更为有效。目前，较为简便有效的方法是用福美双药粉与细土1∶5掺合的药土在苗床四周圈撒，可驱逐老鼠，避免鼠害。

四、幼苗生长诊断

(一)壮苗

日历苗龄25～30 d，3～4片真叶；根系发达白嫩，具有2～3级侧根；下胚轴粗壮，长4～5 cm，子叶完整，真叶嫩绿，叶柄短粗，叶片肥大，无病虫害。

(二)徒长苗

下胚轴细长，子叶和真叶大而薄，叶色淡绿，叶柄细长，根系少而细弱。幼苗徒长的原因主要是苗床温度偏高、肥水过多，或长时间阴雨、光照不足等。预防措施：通风降温，特别要控制夜温不可过高，适当控水并及时揭苫增加透光率，延长见光时间。

(三)风寒苗

子叶边缘出现白边，叶片发白，在靠近通风口处表现较为严重。早春外界气温尚低，苗床内外温湿度差别较大，通风过猛，造成床内温、湿度骤然下降，使叶片边缘迅速失水而干枯，造成“风闪苗”。预防措施：床内气温达到25 ℃时，即开风口，背风放风。

(四)僵苗

僵苗在育苗期间和早春定植后都可发生，其引发原因较为复杂，不同原因引起的僵苗表现不同，现将其常见特征及原因介绍如下：

(1)子叶小，边缘上卷，下胚轴极短，真叶迟迟不能展开，叶色灰暗，根系少且色黄褐，幼苗不长。原因：播种过早，苗床升温、保温设施差，或播后遇连续阴雨，致使床温长时间在18 ℃以下，生长受到抑制，要利用各种措施，增光升温。

(2)子叶瘦小，边缘向外翻卷，叶片黄，根系锈黄色，生长缓慢。原因：床土缺水或苗床施肥过多，造成土壤盐分过大，应及时补充水分。

(3)在正常生长情况下，突然发生子叶上翘、叶片发黄并向上卷起，部分边缘干枯。原因：高温烫苗，早春育苗后期，随外界气温升高，光照增强，在没有及时放风的情况下，床内气温可升至50 ℃左右，这样在很短(2～3 h)的时间内也能造成烫苗。所以，生产上要随气温升高及时并加大放风量，使床温控制在35 ℃以下，即可避免烫苗现象发生。

(五)沤根

幼苗表现黄弱不长，根系变黑褐色，腐烂易断。原因：床土保水力过强，湿度过大，透气性差,温度偏低。措施:选用通透性好的沙壤土,阴天控制灌水。采用地热线育苗,可有效避免该现象发生。

五、对环境条件的要求

西瓜原产于非洲热带沙漠地区,由于长期系统发育的结果,要求温度高、昼夜温差大、光照充足、空气干燥的气候条件和疏松透气的土壤条件。

(一)温度

西瓜喜温耐热,极不耐寒,遇霜便死亡。生长适宜温度范围18~32 ℃,在此范围内,温度愈高,同化能力愈强,生长速度愈快。能忍耐最高温度为40 ℃,15 ℃生长缓慢,10 ℃停止生长,5 ℃以下出现冻害。西瓜不同生育时期对温度要求不同,发芽期最适温度28~30 ℃,幼苗期22~25 ℃,抽蔓期25~28 ℃,结果期28~35 ℃。坐果期温度在18 ℃以下时,果实扁圆、皮厚、易空心,且含糖量低,品质差。

(二)光照

光是植物制造有机物质的唯一能源。西瓜是需光较强的长日作物,光饱和点为8万lx,光补偿点为4 000 lx,在10~12 h的长日照下发育良好,8 h以下短日照不利于生长发育。西瓜不同生育期对光照强度的要求不同,幼苗期6万~8万lx,结果期8万lx以上,日照时数为10~12 h。

(三)水分

西瓜生长周期短,茎叶茂盛,果实鲜重的90%~92%为水分,所以,西瓜是需水量较多的作物,其不同生育期对水分的要求不同,发芽期要求土壤湿润,幼苗期适当控水,促根发育,伸蔓期增施肥水促茎叶生长,结果期控制水肥,防止跑秧化瓜,果实膨大期水肥充足,以促进果实膨大,提高产量,成熟期适当控水,有利糖分积累,优化品质。

(四)土壤

西瓜对土壤的选择不太严格,沙荒地、沙壤土、黏土等均可生长,但以土层深厚、排水良好、有机质丰富、疏松肥沃的壤土或沙壤土为宜。沙壤土孔隙度高,透气良好,雨后或灌水后水分下渗快,早春地温回升快,昼夜温差大,有利于植株生长发育和果实糖分积累。但沙土地一般较瘠薄,养分易流失,产生脱肥早衰现象。因此,沙土地种西瓜一般采用集中施用有机肥和分期追施速效肥来调节植株的营养平衡。黏土地通气透水性差,春季温度回升慢,发棵慢,成熟晚,品质差,但土壤养分分解慢,一般不会产生后期脱肥现象。新开垦的生荒地,杂草少,病害轻,有利于西瓜生长。老菜地病害多,不适宜种植西瓜。西瓜能适应的土壤pH值在5~7范围内,以中性为好,偏酸易发生枯萎病。

(五)养分

西瓜生长期短,生长速度快,单位面积产量高,需肥量大。其又多在瘠薄的沙土或沙壤土上种植,必须适时地供给充足的肥料。

西瓜正常生长发育所必需的矿物质元素主要是氮、磷、钾。但不同生育期对氮、磷、钾的吸收比例不同。抽蔓期以前,吸收氮、磷、钾的比例为1:0.21:0.83;抽蔓至坐果,吸收氮、磷、钾比例为1:0.81:0.87;果实膨大期其比例为1:0.3:1.13;成熟期为1:0.36:1.22。为西瓜前期追施氮肥,促进营养生长,结瓜期增施磷、钾肥,提高产量和品质,提供了科学依据。除氮、磷、钾外,西瓜还需要多种微量元素,如钙、镁、锌、硼、铁等,一般依靠土壤提供或根外追肥。

第四节 西瓜地膜覆盖栽培技术

一、地膜覆盖的效应

(1)增温效应。塑料薄膜具有透光、不透气和导热系数低的特点,能够透过太阳光的短波辐射,而不能透过地面放射的长波辐射。因此,它能显著提高土壤温度。据研究测定,10 cm 地温日平均增幅以月份不同,分别为:4 月中旬 4 ℃,4 月下旬 4.83 ℃,5 月上旬 4.87 ℃,5 月中旬 3.77 ℃,5 月下旬 1.4 ℃。以前期低温季节比较显著,后期植株茎叶展开而遮阴,增温效果不明显。同一天内,日出后逐渐增温,14~16 时温度达最高值,日出前 6~8 时,温度最低,以 5 cm 表面变幅较大,10 cm 以下变幅较小。

(2)保墒作用。塑料薄膜的不透气性,使膜下土壤水分处于一个密闭环境,蒸发到膜面的水汽,只能再次渗入土壤进行膜下循环,有效减少地面蒸发,保持土壤的良好墒情,对于干旱地区栽培西瓜和早春栽培,减少灌水具有重要意义。

(3)改善土壤结构。地膜覆盖后,灌水要通过侧渗进入膜下土壤,避免了土表板结,保持了土层的疏松透气性,有利于根系的生长和土壤微生物的活动,从而改善土壤结构,增加土壤肥力。

(4)保墒灭草。地膜覆盖阻止了土壤水分向大气的蒸发,同时膜下较高的温度可将 90% 的杂草幼芽杀死,起到了良好的灭草作用。

(5)早熟增产。地膜覆盖栽培可比露地栽培提前 10~15 d 播种。同时,其增温、保湿效应,又给西瓜生长创造了一个良好的环境。植株强壮,生长发育快,一般比露地提早 10~15 d 上市,产量提高 25% 左右。

二、瓜田准备

(一)茬口选择

西瓜根系耐旱怕涝,适宜地势高燥、排水方便、土质疏松肥沃、透气性良好的沙质壤土,以小麦、玉米、谷物作前茬较好,棉花次之,不宜选择花生、大豆和蔬菜作前茬。

在合理选择地块和茬口的基础上,休闲地要在年前冬耕,耕后不耙,以利积蓄雨雪。间作地块,在冬季要将预留瓜行深翻冻垡,杀灭部分病菌、虫卵,翌年早春及时耙平,减少水分蒸发,确保墒情。

(二)整地施肥

在定植或大田直播前 15~20 d,结合土壤复耕普施底肥,以基肥总量的 1/3 为宜,深耕耙平。按行距 1.6~2 m 开东西向瓜沟,沟宽 50~60 cm,深 20 cm,沟内灌水透墒,施入剩余 2/3 的基肥。用铁锨将瓜沟再次深翻 15~20 cm,使土、肥混合,再将表土填入沟内,使瓜沟处呈小“凸”畦。

三、地膜覆盖的方式

(1)高畦覆盖。高畦覆盖是指在瓜沟上方培土做成龟背高畦,一般畦底宽 50~60 cm,顶高 15~20 cm,多雨或黏质土壤稍高,以利排水,干旱或沙质土壤稍低,以利保墒。高畦表面呈圆滑弧面,整平整细,并及时覆膜。覆膜时,要做到塑料膜紧贴畦面,周边拉紧,无皱折,边缘用土压严压实,以防风吹破膜。

(2)改良式高畦覆盖。改良式高畦覆盖是在高畦覆盖的基础上,于垄顶顺垄开一宽 10 cm 左右、深 10 cm 的沟,沟内播种或定植小苗,畦面覆盖地膜。这种覆盖方式比一般高畦覆盖提前 10~15 d 播种或定植,终霜期后,将沟沿下压,变为高畦覆盖。生产中应用改良式高畦覆盖时,前期一定要严格防止晴天中午高温烫苗,膜下气温达到 35 ℃时,及时开孔放风。

(3)埂畦覆盖。结合瓜田开沟施肥,在瓜沟北侧用湿土做一土埂,高 30~40 cm,厚 18 cm 左右,每隔 60~80 cm,用细竹竿或树枝作骨架,一端固定在土埂顶部,另一端插入栽培畦南侧,其上覆盖地膜,形似小阳畦。膜下播种或定植。这种覆盖方式要根据天气情况,从南侧地面处支缝放风,以防高温烤苗,依苗子大小而定。终霜后 7~15 d,铲除畦埂,落下地膜,变为平畦覆盖。

(4)小拱式覆盖。瓜沟整平后,在其上方用树枝或细竹竿等,每隔 35~40 cm,插一高 25~30 cm、宽 50 cm 左右的小拱,其上覆盖地膜呈小拱棚状。终霜后,依天气情况,及时去除拱条,落下地膜,以防烤苗。

四、地膜覆盖栽培形式

(一)直播覆盖栽培

膜下 10 cm 土温稳定通过 15 ℃时即可播种。普通地膜覆盖的适宜播期,在当地终霜前 7~8 d。埂畦覆盖、小拱式覆盖适宜播期在终霜前 20~25 d。

为促使出苗整齐,一般在播种前 5~7 d,选择无风天气盖膜烤地。待地温提升后,选择晴天播种,播种时,按株距 40~50 cm 打孔或划"十"字形切口,切口下开 2 cm 深的条形播种穴,每穴浇水 500 g 左右,待水下渗后,插入 2~3 粒种子,覆细土 1~2 cm,用湿土压严膜口。

地膜覆盖直播,苗期主要工作有放苗、间苗、补苗和定苗。播后 3~4 d 开始出苗,要于每天上午、下午各检查一次,出苗后及时放苗,以防膜下高温灼伤死亡。采用埂畦覆盖和小拱式覆盖的,于出苗后也要及时破膜放风,保持畦内最高温度不超过 35 ℃,以防幼苗徒长或造成热害。幼苗长到 3~4 片真叶,外界平均气温稳定在 16℃以上时,地膜落下,放出幼苗。间苗从幼苗第一片真叶展平时开始,逐步间除拥挤苗、瘦弱畸形苗,至 3~4 片真叶时定苗,每穴留一株健壮苗。无论间苗或定苗,都不能将苗拔出,要用手掐断幼茎,以防松土伤根。在间苗的同时,要及时检查有无缺苗,并及时补栽,保证全苗。

(二)育苗移栽栽培

采用育苗移栽地膜覆盖栽培,定植期应比同类型覆盖方式下的直播播种期晚 5~7 d。一般地膜覆盖,采用膜上打孔或划"十"字法栽苗,埂畦覆盖和拱式覆盖,需先撤掉薄膜,栽完一畦覆盖一畦,并压严膜边四周,缓苗期保持33~38 ℃高温,缓苗后逐渐放风降温至22~33 ℃,以利健壮生长。

五、田间管理

(一)肥水管理

西瓜一生需肥量较大,应本着重施底肥的基础上,分期追肥的原则,做到基肥足、苗肥巧、秧肥勤、瓜肥重,全期有机肥要多、化肥要匀。

1.施肥

西瓜施肥分基肥和追肥基肥,以有机肥为主,如厩肥、堆肥、饼肥等,加入适量的磷钾肥料,如过磷酸钙、草木灰或硫酸钾及三元复合肥。中等肥力地块,每亩基肥总量为优质堆肥5~7 m^3,磷酸二铵或三元复合肥40~50 kg,过磷酸钙20~25 kg,草木灰50~80 kg。若有机肥不足而用化肥代替,必须氮、磷、钾配合使用,不可偏施,一般配比为氮:磷:钾约为3.5:1:4。基肥1/3结合复耕普施,2/3开沟施入。

西瓜追肥常用速效有机肥(如饼肥、大粪干、粪稀等)和化肥(如尿素、硫酸钾、速效复合肥等),分次施入。第一次在西瓜团棵期,目的是促进茎叶生长,扩大同化面积,为开花结果奠定基础。一般每亩施入腐熟饼肥70~100 kg,或大粪干500~700 kg,同时加入4~5 kg尿素。施肥方式可用沟施或穴施,施肥部位要离开根部15~20 cm,施肥深度以10~15 cm为宜。进入甩蔓期后,视植株生长情况,如生长瘦弱缓慢,采用少量多次补肥,以防跑秧。第二次追肥在西瓜果实退毛期进行,目的是促进果实迅速膨大,防止脱肥早衰。这次追肥要求氮、磷、钾合理配比,肥量要足,特别要注意增施钾肥。一般每亩施速效复合肥20~25 kg,或尿素10~15 kg、硫酸钾10 kg,穴施或溶化后随水冲施。此外,叶面施肥对促进西瓜生长和改善品质也有很大作用,常用的肥料有0.2%的磷酸二氢钾、0.3%的尿素、0.03%的硫酸锌、0.01%的硼砂等。

2.灌水

地膜覆盖西瓜的水分管理,主要抓好“三水”,即播种水(或定植水)、催秧水、膨瓜水。

(1)播种水(或定植水)。西瓜播种或定植时,在播种(或定植)穴内浇清水或50%多菌灵800倍约500 mL,杀菌消毒并满足种子发芽或缓苗对水分的需求。

(2)催秧水。西瓜团棵时,结合第一次追肥进行浇水,水量适中,一般只浇定苗畦,水后中耕保墒,促进根系生长。

(3)膨瓜水。西瓜果实长到鸡蛋大小退毛后,进入迅速膨大期。此时,气温升高,枝叶茂盛,蒸腾量加大,为促进果实膨大,防止坠秧,结合第二次追肥浇灌膨瓜水。这次水量要大,栽培畦、掩畦一齐浇,而后,据土质和降雨,每隔3~5 d浇一水,保持土壤潮湿,由退毛到定个需3~4水。果实定个后,体积和重量已很少增加,主要转向果实内部糖分转化,应控制浇水,防止裂瓜,提高品质。

在西瓜生产中,具体确定浇水时间和灌溉量,应依据土壤、天气和瓜田长势。可在晴天中午光照最强、气温最高时,观察叶片和龙头表现,并结合土壤墒情,确定是否缺水。幼苗期,中午叶片深绿,表明缺水。伸蔓期,中午龙头上翘,表明不缺水,龙头平伸或下垂,表明缺水。结果期,中午叶片不萎蔫或稍有萎蔫但很快恢复,表明不缺水,若萎蔫早、时间长、恢复缓慢，则说明植株缺水。

（二）植株调整

西瓜植株调整的目的：调节长秧与坐果的矛盾，使秧、果生长保持平衡，避免疯长和坠秧，促使优质、丰产。主要工作包括倒秧、整枝打杈、盘条压蔓、选瓜定瓜和护瓜、人工辅助授粉等。

1. 倒秧

团棵至压第一刀以前，茎叶直立，易受风害，为防风吹毁苗，需进行倒秧。具体做法是：在瓜根北侧封一铲湿土，拍紧护根，再用一土块压住瓜叶，固定秧苗。

2. 整枝、打杈

西瓜侧枝发生能力很强，每个叶腋都能形成侧枝，如不及时摘除，势必导致营养的大量消耗，影响正常坐果和果实发育。西瓜整枝常用的有双蔓式和三蔓式整枝，也有采用单蔓整枝的。

（1）单蔓整枝。只留一条主蔓，侧蔓全部摘除。这一整枝形式适合在早熟品种上应用。缺点是生长旺盛，不易坐果，单株叶面积小，单果重量较小。优点是可以增加栽植株数，提早成熟期。

（2）双蔓整枝。除保留主蔓外，从基部 3 ~ 5 节内选留一条生长健壮的侧蔓，其余侧蔓（子蔓）和副侧蔓（孙蔓）全部摘除。以主蔓留瓜为主，但在主蔓坐果不稳的情况下，侧蔓也可留果。这种整枝方式适于中早熟品种。

（3）三蔓整枝。除保留主蔓外，在主蔓 3 ~ 5 节上选留两条侧枝，其余侧枝全部摘除。这种整枝方式，单株叶面积大，坐果部位多，单果重较大，但用工多，单位面积栽培株数少。适合中晚熟大果型品种。

无论采用哪种整枝方式，都要及时对畸形蔓（对节、扁条等）进行短截处理，促发正常侧枝。打杈工作一直进行到果实坐稳。沙地高温季节栽培，可在留瓜节上保留一条侧蔓，以后作盖果防日晒之用。

3. 压蔓

压蔓是西瓜田间管理的一项重要工作，其作用是：防风固秧、控制徒长、促进坐果、促进不定根的形成，并使茎叶合理摆布。压蔓分明压和暗压两种，沙地透气性强，保水能力差，暗压后生不定根快，一般采用暗压。偏黏土壤，透气性差，保水力强，如果采用暗压，瓜秧埋入土中，夏季高温雨勤，容易烂秧，一般采用明压，即用做好的土饼每隔 4 ~ 6 节压在蔓上。暗压的具体做法是：左手提起瓜秧，右手用瓜铲把周围土壤疏松整平，除去杂草，在压蔓处斜插瓜铲开一约 6 cm 深的小沟，将瓜蔓顺势引入沟内，将瓜铲抽出让土自然落下并拍实。压蔓穴的深浅以压好后，瓜秧的先端部分与地面成 45°左右夹角为宜。压蔓过浅，容易被风吹起，过深则抑制生长。压蔓从瓜蔓长 60 ~ 70 cm 时开始压第一刀，以后每隔 4 ~ 6 叶压一刀，一般需压 4 ~ 5 刀，留果在 2 ~ 3 刀中间，即瓜前 2 刀、瓜后 2 ~ 3 刀，坐果部位前后 1 ~ 2 节不要压在土壤内，以免影响果实膨大和翻瓜，待瓜坐稳后即可停止压蔓。

压蔓时要结合植株长势，巧妙使用“轻、重、松、紧及捏伤”等手法，掌握“瓜前一刀狠，瓜后一刀紧”，以调整茎蔓生长，有利于养分向幼瓜转移。

（三）选瓜、留瓜、授粉、坐果、护瓜

1. 选瓜、留瓜

西瓜的坐果节位对其产量和品质影响很大，一般第一雌花所结果实小、皮厚、空心、品质差，第四节位以上，温度高，果实发育期短，也易形成畸形小果。因此，多以主蔓第二、三雌花留果为好，即主蔓第 15 ~20 节或侧蔓第 10 ~12 节，距瓜根 1 ~1.5 m 处。这时植株充分长成，功能叶片多，养分供应充足，瓜大、果正、品质好。在主蔓留果的同时，要在侧蔓上选留一、二雌花留瓜，以作后备之用，如果主蔓上出现化瓜，则以侧蔓上的后备瓜代替。如果主、侧蔓均已坐瓜，要在果实退毛期淘汰一个，即定瓜。一般情况下，保留主蔓上的果实，淘汰侧蔓上的瓜胎。

2. 人工辅助授粉

即用人为的方法帮助西瓜授粉坐瓜。可提高坐果率 40% 左右，人工授粉的方法是：于晴天早晨 7 ~9 时，摘下当天开放的雄花，去除花瓣，露出雄蕊，在留瓜部位雌花柱头上轻轻涂抹，让花粉均匀落在柱头上，一朵雄花可授粉雌花 3 ~5 朵。授粉时要注意，涂抹花药一要轻，二要匀，否则易损伤柱头或形成畸形瓜。

如果留瓜节位雌花开放时正遇连阴雨天气，需在前一天下午摘下第二天将要开放的雄花置室内盒子中，使其自然开放，并在田间给第二天将要开放的雌花套防雨袋，第二天雨停间隙及时授粉并套袋，以达到及时坐瓜的目的。

3. 药物激素处理

由于早春温度低，花粉质量差，可选择 0.1% 氯吡脲 200 ~400 倍液喷花（子房）或蘸瓜胎促进坐果，应在雌花开放前 1 天或开放当天使用。选择晴天的上午，棚内室温保持 20 ~30 ℃时喷雾或蘸花，严禁同一雌花重复使用，严格按照药剂使用说明及要求配制药水浓度。

4. 护瓜

西瓜开花时，子房大多向上直立，授粉受精后，随子房的膨大，果柄逐渐扭转向下，幼瓜落在不平整的地面上，易受机械损伤和泥水沾污，造成化瓜或腐烂。因此，需要及时护瓜。主要护瓜措施有顺瓜、垫瓜和翻瓜。

在北方干旱地区，当幼瓜长到拳头大小时，将瓜下土壤锄松、整细、拍平，做成斜坡形高台，将瓜顺直放平于高台上，以利养分运输，促进果实发育，称顺瓜。在南方多雨地区，坐瓜后，将瓜下土块打碎、整平，垫上稻草，将幼瓜顺直平放在草垫上，称垫瓜。

在西瓜果实发育过程中，着地面由于没有阳光照射，果皮呈黄白色，瓜瓤质硬，含糖量低，商品性状差。为促使果实均匀发育，在西瓜“定个”后，每隔 3 ~5 d 翻瓜一次，共翻 2 ~3 次。翻瓜要在晴天午后进行，且要顺着一个方向翻转，每次转动角度不宜过大，使着地面转向侧下即可，以防折断或扭伤果柄。

在果实八成熟时，即采摘前 3 ~5 d，把果实果柄向上竖起，促使果形圆整，果皮着色均匀。

六、适期采收

西瓜不同品种的生育期不同，同一品种间各株开花坐果期不同，其成熟早晚也有差

异。充分成熟的西瓜,含糖量高,风味纯正,瓤色美观,瓤质松脆爽口,汁多味甘;采收偏晚过熟,瓤质变沙,水分减少,含糖量下降,甚至倒瓤空心,品质显著下降。因此,切实掌握好成熟度,适时采收是西瓜品质好坏的关键措施。

西瓜采收的适宜成熟度,应依据市场和品种耐储运程度来确定。一般长途运输和耐储运品种以八成熟采收为宜;短途运输以八成以上采收;就地销售或不耐储运品种要以九成以上成熟度当天采收,当天上市。

鉴别西瓜成熟度的方法有以下几种:

(1)观察果实外部形态。主要依据果皮和果柄的特征来判断果实是否成熟。成熟的果实,果皮上的花纹清晰,光滑且富有光泽,瓜蒂部稍有收缩凹陷,果柄与瓜蔓相连处略有收缩,坐果节位或前一节位卷须全部或部分干枯,果柄上的茸毛大部分脱落,否则未成熟。

(2)声音辨别法。用手指弹拍果实听其声音,若发出“呯、呯”低哑浊音,则表明果实已成熟;若发出“噔、噔”的清脆声音,说明果实未熟。

(3)标记日期法。即计算从雌花开放到果实成熟的日数。在适宜的温度、光照条件下,每个品种从开花到生理成熟所需天数是确定的,因而可以根据品种特性及雌花开花以后的天数来确定采收时期。即结合花期人工授粉,在授粉雌花花柄或蔓节上系上一短线,每2天更换线的颜色,并记下每种颜色的授粉日期,再根据不同品种从开花到成熟的固定天数,计日采收。因生育期间气候条件会有差异,在大量采收前,应先试采样品证明其成熟度,确定已成熟后,再将标记该颜色短线的果实大量采收上市。

第五节　西瓜双膜覆盖栽培技术

双膜覆盖是指在地膜覆盖的基础上,再加盖小拱棚的栽培形式。具有投资少、操作简便、效果明显等特点,在西瓜早熟栽培中已被广泛应用。

一、双膜覆盖的结构要点

双膜覆盖以东西向畦为好,一般畦长15~25 m,畦宽1.2~3 m,拱高0.6~1.2 m,用长2~4 m的竹片或竹竿搭建“弓”形骨架,骨架间距0.5~1 m,顶部用细竹竿加固,其上覆盖厚0.08 mm、幅宽2~4 m的薄膜,低温时可加盖草苫防寒。

为节省投资,充分利用拱棚内空间,一般每棚种植两行,即在畦中央地膜覆盖的两侧各种一行,窄行间距0.5~0.8 m,三角定苗,枝蔓分别向对侧伸展,以延长秧苗在棚内的生长时间。

二、双膜覆盖的增温效应

双膜覆盖能有效提高气温和地温,在早春时节,棚内气温增幅在5~20 ℃,10 cm地温比棚外地温高5~7 ℃,比单纯地膜覆盖10 cm地温提高2 ℃左右。因此,双膜覆盖可比单纯地膜覆盖提早10~15 d定植。

三、双膜覆盖栽培技术要点

（1）选择早熟优良品种。西瓜小拱棚双膜覆盖栽培，以提早上市补充淡季供应为目的，要选择雌花节位低、弱光条件下坐果良好、生长势中庸、生育期短的早熟品种，如早熟新秀、郑抗 8 号及早熟京欣类型等。

（2）育苗移栽。利用日光温室、阳畦、温床等育苗设施，采用营养钵育苗，于当地终霜前 50 d 左右播种，培育日历苗龄 30 ~ 35 d，具有 3 ~ 4 片真叶的健壮大苗，终霜前 15 ~ 20 d 定植。

早春定植时，外界气温尚低，常有寒流出现，因此要注意加强苗床后期管理，适当通风炼苗，提高秧苗适应定植环境的能力。同时，定植田可提前 5 ~ 7 d 覆地膜烤地，并选择无风晴天中午前后定植，边定植边覆盖拱棚，以利提高温度，缩短缓苗时间。

（3）合理密植。为了充分利用保护设施，增加单位面积产量，覆盖西瓜要合理密植，依据所选用品种特性，采用单蔓或双蔓整枝，一畦双行，窄行距 45 ~ 50 cm，三角育苗，每亩定植 1 000 ~ 1 400 株，每株留一果。

（4）温度调节。小拱棚覆盖，因空间较小而致使棚内温度变幅大，极易发生低温寒害和高温烤苗。温度管理总的原则是：定植前期外界气温较低，应以防寒保温为主；后期外界气温升高，严防高温烤苗。主要措施：定植后棚内气温不超过 38 ℃时，2 ~ 3 d 内不放风；缓苗后逐渐加大放风量，一般上午棚内气温达到 30 ℃时开始打开风口，使温度保持在 25 ~ 28 ℃；下午棚内气温降到 22 ~ 25 ℃时关闭风口。前期开始放风时，风口应在南侧背风向阳面，当地终霜期前后，随外界气温升高，逐渐加大放风量；终霜后，白天早开风口放对流风，夜间留风口以利排湿，防止病害流行。10 ~ 15 d 后，视气温情况，如夜温不低于 15 ℃，可撤除小拱棚。

（5）整枝打杈。西瓜小拱棚栽培，在撤棚前，可达到开花坐果阶段，因此，在覆盖期间，要选择晴暖无风天气，分段揭棚膜进行整枝打杈工作，及时引导秧蔓合理摆布，不宜在揭膜后集中整枝打杈。

（6）二次结果技术。双膜覆盖西瓜一般较露地提前 20 ~ 30 d 收获。此时，外界环境条件仍非常适合西瓜生长发育，应争取二次结果，提高经济效益。主要措施：主蔓摘心后，在第一茬果以上，保留 2 ~ 3 条侧蔓，也可以采取主蔓不摘心的方法，在头茬瓜基本定个时，于主蔓或所留侧蔓上选留二茬瓜。同时，在施足低肥的基础上，于头茬瓜定个、二茬瓜坐稳后，及时补施速效复合肥，并及时防治病虫害，保持植株生长健壮。

第六节　西瓜塑料大棚栽培技术

塑料大棚西瓜，采收期可比露地早 30 ~ 40 d，对提高经济效益、调节市场供应有重要意义。塑料大棚西瓜的整个生育期都在保护设施下完成，生产中要围绕“早熟”和克服“低温、高湿、弱光”三大不利因素，制定规范化管理措施，以获得栽培的成功。

（1）选择适宜品种。选择耐低温、弱光且易坐果的早熟品种，以中小型果或迷你型礼品小西瓜较为适宜。如豫艺黑小宝、豫艺甜宝、FS 台湾小黄宝等。

(2)设置多层覆盖。在大棚内设置小拱棚、草苫,小高畦地膜覆盖,能有效提高前期温度,提早定植期。一般地爬栽培采用南北畦,以行距1.5 m做高垄,垄基宽60 cm左右,高10~15 cm,做成龟背形,覆盖地膜。立架栽培按行距1~1.2 m起垄覆膜。

(3)培育壮苗,适期定植。塑料大棚多层覆盖增温效果较好,一般于终霜前30 d左右,棚内温度条件即可达到定植标准,此前推40~45 d即为育苗播种期。育苗在温室或电热温床内进行,3~4片真叶定植。

大棚西瓜种植密度较大,地爬栽培、单蔓整枝,每亩1 000~1 100株;立架栽培每亩1 300~1 500株。当棚内气温稳定在10 ℃以上,5~10 cm地温稳定通过13 ℃时,即可定植。定植时,按打孔、栽苗、浇稳苗水、覆土、扣小拱棚的程序进行,以晴天上午10时后为宜。

(4)定植后的管理。定植后一周内,一般不打风口,使棚内白天气温保持在25~32 ℃,若气温超过35 ℃,可在中午盖草苫遮阴降温,下午气温下降到20 ℃时,及时盖苫保温,防止夜温过低。缓苗后,白天棚内气温维持在22~28 ℃,湿度过大时,可在中午小量放风排湿,当大棚内温度稳定通过22 ℃时,可拆除小拱棚,并及时整枝打杈,预施结瓜肥。

第七节　西瓜日光温室栽培技术

随着农业科技的发展和市场消费水平的提高,近年来,日光温室西瓜栽培作为一项新的栽培技术也得到了较快的发展。秋冬茬、冬春茬、越冬一大茬等在生产中都有应用,现将其栽培技术要点简述如下。

一、合理安排茬口

合理安排日光温室西瓜栽培茬口,要依据市场要求、温室性能等。冬春茬栽培生长季节自然气候如温度、光照,都是由低到高的演变趋势,正符合西瓜生长、结果的需求,因此对温室要求不太严格,栽培较易成功。秋冬茬栽培,整个生长发育期间,自然气温、光照均由高转向低,与西瓜生长、结果所需条件正好相反。因此,要求温室采光、升温、保温性能良好,冬季室内最低温度不低于10 ℃,并且具备有效的临时加温措施,否则栽培很难成功。但该茬上市时间恰在“双节”期间,市场价格好,生产效益较高。生产上要合理选择,不可盲目。

二、选择适销品种

冬春茬栽培以提早上市为目的,上市时间一般在春末夏初,要选择中小果型、大红瓤、早熟、易坐果品种。秋冬茬栽培以延迟供应元旦、春节为目的,消费量小,价位高,应以外形美观、含糖量高的小型果为主,包装上市,提高商品性能。

三、采用嫁接换根

西瓜根系不耐低温高湿,而冬茬温室生产的环境特点正是低温高湿,因此需嫁接换根,特别是秋冬茬口,必须采用嫁接。目前冬茬生产中表现较好的砧木品种为黑籽南瓜和杂交葫芦，嫁接后，其对低温的适应能力明显提高。

四、施基肥及土壤消毒

亩普施腐熟猪粪3 000～4 000 kg或鸡粪2 000～3 000 kg，过磷酸钙40 kg；分施优质三元复合肥50 kg，优质豆粕或腐熟饼肥100～150 kg，结合耕翻各撒施70%；剩余肥量和硫酸钾15～20 kg，一并在开挖瓜沟后顺行条施。土壤消毒可用75%百菌清可湿性粉剂或70%甲基硫菌灵可湿性粉剂，配成1:50的药土在翻地时均匀施入龟背畦土壤中，亩用药量0.5～1 kg。

五、开沟、做畦、覆膜

瓜沟最好南北走向，便于管理。吊蔓栽培采用宽窄行方式种植，宽行距80～90 cm，窄行距50～60 cm、垄高20～25 cm。采用白色或黑色地膜全园覆盖的膜下滴灌方式，可以有效降低空气湿度，减轻病害发生。

六、定植

当大棚内夜间气温稳定在15 ℃以上时，选晴天上午定植。可采用三角形定植法。株距50～60 cm，亩定植1 800～2 000株，定植后覆盖地膜，再扣小拱棚，并覆盖草苫，定植后浇1次缓苗水，浇水不宜过大。若定植嫁接苗，嫁接口一定要留在地面以上，以防病菌侵入和接穗发生不定根，失去防病效果。

七、吊蔓整枝

通过吊蔓，增加定植密度，大幅度提高单位面积产量和效益。吊蔓栽一般亩定植2 000株左右。吊蔓种植采用单蔓或双蔓整枝方式。单蔓整枝方式：将主蔓吊起，坐瓜前去除主蔓上的侧蔓及分杈，选留主蔓第2或第3朵雌花授粉留瓜。双蔓整枝方式：选留主蔓或1条健壮侧蔓，或除去主蔓后选留2条健壮侧蔓，选留第2朵雌花授粉留瓜。

果实坐稳后，坐果节位前10～15片叶掐顶；也可根据植株生长及果实发育情况，判断是否再进行顶端侧枝二次掐顶。

坐果后，以主蔓第3雌花或侧蔓第2雌花坐瓜，择优留瓜（饱满端正，发育正常），每株留1瓜。当幼果0.3～0.5 kg时开始吊瓜，可用网袋套住幼瓜，再将网袋吊起；或者用尼龙绳系住果柄吊在上方铁丝或横杆上，以防坠伤果柄及枝蔓。小型果可作多次坐果栽培，第一茬瓜采收后，及时落蔓，并去除下部病、老叶，调节通风和透光，保持秧蔓生长健壮。

八、授粉

授粉可采用人工、蜜蜂、药物激素三种方式进行。西瓜为虫媒花，温室的密闭环境，很少有昆虫生存，因此温室西瓜必须采用人工授粉，授粉技术同大田，小型品种可同时双蔓留果。

（1）人工授粉。雌花开放当日，于上午9:00～11:00进行。授粉时去掉雄花花瓣，用雄蕊侧面轻轻涂抹雌花3个柱头,要均匀一致。授粉后做好授粉标记。

(2)蜜蜂授粉。在西瓜开花传粉前1周,将蜂箱搬进大棚。1箱微型授粉专用蜂群可用于1亩左右瓜棚,在晴朗天气,为西瓜有效授粉6~10 d即可。每箱有蜜蜂1~2框(2 000~4 000只)。

(3)药物激素处理。由于早春温度低,花粉质量差,可选择0.1%氯吡脲200~400倍液喷花(子房)或蘸瓜胎促进坐果,应在雌花开放前1天或开放当天使用。选择晴天的上午,棚内室温保持20~30 ℃时喷雾或蘸花,严禁同一雌花重复使用,严格按照药剂使用说明及要求配制药水浓度。

九、护瓜

果实膨大后期,逐渐进入高温强光环境。棚内温度升至35 ℃以上,应及时覆盖70%~80%密度的遮阳网,加大放风口,加强空气流通,提供果实发育适宜环境,得以保证该品种优质潜能的最大化。

十、肥水管理

(一)水分

定植水应滴足、滴透,膜下土壤全部湿透且浸润至膜外部边沿土壤。伸蔓初期滴灌浇水1次,此后浇水应看天看地看苗情,灵活运用。果实长至鸡蛋大小时,应先滴灌1次小水,以膜下土壤全部湿透为准;当果实长至0.5 kg左右时,浇1次透水,以垄间沟底略见明水为准,以便果实膨瓜速度均匀,避免裂瓜。果实采收前7~10 d停止滴灌浇水。

(二)施肥

生长前期以有机肥为主,配施氮、磷、钾复合肥。后期追施磷钾速效肥,可用0.3%磷酸二氢钾水液叶面喷施2~3次,每隔7 d喷一次。坐果后每亩可追施N 12: $P_2O_5$7: K_2O 10水溶性肥料15~20 kg,随水滴施。

十一、加强病害防治

温室特有的环境条件,会导致病害的普遍发生。及时防治病虫害是温室生产的一项关键措施。

西瓜病害主要有蔓枯病、炭疽病、枯萎病、疫病、病毒病和猝倒病。生产中,要依据其危害特征,正确区分。坚持"以防为主,综合防治"的方针,以无公害产品要求为标准,科学防治。

十二、采收

短距离运输时,可在果实完全成熟时采收。长途运输在完全成熟前3~4 d采收。雨后、中午烈日时不应采收。采收时保留瓜柄,用于储藏的西瓜在瓜柄上端留5 cm以上枝蔓。采收后防止日晒、雨淋,及时运送出售,暂时不能装运的,应放在阴凉处存放,要轻拿轻放。

第八节　西瓜嫁接栽培技术

西瓜嫁接换根能有效地防止枯萎病的发生,解决西瓜地不能连作的问题。同时,利用砧木根系耐低温、耐湿渍、吸肥力强的特性,促使西瓜植株生长旺盛,提高产量、效益。

一、嫁接栽培的意义

(1)防止西瓜枯萎病。枯萎病是西瓜的主要病害之一。一旦发生,轻则造成死株,重则全园受害。当前尚无特效药物防治,只有采取长期轮作的措施。由于枯萎病病菌可在土壤中存活10年之久,自根栽培必须进行7~8年以上轮作,水田也要5~6年,从而限制了老瓜区西瓜生产,特别是温室、大棚等早熟栽培,大都因土地或设施条件的限制而无法维持合理的轮作。而据多年试验、示范的结果,嫁接换根一项措施,枯萎病防治率在97%以上。

(2)增强耐寒力。用南瓜做砧木的嫁接苗,耐寒力较强;葫芦做砧木,耐寒力也有一定程度的提高,但稍次于南瓜。在16~18 ℃的温度条件下,生长正常。对日光温室及塑料大棚和双膜覆盖早春栽培,有重要意义。

(3)促进生长,提高产量。用葫芦、南瓜做砧木,扩大了根系,提高了吸收能力,从而促进了嫁接苗的生长速度。由于嫁接苗生长健壮,病害轻,单瓜增大,一般增产幅度在30%左右。嫁接栽培对于三倍体无籽西瓜,增产效果更为显著。

二、砧木选择的依据

(1)亲和力。亲和力表现在两个方面:一是嫁接亲和力,即嫁接成活率,成活率高则亲和力高,反之则低;二是共生亲和力,即嫁接苗的生长发育状况,植株生长发育良好,则表明共生亲和力好,反之则差。葫芦、黑籽南瓜等均有良好的亲和力。

(2)抗枯萎病能力。南瓜对枯萎病免疫,葫芦不是绝对抗病砧木,但据多年试验,防病率在97%以上。

(3)对品质的影响。不同的砧木对西瓜品质有不同的影响;同一砧木对不同西瓜品种的影响程度不一样。嫁接栽培必须选择对品质基本无不良影响的砧木品种,或合适的砧穗组合。南瓜作砧木,可导致西瓜果皮变厚,纤维增多,肉质变硬,含糖量有所下降,而葫芦作砧木则很少对品质有不良影响。

三、几种常用砧木的特性

(一)葫芦

葫芦与西瓜有稳定而良好的亲和性,嫁接成活率高、共生力强、雌花出现早,对西瓜品质无不良影响,其耐低温能力和吸肥力仅次于南瓜,但对枯萎病无绝对抗性,早春栽培中,后期高温植株易发生急性凋萎。

(二)南瓜

南瓜作砧木,对枯萎病有绝对的抗性,炭疽病也很少发生,耐低温能力强,坐果良好,但与西瓜的亲和性品种间差异较大。

(1)农大V-90。河南农业大学选育,属南瓜杂交种。嫁接亲和力强,成活率高。种子纯白色,千粒重160 g左右,发芽容易,且整齐,发芽势好,出苗壮。愈合面致密,在低温弱光下生长强健,株系发达,吸肥力强,叶部病害轻,后期耐高温、抗早衰,生理性急性凋萎病发生少,对果实品质影响小。

(2)豫艺90C。河南农业大学选育的杂交砧木,发芽容易,发芽整齐,发芽势好,发芽率高,其茎蔓生长旺盛,根系发达,吸肥力强,与西瓜嫁接亲和性好,植株生长健壮,无发育不良植株,耐湿性、耐低温性比西瓜好,坐果稳定,对果实品质无不良影响。

(3)西嫁强生。南瓜杂交种,生长势强,根系发达;嫁接亲和力好,共生性强;耐低温性突出,嫁接苗在低温下生长快,坐果早而稳;与对照品种'新土佐'相比,能够显著提高西瓜产量,产量提高20%以上;高抗枯萎病,抗西瓜急性凋萎病,耐逆性强,不易早衰,对西瓜品质风味影响小。

(4)鼎力七号。西瓜嫁接砧木,中粒白籽南瓜,籽粒饱满均匀,外观漂亮。茎秆粗壮,子叶稍小,便于嫁接,亲和性好,前期易坐瓜,后期不早衰。抗病性显著增强,增产效果明显。

(三)瓠瓜

嫁接亲和性好,生长旺盛,对品质影响小,但低温生长不如南瓜,并易感染炭疽病,个别出现整株凋萎。

(四)勇士

台湾农友种苗公司于1984年利用非洲野生西瓜育成的杂交一代西瓜专用砧木。勇士嫁接西瓜,抗枯萎病,生长强健,耐低温,嫁接亲和力好,坐果稳定,果实品质与风味和自根西瓜完全相同。但嫁接苗定植后初期生育较缓慢,进入开花坐果期生育旺盛。

四、嫁接方法

(一)插接法

砧木较接穗提前3~5 d播种,当砧木子叶出土后,即可催芽播种西瓜。葫芦砧第一片真叶初现,南瓜砧子叶展开,西瓜苗子叶充分展开为嫁接适期。

嫁接前先削制不同粗细的楔形竹签数根,嫁接时,先把大小适宜的砧木苗的生长点用刀片削除,再用竹签由生长点部斜插45°的楔形孔,深约1 cm,不可直插入砧木空心茎中。然后取接穗苗,在子叶下1.5 cm处用刀片削一楔形面,迅速拔出砧木中的竹签,将接穗斜插入砧木的小孔中,使之与砧木切口四壁刚好贴合,砧木与接穗的子叶呈"十"字形。操作时,有时会挤破或插穿砧木胚轴,对成活率影响不大。

为保证嫁接成活率,嫁接时,接穗拔出后,要放入盛有清水的器皿中,保持干净、吸胀状态;嫁接后立即灌透水,放入荫棚内,保持适宜的温、湿度。

(二)靠接法

靠接法是目前嫁接中常用的方法。接穗较砧木提前5~7 d播种于疏松基质中,播种密度稍稀,砧木播种时比接穗稍密,促使砧、穗胚轴粗细相近。以砧、穗子叶平展露心时为嫁接适期。

嫁接时,在砧木下胚轴上端靠近子叶部位,用刀片作45°角向下斜削1 cm切口,深度为胚轴的2/5～1/2,然后在接穗的相应部位,向上45°斜切1 cm,深度达胚轴的1/2以上。将砧、穗切口相互嵌合,并用嫁接夹夹牢。接完后,立即栽入营养钵中,嫁接7 d左右,伤口愈合,要及时剪除接穗根部。嫁接15 d左右,切口已完全愈合,应及时去除嫁接夹或捆扎物,以防影响下胚轴生长。

(三)劈接法

劈接法砧木苗较大,一般比接穗提前7～10 d播种,即砧木苗子叶展开时,播种西瓜,西瓜子叶平展即可嫁接。嫁接时,先用刀片切除砧木生长点,可留一片真叶,在子叶一侧将胚轴的2/3下切1～1.5 cm,并将接穗下胚轴削成楔形,削面长1～1.5 cm,再把接穗插入砧木劈口内,用棉线捆绑或用嫁接夹夹牢。

劈接法较为费工,且成活率较低,目前生产中较少使用。

五、嫁接苗的管理

(1)温度。嫁接愈合的适宜温度20～25 ℃,温度过低,愈合缓慢,成活率低。早春嫁接时,外界气温较低,要注意人工加温、保温,使夜温不低于18 ℃,成活后,日均温掌握在20 ℃,最高温30 ℃,最低温15 ℃。定植前7 d,结合定植田环境条件进行炼苗。

(2)湿度。嫁接苗愈合之前,要保持足够的空气湿度。嫁接苗放入苗床后,立即灌足底水,闭棚2～3 d,使空气湿度达到100%,3 d后少量放风,一周后,嫁接口基本愈合,逐渐加大放风量,进入一般管理。

(3)光照。嫁接后前3 d,拱棚外加盖草苫遮阴,避免阳光直射,3 d后早晚揭苫,中午前后遮阴,视苗子情况,逐渐延长见光时间,7 d后基本不再遮光。

(4)除萌。即剔除砧木子叶节萌发的侧芽,一般在嫁接后一周左右进行。

(5)断根。嫁接后10～12 d,根据接穗生长点长势判断成活与否。靠接苗即可切断接穗接口下的幼茎,同时松绑包扎物或去除嫁接夹。为防止断根过早而引起凋萎,应先试断少量幼茎,当确认已成活后,再全部断根。

六、嫁接栽培注意事项

(1)苗龄不宜过长。嫁接苗所用砧木的根系生长速度均比西瓜自根苗快,苗龄过长,易使根系老化,伤根不易再发。一般日历苗龄35 d左右为宜。

(2)浅栽。嫁接愈合部位必须离开地面,以防西瓜枝蔓不定根扎入土壤。

(3)整枝压蔓。提早整枝,促进主蔓生长,早期多余侧蔓留2～3叶摘心,保证有足够叶面积促根生长。压蔓只能明压,不可暗压,以防产生不定根,失去嫁接防病的意义。

第九节　无籽西瓜栽培技术

无籽西瓜分为三倍体无籽和激素诱导无籽两大类型,目前世界各国普遍栽培的无籽西瓜均为三倍体,它是由四倍体作母本、普通二倍体西瓜作父本杂交而产生的一代杂种。其栽培技术要点如下。

一、选择优良品种，破壳催芽

优良品种的选择标准：易坐果、品质好，无异味、无空心，适销性强。目前，主要有中熟中果型的黄皮品种和中晚熟大果型的绿皮、黑皮类型，肉质有红肉和黄肉两种，如豫艺甘甜无籽、菠萝蜜无籽、花宝无籽、大壮金花无籽及黑宝等。

无籽西瓜种皮厚硬，种胚瘦小，发芽困难。为提高发芽率，需人工破壳，即将浸过的种子用牙齿轻嗑，使种脐部缝合线产生轻微裂痕。破壳时，不可用力过大，以免损伤种胚，也不可破口太大，导致催芽过程中种皮脱落。

无籽西瓜催芽技术同普通西瓜，只是催芽温度要求稍高，以 33 ℃左右为宜。

二、加强苗床管理，提高成苗率

无籽西瓜幼苗顶土能力弱，根系差，因此播种不宜过深，以 0.5 cm 覆土深度为宜。覆土过浅，表土含水量低，种子不易脱壳，易造成"带帽"出土，导致子叶不能展开。种子出土阶段，要每天检查苗床，发现带壳，及时"脱帽"，并采用多次覆细土的办法保护根系。无籽西瓜苗期生长较弱，抗逆能力差，早春育苗，需采用温床，以保证适宜的温度条件，苗床最低地温不低于 18 ℃，否则成苗率极低，或造成弱苗不发，影响产量和效益。

三、适当稀植，提高坐果节位

无籽西瓜具有较强的杂种优势，苗期生长虽然缓慢，但进入甩蔓期后，生长速度远超过普通西瓜，枝叶繁茂，且一般比较晚熟，不易坐果。因此，栽培上应适当稀植，三蔓整枝亩定苗 600 株左右，二蔓整枝亩定苗 680 ~ 740 株。

坐果节位对无籽西瓜的产量、品质影响比普通西瓜更大。坐果节位低，不仅果实小，而且果形不正，皮厚、空心、秕籽多。以主蔓第三雌花或侧蔓第二雌花留果为好，每株一果。

四、配制授粉品种，人工辅助授粉

无籽西瓜的花粉发育不良，不能给雌花授粉受精，因此必须配制普通西瓜作授粉品种。授粉品种配制量一般在 1/3 ~ 1/4，即每隔 3 ~ 4 行种植一行。授粉品种要选择当地主栽的优良品种，其果型或皮色与无籽西瓜要有明显区别，以便分别采收。为提高坐果率，在合理配制授粉品种的同时，还需进行人工辅助授粉。

五、合理水肥，适期收获

无籽西瓜苗期生长缓慢，伸蔓后生长加快，开花、坐果期生长势更加旺盛，如果肥水不当，很容易疯长跑秧，难以坐果。因此，从伸蔓至坐果节位雌花开花前，应适当控制肥水。坐果后 5 ~ 7 d，加大肥水供应，促进果实迅速膨大。果实膨大期若水分不足造成干旱，很易出现空心现象。

无籽西瓜较普通西瓜晚熟，但其果肉糖度较高，且耐储运，后熟较好，适当早采，仍能保持其品质。而收获过晚，易空心并致使秕籽着色。因此，无籽西瓜一般应比普通西瓜适当早采。

第十节 礼品西瓜三茬结瓜栽培技术

一、选用的西瓜品种

种植的品种有早春红玉、红小玉、众天美颜、日本拿比特、安徽秀丽、台湾小兰、日本天黄、黄小玉等。

二、大棚的建设

选择地下水位低、灌溉方便、肥力好、近 4 ~ 5 年未种过瓜类的田块，提前 1 个月搭大棚覆膜，大棚膜要求选用无滴膜，大棚走向要求南北向，棚宽以 6 ~ 8 m 为宜，棚长以 30 ~ 50 m 为宜，棚高以 2.5 m 为宜。亩施有机肥 2 000 kg（或有机肥 1 000 kg + 饼肥 80 kg），进口或山东产三元复合肥 30 kg，有机肥及大部分化肥均在中间开沟深施。8 m 宽大棚爬地栽培起三畦，立架栽培起四畦；6 m 宽大棚爬地起二畦，立架起三畦。畦高 30 cm，沟宽 35 cm，畦面要求平整。栽前 1 ~ 2 d，亩用 50% 敌草胺 100 g 加水 50 kg 喷雾畦面，然后覆盖地膜。

三、栽培时间的选择

第一茬瓜。育苗：根据栽培季节不同，在定植前 25 ~ 30 d 育苗，2 月中上旬；移栽：3 月上旬；收获：5 月上中旬。

第二茬瓜。整蔓：5 月底开始；收获：6 月底。

第三茬瓜。育苗：7 月上旬；移栽：8 月上旬；收获：9 月底至 10 月初。

四、三次结瓜的技术

（一）春季礼品西瓜早熟栽培技术

1. 播种育苗

春季早熟栽培适宜播种时间为 1 月下旬至 2 月上旬。春季早熟大棚礼品西瓜育苗以大棚内套小拱棚电热温床育苗最安全，如附近无电源的，也可采用酿热温床育苗。

（1）营养土配制、装钵。营养土配方为腐熟猪栏肥 5% ~ 10%，钙镁磷肥 1%，焦泥灰 5% ~ 10%，其余 85% 左右为多年未种过葫芦科或茄果类作物的水稻田表土。营养土装钵时注意下紧上松，装至 9 分满，有规律排放在苗床中，上面平覆一张地膜保湿备用。

（2）浸种催芽。有籽西瓜种子催芽将洗净种子放入 55 ℃温水中烫种 15 min，冷却后，在 30 ℃温度下浸种 3 ~ 5 h，常温下浸 8 ~ 10 h，浸后洗净种子表面附着的黏液，并用毛巾擦净、擦干，用透气性好的湿沙布包好置于 30 ~ 32 ℃的恒温下催芽，24 h 后种子露白。三倍体西瓜种子浸种后擦净种子表皮水分，用钳子或牙齿轻轻嗑开坚厚的种喙（又称“破壳”），然后用不能拧出水分的湿布分层包好，置于 28 ~ 33 ℃的温度下催芽 12 ~ 36 h，分批捡出露出芽尖的种子待播。

播种时，每钵平放一粒种子，芽脚向下，然后覆 1 ~ 1.5 cm 的营养土，播后在钵体上平覆一层地膜，上搭小拱棚，覆尼龙、无纺布或草帘。

(3)苗床管理。出苗期白天土壤温度控制在 30 ~ 32 ℃，夜间 18 ~ 20 ℃，出苗后适当降温；移栽前一星期逐步降温，以适应大田气候。无纺布、草帘等覆盖物要昼揭夜盖。在床温许可的范围内，增加通风换气，降低苗床湿度；其后视钵体干湿程度适量浇温水，浇水通常在晴天上午进行。播种前浇足底水，出土前严禁浇水。第 1 片真叶展开后随着放风量的加大，中午苗子出现萎蔫时可使用带细喷头的水管或喷壶浇透水。根据幼苗长势和叶色，浇水时随施 0.1% ~0.2% 的尿素溶液或 0.2% 的磷酸二氢钾溶液，浇施在苗面上，浇施均匀。成苗秧龄和叶龄：苗高 6 ~13 cm，叶色浓绿，子叶完整，幼茎粗壮，秧龄以 30 ~40 d 为宜，叶龄以三叶一心为好。苗期主要是防治猝倒病，注意做好营养土消毒，出苗期床温不低于 18 ℃。发现猝倒病可用 99% 恶霉灵可溶性粉剂 3 000 ~5 000 倍液，或 64% 杀毒矾 800 倍液防治，也可用 400 倍铜铵合剂，或 50% 甲霜铜可湿性粉剂 600 倍液防治，隔 7 ~10 d 再防一次。

2. 定植

定植前深耕 25 cm 以上，将基肥均匀撒施，每亩施优质腐熟有机肥 2 000 ~3 000 kg，复合肥(氮: 磷: 钾 =15: 15: 15)20 kg。定植垄宽度 60 ~70 cm、高度 15 ~18 cm，沟心距离 1.5 m。在定植垄上铺设滴灌带和覆膜。

在定植前 3 d，选择晴暖天气，结合浇水，喷 1 次防病药剂，降低苗床温度，增加通风量，适当抑制幼苗生长，增强抗逆能力。定植行内 10 cm 处地温应稳定在 12 ℃以上，白天平均气温稳定超过 15 ℃，选晴天定植。具体开始定植时间，日光温室在 2 月上旬，双层覆盖大棚在 2 月下旬，单层覆盖大棚在 3 月上旬。采用宽窄行定植，宽行行距 90 cm，窄行行距 60 cm，株距 40 ~45 cm。立架栽培单蔓整枝每畦定植 2 株，双蔓整枝每畦定植 1 株。爬地栽培每畦定植一株，株距 30 ~40 cm。开定植穴，再放入西瓜苗，定植时应保证幼苗茎叶与苗坨的完整，定植深度以苗坨上表面与畦面齐平或稍低(不超过 2 cm)为宜，培土至茎基部，并封住定植穴，浇足定植水。定植后及时搭建小拱棚，上覆薄膜及保温材料。

3. 温度、湿度管理

定植后 7 ~10 d，要密封棚膜，不通风换气，提高土温，促进发根，加快缓苗。缓苗后可开始通风，以调节棚内温度。伸蔓期一般白天不高于 35 ℃，夜间不低于 15 ℃，随外界气温的回升逐渐加大通风量。大棚内的温度管理可以通过通风口的大小进行调节。开花期应保持充足的光照和适当拉大昼夜温差，保持和调整植株长势，促进瓜胎发育和坐瓜。膨瓜期白天保持棚温 35 ℃，夜间不低于 20 ℃，加快果实膨大。成熟期，拉大昼夜温差，促进糖分积累和第 2 批瓜坐果。大棚内空气相对湿度较高，虽采用地膜全覆盖，降低了棚内空气湿度，但随植株蔓叶封行后，由于蒸腾量大，灌水量的增加，棚内湿度增高。白天相对湿度一般在 60% ~70%，夜间和阴雨天在 80% ~90%。为降低棚内湿度，减少病害，可采取晴暖白天适当晚关闭放风口，尽量减少灌水次数来实现。生长中后期，以保持相对湿度 60% ~70% 为宜。

4. 肥水管理

定植水应滴足、滴透，膜下土壤全部湿透且浸润至膜外部边沿土壤。伸蔓初期滴灌浇水 1 次，以后每隔 5 ~7 d 滴灌浇水 1 次。坐果后亩追施 N 12 kg、P_2O_5 7 kg、K_2O 10 kg，采用水溶性肥料,随水滴施。果实采收前5~7 d停止滴灌浇水。浇好一次膨瓜水,在果实成熟期避免追肥,增加糖度,减少裂果,可结合防病治虫叶面喷施500倍液磷酸二氢钾2次,喷施500倍硼砂液1~2次。

5.整枝坐果

爬地栽培二蔓整枝或三蔓整枝,坐果节位安排在子蔓的第二雌花,每蔓留一果,坐果节位以下的孙蔓全部摘除,坐果节位以后的孙蔓适度轻整枝,主蔓到28~35叶时打顶。立架栽培采用第二雌花坐果,每蔓留一果,坐果节位以后保留15片叶打顶,除顶部保留2个侧枝外,主蔓上其余侧枝全部摘除,整枝一般在晴天进行。

选果留果,幼果长至鸡蛋大时,及时剔除畸形瓜,选健壮果实留果,一般每株只留1个果。

6.辅助授粉

(1)人工授粉。在植株第2雌花开放时,每天7~10时用当天开放的雄花花粉均匀涂抹在雌花柱头上,一般1朵雄花可授3~5朵雌花。无籽西瓜的雌花用有籽西瓜(授粉品种)的花粉进行授粉。授粉后在坐果节位拴上不同颜色的绳子(或标牌),3 d换1次。第1茬瓜定个后(大约授粉结束后20 d)选择健壮雌花授粉,做好授粉标记,留2茬瓜。

(2)蜜蜂授粉。在西瓜开花传粉前1周,将蜂箱搬进大棚。1箱微型授粉专用蜂群可用于1亩左右瓜棚,在晴朗天气,为西瓜有效授粉6~10 d即可。每箱有蜜蜂1~2框(2 000~4 000只)。

7.翻瓜吊瓜

爬地栽培坐果20 d左右时对果实进行翻瓜,使皮色花纹一致,到成熟前7 d把瓜竖起。幼果长至拳头大时将幼果果柄顺直,然后在幼果下面垫上瓜垫。立架吊蔓栽培时,在果实约500 g时用网袋将小瓜吊在铁丝上,防止损伤果柄和果皮。

8.采收

做好标记,依据生长时间、品种特性结合摘样试测,确定成熟度。短距离运输时,可在果实完全成熟时采收。长途运输在完全成熟前3~4 d采收。雨后、中午烈日时不应采收。采收时保留瓜柄,用于储藏的西瓜在瓜柄上端留5 cm以上枝蔓。采收后防止日晒、雨淋,及时运送出售,暂时不能装运的,应放在阴凉处存放,要轻拿轻放。包装上标明品名、规格、毛质量、净质量、产地、生产者、采摘日期、包装日期。采用硬纸箱包装。每箱装瓜4~6个,只装1层,每个瓜均用发泡网袋包好,然后用打包机捆扎结实。

(二)春季礼品西瓜的再生栽培技术

再生栽培就是在第一茬西瓜采收后,割去老蔓,通过增施肥水,促使植株基部潜伏芽再萌发出新的秧蔓,培养其重新结瓜的一种栽培方式,也称割蔓再生法,主要是利用西瓜基部的潜伏芽具有萌发再生的能力,减少栽培环节,延长西瓜供应期,提高经济效益,达到“一种双收”的目的。

1.割蔓时间

在第一次瓜全部采收以后,就应及时将棚内的老瓜蔓剪除,方法是在植株基部保留20 cm左右的老蔓,含有2~3个潜伏芽,其余部分全部剪掉,将剪下的秧蔓连同老叶一起清出棚外,2~3 d后,基部的潜伏芽就可萌生出新蔓。

2. 促发新蔓

割蔓以后，结合浇水每亩可施用三元复合肥 10 kg，以促进新蔓早发、旺长。

3. 防病治虫

再生西瓜一般生长势较弱，应加强对病虫害的防治工作，提前预防和及时用药，把病虫消灭在初发阶段。

4. 留瓜节位

再生新蔓的管理，与早熟栽培相似，再生栽培因植株生长势较弱，较适宜的留瓜节位为第二或第三雌花。幼瓜坐稳后，在适宜的节位上选留一个子房周正、发育良好的幼瓜，其余的及时摘除。

5. 追肥浇水

根据再生新蔓的生长情况，开花坐果前追施一定量的氮磷钾三无复合肥，每亩为 5 ~ 10 kg，幼瓜坐稳后再施一次膨瓜肥，每亩施复合肥 20 kg，以促进果实膨大，并浇好一次膨瓜水。

6. 再生西瓜的收获

再生西瓜的果实发育期正值高温季节，由于有效积温很高，因而果实成熟很快，所以，再生西瓜的适宜采收期一般可比春播原生西瓜提早 3 ~ 5 d。

（三）夏秋季礼品西瓜栽培技术

秋延后栽培的小果型西瓜因为在中秋、国庆双节前上市，作为走亲访友的绝佳礼品备受消费者青睐，由于种植效益高，小果型西瓜秋延后生产规模迅速扩大。在设施栽培条件下 7 月中旬至 8 月上旬定植，10 ~ 11 月上市的用吊蔓栽培模式。

1. 选用良种

选择耐高温高湿、雌花分化好、抗病性强、易坐果、果皮较韧、耐储运的优质高产小果型品种。夏、秋季礼品西瓜早熟品种有早春红玉、明和（香港）、黑美人（台湾）、惠铃（台湾）和拿比特（日本）等。

2. 播种育苗

（1）依据上市时间以及设施条件，安排播种期在 7 月中旬至 8 月上旬。

（2）采用嫁接，现将嫁接方法介绍如下：①适用砧木。宜优先选择耐高温、抗病性强、亲和性好的葫芦和野生西瓜砧木，南瓜砧木次之。②嫁接方法。礼品西瓜的嫁接方法有顶插接、靠接、劈接等，经过试验得出，7 月下旬高温嫁接以靠接成活率为最高，如果用葫芦砧木，顶插接也可获得较高的成活率。

（3）场所及消毒。选择地势较高，具备遮阳条件的大棚或日光温室。育苗场所消毒 1 m^2用硫黄 4 g、锯末 8 g，每隔 2 m 堆放锯末，摊平后撒一层硫黄粉，倒入少量酒精，逐个点燃，闷棚 24 h，然后进行通风，待气味散尽后即可使用。

（4）育苗盘选择与消毒。宜选用黑色聚氯乙烯塑料盘。嫁接育苗时砧木宜选用 60 孔、邻行孔穴错开的穴盘，接穗宜选用平底育苗盘，播种密度为 6 000 粒/m^2。

（5）育苗基质准备。可直接购买正规厂家生产的西瓜育苗专用基质，也可自己配制，用优质草炭、蛭石、珍珠岩按体积比 3∶1∶1 混合，1 m^3再加入三元复合肥 1 ~ 2 kg、50% 多菌灵粉剂 0.15 ~ 0.2 kg、草木灰 0.1 m^3，充分混匀后加水使基质含水量达 50% ~ 60%，再次搅拌均匀用薄膜盖好待用。

(6)育苗方法。

自根苗:① 种子处理及催芽。浸种前晒种 5 ~6 h。将种子放入 55 ℃的温水中迅速搅拌 10 ~15 min,当水温 40 ℃左右时停止;或用 40% 甲醛 150 倍液浸种 30 min,洗净催芽。然后将消毒处理过的种子浸泡 5 ~6 h 后洗净种子表面黏液,擦去水分,晾到种子表面不打滑,再用消毒湿布包裹种子,种子平铺厚 0.5 ~1.0 cm。有籽西瓜催芽温度保持 25 ~30 ℃;2 ~3 d 出芽。②播种。将露尖的种子平放于育苗穴盘中,1 穴 1 粒,然后覆盖厚 1.0 ~1.5 cm 的沙土或育苗基质。搭建拱架,上覆塑料薄膜和遮阳网。③苗期管理。育苗场所应充分通风。幼苗拱土后,立即去除苗床上的塑料薄膜。晴天每天 9 ~16 时苗床要覆盖遮光率为 50% 的遮阳网防高温,阴雨天揭除遮阳网。出苗后加强通风。育苗后期如遇干旱,宜在清晨或傍晚浇水,且一次性浇足浇透。④壮苗标准。苗龄 15 d 左右,真叶 2 ~3 片,叶色浓绿,子叶完整,幼茎粗壮,根系发达。

嫁接苗:①砧穗播期确定。采用插接法时,应先播砧木,待砧木第 1 片真叶露心时再播西瓜接穗,一般砧木比西瓜接穗早 3 ~5 d 播种,在砧木 1 叶 1 心、接穗子叶展平时为嫁接适期;采用靠接法时,应先播西瓜接穗,待西瓜接穗出齐后再播砧木,一般西瓜接穗比砧木早 4 ~6 d 播种,砧木真叶展开,接穗 1 叶 1 心时为嫁接适期。②嫁接后湿度管理。嫁接后 1 ~3 d 为愈合期,适宜湿度应保持在 95% 以上。用白色塑料薄膜直接覆盖在嫁接苗上,嫁接苗床边角也应覆盖包裹好,每天 7 时前揭开苗床薄膜晾至叶面无水珠,并且接穗不萎蔫时再盖上,防止烂苗。嫁接后前 4 d 不通风,然后逐渐打开塑料薄膜,通风口应由小到大,先掀开 1 个角,后逐渐加大,嫁接后 7 d 可完全去掉。③光照和温度。嫁接后苗床适宜温度保持在 28 ~32 ℃,温度过高时在 10:00 ~15:00 时要加盖遮阳网,有条件的温室应放下棉被。嫁接愈合期用遮阳网进行遮光处理,3 d 后可逐渐延长光照时间,7 d 后去掉遮阳网不再遮阴;阴天苗床应掀掉遮阳网,但转晴后一定要及时遮光,防止接穗萎蔫。④成苗标准。日历苗龄 21 ~25 d,株高 13 ~15 cm,茎粗 3.5 ~4.5 mm,3 ~5 片真叶。叶色浓绿,无病虫害,子叶健壮完整。根系发达、白色、光亮,90 % 以上穴盘基质被根系包裹。

(四)定植前准备

1. 整地及施基肥

基肥以速效肥为主,亩施优质腐熟有机肥约 3 000 kg、45% 硫酸钾型三元复合肥约 60 kg,并在整地前均匀撒施,然后翻耕入土,深耕 25 cm 以上。按畦宽 60 cm 左右、高 18 cm 左右、畦与畦间浅沟宽 50 cm 的标准做好定植畦。

2. 铺设地膜与滴灌带

用氟乐灵按常规用量的 40% 加水喷施畦面防治杂草,然后在定植畦上铺设滴灌带,最后覆地膜,地膜要求紧贴畦面。

(五)定植

1. 密度及方法

宜选择阴天或晴天下午定植。株距 35 ~40 cm,每畦 1 行,亩栽植 1 600 株左右。在地膜上开定植穴,应保证苗坨完整,深度以苗坨上表面与畦面齐平,培土封住定植穴,封土至嫁接口以下,浇足底水。

2. 覆盖"一膜两网"

定植前覆盖大棚膜,在大棚两头和两侧覆盖防虫网,缓苗期温度过高时需覆盖遮阳网,达到避雨、遮阴、降温、防虫的效果。

(六)田间管理

1. 温度、湿度管理

缓苗期晴天9:00~16:30遮阳,加强通风,棚内白天温度不高于35 ℃。随外界气温的下降,应揭除遮阳网,逐渐减少通风量,注意保温。开花授粉时白天温度一般在25~28 ℃,夜间温度保持在15 ℃以上。膨瓜期白天气温保持在28~30 ℃,夜间温度也保持在15 ℃以上。伸蔓期棚内相对湿度要尽量降低,最好保持在50%~60%。坐果期应严格控制浇水,植株缺水时滴灌浇水。

2. 水肥管理

(1)定植期,应浇足定植水,以土壤全部湿透且浸润至膜外部土壤为准。

(2)伸蔓期,可适当加大浇水量。伸蔓初期滴灌浇水1次,以后每隔4~6 d滴灌浇水1次。

(3)膨果期,应降低棚内空气相对湿度到80%以下,膨果期结合滴管浇水,亩追施水溶性肥料翠康生力液2 kg或诺普丰1.5 kg。

(4)成熟期,果实采收前7~10 d停止浇水。

3. 植株调整

双蔓整枝,蔓长40~50 cm时将主蔓吊起,侧蔓爬地,也可采用单蔓吊蔓栽培。

4. 辅助授粉

设施栽培小果型西瓜需要人工授粉,从第2雌花开放起,每天7:00~11:00摘取当天开放的雄花,用雄花花蕊涂抹雌花柱头,进行人工辅助授粉。低温阴雨天授粉时间相应推迟。

5. 选果留果

当幼果生长至鸡蛋大时,及时剔除畸形果、病果和虫咬果,一般每株选留1个健壮果。

6. 果实管理

在果实500 g左右时进行吊瓜,可采用专用网袋兜瓜或者用绳绑住瓜柄,以防止坠瓜。

(七)采收、包装

秋延后小果型西瓜一般在授粉后22~25 d采收。成熟的小果型西瓜果柄上茸毛脱落稀疏、坐果节位前后卷须变,应结合摘样试测,确定成熟度。成熟的西瓜果皮光亮,花纹清晰,显示本品种固有色泽,果脐凹陷,果蒂处略有收缩,果柄上的茸毛脱落稀疏,结果部位前后节位卷须枯萎。短距离运输时完全成熟时采收。长途运输时在完全成熟前3~4 d采收。采收时果柄上端应保留6~8 cm长的侧蔓。采收时间:以早晨为宜。采收方法:用剪刀留长瓜藤,最好能留1~2片叶片。礼品西瓜采收后要严格分级包装,贴上商标,一般采用2只或6只礼品箱装,瓜之间要用泡沫网袋隔开,防止运输途中裂瓜。

第七章　甜　瓜

第一节　概　述

甜瓜又称香瓜，是人们喜爱的高档水果之一，它属于葫芦科黄瓜属甜瓜种，是一年生草本植物。甜瓜初生起源于非洲中部，我国是薄皮甜瓜的起源地。我国是世界上栽培甜瓜最早的国家之一，“甜瓜”一词最早见于公元前7~8世纪的“诗经”，至今有3 000多年的历史。最早栽培的甜瓜是薄皮甜瓜，厚皮甜瓜的栽培历史较晚。甜瓜营养丰富，100 g果肉中含水81.5~94 g，总糖4.6~15.8 g，维生素C 29~39.1 mg，果酸54~128 mg，果胶0.8~4.5 g，纤维素和半纤维素2.6~6.7 g，以及少量的蛋白质、脂肪、矿物质等。具有清暑热、保护肝脏、补充营养等作用。甜瓜中含有转化酶，可帮助肾脏病人吸收营养。

一、植物学特性

（一）形态特征

甜瓜是一年生蔓性作物，根系发达，主要根群分布在地表以下15~25 cm范围内，生育盛期主根深度可达50~60 cm，横展半径达2 m左右，所以根系所占的土壤体积范围较大，其耐旱能力较强。甜瓜根系生长快，易于木栓化，再生能力差，2片叶展开时主根长达15 cm以上。幼苗4片真叶，达到定植标准时，主根深度和侧根横展均可超过24 cm，所以，育苗移栽时必须采用护根育苗，如营养钵育苗等，否则，挖苗时必将会切断大量根系，导致定植后缓苗期长，成活率低。

甜瓜茎为蔓生，分枝能力很强。由种子直接发生的茎蔓称为主蔓或母蔓，由主蔓的叶腋处侧芽萌发出的蔓称为侧蔓或子蔓，由侧蔓上萌发的蔓叫二次侧蔓或孙蔓。子蔓和孙蔓通常都在第一或第二叶片处出现雌花，是理想的结瓜蔓。

甜瓜叶为单叶、互生，多呈钝五角形、心脏形或近圆形，叶缘波状或全缘，叶大而薄，蒸腾作用强烈。叶的长、宽多在15~20 cm，厚0.4~0.5 mm，日光温室栽培中，甜瓜叶片会显著增大。营养生长旺盛期，3~5 d可展开一片新叶。

甜瓜的花为黄色，一般有5枚花瓣，个别品种有6~7个花瓣，其雌雄花同株，绝大多数栽培品种的雌花都是雌雄两性花，两性花的中心是雌蕊，周围有5个左右雄蕊，雌、雄蕊均发育正常，自花授粉可以结实。但甜瓜两性花的结构为典型的虫媒花，雌雄蕊都位于花冠下部，柱头、花丝很短，花药包围在柱头外侧，花粉黏滞，如果没有昆虫等外力帮助，花粉很难传到柱头上而完成授粉、受精过程。在冬季日光温室栽培时，气温较低，并与外界隔离，昆虫极少或没有。因此，开花期必须进行人工辅助授粉或用类生长素如2,4-D、坐果灵等蘸花处理，促使坐果及时整齐。

甜瓜的果实为瓠果，由子房和花托共同发育而成，有圆形、筒形、梨形、纺缍形、椭圆形等,果肉分绿、白、橘黄和橘红等颜色。果皮表面有的光滑,有的带有网纹、斑点、棱条等,颜色有金黄、洁白、翠绿、墨绿等。薄皮甜瓜的表皮脆而薄,可以食用,而厚皮甜瓜的表皮韧而硬,不能食用。果肉质地有松脆多汁、细软多汁等类型,折光糖一般为10%~15%,哈密瓜类型最高可达19%。单果依品种而别,多在1~5 kg,成熟时具有芳香气味。甜瓜种子很小,千粒重10~20 g,乳白色或黄、红色,长卵形。

(二)生育周期

不同的甜瓜品种生育期长短差异较大,但都要经历相同的生长发育阶段,即发芽期、幼苗期、伸蔓期、开花结果期四个阶段。各个阶段都具有不同的生长特点,并且各阶段之间具有明显的临界特征。掌握各阶段的生长发育特点,才能有效地采取相应促控等措施,使各器官协调生长,获得理想的产量和品质。

1.发芽期

从播种到第一片真叶显露,需10~15 d。在此期间首先是种子吸水膨胀,而后萌芽出土,子叶展平,并长出第一片真叶。生产上常把这一时期分为两个阶段,一为浸种催芽阶段,二为顶土出苗阶段。前者通常在室内进行,适温下需3 d;后者则在田间进行,需7~12 d,下胚轴伸长是这一阶段的生长中心。所以,栽培上当幼苗出土后要严格控制温、湿度,以防幼苗徒长。甜瓜在发芽期主要依靠种子储藏的营养而生长,因此种子的千粒重、饱满度及储藏年限对幼苗的壮弱影响很大。

2.幼苗期

从真叶显露到4~5片真叶展平即团棵,需28~35 d。这一时期根系开始旺盛生长,地上生长较慢,两片叶展开时,已开始进入花芽分化时期。此期要加强中耕松土和适当追肥,提高土壤温度,促进根系肥大和花芽发育良好,薄皮甜瓜和双蔓整枝的厚皮甜瓜,在该期末要做好摘心工作。

3.伸蔓期

从团棵到第一雌花开放,需20~25 d。该期有三个特点:一是摘心后,由母蔓的直立生长状态变为子蔓匍匐生长,因此吊蔓栽培的在该期要及时搭架吊蔓。二是植株由营养生长为主逐渐转向与生殖生长同时进行。三是由伸蔓初期的茎叶覆盖量小而使地面大部分裸露,变为伸蔓后期的茎叶完全覆盖地面,使土表水分蒸发量大为减少。所以,伸蔓期是田间管理的关键时期,既要促进茎蔓的健壮生长,又不能造成茎叶徒长,栽培上要通过严格的整枝、摘心和适当控制肥水,为开花坐果打好基础。

4.结果期

从雌花开放到果实成熟为结果期。其长短因品种而异,早熟品种为25~35 d,中晚熟品种30~40 d,厚皮甜瓜较长,薄皮甜瓜稍短,一般厚皮甜瓜全生育期在90~120 d,而薄皮甜瓜只需80~100 d。依据甜瓜结果期的特点,又可分为坐果期、果实膨大期和成熟期。

(1)坐果期。从雌花开放到幼果鸡蛋大小时为坐果期,这一时期需6~7 d。此期内植株由营养生长为主转变为以生殖生长为主,光合产物以供给茎叶为主,转变为供给幼果为主。

(2)果实膨大期。果实由鸡蛋大小到“定个”为止,这一时期薄皮甜瓜需10~15 d,厚皮甜瓜约25 d。此期,根、茎、叶的生长量显著减少,果实迅速膨大,其重量的3/4均在此期内形成,是决定单果大小的重要时期。所以,这一阶段植株生长的好坏,直接影响产量和品质,栽培上需加强肥水管理和病虫防治,以防植株早衰。

(3)果实成熟期。果实从停止膨大即“定个”到生理成熟,薄皮甜瓜需 7~10 d,厚皮甜瓜需 15~20 d。此期果实膨大速度缓慢或停止,果实内部迅速储藏营养物质并转化,糖分大幅度增加,果皮颜色由暗变亮,果实质地由硬变软、由艮变脆,并散发出特有的香甜气味,内部种子充实并完全着色。此期应适当控制浇水,加强排水以及翻瓜和垫瓜,温室栽培加大昼夜温差,以提高品质。

甜瓜的生育周期与主要栽培管理技术措施如表 7-1 所示。

表 7-1 甜瓜的生育周期与主要栽培管理技术措施

生育临界期	干籽▲ (播种) 出芽期▲ 真叶露心期▲ (定植) 五片真叶期▲ 雌花开花期▲ 果实核桃大期▲ 果实定个期▲ 果实成熟期▲ (采收)								
生育时期		发芽时期		幼苗时期	伸蔓时期	结果时期			
		前期	后期			坐果期	果实膨大期	成熟期	
生育天数(d)		6~10		25~30	20~25	6~9	10~25	7~20	10~20
生育适温(℃)		30~35	25~30	20~25	25~30	30~35			
生长中心		下胚轴	根系		茎蔓顶端生长点	茎蔓顶端至果实过渡	果实		
栽培阶段	准备阶段	浸种催芽	播种育苗		茎蔓生长管理	果实发育管理			
栽培目的	做好土地、种子、肥料、苗床等各项播前准备工作	提高发芽率	促进根系发育与培育壮苗,防止幼苗徒长		促进蔓叶稳健生长	防止徒长提高坐果率	促进果实膨大,确保果实品质,保护叶蔓、防止早衰,促进结好多次果		
主要栽培管理技术措施	1.及早做好选地、整地做畦、施基肥、铺地膜等土地准备工作。 2.种子要选优去杂,晒种和种子消毒。 3.农家肥要备足,应充分发酵。 4.育苗的应做好育苗设施和营养钵准备工作	合理掌握好温湿度和通气条件以促进发芽	1.苗床应严格控制温湿度以防止幼苗徒长,加强幼苗锻炼培育壮苗。 2.苗期应控制浇水,多中耕松土以促进根系发育。 3.苗期增施磷肥或酌情追肥以促苗生长。 4.做好猝倒病等苗床病害防治和苗期虫害(地下害虫及种蝇、瓜蚜等)的防治工作		1.及时做好摘心整枝、理蔓压蔓等植株调整工作。 2.重施1次伸蔓肥。 3.及时打药防治病虫	1.控制肥水 2.人工授粉 3.科学使用坐瓜灵	1.追肥浇水1~2次。 2.结合打药进行叶面喷肥。 3.做好垫瓜和果面盖叶防晒	1.一株结多果品种应加强肥水和适度整枝管理。 2.成熟前控制浇水促证果实品质。 3.适熟采收	

二、甜瓜对环境条件的要求

(一)温度

甜瓜起源于热带干旱地区,喜欢温暖的气候。生长发育的适宜温度为日温 25~30 ℃,夜温 15~18 ℃,长期 13 ℃以下或 40 ℃以上会造成生长发育不良。甜瓜不耐寒,不能经受 0 ℃以下低温,在整个生长发育过程中,结果前对温度的适应性较强,结果后对温度和温差要求严格。因此,栽培时要将结果期安排在温暖适宜的季节里,并在果实发育期间给予 12~15 ℃的昼夜温差,以夺取高产和优质。

(二)水分

甜瓜对土壤湿度的要求在不同生育阶段有所差异,开花前土壤水分以最大持水量的 60%~70%为宜;坐果 5~7 d 后果实进入迅速膨大期,需水肥较多,应保持田间最大持水量的 80%~85%;果实进入成熟期后,应控制土壤湿度为最大持水量的 55%~60%,成熟期水分过多会使糖分下降,并导致裂果。甜瓜对空气湿度要求相对较低,一般为 50%~65%,特别是果实膨大和成熟期,较低的空气湿度可减少病害的发生,并有利于拉大温差,促使网纹品种形成美观的网纹。

(三)光照

甜瓜是强光性作物,喜欢充足的光照,光饱和点为 5.5 万~6.0 万 lx,补偿点 0.4 万 lx。光照不足,同化产物减少,生长发育不良,产量和品质下降。甜瓜生长发育和花芽分化对日照长短要求不严,无论春夏秋冬,只要温度合适,均能开花结果,但以 12 h 的日照时数花芽分化早、雌花节位低、质量高。

在冬春季节温室栽培时,弱光往往成为限制产量的因素,所以,除选用耐弱光品种外,还要尽可能增加光照时数和光照强度。

(四)土壤营养条件

甜瓜根系发达,入土深广,吸收水分和养分的能力强,对土壤要求不严格,但要获得高产优质,最好选择土层深厚、疏松、肥沃、灌排条件好的壤土或沙壤土。

甜瓜对氮、磷、钾的吸收比例为 30∶15∶55,前期氮素吸收较多,结果期钾素吸收较多,并对钙、镁等微量元素需求也有所增多。因此,生产上要注意在结果期增施钾肥,并结合叶面喷洒补充微肥,以增加抗病性,提高品质。

(五)气体条件

在日光温室吊蔓栽培时,甜瓜种植密度可达 2 000~2 500 株/亩,叶面积指数增大,日出后随着光合作用的进行,温室内二氧化碳浓度迅速下降,低浓度的二氧化碳必然会影响光合作用的强度,因此要通过放风或人工补施二氧化碳来调节温室内二氧化碳浓度,以保证光合作用的正常进行。甜瓜二氧化碳饱和点为 $2\ 500\times10^{-6}$,温室内人工补施浓度为 $1\ 000\times10^{-6}$~$1\ 500\times10^{-6}$,补施时间以日出后 30 min 效果较好。

第二节 优质甜瓜品种介绍

一、厚皮类型

厚皮类型包括硬皮品种和网纹品种。

(1)玉金香。厚皮中熟种,全生育期90~100 d,果实圆形,单瓜重800~1 000 g,一般每亩产量2 000~3 000 kg,黄皮白肉,肉质细,可溶性固形物含量16%~18%,质优抗病,是目前在全国范围内推广的品种。

(2)安甜3号。中早熟网纹品种,长势强,叶色深绿,抗病性强,全生育期90~100 d。果实卵圆形,单瓜重2~3 kg。果皮黄绿隐有暗绿色斑,网纹灰白色。果肉橘红,肉厚香味浓,果心含糖15%左右,易坐果,成熟整齐一致,八、九成熟采摘可延长储藏期。

(3)沙河蜜。中熟网纹品种,全生育期95~100 d,果实卵圆形,底色黄绿覆灰白色网纹。果肉橘红色,味香汁多,含糖17%左右,单瓜重3 kg左右,抗病耐运输。

(4)珍珠蜜。美国进口网纹品种,杂交一代,早熟,春栽90 d,夏、秋70~80 d,长势旺,雌花多,坐瓜好,开花至成熟30 d左右。瓜圆形,皮暗绿具网纹,瓜肉深橘红色,味香甜,折光糖13%~17%。抗霜霉病、白粉病。单瓜重1.5~1.8 kg,立架栽培每亩产量3 000~4 000 kg。适宜塑料大棚和日光温室等设施栽培。

(5)橙蜜宝1号。哈密瓜类型,早熟品种,全生育期80 d左右,长势旺,坐瓜习性好,不易裂果。果实椭圆形,金黄色果皮上具细网纹,果肉橘红色,质地细脆多汁,风味佳,含糖13%以上,平均单瓜重4 kg以上。

(6)红蜜宝。哈密瓜类型,中熟,1代杂交种,全生育期95~100 d,果实发育期45 d。生长势较强,易坐果,一般以主蔓第10~12节的子蔓留瓜为好。果实长椭圆形,单瓜重3.5 kg左右,成熟时果柄不脱落。果面黄色覆有不明显的绿条斑,网纹中粗密布全瓜,果肉橘红,肉质松脆多汁,折光糖含量平均13.8%;皮质较硬,耐储运;较抗枯萎病和疫霉病。

(7)日本伊丽莎白。一代杂交种,早熟抗病耐低温,长势中庸,易坐瓜。单瓜重0.8~1 kg,肉厚白色,味芳香,含糖16%~18%,口感极好,果圆形,皮金黄,适宜温室保护地栽培。

(8)心里美。早熟杂交一代,果实近圆形,果面乳白色,果肉浅橘红色。肉质细嫩、松脆爽口,品质极佳,含糖16%以上。成熟果白里透红,果面漂亮,商品性极好。植株生长强健,开花至成熟35 d左右。单果重1.5~2 kg,果蒂不易脱落,果皮坚韧,不易裂果,耐储运。

(9)富研兰网。高档网纹甜瓜,中晚熟品种,果皮灰绿色,网纹均匀、美观,果形圆正,单果重1.2~2.5 kg,肉质细嫩多汁,含糖15%~16%,耐低温弱光,耐高湿,抗枯萎病、白粉病,适宜温室及大棚多茬栽培,尤以夏播为好。

(10)香雪儿。早熟厚皮甜瓜杂交一代种,全生育期95~100 d,果肉浅红色,肉厚4~4.5 cm,质脆,口味清香,中心可溶性固形物含量12.5%~14%。果实卵圆形,单瓜重2~2.5 kg,表皮白色。适宜日光温室和大棚栽培。

(11)鲁厚甜1号。中熟网纹甜瓜品种,雌花开花至果实成熟约50 d。单果重1.5 kg

左右。果肉厚 3.9 cm，可溶性固形物含量 15%左右。较抗白粉病、枯萎病。适于设施栽培。适宜密度为每亩栽 1 600~1 800 株。日光温室适播期为 11 月下旬至 12 月下旬，拱圆形大棚适播期为 1 月中旬至 2 月上旬。单蔓整枝，主蔓 25~30 片叶时摘心。日光温室栽培可采取留双瓜方式，即在主蔓的 11~15 节留 1 个瓜，再在 20~25 节留 1 个瓜，需人工授粉。幼瓜长到 0.25 kg 以前，应及时吊瓜。

(12)西州密 25 号。中熟甜瓜杂种一代，果实发育期 50 d 左右，果实椭圆，单瓜重 1.5~2.4 kg，果肉质脆、爽口，中心平均折光含糖量 17%~18%，抗白粉病，适合早春、秋季设施栽培。温室露地兼用，单蔓整枝，选留第 8~10 节雌花坐果，果实发育期保证肥水供应。适时采收。

(13)蜜脆梨。果实生育期 38 d 左右，单果重 0.7~1 kg。可溶性固形物含量 18%左右。耐储运。适宜设施栽培。立式栽培法：亩定植 1 800 株，单蔓整枝，见雌花授粉，连续授 3~4 果，头茬瓜膨果结束后，留二茬瓜，见雌花授粉留 2~3 个；爬地栽培法：亩定植 900 株，三蔓整枝，见雌花授粉，留 6~8 果。

(14)蜜斯特。河南豫艺种业与台湾第一种苗合作选育的优质厚皮甜瓜品种。早熟，全生育期 90 d，坐果至成熟 33 d 左右，果形高圆，果皮乳黄色，果肉白色，纤维细，爽甜可口，香味浓，商品性极佳，单果重 1 kg 左右，每亩产量 3 500 kg，可溶性固形物含量 16.0%~18.0%，抗病抗逆性强，保护地、早春露地均可栽培。

(15)珍玉二号。河南农大培育。早熟而丰产，全生育期 88 d，果实发育期 28 d，果形高圆形，果皮黄网色，果肉厚 3 cm 左右，可溶性固形物含量 15.5%，肉质细脆爽口，单瓜重 1.5~2 kg，可一株多果。适合在大棚(或日光温室)、小拱棚和露地地膜覆盖栽培，子蔓、孙蔓均可结果，易坐果。

(16)众天雪红。郑州果树研究所选育。早熟，全生育期 90~100 d，果实椭圆形，果皮晶莹细白，成熟后蒂部白里透粉，不落柄，果肉红色，成熟标志明显，不易导致生瓜上市。肉厚 4.0 cm 以上，口感松脆甜美，单瓜重 1.5~2.3 kg，耐储运。保护地专用品种。

(17)中甜 4 号。中早熟厚皮甜瓜品种，全生育期 95~110 d，坐果到成熟 35~40 d。果实椭圆形，果皮白色光滑，果肉白色，果肉厚 4.0~4.3 cm，果实中心可溶性固形物含量 14.5%~17.0%，中边糖差为 4.0%左右，松脆爽口，单瓜重 1.7~2.5 kg，平均亩产 3 500 kg，对霜霉病有较强抗性。各地日光温室、塑料大棚均可种植。

(18)网络 2 号(玫珑蜜瓜)。网纹类厚皮甜瓜，易坐果，全生育期 110~120 d，属中晚熟品种，坐果到成熟 40~45 d。果实圆形，果皮墨绿，上覆浅绿色-白色网纹，果肉绿色，种腔小，果肉厚 4.3~4.6 cm，果实中心可溶性固形物含量 14.5%~16.5%，松脆爽口。平均单果重 1.8~2.1 kg，平均高产 2 800~3 300 kg，果实商品率 95%以上。果实成熟后不落蒂，耐储运性好，常温下可存放 15 d 以上外观品质不变。

(19)中甜 4 号。早熟厚皮甜瓜品种，易坐果全生育期 90~100 d，属中早熟品种坐果到成熟 35~38 d。植株生长势较强，茎蔓粗壮，易坐果，子蔓、孙蔓均可坐果，坐果整齐一致，雄花完全花同株。黄皮，果肉白色，果肉厚 3.7~3.9 cm，果实中心可溶性固形物含量 14.0%~16.0%，松脆爽口，单瓜重 1.5~2.5 kg，平均亩产 3 000 kg。

(20)网络 3 号。网纹类厚皮甜瓜品种，易坐果，全生育期 105~115 d，坐果到成熟 38

~42 d。果实椭圆形,果皮黄绿色,上覆浅绿色-白色网纹,果肉白色,果肉厚4.0 cm,果实中心可溶性固形物含量14.5%~15.9%,松脆爽口,单瓜重1.7~2.0 kg,平均亩产2 700~3 200 kg,对白粉病和霜霉病有较强抗性。

(21)洛阳香甜酥(洛甜102)。洛阳农兴农业科技公司最新育成的黄皮绿肉型甜瓜品种(厚皮甜瓜和薄皮甜瓜杂交一代)。果实长筒形,果皮黄色,果肉绿色,品质特佳,香味浓郁,酥脆爽口,含糖量16%~18%,果肉厚2.6 cm,单果重800 g左右,果皮较韧,耐储运性强,货架期15 d以上。生长稳健,子蔓孙蔓均能坐果,坐果性强,不裂果,不落把。耐低温弱光和高温强光,叶色深绿,抗白粉病、霜霉病、叶枯病、枯萎病能力较强。

(22)状元。台湾省农友种苗公司育成。早熟,易结果,开花后40 d左右成熟,成熟后果面呈金黄色。果实橄榄形,脐小,单瓜重1.5 kg,果肉白色,靠腔部为淡橙色,可溶性固形物含量14.0%~16.0%,肉质细嫩,品质优良,果皮坚硬,不易裂果,但储藏时间较长时有果肉发酵现象。本品种株型小,适于密植,低温下果实膨大良好。

(23)众天7号。杂交种。厚皮型。中熟,果实发育期(春季郑州)35~40 d,果实短椭圆形,灰绿色果皮上覆灰白色网纹,果肉橙色,单果重1.5~2.5 kg,果肉厚度3.5~4.0 cm。

(24)早春翠玉。植株生长势中等,分支力较强,叶片缺刻较深,株型紧凑,第一雌花着生节位5~6节,雌花间隔4~5节,易坐果,连续坐果力强,全生育期90 d左右,果实发育期28 d左右,果实高圆形,皮厚0.6 cm左右,皮色深绿覆窄锯齿条带,果肉橙黄色,纤维少,肉质酥脆,单瓜重2 kg左右。中心可溶性固形物含量12.5%,边可溶性固形物含量10%,果皮脆。感枯萎病,耐低温弱光。

(25)众天8号。中熟,果实发育期(春季郑州)35~40 d,果实短椭圆形,白-米黄色果皮上覆细密网纹,果肉橙色,单果重1.5~2.5 kg,果肉厚度3.5 cm以上。

(26)众天红星(F289)。早熟品种,花后果实发育期30~35 d。果实圆球或高圆形(与栽培环境有关),金红色,果肉白色,单瓜重1.5~2.5 kg,肉厚4.0~5.0 cm,肉质细酥、汁多味甜,中心含糖量16%~18%,香味纯正,皮质韧,耐运输。

(27)众天234。短椭,果皮深黄、光或少网,果肉红色,单瓜重1.5~2.0 kg,中心含糖量17%~19%,边糖含量10%以上,肉质细脆,口感极好。株型特紧凑,坐果性好,非常适合保护地高密度栽培。

(28)众天20。短椭圆形,灰绿果皮上密披细网纹,橙红色,单瓜重2.0~2.5 kg,肉质细脆,中心糖16.0%~19.0%,边糖量10.0%~13.0%,耐热性好。

(29)众天124。网纹甜瓜品种,抗性好,果实椭圆形,果皮深绿,果肉红色,单瓜重2.0~2.5 kg,肉质细脆,中心含糖量15.0%~17.0%。

(30)新甜1号。属中早熟厚皮甜瓜品种。全生育期85~120 d,果实发育期33 d左右,植株长势强。果实高圆形,果皮白色,果肉橙红,肉厚3.5~4.0 cm,中心可溶性固形物含量为16.0%~18.5%,中边梯度小,中抗枯萎病,抗蔓枯病、小西葫芦黄化花叶,较耐湿耐低温,适应性强。肉质细嫩甜美,香气浓郁,香甜可形物含量为16.5%,平均单果质量1.75 kg,果肉厚品质优。耐储运(常温下可储存20 d)。适宜在河南省保护地及露地栽培。

(31)欧蜜2号:中熟网纹厚皮甜瓜,杂交一代品种,一般坐瓜后35 d左右采摘上市,瓜型接近正圆形,瓜皮灰绿色覆盖细密网纹,网纹形成较早且易全果形成。生长势强,上下坐果一致性好,适宜栽培与管理条件下单瓜重达 2.5~3 kg,腔小肉厚,果肉嫩绿,肉质柔软细腻,成熟后有独特香味,甜度高,适宜栽培条件下果实中心可溶性固形物含量 16%~18%。

二、薄皮类型

(1)日本高力超甜。极早熟薄皮甜瓜,雌花开放至成熟 18~22 d。植株长势强,不疯秧,子、孙蔓均可结瓜,单株留瓜 7~10 个,一般单瓜重 500~600 g,果实圆形,皮色橙黄,果面光亮鲜艳,外观秀美。果肉淡青绿色,折光糖含量 19%,味浓香,脆嫩多汁,不裂瓜,商品性好。亩产 5 000~6 000 kg,抗病性较强,耐低温、弱光,适合地膜、拱棚及温室栽培。

(2)龙甜雪冠。特早熟,全生育期 60~62 d,果实近圆形,乳白皮,甜脆可口,极易坐瓜。平均单株结瓜 4~6 个,单瓜重 400~600 g,抗枯萎病能力强,丰产稳产。

(3)甜帅。早熟种,生育期 65 d 左右,果实卵圆形,皮乳黄色,单株结瓜 4~5 个,平均单瓜重 450 g。甜脆适口,抗病力强,一般亩产 2 800 kg 以上。

(4)新丰甜 1 号。该品种为厚、薄皮甜瓜杂交一代种,极早熟,成熟期 26~30 d;果实椭圆形,成熟果表皮金黄色,有光泽;果肉白色,厚 2.8~3.4 cm,肉质细脆,味香甜,中心可溶性固形物 14%~16%,单瓜重 1~1.5 kg;皮薄质韧,较耐储运。长势较旺,抗性强,适应性广,适于各地栽培。双蔓整枝,6 节左右孙蔓留果,单株留果 3~4 个。

(5)银蜜。杂交一代,中熟,全生育期 90 d 左右。果实梨形,皮黄色,单果重 400 g 左右,孙蔓留瓜,单株 4~6 个,抗性强,品质好。

(6)日本甜宝。中晚熟,开花后 35 d 左右成熟,孙蔓结瓜。果实微扁圆形,抗病性强,果重 400~600 g。子孙蔓结瓜,亩产 4 000~5 000 kg。含糖 16 度,香甜可口,品质优,抗枯萎病、炭疽病和白粉病,耐运输。露地 4 月中下旬播种,苗龄 30~35 d。适宜密植,株行距 60~120 cm。主蔓 4 叶掐心,子、孙蔓均可留瓜。忌连作。

(7)景甜 5 号。早熟,生育期 70 d 左右,椭圆形,黄白色,极甜,含糖 15~18 度,单瓜重 500~750 g,亩产 2 500~3 500 kg,抗病能力强,耐储运。露地栽培,行距 60~70 cm,株距 50~60 cm,主蔓 4~5 片叶定心,子蔓结瓜,对没幼瓜的子蔓留 2 片叶子时掐尖,再出孙蔓结瓜。

(8)羊角蜜。抗病、抗逆性强,子、孙蔓结瓜,易坐果;果形羊角状,肉厚 3 cm,含糖量高达 16~18 度,口感香、甜、脆,品质极优;单株结果 5~6 个,瓜重 1 kg 左右,亩产 3 500 kg 以上。设施及露地均可栽培。吊蔓栽培行距 100~110 cm,株距 30 cm,亩留 2 000 株左右;爬地栽培行距 100 cm,株距 35~40 cm,4 叶打顶,留 3~4 条子蔓结瓜,子蔓封垄时打顶。

(9)绿宝。早熟型品种,生育期在 100 d 左右,耐寒、抗病性强。果实卵形,瓜呈淡绿色,皮薄,外表有绿色瓣状条纹,肉质极酥脆,含糖量 21~23 度,口感好,风味独特,单瓜重 500 g 左右,亩产最可达 8 000 kg 左右。抗寒、抗旱、抗逆性强,适合全国各地棚室陆地栽培。

(10)博洋 9 号。白绿色花皮,中大果型,开花后 32~35 d 成熟,植株生长势强,中抗霜霉病、白粉病和枯萎病。叶片大小中等,叶色深绿,茎蔓粗壮。坐果能力强。商品果率高。单瓜重 500~800 g 左右。果实粗棒状。灰白皮绿斑条。花纹清晰,外观新颖独特。

果长 18~20 cm 左右。果肉厚。种腔小。果肉黄绿色,口感酥脆,成熟后折光糖含量可达 12~14 左右,风味好。

(11)盛开花。早熟,全生育期 80 d,果实发育期 28 d,果实鸭梨形,果皮灰绿,成熟时阳面泛黄,果面光滑,有 10 条浅纵沟。果肉白色或淡绿色,肉厚 1.6 cm,肉质酥脆,可溶性固形物含量 8%,品质中下。平均单瓜重 0.4 kg 左右。该品种主蔓 2~4 节出现雌花,利用主蔓、子蔓结果。

(12)珍玉一号。河南农业大学选育的优质甜瓜品种。早熟,全生育期 85~90 d,果形高圆,果皮雪白光滑,肉色橘黄,可溶性固形物含量为 14%,香甜爽口,品质佳,单果重 0.5 kg 左右,较耐储运,抗性强,适应性广,早春拱棚露地均可栽培。

(13)众天清甜。由郑州果树研究所选育。早熟,果实花后 25 d 左右成熟,梨形,果皮灰绿上有黄晕,果肉绿色,单瓜重 0.5~1.0 kg,果肉可溶性固形物含量 15%以上,口感清香脆甜,果皮较韧,不裂瓜,耐储运品种,且具有薄皮甜瓜突出的优点:耐湿、抗病性强、耐瘠薄。适合在小拱棚和露地地膜覆盖栽培,也可进行保护地早熟栽培。

(14)众天白玉满堂。早熟薄皮甜瓜,花后 25~28 d 成熟,果实梨形,成熟时果皮白色略有黄晕,果实整齐度好,商品率高,不裂瓜。单瓜重 500~1 000 g,含糖量 15.5%以上,口感清香脆甜,果皮较韧,在薄皮甜瓜中属于耐储运品种,且具有耐湿、抗病性强、耐瘠薄等优点。

(15)玉冠一号。早熟,果实扁卵圆形,单果重 0.3~0.4 kg。果面光滑,果皮翠绿色,果肉深绿,含糖量 14%~16%,脆甜多汁,品质佳。外皮薄而韧,耐储运。子蔓易坐果,产量高,抗逆性强。

(16)宝岛青秀 2 号。一代杂交种,早熟性好,适宜条件从雌花开放至可以采摘 25~30 d。果实近圆形,果皮果肉颜色绿,外观漂亮,单果重 0.5~1.0 kg。青皮青肉,口感润甜,瓜香味浓,皮薄,肉厚,嫩、脆,味香甜,植株生长势强,较耐储运。适合于保护地栽培。大棚套小棚棚种植一般在 12 月 25 日前后保护地育苗,大棚种植一般在 1 月 15 至 2 月 10 日保护地育苗。

(17)台湾美玉。极早熟,从开花到成熟 22~24 d,果皮白色,高圆形;植株生长健壮,抗病性强,易坐瓜。肉质脆甜,含糖量可达 17%左右,口感特好;果大而均匀,单果重 0.5~1.0 kg。皮韧耐储运,商品性极佳。

第三节 日光温室厚皮甜瓜栽培技术

一、茬口安排

日光温室甜瓜茬口有春、秋、冬三季,其中以冬春茬栽培产量高、风险小,效益较好,所占比重最大。

(1)冬春茬。冬季播种育苗,春季采收上市,一般 4~5 月成熟,是目前日光温室甜瓜的主要茬口。该茬整个生育过程中,外界温度由低到高,温差由小到大,光照由弱变强,日照时数由短变长,适合甜瓜的生育特性,因此易获得高产、高效益。

(2)秋冬茬。6~8月播种,10~12月上市。此茬甜瓜苗期正值高温多雨,病虫害较为严重,结瓜期外界气温逐渐下降,日照渐短渐弱,产量、品质不如冬春茬,应安排在国庆节、元旦上市,以获取较高效益。

(3)越冬茬。9~10月播种,翌年1~2月采收上市,是一年中售价最高的时期。但该茬甜瓜生产期间正值一年中日照最短、温度最低、光照最差的季节,栽培有一定难度,风险较大。

二、冬春茬甜瓜栽培技术

(一)品种选择

以早熟、抗病、耐低温、高湿并耐弱光的厚皮或网纹品种为最适宜,如伊丽莎白3号、丰田7号、香雪儿、珍珠蜜、西薄洛托、安路丝、翠蜜等。

(二)培育壮苗

冬春茬甜瓜播种期一般在12月至翌年1月,正值最低温度阶段,要采用温床、营养钵育苗,苗龄35 d左右,4片真叶定植。为培育无病壮苗,要抓好以下几项关键技术:

(1)种子消毒。种子消毒的常用方法有温汤烫种和药剂消毒。温汤烫种即用50~55 ℃的温水浸泡干种子10~15 min。把种子投入其体积4倍的55~60 ℃的热水中,按一个方向不断搅拌,使种子受热均匀。温度降至30 ℃时,停止搅拌,在25~30 ℃的热水中浸6~8 h,然后将种子捞出,用湿毛巾包好,放入25~28 ℃的恒温箱催芽。

药剂消毒,可选用50%多菌灵500倍液浸种40 min,或用10%磷酸三钠浸种20 min,杀死种皮病菌。

(2)浸种催芽。种子消毒后,用清水清洗干净,然后在20~30 ℃的清水中浸泡6~8 h,搓洗掉种皮黏液,捞出晾晒,至种皮稍干,种粒间松散时,用湿毛巾包裹,放到25~28 ℃的恒温箱催芽,催芽时应经常翻动种子。一般24 h即可出芽,芽长0.5 cm即可播种。

(3)育苗土配制及装钵。甜瓜根系好气性强,营养土要求疏松肥沃。苗床土的配制方法:选没有种过瓜类作物的地块取土6份和充分腐熟的农家肥4份,每立方米再加磷酸二铵0.5~1.5 kg,50%的多菌灵80~100 g,20%的敌百虫60 g。上述肥料和药物捣碎、过筛、充分混匀后制成营养土,装入直径8 cm×10 cm的营养钵内,放入温室的苗床上。

(4)播种。播种应选择晴天上午进行,播后有3~5个晴天可顺利出苗。播种前一天给苗床浇透水,并盖膜、通电升温。土温25 ℃左右即可播种,播种时每钵中央平放一粒种子,覆噁霉灵等药物配制的药土1~1.5 cm。

(5)苗床管理。苗床管理的关键为温、湿度调控。从播种到出苗,保持27~30 ℃温度,促进出苗快而整齐,出苗后,白天温度控制在25~27 ℃,夜间18 ℃左右;真叶展开后白天25 ℃,夜间15~17 ℃,以利花芽分化。苗床要经常放风排湿,空气湿度保持在80%以下,防止病害发生。可采用床面撒干土的方法保墒并降低空气湿度。

(三)适期定植

当温室内最低气温和10 cm地温稳定通过15 ℃时,即可定植。定植过早,温度过低,易形成僵苗不发棵。

1.整地施肥

日光温室甜瓜应以基肥为主,早熟品种和保肥力较好的地块可一次性施足全期肥料,后期结合叶面追肥;中、晚熟品种或保肥差的砂壤土以基肥和追肥 2∶1 的比例施入。高产地块一般亩施充分腐熟的优质圈肥 7 000 kg 或鸡粪 4 000 kg,饼肥 150 kg,磷酸二铵 50~60 kg,过磷酸钙 80~100 kg,硫酸钾 30~40 kg。1/2 普施,1/2 按 1.2~1.4 m 畦距开沟施入,沟宽 60 cm,深 25 cm 左右,南北向。砂土地漏水漏肥,可将有机肥、磷肥作基肥施入,速效氮和速效钾肥作追肥分次施入,以充分发挥肥效,节省投资。

2.做畦

在施肥沟上做成宽 70 cm、高 15~20 cm 的龟背畦,并覆盖地膜,以备栽苗。如果底墒不足,可在做畦前沟灌补墒,做到足墒覆膜。

3.定植

选择阴天尾、晴天头定植。定植时,单蔓整枝按 50 cm 株距和 45~50 cm 窄行距在膜上划"十"字定植穴,每畦双行,三角定苗。采用座水栽苗,稳苗水下渗后,覆土封穴,并压严四周地膜。双蔓整枝密度减少 1/3。

(四)定植后的管理

1.温度管理

定植后为促进缓苗,一般 3 d 内不放风,保持室内温度 28~33 ℃;缓苗后,白天 25~30 ℃,夜间 15~18 ℃;坐果前稍低,坐果后适当升高温度,并加大温差,以利果实迅速膨大和干物质积累,促进高产优质。

2.肥水管理

定植缓苗后,沟灌一次缓苗水,然后中耕保墒提高地温,至坐果前土壤湿度以田间最大持水量的 65%~70%(守握成团,指缝有潮湿感)为宜,水分过大极易徒长,造成不易坐瓜。当果实坐稳并开始迅速膨大时,结合追施膨瓜肥浇 2~3 次水,保持地面湿润;果实定个后,一般不再追肥灌水,促使适期成熟,防止裂果和降低品质。结果期叶面喷施 2~3 次磷酸二氢钾和硼、镁肥,能显著提高植株抗病力和果实品质。

3.植株调整

(1)整枝打杈。日光温室甜瓜一般采用单蔓整枝和双蔓整枝两种方式。单蔓整枝,即主蔓延长生长至 25~30 片叶时摘心,选留中部 12~15 节位的子蔓作结果预备蔓,其余子蔓全部摘除。双蔓整枝,在主蔓 3~4 叶时摘心,选留 2~4 节两条健壮子蔓作为结果母蔓,在两条子蔓中部 11~12 节位处选留结果蔓,双蔓整枝一般一株双果,单蔓整枝一株一果。坐果后,果前留 1~2 片叶摘心。

无论采用哪种整枝方法,坐果后都应及时将其余雌、雄花和卷须摘除。

(2)吊蔓。为节省空间,提高温室利用率和果实品质,日光温室甜瓜要采用吊蔓栽培。在温室中上部顺南北瓜行,每行上方拉一根铁丝,每蔓一根尼龙绳,通过绑缚让瓜蔓向上攀缘生长。当蔓长 15~20 cm 开始倒伏时即行绑蔓。绑蔓时小苗顺直向上,大苗弯曲盘旋,扶弱抑强,使生长点处于同一平面上。

(3)选瓜、留瓜和人工辅助授粉。甜瓜结果蔓节位的高低直接影响产量与品质。节位过低或过高,都易形成小果、畸形果,一般单蔓整枝选留主蔓第 12~15 节子蔓留果,双蔓整枝选子蔓第 11~12 节孙蔓坐果。

确定坐果节位后,在所留节位内雌花开放当天,给予人工辅助授粉,提高结果率和整齐度。为保证品质,减少污染,对甜瓜提倡“对花”授粉,其方法同于西瓜人工授粉。目前生产中也有采用 2,4-D、坐果灵涂抹花柄,虽可代替授粉受精过程,但使用不当,易形成畸形果和降低甜度。

当选留节位果实坐稳后,要在其中选择一个子房较长且长势健壮的幼瓜,其余及时去除。一般单蔓整枝,一株一果;双蔓整枝,一株双果。

(4)吊瓜。当幼果长到 250 g 左右时,吊瓜。对果柄不易脱落的品种,可直接用尼龙绳捆牢果柄上部,吊在铁丝上。对大型果和易脱柄品种,需用草圈托起顶部,然后用三根绳固定在草圈上,将瓜托起吊在铁丝上即可。

4.采收与简易包装

适时采收对提高甜瓜的商品性能十分重要。采收过早品质下降,过晚则会使储运性及货架寿命缩短。适时采收的主要依据是品种的后熟性和销售市场。品种后熟性好,或外运外销的要在八成熟采收,以利储运;品种后熟性差,或在当地销售,要在九成以上成熟度采收。要正确判断成熟度,需在依据品种生育期的基础上,结合植株的形态表现综合判断。

(1)看坐果节位上的叶片,如果坐果节位叶片变黄时,说明果实已成熟。

(2)看离层,果实成熟时,果柄与果实连接处形成离层,呈半透明性。

(3)闻香味,有香味的品种,果实成熟时香气开始散发,成熟越充分,香味越浓。

(4)看果皮,成熟果果皮光亮、花纹清晰,并呈现本品种固有的色泽。

在正确判断果实成熟后,采收最好在早晨进行,散发田间热后再行简易包装,可选用软泡沫塑料网套,每瓜一个,既美观又可减少碰撞和摩擦,然后装箱或装筐外运销售。

第四节　薄皮甜瓜栽培技术

薄皮甜瓜具有广泛的适应性、易于种植、生育期短等特点,多数品种本身具有耐低温、弱光和高温的特性。因此,前期尽管在低温多雨条件下仍生长较快,采收上市时间早,经济效益较好。但薄皮甜瓜的储藏性能差,不宜长距离运输。以前生产上多在城郊栽培,大面积栽培不多。近几年随着市场的变化和交通条件的改善,薄皮甜瓜发展很快。

一、播种期的选择

将果实成熟期安排在本地的高温干旱季节最为理想。这一点在我国东部夏季潮湿多雨的地域尤其重要。在黄淮海地区及长江流域,均为 4 月播种,7 月收获。甜瓜露地栽培可分露地直播和育苗移栽两种栽培方法,露地直播的播种期一定要安排在当地晚霜过后;育苗移栽的要安排在当地晚霜过后再栽苗,播种期可向前提早 20~30 d,一般采用塑料小拱棚阳畦育苗。薄皮甜瓜多为露地栽培,少量小拱棚栽培,极少大棚栽培。

二、选择园地、整地、施基肥

薄皮甜瓜对土质要求较严格,以排水好、土层深厚、有机质丰富、肥沃而通气性良好的沙质壤土为宜。瓜地选择在地势高燥、排灌方便、不干旱、不涝积的向阳的地段;避开前茬为瓜类作物,合理轮作 4 年以上。冬季进行深翻,早春进行细耕,并结合施有机肥。一般情况下,每亩施有机肥 2 500~3 000 kg,过磷酸钙 40~50 kg,可采用撒施或条施。定植前 7~10 d 瓜田做好畦,南方做成深沟高畦。畦面平整,铺上地膜。

三、播种育苗

露地直播,常采用点播法。每亩用种量约 100 g,可栽种 2 000 株。先用锄或瓜铲挖一直径约 10 cm、深 2~3 cm 的小穴,浇上播种水,待水下渗后再进行播种。一般每穴播 3~4粒,留双苗的每穴播 6~8 粒,播瓜芽的每穴播 2~3 粒,然后覆土 1~2 cm 厚即可。在风大干旱地区直播时可适当厚覆土,覆土 3~4 cm 或采用浅播厚覆土、加土堆的办法播种。土壤墒情好,干籽播种时可以不浇水,但必须踩实压严;浸种催芽的播种覆土后,不用踩压,但覆土一定要细且有一定湿度。地膜覆盖栽培有两种:一是先盖膜后播种,二是先播种后盖膜。待幼苗出土后,要及时做好选留苗和补苗工作。补苗可采用邻穴留双株补空法。选留苗一般分两次进行,即第一次在幼苗 1 叶 1 心时留 2 株,第二次在幼苗 4 叶 1 心时留 1 株壮苗。育苗也可采用营养钵或营养土块进行。

四、整枝摘心

整枝方式常见的有单蔓、双蔓和多蔓整枝。

(一)单蔓整枝

主蔓第 5 片叶时摘心,留 1 条子蔓;或放任生长,基部坐瓜 3~5 个,以后子蔓上可相继结果。主要用于极早熟品种的整枝方式。

(二)双蔓整枝

主蔓 3~5 片叶时打顶摘心,以后选留 2 条生长健壮的子蔓,并引向畦面均匀伸展;孙蔓结瓜,瓜前留 2 片叶摘心,整成双子蔓结瓜 1 个,每株结瓜 3~5 个。搭架栽培时,4 叶摘心,整成双子蔓上架,子蔓 12~14 片叶打顶,株高 80~100 cm;每条子蔓 3~4 片叶腋处留 2 条孙蔓结瓜,瓜前留 1~2 片叶打顶。第一次结瓜应选取留 2~3 个;第二次结瓜应在 2 个子蔓的第 8~9 叶腋处留 1 条孙蔓结瓜,选留 1~2 个子蔓的第 8~9 叶腋处留 1 条孙蔓结瓜,选留 1~2 个;第三次结瓜应在最上端 1 条孙蔓结瓜,选留 1~2 个。此为目前生产上最常见的整枝方式。

(三)多蔓整枝

主蔓 4~6 叶时打顶摘心,以后选留 3~4 条生长健壮的子蔓,并使其均匀地分布在畦上。利用其孙蔓结瓜,选留生长粗壮、健壮的带雌花的孙蔓结瓜,留 1~2 片叶打顶。每株结瓜 4~6 个。整枝摘心工作要及时,一般 2~3 d 1 次,2~3 次整枝后应及时防病 1 次。

五、追肥

甜瓜是一株多瓜、连续结瓜与采收的作物,需肥量较多且时间较长。追肥的次数和数量要根据地力情况、基肥数量和质量以及瓜秧的长势情况而定。追肥的原则是:轻追苗肥,有时只对生长弱小的幼苗追肥;营养生长期适当追施磷、钾肥,重追结瓜肥。第一次追肥在苗期,称作提苗肥,每亩施硫酸铵 7.5~10 kg,过磷酸钙 15 kg,在株间挖 7~10 cm 深的小穴施入,而后覆土。第二次在坐瓜后,称作壮果肥,行间每亩追施饼肥 50~75 kg,并掺入硫酸钾 10 kg。根据瓜苗长势,一般在生长后期,还可叶面喷施 0.3%磷酸二氢钾和 0.2%尿素混合液,每隔 7~10 d 喷 1 次,连续 2 次,作根外追肥。

苗期施用人粪尿时要充分腐熟和稀释,然后浇在瓜苗周围,不要溅到茎叶上。施用人粪尿后,若土壤较黏重,常会造成土壤板结,地温不易回升。因此,苗期追肥要与中耕相结合。若因浇施人粪尿造成僵苗,可补施 1 次硫酸铵,每 500 kg 稀释的人粪尿加施硫酸铵 0.5 kg。追肥应在雨前、雨后或结合浇水进行,这样肥料能溶解于水并随水被植物吸收。催瓜肥不宜使用人粪尿,人粪尿在炎夏会增加土温,严重时易发生沤根,并还容易污染果实。

六、浇水

瓜苗定植时应浇足底水,先浇后种;苗期不浇水,多中耕;伸蔓至开花,中旱不浇水或浇小水;膨瓜期,一般应浇水 3~4 次;果实成熟前 7~10 d 应停止浇水。总之,浇水原则是:坐果前尽量不浇或少浇,果实膨大期及时浇,果实定个成熟时应控制浇水。浇时应早晚浇,中午不浇,地面要见干见湿,不干不浇。

七、采收

应适时采收。过早采收香气不足,瓜不甜,有的还有苦味,过迟采收,过熟味极差,丧失商品价值。

第五节　大棚甜瓜栽培技术

大棚栽培,比露地可提前 1~2 月成熟,大棚栽培是栽培厚皮甜瓜的重要栽培方式之一。大棚多为南北向的拱形棚,其上覆盖塑料薄膜透光和保温,因无保温墙和不透明的覆盖物,保温性能不及日光温室。大棚根据建筑材料又可分为竹木结构、水泥预制结构和钢筋结构等。造价较低的竹木结构,大棚跨度一般为 6~12 m,中间有一排或多排支柱;使用水泥预制结构和镀锌钢管材料的大棚,跨度一般在 8 m 以上,中间无立柱,光照条件好。

一、春季栽培

(一)育苗和定植期

定植期与大棚内当时的地温有密切关系,因此各地定植期有所不同。长江中下游地区一般在 3 月上中旬,华北地区一般在 3 月中下旬,西北、东北等寒冷地区一般在 4 月上中旬。采用地膜、小拱棚、草苫和塑料大棚三膜一苫栽培的,定植期可提前 20~30 d。大棚定植时气温较低,应在定植前 10~15 d 扣棚,以利于提高棚内温度。育苗必须采用塑料大棚或日光温室内的加温苗床育苗,育苗播种期比定植期可提早 30 d 左右。一般 1~2 月播种育苗,2~3 月定植,5~6 月收获。

(二)整地做畦和栽植密度

避开瓜类前茬,以秋冬深耕休闲地最好。如前茬为早春耐寒作物,应在甜瓜定植前半个月整好畦沟,盖上地膜。大棚内土壤在前作物收获后应及时深翻 20 cm,基肥以猪粪、牛粪、羊粪等有机肥为主,每亩施 3 500~4 000 kg,过磷酸钙 40 kg,先用 2/3 翻地时撒施,施后整平,按 1 m 垄距做高 20 cm、宽 70 cm 的垄(呈龟背型高畦),垄底施入剩余的 1/3 基肥,随后浇一次底水,凉晒后铺上地膜。为便于采光,南北走向大棚可顺棚方向做畦,东西走向大棚要横着棚向做畦。栽苗前,用制钵器按一定距离在高垄中央破膜打孔,将幼苗栽到孔内,每垄(畦)栽一行,单蔓整枝时株距(孔距)为 33~40 cm,双蔓整枝时株距按 40~45 cm。单蔓整枝的每亩约 1 800 株,双蔓整枝的每亩保苗 1 400 株。通常大棚高畦只铺地膜即可,但有时在定植后的短期内还加盖小拱棚,以利保温,促进缓苗,促进幼苗的迅速生长。

(三)立架栽培

为适应大棚甜瓜密植的特点,多采用立架栽培,以充分利用棚内空间,更好地争取光能,增加产量和效益。人手不够时也可采用地爬式省工栽培。甜瓜大棚立架栽培时常用竹竿或尼龙绳为架材。架型以单面立架为宜,此架型适于密植,通风、透光效果好,操作也方便。架高 1.7 m 左右,棚顶高 2.2~2.5 m,这样立架上端距棚顶要留下 0.5 m 以上的空间(称空气活动层),以利于通风透光,降低湿度,减少病害。

(四)整枝、留瓜和吊瓜

大棚甜瓜多采用单蔓整枝,也有少量双蔓整枝的。单蔓整枝时,主蔓 10 节以前不留子蔓,子蔓在幼芽时即抹掉,选择主蔓 10~12 节上的子蔓坐瓜,坐瓜子蔓瓜胎后留 1~2 片真叶摘心,定瓜时每株只留 1 个发育好的瓜。坐瓜后主蔓留 25 片左右真叶打顶。大棚搭架栽培中,要保证坐果节位以上有 15 片或更多的健全叶片,对增加单瓜重、提高含糖量有好处。双蔓整枝时,选留子蔓上第 8 节以上的孙蔓坐瓜,8 节以下的孙蔓全部疏掉,坐瓜孙蔓瓜胎后留 1~2 片叶摘心,坐瓜后两子蔓留 25 片叶打顶,每株留瓜 2 个。此种整枝法多用于土壤肥沃、施肥量较大的地块。

当果实长到拳头大时还要进行吊瓜,对小果形甜瓜可不吊瓜,只做绑蔓处理,方法是将结果部位的瓜蔓用尼龙草扎成“8”形绑在支架上。对大果形或落把甜瓜则必须进行吊瓜,以防落瓜或坠秧。方法是用网兜或将尼龙草扎成“十”字形将果实托起,均匀绑在支架上即可。

(五)棚内温、湿度的调节

定植后,白天大棚保持气温在 27~30 ℃,夜间不低于 20 ℃,地温 27 ℃左右,缓苗后注意通风降温。开花前营养生长期保持白天气温 25~30 ℃,夜间不低于 15 ℃,地温 25 ℃左右。开花期白天 27~30 ℃,夜间 15~18 ℃。果实膨大期白天保持 27~30 ℃,夜间 15~20 ℃。成熟期白天 28~30 ℃,夜间不低于 15 ℃,地温 20~23 ℃。营养生长期昼夜温差要求 10~13 ℃,坐果后要求 15 ℃。夜间温度过高容易徒长,对糖分积累不利,会降低甜瓜的品质。

适于甜瓜生长的空气相对湿度为 50%~60%。而大棚内白天 60%、夜间 70%~80%的空气相对湿度也能使甜瓜正常生长。苗期及营养生长期对较高、较低的空气湿度适应性较强,但开花坐果后,尤其进入膨瓜期,对空气湿度的反应敏感,主要在植株生长中后期,空气湿度过大,会推迟开花期,造成茎叶徒长,以及引起叶果病害的发生。当棚内温度和湿度发生矛盾时,以降低湿度为主。降低棚内湿度的措施:第一是通风,要根据甜瓜的不同生育阶段和天气情况确定通风部位、通风量大小和通风时间。生育前期棚外气温低而不稳定,以大棚顶部通风为好;后期气温较高,以大棚两端和两侧通风为主,雨天可将顶部通风口关上。第二是控制浇水,灌水多,蒸发量大,极易造成棚内湿度过高,所以要尽量减少灌水次数,控制灌水量。

(六)灌水

在整个生长期内土壤湿度不能低于48%,但不同的发育阶段,对水分的需要量也不同,苗期要少,伸蔓期开花期要够,果实膨大期要足,成熟期需要最少。甜瓜各生育期土壤含水量为:定植到开花为最大持水量的70%,开花坐果期为80%,果实膨大期为80%~85%,果实成熟期为55%。收获前7~10 d要停止浇水。通常大棚甜瓜浇一次定植水、伸蔓水和1~2次膨瓜水即可。注意浇膨瓜水时水量不可过大,以免引起病害,掌握浇水位达到高畦的2/3高处即可。

(七)人工授粉

大棚内昆虫较少,采用人工辅助授粉,能提高坐瓜率。人工授粉在上午8~10时进行。花期遇阴雨天,不易坐瓜,人工授粉尤为重要。也可在棚内使用"坐瓜灵"处理。

二、秋延后栽培

夏秋播种、秋冬收获的甜瓜生产属于反季节栽培,这一段时间的气候特点与常规的春季栽培完全相反,气温由高到低,前期主要是高温烈日,有时还有暴雨,后期温度偏低,这与甜瓜生长前期要求气温稍低、后期要求温度较高的条件正好相反。因此,栽培设施要使保护地内前期降温,并能防雨、防虫,而后期能升温。育苗时要有防雨的棚膜等覆盖物,定植后如气温较高、日照很强,可采用地膜上盖草的方法降温。同时提倡网膜结合、全面遮盖,即用防虫网把大棚下部围起来,使大棚成为一个封闭的小环境,可有效地将害虫拒于大棚外,大大减少虫害,也相应减少了病害和打药的次数。若无专用防虫网,可用尼龙窗纱替代,效果也可以。覆盖遮阳网及防虫网应于定植前准备好。育苗用的营养钵、营养土、过筛细土等应注意消毒,保护地无论竹木、钢管、水泥结构的大棚或温室均可进行反季节栽培。一般7月中旬至8月上旬播种,10月中下旬至11月中下旬收获。

大棚反季节栽培技术要点如下。

(一)品种选择

第一要选择早熟的品种。若品种选择不当,温度达不到种植品种的有效积温,轻者糖度降低,重者导致栽培失败,一般以选择全生育期不超过90 d(果实发育期不超过40 d)的品种为宜。目前种植较为成功的品种有中甜一号(或丰甜一号)、伊丽莎白、西薄洛托等白皮类型,也有极少早熟网纹品种。第二选择优质、高产、耐储运的品种,脆肉类型比软肉类型要耐储运,软肉类型的一般风味较好,可根据销售需要选择不同品种。

（二）施肥、整地和定植

秋延后甜瓜因植株在大田生长的时间短，一次施足基肥就基本能满足生长发育的需要，所以定植前要施足基肥，施用基肥时，速效氮肥应尽量少用，以防植株徒长、增加病害，氮、磷、钾比例应保持为 1∶1∶1。然后做深沟高畦（畦高 20 cm），宽 1~1.2 m，畦面盖地膜。定植前一天午后，苗床内浇一遍透水。栽苗时先在定植畦上定好株距，破膜打孔，孔内浇透水，然后将幼苗栽到孔中（幼苗土块上表面与地面相平或略低一些），用土轻轻压实后再复浇一次水，然后用细土围根，封好定植穴。定植时小苗一叶一心即可（不要超过二叶一心）。大棚内为充分利用空间，多采用密植立架栽培，若单蔓整枝一畦种双行，行株距为（1.5~1.8）m×（0.35~0.4）m，每亩可种植约 2 500 株。因同一品种秋季栽培的生长势不如春季旺，因此种植密度可比春季稍加大。

（三）大棚温湿度的管理

管理原则是前期降温、控温，后期增温保温，尽可能降低空气湿度。定植后缓苗前，棚内温度应控制在 30 ℃左右，缓苗后白天温度应不高于 35 ℃，夜间不超过 20 ℃，温度高易使植株徒长，坐果期间温度以 22~26 ℃为宜，坐果后提高到 30 ℃，此时外界温度降低，需要盖膜增温。根据甜瓜生长对温度的要求及天气情况，栽培前期温度较高，可在地膜上盖草降温，栽培中后期气温降低时，可撤去膜上覆草，放下四周棚膜，通过适当放风来调节棚温，尽量满足甜瓜生长的要求。厚皮甜瓜不耐湿，要防止高温高湿现象，浇水后要加大通风量，尽快降低湿度，夏季午后气温超过 37 ℃时，害虫活动较少，这时可揭开防虫网一段时间以加快通风，然后再盖上，这样不影响防虫效果。

（四）水分管理

做畦前要浇足底水，定植后早浇缓苗水，伸蔓坐瓜前土壤要保持一定的湿度，开花坐果期不宜灌水，以免徒长影响坐果，花后 7 d 进入果实膨大期，此时需水量大，土壤见干既浇，但要防止大水漫灌，果实成熟采收前 7 d 停止浇水，以利提高果实品质。

（五）整枝、留果和绑蔓

夏秋气温高，加上大棚遮阳网覆盖栽培，肥水条件较好的田块极易引起植株枝叶过于繁茂而不结瓜，因此在控制肥水的同时要及时整枝绑蔓。整枝多采用单蔓或双蔓两种方式，单蔓整枝是将子蔓结果节位上下各节生长的侧蔓全部摘除，留 10~12 节孙蔓坐瓜，当叶片数达到 24~26 片时摘心，整枝时最好在腋芽长 4~5 cm 时开始摘除，过早会减缓植株的生长速度，过晚则伤口大，易发生病害。双蔓整枝是在植株 5~6 叶时留 4 片真叶摘心，使基部各节发生侧蔓，选留两根粗壮的侧蔓向左右立架爬蔓，侧蔓的着果节位在 8~10 节，两侧蔓上打杈和打顶方法同单蔓整枝。整枝宜在晴天进行，植株下部发黄的老叶要及时摘除，以利通风透光和减少病害。棚内传粉昆虫少，花期要进行人工辅助授粉，每天清晨花开后采摘雄花，剥除花瓣，然后轻轻地涂抹在雌花柱头上。秋延后甜瓜栽培多选用早熟小果形品种，一般不做吊瓜处理，只绑蔓就可以了。

（六）病虫害防治

秋季主要病害有叶枯病、立枯病、蔓枯病、霜霉病、白粉病等；虫害以温室白粉虱、蚜虫、斑潜蝇为主，病虫害以预防为主，而且要早发现、早防治。合理的栽培措施是最有效的防治方法，如采用防虫网，其中银灰色防虫网避蚜效果最好。保持棚内通风良好、空气干燥,及时剪除多余子蔓及基部无功能老叶。掌握晴天整枝原则,避免阴天潮湿整枝造成伤口,引起蔓枯病爆发流行。合理浇水、防止大水漫灌、忽干忽湿。浇水、整枝后可结合喷药预防(见西瓜甜瓜病虫草害防治章节)。

(七)适时采收

采收时用剪刀剪成"十"字形果柄,单个包装,装箱。因秋季厚皮甜瓜是高档果品,价值高,所以一定要包装好,减少损失,增加效益。如果储存,温度应控制在 5~10 ℃。

第六节　西甜瓜主要病虫害防治技术

一、物理防治

在棚室通风口处设置 40~60 目防虫网,阻止蚜虫、烟粉虱等多种害虫的侵入,控制由于害虫传播而导致的病毒病发生。张挂银灰膜条,使用黄色黏虫板诱杀蚜虫、粉虱等害虫,张挂蓝色黏虫板可诱杀蓟马。色板挂置高度离地面 70~80 cm,当黄板 80%以上粘满害虫,黏性消失时及时更换,或者先清除板上害虫后涂上机油再使用一次,可减少成本投入。黄板要保证西甜瓜一个生长期内连续应用,并且要与防虫网等配合使用,效果更佳。利用黑光灯、频振式杀虫灯,诱杀害虫和降低虫口密度。

二、生态防治

(一)轮作换茬

与其他科蔬菜轮作。

(二)清洁田园

清除田间及周围杂草,深翻土地破坏病虫越冬场所,减少病虫基数。

(三)精细整地

(1)土壤消毒。土传病害重的地块可在夏季高温季节深翻地 25 cm,每亩撒施 500 kg 切碎的稻草或麦秸,加入 100 kg 氰胺化钙,混匀后起垄,铺地膜灌水,持续 20 d。

(2)棚室消毒。用 50%多菌灵可湿性粉剂 500 倍液,对棚室、地面、棚顶、墙面及农具等喷雾消毒。

(四)健身栽培

(1)选用抗病品种。根据当地病虫发生情况因地制宜选择抗耐病品种,如鲁青 7 号、金牌甜王等。

(2)种子消毒。温汤浸种:将种子倒入 55 ℃温水中并不断搅拌,至常温凉干,用 100 亿活孢子/g 枯草芽孢杆菌 100 倍液拌种可预防炭疽病等。

(3)嫁接育苗。一般采用插接法,专用白籽南瓜砧木。尤其是重茬田,对枯萎病的防效突出且效果稳定。

(4)土壤处理。定植前每亩使用>5 亿/g 枯草芽孢杆菌+胶冻样类芽孢杆菌菌剂 10 kg 改良土壤生态,预防枯萎病等土传病害。

(五)免疫诱抗

待种子出齐苗后,每隔 10 d 左右喷一次 5%氨基寡糖素 1 000 倍液,共喷 2~3 遍。

(六)肥水管理

在选择排灌条件好、土壤肥沃、早耕冬炕熟化土壤的基础上,施腐熟有机肥或饼肥、三元复合肥,适量补施微肥。认真抓好清沟排渍,降低田间湿度;适时适度灌水,防止大水漫灌,采用膜下滴灌等灌溉方式降低棚内湿度,促进西甜瓜生长,增强抗(耐)病能力。

(七)棚室管理

适时适度通风透光,防高温烧苗,降低棚内湿度,有效控制病害的发生蔓延。做好高温闷棚,7~8 月高温间歇期,前茬收获后,及时清除病残体,深翻后,覆盖地膜密闭 15~20 d,可有效减少病虫基数,对土传病害和地下害虫有显著防效。如果翻耕时结合氰氨化钙撒施,再灌水覆膜闷棚处理,效果更好。

三、生物防治

(一)生物菌剂

(1)使用 0.3 亿/mL 蜡蚧轮枝菌喷雾防治烟粉虱。

(2)穴施淡紫拟青霉 800~1 000 g/亩,防治根结线虫。

(3)用枯草芽孢杆菌防治白粉病、疫病、灰霉病等叶部病害。

(二)天敌控害

(1)烟粉虱。定植一周内开始释放丽蚜小蜂。一般每亩次放蜂 2 000~3 000 头;单株粉虱成虫超过 10 头时,可用药剂防治一次,压低基数,7 d 后再放蜂一次,共放蜂 2~3 次。

(2)蓟马。在发生初期释放小花蝽,释放量为 300~600 头/亩,10 d 后再释放一次,共释放 2~3 次。

(3)红蜘蛛。在发生初期释放智利小植绥螨每亩 10 000~15 000 头,每 7~10 d 释放一次,至生产结束。

(三)病害防治

(1)叶斑病。可用 100 亿/ mL 多黏类芽孢杆菌 300~500 倍液喷雾。

(2)灰霉病。用枯草芽孢杆菌 100~200 g/亩+10%多抗霉素 125~150 g/亩对水喷雾。

(3)白粉病。可用 1%武夷菌素水剂 150~200 倍液,或 10%宁南霉素可溶性粉剂 1 200~1 500 倍液,或 8%嘧啶核苷抗菌素可湿性粉剂 500~750 倍液喷雾。

四、化学防治

在病虫害初发期,及时选择高效、低毒、低残留农药品种,正确掌握用药量,改进施药技术,采用喷雾、灌穴、涂抹等方式及时防治,控制蔓延为害。

(一)主要病害及其防治

1.枯萎病

枯萎病又称萎蔫病、蔓割病,分布于全国各地。在甜瓜整个生育期均能发病,以开花结果期较为严重,是造成甜瓜特别是厚皮甜瓜毁灭性病害之一。

(1)症状。甜瓜枯萎病的典型症状是瓜蔓萎蔫,出土前染病引起烂种;出土后苗期发病,子叶和幼叶发黄,萎蔫下垂,幼茎基部变褐缢缩;伸蔓后期至结果中期发病最重,其表现为:初期一蔓或全株多蔓晴天中午萎蔫,早晚恢复正常,数日后全株枯死。病势缓慢时,萎蔫不明显,只表现瓜蔓生长弱,叶色稍黄,病蔓基部皮层有时出现纵裂,流出黄褐色汁液,内部维管束明显变褐。湿度大时,病部呈水渍状腐烂,其上产生白色或粉红色霉状物。

(2)侵染规律及发病条件。该病由甜瓜尖镰孢菌甜瓜专化型引起,病菌主要以菌丝体、原垣孢子和菌核在土壤和未腐熟的有机肥中越冬。条件适合时,通过根部伤口或根毛顶部细胞侵入,逐步向地上部蔓延,并分泌毒素危害植株。除土壤传播外,病菌还可通过种子、农家肥、灌溉水等传播,影响发病的外界因素主要有温度和湿度。连阴雨后再遇干旱或时晴时雨,造成田间忽干忽湿时发病较重;氮肥过多造成植株徒长,易发病;使用未腐熟的有机肥、连作或地势低洼地块发病较重。

(3)防治方法:①轮作倒茬和清洁田园。旱田实行5年以年轮作。栽培过程中,及时清除病株,收获后,彻底清理枯枝落叶,带出田外烧毁。②选用大田土育苗。③种子消毒:先用1%福尔马林或50%多菌灵500倍液溶液浸种30~40 min,捞出用清水冲洗干净后再进行常规浸种催芽。④合理施肥,使用充分腐熟的有机肥,增施磷钾肥。⑤药剂防治。田间发现枯萎病病株后应及时施药防治。据当地历年栽培发病情况,重点抓住定植、雌花开放前和坐瓜后三个时期的防治。每亩用50%多菌灵可湿性粉剂8 g处理畦面。一般采用定植时浇灌50%多菌灵800倍液作稳苗水;以后药剂灌根和叶喷相结合,可选用25%咪鲜胺乳油、50%多霉灵粉剂、70%恶霉灵粉剂、50%异菌脲粉剂等对水配置成1 500倍药液,视植株大小每株灌根施用药液0.25~0.50 kg,使得药液能覆盖植株全部根系。

2.疫病

疫病俗称死秧,不仅危害甜瓜、西瓜,还可危害黄瓜、西葫芦、冬瓜等葫芦科作物。

(1)症状。幼苗、根茎、叶及果实都可受害,以茎蔓及嫩茎叶部位发病较重。子叶受害呈圆形暗绿色病斑,中央部分逐渐变成红褐色,幼苗近地表处倒伏枯死;叶片受害呈暗绿色病斑,天气潮湿时,变软似水煮状,天气干燥时,为淡褐色青枯状,脆而易裂;茎基部受害呈暗绿色水渍状病斑,病部缢缩软腐,内部维管束不变色;果实受害产生凹陷的暗绿色病斑,湿度大时全果软腐,表面密生绵毛状白色菌丝。

(2)侵染规律及发病条件。甜瓜疫病由多种疫霉真菌引起,病原菌以菌丝体和孢子等随病残体在土壤和粪肥中越冬,种子带菌率较低。条件适宜时孢子萌发出芽管,直接穿透寄主表皮侵入体内,在田间靠风、雨、灌水及土壤耕作传播。寄主发病后,可产生孢子在田间传播进行再侵染,导致病害迅速蔓延。

病菌发育温度5~37 ℃,适温28~30 ℃。旬平均气温28 ℃时开始发病,在适温范围内,高湿(相对湿度85%以上)是该病流行的主要因素,因此该病多暴发在大雨或暴雨之后。连作、地势低洼积水、大水漫灌,均利于发病。

(3)防治方法:①与非瓜类和茄科作物实行5年以上轮作。②高畦地膜覆盖栽培。采用沟灌和暗灌,严禁大水漫灌。③药剂防治。在常年发病期前5~7 d开始喷药防治,雨后补喷。常用药剂有:68%精甲霜·锰锌水分散粒剂或浓度为800倍液,69%烯酰·锰锌800倍液,80%代森锰锌600~800倍液,75%百菌清可湿性粉剂500~600倍液,50%克菌丹可湿性粉剂 400～500 倍液，40%乙磷铝可湿性粉剂 300 倍液，58%瑞毒锰锌 500 倍液，64%杀毒矾 500 倍液等喷洒叶片。结合用 64%杀毒矾可湿性粉剂 500 倍液，每株药液 0.5 kg 灌根，效果更好。

3.霜霉病

霜霉病是主要叶部病害之一，尤以厚皮甜瓜发病较重。还可危害黄瓜、丝瓜等，全国各地均有发生。

(1)症状。该病主要危害叶片，初期叶片正面隐见淡黄色小斑点，扩大后呈无明显边缘的淡黄褐色病斑，病斑背面为圆形或多角形，边缘呈水渍状。在低温高湿条件下病斑继续发展为黄褐色至褐色，背面产生灰色至紫黑色霉层；高温干燥条件下病斑干枯，不产生霉层。

(2)侵染规律及发病条件。该病由黄瓜霜霉病菌侵染引起。病菌以卵孢子在土壤病残体上越冬，也可在温室、大棚黄瓜、甜瓜上越冬。北方地区病菌主要从冬季温室黄瓜等瓜类作物传播至大棚，然后再传至露地瓜类作物。南方全年可种植瓜类的地区，霜霉病终年不断。病菌以菌丝体、孢子囊通过气流、雨水及昆虫传播，从寄主气孔侵入。霜霉病的发生和流行与温、湿度关系最大，低温高湿最利于该病发生、扩展和流行。温棚内一般先从温度较低的棚端、边脚、通风口处发生，形成发病中心并迅速蔓延。因此，在低温、多雨、密植、浇水过多、排水不良的条件下发病重。

(3)防治方法：①选择地势高燥、肥沃的沙壤地块栽培，增施有机肥和磷钾肥；及时整枝打杈，严禁大水漫灌。②温室栽培做好环境调控，采取增温降湿措施，创造利于甜瓜生长而不利于该病发生的条件。③药剂防治。该病流行快，要在初期及时用药，并更换农药品种，连续用药 3～4 次。常用药剂同瓜疫病。另外，于发病初期使用 250 g/L 吡唑醚菌酯 3 000 倍液，或 10%氟噻唑吡乙酮 12～20 mL/亩，或 64%代森锰锌+8%霜脲氰可湿性粉剂(72%克露)100～166.7 g/亩对水 50～60 L 喷雾防治。保护地可结合使用百菌清烟剂熏蒸防治。

4.白粉病

白粉病是主要叶部病害之一，各地均有发生，以生长中后期危害严重。

(1)症状。该病主要侵染叶片及叶柄。发病初期叶片上产生黄色小粉点，扩大后成为白色圆形霉斑，一般正面较为明显，条件适合时霉斑迅速扩大连成一片，使全叶布满白色粉状物，严重时叶片枯黄卷缩，但不脱落。后期霉斑由白色变为灰色，粉层散生或堆生，上面长出许多小黑点，病叶枯焦发脆，果实生长缓慢。

(2)侵染规律及发病条件。该病由瓜类单囊壳属和白粉菌属真菌侵染引起。病菌以闭囊壳在植株病残体上越冬，也可在温室内瓜类作物上越冬，次年春释放子囊孢子引起侵染。发病后形成分生孢子再侵染，孢子在 10～30 ℃内均能萌发，16～24 ℃时发病严重，通风不良、光照不足时发病严重。

(3)防治方法：①合理密植，及时整枝打杈，采收后及时清洁田园。②药剂防治，发病初期及时喷药，常用药剂有：500 g/L 氟吡菌酰胺 2 500 倍液、25%嘧菌酯悬浮剂 1 500 倍液、50%烯酰吗啉 · 嘧菌酯悬浮剂 1 500 倍液、72%霜脲 · 锰锌可湿性粉剂 600～750 倍液、52.5%恶唑菌酮 · 霜脲氰水分散粒剂(抑快净)2 000～2 400 倍液、58%瑞毒锰锌可湿必粉剂 600 倍液、20%苯醚甲环唑微乳剂 2 000 倍液、40%氟硅唑乳油 8 000 倍液均匀喷雾。每隔 6~7 d 喷药 1 次,连续防治 2~3 次。避免施用硫黄、硫悬剂等对叶寿命损伤比较大的含硫杀菌剂,会对瓜叶寿命和产量造成严重影响。

5.病毒病

病毒病又称花叶病,由多种病毒侵染引起,不仅危害甜瓜,还可危害黄瓜、西葫芦等。

(1)症状。病毒病常见的表现类型有黄化型、花叶型、条斑型、坏死型、混合型等。黄化型:表现为幼嫩叶片出现褪绿小斑,叶小黄化,严重时,老叶变脆黄化,节间短、株型矮小,不易坐果或果实变小。花叶型:被害叶片出现明脉,后变成深绿与黄绿相间的斑驳花叶,叶片皱缩畸形,植株弱小、不坐果,如有坐果则果面凹凸不平,基本无食用价值。条斑型:受害叶片初为明脉,以后沿叶脉呈现深绿色条带,叶片畸形。坏死型:在子叶和叶片上沿叶脉产生淡褐色坏死斑,后局部枯死,部分瓜蔓顶端坏死。混合型:病株表现为矮化皱缩,叶片黄化、花叶、畸形,严重时早衰死亡。

(2)侵染规律及发病条件。甜瓜病毒病主要有黄瓜花叶病毒(CMV)、西瓜花叶病毒2 号(WMV-2)、南瓜花叶病毒(SqMV)、哈密瓜坏死病毒(HmNV)等,它们依次引起黄化型、花叶型、条斑型和坏死型病毒病,有时两种以上病毒同时侵染,引起混合型病毒病。病毒主要靠蚜虫、种子和田间农事操作传播,经伤口侵入引起发病,高温强日照、持续干旱利于传毒蚜虫的繁殖和迁飞,病毒自身的繁殖力也加强,甜瓜的抗病性减弱,病害的潜育期缩短,易造成该病的发生与蔓延。

(3)防治方法:①采用塑料拱棚、大棚或温室种植,适期早播。防止介体昆虫传毒,防虫网是防治蚜虫最简单有效的措施,覆盖 50~60 目的防虫网能够有效地阻止蚜虫进入温室或大棚,减轻蚜虫传播的病毒病。②远离菜田栽培,及时除草,加强肥水管理,避免土壤干裂,增施磷、钾肥,提高抗病力。③种子消毒,可用 10%磷酸三钠浸泡种子 20 min,消杀种皮带菌。④及时拔除田间病株,减少侵染源。⑤防治蚜虫,可用 10%吡虫啉(蚜虱净)可湿性粉剂 2 500~3 000 倍液喷洒叶片。发病初期开始喷药,20%病毒可湿性粉剂 500~800 倍液,或 1.5%植病灵Ⅱ号乳剂 1 000~1 200 倍液,或 3.85%病毒必克水乳剂 500 倍液,或 0.5%抗毒丰水剂 200~300 倍液,或 NS83 增抗剂 100 倍液,或 0.5%氨基寡糖素(壳寡糖)水剂 600~800 倍液,或 8%宁南霉素水剂 750 倍液,或 4%嘧肽霉素水剂 200~300 倍液等,间隔 7~10 d,交替轮换用药,连喷 2~3 次。。

6.蔓枯病

蔓枯病又称黑腐病,主要在果实膨大至成熟期发病,严重时造成大面积枯死,近年来温棚厚皮甜瓜发病较重。

(1)症状。茎、叶、果实均可危害,但以茎蔓受害最重。茎蔓发病,常见在主蔓和侧蔓上,多从节部开始,病斑呈淡黄色油浸状,稍凹陷,椭圆形,后期龟裂并分泌黄褐色胶状物,干燥后呈红褐色或黑色块状;后期病斑逐渐干枯,凹陷,呈灰白色,表面密生黑色小点,病叶干枯呈星状破裂,病茎维管束不变色。叶片发病大多从叶缘开始,病斑呈"V"形或半圆形褐斑,后期病斑上有小黑点,病部易破裂。叶片发病产生圆形或不规则形黑褐色病斑,有不明显的同心轮纹。果实发病初期为水渍状病斑,后期中央变褐色枯死并开裂,引起果实腐烂。蔓枯病的病株发展较枯萎病缓慢。蔓枯病不危害根部。

(2)侵染规律与发病条件。该病由球腔菌引起，病菌以分生孢子器、子囊壳在病残体和土壤中越冬，种子也可带菌。翌年春季条件适宜时借气流、风雨传播侵染，可从茎节、叶缘及伤口侵入发病，并产生新的分生孢子器和子囊壳进行再侵染。高温高湿、叶蔓茂密、重茬、地势低洼、通风透光不良易发病。

(3)防治方法：①种子消毒。②轮作倒茬，雨后及时排水。③药剂防治，发现蔓枯病后应及时施药防治，可选用 500 g/L 氟吡菌酰胺 2 500 倍液、70%甲基托布津可湿性粉剂 800 倍液、46%氢氧化铜水分散粒剂（可杀得 3000）1 500 倍液、2.67%噁酮·氟硅唑乳油（万兴）2 000 倍液、32.5%嘧菌酯·苯醚甲环唑（阿米妙收）1 500 倍液、45%咪鲜胺水乳剂 2 500 倍液、25%嘧菌酯悬浮剂 2 000 倍液、22.5%啶氧菌酯悬浮剂（阿砣）1 500 倍液、35%氟菌·戊唑醇悬浮剂 4 000 倍液、10%苯醚甲环唑（世高）1 500 倍液、氟吡菌酰胺·肟菌酯（露娜森）1 500 倍液、戊唑醇（43%好力克）5 000 倍液、75%粉剂百菌清 800 倍液等药液喷雾，每隔 7~10 d 施用 1 次，连喷 2~3 次。对于发病严重的茎蔓，可用毛笔蘸 15%苯醚甲环唑悬浮剂 1 000 倍液涂抹病斑部位，促进流胶处伤口愈合。

7.炭疽病

分布于全国各地，是甜瓜主要病害之一。生长期和储存期均可发病，常引起大量烂瓜。

(1)症状。苗期发病，子叶边缘出现褐色半圆形或圆形条斑；茎基部发病呈黑褐色并缢缩，幼苗猝倒；成株期叶片发病，初为黄色水渍状纺缍形或圆形病斑，很快干枯，病斑黑色，外围有紫色晕圈，有时出现同心轮纹，湿润时叶片正面长出黄褐色分生孢子块，后期叶片变褐枯死；茎及叶柄上的病斑椭圆形，稍凹陷，后期斑上产生许多黑色小斑点，严重时可导致叶片干枯，全株枯死。幼瓜发病，往往整个果实变黑，皱缩腐烂；成熟果实发病，为暗绿色油渍状小斑点，扩大后呈圆形或椭圆形凹陷的暗褐色至黑褐色病斑，潮湿时产生粉红色黏质物，严重时腐烂，病斑上密生同心轮纹状小黑点。

(2)侵染规律及发病条件。由瓜类炭疽病菌侵染引起，病菌主要以菌丝体随病残体留在土壤中或附在种皮上越冬，种子也可带菌。田间靠风雨、灌溉水、昆虫及农事操作进行传播，潜伏在种子上的菌丝体可直接侵入子叶引起幼苗发病。湿度是诱发此病的主要因素，其次为温度。当温度在 20~24 ℃、相对湿度 95%以上时发病最重，酸性土壤、偏施氮肥、重茬、排水不良等发病重。

(3)防治方法：①种子消毒。②与非瓜类作物实行 3 年以上轮作。③加强田间管理。合理密植，及时整枝打杈，收后清洁田园。④药剂防治。选用 250 g/L 吡唑醚菌酯 3 000 倍液，或 32.5%苯甲·嘧菌酯悬浮剂（先正达阿米妙收）750~1 500 倍液，或 62.5%代锰·腈菌唑可湿性粉剂 600~800 倍液，或 50%施保功可湿性粉剂 400~600 倍液，或 68.75%噁唑菌酮·代森锰锌水分散性粒剂（杜邦易保）1 500 倍液，或 25%咪鲜胺乳油 2 000 倍液，或 80%炭疽福美可湿性粉剂 800 倍液，或 50%甲基硫菌灵可湿性粉剂 600~800 倍液加 56%嘧菌酯·百菌清 800 倍液，或 50%多菌灵可湿性粉剂 800 倍液加 75%百菌清可湿性粉剂 800 倍液，或 20%苯醚甲环唑微乳剂 2 000 倍液对水均匀喷雾。

8.细菌性叶斑病

该病是保护地和露地瓜的重要病害之一，近年来在瓜类作物上日趋严重。

(1)症状。整个生育期均可发病,子叶发病为圆形或不规则形浅黄褐色半透明斑;真叶发病病斑为多角形或不规则形,后期干枯,病斑开裂穿孔。茎蔓受害病斑为褐色,绕茎一周后引起茎蔓枯死。果实发病,果皮上出现绿色水渍状斑点,后为不规则形,中央隆起,病斑木栓化,有时龟裂,病斑周围水渍状,最后烂瓜。

(2)侵染规律及发病条件。属细菌性病害,病菌随病残体在土壤和种子表面越冬,通过雨水、昆虫和农事操作接触传染,经伤口和自然孔口侵入,温度 22~28 ℃,潮湿多雨发病严重。

(3)防治方法:①做好种子消毒,可用温汤烫种或用40%福尔马林 150 倍液浸种 1 h。②加强田间管理,温棚栽培注意通风排湿,露地采用高畦地膜覆盖栽培。③药剂防治。及时发现并剔除病苗。发病初期叶喷喹啉铜、噻霉酮、50%DT 或 CT500 倍液,或新植霉素或链霉素 4 000~5 000 倍液,或 65%代森锌可湿粉剂 600~800 倍液,间隔 5~7 d,连喷 2~3 次。

9.果实腐斑病

(1)发病症状。腐斑病是一种毁灭性细菌病害,主要危害西甜瓜果实、幼苗,叶片也可被害,病斑多发生在果实的上表面。发病初期果实表面出现许多水渍状暗绿色小斑点,后扩大为边缘不规则的深绿色水渍状大斑,严重时果实龟裂、腐烂。叶片上的病斑呈水渍状斑点,并带有黄色晕圈,先出现在叶背面,幼苗受害后会干枯死亡。

(2)防治方法:①加强检疫,严禁病区的种子传入,播种前可对种子进行消毒,用福尔马林 100 倍液浸种 30 min,或用次氯酸钠 300 倍液浸种 30 min,然后用清水冲洗干净,再催芽播种。②农业防治。与非瓜类作物实行 2 年以上轮作,及时排除积水,合理整枝,减少伤口,发现病株应立即拔除深埋。③药剂防治。发病初期喷洒 14%络氨铜水剂 300 倍液,或 50%甲霜铜可湿性粉剂 600 倍液,连续防治 3~4 次即可控制。

10.猝倒病

(1)发病症状。主要由瓜果腐霉(Pythium aphanidermatum)引起,主要发生在幼苗期。发病初期,病苗基部呈水渍状,淡绿色至黄褐色。发病后期,病部干缩,组织腐烂,缢缩凹陷或呈线状,造成幼苗突然倒地死亡。此病多发生在大棚低温高湿环境下,且发病快,2~3 d 就青枯而死。

猝倒病瓜果腐霉菌腐生性很强,可在土壤中长期存活,以菌丝体和卵孢子在病株残体上及土壤中越冬。病菌靠灌水冲溅传播。

(2)防治方法。苗床土消毒,按 50 kg 营养土加 53%精甲霜锰锌(金雷)水分散粒剂 20 g 再加 2.5%咯菌腈(适乐时)悬浮剂 10 mL,混匀后过筛装入营养钵育苗。田间发现病株立即拔除,同时每平方米用 0.5~1 g 99%恶霉灵可溶性粉剂和 4 g 80%多福 · 锌可湿性粉剂,与细土 20 kg 充分掺匀后均匀撒在苗床上,也可用 99%恶霉灵可溶性粉剂 3 000~5 000倍液,或 72%霜脲 · 锰锌可湿性粉剂(克露)600 倍液或 52.5%噁酮 · 霜脲氰水分散粒剂(抑快净)1 800 倍液+68.75%噁酮 · 锰锌水分散粒剂(易保)1 500 倍液喷雾或灌根。移栽前 2~3 d,再施一次药,防效更佳。

11.立枯病

(1)发病症状。主要由立枯丝核菌(Rhizoctonia solani)引起,多发生在育苗的中、后期。主要危害幼苗茎基部或地下根部，初为椭圆形或不规则暗褐色病斑，病苗早期白天萎蔫，夜间恢复，病部逐渐凹陷、缢缩，有的渐变为黑褐色，当病斑扩大绕茎一周时，最后干枯死亡，但不倒伏。轻病株仅见褐色凹陷病斑而不枯死。苗床湿度大时，病部可见不甚明显的淡褐色蛛丝状霉，有别于猝倒病。

病菌以菌丝和菌核在土壤或寄主病残体上越冬。病菌通过灌溉水、沾有带菌土壤的农具以及带菌的堆肥传播，从幼苗茎基部或根部伤口侵入，也可穿透寄主表皮直接侵入。

(2)防治方法：①种子处理。播种前，要将甜瓜、西瓜等瓜类的种子每 4 kg 用 2.5%咯菌腈悬浮种衣剂 10 mL 加 35%甲霜灵拌种剂对水 180 mL 进行包衣。也可用 30%苯噻氰乳油 1 000 倍液浸泡种子 6 h 后带药催芽或直播。②苗床土消毒，每立方米营养土中加入磷酸二铵 1 kg、草木灰 5 kg、95%恶霉灵原药 50 g 或 54.5%恶霉·福可湿性粉剂 10 g，与营养土充分拌匀后装入营养钵或育苗盘。如苗床已发现少数病苗，在拔除病苗后喷淋药剂进行防治。用药后床土湿度太大，可撒些细干土或草木灰以降低湿度。③苗期可喷洒 0.04%芸薹素内酯水剂 4 000 倍液，或植宝素 7 500～9 000 倍液，或 25%吡唑醚菌酯(凯润)悬浮剂，或 0.1%～0.2%磷酸二氢钾，可增强植株抗病力。注意观察和控制立枯病的发生，做到病苗早发现、早拔除，病苗不移栽。④发病初期喷淋 20%甲基立枯磷乳油 1 200 倍液，或 95%恶霉灵可溶性粉剂 3 000 倍液，或 5%井冈霉素水剂 1 500 倍液，或 3%恶霉·甲霜水剂 600 倍液，或 54.5%恶霉·福可湿性粉剂 1 000 倍液，每平方米施药液 2～3 L。视病情隔 7～10 d 1 次，连续防治 2 次。苗床每平方米用药液 3 L。也可将穴盘苗浸在药液中片刻后提出，沥去多余药液再定植。

12.黑星病

(1)发病症状。由瓜枝孢霉(Cladosporium cucumerinum)引起，主要危害西甜瓜，生长点、嫩叶、嫩茎和幼瓜均可发病。幼苗发病可造成生长停止，心叶枯萎而死。叶片上初发病时为褪绿的小点，后扩展为 1～2 mm 圆形或近圆形的淡黄色斑，病斑穿孔后呈星状开裂，因叶脉受害后坏死，周围健康组织继续生长，致使病斑周围叶组织扭曲。叶柄受害，初为淡黄褐色水渍状条斑，后变为暗褐色，凹陷龟裂，潮湿时病斑上密生灰黑色霉层。

该病菌主要以菌丝体随病残体在土壤中或者附着在架材上越冬，也可以分生孢子附着在种子表面或以菌丝在种皮内越冬。病菌主要从表皮直接穿透，或从气孔、伤口侵入引起发病，病株上产生的分生孢子靠气流、灌溉和农事操作在苗床传播蔓延。

(2)防治方法。选用 32.5%苯甲·嘧菌酯悬浮剂(先正达 阿米妙收)750～1 500 倍液、25%吡唑醚菌酯(凯润)悬浮剂 1 500 倍液、氟硅唑、腈菌唑和苯甲嘧菌酯等进行喷雾。

13.根腐病

(1)发病症状。主要侵害西甜瓜的茎基部和根部，在西甜瓜定植后植株进入生长期时，病害开始显症，并不断加重。发病初期西甜瓜植株茎基部与主根上部皮层呈水渍状、浅褐色，后逐渐至深褐色腐烂，最终皮层、组织破碎，仅留下丝状维管束。与此同时，发病植株叶片出现萎蔫或大部分叶片向上翻卷，初期叶片中午萎蔫，早晚恢复正常，反复几天后，植株因根部严重腐烂而萎蔫死亡。病株茎基部及主根上部有明显的皮层腐烂坏死，且根部须根较少。另外，根腐病发病植株生长缓慢。

(2)防治方法。发病初期或发病前进行药剂灌根防治。常用的药剂及使用浓度为:50%异菌脲可湿性粉剂1 000~1200倍液、50%甲基硫菌灵可湿性粉剂500~600倍液、50%多菌灵可湿性粉剂600~800倍液、50%多·霉威可湿性粉剂800~1 000倍液、10%苯醚甲环唑水分散粒剂3 000~4 000倍液、50%咪鲜胺可湿性粉剂1 000~1 500倍液,或15%霉灵水剂1 000~1 500倍液,每株灌根施用药液0.25 kg,每隔7~10 d灌药一次,连续防治2~3次。

(二)主要害虫及防治

1.根结线虫病

(1)危害症状。寄生在植物的根上,形成许多根瘤状物,即根结。根结初为白色,后成淡褐色,可互相连接成节结状。被寄生的植株,严重时地上部分表现为营养不良,生长势弱,结瓜少而小,甚至不结瓜。瓜类整个生育期可多次重复被侵染,根结线虫还可传播病毒病。

(2)防治方法:①农业防治。与禾本科作物或葱、蒜等实行3年以上的轮作或水旱轮作;用鸡粪或棉籽饼作基肥,对线虫有一定的抑制作用;作物收获后可大水漫灌浸淹1个月,杀灭线虫。采瓜后,在炎热季节,翻耕浇灌并覆膜,晒5~7 d,杀虫效果很好。②药剂防治。在播种和定植前,每亩98%棉隆(必速灭)颗粒剂6 kg,拌在50 kg干细土中,撒入田中,深耙20 cm,用塑料薄膜覆盖6 d,再通风5 d;西甜瓜定植前亩用0.5%阿维菌素颗粒剂2~3.5kg进行土壤处理;或者亩用5%噻唑磷·氨基寡糖素颗粒剂(海南正业中农高科股份有限公司生产)穴施2~3 kg,沟施用量3~4 kg。西甜瓜定植后3~7 d选用41.7%氟吡菌酰胺悬浮剂(拜耳作物科学(中国)有限公司路富达)灌根,用药量0.03 mL/株,对水量400~500 mL(每棵苗药液量)。每棵灌溉水量要足,浇灌时让药液均匀分布在根系的周围,绕根系一周,其次尽量不要让药液接触作物叶片。该药可用作中后期发病的补救药剂。西甜瓜定植后亩用5%阿维菌素水剂1~2 L随水冲施或滴灌;或用1.8%阿维菌素乳油1 500~2 000倍液灌根,每隔10~15 d 1次,连灌2~3次,每株用药液100~200 mg,可有效控制根结线虫病的传播蔓延。

2.种蝇

(1)危害症状。种蝇俗称地蛆、根蛆,为世界性害虫,主要危害幼苗。幼虫从下胚轴蛀入,由下向上危害,被害苗倒伏死亡,而后转株危害。所以在苗床上的幼苗有时表现成片被害。幼虫还能危害种芽,引起腐烂。

(2)防治方法:①农业防治。施用充分腐熟的粪肥,而且要早施、深施,不要暴露在地面,以免种蝇产卵。也可在粪肥上覆盖一层毒土;采用浸种催芽,早出苗,可减轻受害;虫害发生严重的地块,可勤浇水,抑制地蛆的活动,而且不要施粪水施化肥。②诱杀成虫。在田间设置诱蝇器,内放糖醋液,糖、醋、水的比例为1∶1∶2.5,并加入少量敌百虫。每天检查蝇数并鉴别种类,当蝇量突增,雌雄比例接近1∶1时,为盛发期,应进行防治。③药剂防治。可用50%灭蝇胺乳油4 000~5 000倍液,或50%辛硫磷乳油1 000倍液,或90%敌百虫晶体800~1 000倍液灌根,每7~10 d灌1次。防治成虫可用5%氟虫腈(锐劲特)乳油1 500倍液,或2.5%溴氰菊酯,或20%菊·马乳油3 000倍液等,每隔7 d喷1次,连喷2~3次。

3.蝼蛄

（1）危害症状。蝼蛄俗称拉拉蛄、地拉蛄等，主要生活在土中，以成虫、若虫危害作物。蝼蛄能在表土中串挖隧道跑动，喜食刚萌芽的种子及幼根和嫩茎，同时隧道通过处，种子不易发芽，或发芽后因土壤落干而死亡。

（2）防治方法：①灯光诱杀。用黑光灯或普通灯光均能诱杀，在高温闷热天气的夜晚效果最好。②药剂拌种。在播种前用50%辛硫磷乳油，按种子重量的0.1%～0.2%拌种；或用40%甲基异柳磷乳油，按种子重量的0.1%～0.12%拌种，堆闷12～24 h后再播种。也可用瓜类种子包衣剂包衣。③毒饵诱杀。先将饵料（麦麸、豆饼、秕谷、棉籽饼或玉米碎粒等）5 kg炒香，再按饵料的0.5%～1%加入5%辛硫磷30倍液拌匀，再加适量水，拌至用手一攥稍出水即可。每亩用毒饵2 kg左右，受害严重的地块，撒一次不能控制虫害时可再撒一次。

4.蛴螬

（1）危害症状。蛴螬是金龟子幼虫的通称，以咬食植物的幼苗、萌发的种子及幼根危害，咬断处切口整齐。成虫金龟子也可为害作物的嫩芽、叶片及果实。蛴螬个体肥大弯曲，近C形，春、秋两季为害最重。施用未充分腐熟肥料的地块，或前茬为马铃薯、甘薯、花生等地块发生严重。

（2）防治方法：①农业防治。选用地块时要考虑到前茬作物的影响；通过秋翻，可翻出一部分蛴螬；进行秋灌，能有效地减少土壤中蛴螬的发生数量；不施用未腐熟的有机肥，施用化肥如腐植酸氨、氨化过磷酸钙等，其散发出的氨对蛴螬等地下害虫有一定驱避作用。②药剂防治。土壤施药，移栽前，用5%丁硫克百威颗粒剂（好年冬）6～8 kg/亩或0.5%阿维菌素颗粒剂3～4 kg/亩撒施，浅锄覆土；移栽后缓苗期防治地下害虫、土传病害；用20%氯虫苯甲酰胺悬浮剂（康宽）3 000倍液，或5%氯虫苯甲酰胺悬浮剂（普尊）1 000倍液随冲施肥浇施或滴灌1～2次，均具有很好的防治效果，还可兼治金针虫和蝼蛄等地下害虫。防治成虫每亩用5%辛硫磷1～1.5 kg加杀虫素100 mL拌均凉干，均匀撒施于垄底行间，或用辛硫磷800倍液喷雾防治。

5.蚜虫

（1）危害症状。危害甜瓜的蚜虫主要为棉蚜，属同翅目蚜科。成蚜和若蚜群集叶背刺吸叶片汁液，使叶片卷缩、卷曲成团等皱缩畸形，严重时造成植株生育迟缓，开花坐果不良，果实变小，含糖量降低；蚜虫危害时也传染病毒病，造成损失更大。

（2）防治方法：①清洁田园及周围杂草，消灭越冬蚜虫。②蚜虫可用食蚜瘿蚊、瓢虫、蚜茧蜂。害螨可用东亚小花蝽、胡瓜钝绥螨、巴氏新小绥螨。也可以选用植物源药剂，如2%苦参碱水剂3 000～4 000倍液喷雾进行蚜虫、蓟马等小型害虫的防治。③瓜蚜点片发生时，用48%毒死蜱乳油加水10倍液涂瓜蔓，挑治"中心蚜株"，能有效控制瓜蚜的扩散。④当瓜蚜普遍发生时，用22.4%螺虫乙酯悬浮剂（亩旺特）4 000～5 000倍液，或20%呋虫胺可溶性粒剂20～40 g/亩对水，或22%氟啶虫胺腈悬浮剂（可立施、特福力）4 000倍液，或10%氟啶虫酰胺悬浮剂2 500倍液，或25%环氧虫啶可湿性粉剂，亩用量8～16 g，或10%吡虫啉可湿性粉剂1 500倍液，或20%啶虫脒乳油5 000倍液，或25%噻虫嗪水分散粒剂5 000～6 000倍液，或10%溴氰虫酰胺油悬浮剂（倍内威）750倍液均匀喷雾防治，喷洒时应注意使喷嘴对准叶背,将药液尽可能喷射到蚜虫体上。⑤保护地可用杀蚜烟剂,每亩 400~500 g/次,分散放 4~5 堆,点燃冒烟,密闭 3 h。

6.黄守瓜

(1)危害症状。黄守瓜又叫瓜叶虫,成虫将叶片咬成圆形或半圆形缺刻,严重时仅剩叶脉,还能咬断瓜苗嫩茎、咬食花和幼瓜;幼虫危害细根,三龄后蛀入主根、幼茎基部等引起瓜秧枯死。

(2)防治方法。以防止成虫产卵和防治成虫为主。①适时早定植。4~5 片真叶期赶在越冬成虫盛发期前,减少成虫危害。②防止成虫产卵。在成虫产卵期,于露水未干时,在瓜株附近土面撒草木灰、锯木屑、谷糠、石灰粉等,可防其产卵。③扑杀成虫。利用成虫的假死性,或在瓜地插杨柳枝,引成虫栖息,早晚在露水较重时,在有啃食痕迹处进行人工集中捕杀。④药剂防治。药剂有 2.5%溴氰菊酯或 10%联苯菊酯 2 000 倍液等。黄守瓜幼虫防治可用 90%敌百虫 1 500 倍液灌根。

7.地老虎

(1)危害症状。地老虎俗称土蚕、切根虫等,主要以幼虫为害瓜苗,将瓜苗咬断,造成缺苗断垄,严重时甚至毁种。

(2)防治方法:①农业防治。有条件的地方实行水旱轮作,可预防地老虎;实行冬灌即可淹杀越冬的害虫,又会使土壤湿润,利于春季保苗;播种前除草,在苗期也要随时除草。②诱杀成虫。用糖醋液(酒、水、红糖和醋的比例为 1∶2∶3∶4,并加入少量敌百虫)诱杀成虫,白天盖住诱液,晚上揭开,当诱捕的蛾子数量突增时为盛发期。还可用黑光灯或杨树枝等诱杀。③药剂防治。灌根可用 5%氯虫苯甲酰胺悬浮剂(普尊)1 000 倍液或 20%氯虫苯甲酰胺悬浮剂(康宽)3 000 倍液,每株灌药液 0.25 kg 左右。做毒饵可用 90%晶体敌百虫 0.5 kg,加水 2.5~5 kg,喷在 50 kg 粉碎炒香的棉籽饼或油渣上,在傍晚施在瓜苗旁,每亩撒 4~5 kg,可防治地老虎的高龄幼虫。还可用 38%毒死蜱·阿维菌素乳油(百福)1 000 倍液,在黄昏时喷洒地面。

8.红蜘蛛

(1)危害症状。以成虫若虫集中于瓜叶背面吸食叶片汁液,受害初期,叶面出现黄白色小病斑点,以后变成红色斑点,严重时叶背、叶面、茎蔓间布满丝网,叶片退绿枯黄直至死亡。

(2)防治方法:①清除瓜田及周围杂草和枯枝落叶,减少红蜘蛛越冬基数。②药剂防治。发现红蜘蛛应及时喷药防治。常用药剂有 43%联苯肼酯悬浮剂(优利普)1 800~2 500倍液、11%乙螨唑悬浮剂 5 000~7 500 倍液、1.8%阿维菌素 2 000 倍液、20%螨死净 2 000倍液、0.5%卫士杀虫剂 1 000 倍液等喷雾。

9.斑潜蝇

(1)危害症状。从子叶开始直到成熟期对瓜类叶片均可为害。幼虫潜入叶片和叶柄取食叶绿素,产生不规则蛇行白色虫道,影响光合作用,受害重的叶片脱落。

(2)防治方法:①加强检疫,防止斑潜蝇传入未发生地区。②播前灌水或深耕,减少越冬基数。③药剂防治。用 20%灭蝇胺可湿性粉剂 30 g/亩对水、75%灭蝇胺可温性粉剂 3 000~5 000 倍液、30%吡丙·虫螨腈悬浮剂(稳敌)20~25 mL/亩对水(用水 40~50 kg)、

10%溴氰虫酰胺可分散油悬浮剂(富美实、倍内威)14~18 mL/亩对水、25%噻虫嗪水分散粒剂3 g/亩对水、20%斑潜净剂2 000倍液、25%乙基多杀菌素水分散粒剂500倍液、1%阿维菌素乳油2 500~3 000倍液、5%氯虫苯甲酰胺悬浮剂1 500倍液等防治。

10.温室白粉虱

(1)危害症状。靠成虫和若虫吸食植物汁液危害,被害叶片褪绿、变黄、萎蔫甚至全株枯死。此外由于其繁殖力强,繁殖速度快,群聚为害,并分泌大量蜜液,严重污染叶片和果实,往往引起煤污病的大发生,不仅妨碍光合作用,还严重影响果实的商品价值。

(2)防治方法:①育苗前先熏杀残余白粉虱,清理杂草和残株,在通风口密封防虫网,控制外来虫源。②在温室、大棚的前茬或周围种植白粉虱不喜食的十字花科蔬菜。③保护地应注重对自然天敌的保护利用,有条件的可释放天敌昆虫。可用丽蚜小蜂和烟盲蝽等天敌昆虫,或者200万CFU/mL耳霉菌悬浮液400~500倍液,或0.5%黎芦碱可溶液剂800~1 000倍液喷雾防治。④药剂防治。可用17%氟吡呋喃酮可溶液剂((极显)1 500~2 000倍液,或者19%溴氰虫酰胺悬浮剂(维瑞玛)1 500倍液,或22.4%螺虫乙酯悬浮剂(亩旺特)4 000~5 000倍液,或50%氟啶虫胺腈水分散粒剂(可立施)5 g/亩对水,或50%噻虫胺水分散粒剂9 000倍液,或10%扑虱灵乳油1 000倍液喷雾,或25%扑虱灵可湿性粉1 500~2 000倍液,或25%灭螨猛乳油1 000倍液,或10%吡虫啉可湿形粉剂1 000倍液,或5%氯虫苯甲酰胺悬浮剂1 500倍液等连续使用几次。旧的温室、大棚在种植西瓜之前用22%的敌敌畏烟剂熏烟消灭虫源,每亩用量为400~500 g,或者20%异丙威烟剂250 g/亩等,密闭3 h,需连续熏2~3次。在傍晚收工时将棚室密闭,把烟剂分成几份点燃熏烟杀灭成虫。需要注意的是,必须严格按照烟剂推荐剂量使用,不可随意增施药量。⑤物理防治。因白粉虱对黄色有强烈趋性,可在大棚内设置黄板诱杀成虫,方法是:用橘黄色油漆涂在硬纸板上再涂上一层黏油(机油加少许黄油),每亩设置30~40块,置于行间,每隔7~10 d当白粉虱粘满时重涂一次。棚室内害虫种群数量大时,可采用熏烟防治法。可选用22%敌敌畏烟剂250 g/亩,或20%异丙威烟剂250 g/亩等,在傍晚收工时将棚室密闭,把烟剂分成几份,点燃熏烟杀灭成虫。需要注意的是,必须严格按照烟剂推荐剂量使用,不可随意增加药量。

11.瓜蓟马

(1)危害症状。成、若虫多隐藏于花内或植物幼嫩组织部位,以锉吸式口器锉伤植株的嫩梢、嫩叶、花和幼果,被害组织老化变硬、僵缩,嫩叶扭曲畸形,叶肉出现褪色小疤痕,幼果受害表皮呈锈色,畸形,生长缓慢或落果。果实出现"锈皮"。此外,蓟马还能传播多种病毒,影响植株的产量和品质。

(2)防治方法:①农业防治。清除杂草,加强肥水管理,使植株生长旺盛;进行秋耕、冬灌,消灭越冬虫源。②蓟马可用胡瓜钝绥螨、巴氏新小绥螨、智利小植绥螨等天敌昆虫,或者100亿孢子/g金龟子绿僵菌油悬剂2 000~2 500倍液喷雾防治。③药剂防治。种子处理,用50%甲基硫环磷乳油,按种子量的0.5%~0.6%拌种,或用种子包衣剂包衣。喷药防治,用240 g/L虫螨腈悬浮剂1 200~1 500倍液,或50%杀虫环可溶粉剂1 500倍液,或19%溴氰虫酰胺悬浮剂1 500倍液,或者20%多杀霉素悬浮剂5 000倍液,或20%吡虫啉乳油1 500倍液,或80%敌敌畏乳油150~200 g/亩对水喷洒。

第七节　瓜田杂草化学防除技术

瓜田杂草不但会大量消耗土壤中的养分和水分，还会与瓜苗争夺空间和光照，影响西瓜的通风和透光，恶化西甜瓜的生长条件，诱发多种病害，直接妨碍瓜苗的生长和果实的发育，造成西甜瓜减产，降低西甜瓜品质。因此，瓜田除草非常重要。传统的西甜瓜栽培一般依靠人工进行中耕除草，工效低，劳动强度大；地膜防除杂草，效果也不理想；使用除草剂除草可达到快速、高效、彻底的效果。

根据杂草的发生规律，西甜瓜田化学除草有三个施药适期：一是在播种前或移栽前施药混土处理。可用的除草剂品种主要有氟乐灵、大惠利、除草通、地乐胺和杀草净等。二是播后苗前施药作土壤处理。常用的除草剂有大惠利、都尔、扑草净、豆科威、除草醚、杀草丹、地乐胺、丁草胺、氟硝草、杀草净和草克死等。三是在瓜苗放蔓后浇灌第二次水前、禾本科杂草 2~5 叶期施药。适用的除草剂品种有高效盖草能、精禾草克、收乐通、拿捕净、禾草灵、草甘膦等。常用除草剂有：

（1）48%氟乐灵。属草芽前除草剂。该药可有效防除马唐、牛筋草、稗、狗尾草、千金子等多种一年生禾本科杂草，对藜、蓼、苋等小粒种子的阔叶杂草有一定防除效果，对莎草和多种阔叶杂草无效，残效期 90 d。瓜苗移栽前，耙地混土 5~7 cm 深，3 d 后移栽瓜苗。土壤有机质含量低或沙壤土的用药剂量要低，土壤有机质含量高或黏壤土的用药剂量可高些。一般使用浓度 500~1 000 倍液，直播田使用氟乐灵，容易对瓜苗造成药害，应避免使用。

（2）50%大惠利。属草芽前除草剂。该药对稗、马唐、牛筋草、野燕麦、看麦娘、狗尾草、马齿苋、刺苋、藜、繁缕、龙葵等一年生单、双子叶杂草有很好的防除效果，残效期 60 d。播种前，用 50%大惠利可湿性粉剂 500 倍液，均匀喷于地表面，并立即浅耙地面，将药剂混入 5~7 cm 深的土层中，然后播种。或在瓜播后苗前或苗后施用均可，对西瓜比较安全。

（3）10.8%高效盖草能。属草芽后除草剂。该药可有效防除一年生禾本科杂草。该药被杂草吸收传导快，施药适期长，残效期 60 d，对瓜类很安全。在杂草出苗到生长盛期均可施药，但以禾本科杂草 3~5 叶期用药防治效果最好，使用浓度为 1 000 倍液均匀喷雾。

由于西甜瓜对除草剂的反应十分敏感，在药剂的选择、用药量、使用方法等方面应十分慎重，在没有充分把握的情况下，每批药都应通过试验后再大面积应用，而且应尽量不要接触到瓜苗上。瓜田使用除草剂后，下茬一般情况下不宜种植玉米、高粱等尖叶作物。

第八章　西葫芦

第一节　概　述

一、西葫芦的营养

西葫芦别名茭瓜、白瓜，葫芦科南瓜属。西葫芦为一年生蔓生草本，原产于北美洲南部，现分布于世界各地，我国在19世纪中叶开始种植。西葫芦含有较多维生素C、葡萄糖等其他营养物质，尤其是钙的含量极高。每100 g可食部分（鲜重）含蛋白质0.6~0.9 g，脂肪0.1~0.2 g，纤维素0.8~0.9 g，糖类2.5~3.3 g，胡萝卜素20~40 μg，维生素C 2.5~9 mg，钙22~29 mg。西葫芦籽的热量较高，蛋白质、铁和磷含量丰富。属于低嘌呤、低钠食物，对痛风、高血压病人有重要功效，糖尿病患者可以多食、常食。

二、生物学特性

（一）植物学特征

（1）叶片。单叶，大型，掌状深裂，互生（矮生品种密集互生），叶面粗糙多刺。叶柄长而中空。有的品种叶片绿色深浅不一，近叶脉处有银白色花斑。

（2）花。花单性，雌雄同株。花单生于叶腋，鲜黄或橙黄色。雌雄花最初均从叶腋的花原基开始分化，按照萼片、花瓣、雄蕊、心皮的顺序从外向内依次出现。

（3）果实。瓠果，形状有圆筒形、椭圆形和长圆柱形等多种。嫩瓜皮色有白色、白绿、金黄、深绿、墨绿或白绿相间。每果有种子300~400粒，千粒重130~200 g。种子寿命一般4~5年，生产上一般为2~3年。

（二）生育特性

属葫芦科一年生蔬菜作物，主侧根均较发达，主要根群分布在10~30 cm耕层内，侧根横向生长达50~80 cm，吸收养分和水分能力强，耐寒、耐旱、耐瘠薄。

（1）性型分化。西葫芦的雌花分化在低温（昼夜温度10~30 ℃）、短日照（8~10 h）雌花分化的多且节位低。

（2）开花受精及坐果。西葫芦的花是在凌晨4时至4时30分完全开放、6~8时开始授粉，最佳授粉时间是8~9时，9时以后受精力迅速下降，13~14时完全闭花。

（3）坐瓜的间歇。西葫芦早坐瓜的有优先吸收养分的特点，后面坐的瓜因养分不足生长缓慢或化瓜，呈坐瓜间歇现象。

（三）生育环境

（1）温度。西葫芦种子发芽最适温度为25~30 ℃，13 ℃以下不发芽；生长发育的温度为18~25 ℃。开花结果期，白天适温22~25 ℃、夜温15~18 ℃，低于15 ℃、高于32 ℃

均影响花器正常发育；果实发育最适温度为 20～23 ℃，但受精的果实在 8～10 ℃的夜温下，也能长成大瓜。根系伸长最低温度为 6 ℃，最适温度 15～25 ℃。

（2）光照。西葫芦对光照的适应能力也很强，喜强光，又耐弱光，光饱和点 5 万 lx。幼苗期 1～2 片真叶时，为雌花分化的早而多，适宜短日照。进入结果期需较强光照，若遇弱光，易引起化瓜。

（3）水分。西葫芦根系发达，吸水能力强，叶片大而多，蒸腾作用旺盛，结瓜期需水量大。幼苗期适当控水防徒长；开花结瓜期耗水量大，要合理浇水。

（4）土壤与肥料。选择疏松、透气良好、有机质含量高、保肥保水能力强的壤土。一般适宜的 pH 值 5.5～6.8。每生产 1 000 kg 西葫芦果实，需要吸收纯氮 3.92～5.47 kg、磷 2.13～2.22 kg、钾 4.09～7.29 kg，其吸收比例为 1 : 0.46 : 1.21。

第二节　西葫芦品种及主要特点

（1）绿帅 1 号。植株长势旺盛，适宜条件下条长 22～28 cm，瓜条长棒形，匀称顺直，瓜色油绿亮丽，且基本不受温度的影响，商品性优秀。适宜早春保护地种植。

（2）绿秀 3027。植株蹲壮，高抗病毒病，对白粉和霜霉等病害也具有很强的抗性。条长 24～28 cm，瓜色绿，商品性佳。适宜夏、秋保护地及露地种植。

（3）秀玉 4363。长势强，瓜长 22～26 cm，瓜色油绿，且受温度影响小。膨瓜快，连续带瓜能力强，产量高。适应性广，早春茬、冬春茬、秋冬茬及越冬茬均宜种植。

（4）京葫 33 号。杂交一代西葫芦品种。中早熟，商品瓜翠绿色，瓜长 22～24 cm，粗 6～7 cm，中长柱形，瓜条粗细均匀，光泽度好。采收期长，产量 8 000 kg 左右。

（5）金珊瑚。杂交一代西葫芦。植株直立性强，中熟。果实金黄色，光滑，长 22～251 cm，直径 4.5 cm 左右。商品率高，适宜做礼品菜。

（6）绿丰 1 号。该品种中早熟，耐低温、弱光性极强，根系发达，长势旺盛，株型合理，抗病性好，光合效率高，低温弱光下连续结瓜能力强。雌花多，成瓜率高，膨瓜快，采收期长，单株采瓜 50 个左右，生育期达 280 d，产量极高。瓜长 22～28 cm，横径 6～7 cm，商品性佳。适合越冬及冬春茬日光温室吊秧种植。建议株距 70 cm，小行 80 cm，大行 100 cm，亩栽 1 000 株左右。

（7）绿帅 1 号。植株长势旺盛，适宜条件下条长 22～28 cm，瓜条长棒形，匀称顺直，瓜色油绿亮丽，且基本不受温度的影响，商品性优秀。适宜早春保护地种植。

（8）绿秀 3027。植株蹲壮，高抗病毒病，对白粉和霜霉等病害也具有很强的抗性。条长 24～28 cm，瓜色绿，商品性佳。适宜夏、秋保护地及露地种植。

（9）秀玉 4363。长势强，瓜长 22～26 cm，瓜色油绿，且受温度影响小。膨瓜快，连续带瓜能力强，产量高。适应性广，早春茬、冬春茬、秋冬茬及越冬茬均宜种植。

（10）卡西亚。杂交一代，耐高温、高抗病毒病和白粉病的优良西葫芦品种。植株生长势强，茎秆粗壮，叶片深绿，根系强大。较早熟，一般于第 5～6 节着生第一雌花，易坐瓜，成瓜率高，膨瓜速度快，连续结瓜能力强。瓜条长棒形，商品瓜一般在 23 cm 左右，横径 6.5 cm 左右，瓜条顺直，整齐度好，皮色翠绿，斑点细腻，商品性好。适合春秋露地栽培，也适合冷凉地区越夏栽培。

（11）卡罗拉。利用法国优秀资源育成，主枝长势较强，叶色深绿。早熟性好，5～6节着生第一雌花，幼瓜油绿，商品瓜翠绿色，高温条件下瓜色也不易变白，有光泽，商品性好。瓜条顺直，商品瓜长23～25 cm，瓜粗5～6 cm，丰产性好，高抗病毒病、白粉病，抗病耐热，特别适宜春秋露地栽培，冷凉地区可以越夏栽培。小拱棚也表现优秀。

（12）欧玉潘多拉。利用法国优秀资源经多代遗传育种选育的品种。中早熟，植株长势较强，叶色深绿。早熟性好，幼瓜油绿，商品瓜翠绿色，高温条件下瓜色也不易变白，有光泽，商品性好。瓜条顺直，商品瓜长24～27 cm，中后期雌花多，好坐果，丰产性好，嫩瓜长20～24 cm，瓜重200～300 g时即可采收。高抗病毒病、白粉病，抗病耐热，特别适宜春秋露地栽培，冷凉地区可以越夏栽培。小拱棚也表现优秀。

（13）欧玉耐热冠军。瓜皮光滑细腻，油光翠绿，瓜条棒状、顺直，抗热，耐病毒能力强。适于北方春秋露地栽培。

（14）欧玉8808。该品种中早熟，植株结构合理，节间短，瓜条顺直修长，油嫩亮丽，圆柱形，皮色翠绿，瓜长22～26 cm，粗约6 cm，根系发达，抗病力强，耐寒性好，耐弱光性好，不早衰，不易化瓜，连续坐瓜力强，瓜码密，膨大速度快，商品性佳。适于早春保护地栽培。

（15）玉火凤。耐高温新品种，高温情况下瓜条翠绿顺长是该品种最大优势。株型紧凑，适合密植。定植后30 d结瓜，瓜条顺直，皮色翠绿，光泽度好，瓜面光亮，瓜圆柱形，瓜长25 cm左右，粗6 cm左右，单瓜重350 g左右。开始结瓜后节节有瓜，且在肥水充足的条件下均能成瓜，后期不早衰。高抗病毒病，耐热性强，适宜春、夏、秋保护地露地栽培。

（16）籽满堂西葫芦。籽用型西葫芦杂交一代品种，该品种生育期120 d左右，植株生长健壮，直立短蔓，综合抗病性好。结瓜多，单瓜籽粒数420颗左右，千粒重210 g左右，籽粒饱满，色泽洁白光亮。亩产籽粒400 kg左右，特别适合炒货扒仁。是目前市场产量最高、商品最好、抗病最强的优质品种。

（17）玉麒麟。耐热能力突出的西葫芦新品种。植株长势旺盛，株型紧凑，可适当密植。瓜条顺直，圆柱形，瓜色油绿，有光泽，不易变白，外观美观，商品性好，瓜长26～28 cm。抗病毒病、白粉病能力突出，丰产性好，适宜春、秋拱棚和露地栽培，以及越夏栽培。

（18）玉雪龙。中早熟品种。该品种耐低温、弱光能力突出，根系发达，株型叶型合理，透光性好，坐瓜率高。低温情况下仍然膨瓜快。瓜长25 cm左右，瓜粗7 cm左右，皮色嫩绿油亮，花纹细腻；条纹粗细均匀，光泽度好，商品性佳。北方地区冬季及早春温室大棚首选品种。温室种植10月上中旬育苗，早春栽培1月中下旬育苗。

第三节　日光温室西葫芦生产技术

一、产地环境

宜选择地势平坦、排灌方便的壤土或沙壤土。

二、栽培茬口

一般10月中旬育苗，11月初定植，12月开始上市。

三、定植苗选择

(一)品种选择

选择优质、高产、抗病、抗逆性强、符合市场需求的品种。

(二)选苗

从正规的工厂化育苗企业选择自根苗或嫁接商品苗为定植苗。

四、整地、施肥、做畦

清除前茬的残枝、落叶、杂草，深翻25～30 cm，然后整平。一般结合整地每亩施充分腐熟的农家肥5 000 kg、尿素20 kg、过磷酸钙50 kg、硫酸钾20 kg。

五、定植

(一)定植时间

自根苗苗龄20 d左右，2叶1心，嫁接苗苗龄40～45 d，3～4片真叶即可移栽定植。一般为11月初定植。

(二)定植密度

大小行定植。大行90 cm，小行60 cm，株距40～45 cm，每亩定植2 000～2 200株。

(三)定植方式

按种植行距起垄，垄高10～15 cm，垄上覆地膜。选晴天于垄上挖穴座水栽苗。

六、定植后管理

(一)温度管理

定植后5～7 d内一般不放风，如果气温超过30 ℃时，可在温室屋脊开放风口，少量放风。缓苗结束后，白天温度控制在20～25 ℃，最高不要超过30 ℃；夜间，前半夜13～15 ℃，后半夜10～11 ℃。植株坐果后，白天温度可适当提高到25～29 ℃，夜间温度控制在15～20 ℃。冬季低温弱光时，白天温度保持在23～25 ℃，夜间保持在10～12 ℃。连续阴天、雨雪天过后，因光照恢复，棚内温度要逐渐上升，不宜骤然升温，最高温度不要超过30 ℃，白天保持在25～28 ℃，夜间保持在15～18 ℃。

(二)光照管理

采用长寿流滴性强的农用薄膜覆盖。冬季在日光温室后墙内侧张挂反光膜，增加棚内光照强度。经常清扫薄膜上的碎草和尘土，保持棚膜的整洁，增强透光性。

(三)水肥管理

1.浇水

定植后浇一次缓苗水，水量不宜过大。缓苗到根瓜坐住前应控制浇水。根瓜长到10 cm大时浇一次水。根瓜采收后浇一次水。深冬季10～15 d浇一次水，春季5～10 d浇一次水。

2.追肥

根瓜采收后，每亩随水冲施氮磷钾三元复合肥（15-15-15）20~25 kg。以后结合浇水，隔一水冲施1次尿素6~8 kg、硫酸钾5~8 kg。结瓜期视长势情况，叶面喷施0.2%磷酸二氢钾溶液1~2次。

（四）人工授粉

一般在上午8~10时雌花开放时，将雄花摘下，去掉花瓣，把整个雄蕊直接对放在雌花柱头上，进行人工辅助授粉。

（五）植株调整

一般采用单蔓整枝。及时摘除主蔓之外的所有侧枝。整个生育期及时打杈，摘掉畸形瓜、卷须及老叶，疏掉过多的雌雄花和幼果。

七、病虫害防治

（一）农业防治

选用抗病品种；与非瓜类作物实行3年以上轮作；创造适宜西葫芦生长的环境；培育壮苗，提高抗逆性；加强田间管理，适当控制浇水；消灭田间杂草，及时摘除病花、病瓜、病叶，并将其带出田外深埋，防止病害蔓延。

（二）物理防治

一般每亩悬挂30 cm×20 cm规格的黄板、蓝板各30~40块，悬挂高度与植株顶部持平或高出10 cm，黄板、蓝板等距离放置；铺银灰色地膜或张挂银灰膜膜条驱避蚜虫。

（三）生物防治

人工释放丽蚜小蜂，防治白粉虱、蚜虫。可用72%农用硫酸链霉素可溶性粉剂3 000~4 000倍液，或90%新植霉素可溶性粉剂3 000~4 000倍液喷雾防治细菌性病害。可用10%多氧霉素可湿性粉剂600~800倍液，或木霉菌可湿性粉剂（1.5亿活孢子/g）200~300倍液喷雾防治灰霉病。可用0.5%印楝素乳油600~800倍液，或0.6%苦参碱水剂2 000倍液，喷雾防治蚜虫、白粉虱、斑潜蝇等。

（四）药剂防治

（1）灰霉病。发病初期，可用28%多·霉威可湿性粉剂500倍液，或50%异菌脲可湿性粉剂1 000~1 500倍液，或25%嘧菌酯悬浮液1 500倍液，喷雾防治。

（2）白粉病。发病初期，可用40%氟硅唑乳油6 000~8 000倍液，或10%苯醚甲环唑水分散粒剂2 000倍液，喷雾防治。

（3）病毒病。发病初期，可用20%的盐酸吗啉胍·铜可湿性粉剂500倍液，或1.5%植病灵乳剂800~1 000倍液，喷雾防治。

（4）霜霉病。发病初期，可用68.75%噁唑·锰锌水分散粒剂1 000倍液，或25%嘧菌酯悬浮剂1 500~2 000倍液，或72%霜脲·锰锌可湿性剂600倍液，或72.2%霜霉威水剂700倍液，喷雾防治。

（5）蔓枯病。发病初期用96%"天达恶霉灵"粉剂3 000倍液+"天达2116"1 000倍液、50%咪鲜胺锰盐可湿性粉剂800倍液、60%唑醚·代森联水分散粒剂1 500倍液、43%

戊唑醇悬浮剂 3 000 倍液、10%苯醚甲环唑可分散粒剂 1 500 倍液、农抗“120”100 倍液灌根，每株灌 0.25 kg 药液，每隔 5~7 d 灌一次，连灌 2~3 次。

（6）蚜虫、烟粉虱、斑潜蝇。可用 25%噻虫嗪水分散粒剂 5 000~6 000 倍液，或 10%吡虫啉可湿性粉剂 1 000~2 000 倍液，喷雾防治。注意叶背面均匀喷洒。

（7）蓟马。发生初期，可用 2.5%的多杀霉素悬浮剂 1 000~1 500 倍液，或 10%吡虫啉可湿性粉剂 1 000~2 000 倍液，喷雾防治。

八、采收

一般在花谢后 10~12 d 采收根瓜。采摘时不要损伤瓜蔓，瓜柄尽量留在主蔓上。

第九章　南　瓜

第一节　概　述

一、南瓜的营养

南瓜，葫芦科南瓜属，为一年生草本植物，包括中国南瓜、西葫芦、笋瓜、黑子南瓜、灰子南瓜等5个栽培种，一般所指南瓜为中国南瓜，中国南瓜起源于中美洲。南瓜是重要的蔬菜作物，深得消费者所喜爱，100 g鲜果中含水分87.7~95.2 g、糖分5.7 g、蛋白质0.5~0.8 g、维生素C 15 mg，还有胡萝卜素、硫胺素、核黄素和尼克酸等。常食南瓜可美容，治疗少年发育迟缓，预防高血压、冠心病、脑血管病、糖尿病等。

二、生物学特性

（一）植物学特征

（1）根。南瓜根系发达，生长较快。吸收能力强，具有抗旱和耐瘠薄能力。

（2）茎。茎五棱，绿色，被茸毛，多蔓生，一般3~4 m，每个茎节都有腋芽，在湿润条件下茎节容易发生不定根。

（3）叶。叶片掌状心脏形或近圆形，叶面粗糙被茸毛，叶形、叶面茸毛、斑纹是种间分类特征。

（4）花。花单生，花冠钟形，黄色，雌雄同株异花。

（5）果实。果实形状有扁圆形、长圆形、梨形或纺锤形，嫩果果皮多绿色或白色，成熟时呈灰绿色、橘红色或金黄色。

（6）种子。种子多卵形、偏平，千粒重100~130 g，大粒种子160 g以上。

（二）生长发育

南瓜整个生育期分为发芽期、幼苗期、抽蔓期和结果期。

（1）发芽期。一般从种子萌发到子叶展平，需4~5 d。

（2）幼苗期。从第一片真叶显露至卷须出现，在适宜的条件下需25~30 d。

（3）抽蔓期。从出现卷须至第一雌花坐住为止，一般需10~15 d。

（4）结果期。由第一雌花坐瓜到拉秧结束，历时50~70 d。

（三）对环境条件的要求

（1）温度。南瓜喜高温，一般适宜温度为18~32 ℃。

（2）光照。南瓜属喜温的短日照植物，光饱和点45 klx，光补偿点1.5 klx。

（3）水分。南瓜茎叶繁茂。生长迅速，需水多，蒸腾量大，蒸腾强度为500 g/（m^2·h），蒸腾系数为700~800。南瓜永久萎蔫点为土壤含水量8.6%。

(4)土壤及营养。南瓜适宜的土壤pH值为5.5~6.8。每生产1 000 kg南瓜需氮3~5 kg、磷1.3~2 kg、钾5~7 kg、钙2~3 kg、镁0.7~1.3 kg。

第二节 南瓜品种及主要特点

(1)黄金2号。该品种属于红皮品种中的大果高产品种,是西洋类型南瓜杂交种,生长势强,全生育期85 d,属于早熟品种。果实厚扁球形,果面红色,果色美丽,单果重3 kg左右。果肉橙红色,肉质紧细,品质较好,产量稳定。

(2)金红冠南瓜。果实高圆形,果形周正美观,成熟后果皮深红色,果肉橙红色,皮薄,肉厚3~3.5 cm,肉细嫩,甘甜,风味好。植株长势旺盛,低温结果性强,开花后约40 d收获,果皮呈金红色,单果重1.5 kg左右,外观颜色鲜艳,果肉橙色、肉厚、肉质口感黏质、香甜,风味佳。耐储存。

(3)香栗23。果型优秀,糖度高,适合速冻加工、出口品种。单果重1.5 kg,瓜形扁圆形,皮色暗绿,有淡绿色条斑;果肉浓黄色,粉质、甜味好、果肉厚,可食部位多;生长势强,叶片大,少施基肥,以追肥为主。

(4)黑皮南瓜。黑皮南瓜熟性早,果扁球形,青黑色皮,肉质粉甜,纤维极细小,适应性强,特别适宜冷凉气候,可作嫩果生食及老熟食用,连续坐果性强。每亩可种380株左右,行距3.5 m,株距50 cm,2~3蔓整枝,主蔓10节以上即可留果,每收一批果实需追肥一次,促进连续坐果。单瓜重1~1.5 kg。

(5)湘栗黑晶四号。植株长势中等,前期为短蔓基因控制,中后期为长蔓,节间短。果实近扁圆形,果皮墨绿色,外形美观,果肉杏黄色,肉厚3.5 cm左右,粉质香甜,商品性极佳。该品种春季栽培全生育期85~90 d,坐果性好,抗病性极强。单瓜重1.5~2 kg,一般亩产2 500 kg左右,适应性广。

(6)蜜本南瓜。蜜本南瓜属早中熟品种,定植后85~90 d可收获。抗逆性强,适应性广,亩产可达2 000 kg,品质优良,耐储运。植株匍匐生长,分枝力强,叶片钝角掌状形,绿色,叶交界处有不规则斑纹。茎较粗,15~16节着生第一雌花,瓜棒锤形,头小尾肥大,种子少,长约36 cm,横径14.5 cm,成熟时有白粉,瓜皮橙黄色,肉厚,肉质面,细致,水分少,味甜,爽口,单瓜重可达3 kg。

(7)博山长南瓜。山东省淄博市博山区地方品种。茎蔓性,植株生长势和分枝性强。叶片大,深绿色,掌状五角形。第一雌花节位在18节以上。瓜呈细长颈圆筒形,瓜皮墨绿,瓜面光滑,有蜡粉。单瓜重1.5 kg左右。生育期120~140 d。较抗病毒病和白粉病。

(8)嫩早2号。早熟,耐寒。果实膨大快,适温下开花授粉后7~9 d采收嫩瓜,以嫩瓜供食。嫩瓜高圆形、绿皮色、光泽好。茎蔓生,雌花率高,主、侧蔓均能结瓜。适作春季露地、保护地早熟栽培。

(9)锦栗2号。生长势强,抗病性强,第1雌花出现早,坐果性强,坐果前蔓矮生,节间短,坐果后才伸蔓,心形圆叶,叶较小,叶后缘叠合;果皮墨绿色,带浅绿条肋,果实扁圆,肉质粉、黄肉、味甘甜,糯性好;单果重1.85 kg,单产可达2 770 kg以上。

(10)大将板栗南瓜。广州亚蔬园艺种苗有限公司选育。生长中等,坐果良好,果重

1.2~1.5 kg,整齐好看。果扁圆形,果形一致,果皮浓绿色带浅绿色条纹及斑点。果肉金黄色,肉厚,粉质,味道极佳。叶较小,植株中等,容易栽培。第6~8节着果。低节位着果都极少发生畸形果,前期产量高。温度的适应性广,低温到高温果形都不会发生变化,无用果很少。

(11)夕阳。该品种全生育期80 d左右。植株生长势稳健,坐果习性好,第8节左右开始坐果,坐果整齐;果实厚扁圆形,嫩瓜表面金黄色,老瓜橘红色;果面光滑,丰满圆秀,外观艳丽;果肉黄红色,肉质粉甜;即可作嫩果炒食,又可作老熟果食用,具有板栗风味,品质极佳;老熟果耐储藏。

(12)贝贝。从日本引进的迷你型南瓜,瓜皮薄,瓜皮墨绿色带浅绿色的条纹,果肉橙红色,瓜个小,单瓜质量300~600 g。口感特佳,甜香粉糯,又称为"板栗南瓜"。

(13)迷你荃鑫。高档特色品种,长蔓,长势稳健。雌花多,易坐果,单株可坐6~8果。果实厚扁球形,皮色深红光滑,外观美,果肉橙红色,肉厚质粉,品质优。单果重0.5~1 kg。

(14)东升。由台湾省农友种苗股份有限公司育成的早熟杂交种。叶片颜色深绿,分枝中等,第一雌花着生于主蔓第七至第八节。嫩果圆形皮色黄,完全成熟后变为橙红色扁圆果,有浅黄色条纹。果肉金黄色,纤维少,肉质细密甜糯。单果重1.2 kg左右。

(15)一品。由台湾省农友种苗股份有限公司育成的早熟杂交种。果实扁圆形,果皮黑绿色,有灰绿色斑纹。果肉黄色,质粉味甜。单果重1 kg左右。

第三节　设施南瓜生产技术

一、产地环境条件

选择地势高燥、排灌方便、土层深厚、疏松、肥沃的地块。

二、栽培季节

(1)冬春栽培。采用日光温室栽培,一般在12月下旬至翌年1月上旬育苗,翌年1月下旬至2月初定植,3月下旬、4月下旬始收。

(2)早春栽培。塑料大中拱棚覆盖栽培宜在2月中下旬播种育苗,3月中下旬定植,5月上中旬始收。塑料小拱棚覆盖栽培宜在2月中下旬播种育苗,3月下旬、4月上旬定植,5月中下旬始收。

(3)秋延迟栽培。7月中下旬采用遮阳网育苗,8月上中旬定植在塑料大中拱棚内,9月下旬至10月上旬始收,11月中下旬拉秧。

三、种子选择

(一)种子质量

选择籽粒饱满、籽皮硬化的种子,纯度≥98%,净度≥99%,水分≤10%,发芽率≥90%。

(二)品种选择

选择早熟、抗病、优质、高产、商品性好、单果质量 1~2 kg 的南瓜品种。例如贝贝,茎银公司的“迷你茎鑫”“黑晶四号”,湖南省瓜类所的“锦栗 2 号”“红栗 2 号”,兴蔬种业的“嫩早 2 号”等。

四、播种育苗

日光温室一般在 3 月上中旬播种,塑料大棚一般在 3 月中旬播种。播后 4~5 d。播种前用 55 ℃的温水将种子浸种 10~15 min,浸种过程中不断搅拌,使种子受热均匀,直至水温下降到 30 ℃左右,然后常温下浸种 6 h,以软化种皮,使种子充分吸水。浸种过程中将种皮黏液充分搓洗干净,浸种完成后用 1%高锰酸钾溶液浸泡 15 min,捞出种子用清水冲洗干净,稍晾后用干净的湿毛巾包裹种子,在 25~30 ℃的温度下进行催芽。催芽期间每天用清水淘洗种子,待有一半以上种子露白后,即可播种。若秋冬季种植,播种时环境温度较高,浸种后可不用催芽,直接播种。可播种在直径 8~10 cm 的营养钵或 50 孔穴盘内。将营养钵或穴盘装好营养土并浇透底水,幼芽向下平放种子,覆土 1.0~1.5 cm,并覆盖地膜保温保湿,以促进出苗。

播种后一般 4 d 左右即可出苗,当幼苗顶土时及时撤掉薄膜。苗期要注意控温控水,出苗后适当降温,防止幼苗徒长。白天温度控制 20~25 ℃,不超过 25 ℃,夜间温度在 12~15 ℃,不低于 12 ℃。幼苗长到 2 叶 1 心即可定植。春季育苗由于温度较低,幼苗出土到定植一般需要 15 d 左右,夏季育苗需要 10 d 左右。移栽不可过晚,否则苗龄过长,不利于移栽缓苗。苗期需注意预防猝倒病,可在子叶展开后,浇施哈茨木霉菌可湿性粉剂 500 倍液进行预防。浇水尽量选择中午前,避免傍晚浇水导致叶片带水过夜。

也可以从正规工厂化育苗企业选择嫁接商品苗为定植苗。

五、定植

(一)定植前的准备

定植前 10~15 d 灌水闷棚,亩随水冲施氨基酸水溶性肥料 10~20 kg,解淀粉芽孢杆菌等复合生物菌剂(有效活菌数≥200 亿/g)2 kg,闷棚 7~10 d。闷完棚后及时整地。每亩施入充分腐熟优质农家肥 4 000~5 000 kg,三元复合肥(氮 : 磷 : 钾 = 15 : 15 : 15)25 kg,生物菌有机肥 100~200 kg。然后深耕土地,使肥料与土壤充分混合,以免造成烧根。整地后做垄。采用小拱棚爬地单行种植,应按沟距 2.5 m、沟深 50 cm、宽 60 cm 挖沟;采用双行调埯种植,按沟距 5 m、沟深 50 cm、宽 80 cm 挖沟。在沟中每亩再集中施腐熟的有机肥 2 400 kg、硫酸钾 15 kg,与回填土混匀,整平做小高畦,畦高 12~15 cm。

(二)定植密度

无支架栽培,单行种植双蔓整枝,畦宽 2.5 m,株距 44~53 cm,每亩定植 500~600 株;双行单蔓整枝,平均行距 2.5 m,株距 33~38 cm,每亩定植 700~800 株。支架栽培,畦间距 2.5 m,栽双行,小行距 80 cm,株距 50 cm 左右。

(三)定植方法

早春定植选择晴天上午进行,以利于缓苗,夏秋季节可在傍晚时分定植,避免阳光直射，减少幼苗水分蒸发，以促进缓苗。定植时选用 4 叶 1 心，株高 10~15 cm，叶片深绿肥厚，节间短，茎秆粗壮，根系发达，无病虫害的壮苗移栽。按株距挖穴，深度苗坨与畦面齐平，随即浇水。水渗后，覆土，盖地膜。

定植后 3~5 d 用中生菌素 800 倍液+霜霉威 800 倍液+恶霉灵 800 倍液药剂灌根，防病促缓苗。

六、田间管理

（一）温度

定植后，白天棚内温度不超过 32 ℃不通风，夜间保持 15 ℃以上。缓苗后逐渐加强通风。初花期白天温度保持在 22~28 ℃，夜间保持在 15 ℃以上。第一瓜坐住后进入结果期，中国南瓜白天保持在 26~30 ℃，印度南瓜白天保持在 20~25 ℃，夜间均保持在 12~14 ℃。

（二）光照

采用透光性好的塑料薄膜扣棚，保持膜面清洁。在光照弱的季节，尽量早揭晚盖草苫，延长光照时数。夏季栽培适当遮阳减光、降温。

（三）浇水

定植水要浇足，缓苗期一般不浇水。伸蔓前期适当浇水，甩蔓后，雌花开花坐果期间严格控制水分，以促进坐瓜。瓜膨大前期保持土壤见干见湿，进入膨大盛期，浇水要勤，始终保持土壤湿润。冬季浇水宜在晴天上午进行；秋季宜在早晨或傍晚进行，并坚持小水勤浇的原则。采收前 10 d 停止浇水。

（四）追肥

在施足基肥的基础上，伸蔓期第一次追肥，每亩施尿素 4~6 kg；第二次在幼瓜坐住后，按每亩追施磷酸二铵 15 kg，或氮磷钾复合肥（15-15-15）20 kg。以后每采收 1~2 次，每亩施氮磷钾复合肥（15-15-15）20 kg。果实膨大期，可喷施 0.1%尿素加 0.3%磷酸二氢钾水溶液进行叶面追肥。

（五）植株调整

（1）整枝。一般采用单蔓整枝或双蔓整枝。单蔓整枝只留主蔓，侧蔓全部摘除。双蔓整枝除留主蔓以外，再从茎基部选留一健壮侧蔓，仍以主蔓结瓜为主。主蔓坐果一般应在第 10 片叶以上留果，每株留 2~4 个果。结果后期，可不再整枝或轻度整枝。

（2）压蔓、吊蔓。爬地栽培的南瓜，蔓长在 50~60 cm 开始压蔓，以后每隔 40~50 cm 压一次。吊蔓栽培的一般采用人字架引蔓，将蔓引到支架上用绳捆好，以后每隔 30~40 cm 捆一次。

（六）促进雌花发育、授粉或激素喷花处理

为了增加雌花数量并促进雌花发育，可喷施增瓜灵。在南瓜主蔓 6 片叶左右，主蔓摘心之前喷施。亩用每袋质量 15 g 的增瓜灵 3~4 袋，对水 15 kg 进行叶面喷施，1 d 喷 1 次，连喷 3 次。应避开下午高温期喷施，喷药前 1~2 d 浇 1 次水，用药后 7 d 方可再浇水。春季早熟栽培，应进行人工授粉。取当天开放的雄花，用毛笔轻轻地将花粉刷入干燥的小碟内，然后再蘸取混合花粉轻轻地涂在开放的雌花柱头上。人工授粉最好在 7:00~10:30

进行;也可采用熊蜂或壁蜂授粉,但蜂给南瓜授粉性价比相对不高。喷花处理可用 15 mL 坐瓜灵对水 15 kg,用手持型小型喷雾器对准雌花花蕊进行喷施。喷施过程中注意不要将药液喷溅到茎叶上。

(七)疏花、疏果与摘心

第一瓜宜选留 12 节以上的果实。进入结瓜盛期将形状好的大瓜留足后,摘除余瓜,瓜后留 6~8 片叶,打顶心。

(八)果实保护

幼瓜膨大定型后,将瓜垫起。瓜着生在低洼处,将瓜移到高处,以免烂瓜。扁形瓜应脐部向下,若需着色一致,应进行翻瓜,南瓜生长后期,要用叶片盖瓜,避免日灼。

七、病虫害防治

提倡“预防为主、综合防治”的原则。南瓜的主要病害是白粉病、病毒病、疫病,虫害主要是蚜虫、白粉虱、潜叶蝇黄守瓜、蝼蛄、地老虎。

(一)农业防治

根据当地主要病虫害控制对象,选用抗病、抗逆性、适应性强的优良品种;及时摘除病叶、病果,拔除病株。带出地块进行无害化处理,降低病虫基数;加强苗床环境调控,培育适龄壮苗。加强养分管理,提高抗逆性。加强水分管理,严防干旱或积水。结果后期摘除基部的老叶、黄叶;实行严格的轮作制度,在同一地块与非瓜类蔬菜至少隔 2~3 年再进行栽培,有条件的地区实行水旱轮作或夏季灌水闷棚;保护地栽培采用无滴消雾膜,起垄盖地膜;设施的放风口用防虫网封闭。

(二)物理防治

利用杀虫灯主要诱杀甜菜夜蛾、小菜蛾、菜螟、棉铃虫、烟青虫、潜叶蝇等。一般每棚安装一盏杀虫灯;在棚室内悬挂黄色黏虫板诱杀粉虱、蚜虫等害虫,按每亩放 30~40 块,并在棚室入口处张挂银灰色反光膜避蚜;在夏季覆盖薄膜利用太阳能进行高温闷棚,杀灭棚内及土壤表层的病、虫、菌、卵等。

(三)生物防治

积极保护利用天敌防治病虫害。有条件的可在设施内释放丽蚜小蜂控制粉虱;选用 1%武夷菌素可湿性粉剂 150~200 倍液喷雾防治灰霉病、白粉病;0.9%或 1.8%阿维菌素乳油 3 000~5 000 倍液喷雾,防治斑潜蝇、蚜虫;用 100 万单位新植霉素 3 000 倍液喷雾,防治细菌性病害;用 0.6%苦参碱 · 内脂加入 323 助剂 2 000 倍液防治蚜虫和粉虱。

(四)药剂防治

(1)猝倒病、立枯病。除用苗床撒药土外,还可用 64%恶霉灵+代森锰锌可湿性粉剂 500 倍液喷雾,或 72.2%霜霉威水剂 800 倍液喷雾。

(2)白粉病。发病初期可用 12.5%烯唑醇可湿性粉剂 2 000 倍液,或 40%氟硅唑乳油 1 500 倍液喷雾,每 7 d 喷一次,连续喷 2~3 次。

(3)灰霉病。发病初期用 25%的嘧菌酯悬浮剂 1 500 倍液喷雾,15~20 d 喷一次,连喷 2~3 次,或在发病初期用 50%腐霉利可湿性粉剂 1 500~3 000 倍液喷雾,喷 1~2 次,喷药间隔 7~15 d,或用 6.5%乙霉威粉尘剂 1 000 g/亩喷粉,或 50%腐霉利可湿性粉尘剂 50

g/亩喷粉，或用65%硫菌·霉威可湿性粉剂加水稀释800~1 500倍液喷雾。

（4）霜霉病。发病初期用25%嘧菌酯悬浮剂1 500倍液喷雾，15~20 d喷一次，连喷2~3次，或50%代森锰锌600倍液喷雾。发现中心病株后用72%霜脲锰锌可湿性粉剂600倍液，或64%甲霜灵锰锌可湿性粉剂600倍液喷雾，7~10 d喷1次，连续2~3次。

（5）蚜虫、粉虱。可选用2.5%溴氰菊酯乳油2 000~3 000倍液，或10%吡虫啉可湿性粉剂2 000倍液，或吡虫啉·茚虫威500倍液，或25%噻虫嗪水分散剂1 000倍液喷雾。

八、采收

（一）采收时期

采收依据销售要求而定，授粉后20 d可以采食嫩瓜，30 d可采收老瓜，50 d可采收面瓜，长时间储运的应在花后45~50 d采收。贝贝南瓜一般在坐果后40 d左右即可采收。印度南瓜也可采食嫩瓜，根据市场需要，待果实定个后采收。

（二）采收方法

采摘时连带瓜柄摘下，轻拿轻放，避免碰伤。贝贝南瓜田间一般以果实颜色由绿色转变为墨绿色，并且光泽度降低，果柄木质化发生网状龟裂，作为采收的标志。刚刚采收的果实口感以粉质为主，存放7~15 d以后开始变得粉糯香甜，口感更佳。采收的板栗南瓜用手指甲不易刻动，果色均匀并着生白色粉状蜡质层。红皮的鲜红亮丽，果肉甘甜。绿皮的呈暗绿色，瓜梗龟裂木质化，适宜较长时间存放。

如果储藏入库，入库前库房要提前用高锰酸钾或福尔马林进行熏蒸消毒。储藏期间如果发现感病南瓜要立即挑出，以防病害蔓延。

九、茬瓜管理

把采收完第1茬瓜的瓜蔓剪除老叶并落蔓，让打顶后保留的一个侧芽发育成为第2茬瓜的结果蔓。2茬瓜的管理和头茬瓜相同，2茬瓜雌花开放后及时授粉或喷花，每蔓留3~4个果为宜。2茬瓜坐果后及时浇水施肥，亩追施平衡型大量元素水溶肥（氮：磷：钾=20：20：20）5~7 kg，隔10 d左右再追施高钾型大量元素水溶肥（氮：磷：钾=15：5：30）15~20 kg，以促进果实膨大。2茬瓜采收后，立即拉秧，进行下一茬口的种植。

第四节　露地南瓜栽培技术

一、产地选择

选择地势高燥，排灌方便，土层深厚、疏松、肥沃的地块。

二、品种选择

选择综合性状优良，抗病性和抗逆性强的品种。种子纯度≥98%，净度≥98%，发芽率≥95%，水分≤8%。

三、播种、育苗

（一）播种期

3 月中下旬保护地播种育苗，4 月中下旬 10 cm 地温稳定在 10 ℃以上时露地定植。

（二）种子处理

播种前晒种 1~2 d，用 55 ℃的温水烫种，迅速搅动，待水温降至 30 ℃时再浸种 6~8 h，之后用清水洗净，沥干水分后用湿布包裹，置于 28~30 ℃的环境中催芽，种子 70%以上露白时即可播种。

（三）营养土配制

用肥沃大田土 6 份，腐熟圈肥 4 份，混合过筛。每立方米营养土加腐熟捣细的鸡粪 15 kg、三元复合肥（15-15-15）3 kg、50%多菌灵可湿性粉剂 80 g，充分混合均匀。

（四）苗床准备

将配制好的营养土装入 10 cm×10 cm 营养钵或纸袋中，整齐地排列于日光温室、大棚等育苗设施的育苗床上，钵与钵之间的缝隙用营养土填实，在播种前将营养钵浇透水。

（五）播种

将种子播于育苗钵中央，然后盖 1~2 cm 的消毒细土，盖好地膜。

（六）苗期管理

（1）温度。出苗前，温度保持在 28~30 ℃，晴天阳光强烈时，用遮阳网遮阳。一般 3 d 左右可以出苗，当看到南瓜 70%拱土时，便可以揭开地膜，以下午 3 时以后揭膜为宜。若有子叶“带帽”出土，及时“摘帽”。苗期温度一般控制在白天 23~25 ℃，夜间 13~15 ℃，地温以 18~20 ℃为宜。

（2）湿度。苗床湿度以干燥为宜，幼苗出现萎蔫现象时，选晴天上午及时喷营养液，以晴天上午浇水为宜。浇水后，适当通风，降低空气湿度。

（3）炼苗。秧苗成苗定植前 7 d 左右开始炼苗，控温控湿，加大通风时间和次数。

（4）壮苗标准。苗龄 25 d 左右为宜，秧苗达到 3 叶 1 心，根系发达，子叶完好，茎秆粗壮，叶色浓绿，无病虫害。

四、定植

（一）整地、做畦

定植前 10 d 左右开始整地做畦。结合翻地施足基肥。基肥用量每亩施腐熟有机肥 3 000 kg 左右，三元复合肥（15-15-15）30 kg，饼肥 150 kg。深翻 30 cm，耙细整平，做成 80 cm 和 150 cm 的大小畦，小畦作为种植南瓜的老畦，大畦作为爬蔓畦。在播种南瓜时，大畦可以先播种一些速生或早熟蔬菜。

（二）定植方法

在小畦内挖穴定植秧苗，株距 50~70 cm，浇足水后栽苗或栽苗后浇水均可，注意栽植时苗坨土面和畦面平齐。定植后覆盖地膜。

五、定植后管理

(一)整枝压蔓

(1)单蔓整枝。早熟品种宜采用单蔓整枝。及早摘除所有侧枝,只留主蔓结瓜,每株坐瓜2~3个,最后一个瓜后留5~6片叶打顶。

(2)双蔓整枝。主蔓5~6片叶时打顶,从基部选留2条健壮侧蔓,摘除其他侧蔓,每个侧蔓留1~2个瓜,最后一个瓜后留5~6片叶后打顶。

(3)压蔓。在保留的主、侧蔓上60 cm处压一道,100 cm处压第二道蔓,摘心后压最后一道。每次压蔓时开7~10 cm深的沟,将蔓压入土中1~2节。

(二)人工授粉

选择晴天上午进行。将开放的雄花摘下,涂抹雌花柱头,一般一朵雄花可以涂抹3朵雌花。

(三)留瓜

每蔓留1~2瓜,选留主蔓第8节以后的雌花坐瓜,每株坐果1~2个,其余雌花和幼果及时摘除。

(四)肥水管理

伸蔓期前,如果墒情好,一般不浇水,多中耕划锄,并向根部培土。伸蔓前期可适当浇水,伸蔓后期,雌花开花坐果前要严格控水,促进坐瓜。伸蔓期,一般不追肥。幼果坐住后,及时追肥,在南瓜老畦内撒施或沟施,每亩施腐熟有机肥500~600 kg,或三元复合肥(15-15-15)20~30 kg,然后浇水。结果中后期,可使用速效肥进行根外追肥。

(五)病虫害防治

主要病虫害有灰霉病、白粉病、炭疽病、蚜虫、蓟马、地老虎等。防治原则:按照“预防为主,综合防治”的植保方针,坚持以“农业防治、物理防治、生物防治为主,化学防治为辅”的无害化防治原则。

1.农业防治

针对当地主要病虫控制对象,选用高抗多抗的品种。创造适宜的环境条件,培育适龄壮苗,提高抗逆性;适宜的肥水;深沟高畦,严防积水;清洁田园。与非瓜类作物轮作3年以上。测土平衡施肥,增施充分腐熟的有机肥。

2.物理防治

(1)黄板诱杀。田间悬挂黄色黏虫板诱杀蚜虫等害虫。黄板规格25 cm×40 cm,每亩悬挂30~40片。

(2)银灰膜驱避蚜虫。铺银灰色地膜或张挂银灰膜膜条避蚜。

(3)杀虫灯诱杀。利用电子杀虫灯诱杀鞘翅目、鳞翅目等害虫。杀虫灯悬挂高度一般为灯的底端离地1.2~1.5 m,每盏灯控制面积一般在1.33~2.0 hm^2。

3.生物防治

优先采用浏阳霉素、农抗120、印楝素、农用链霉素、新植霉素等生物农药防治病虫害。

4. 药剂防治

(1)灰霉病。可选用40%嘧霉胺悬浮剂800倍液,或50%乙烯菌核利可湿性粉剂1 000倍液,或50%异菌脲可湿性粉剂1 000倍液,或50%腐霉利可湿性粉剂1 000倍液等喷雾防治。

(2)白粉病。可选用40%氟硅唑乳油3 000倍液,或12.5%烯唑醇可湿性粉剂1 000倍液,或20%三唑酮乳油1 500~2 000倍液,或50%嘧菌酯水分散粒剂1 500~2 000倍液,喷雾,每种药剂全生长季使用一次。

(3)炭疽病。可选用75%百菌清可湿性粉剂1 000倍液,或70%甲基硫菌灵可湿性粉剂1 000倍液喷雾防治。

(4)蚜虫。可选用5%高效率氰菊酯乳油1 000倍液,或10%吡虫啉可湿性粉剂2 000倍液喷雾防治。

(5)蓟马。可选用10%吡虫啉可湿性粉剂2 000倍液,或2.5%多杀菌素悬浮剂1 000倍液喷施防治。

(6)地老虎。可用48%毒死蜱乳油800倍液防治。

六、采收

一般以采食老瓜为主,在瓜皮变硬或出现蜡粉时采收,一般在开花后40~50 d。

第十章 黄 瓜

第一节 概 述

一、黄瓜的营养

黄瓜起源于印度,西汉张骞出使西域时引入我国,黄瓜在我国有丰富的品种资源和悠久的栽培历史,在全国各地从露地到设施,均有广泛栽培,栽培形式多样。黄瓜营养丰富,100 g 黄瓜中含水分 96.5 g、热量 12.5 kcal、蛋白质 0.6 g、脂肪 0.2 g、碳水化合物 2.5 g、纤维素 0.7 g、钙 14 mg、镁 12 mg、钾 148 mg、维生素 C 2.8 mg、叶酸 14.0 mg、维生素 A 74 mg。其中含有的葫芦素 C 可提高人体免疫功能;含有的维生素 E,可延年益寿,抗衰老;含有的丙氨酸、精氨酸和谷胺酰胺,可防治酒精中毒;含有的葡萄糖甙、果糖等可降低血糖;含有的丙醇二酸,可抑制糖类物质转变为脂肪,达到减肥效果;含有的维生素 B1,能起到安神定志的功效。

二、生物学特性

(一)植物学特征

(1)根。黄瓜的根系由主根和各级侧根组成,入土浅,主要分布在 25 cm 的土层中,侧根水平分布为主,一般集中在半径为 30 cm 的范围内。

(2)茎。黄瓜的茎呈四棱或五棱形,中空,上有刚毛,茎上每节除生有叶片外,还生有卷须、侧枝及雄花、雌花。茎横断面由外至内为表皮、厚角组织、皮层环管纤维、筛管、维管束和髓腔。

(3)叶。黄瓜叶片分为子叶和真叶两种。子叶对生,长椭圆形,叶面积不大,是苗期黄瓜主要的光合作用器官。真叶掌状浅裂,互生,叶柄较长,叶片正面和背面覆有茸毛。

(4)花。黄瓜植株上可着生雌花、雄花和两性花。花萼绿色,有刺毛,花冠为黄色,花萼与花冠均为钟状、5 裂。雌花为合生雌蕊,在子房下位,一般有 3 个心室,也有 4~5 个心室,侧膜胎座,花柱短,柱头 3 裂。黄瓜花着生于叶腋,一般雄花比雌花出现早。

(5)果。黄瓜的果实为假果,是子房下陷于花托之中,由子房与花托合并形成的。果面平滑或有棱、瘤、刺。果形为筒形至长棒状。通常开花后 8~18 d 达到成熟商品果。

(6)种子。种子长椭圆形,扁平,黄白色。一般每瓜含有 100~300 粒种子,着生于侧膜胎座上,千粒重 22~42 g。

(二)生长发育与果实形成

1.生育周期

黄瓜的生育周期可分为发芽期、幼苗期、初花期(甩条发棵期)和结果期 4 个阶段。

露地黄瓜全期需经 90~120 d,设施栽培的一般生育期较长。

(1)发芽期。从种子萌动至子叶展平,在 25~30 ℃的条件下需 5~6 d。

(2)幼苗期。从第一片真叶显露至卷须出现(大约 4 叶 1 心)为止,在适宜的条件下需约 30 d。

(3)初花期。又称甩蔓发棵期,从出现卷须至第一雌花坐住为止。一般条件下历时 15 d左右。

(4)结果期。由第一雌花坐瓜到拉秧结束,历时 30~60 d。

2.果实发育

黄瓜开花完成授粉受精,需要 4~5 h,随后进入子房膨大期。

(三)对环境条件的要求

(1)温度。黄瓜整个生育期间生长适温 15~32 ℃,白天 20~32 ℃,夜间 15~18 ℃。发芽期适温 25~30 ℃,发芽所需最低温度为 12.7 ℃,高于 35 ℃发芽率降低。幼苗期适温为白天 25~29 ℃,夜间 15~18 ℃。开花开药适温为 18~21 ℃,花粉萌发适温为 17~25 ℃,结果期适温白天 25~29 ℃,夜间 18~22 ℃。

(2)湿度。黄瓜根系入土浅,吸水力弱,只能利用表层土壤内水分。黄瓜喜湿,不耐干旱,亦不耐涝,黄瓜适宜的土壤湿度为田间最大持水量的 80%~90%,土壤含水量在 10.1%时生长停止,永久萎蔫点土壤含水量为 9%。黄瓜适宜的空气相对湿度为 80%~90%。

(3)光照。黄瓜喜光,在光合适温条件下,黄瓜的光饱和点为 600~1 100 umol/(m^2·s),补偿点为 25~60 umol/(m^2·s)。在低温条件下,黄瓜的光饱和点和补偿点均较低。

(4)气体条件。黄瓜光合作用的二氧化碳补偿点为 69 μL/L,饱和点为 1 592 μL/L。

(5)矿物质营养。每生产 1 000 kg 黄瓜需要吸收氮(N)2.8~2.9 kg、磷(P_2O_5)0.9~1.8 kg、钾(K_2O)9~10 kg,氮磷钾吸收比例为(2~3)∶1∶6,以此为施肥依据。

(6)土壤。黄瓜在 pH 5.5~7.6 范围内均能正常生长发育,但 pH 6.5 左右为最佳。

(四)产量形成

黄瓜单位面积产量由单位面积株数、单株平均果数及单果重决定。

第二节 黄瓜品种及主要特点

(1)青研黄瓜 2 号。该品种生长势强,雌花节率 84.2%,平均第一雌花节位 3.9 节,早熟。瓜短圆筒形,皮色浅绿,瓜条顺直,瓜表面光滑无棱沟,刺瘤小且稀少,瓜长 21.4 cm,横径 3.2 cm,平均单瓜重 121.2 g。果肉淡绿,质地脆嫩,口感好。耐低温性好。

早春设施栽培,2 月上中旬播种,3 月中下旬定植。一垄双行,大行距 90 cm,小行距 40 cm,每亩栽植 3 500~4 000 株。5 节以下的侧枝全打掉,上部侧枝见瓜后留 1~2 叶摘心。

(2)青研黄瓜 3 号。该品种生长势强,主蔓结瓜为主,雌花节率 86.2%,平均第一雌花节位 3.9 节,中熟。瓜短棒形,皮色绿,瓜条顺直,瓜表面光滑无棱沟,刺瘤白色,小且稀少,瓜长 18.9 cm,横径 3.2 cm,平均单瓜重 120 g。果肉淡绿,质地脆嫩,风味口感好。耐低温性好。

早春设施栽培,2月上中旬播种,3月中下旬定植。一垄双行,大行距90 cm,小行距40 cm,每亩栽植3 500~4 000株。5节以下的侧枝全打掉,上部侧枝见瓜后留1~2叶摘心。

(3)冬灵102。该品种植株长势强,秋季延迟栽培生长期150 d左右。千粒重26~29 g。叶片掌状五角形,中等大小,绿色。主蔓结瓜为主,第一雌花节位5节以下,瓜码密,雌花节率80%以上,早熟。连续坐瓜能力强。商品瓜瓜长约38 cm,把长约5.5 cm,把瓜比近1/7;单瓜重约240 g。皮深绿色,商品性好。果肉浅绿色,风味品质好。

大、中拱棚或日光温室秋延迟栽培,一般于8月上中旬穴盘播种育苗,8月下旬至9月上旬定植,亩栽3 500~4 000株。

(4)新津11号。该品种植株生长势强,秋季延迟栽培生长期约150 d。千粒重26~30 g。叶片掌状五角形。主蔓结瓜为主,第一雌花节位5~6节,雌花节率为48%。商品瓜瓜长约37 cm,把长约6.5 cm,稍细长,把瓜比1/6左右;单瓜重244 g。皮深绿色,有光泽,瘤中等大小,刺密,棱沟略浅,商品性好;果肉浅绿色,风味品质一般。

大、中拱棚或日光温室秋延迟栽培,一般于8月上中旬穴盘播种嫁接育苗,8月下旬至9月上旬定植,大小行起垄栽培,亩定植3 000~3 300株;2~3叶留1瓜,单株同时留瓜数3条左右。

(5)中农116号。该品种植株生长势中等,秋季延迟栽培生长期约150 d。千粒重28~31 g。叶片掌状五角形。主蔓结瓜为主,第一雌花节位7节左右,雌花节率37.3%。盛瓜期商品瓜瓜长约35 cm,把长5.1 cm,较粗,把瓜比约1/7;单瓜重244 g,皮深绿色、有光泽,瘤小,刺密,棱沟不明显,商品性好;果肉浅绿色,风味品质好。

大、中拱棚或日光温室秋延迟栽培,一般于8月上中旬穴盘播种育苗,8月下旬至9月上旬定植,亩栽3 300~3 500株。根瓜采收后加强肥水管理。打掉基部侧枝,中上部侧枝见瓜后留2叶掐尖。生长中后期可结合防病喷叶面肥6~10次。及时清理老叶,落秧。

(6)津优35。该品种植株长势中等,叶片中等大小,主蔓结瓜为主,瓜码密,回头瓜多,瓜条生长速度快。早熟性好,耐低温、弱光能力强。抗病,瓜条顺直,皮色深绿、光泽度好,瓜把短、刺密、无棱、瘤小。腰瓜长34 cm左右。畸形瓜率低。单瓜重200 g左右。果肉淡绿色,商品性佳。生长期长,不易早衰。适宜日光温室越冬茬及早春茬栽培。

(7)中农26。普通花性杂交种。中熟,植株生长势强,分枝中等,叶色深绿、均匀。以主蔓结瓜为主,早春第一雌花始于主蔓第3~4节,节成性高。瓜色深绿、亮,腰瓜长约30 cm,瓜把短,瓜粗3 cm左右,心腔小,果肉绿色,商品瓜率高。刺瘤密,白刺,瘤小,无棱,微纹,质脆味甜。

合理密植,亩栽3 000~3 500株。喜肥水,打掉5节以下侧枝和雌花,中上部侧枝见瓜后留2叶掐尖。生长中后期可结合防病喷叶面肥6~10次。及时清理底部老叶、整枝落蔓。

(8)绿钻3号。该品种早熟,瓜条外观商品性和丰产性好,抗病,耐低温、弱光。植株生长势较强,叶片中等大小,主蔓结瓜为主,瓜码密,该品种雌花节位较低,雌花率高。苗期不用增瓜剂和乙烯利等激素处理,丰产潜力大,亩产20 000 kg以上。瓜条生长速度快。瓜条顺直,商品性极佳,膨瓜快,畸形瓜率极低,单瓜重200 g左右,瓜色深绿、光泽度好,瓜把小于瓜长1/7,心腔小于横径1/2,刺密、无棱、瘤小,腰瓜长34 cm左右,果肉淡绿色,肉质脆甜,品质好,生长期长,不易早衰。适合东北、西北、华北地区越冬、早春温室及早春大棚栽培。

日光温室越冬茬栽培一般在9月下旬至10月上旬播种,早春茬栽培一般在12月上中旬播种,苗龄28~30 d,生理苗龄3叶1心时定植。

(9)水果黄瓜-金童。椭圆形,光滑无刺,长4~5 cm,深绿色。平均单瓜重30 g,每节1~2瓜。极早熟,节间短,株型紧凑,较耐低温,弱光,适合秋冬或者冬春茬栽培。

(10)水果黄瓜-玉女。椭圆形,光滑无刺,长4~5 cm,淡白绿,平均单瓜重30 g,每节1瓜。早熟,节间短,株型紧凑,较耐低温、弱光,适合秋冬或冬春茬栽培。

(11)久星黄瓜111 F1。中早熟杂交一代品种。适宜春、夏、秋季露地栽培。生长势强,叶深绿色,以主蔓结瓜为主,瓜码密,瓜条顺直,瓜把短,翠绿色,有光泽,瘤小,刺密,无黄头,口感脆嫩清香,品质佳,商品性状好,高抗霜霉病、白粉病、枯萎病,适应性广泛。

(12)传奇1156。该品种系育种家最新一代温室类型黄瓜科研新品种。叶量中等,低温条件下植株生长势健壮,坐瓜能力强。瓜色深绿油亮,瓜肉绿,瓜把短,白刺,刺瘤中等,无棱,几乎无黄条纹。瓜长35 cm,丰产能力突出。抗枯萎病、病毒病、霜霉病、白粉病能力较强。适合日光温室越冬茬及春秋茬保护地栽培。

(13)春秋棚宝。该品种具有早熟、抗病性强、产量高等优点。经多年多点示范推广,特别适合黄淮流域栽培。该品种植株长势强,第3~4节着生第一雌花,瓜码密,瓜条生长速度快,瓜条顺直、长棒状,瓜皮深绿色、富有光泽,刺密、白色,瓜条长35 cm左右,瓜把短,品质脆甜,口感好。平均单瓜重230 g左右,早春大棚栽培亩产量可达7 500 kg以上,喜肥水,适应性强,前期耐低温、弱光,后期耐热,抗病性好,特别抗霜霉病、枯萎病和白粉病。适合春秋大棚、春小棚栽培,春露地栽培也表现十分突出。

(14)东方明珠。早熟一代杂交品种。瓜条顺直,深绿色,瓜把短,刺较密,口感好,有清香味。抗霜霉病、白粉病能力强,适应性强,适宜在全国各地推广栽培。单瓜重200 g左右,亩产5 000~6 000 kg,适宜春、秋大棚及小棚栽培,春、秋露地栽培表现也十分突出,优于豫黄二、春四等品种。

(15)长绿四号。露地黄瓜新品种。具有早熟、抗病、丰产、商品性好、适应性广等特点。该品种植株生长势强,叶深绿色,主蔓结瓜为主,侧枝也有坐瓜能力,回头瓜多。瓜条顺直,深绿色,棒状,瓜长35 cm左右,单瓜质量220 g左右,瓜把短,果肉淡绿色、质脆、味甜、品质优。适合全国各地露地栽培。

砧木:劲力一号。黄瓜专用嫁接砧木,小黄南瓜籽,籽粒饱满。祛(脱、去)蜡粉能力强,嫁接后瓜条更加顺直、更加油亮。亲和力强,高抗枯萎病,对根结线虫也有一定的抗性。

第三节　日光温室黄瓜生产技术

一、品种选择

黄瓜栽培以日光温室为主,品种选择优质、高产、抗病抗逆性强、连续结果能力强、耐储运、商品性好、适合市场需求的品种。

二、前期准备

(1)清洁田园。清除前茬作物的残枝烂叶及病虫残体。

(2)消毒。主要采取以下消毒方法:一是硫黄熏蒸。病害发生不严重的日光温室,每亩用硫黄粉 2~3 kg 加敌敌畏 0.25 kg,拌上锯末分堆点燃,密闭熏蒸一昼夜后放风。操作用的农具同时放入室内消毒。二是石灰氮消毒。在 7 月、8 月闲置季节,在棚内开沟,每亩铺施细碎秸秆 1 000~2 000 kg 或畜禽粪便 5~10 m^3,撒施石灰氮 60~80 kg。旋耕 2 遍,深度 30 cm 以上。按照栽培作物起栽培垄,稍高出 5~10 cm。灌透水后用地膜覆盖,再盖严棚膜,闷棚 25~30 d,提温杀菌。三是土壤修复。土壤消毒后,配合施用"凯迪瑞""多利维生"等微生物菌剂、生物有机肥或复合微生物肥料等,进行土壤修复。

三、选择定植苗

从正规育苗企业选购子叶完好,茎基粗,根系发达、根色白,叶色浓绿,无病虫害,株高 10~15 cm,3~4 片叶的嫁接种苗。

四、定植前准备

(1)基肥。定植前 15~20 d,每亩施充分腐熟优质有机肥 5 000 kg、100~150 kg 饼肥、氮磷钾(15-15-15)三元复合肥 60~70 kg、微肥 25~30 kg。基肥铺施后,深翻 25 cm。

(2)起垄。起南北向双垄,垄高 15 cm,小垄宽 30 cm,小垄间距 40 cm、大垄间距 80 cm。平均垄间距为 60 cm。

五、定植

(一)定植时间

一般秋冬茬 8 月下旬至 9 月上旬,越冬茬 9 月下旬至 10 月上旬,冬春茬 12 月下旬至 1 月上旬。

(二)定植密度

选择晴天上午定植,先在垄上开沟,顺沟灌透水,然后趁水未渗下按 30~40 cm 的株距放苗,水渗下后封沟。定植 4~5 d 后顺行铺设水肥一体化微灌设施灌水。

六、定植后管理

(一)温度

缓苗期,白天 28~30 ℃,晚上不低于 18 ℃;缓苗后采用四段变温管理:8~14 时,25~30 ℃;14~17 时,25~20 ℃;17~24 时,15~20 ℃;24 时至日出,15~10 ℃。

(二)光照

采用透光性能好、耐老化的防雾无滴膜,保持膜面清洁。冬季或早春晴天时尽量早揭草苫或保温被,以增加光照时间。

（三）肥水

（1）追肥。盛果期后进行追肥，每亩追施氮磷钾（10-10-30）的复合肥 15~20 kg，以后每隔 7~10 d 冲施一次水溶化肥，每亩冲施 5~7 kg。

（2）浇水。棚内始终保持土壤的相对含水量为 70%~80%。冬季，一般 20~25 d 浇水 1 次，土壤相对含水量维持在 75%左右。春、秋季 10 d 左右灌水 1 次，土壤相对含水量维持在 80%左右。

（3）空气湿度调控。通过地面覆盖、滴灌、铺设干秸秆，以及通风排湿等措施控制日光温室空气湿度。一般缓苗期要求 80%~90%，开花结瓜期 70%~85%。

（四）植株调整

（1）吊蔓或插架绑蔓。用尼龙绳吊蔓或用细竹竿插架绑蔓。

（2）打底叶。及时去除老叶、病叶，保留 15 片叶左右。

七、病虫害防治

（一）农业防治

选用高抗、多抗的品种，控制温湿度，实行轮作，施用充分腐熟的有机肥。

（二）物理防治

风口处设置 40 目以上的防虫网；棚内悬挂（规格 25 cm×40 cm，每亩悬挂 30~40 块，悬挂高度高出植株顶部 10 cm）黄色、蓝色黏虫板；采用银灰膜避蚜。

（三）生物防治

释放丽蚜小蜂防治粉虱；可用 90%新植霉素可溶性粉剂 3 000~4 000 倍液喷雾防治细菌性病害。可用 5 亿孢子/g 的木霉菌水分散粒剂 300~500 倍液喷雾防治灰霉病。可用 0.5%印楝素乳油 600~800 倍液，或 0.6%苦参碱水剂 2 000 倍液喷雾防治蚜虫、白粉虱、斑潜蝇等。可用 2.5%多杀霉素悬浮剂 1 000~1 500 倍液喷雾防治蓟马。

（四）药剂防治

（1）霜霉病。发病初期，可用 50%嘧菌酯水分散粒剂 1 500~2 000 倍液，或 52.5%的噁酮霜脲氰水分散粒剂 1 500 倍液，或 72.2%霜霉威水剂 600 倍液，间隔 5~7 d 用药一次，连续防治 2~3 次。

（2）白粉病。可选用 40%氟硅唑乳油 3 000 倍液，或 50%嘧菌酯水分散粒剂 1 500~2 000倍液喷雾，交替用药，每 7~10 d 用药 1 次，连续防治 2~3 次。兼治黑星病。

（3）灰霉病。发病初期，用 50%嘧菌酯水分散粒剂 1 500~2 000 倍液，或 50%腐霉利可湿性粉剂 1 000 倍液，喷雾防治。

（4）靶斑病。发病初期喷洒 43%戊唑醇悬浮剂 3 000 倍液+33.5%喹啉酮悬浮剂 750 倍液+柔水通 3 000 倍液（使用时先化开此高渗剂）。鸽哈悬浮剂（25%甲基托布津+25%百菌清）600 倍液喷雾防治。

（5）流胶病。定植期用药。定植时用 77%硫酸铜钙（多宁）可湿性粉剂 600 倍液，返苗后灌第二次，隔 7 d 一次。细菌性茎基腐病和枯萎病混发时，可向茎基部喷灌 60%吡唑醚菌酯·代森联（百泰）水分散粒剂 1 500 倍液。定植后用药。除继续用以上药剂灌根外，还可涂抹甲基托布津+3%克菌康可湿性粉剂+50%琥胶肥酸铜可湿性粉剂（1∶1∶1）

配成 100~150 倍稀释液涂抹水渍状病斑及病斑四周。或 56%氧化亚铜(靠山)水分散粒剂 800 倍液,隔 5~7 d 喷雾一次,连喷 2~3 次。收获前 5 d 停止用药。

(6)蚜虫、烟粉虱、斑潜蝇。可用 25%噻虫嗪水分散粒剂 5 000~6 000 倍液,或 10%吡虫啉可湿性粉剂 1 000~2 000 倍液,喷雾防治。注意叶背面均匀喷洒。每 5~7 d 防治一次,连续防治 2~3 次。

(7)蓟马。发生初期,可用 2.5%的多杀霉素悬浮剂 1 000~1 500 倍液,或 10%吡虫啉可湿性粉剂 1 000~2 000 倍液,喷雾防治。

八、采收

适时早采摘根瓜,防止坠秧。及时分批采收,减轻植株负担,以确保商品果品质,促进后期果实膨大。

第四节 大棚黄瓜秋延后栽培技术

一、品种选择

秋延后种植的黄瓜,前期温度高,后期温度低,而播种时多数地区正值降雨多,土壤湿度大,易发生病害,所以该茬黄瓜要选择适应性强,既耐高温又对低温有较强适应能力,抗病性强的品种,如津优 1 号、津春 5 号、津 35 或中农 2 号、中农 4 号等。

二、适时播种

秋延后茬黄瓜由于在棚内适宜生长的时间有限,一般仅 90~110 d,入秋后气候逐渐下降,应尽可能在棚内有较长的栽培与采收时间。但又不能播种过早。播种过早前期温度高、光照强、雨水多,病害发生较重。加上前期市场上蔬菜供应充足,价格低,即使早上市,也不能取得较高的效益。后期随着气温的下降,市场上蔬菜种类减少,蔬菜价格会逐渐提高。因此,选择适宜的播种期,不仅便于栽培管理,又可使产品供应淡季蔬菜市场,取得较高的经济效益。

秋延茬黄瓜在华北大部分地区的适播期在 7 月底至 8 月初,黄淮地区在 8 月中旬,纬度越高,播期越早,采收可持续到 11 月上中旬,黄淮地区甚至可延续到 11 月底。

三、种子处理

秋延茬黄瓜栽培多采取催芽直播。播种前,将种子在 55 ℃温水中浸泡,并迅速搅拌,水温降至 30 ℃时,继续浸泡 4~5 h 后,搓去种子表面黏液,用清水冲洗干净,使种子吸足水分,然后滤去水分,用湿纱布或毛布包好,保持良好透气性,置于 30 ℃左右催芽 24 h 即可出芽,当芽长至种子长度一半时即可播种。秋延后茬黄瓜要求的苗龄较小,有条件的地方也可以利用穴盘育苗,但应注意在育苗床搭棚遮阴防雨。

四、整地做畦

播种或定植前，棚内亩施充分腐熟的机肥 4～5 m^3，氮、磷、钾（15-15-15）三元复合肥 25～30 kg，深翻 25 cm，整平，然后做宽 45～60 cm、高 10～15 cm 的小高畦。小高畦间路 55～60 cm。

五、播种

播种时一般尚处于多雨季节，为防止雨水浸泡种芽，种芽应播在小高畦上，按株距 25 cm、行距 40 cm 播种。每亩定植 4 500～5 000 株。若遇干旱年份，土壤墒情差时，就先浇水造墒然后播种。

六、播种后的管理

（一）间苗定苗和补苗

种芽出苗后 2 片真叶时，按行株距选留生长健壮、无病虫为害的壮苗定苗。去除病苗、弱苗、虫害苗。缺苗时移栽补苗。苗齐后，要及时中耕、松土、放墒。

（二）激素处理

秋延后茬黄瓜的幼苗处于高温季节，昼夜温差小，不利雌花的形成，若不使用激素处理，往往雌花节位高，数量稀少，影响产量。故应在幼苗 2～3 片真叶时，用 100～150 mg/L 乙烯利溶液喷洒处理幼苗，连续 2 次，既可促进雌花形成，又能起到控制幼苗徒长的作用。

（三）温度管理

大棚秋延后茬黄瓜生长前期正值高温、多雨、强光照季节，播种大棚上面要及时覆盖塑膜，以防雨水冲刷。但必须注意把大棚两侧的裙膜全部撩起或前期不设裙膜，以加强通风。棚膜在防雨的同时，还直到降温的作用。

进入 9 月下旬以后，当夜温降至 13～15 ℃时，夜间要注意防寒、保温。白天温度尽可能保持在 25～30 ℃，下午温度降至 20 ℃时，要按时关闭通风口，夜间棚内温度保持在 15～18 ℃。

（四）肥水管理

播种后至出苗前，土壤和空气温度均较好，光照强，土壤水分蒸发量大，土壤易干燥板结，为保证出苗率，应小水勤浇。出苗后适当控水、蹲苗，防止高温、高湿条件下幼苗徒长。根瓜坐住前后及时浇催瓜水，并随水冲施氮、磷、钾复合肥 15 kg 亩左右。至生长中期再追施复合肥 1/2 次。生长后期温度下降，水分消耗少，要减少浇水，可有效降低空气湿度，防止病害的发生。

（五）吊蔓与植株调整

当幼苗长至 5～6 片真叶，要及时用尼龙绳吊蔓防倒伏。在瓜坐住以前，及时摘除下部萌发的侧枝。进入吉瓜期后，随着外界气温的下降和光照减弱，植株一般不再萌发侧枝，当主蔓生长接近棚顶时，及时摘心，以促回头瓜的产生。

(六)采收

秋延后茬黄瓜一般9月下旬开始采收。前期温度高,瓜条生长快,应勤采收、防附秧。结瓜后期,市场黄瓜供应量减少,销售价格往往逐渐提高,可在不影响瓜条商品性状的前提下,适当延迟采收,以获得较高的销售价格,取得较高的经济收入。

第五节　大棚黄瓜无土栽培技术

一、品种类型及茬口

(一)品种类型

黄瓜栽培生长期较长,需要依据不同栽培期选择不同品种类型,选择植株长势强、优质、抗病,果长为15~18 cm,商品性好的迷你水果黄瓜品种,如'餐宝''夏之光''冬之光''油瓜''北斗星'(22-33)等水果黄瓜品种;应选择优质、抗病、瓜码密、油亮型的密刺黄瓜品种,如'博杰616''博美716''东方秀''喜旺'等密刺黄瓜品种。

(二)茬口安排

在选择品种类型时,需要依据不同茬口的气候特点进行合理选择。早春保护地于1月中旬育苗,苗龄约30 d,2月中旬定植,一般3月中旬至7月中旬为采收期;秋延后保护地在7月中下旬初育苗,苗龄10~15 d,8月上中旬定植,9月上旬至10月中旬为采收期。

二、椰糠消毒处理

对以规格为18 cm×10 cm×100 cm新椰糠条铺设好后,滴灌带通过椰糠条,不开排水口。用pH为5.0,EC值为3.0 mS/cm的硝酸钙溶液进行冲洗,每个椰糠袋注入处理液约18 L,静置48 h,然后开排水口。再用EC值为1.8~2.0 mS/cm的营养液进行冲洗,直到灌溉液与回液EC值一致方可定植。用江苏绿港现代农业发展有限公司提供的椰糠伴侣(对细菌、真菌、病毒等具有强烈的杀灭、内吸和保护三重功能),每亩用量500~600 g,稀释800倍后滴入待定植的椰糠中。若未达到定植时间,每天用营养液灌溉2~3次对椰糠进行维护,直到定植。对旧椰糠处理用氯溴异氰尿酸500倍液进行滴灌处理,每亩用量在4 000 L左右,静置48 h,然后用营养液冲洗,同上。

三、播种育苗

(一)种子催芽

播种前,选择晴天将种子晒1~2 d,用55 ℃温汤浸种,并不断搅拌8~10 min,降至温度28~30 ℃,继续浸种4~12 h后,将种子放在催芽箱(25~30 ℃)催芽,当黄瓜种子芽长到0.3 cm时即可。

(二)育苗基质

一般采用50孔穴盘(560 mm×330 mm×5.5 mm),每亩栽培田需育苗穴盘50孔70~80张,也可购买品氏育苗基质(丹麦进口)或蔬菜育苗专用有机营养基质。在生产上使用的一种基质配方,锯末：草炭：菇渣=6：3：1,鸡粪20 g,掺匀后将育苗基质堆放,盖上塑料薄膜闷闭 5~7 d,然后摊开晾晒,待农药味散尽再装入穴盘。

(三)适时育苗

播种前要均匀浇透育苗基质,播种时在穴盘中央打 1 cm 深孔,将催芽种子平放入穴孔中,一穴一粒,再用蛭石(0~3 mm)盖好刮平。种子播好后,将穴盘整齐地排放在苗床上并及时覆盖一层地膜,并用小拱棚盖薄膜,以利保温保湿。

四、田间管理

(一)定植前的管理

黄瓜从第一片真叶出现到 4~5 片真叶期定植前为黄瓜花芽分化和奠定前期产量的时期,此时期采取的温度管理为 12~15 ℃的夜间温度刺激雌花的花芽分化。在定植前,需要先保证椰糠基质的湿润,选择在晴天的下午进行定植,避免高温时段,有利于缓苗。

(二)定植

注意定植是用手扒开孔,平放,用椰糠围在黄瓜旁边,不能用手压,防止黄瓜茎根损伤。春季选择在 2 月 22 日左右定植,秋季在 8 月 8 日之前定植。春季定植后 5 d 内密闭棚室,以促进缓苗。秋季 3 d 后根据温度适当调节。当室内温度达到 32 ℃时开始通风,夜间温度控制在 15 ℃左右。秋季 9 月之后温差较大,应减少通风,进入 10 月后注意保温。

(三)定植后温度管理

定植后苗期昼夜温差不能太大,温度较高有利于缓苗,一般白天 25~28 ℃,夜间 20 ℃左右。待缓苗后依据不同的生长时期控制其生长温度。初花期需要逐步拉大昼夜温差,白天 25~28 ℃,夜间 16~18 ℃。结果初期白天控制在 25~26 ℃,夜间不低于 16 ℃。盛果期白天温度控制在 26~28 ℃,夜间则不低于 15 ℃。

(四)定植后光照管理

早春茬口由于日光温室内光照不足,所以在有条件的情况下可以在后墙及两侧墙体上悬挂反光幕,以提高光照强度,到了 6 月,随着温度不断升高,在晴天的 11:00~15:00 覆盖遮阳网或开风机和湿帘调整温度和光照。秋延茬由于苗期光照较强,所以在晴天的中午要适时覆盖遮阳网(根据当地气候条件进行调节),或开风机和湿帘,以降低光照强度,促进缓苗。

(五)水肥管理

采用微机控制,水肥药一体化智能控制系统进行灌溉施肥,分为 3 个溶肥桶,分别为 A 桶(A1 和 A2 肥)、B 桶(B 肥)和 C 桶(用磷酸调节 pH)。将施肥与灌水同时进行。定植后的不同时期,需要供给不同浓度的营养液,以满足黄瓜不同时期生长的营养要求。依据黄瓜生长的不同时期,采用无土栽培水肥一体化蔬菜种植专用肥,肥料分为 A1 肥(N-P-K=20-20-20)、A2 肥(N-P-K=12-4-43)、B 肥(N-P-K=12-0-0)。将 A1 肥、A2 肥和 B 肥进行调配,结合水肥一体化系统,设置不同时期的电导率(EC)、酸碱度(pH),以达到提高产量及品质的目的。

椰糠无土栽培定植后,幼苗期至花期使用黄瓜专用 A1(N-P-K=20-20-20)、B 水溶肥,要控制好 EC(可溶性离子浓度)和 pH。定植前 EC 值控制在 2.3 mS/cm,pH 控制在

6.4;8:30~16:30灌溉,间隔2 h,1 d循环3~4次,每次5 min,防止椰糠过干。若上午定植,中午需遮阳。定植1周内,8:30~16:30灌溉,间隔1.15 h,1d循环7~8次,灌溉8~9次。椰糠栽培黄瓜结果前EC值控制在2.8 mS/cm。开花要达到7片叶。灌溉液pH控制在5~5.5,EC值为1.8~2.0 mS/cm,定植初期秋延栽培为8~10次(单次85~100 mL),早春栽培为6~8次,开花期至结果期使用A1+A2和B肥料,灌溉液pH5.0~5.5,EC值为2.5~2.8 mS/cm,日出1~2 h后开始灌溉,日落前1~2 h停止灌溉。晴天情况下,每株每天灌溉施肥量为1 000~1 500 mL,依据不同天气情况合理进行调整,阴雨天可相应拉长灌溉间隔时间,减少灌溉次数。晴天温度较高时,可缩短灌溉间隔时间,增加灌溉次数,以满足不同气候天气情况下作物生长要求。

结果期至盛果期使用A1肥(N-P-K=20-20-20);A2肥(N-P-K=12-4-43);B肥(N-P-K=12-0-0)(根据长势情况对A1、A2肥料进行调整),从结果期逐步转移至盛果期的过程中,其灌溉施肥量以及肥料的浓度是需要不断进行变化和调整的。前期灌溉的pH 5~5.5,EC值为2.8~3.0 mS/cm,灌溉方式和花期至结果期相同,每次的灌溉量相应增加,每株每天灌溉1 800~2 500 mL。盛果期灌溉施肥pH 5~5.5,EC值为2.8~3.2 mS/cm,灌溉量2 000~2 500 mL,依旧按照日出1~2 h后开始灌溉,日落前1~2 h停止灌溉,寒冷季节可以适当增大EC值,天气炎热适当降低EC值。

进行田间管理时需要每天灌溉结束或灌溉开始前测量灌溉液和排出液的总量、EC值、pH,需要保证每天灌溉流出量占总灌溉量的25%~35%。当作物长势较弱时,坐果能力弱,叶大,营养器官长势旺,可以适当拉大昼夜温差。

(六)植株调整

当黄瓜植株长到6~7叶后,要及时把植株绕在吊绳上,一般2~3 d进行1次。主茎上的第1~4节位不留果,以促进营养生长,该品种黄瓜结果力强,生长过程中要进行疏花疏果。

(七)病虫害防治

采取“预防为主,综合防治”的原则,农业防治优先选用抗病品种,物理防治是在日光温室内侧的各个放风位置设置防虫网隔离层(网眼直径0.4 mm),温室前屋面接地处的防虫网用土压实,温室门设置双层防虫网。在定植前棚室采用药剂消毒,栽培行挂黄、蓝板等措施,优先采用生物防治(释放丽蚜小蜂),合理科学进行化学防治。主要发生的病害有霜霉病、白粉病、灰霉病和细菌性病害等;虫害有蚜虫、粉虱、蓟马等。

(1)霜霉病。发病初期可喷58%甲霜灵锰锌WP(可湿性粉剂)500倍液、64%杀毒矾WP400倍液、72.2%普力克水剂800倍液、72%克露WP 800~900倍液、47%加瑞农WP 800~1 000倍液、69%安克锰锌1 000倍液。傍晚棚室熏烟剂可用45%百菌清烟剂每亩用200~250 g,放4~5处。

(2)白粉病。发病初期可用70%甲基托布津WP 600~1 000倍液、40%多硫悬浮剂500倍液、50%硫黄悬浮剂200倍液,或40%福星乳油8 00~1 000倍液,或25%敌力脱乳油4 000倍液进行喷雾或绿妃(先正达公司)等药剂交替喷雾。

(3)灰霉病。发病初期可喷施速克灵、扑海因、万霉灵和用烟剂1号、3号进行防治。

(4)细菌性角斑病。发病初期可用14%络氨铜水剂300倍液,或50%甲霜铜WP 600

倍液,或60%琥乙膦铝(DTM)WP 500倍液,或34%绿乳铜500倍液、27%铜高尚悬浮剂400倍液、47%加瑞农WP 800~1 000倍液等进行防治。

(5)蚜虫和白粉虱。在棚室加装防虫网,悬挂20 cm×30 cm黄板,发病初期可喷施10%吡虫啉1 500倍液防治。

(6)蓟马。要清除杂草,加强肥水管理;田间可悬挂蓝板,发病初期可用30%啶虫脒1 500倍液,或用43%联办肼酯悬浮剂3 000倍液喷施1~2次。

(八)采收

根瓜及早采收。以水果黄瓜为例,由于其强雌性从2~3片叶即有幼瓜出现,不要留太多果,长势旺盛的可以1叶留1果,长势弱可以隔1个叶留1个果。

第六节 大棚黄瓜病虫害综合防治历

一、播种前至播种期

主要综合预防多种病害。防治措施如下:

(1)选用抗病品种。

(2)苗床消毒。可用50%多菌灵可湿性粉剂1∶100毒土,1.25 kg/m^{2}撒施,70%甲基托布津可湿性粉剂10 g/m^2,加少量土混匀撒施。

(3)种子处理。55 ℃温水浸种15 min,50%多菌灵500倍液浸种2 h。

(4)防治根结线虫病。用5%米乐尔颗粒剂5 kg/亩沟穴施。

二、出土至甩蔓期

主治枯萎病,兼治猝倒病、立枯病、疫病、炭疽病等。防治措施如下:

(1)培育壮苗,控制苗床温度,白天25~27 ℃,夜间不低于15 ℃。

(2)适当控制浇水,不能大水漫灌。

(3)发现病苗,立即拔除,带出苗床或瓜田。

(4)药剂灌根。用95%恶病灵可湿性粉剂4 000倍液,或10%双效灵水剂200倍液,或50%甲基托布津可湿性粉剂400倍液灌根,每株灌药液0.3~0.5 kg,每隔7~10 d灌1次,连灌2~3次。

三、甩蔓至收获期

主治病虫:霜霉病、灰霉病、炭疽病、细菌性角斑病,温室白粉虱等。防治措施如下:

(1)及时摘除中心病叶带出棚外集中处理。

(2)控制温、湿度。白天25~28 ℃,不超过32 ℃,夜间15~17 ℃;相对湿度,白天60%~70%,夜间90%以下。

(3)高温闷棚。棚内42~45 ℃时,维持2 h。

(4)药剂防治。发病前或初期可用80%代森锰锌500倍液,或50%多菌灵600倍液,或75%百菌清可湿性粉剂500倍液喷雾预防霜霉病。田间发现中心病株,立即摘除病叶、病果,并喷药封锁,对大田普遍喷药防治。霜霉病发病初期,可选用22.5%啶氧菌胺(阿砣)1 500倍液,或72.2%普力克水剂800倍液,或甲霜灵锰锌可湿性粉剂600倍液,69%烯酰锰锌可湿性粉剂(安克)600倍液喷雾,隔6~7 d喷1次,连喷3~4次。

炭疽病发病初期及时喷药,可用43%氟菌·肟菌酯悬浮剂(露娜森)20~30 mL/亩,或30%苯醚甲环唑+丙环唑复配剂1 500~2 000倍液,或75%百菌清可湿性粉剂600倍液防治。

防治灰霉病喷28%灰霉克可湿性粉剂500倍液,或40%嘧霉胺悬乳剂(施佳乐)800倍液,或50%速克灵可湿性粉剂800~1 000倍液,或50%扑海因可湿性粉剂。

用20%叶枯唑可湿性粉剂500~600倍液喷雾,或新植霉素4 000倍液防治细菌性病害。若有蚜虫、白粉虱,可在药液中加10%吡虫啉可湿性粉剂。

第十一章 番茄

第一节 概述

一、番茄的营养

番茄(Lycopersicon esculentum Mill.)为茄科番茄属番茄种,别名西红柿、番柿、洋柿子等。原产于南美洲的秘鲁、厄瓜多尔、玻利维亚一带。16世纪传入欧洲作为观赏栽培,17世纪才开始食用。17~18世纪传入我国。

番茄果实柔软多汁,酸甜适口,并且含有丰富的维生素C和矿质元素,深受广大消费者的喜爱。番茄红素是目前自然界中被发现的最强的一种抗氧化剂,它能保护细胞DNA免受自由基的损害,防治细胞病变、突变、癌变,从而有效预防各种癌症,还能预防和治疗心血管疾病和增强人体免疫系统功能,被誉为"植物黄金"和"神奇食品"。随着蔬菜生产的发展,番茄栽培面积不断扩大,已成为我国主要栽培的蔬菜之一。

樱桃番茄因其单穗结果类似葡萄,又称葡萄番茄、珍珠柿。樱桃番茄不仅果型小,外观似樱桃,而且品质好,糖度和维生素C含量大大高于普通番茄,故而深受人们喜爱。樱桃番茄大多属无限生长型,边生长,边结果,丰产性好。目前樱桃番茄主要作生食蔬菜、餐后水果和高级酒宴点缀装饰用,也可作为盆景栽培观赏之用。

二、生物学特性

(一)植物学特征

(1)根。番茄根系较强大,分布广而深,盛果期主根深入土壤达1.5 m以上,根展也能达2.5 m,大多根群在30~50 cm的耕作层中。根的再生能力很强,其在茎节上易生不定根。所以扦插繁殖容易成活。

(2)茎。半直立性匍匐茎。幼苗时可直立,中后期需要搭架。少数品种为直立茎。茎分枝力强,所以需整枝打杈。据茎的生长情况分为自封顶类型(一般早熟)、无限生长类型(一般中晚熟)。

(3)叶。番茄叶分子叶、真叶两种。真叶表面有茸毛,裂痕大,是耐旱性叶。早熟品种叶小,晚熟品种叶大,大田栽培叶深,设施叶小,低温叶发紫,高温下小叶内卷,叶茎上均有茸毛和分泌腺,能分泌有特殊气味的汁液,菜青虫恶之,虫害较少,有些蔬菜与番茄间、套作有减轻虫害的作用。

(4)花。总状花序或聚伞花序,完全花,花黄色。每一花序的花数一般为5~10朵,个别品种可达20余朵。自花授粉。在不良环境下,特别是低温下,易形成畸形花,易形成畸形果或落掉。个别品种或有的品种在某些条件影响下可以异花授粉,天然杂交率4%~10%。

(5)果实。果实为多汁浆果,果肉由中果皮及胎座组织构成,优良的品种果肉厚、种子腔小。果实的形状、大小、颜色、心室数因品种不同而异。栽培品种一般为多心室,心室数的多少与萼片数及果型有一定相关。萼片数多,心室数也多。心室数多少除决定于品种遗传性外,还与环境条件有关。

(6)种子。扁平略呈肾形,表面有灰色茸毛。种子成熟比果实早,一般情况下,开花授粉后 35 d 左右的种子即开始有发芽力,但胚的发育是在授粉后 40 d 左右完成,种子完全成熟是在授粉后 50~60 d。千粒重 2.7~3.3 g,生产上使用年限为 2~3 年。

(二)生长发育周期

(1)发芽期:从播种到第一片真叶出现(露心)。正常温度下需 7~9 d。种子发芽与出苗的好坏,决定于温度、水分、通气条件及覆土的厚度。在适宜的温度条件下,种子吸水需 7~8 h 才能接近饱和状态。

(2)幼苗期:由第一片真叶到现蕾。在适宜的环境条件下,幼苗期需 50~60 d。而在早起育苗中,由于温度较低和光照较弱等因素,往往需要需 60~80 d 甚至更长。

(3)开花坐果期:第一花穗现蕾到第一个果实形成,需 15~30 d。早熟品种或高温期栽培时,需时较短;而中、晚熟品种或早春低温期栽培时,需时较长。在北方地区春番茄栽培中,往往由于定植后低温、定植损伤及营养不良等因素的影响,落花落果严重,因此保花保果措施对于番茄产量形成特别是早期产量极为重要。

(4)结果期:第一果实坐住到采收完毕。这一时期的长短依栽培方式不同差别较大,春早熟栽培仅有 70~80 d,而日光温室越冬栽培可长达 7~8 个月。

(三)对环境条件的要求:

(1)温度。喜温,生长发育适温 20~25 ℃。温度小于 15 ℃,植株生长缓慢,不易形成花芽,开花或授粉受精不良,甚至落花。温度小于 10 ℃时,植株停止生长。致死温度为 -1~-2 ℃。长时间低于 5 ℃易引起低温危害。种子发芽适温 25~30 ℃,最低 12 ℃左右。

(2)光照。喜光作物,一般情况下,我国各地光照条件基本能满足番茄的生长、发育。在一定范围内,光照越强,光合作用越旺盛,番茄的光饱和点为 70 000 lx,在栽培中一般应保持 30 000 lx 以上的光照度,才能维持其正常的生长发育。番茄不同生育期对光照的要求不同,发芽期不需要光照,有光反而抑制种子发芽,降低种子发芽率,延长种子发芽时间。

(3)水分。半耐旱,但因为番茄生长量大,产量高,耗水多,所以在生长期尤其是在结果期要保证水分的供给,并要求浇水均衡,否则易裂果。

(4)土壤营养。番茄适应性强,对土壤要求不太严格,但以土层深厚、排水良好、富含有机质的肥沃土壤为宜。番茄适于微酸性土壤,pH 以 6~7 为宜。

第二节 番茄主要品种及特点

(1)灵感。山东金种子农业发展有限公司选育。保护地品种,无限生长类型。植株生长势强,初花节位 7~8 节;果实高圆形,粉红色,着色均匀,有轻微青肩,果面光滑,平均单果重150 g;畸形果率1.4%,裂果率0.74%;果实硬度18.92磅/ cm^2;可溶性固形物4.24%,风味口感较好,耐储运。12月中旬播种育苗,苗龄65 d左右,苗期注意防治番茄猝倒病和立枯病;5~6片真叶定植,定植时施足底肥,大小行栽培,大行距80 cm,小行距70 cm,株距40 cm,每亩定植2 200株左右。其他管理措施同一般同类型品种。

(2)郑研越夏红。耐热硬肉越夏栽培专用新品种,无限生长类型,植株生长势强,抗灾、抗病、抗逆性强。花量大,易坐果。果实粉红,果个大,单果重300克左右,果肉硬,不易裂果,耐储运。该品种特别适合春、夏、秋露地、高山冷凉地区越夏种植。

(3)芬欧雅。该品种系粉红果类番茄杂交一代新品种,无限生长类型。中早熟,果实高圆,色泽靓丽,商品果外形美观;单果重280~350 g,果实硬度好,耐储运;抗番茄黄化卷叶病毒(TY),抗线虫。适宜秋延迟、越冬及早春栽培。

(4)粉达。利用国外育种材料育成的保护地专用番茄品种,植株无限生长型,节间短,早熟性好,较国内温室主栽品种早熟5~7 d,果实粉红色,色泽艳丽,果形高圆形,厚皮硬肉,耐储性好,货架期长,膨果速度快,连续坐果能力强,果实均匀一致,单果重300 g左右,有很好的丰产潜力。该品种具有很强的耐低温、耐弱光能力,抗叶霉病、枯萎病,特别适合越冬温室、冬春温室大棚栽培。在山东、吉林、辽宁、河南等省区示范推广,深受农民喜爱,是目前温室番茄的换代品种。

(5)国审853(豫番茄一号新一代)。该品种是郑州市蔬菜研究所育成的替代原豫番茄一号(853)的大果型早熟、粉红果番茄一代杂交种。植株生长势强,叶片大而深绿,果大圆形,肉厚质沙,味甜,不易裂果。品质及商品性极佳。抗病耐热,高抗烟草花叶病毒病,抗早、抗晚疫病。全国区试七项指标综合评价第一,亩产可达6 000 kg,丰产田亩产可达12 000 kg。

(6)天正粉奥。山东省农业科学院蔬菜花卉研究所、寿光市新世纪种苗有限公司选育。保护地栽培品种,无限生长类型。植株生长势中等,初花节位8节;成熟果实微扁圆形,果面光滑,粉红色,着色均匀,果实无青肩,平均单果重210 g左右;畸形果率1.9%,裂果率2.1%;可溶性固形物4.6%,硬度8.6磅/ cm^2。早春栽培12月中旬播种育苗,苗龄60 d左右,苗期注意防治番茄猝倒病和立枯病;5~6片真叶定植,定植时施足底肥,大小行栽培,大行距80 cm,小行距60 cm,株距约40 cm,每亩定植2 300~2 500株。其他管理措施同一般同类型品种。

(7)平番2号。杂交一代新品种。耐低温、耐弱光,适宜日光温室和塑料大中小棚种植。高秧大红果,高圆形,果色鲜艳亮丽,光滑,果实膨大快,前期产量高,坐果整齐,果大均匀,单果重200~350 g,加强管理,亩产可高达10 000 kg以上。果皮果肉均厚,坚韧耐运,品质优良,味美适口,商品性状好,深受消费者喜爱,菜农收入高。该品种叶片稀而短,植株生长势强,极其抗病,高抗叶霉病、枯萎病、病毒病等多种病害。适应性强,露地亦可种植。

(8)牟番1号。早熟番茄一代杂种。植株生长势强,坐果率高,成熟集中,果实圆形无果肩,大小均匀,亮粉红色,硬度高,抗裂果,耐储运,高抗根结线虫病,抗花叶病毒病,抗叶霉病。平均单果质量155 g,适宜河南各地早春保护地和露地栽培,尤其适宜根结线虫病发生严重的地区栽培。

(9)郑番1203。抗番茄黄化曲叶病毒病和叶霉病粉果番茄一代杂种,无限生长类型,晚熟,叶色深绿,生长势强,7~8叶着生第1花序,花序间隔3~4片叶,节间长9~10 cm。幼果无绿果肩,果实成熟时粉红色,有光泽,硬度高,果实高圆形,整齐度好,口味酸甜,平均单果质量198 g。可溶性固形物含量4.2%,口感好,品质优良。抗番茄黄化曲叶病毒病、叶霉病等。早春种植产量6 200 kg/亩左右,秋延后种植产量4 000 kg/亩 左右,丰产性好,适宜河南、山东、河北等北方地区春秋保护地栽培。

(10)金粉218。粉红果无限生长型,较早熟。果实苹果形,大小均匀,平均单果重200~270 g,着色好,果皮光滑、无绿肩,适合精品果市场。皮厚,硬度高,耐运输,货架期长。植株长势强健,适宜早春及越冬大棚种植。

(11)金福。早熟樱桃番茄品种,无限生长型。果实椭圆形,果色金黄,光泽度好,平均单果重15~20 g。果实多汁,风味佳。植株长势旺盛,抗病性强,坐果多,产量高。

(12)万福。樱桃番茄品种,无限生长型,果实近圆形,单果重18 g左右,成熟后红色,光泽度好。果实多汁,皮韧性好,不易裂果。

(13)金棚一号。属无限生长粉果类番茄,植株生长势中等,开展度小,叶片较稀,茎秆细,节间短,主茎第七节着生一花穗,以后每隔3叶或2叶着生一花穗。硬度好。果肉厚,心室多,果芯大,耐挤压,果实硬度0.816 kg/cm^2,远高于普通鲜食粉果番茄0.4~0.5 kg/cm^{2}的水平,货架寿命长,长途运输损耗率低,深受菜商喜爱。果形好,果实高圆,似苹果形。果色好。幼果无绿肩,成熟果粉红色,均匀一般,亮度高。果面好。果洼小,畸形果、裂果、空洞果极少。风味佳。口感比较好。果实均匀度高。大小均匀,一般单果重200~250 g,特别大的和特别小的极少。综合抗性好,高抗番茄花叶病毒(ToMV),中抗黄瓜花叶病毒(CMV),高抗叶霉病和枯萎病,灰霉病、晚疫病发病率低。极少发现筋腐病。抗热性好。早熟性突出,在较低温度下坐果率高,果实膨大快。春季大棚,从开花至采收需40~50 d,比L402、毛粉802早上市10~15 d,早期产量比其高30~50%,总产量高10%左右。3穗摘心,可当作低架品种使用。适宜日光温室、大棚、中棚秋延后、春提早栽培,也可用于露地栽培。

(14)金棚M6。粉红早熟品种,高抗南方根结线虫、番茄花叶病毒,中抗黄瓜花叶病毒,在部分地区抗叶霉病、枯萎病。果实硬度显著优于金棚一号,高圆形,光泽度好,耐储耐运,货架寿命长。一般单果重可达200~250 g,大的可达300~350 g以上。连续坐果好。连续坐果能力优于金棚一号,可连续坐4~5穗果实。适宜根结线虫严重地区温室、大棚秋延后、春提早栽培。

(15)金棚1605。本品种在金棚一号的基础上提高了长势、连续坐果能力及果实硬度。耐寒性有所提高。果实无绿肩,大小均匀,高圆苹果形,表面光滑发亮,基本无畸形果。单果重200~350 g。果肉厚,耐储耐运,货架寿命长,口感风味好。高抗番茄花叶病毒(ToMV),中抗黄瓜花叶病毒(CMV),在部分地区高抗叶霉病,抗枯萎病,灰霉病、晚疫病发病率低,极少发现筋腐病。早熟性突出。叶片较稀,叶量中等,光合效率高,坐果能力强,果实膨大快。始收期可比原主栽品种早10~15 d,前期产量较其高30%~50%,总产量高10%。适宜温室、大棚春提早、越冬栽培。秋延种植时应适当晚播,并采取综合防裂果措施。

(16)硬粉8号。硬肉,耐裂,口感好。无限生长,抗ToMV、叶霉病和枯萎病。叶色浓绿,抗早衰,中熟显早,果形圆正,未成熟果显绿肩,成熟果粉红色,单果200~300 g,大果可达300~500 g,果肉硬、果皮韧性好,耐裂果,耐运输。商品果率高,坐果习性好,空穗,瞎花少,叶色浓绿,植株不易早衰。花芽分化期不要低于12 ℃,可采取控制水分来抑制营养生长,注重施用富钾肥。适合春、秋大棚和春露地、麦茬露地栽培。保护地栽培定植密度3 200株/亩左右,露地栽培3 600~3 800株/亩。

(17)瑞德佳。该品种系利用国外育种材料最新选育的无限生长类型大红果番茄品种。无限生长类型,果实高扁圆形,果实硬度高,商品果极美观,早熟性好,适应性广。植株生长势强,节间紧凑,花量大,易坐果,果实均匀,单果重200~240 g,果肉厚,极耐储运。综合抗病能力突出,适宜早春大棚栽培。

(18)钻石红1189。中果型超硬肉大红番茄新品种。该品种系无限生长类型,耐低温弱光。叶色绿,叶量中等,长势健壮,连续坐果力强。果形圆整均匀,果色大红亮丽,单果重150~180 g,大果可达200 g以上,果实硬度极佳,不易软化,货架期超长。抗病抗逆性好,适应广泛。

(19)瑞德丽。该品种系大红果类番茄杂交一代新品种,无限生长类型。中熟,果实圆形,萼片舒展,果色美观;单果重260~300 g,果实硬度好,耐储运;抗番茄黄化卷叶病毒(TY),抗线虫。适宜秋延迟、越冬及早春栽培。

(20)瑞德美。该品种系利用国外育种材料最新选育的无限生长类型大红果番茄品种。果实高扁圆形,硬度强,果实均匀,单果重180~220 g,商品果极美观。中早熟,植株生长势强,节间较为紧凑,易坐果,抗叶霉病、枯萎病、根腐病、番茄花叶病毒等病害。适宜早春保护地、春露地栽培。

(21)欧克。该品种为无限生长类型,植株生长健壮,抗细菌性叶斑病、溃疡病、早疫病、晚疫病、根腐病、灰霉病等多种病害;高抗烟草花叶病毒、黄瓜花叶病毒、条斑病毒等。果型高圆,成熟果平均单果重250 g左右,粉红色,无青皮、无青肩,着色均匀靓丽。果皮坚硬,货架期超长,可达30 d左右,特别适合长途运输和储存。中早熟,连续坐果能力突出,连结10~16穗果不早衰,前后期果实大小一致性好,商品果率可达98%以上,是出口、长途调运的首选品种。适宜秋延迟、深冬、早春保护地栽培。适宜河南、河北、山东等地区合适季节栽培。春秋季亩定植株数2 100~2 400株,保留6~7穗果;越冬一大茬2 000株。保留10穗果以上。单干整枝。

第三节　日光温室番茄安全高效栽培技术

一、选用优良棚型和设施材料

采用保温、透光、抗风雪能力强的SDⅣ(寿光)、SDⅤ型的日光温室,选择多功能PO膜、EVA功能性棚膜等新型耐老化流滴性强的棚膜,选择保温效果好、防雨雪的保温被,采用肥水一体化微滴灌设施。

二、品种选择

(1)砧木品种选择。选择耐低温、高抗根腐病、青枯病等根部病害、亲和力高的砧木品种,如强生番砧、坂砧2号、日本砧木1、日本砧木2等。

(2)接穗品种。选择优质、高产、抗病抗逆性强、耐低温弱光、连续结果能力强、耐储运、商品性好、适合市场需求的品种。

三、温室前期准备

(一)清洁田园

清除前茬作物的残枝烂叶及病虫残体。

(二)温室消毒

(1)硫黄熏蒸。病害发生不严重的日光温室,每亩用硫黄粉2~3 kg加敌敌畏0.25 kg,拌上锯末分堆点燃,密闭熏蒸一昼夜后放风。操作用的农具同时放入室内消毒。

(2)棉隆消毒。棚内土壤深耕30~40 cm,亩铺施有机肥5 000 kg,撒施棉隆30 kg左右,用旋耕机旋耕一次,灌水,使土壤湿度达到60%~70%。及时覆盖0.04 mm厚农用塑料薄膜,封闭消毒20~30 d。揭膜透气7~10 d,用旋耕机翻耕土壤,释放余下的有毒气体。定植前进行发芽安全试验,确定是否有药剂残留。

(3)石灰氮消毒。在7月、8月闲置季节,在棚内开沟,每亩铺施细碎秸秆1 000~2 000 kg或畜禽粪便5~10 m^3,撒施石灰氮60~80 kg。旋耕2遍,深度30 cm以上。按照栽培作物起栽培垄,稍高出5~10 cm。灌透水后用地膜覆盖,再盖严棚膜,闷棚25~30 d,提温杀菌。

(三)土壤修复

土壤消毒后,配合施用"凯迪瑞""多利维生"等微生物菌剂、生物有机肥或复合微生物肥料等,进行土壤修复。

四、育苗

(一)育苗设施

根据季节不同,可选用日光温室、连栋温室等育苗设施,宜采用穴盘育苗,并对育苗设施进行消毒处理。

(二)种子处理

(1)种子消毒。浸种前用10%磷酸三钠或1%高锰酸钾和50%多菌灵600倍液浸泡种子30 min,将种子捞出,用清水冲洗3~5次。

(2)浸种。将消毒洗净的种子用55 ℃温水搅拌浸烫10 min,然后用30 ℃的净水浸种4 h,捞出种子滤干水分后用消毒湿沙布将种子包好。

(3)催芽。将包好的种子放在25~28 ℃环境中催芽,一般经2~3 d即可发芽。当70%种子露白时播种。

(三)基质准备

为便于嫁接苗的管理,应采用穴盘育苗。育苗基质可按蛭石30%、草炭60%、腐熟鸡粪 10%(体积百分数)配制后,再按每立方米基质添加磨细的氮磷钾三元复合肥(15-15-15)1 kg、50%多菌灵 200 g、5%辛硫磷颗粒剂 250 g 充分拌匀,加水浸润后,以薄膜覆盖堆放 24 h,之后将其装入 72 孔穴盘。装盘时基质应距离盘口 1 cm 左右,且基质水分适宜,以手紧握指缝出水为度。

(四)播种

(1)播种期。日光温室越冬番茄的育苗时期为 7 月上旬至 9 月上旬,在此范围内的具体播种时间,可根据当地栽培习惯灵活选择。由于番茄嫁接栽培必须播种砧木及接穗 2 个品种,其各自的播种期因嫁接方法不同而异。采用劈接法嫁接,一般砧木较接穗早播 5~7 d,而采用斜切对接法,则砧、穗同时播种即可。

(2)播种方法。播种时先在育苗穴中央打深 1.5 cm 左右小洞,将催好芽的砧木种子放入洞中,每洞 1 粒,整盘播好后,均匀盖约 1 cm 厚的育苗基质,以喷壶浇透水,上覆地膜保湿,置于 25~30 ℃环境中培养。接穗种子可采用无穴平盘播种,也可直接播于没有种过茄科作物的苗床上,一般每平方米播种 1.5 g 左右。

(五)嫁接前的管理

苗期宜保持适宜温度及湿度,温度,一般白天 25~30 ℃,夜间 18~20 ℃,生长过程中,应根据苗情、基质含水量和天气情况浇水,一般一天喷 1 次透水。其间注意防治病虫害,立枯病可用 50%福美双可湿性粉剂 500 倍液防治;猝倒病可用 25%甲霜灵 1 500 倍液喷雾防治,或用以上两种药配成毒土撒施。蚜虫、温室白粉虱、美洲斑潜蝇等害虫可用 40 目以上的防虫网覆盖育苗棚室的门和通风口进行预防,少量害虫可悬挂黄板诱杀。

(六)适期嫁接

(1)嫁接时期。当砧木幼苗具 6~7 片展开真叶、茎秆直径达 0.5 cm 左右时即可进行嫁接。嫁接前一天叶面喷洒 50%多菌灵可湿性粉剂 500 倍液,嫁接时砧木与接穗苗均应干爽无露珠。嫁接场所应密闭并进行适度遮光处理,以保持高湿无风的环境。

(2)嫁接方法。目前生产上主要用劈接法,用刀片从砧木的第 2 片真叶上 1.5 cm 处水平将其上部茎叶削去,再沿切面中心向下纵切 1 cm;在接穗顶部 2~3 片展开真叶下 1.5 cm 处水平切断,并将其基部沿切口处削成长约 1 cm 的楔形,将接穗楔形插入砧木切口中,立即用嫁接夹固定好。注意砧木切口深度适宜,避免太深造成接穗与砧木接合处产生缝隙,或嫁接夹上部砧木切面反卷。

(七)嫁接苗的管理

嫁接前应先做好嫁接苗培养畦,嫁接苗培养畦应密封、避光、高湿、适温。采取边嫁接、边放苗、边覆盖的措施。嫁接初期,育苗畦温度白天 28~30 ℃,夜间 18~22 ℃,湿度 95%左右为宜,并密闭遮光 3~4 d;之后,视嫁接苗恢复生长情况逐渐在早晚见光,并通小风,以后慢慢半遮阳,视天气及生长情况,一般经 10 d 左右心叶吐绿后可除去遮阳网,进入正常管理。若发现砧木切口面发黑,应立即喷洒药剂,如 50%多菌灵可湿性粉剂 500 倍液、80%代森锰锌可湿性粉剂 800 倍液等进行喷雾。待嫁接苗接穗长出 3~4 片新叶后,即可定植。

五、定植

（一）定植前的准备

定植前 15～20 d，每亩施充分腐熟的优质有机肥 10～12 m^3，氮磷钾三元复合肥（15-15-15）50～60 kg、过磷酸钙 100 kg、生物肥 30～40 kg、微肥 25～30 kg。施肥后深耕耙平。开沟后，做成顶宽 80 cm、底宽 100 cm、高 10 cm 的小高畦，畦间道沟宽 50 cm，可沟施充分腐熟的黄豆、豆饼、花生饼、豆渣、芝麻饼等，每亩施 80～100 kg。

（二）定植方式

定植时在小高畦上按 70 cm 左右的间距开沟、浇水、栽苗，株距 40 cm，每亩栽植 2 000～2 200 株，栽后用宽幅地膜进行全地面覆盖。若采取水肥一体化方式浇水，应在覆盖地膜前，先在高畦上铺设水肥一体化设施。定植应选晴暖天气进行，若遇强冷空气或大风天气，可适当延缓种植。幼苗定植时应带嫁接夹，等到绑好第一道蔓后再取下来，防止嫁接口折断。

（三）定植后管理

（1）温度。定植到缓苗前一般不通风，温度可高些，白天可达 28～32 ℃，以促进缓苗。缓苗后，晴天的白天可控制在 20～25 ℃，夜间 16～15 ℃。进入 12 月底或 1 月初，果实开始成熟，此时白天上午 25～30 ℃，下午 24～23 ℃。夜间前半夜 16～13 ℃，后半夜 12～10 ℃，以利于果实发育成熟和着色。地温应以不低于 15 ℃为准。2 月中旬后，气温升高，必须通过通风来严格控制好昼夜温度，白天 22～28 ℃，夜间以 15～13 ℃为宜。

（2）光照。番茄是喜光作物，采用透光性好的无滴膜覆盖并及时清除膜上灰尘。越冬茬在前期坚持早揭、晚放草苫，尽量延长光照时间；深冬季节为了保证温室内的温度，可以晚揭、早放草苫。2 月后仍采用早揭、晚放草苫，尽量延长光照时间。同时要及时清洁透明覆盖材料，增加透光率。

（3）水分。番茄定植后，在浇足定植水的基础上，缓苗前要控制浇水。一般直到第一花序开花之前不要轻易浇水，植株干旱时少量浇水。从第一花序开花到第三花序开花之间，应严格控制浇水，以促使根系向土壤深层发展。当第三花序开花时，正值第一果穗果实进入膨大期，这时开始浇水，水量要足。进入 12 月中旬后，温度低，光照弱，植株生长和果实生长都较缓慢，必须适当控制浇水。2 月中旬后天气转暖，此时要选晴天上午浇水，春季大约每 15 d 浇 1 次，但要掌握“浇果不浇花”的原则，以防降低坐果率。

（4）追肥。定植后采收前，应重点以浇水和温度管理来调控底肥的肥效，必要时可顺水追用少量氮肥或复合肥。果实始收时，应进行一次大追肥，一般每亩追施磷酸二铵、尿素和硫酸钾各 15 kg。12 月中旬后到翌年 2 月，是低温期，必须强调追用硝酸铵，以尽快发挥肥效，提高效果。2 月中旬后生长加快，需肥增多，可 1 月左右追肥 1 次，每次每亩施用氮磷钾三元复合肥（16-8-18）15～20 kg。

（5）CO_2施肥。可在晴天上午 9～11 时，补充 CO_2，适宜浓度为 1 000～1 500 mg/kg。阴天或光照不足时不施或少施。施肥一般持续 1～2 h，放风前半小时结束。

六、植株调整

(一)支架(吊秧)绑蔓

为了使番茄受光均匀,应对植株进行支架或吊秧。吊秧时按番茄行距大小南北向拉12号铁丝,再在12号铁丝上按株距大小竖直拴绳,下端系于番茄茎基部,随株高的增长,将番茄绑在吊绳上。绑蔓时所用绑绳的结绳方法应采用“8”字形,番茄的茎和竹竿分别位于“8”字的两个圆环中,绑茎的环不能勒得太紧,以防影响番茄茎的加粗生长。应随植株生长连续进行多次绑蔓,使茎叶能均匀固定在支架上。

(二)整枝

整枝可根据需要,采取单秆整枝和换头整枝。单秆整枝即只保留主枝,其余侧枝摘除,注意去芽时不宜过早,4~5叶时留一叶摘除。换头整枝即在主茎第3穗花开时,在第三穗花上留2叶去顶,再在下部留一侧枝代替主枝生长,当第一侧枝第2~3穗花开时,再按上述方法去顶留枝,以此类推。

(三)打杈、摘心、去老叶

(1)打杈。番茄侧枝萌发力强,往往几个侧枝同时生长,为促进根系生长和发棵,最初打杈时间可推迟到杈长5 cm左右,以后可在1~2 cm长时及时抹去。打杈一般与绑蔓结合,要先打健株,后打病株,以防病害相互传染。

(2)摘心。根据栽培目的,果枝上的果穗长足一定数目时,果穗前留2片叶打顶,称为“摘心”。摘心后生长点停止生长,能将叶片制造的养分集中运往果实,使果实长得快、大,成熟早。

(3)去老叶。番茄生长后期,下部叶片黄化干枯,失去光合机能,影响通风透光,应将黄叶、病叶、密生叶打去,然后深埋或烧掉。但有正常机能的叶片不能摘。

七、授粉

(1)熊蜂授粉。蜂箱置于离地面1~1.4 m高。开始使用1 h内打开蜂箱两个口,在番茄盛花期,一般每亩放30~35只熊蜂,可使用2个月再更新。熊蜂对高温敏感,于上午在蜂箱和顶部放置一块浸透水的抹布,每隔2~3 h淋一次水。

(2)番茄授粉器授粉。用番茄授粉器通过振动植株,以促进花粉受精,提高坐果率。

八、疏花疏果

如果每穗花的数量太多,应将畸形花及特小花摘除,每穗保留4~5朵即可。授粉处理后,如果坐果太多,往往会造成果实大小不一,单果重量下降,影响果实品质等问题。因此,应尽早疏果,一般早熟品种每穗留果4~5个,晚熟品种留果3~4个即可。

九、病虫害防治

(一)防治原则

按照“预防为主,综合防治”的植保方针,坚持以“农业防治、物理防治、生物防治为主,化学防治为辅”的防治原则。

(二)主要病虫害

番茄的主要病虫害有猝倒病、立枯病、腐霉茎基腐病、灰霉病、早疫病、晚疫病、蚜虫、粉虱、斑潜蝇、蓟马等。

(三)农业防治

(1)选用抗病品种。选用抗黄花曲叶病毒病或多抗的品种。

(2)创造适宜的环境条件。培育适龄嫁接壮苗,提高抗逆性;适宜的肥水;深沟高畦,严防积水;清洁田园。

(3)轮作。与非茄果类蔬菜作物轮作。

(四)物理防治

(1)设置防虫网。在日光温室大棚门口和放风口设置防虫网。防虫网一般选用40目以上的银灰色网。

(2)板诱杀害虫。温室内设置黄板、蓝板,诱杀蚜虫、烟粉虱、蓟马等。黄板、蓝板悬挂于植株顶部以上 10~15 cm 处,每亩悬挂 30~40 块。黄板、蓝板规格一般为 30 cm×20 cm。

(3)银灰膜避蚜。铺设银灰色地膜或张挂银灰膜膜条驱避蚜虫。

(五)生物防治

可用90%新植霉素可溶性粉剂 3 000~4 000 倍液喷雾防治细菌性病害。可用10%多氧霉素可湿性粉剂 600~800 倍液,或木霉菌可湿性粉剂(1.5 亿活孢子/g)200~300 倍液喷雾防治灰霉病。可用 0.5%印楝素乳油 600~800 倍液,或 0.6%苦参碱水剂 2 000 倍液喷雾防治蚜虫、白粉虱、斑潜蝇等。

人工释放粉虱天敌,如丽蚜小蜂(每株成虫或者蛹 3~5 头,隔 10 d 左右放一次,共放 4 次)、草蛉(1 头草蛉可以吃掉 170 头粉虱幼虫)。

(六)药剂防治

(1)防治原则。严禁使用剧毒、高毒、高残留农药。严格按照农药安全使用间隔期用药。

(2)猝倒病。发现病株,立即拔除,并用 72.2%霜霉威水剂 800 倍液喷雾防治;进行嫁接的,在嫁接前 1 d 苗床喷施 50%百菌清可湿性粉剂 600 倍液防治。也可用 30%恶霉·甲霜灵水剂 1 500~2 000 倍液,进行苗床喷雾或浇灌防治。

(3)立枯病。发病初期,可用 50%霜脲锰锌可湿性粉剂 600 倍液喷淋防治,或 70%的甲基硫菌灵可湿性粉剂 1 000 倍液喷雾防治。

(4)腐霉茎基腐病。发病初期,可用 52.5%霜脲氰·恶唑菌酮可湿性粉剂 800 倍液,或 50%烯酰吗啉可湿性粉剂 800 倍液喷雾防治。也可用 77%氢氧化铜可湿性粉剂 200 倍液每株 150~200 mL 灌根防治。可兼治疫霉根腐病、青枯病。

(5)灰霉病。番茄灰霉病可危害茎、叶、花、果部位,以果实特别是青果发病较重。果实染病,果皮呈灰白色,并生有厚厚的灰色霉层,呈水腐状。

发病初期,用 50%嘧菌酯水分散粒剂 1 500~2 000 倍液,或 50%腐霉利可湿性粉剂 1 000倍液,或 50%异菌脲可湿性粉剂 1 000~1 500 倍液喷雾防治。隔 7~10 d 喷 1 次,连喷 2~3 次。

(6)叶霉病。主要危害叶片,严重时也可危害茎、花、果实等。叶片发病,叶背面初生白霉层,而后霉层变为灰褐色至黑褐色绒毛状。

发病初期,用18.7%烯酰·吡唑酯水分散粒剂600~800倍液,或40%氟硅唑乳油(福星)9 000倍液,或70%甲基托布津可湿性粉剂1 000倍液,或50%多菌灵可湿性粉剂600倍液,或20%武夷霉素150倍液,或25%甲霜灵可湿性粉剂700倍液喷雾防治。隔7~10 d喷1次,连喷2~3次。发病初期,每亩可用45%百菌清烟剂250~300 g点燃后熏12 h。

(7)病毒病。番茄病毒病的田间症状主要有6种:花叶型、蕨叶型、条斑型、卷叶型、黄顶型、坏死型。以前3种症状最为普遍,其中以条斑型危害最大,其次为蕨叶型。

(8)晚疫病。幼苗、茎、叶片和果实均可受害,以叶片和青果受害为重。叶片、果实染病呈暗绿色至褐色水浸状病斑,高湿时长白霉,果实一般不变软。

发病初期,可用18.7%烯酰·吡唑酯水分散粒剂600~800倍液,或72%霜脲·锰锌可湿性粉剂600~800倍液,或80%代森锰锌可湿性粉剂600~800倍液,或60%吡唑醚菌酯水分散粒剂1 000~1 500倍液,喷雾防治。可兼治叶霉病、灰霉病。

(9)蚜虫、白粉虱、斑潜蝇。可选用240 g/L螺虫乙酯悬浮剂4 000~5 000倍液,或22%氟啶虫胺腈悬浮剂(特福力)1 000~1 500倍液,或25%噻虫嗪水分散粒剂2 000~3 000倍液,或50%噻虫胺水分散粒剂2 000~3 000倍液,或25%噻嗪酮可湿性粉剂1 000~2 000倍液,或40%啶虫脒水分散粒剂3 000~4 000倍液,或70%吡虫啉水分散粒剂7 000倍液,或10%吡虫啉可湿性粉剂1 000~2 000倍液,喷雾防治。可选复配剂22%螺虫乙酯·噻虫啉悬浮剂32.7~43.6 g/亩对水、10%吡丙·醚乳油1 000~2 000倍液、5%高氯·啶虫脒可湿性粉剂2 000~3 000倍液喷雾防治。注意叶背面均匀喷洒。早上露水未干时打药效果会好一些,先从田地四周包围打药,再打中间。棚室作物可以使用烟剂,如10%氰戊菊酯烟剂400~500 g/亩、22%敌敌畏烟剂1 000 g/亩、15%吡·敌敌畏烟剂300~500 g/亩,使用发烟机施放烟雾,闷棚防治。

(10)蓟马。发生初期,可用2.5%的多杀霉素悬浮剂1 000~1 500倍液,或10%吡虫啉可湿性粉剂1 000~2 000倍液,或1.8%阿维菌素5 mL加4.5%高效氯氰菊酯15 mL对水15~20 kg喷雾,每7~10 d一次,连续2~3次。

十、采收和落蔓

当番茄果实表面80%红熟时,及时从果梗节处摘下果实,采收时间一般以早晨和傍晚为宜。当果实采收到3~4穗以上时,可摘除果实下部的老叶,将嫁接处固定好,把植株嫁接口以上部分降低高度进行落蔓,采摘后加强水肥供应,促进丰产丰收。

第四节 塑膜大棚番茄早春栽培技术

一、品种选择

选用早熟、抗病、耐寒、结果集中、丰产的品种,如西粉3号、佳粉10号、毛粉802、中杂4号、中杂9号等。

二、育苗

春大棚番茄于冬季育苗、早春定植，必须用加温温室育苗，育苗时间根据定植期、壮苗标准确定。中部地区大棚番茄于3月上旬定植，适龄壮苗要求定植时具有8片叶，第一花序现蕾，苗龄70~80 d，所以育苗期应在12月下旬到翌年1月上旬。

每亩用种子量50 g左右。播前3~4 d进行浸种催芽，用55 ℃热水浸15 min，不断搅拌至30 ℃左右时继续浸泡4~6 h，淘洗干净以后，用湿布包裹置于28 ℃催芽。每天检查2~3次，翻动种子，布发干时补充水分，经过3~4 d可全部出芽。

播种前做好苗床，填充5 cm厚营养土，加火把地温提起来。先浇足底水，渗下后撒播种子，覆土1 cm。出苗前温室白天保持25~30 ℃，夜间不低于20 ℃，3 d即可出苗，出苗后及时通风降温，防止徒长，保持白天23~25 ℃，夜温13 ℃左右。幼苗1~2片真叶时进行分苗。分苗过晚影响花芽分化。一般采用开沟分苗，用塑料营养钵、纸筒更好，营养面积8~10 cm见方。分苗后把温度提高2~3 ℃，缓苗后再次降低温度，白天不超过25 ℃，夜间10~12 ℃，加大温差，减少消耗，幼苗5~7片真叶时，进行低温锻炼，把夜温降至5~7 ℃。苗期水分管理应采取适当控制的措施，分苗后至新叶开始生长可浇1水，并覆土保墒，以后不再浇水。定植前5~7 d可浇1次透水。

三、定植

番茄对地温的要求较低，当10 cm平均地温稳定通过8 ℃以上，夜间棚内最低温度不低于5 ℃时即可定植，以3月上旬为宜，定植前15~20 d扣棚烤地。每亩施入4 000 kg腐熟农家肥、150~200 kg饼肥和75 kg过磷酸钙。土肥混均后，翻耕做高畦，采用双行栽培，及时铺上地膜。行距60 cm，株距25~28 cm，每亩4 000~4 500株。

四、管理

番茄要求较低的空气湿度，而大棚内的高湿环境和前期的低温，都影响正常的授粉受精，对坐果不利。浇水不当也极易引起落花落果。因此，定植后要根据植株长相、坐果情况，调整棚内的温湿度，使番茄坐果多、膨大快、着色早。

结果前期的管理：定植后到第一穗果膨大这一阶段，主要矛盾仍是温度。定植后3~4 d内，一般不通风或少通风，维持白天棚温度30 ℃左右，夜温12 ℃以上，并深锄培土，提高地温，加快缓苗速度。

缓苗后，适当加大通风量，降低棚内温度，白天保持20~25 ℃，夜间温度13~15 ℃，这对番茄的营养生长和生殖生长都比较有利。第一花序开放约在定植后10 d，此时要控制营养生长，处理好长秧与坐果的矛盾，使植株开花坐果整齐，减少落花落果。除加大通风防止高温外，还应控制水分，若浇水过早过大，容易造成营养生长过盛，出现落花现象。但对于早熟品种来说，本身生长势较弱，且较耐低温，容易坐果，若过分控水，反而会出现营养生长不良、植株矮小瘦弱、单果重降低的现象。所以定植时，定植水一定要浇足，经过细锄栽土之后，到坐果前一般不需要浇水。

第一穗果采收后，外界气温升高，光照充足，果实膨大速度加快，需要大量的养分和水分，同时要求较低的空气湿度，应加大通风，降温降湿。白天保持 20～25 ℃，夜间 15～17 ℃，空气相对湿度 60 %左右。

当第一穗果坐住，膨大至核桃大小时，及时浇水，以后每隔 5～7 d 浇水 1 次，浇水应选择晴天上午，浇后闭棚升温。浇水后及时中耕松土，提高地温和土壤通透性。亩追施尿素 15 kg 或腐熟人粪尿 1 000 kg。每穗果膨大时，亩追施尿素 15 kg，以后根据长势，隔 10～15 d 追肥 1 次。

番茄苗高 30 cm 时，就要吊蔓、绑蔓，以后每隔 3～4 片叶时绑蔓一次。采取单干整枝，每株留果 4～5 穗后掐尖，每穗留果 3～4 个。

第一花序坐果期间，温度尚低，往往出现因授粉受精不良而落花落果，即使结果，畸形果也很多。用浓度 15～20 mg/L 的 2,4-D 蘸花，或番茄灵 30～50 mg/kg 喷花，可有效地克服低温落花，且能促进果实膨大。激素处理必须每穗都用。果实坐稳后要适当疏花疏果，生长中后期摘除植株基部老叶和黄、病叶，以利通风透光，减少病害的发生。

五、采收与催熟

当果实进入绿熟期后，即可用乙烯利催熟，用 40 %乙烯利 500～1 000 倍液，在植株上涂抹或摘下浸果皆可。

第五节　番茄病虫害综合防治历

一、播前至播种期

主要综合预防多种病害。防治措施如下：

（1）选用抗病品种。

（2）苗床设在地势较高，排水良好的地方，采用无病菌土装钵育苗。

（3）苗床消毒。50%多菌灵可湿性粉剂 1∶100 毒土 1.25 kg/m^{2}撒施，或 70%甲基托布津可湿性粉剂 10 g/m^2，加少量土混匀撒施。

（4）种子消毒。55 ℃温水浸种 15 min，或 50%多菌灵可湿性粉剂 500 倍液浸种 30 min。

二、播种至定植期

主治病虫害：线虫病、猝倒病、立枯病等。防治措施如下：

（1）防治线虫病用 41.7%氟吡菌酰胺悬浮剂（路富达）0.024～0.03 mL/株，或 5%米乐尔颗粒剂 1.5 kg/亩沟（穴）施。或者用 20 亿/g 的活菌（淡紫紫孢菌+枯草芽孢杆菌）（护地龙）600～800 倍液，灌根、淋根、滴灌距离作物根系越近。

（2）注意保温，防止冷风或低温侵袭，预防苗期病害发生。

（3）发现少数病株及早拔除并喷药处理病穴。喷淋 95%恶霉灵可湿性粉剂 4 000～5 000倍液，或 70%甲基托布津可湿性粉剂 600～800 倍液防治立枯病、猝倒病。

三、定植至结果期

主治病虫害:病毒病、早疫病、蚜虫等。防治措施如下:

(1)发病初期喷20%病毒威可湿性粉剂500~600倍液,或20%病毒A可湿性粉剂600倍液,或1.5%植病灵乳油1 000~1 500倍液防治病毒病。

(2)发病初期用30%苯醚甲环唑+丙环唑复配剂1 500~2 000倍液,或代森锌可湿性粉剂600倍液防治早疫病,或64%杀毒矾可湿性粉剂600倍液,或50%扑海因可湿性粉剂1 000倍液防治早疫病。若有虫,将上述药液加4.5%高效氯氰菊酯1 500倍液,或22%螺虫乙酯·噻虫啉悬浮剂32.7~43.6 g/亩对水,或10%吡丙·醚乳油1 000~2 000倍液,或5%高氯·啶虫脒可湿性粉剂2 000~3 000倍液。

四、结果期

主治病虫害:晚疫病、叶霉病、灰霉病、棉铃虫、甜菜夜蛾等。防治措施如下:

(1)喷72.2%普力克水剂800倍液,或64%杀毒矾可湿性粉剂400~500倍液防治晚疫病;用30%苯醚甲环唑+丙环唑复配剂1 500~2000倍液,或47%加瑞农可湿性粉剂600倍液防治叶霉病、早疫病;用50%速克灵可湿性粉剂800~1 000倍液,或22.5%啶氧菌胺(阿砣)1 500倍液,或28%灰霉克可湿性粉剂500倍液防治灰霉病,若有虫,可在上述药液中加4.5%高效氯氰菊酯1 500倍液,或30%氯虫苯甲酰胺悬浮剂(优福宽)7 000~10 000倍液。

(2)严格控制浇水,必要时应在上午进行,尤其在花期应节制水量及次数,及时摘除病叶、病果和病枝,集中深埋。

第十二章 茄子

第一节 概况

一、茄子的营养

茄子(Solanum melongena L.)是茄科茄属植物,又称落苏、酪酥、茄瓜、昆仑紫瓜、紫膨亨。起源于亚洲东南热带地区,古印度为最早驯化地,至今印度、缅甸,以及我国海南、云南、广东、广西仍有许多茄子的野生种和近缘种。我国栽培茄子历史悠久,类型和品种繁多,全国各地普遍栽培。

茄子含有丰富的蛋白质、脂肪、维生素、钙、磷、铁等营养成分,还含有多种生物碱,经常食用,有降低胆固醇、防止动脉硬化和心血管疾病的作用,还能增强肝脏生理功能,预防肝脏多种疾病,是一种良好的保健蔬菜。

二、生物学特性

(一)植物学特征

(1)根。茄子根系发达,由主根和侧根构成。根系一般呈纵向发展,主根粗而强壮,垂直生长旺盛,主根入土可达1.3~1.7 m,横向伸长可达1.0~1.3 m,主要根群分布在35 cm以内的土层中;根系木质化较早,不定根发生能力较弱,与番茄比较,根系再生能力差,不宜多次移植;根系对氧要求严格,土壤板结影响根系发育,地面积水能使根系窒息,地上部叶片萎蔫枯死。

(2)茎。茎直立、粗壮、木质化,在热带是灌木状直立多年生草本植物。分枝习性为假二杈分枝即按$N=2x$(N为分枝数,x为分枝级数)的理论数值不断向上生长。每一次分枝结一次果实,按果实出现的先后顺序,习惯上称之为门茄、对茄、四母斗、八面风、满天星,实际上,一般只有1~3次分枝比较规律。下层果实采收不及时,上层分枝的生长势减弱,分枝数减少。

(3)叶。单叶互生,叶椭圆形或长椭圆形。茄子叶片(包括子叶在内)形态的变化与品种的株型有关,株型紧凑、生长高大的一般叶片较狭;而生长稍矮、株型开张的叶片较宽。茎、叶颜色也与果色有关,紫茄品种的嫩枝及叶柄带紫色,白茄和青茄品种呈绿色。

(4)花。两性花,花瓣5~6片,基部合成筒状,白色或紫色。开花时,花药顶孔开裂散出花粉,花萼宿存,上具硬刺。根据花柱的长短,可分为长柱花、中柱花及短柱花。长柱花的花柱高出花药,花大色深,为健全花,能正常授粉,有结实能力。中柱花的柱头与花药平齐,能正常授粉结实,但授粉率低。短柱花的柱头低于花药,花小,花梗细,为不健全花,一般不能正常结实。茄子花一般单生,但也有2~3朵簇生的。簇生花通常只有基部一朵完全花坐果,其他花往往脱落,但也有同时着生几个果的品种。茄子在长出3~4片叶时进行花芽分化,分苗时要避开此时期。茄子一般是自花授粉,晴天7~10时授粉,阴天下午才授粉;茄子花寿命较长,花期可持续3~4 d,夜间也不闭花,从开花前1 d到花后3 d内都有受精能力,所以日光温室冬春茬茄子虽然有时温度很低,但仍能坐果。

(5)果实。浆果,果皮、胎座的海绵组织为主要食用部分。果实形状、颜色因品种而异。圆茄品种果肉致密,细胞排列呈紧密结构,间隙小;长茄品种果肉细胞排列呈松散状态,质地细腻。

(6)种子。茄子种子发育较晚,一般在果实将近成熟时才迅速发育和成熟。种子为扁圆形或卵圆形,黄色,新种子有光泽。千粒重4~5 g,种子寿命4~5年,使用年限2~3年。

(二)生育周期及特性

(1)发芽期:从种子萌动至第一片真叶出现为止,需10~13 d。播种后注意提高地温。

(2)幼苗期:从第一片真叶出现至门茄现蕾,需50~60 d。幼苗于3~4片真叶时开始花芽分化,花芽分化之前,幼苗以营养生长为主,生长量很小;从花芽分化开始转入生殖生长和营养生长同时进行,这一阶段幼苗生长量大。分苗应在花芽分化前进行,以扩大营养面积,保证幼苗迅速生长和花器官的正常分化。

(3)开花坐果期:从门茄现蕾至果实坐住(门茄"瞪眼"),需10~15 d。茄子果实基部近萼片处生长较快,此处的果实表面开始因萼片遮光不见光照呈白色,等长出萼片外见光2~3 d后着色。其白色部分越宽,表示果实生长越快,这一部分称"茄眼睛"。在开始出现白色部分时即为"瞪眼"开始,当白色部分很少时,表明果实已达到商品成熟期了。

(4)结果期:从门茄坐果到拉秧为结果期。门茄坐果以后,茎叶和果实同时生长,光合产物主要向果实输送,茎叶得到的同化物很少。这时要注意加强肥水管理,促进茎叶生长和果实膨大;对茄与"四母斗"结果期,植株处于旺盛生长期,对产量影响很大,尤其是设施栽培,这一时期是产量和产值的主要形成期;"八面风"结果期,果数多,但较小,产量开始下降。每层果实发育过程中都要经历现蕾、露瓣、开花、瞪眼、果实商品成熟到生理成熟几个阶段。

(三)对环境条件的要求

(1)温度。茄子原产于热带,喜较高温度,是果菜类中特别耐高温的蔬菜。生长发育适温为22~30 ℃。温度低于20 ℃植株生长缓慢,果实发育受阻;15 ℃以下引起落花落果;10 ℃以下停止生长。种子萌发的适宜温度为25~30 ℃,根系生长的最适温度为28 ℃。花芽分化适宜温度为日温20~25 ℃,夜温15~20 ℃。在一定温度范围内,温度稍低,花芽分化稍有迟延,但长柱花多;反之,高温下花芽分化提前,但中柱花和短柱花比例增加,尤其在高夜温下(高于20 ℃)影响更为显著,落花增加。

(2)光照。茄子对光照条件要求较高,光饱和点为40 klx,补偿点为2 klx。光照弱或光照时数短,光合作用能力降低,植株长势弱,花的质量降低(短柱花增多),果实着色不良,故日光温室栽培茄子要合理稀植,及时整枝,以充分利用光能。

(3)水分。茄子根系发达,较耐旱,但因枝叶繁茂,开花结果多,故需水量大,适宜土壤湿度为田间最大持水量的70%~80%,适宜空气相对湿度为70%~80%,空气湿度过高易引发病害。茄子对水分的要求,不同生育阶段有差异。门茄坐住以前需水量较小,盛果期需水量大,采收后期需水少。日光温室茄子栽培,温度与水分往往发生矛盾,为保持地温,不能大量灌水,但水分还要满足植株生长发育需求。水分不足,植株易老化,短柱花增多,果肉坚实,果面粗糙。茄子根系不耐涝,土壤过湿,易沤根。

(4)土壤营养。茄子对土壤适应性较广,各种土壤都能栽培,适宜土壤 pH 为 6.8~7.3。但以在疏松肥沃、保水保肥力强的壤土上生长最好。茄子生长量大,产量高,需肥量大,尤以氮肥最多,其次是钾肥和磷肥。整个生长期施肥原则是前期施氮肥和磷肥,后期施氮肥和钾肥,氮肥不足,会造成花发育不良,短柱花增多,影响产量。一般每生产 1 000 kg 茄子,需吸收氮 3.0~4.0 kg、磷 0.7~1.0 kg、钾 4.0~6.6 kg。

第二节　茄子主要品种及特点

(1)王牌 2011。中早熟茄子杂交一代,该品种生长势强,坐果密,萼片黑紫色,果实粗直棒状,果长 30 cm 左右,横茎 8 cm 左右,平均单果重 600 g,最大可达 1 000 g,果色黑紫艳丽,颜色不受光照强弱影响,自始至终油黑亮丽,无阴阳面,无青头顶,商品性居同类品种领先水平,果肉淡绿色,口感好,果肉组织致密,耐储运,货架期长,抗逆性强,耐病,高产。是早春、拱圆棚等春提早栽培专用品种。

(2)齐鲁长茄二号。中熟杂交一代茄子品种,生长势强,植株高大,茎秆粗壮,直立性好,连续坐果力强。萼片紫色,果实长直棒状,顺直美观,果长 30~36 cm,横茎 6~8 cm,平均单果重 600 g。果色黑亮,颜色不受光照影响(高温、低温下着色均匀,无阴阳面),商品性好。果肉淡绿色,籽少,口感佳,果肉抗氧化性好,果实坚致细密,耐储运。耐高温、耐低温,生长期长,耐病,高产。

(3)周杂二号(白花大青茄)。生育期 169 d,春季露地定植至始收 52 d,属中早熟品种类型。植株生长势强,抗逆性强,平均株高 85.9 cm,开展度 81.5 cm,第一花序平均着生节位 7 节。果实卵圆形,果实绿色,果皮绿色,果肉绿白色,平均单果重 0.5 kg,坐果率高,丰产性好,果面光滑,商品性好,前后期果实基本一致。该品种抗青枯病,高抗绵疫病和黄萎病。耐低温、耐弱光。适宜河南各地早春保护地和露地种植,也可作黄淮地区秋延后栽培。

(4)盛圆六号。杂交一代早熟圆茄品种,第 6~7 节着生第一果。果实近圆球形,色泽黑亮,单果重 550~850 g,果脐小,商品性佳。果肉浅绿白色,肉质致密、细嫩,品质好。植株长势中等,适宜早春保护地及露地栽培。

(5)郑研早青茄。青茄品种。该品种株高 60 cm 左右,生长健壮,枝条粗硬,叶色深绿,抗病性强。果实灯泡形,单果重 260 g 左右,大者可达 360 g 以上,皮色青绿光亮,肉质细嫩,籽粒少,风味好。

(6)郑研紫冠。超大果型紫茄品种,该品种早中熟,第 9 节位着生门茄,开花后 20 d 即可采收上市。果实高圆形,果型超大,一般单果重 1~2 kg,大果可达 3 kg,皮色紫黑油亮,着色均匀,不易出现花皮现象,外观漂亮,不易老化。肉质细腻洁白,切开后不易变褐,籽粒少,味微甜带清香,口感好。果皮较厚,适合长途运输,综合抗病性好,适应性广泛。

亩产可达 10 000~15 000 kg。

（7）贝美 F1。该品种植株直立，节间短，侧枝多，挂果多，长势强，抗病性好。熟性早，易栽培，好管理，定植后约 50 d 后可采果上市。果色紫黑油亮，质地细腻，果长 30 cm 左右，最长可达 40 cm，果粗 4 cm 左右，果重 180 g 左右，长条状，商品性佳。适宜温室大棚作高效栽培。

（8）郑研早紫茄。果实灯泡形，皮色黑紫发亮，肉质细腻，籽粒少，品质好，单果重 1.1 kg。比西安绿茄、糙青茄早熟 5~7 d，适合春保护地及露栽培。

（9）郑茄 2 号。紫茄一代杂种。中早熟，生育期 176.3 d，植株生长势强，平均株高 85.5 cm，开展度 79.0 cm，第一花序着生于 8 叶节；果实近圆形，果皮紫黑色，果肉浅绿白色，果实平均纵径 12.6 cm，平均横径 13.0 cm，平均单果重 0.56 kg；抗逆性强，抗青枯病、高抗绵疫病和黄萎病；每亩产量 4 500~5 000 kg，适宜在河南省早春保护地和露地栽培。

（10）东方长茄。属早熟品种。植株开展度大，花萼、叶片中等大小，萼片无刺，果实长形，长 25~35 cm，直径 6~9 cm，呈紫黑色，质地光滑油亮，绿把、绿萼，单果重 400~450 g。丰产性好，生长速度快，采收期长，货架时间长，周年栽培每亩产量在 18 000 kg 以上。适合秋冬温室和早春保护地栽培。

（11）布利塔。该品种属于无限生长型，花紫色，花萼小，果实长形，绿色萼片，绿把，果面紫黑，质地光滑油亮，长 22~35 cm，直径 4~7 cm，耐低温、耐弱光，抗病性强，生长速度快，采收期长，丰产性好，单果质量 150 g 左右，平均产量 5 135 kg/亩左右。

（12）新乡糙青茄。该品种株高 80~90 cm，开展度 60~70 cm，茎绿色，叶卵圆形，初花节位 7~8 片叶，果实卵圆形，果皮青绿白色，肉质细嫩，品味佳，单果重 350 g 左右，最大果重 500 g 以上，从开花到嫩果采收 25 d 左右，一般亩产 5 000~6 000 kg，适合早春露地和保护地栽培。

（13）洛阳青茄。早熟性好，6~8 节显蕾。门茄花蕾发育好，坐果率高。果实卵圆形，色油绿、质细嫩，籽少，品质优。门茄果重 300~400 g，对茄大果达 1 000 g。亩产 5 000~7 000 kg。保护地、露地栽培均可。

第三节　日光温室茄子安全高效栽培技术

一、选用优良棚型和设施材料

采用保温、透光、抗风雪能力强的 SDⅣ（寿光）、SDⅤ型的日光温室；选择多功能 PO 膜、EVA 功能性棚膜等新型耐老化流滴性强的棚膜；选择保温效果好、防雨雪的保温被；采用肥水一体化微滴灌设施。

二、品种选择

（1）砧木品种选择。茄子砧木多以野生材料为主，托鲁巴姆、圣托斯、托托斯加、刺茄等砧木对南方根结线虫达高抗水平，刺茄、刚果茄、托托斯加、圣托斯、赤茄、北农茄砧、托鲁巴姆、超脱茄砧等茄子砧木抗冷性强。

(2)接穗品种。选择优质、高产、抗病抗逆性强、耐低温、耐弱光、连续结果能力强、耐储运、商品性好、适合市场需求的品种。种植紫色圆茄或卵圆茄类型的可以选择郑研早紫茄、郑研紫冠等品种;种植紫长茄类型的可以选择贝美、东方长茄、布利塔等品种;种植绿色茄子类型的可以选择郑研早青茄、新乡糙青茄、郑茄1号、绿油油等品种。

三、温室前期准备

(一)清洁田园

清除前茬作物的残枝烂叶及病虫残体。

(二)温室消毒

(1)硫黄熏蒸。病害发生不严重的日光温室,每亩用硫黄粉2~3 kg加敌敌畏0.25 kg,拌上锯末分堆点燃,密闭熏蒸一昼夜后放风。操作用的农具同时放入室内消毒。

(2)棉隆消毒。棚内土壤深耕30~40 cm,亩铺施有机肥5 000 kg,撒施棉隆30 kg左右,用旋耕机旋耕一次,灌水,使土壤湿度达到60%~70%。及时覆盖0.04 mm厚农用塑料薄膜,封闭消毒20~30 d。揭膜透气7~10 d,用旋耕机翻耕土壤,释放余下的有毒气体。定植前进行发芽安全试验,确定是否有药剂残留。

(3)石灰氮消毒。在7月、8月闲置季节,在棚内开沟,每亩铺施细碎秸秆1 000~2 000 kg或畜禽粪便5~10 m^3,撒施石灰氮60~80 kg。旋耕2遍,深度30 cm以上。按照栽培作物起栽培垄,稍高出5~10 cm。灌透水后用地膜覆盖,再盖严棚膜,闷棚25~30 d,提温杀菌。

(4)土壤修复。土壤消毒后,配合施用“凯迪瑞”“多利维生”等微生物菌剂、生物有机肥或复合微生物肥料等,进行土壤修复。

四、育苗

(一)播种期

日光温室早春茬茄子一般是11月中下旬播种;越冬茄子是周年生产、供应严冬和早春市场的一种栽培模式,育苗时期为7月下旬至9月上中旬,在此范围内的具体播种时间,可根据当地栽培习惯灵活选择。采用劈接法嫁接,一般砧木较接穗早播7~10 d,托鲁巴姆则需早播30 d左右。

(二)种子处理

播种前种子要经过严格的消毒(包衣种子可不消毒),未经处理的种子播种前晾晒2 d后,再用55 ℃左右的温水浸种6~8 h。如果种子可能带有病毒病,则将种子用清水浸泡2 h后,再转入10%磷酸三钠或1%高锰酸钾溶液中浸泡30 min,然后将种子捞出,用清水冲洗3~5次,再继续放入清水中浸泡4~6 h。浸种过程中应搓洗种子,去掉表面黏质,捞出种子滤干水分后用消毒湿沙布将种子包好,置入敞口的塑料袋中,放置于30~35 ℃环境中保湿催芽,一般经5 d左右即可发芽。

(三)育苗基质配制及装盘

为便于嫁接苗的管理,应采用穴盘育苗。育苗基质可按蛭石30%、草炭60%、腐熟鸡粪10%(体积百分数)配制后,再按每立方米基质添加磨细的氮磷钾三元复合肥(15-15-

15)1 kg、50%多菌灵 200 g、5%辛硫磷颗粒剂 250 g 充分拌匀,加水浸润后,以薄膜覆盖堆放 24 h,之后将其装入穴盘。装盘时基质应距离盘口 1 cm 左右,且基质水分适宜,以手紧握指缝出水为度。

(四)播种及嫁接前的管理

播种时先在育苗穴中央打深 1.5 cm 左右小洞,将催好芽的砧木种子放入洞中,每洞 1 粒,整盘播好后,均匀盖约 1 cm 厚的育苗基质,浇透水,上覆地膜保湿,置于 25~30 ℃环境中培养。接穗种子可采用无穴平盘播种,也可直接播于没有种过茄科作物的苗床上,一般每平方米播种 1.5 g 左右。

苗期宜保持适宜温度及适度,一般昼/夜温度 25~30 ℃/18~20 ℃,生长过程中,应据苗情、基质含水量和天气情况浇水,一般一天喷 1 次透水。其间注意防治病虫害,立枯病可用 50%福美双可湿性粉剂 500 倍液防治;猝倒病可用 25%甲霜灵 1 500 倍液喷雾防治,或用以上两种药配成毒土撒施。蚜虫、温室白粉虱、美洲斑潜蝇等害虫可用 40 目以上防虫网覆盖育苗棚室的门和通风口进行预防,少量害虫可张挂黄板诱杀。

(五)适期嫁接

(1)嫁接适期。当砧木幼苗具 6~7 片展开真叶、茎秆直径达 0.5 cm 左右时即可进行嫁接。嫁接前 1 d 叶面喷洒 50%多菌灵可湿性粉剂 500 倍液,嫁接时砧木与接穗苗均应干爽无露珠。

(2)嫁接方法。嫁接场所应密闭并进行适度遮光处理,以保持高湿无风的环境。目前生产上多采用劈接法进行嫁接。嫁接时先用刀片从砧木的第 2 片真叶上 1.5 cm 处水平将其上部茎叶削去,再沿切面中心向下纵切 1 cm;在接穗顶部 2~3 片展开真叶下 1.5 cm 处水平切断,并将其基部沿切口处削成长约 1 cm 的楔形,将接穗楔形插入砧木切口中,立即用嫁接夹固定好。注意砧木切口深度适宜,避免太深造成接穗与砧木接合处产生缝隙,或嫁接夹上部砧木切面反卷。

(六)嫁接苗的管理

嫁接前应先做好嫁接苗培养畦,嫁接苗培养畦应密封、避光、高湿、适温。采取边嫁接、边放苗、边覆盖的措施。嫁接初期,育苗畦昼/夜温度以 28~30 ℃/18~22 ℃,湿度 95%左右为宜,并密闭遮光 3~4 d;之后,视嫁接苗恢复生长情况逐渐在早晚见光,并小通风,以后慢慢半遮阳,视天气及生长情况,一般经 10 d 左右心叶吐绿后可除去遮阳网,进入正常管理。若发现砧木切口面发黑,应立即喷洒药剂,如 50%多菌灵可湿性粉剂 500 倍液、80%代森锰锌可湿性粉剂 800 倍液等进行喷雾。注意茄子砧木叶腋间的易萌生蘖芽,应及时打掉,以免影响正常生长。待嫁接苗接穗长出 3~4 片新叶后,即可定植。

五、定植

(1)基肥。应深翻整地并施足底肥。因砧木的根系十分发达,水肥条件要求较高,故亩施优质农家肥 10 m^3 以上、尿素 50 kg、磷酸二铵 25 kg、硫酸钾 50 kg、过磷酸钙 100 kg。

(2)定植方法。整地施肥、整平耙细后做高畦,畦高 15 cm 左右,上宽 80 cm,下宽 100 cm,过道沟宽 60 cm,株距 50 cm,定植密度 1 400~1 800 株/亩。定植前按株行距在垄上开孔,选整齐健壮的秧苗,将苗放在孔中,埋少量土后浇水,水渗下后用土封严定植孔。根系埋土不宜过深，以和苗坨齐平为宜。

越冬茬茄子一般 7 月下旬至 9 月上中旬育苗，10 月至 11 月中旬定植；早春茬茄子可于 1 月下旬至 2 月上旬定植，定植时土温需达到 15 ℃以上。具体时间根据温室保温性能及当地气候条件而定。定植后行间安装水肥一体化微灌设施，以便浇水施肥，上覆地膜提温保湿，并封好苗眼。接口处要高出地膜 3 cm 以上，以防嫁接刀口受到二次侵染，导致土传病害发生。定植时间选择晴天上午或阴天进行。

六、定植后的管理

（1）光照。茄子枝叶繁茂，株态开展，相互遮阴，光照不足，易出现植株徒长，花器发育不健壮，出现短柱花，花粉粒发育不良影响受精，果实着色不好且易产生畸形果等现象。因此，对光照要求严格，应早揭晚盖草苫，保持日光温室棚膜清洁、干净，增加透光率。特别是阴雪天也要揭开草苫见些散射光。

（2）温湿度。定植后要密闭保温，促进缓苗。缓苗后应较缓苗前有所下降，白天温度 25～30 ℃，超过 35 ℃放风。夜间 20～25 ℃，最低不能低于 20 ℃，要求空气湿度控制在 80%左右，土壤保持湿润，忌大水漫灌，宜小水勤浇，低温高湿时尽可能加强通风排湿，以减少发病机会。如天气晴好，外界温度达到 20 ℃左右，棚温超过上限 30 ℃，可适当打开前风口降温；当棚温降至 25 ℃左右及时关闭前风口，同时当天晚上放苫时上风口留有 25 cm，不要完全关闭。深冬季节保温为主，减少通风时间。到春季后，温度回升，依据天气预报，当外界最低气温保持在 15 ℃左右时可停止放苫。盛果期灌水后要加大通风量，降温排湿。随着外界气温的升高，通风量也要逐渐加大，通风时间也要延长。待植株进入结果期，外界最低气温稳定在 15 ℃左右时，进行昼夜大通风。当外界最低气温达 17 ℃左右时，撤掉棚膜，按露地栽培。

（3）肥水。定植后浇足水，一般在门茄坐果前不浇水。当门茄进入"瞪眼"期开始浇水，同时追施氮磷钾三元复合肥（15-15-15）或水冲肥，每次 15～25 kg/亩。当门茄果长至鸡蛋大小时，果实膨大速度加快，这时就要开始加大浇水量，水量以能润湿畦面或垄面为准。为防止浇水降低地温，浇水宜在晴天上午进行，采取隔沟浇水法；否则，低温过低，不利于植株和果实的正常生长，而且易发病。茄子进入盛果期，灌水量可大些，以湿润全部地面为宜，一般 5～7 d 浇一水，要根据植株长势情况合理施肥，如长势较弱，适当增加氮磷肥，隔水追肥 1 次。

（4）植株调整。嫁接茄子生长势强，砧木会萌生新的侧枝，应及时摘除，以防止消耗营养，影响茄子生长。同时，还要及时清理底部老叶和无效枝，当植株长到 40 cm 高时开始吊枝，每株只留双秆，每个节间留 1 个侧枝，每个侧枝留 1 个茄子后留 1～2 片叶去头封顶。吊绳要牢固，以防果实增加、植株重量增大而坠秧，并及时绕绳，以利各枝条均衡生长。

（5）灾害性天气时的管理。日光温室越冬长季节茄子栽培受灾害性天气威胁较大，主要危害是冬季低温和连续雨、雪天气，在外界温度较高时，中午前后要揭苫见光；注意控水和适当放风，防止室内湿度过大而发病，用粉尘剂或烟雾剂防病；久阴暴晴，注意回苫；也可采用临时加温措施防寒流袭击。

七、病虫害防治

（一）防治原则

坚持“预防为主，综合防治”的植保方针，优先采用农业措施、物理措施和生物防治措施，科学合理地利用化学防治技术，达到生产绿色食品的标准。

（二）主要病虫害

茄子的主要病害有绵疫病、褐纹病、灰霉病、果腐病，虫害有蚜虫、白粉虱、斑潜蝇、茶黄螨、红蜘蛛。

（三）农业防治

（1）选用抗病品种。根据当地主要病虫害发生及重茬种植情况，有针对性地选用高抗、多抗品种。

（2）合理布局，轮作换茬。选择2年内未种过茄果类蔬菜的地块，并实行年内轮作。

（3）加强田间管理。定植时采用高垄或高畦栽培，地膜覆盖，并通过放风、增加外覆盖、辅助加温等措施，控制各生育期的温、湿度，减少或避免病害发生；增施充分腐熟的有机肥，减少化肥用量；及时清除前茬作物残株，降低病虫基数；及时摘除病叶、病果，集中销毁。

（四）物理防治

（1）黄板诱杀。日光温室内悬挂黄（蓝）色板（25 cm×40 cm）诱杀白粉虱、蚜虫斑潜蝇等害虫，每亩悬挂30~40张。

（2）银灰膜驱避蚜虫。地面铺设银灰色地膜或张挂银灰色膜条避蚜，并在通风口设置40目以上防虫网。

（3）杀虫灯诱杀。利用电子杀虫灯诱杀鞘翅目、鳞翅目等害虫。杀虫灯悬挂高度一般为灯的底端离地1.2~1.5 m。

（五）生物防治

可用2%宁南霉素水剂200~250倍液预防病毒病；用9%农抗120水溶性粉剂1 000倍液喷雾或300倍液灌根预防猝倒病；用0.5%印楝素乳油600~800倍液喷雾防治白粉虱。

（六）药剂防治

（1）防治原则。严格执行国家有关规定，禁止使用剧毒、高毒、高残留农药。交替使用农药，并严格按照农药安全间隔期用药。

（2）苗期病害。防治猝倒病，出苗后发现病害立即用58%甲霜灵·锰锌可湿性粉剂600倍液、30%恶霉灵水剂800~1 000倍液、58%甲霜灵·锰锌可湿性粉剂600倍液等药剂喷雾防治；防治立枯病，发病初期用5%井冈霉素水剂500~800倍液、20%甲基立枯磷1 200倍液、70%甲基硫菌灵可湿性粉剂800倍液等药剂喷雾防治。

（3）绵疫病。发病初期，可用72%霜脲·锰锌可湿性粉剂500~800倍液，或64%恶霜·锰锌可湿性粉剂500~600倍液，喷雾防治。

（4）褐纹病。发病初期，用20%苯醚·咪鲜胺微乳剂2 500倍液，或58%甲霜灵·锰锌可湿性粉剂或70%代森锰锌可湿性粉剂500~700倍液，或77%氢氧化铜可湿性粉剂600~800倍液，喷雾防治。

（5）灰霉病。生物防治主要使用生物农药防控灰霉病。灰霉病发病初期，每亩用

10%多抗霉素可湿性粉剂 125~150 g,或 3 亿 CFU/g 哈茨木霉菌 100~166 g,或 1 000 亿芽孢/g 枯草芽孢杆菌 45~55 g,或 2 亿个/g 木霉菌可湿性粉剂 125~250 g,或 1%申嗪霉素悬浮剂 100~120 mL,对水 20~30 kg 均匀喷雾。棚室用药后要注意通风降湿。棚室亩用 45%百菌清烟剂 150 g,或 20%腐霉·百菌清烟剂 175~200 g,或 15%异菌·百菌清烟剂 250~300 g,放于棚内 4~5 处,傍晚点燃,次晨通风,隔 7~10 d 再熏 1 次;发病初期,可用 30%咯菌腈悬浮剂 9~12 mL/亩、或 50%氟啶胺水分散粒剂 27~35 g/亩,或 50%克菌丹可湿性粉剂 155~190 g/亩,或 40%啶菌·福美双悬浮剂 67~100 g/亩,或 25%腐霉·福美双可湿性粉剂 60~80 g/亩,或 30%嘧环·戊唑醇悬浮剂 40~60 mL/亩,或 43%氟菌·肟菌酯悬浮剂 30~45 mL/亩,对水 20~30 kg 均匀喷雾,或 50%嘧菌酯水分散粒剂 1 500~2 000倍液,或 50%乙烯菌核利可湿性粉剂 1 500 倍液,或 50%腐霉利可湿性粉剂 1 000~1 500倍液,或 50%异菌脲可湿性粉剂 800~1 000 倍液,喷雾防治。

(6)果腐病。发病初期喷洒 30%碱式硫酸铜悬乳剂 400~500 倍液,或 53.8%氢氧化铜 2 000 干悬乳剂 1 000 倍液,或 50%甲基硫菌灵·硫黄悬浮剂 800 倍液,喷雾防治。

(7)蚜虫、白粉虱。可用 25%噻虫嗪水分散粒剂 5 000~6 000 倍液,或 10%吡虫啉可湿性粉剂 1 000~2 000 倍液,或 5%啶虫脒可湿性粉剂 3 000 倍液,或 25%吡蚜酮可湿性粉剂 3 000 倍液,或 40%啶虫脒水分散粒剂 1 500 倍液,喷雾防治。注意叶背面均匀喷洒。也可用 20%异丙威烟剂熏杀。

(8)茶黄螨。可用 1.8%阿维菌素乳油 3 000 倍液,或 15%哒螨灵乳油 3 000 倍液,或 5%唑螨酯悬浮剂 3 000 倍液,或 24%螺螨酯悬浮剂 4 000~5 000 倍液,喷雾防治。

(9)红蜘蛛。为害初期,用 1.8%阿维菌素乳油 3 000 倍液,或 20%复方浏阳霉素乳油 1 000 倍液,或 73%克螨特乳油 2 500 倍液,或 20%氰戊菊酯乳油 1 500~2 500 倍液,喷雾防治。

(10)斑潜蝇。采用 10%灭蝇胺悬浮剂 800 倍液,或 20%阿维·杀单微乳剂 1 000 倍液,或 4.5%高效氯氰微乳剂 2 500 倍液等药剂喷雾防治。

八、采收

茄子以嫩果为产品,及时采收达商品成熟的果实对提高产量和品质非常重要。紫色和红色的茄子可根据萼片边沿白色的宽窄来判断,白色越宽说明果实生长越快,花青素来不及形成,果实嫩;果实萼片边沿没有白色间隙,说明果实变老,食用价值降低。一般在开花后 25 d 即可采收。正常情况下可每隔 2~3 d 采收 1 次。采收要及时,不留老果,以提高茄子的商品性和产量。采收果实以早晨和傍晚为宜,以保持茄子鲜嫩品质,延长市场货架期的存放时间。

第四节 塑膜大棚茄子早春栽培技术

一、品种选择

主要选择抗寒、早熟、耐病、丰产的品种,如新乡糙青茄、洛阳青茄、冀杂 5 号等。

二、培育壮苗

(1)播种期。播种时间大致在12月上中旬。采用日光温室育苗,苗龄80~90 d,当幼苗具有7~8片真叶,并有90%以上现小花蕾时定植为宜。定植时间为3月中旬。

(2)浸种催芽。茄子要求温度高,催芽时间长,用变温处理效果好。浸种时间为24 h,催芽的第1~3 d内,温度控制在30~35 ℃,3~4 d后种子开始露白时彻底用清水投洗一次,补湿和清除种皮黏液,稍晾后待种子不黏时,继续催芽,温度降至30 ℃。当80%的种子露芽时,温度降为25 ℃。催芽中,每天检查1~2次,勤翻动种子,供给氧气,同时保持种子湿度,5~6 d即可出齐芽。播种前,将种子放在12 ℃条件下2 h,进行低温炼芽。

催芽期间的管理重点是:保适温(白天25~30 ℃,16 h,夜间20 ℃,8 h左右的变温)、保湿度、勤翻动(每天翻动3~4次,以排出二氧化碳并供给新鲜氧气)。

(3)播种。可播种于育苗盘或育苗床土上。如用育苗床要提前整地、施肥。做畦后浇透水,地表水渗完后,撒一薄层过筛细潮土为底土,然后撒籽。种子撒均匀后,再撒厚1 cm的土,盖严种子,每12 m^2育苗畦用籽100 g。播种后,白天温度掌握在30~32 ℃,夜间20~22 ℃,地温16~20 ℃,当80%的种子拱土后,白天25~28 ℃,夜间保持18~20 ℃,播种后5~6 d幼苗出齐,白天温度22~26 ℃,夜间17~18 ℃。真叶出现时,为防止幼苗徒长应及时间苗1~2次,间去过密及弱苗,使株距保持为1 cm,增加光照。育苗床不宜过湿,土壤相对含水量一般为60%~80%。如果土壤水分过大,温度又低,易发生猝倒病。

(4)分苗。播种后35~40 d,幼苗长出2叶1心时,分苗于营养土或营养体内。营养土方要有充足的氮肥和磷钾肥。分苗后在苗床上面覆盖一层地膜或搭小拱棚,以利保温、保湿促缓苗。白天一般不放风,温度控制在25~30 ℃,夜间20 ℃左右。为防高温灼苗,中午要回苫,以防幼苗萎蔫,地温最好保持在18 ℃以上。待分出的幼苗长出新根、新叶,表示缓苗结束。缓苗结束时,要揭膜、放风,白天温度控制在24~28 ℃,夜间15~17 ℃。4叶1心时,白天20~25 ℃,夜间12~15 ℃。生产中,按不同生育阶段采用变温管理育苗的方法利于培育壮苗。

茄子苗期温度过高或过低,都会影响花芽分化和花器发育。苗弱会造成花芽分化晚,发育不良,短柱发花增多,落花率高,或形成门茄不长个,或长成又小又硬的"石茄子",影响前期产量。

缓苗后,要倒坨一次,以后每7~10 d倒1次。倒坨后要喷水,防止缺水造成萎蔫、僵苗,一般5~7 d喷1次水,保持营养土方湿润。定植前一周,进行大通风低温炼苗。白天温度保持在20 ℃,夜间12 ℃左右。定植前1~2 d,用水淹坨,使土坨吸足水分,利用定植后及时缓苗。

三、整地施肥

茄子栽培需要土层深厚、有机质多,保水、保肥能力强,同时又要排水良好、不积水的土壤。

茄子忌连作,应3~5年轮作一次,最好不与其他茄子吸收氮肥较多,同时还要有足够的磷肥。因此,定植前要重施农家肥,一般每亩施5 m^3,并集中沟施三元复合肥每亩施

20~25 kg。

四、定植及密度

10 cm 深土层的地温稳定在 12 ℃以上时,即可选择晴天高温时定植。定植行距 65 cm,株距 34 cm,每亩定植 3 000 株。定植可采用浅高培土的方法,即可开 17~20 cm 深的沟,栽后露坨,用粪水稳苗,浇水后及时封沟,使土坨与畦面相平。以后陆续培土做成小高垄,最好在定植浇水后及时做成小高畦并覆盖地膜,以利提高地温,促进生长发育。

五、定植后管理

(1)温度调控。茄子喜高温。苗期抗寒能力弱,花期对温度要求较高。生长期适温为 24~30 ℃。定植后,为提高温度,促进缓苗,一周内基本不放风,白天最高棚温可达 35 ℃。缓苗后,深中耕蹲苗。花期上午温度调到 25~30 ℃。高温、高湿易使茄子徒长,并影响茄子的正常授粉结实,易发生病害。因此,要加强通风降温、降湿,减少膜上水珠,增加光照。门茄采收后,外界气温升高,要加大通风量。夜间气温 15 ℃以上时,可留风口通风。盛果期,白天保持棚温度高于 30 ℃。5 月中旬,外界气温已能满足茄子生长,可将棚膜撤掉。

(2)肥水管理。茄子对肥水条件要求高,整个生育期都需要充足的肥水供应。定植水要足,最好是粪水,可防止突然高温死苗,但前期不可多浇水。墒情好、苗不缺水,一般迟浇缓苗水。缓苗水后,结合中耕适当蹲苗。门茄“瞪眼”或长至核桃大小时,应浇水追肥,加速茎叶生长,促进果实膨大。每亩施尿素 10~15 kg。以后,每隔 5~7 d 浇一次水,使田间相对保持水量保持在 80%左右。如果田间持水量不足,生长缓慢,果实无光泽。门茄采收后及盛果期,再追 3~4 次肥。化肥、粪肥交替使用。

充足的肥水条件,对茄子早熟、高产作用很大。切忌大水漫灌,以免造成死秧、泡根和病害。

(3)整枝摘心。密植摘心栽培法,是茄子早熟、丰产、增收的关键措施之一。每株留 3 个果或 5 个果时摘心。5 个果虽上市晚,但产量高;3 个果摘心,上市早,但处理不好,茄子生长势弱、产量低。因此,当门茄坐住、对茄现蕾后及时摘心,对茄上留 2~3 片叶或茄上留 1~2 个侧枝,以利增强生长势,增加光合面积,达到早熟、高产的目的。对茄采收后侧枝继续生长、结实,可延长采收期,增加总产量。茄子生长和果皮显色,需要较强的光照,应不断除去对茄以下过多的侧枝,中后期分次摘掉下部病、老、黄叶,以利通风透光,并减少养分的消耗。

(4)蘸花。大棚茄子定植较早,气温常低于 15 ℃,易造成茄子的落花、僵果。可采取生长激素蘸花的方法保果促长。使用的生长素品种有沈农丰产剂 2 号或番茄灵,使用浓度 30~40 mg/L,温度高时使用浓度低,温度低时使用浓度高。操作方法,可用毛笔把配制好的生长素蘸在花的柱头上和花柄上,或用专用喷壶将药液喷在花的柱头上。蘸花(喷花)要在晴天上午无露水时进行,以花瓣展开时为适期,忌重蘸(重喷)。每隔 2~3 d 蘸(喷)1 次。

第十三章 辣 椒

第一节 概 述

一、辣椒的营养

辣椒(Capsicum annuum L.)别名番椒、海椒、秦椒、辣茄,茄科辣椒属,一年生或有限多年生植物。原产于中南美洲的墨西哥、秘鲁等的热带地区。

辣椒在我国南北普遍栽培。辣椒果实中含有丰富的蛋白质、糖、有机酸、维生素及钙、磷、铁等矿物质,其中维生素 C 含量极高,胡萝卜素含量也较高,还含有辣椒素,能增进食欲、帮助消化。

二、生物学特性

(一)植物学特征

(1)根。辣椒为直根系,与其他茄果类蔬菜相比,主根不发达,根较细,根量小,入土浅,根系集中分布于 10~15 cm 的耕层内。根系对氧要求严格,不耐旱,又怕涝,喜疏松肥沃、透气性良好的土壤。

(2)茎。茎直立,黄绿色,具深绿色纵纹,也有的紫色,基部木质化,较坚韧,一般为双叉状分枝,也有三叉分枝。小果型品种分枝较多,植株高大,有较明显的节间,一般主茎长到 5~15 片叶时,顶芽分化为花芽,形成第一朵花。

(3)叶。单叶互生,卵圆形、披针形或椭圆形,全缘,先端尖,叶面光滑。

(4)花。完全花,单生、丛生或簇生,花冠白或绿色,花萼基部萼筒呈钟形,萼片宿存。雄蕊 5~7 枚,基部联合,花药长圆形、浅紫色,成熟散粉时纵裂;雌蕊 1 枚,子房 3~6 室或 2 室。

(5)果实。果实向上或向下,呈灯笼形、近方形、羊角形、牛角形等。果皮肉质厚薄因品种而异,一般 0.1~0.8 cm,甜椒较厚,辣椒较薄。果皮多与胎座组织分离,形成较大的空腔。辣椒种子腔多 2 室,甜椒为 3~6 室或更多。

(6)种子。种子扁平,近圆形,表皮微皱,淡黄色,千粒重 6 g 左右。

(二)开花结果习性

辣椒的花芽分化期约在种子播种后 35 d,有 4 片真叶展开时。第一朵花在播种后 60 d 左右。辣椒进入结果期后,营养生长与生殖生长的矛盾较大,正在生长的果实对植株营养生长及生殖器官的发育影响比较显著。当植株结果数增加时,新开的花质量降低,结果率下降。如将果实摘除,减少植株上的果实数或果实生长时间,花的质量提高,结果率也提高。因此,在辣椒生育前期,即结果期以前,应创造良好的栽培条件,促进营养生长旺盛,开始结果后应根据植株营养生长状态决定果实采收时期。在结果初期,由于植株营养体较小,应适当早采果,以保证整株具有较多的开花数和较高的坐果率。

(三)对环境条件的要求

(1)温度。辣椒喜温,又忌高温暴晒。种子发芽最适的温度是25~30 ℃,当温度降到15~20 ℃时发芽缓慢,低于15 ℃几乎不能发芽。开花时低于15 ℃受精不良,10 ℃以下不开花或花粉死亡会引起落花。温度上升到35 ℃以上时花粉变态或不孕,也会引起落花。生长期间适温白天25~30 ℃、夜间18~20 ℃生育最为良好。

(2)光照。辣椒对光照要求不太严格,无论日照长短都能开花结实。但日照越长着花越多,果实肥大得也越快。光饱和点约为35 klx,补偿点约为1.5 klx。

(3)水分。辣椒既不耐旱又不耐涝,对水分要求严格。在气温和地温适宜的条件下,辣椒花芽分化和坐果对土壤水分的要求,以土壤含水量相当于田间最大持水量的55%为宜。空气湿度对辣椒生长发育亦有影响,一般空气湿度在60%~80%时生长良好,坐果率高,湿度过高有碍授粉。土壤水分多,空气湿度高,易发生沤根,叶片、花蕾、果实黄化脱落;若遭水淹没数小时,将导致成片死亡。

(4)土壤营养。辣椒对土壤的酸碱性反应敏感,在中性或微酸性(pH为6.2~7.2)的土壤上生长良好。制种辣椒授粉结实后,对肥水要求较高,最好选择保水保肥、肥力水平较高的壤土。辣椒对氮、磷、钾肥料均有较高的要求,此外还需要吸收钙、镁、铁、硼、钼、锰等多种微量元素。在整个生育阶段,辣椒对氮的需求最多,占60%;钾次之,占25%;磷占15%。足够的氮肥是辣椒生长结果所必要的,氮肥不足则植株矮,叶片小,分枝少,果实小。但偏施氮肥,缺乏磷肥和钾肥则植株易徒长,并易感染病害。施用磷肥能促进辣椒根系发育,钾肥能促进辣椒茎秆健壮和果实的膨大。在不同的生长时期辣椒对各种营养物质的需要量不同。幼苗期需肥量较少,但养分要全面,否则会妨碍花芽分化,推迟开花和减少花数;初花期多施氮素肥料,会引起徒长而导致落花落果,枝叶嫩弱,诱发病害;结果以后则需供给充足的氮、磷、钾养分,增加种子的千粒重。

第二节 辣椒主要品种及特点

(1)驻椒20。驻马店市农业科学院选育鲜食品种。平均株高62.4 cm,株幅68.7 cm,第1花平均着生节位9.1节。果实纵径15.4 cm,横径4.8 cm,果肉厚0.31 cm,心室数2.9个;辣椒素含量7.88 mg/kg,维生素C含量75.3 mg/100 g;平均单果重量60.9 g。抗CMV,抗TMV,抗疫病,抗炭疽病,苗期耐冷性中等,生长期植株耐热性强,耐旱性中等,耐涝性中等。适宜在河南省早春保护地和露地种植。

(2)世纪红。山东省华盛农业股份有限公司选育。干制辣椒品种。苗龄40~50 d,定植至干椒采收90~120 d。植株高100~110 cm,株幅70~80 cm;门椒着生节位10~13节。果实羊角形,果长12~15 cm,果肩径2.2 cm左右,鲜椒单果重16~24 g,干椒单果重2.5~3.0 g。嫩果绿色,成熟果鲜红色,光泽度好,自然晾干速度快,商品果率高,辣味适中。植株连续带果能力强,坐果多,膨果快。干椒果皮内外红色均匀。适宜定植期4月下旬至5月上旬,大小行单株定植,大行70~80 cm,小行45~50 cm,株距30 cm左右。重施有机肥,盛果期前补施钙肥和铁肥。及时防治病虫害,红果期控制浇水,预防炭疽病。

(3)郑椒先锋(新一代)。该品种中熟,连续结果能力强,果实膨大速度快,单株坐果30~40个。果实长羊角形,果长20~28 cm,果粗2.5~3.5 cm,青果亮绿,老熟果暗红色,软化慢,果形较直,果面光滑,辣味适中。果肉厚3.5mm,耐储运。抗病毒病,耐疫病,耐热,适应性广。每亩产量3 500~5 000 kg。

(4)查理皇(新一代)。大果型黄皮辣椒杂交种。该品种早熟,果皮黄绿色,果实长羊角形,果形顺直光滑,果长24~35 cm,果粗4.5 cm,平均单果重100 g左右,大果可达150 g以上。果肉较厚,耐储运。果实膨大速度特别快,前期挂果集中,连续坐果能力强,果型整齐一致,商品性极佳,深受市场欢迎。该品种还拥有很强的抗病毒病、疫病、炭疽病能力,适应性广,特别适合全国各地黄皮辣椒产区作早春及秋延后保护地栽培。

(5)皇鼎六号。高档超大果形黄皮辣椒优良杂交种。该品种生长势健壮,抗病性强,早熟,初花节位8节。耐低温弱光,容易坐果,连续结果能力十分优秀。果实为粗长羊角形,果长25~33 cm,果粗4.5~6 cm,单果重100~130 g。果皮浅黄色发亮,辣味中等,肉质厚,口感脆嫩爽口,味道鲜美,综合性状极佳,是当前国内大果黄皮辣椒中的上品,是长江以北地区辣椒主产区温室大棚种植的首选品种,春秋小棚露地表现也十分突出。

(6)皇鼎三号。该品种中早熟,长势较旺,连续坐果能力较强;在优秀的外部环境与科学的管理下,果实纵径一般在19~30 cm,平均果实横径4.3 cm左右,平均果肉厚约0.32 cm,单果重70~115 g;果实长羊角形,果皮黄绿色,椒体较光滑美观,辣味适中,口感好,耐储运,综合商品性佳。较耐高温、高湿,较耐低温,抗病能力较强。适宜春、秋保护地及露地种植。

(7)久星长椒66F1。平顶山市园艺科学研究所选育中早熟一代杂种,适宜保护地及露地种植。株高70 cm,株型紧凑,生长势强,坐果率高,连续结果性好,产量高,抗病性强。果实粗羊角形,绿色,果皮平滑有光泽,辣味适中,品质优良,商品性好,耐储运。果长22 cm,肩宽4 cm,单果重70 g左右,亩产4 500 kg以上。

(8)久星2008。平顶山市园艺科学研究所选育辣椒杂交一代新品种。中早熟,黄皮粗羊角椒,果长23 cm左右,最长可达30 cm,肩宽3.6 cm左右,单果重50 g左右,最大可达130 g。亩产可达5 000 kg以上,果皮光滑,商品性好,辣味适中,耐储运。该品种抗逆性强,易坐果,丰产性好,适宜全国各地保护地早熟栽培,露地亦可种植。

(9)烈火S18。植株长势旺盛,果型较大,果实长15~16 cm,粗2.3 cm左右,肉厚,转色后颜色深红。株形开展适中,叶色深绿,茎秆粗壮,抗倒伏能力强。中熟,连续坐果能力强,坐果多,果形顺直美观,抗病性好,对炭疽病等病害有较强抗性,辣度高,产量高。

(10)烈火S45。植株长势旺盛,果形较大,果实长15~17 cm,粗2.4 cm左右,肉厚,转色后颜色深红。中熟,连续坐果能力强,坐果多,果形顺直美观,叶色深绿,对炭疽病等病害有较强抗性,辣度高,产量高。

(11)彩色甜椒——紫艳。中熟甜椒F1杂交种,生长健壮,始花节位10~11片叶,果实中长方灯笼形,商品果为紫色,果面光滑,耐储运。果型10 cm×8.5 cm,单果重150~240 g,持续坐果能力强。抗病毒病和青枯病。耐疫病。适于北方保护地和南菜北运基地种植。

(12)彩色甜椒——黄太极。植株开展度大,生长能力强,节间短,适合秋冬、早春保护地种植。坐果率高,灯笼形,幼果绿色,成熟后转黄色,生长速度快,在正常温度下,果长8~10 cm,直径9~10 cm,单果重200~250 g。果实外表光亮,适宜绿果采收,也适应黄果采收,商品性好,耐储运。抗烟草花叶病毒病、番茄斑萎病毒病和马铃薯Y病毒。

(13)彩色甜椒——咖啡椒。中熟一代杂种,植株生长健壮。果实灯笼形,幼果绿色,成熟后转为巧克力色。果长9~10 cm,果实横径7~8 cm,果面光滑,单果重150~200 g,果肉厚0.4 cm左右,果肉脆甜,品质优良。亩产可达5 000 kg,适于塑料棚和温室栽培。

(14)彩色甜椒——科马奇奥。早熟,植株生长势中等,株形紧凑,耐高温,连续坐果能力强,产量集中。果实周正,果肉厚度中等,方形,果实长9.5 cm,宽9 cm,单果重150~220 g,成熟时颜色由绿色转黄色,果实转色快,亮度好。抗烟草花叶病毒病。

(15)彩色甜椒——美梦。高档黄色甜椒品种。植株生长势中等,果实方正且均匀,平均果长8.5 cm,宽8.5 cm,平均单果重200 g;坐果能力强,商品率高。果肉厚,硬度好,成熟时由绿色转亮黄,以采收黄椒为主,货架期长,耐运输。抗病性强。

(16)彩色甜椒——黄玛瑙(F1)。北京市农业技术推广站育成。嫩果为绿色,成熟果为金黄色,方灯笼形,长、粗均为10 cm左右,果肉厚,单果质量200 g左右,口感好。抗病性强,产量高。

(17)豫椒17。以自交系101-1为母本、104-1为父本配制而成的辣椒一代杂种。果实羊角形,纵径15.2 cm,横径3.1 cm,平均单果质量50.2 g,果色黄绿,每亩产量3 000.0 kg左右,维生素C含量873 mg/ kg,可溶性糖含量2.33%。高抗病毒病、疫病和炭疽病,适宜露地和保护地春早熟栽培。

(18)豫椒101。河南省农业科学院园艺研究所利用花药培养技术培育成的黄皮辣椒杂种1代,母本'24-7'来源于绿皮羊角椒'海花辣椒(24)',父本'P59-25'来源于黄白皮辣椒'硕丰12号(P59)'。'豫椒101'早熟,商品性好,产量高,高抗病毒病、疫病和炭疽病,该品种果实羊角形,果面光滑,青熟果黄色,老熟果红色,味微辣,风味好,果实纵径20.4 cm,果肩横径3.4 cm,果肉厚度0.31 cm,果实心室数2.7个,果形指数6,平均单果质量62.1 g,一般亩产量3 611.89 kg,适宜河南各地早春保护地种植。

(19)濮椒6号。濮阳市农业科学院育种,品种来源:0712×A-96,属中早熟杂交种。鲜食。果实长牛角形,果实纵径19.0 cm,果实横径5.1 cm,果肉厚0.36 cm,果实心室数2.9个;平均单果重98.2 g,成熟期果实绿色,果面光滑有光泽。抗病毒病CMV,抗病毒病TMV,高抗疫病,高抗炭疽病,苗期抗寒性强,生长期间耐旱性、耐涝性、耐热性中等。第1生长周期亩产量3 781.2 kg,比对照江蔬1号增产13.5%;第2生长周期亩产量3 116.6 kg,比对照江蔬1号增产13.2%。适宜地区早春保护地栽培。

(20)豫椒3号甜椒。极早熟品种,株高55 cm,开展度50 cm,初花节位第9~11节,从开花至嫩果采收25 d左右。果实绿色,方灯笼形,3~4心室,品质极佳。单果重75~100 g,最大单果重200 g。抗病毒病、青枯病和疫病特别适合日光温室、塑料大棚栽培。

(21)新乡辣椒4号。早熟新品种,株高60 cm,果实黄绿色,牛角形,果长25 cm左右,横径粗5 cm,具有抗病毒病、青枯病和疫病,品质优,耐储运的特点,特别适合日光温室、塑料大棚栽培。

（22）喜洋洋。早熟大果型辣椒品种，一般 8 片叶开始分枝坐果，坐果后果实膨大速度快，成熟快，可提前采收，早上市。果皮黄绿色，果长 25～35 cm，粗 4～5 cm，平均单果重 100～150 g，皮厚光亮，外观美，辣味浓，商品性好。连续坐果能力特强，每株可同时坐果 40～50 个不封顶，节短不宜徒长，亩植 2 000～2 500 株，亩产可达 10 000 kg 以上。抗高温，耐低温，高抗病毒病。

（23）安椒 16 号。安阳市蔬菜科学研究所培育的一代大果型粗羊角椒。中晚熟大果型粗羊角椒，植株生长势强，始花节位 13～15 节，叶色深绿，株高 85 cm，开展度 80 cm，果面光滑，椒条顺直，肉厚腔小，果色绿，果长 18～22 cm，果肩宽 3.5 cm，单果重 50～70 g，味微辣，耐储运，商品性优，耐湿耐热。适合露地、麦茬及秋延后栽培。

（24）中椒 8 号。中晚熟甜椒一代杂种，定植后 35 d 左右开始采收。果实灯笼形，果形指数 1.1～1.4，3～4 个心室，外形美观，果色深绿，果面光滑，富有光泽，单果重 100～150 g，果肉厚 0.5 cm 左右，质地脆嫩，食味甜，果实商品性好。一般株高 60～65 cm，株型紧凑。综合抗病性强，综合病情指数为 28，具有较强的耐热性，在北方地区可越夏“恋秋”栽培。苗期人工接种鉴定，具有较好的复合抗病性，TMV、CMV 和疫病的病情指数分别为 28.1、34.4 和 40.8，表现为中抗，特别是对疫病的抗性，在中晚熟甜椒品种中达到了较高的水平。栽培技术该品种适宜华北等地区春露地越夏栽培。

（25）湘研 13 号辣椒。由母本 8215 和父本 8504 配制的杂交种。株型紧凑。株高 52 cm 左右，开展度 62 cm 左右。第一果着生于主茎 8～10 节。果实粗短牛角形，果大肉厚，果皮绿色，果面光滑，微辣带甜，以鲜食为主，品质好，商品性佳。耐储运。耐湿热，耐寒力一般，不耐旱。抗病毒病、炭疽病、枯萎病、疫病和疮痂病能力较强。中早熟，生育期 120 d 左右，从播种至始收 80～90 d。果长约 15.2 cm，果肩宽约 4.2 cm，果肉厚 0.38 cm 左右，单果重 40～50 g，最大单果重可达 80 g，单株坐果 20 个以上，连续结果能力较强，亩产量 3 500～4 500 kg。

（26）苏椒五号。该品种属早熟一代杂交种，耐低温、耐弱光，分枝性强，果实膨大快，连续坐果能力强，果形大，长灯笼形，果绿色，果长 14 cm，横径 4.2 cm，肉厚 4 mm，微辣，平均单果重 60 g，结果后期果实仍大于同类产品，大棚栽培亩产量 3 500 kg 左右，高产可达 5 500 kg 左右。秋冬保护地栽培不易徒长，商品性好，经济效益高。该品种耐寒，抗烟草花叶病及炭宜病、病毒病。适合早春保护地栽培，秋冬大棚及日光温室栽培。

（27）新科大牛角。早熟，果实淡绿色，粗大牛角形，果面光滑，果长 28～33 cm，果粗 5～7 cm，单果重 230 g，辣味中等、适口性好。生长势强，连续结果能力好；抗病性强，适合性广，适于北方保护地及露地早春茬栽培。

（28）新科状元。中迟熟尖椒，株高 56 cm，株幅 58 cm，抗逆性强。特耐高温、高湿，也耐低温。抗炭疽病、疫病、青枯病、病毒病等多种病害。果长 22～26 cm，宽 3.5 cm，青果深绿色，果光、直、齐、肉厚，耐运输，熟果鲜红，亩产 4 000～5 000 kg。

（29）新乡甜椒 9 号。该品种为豫椒 3 号的换代品种，株高 55 cm 左右，初花节位第 8～10节，从开花至嫩果采收 25 d 左右。果实绿色灯笼形，3～4 心室。单果重 100 g 左右，亩产 5 000～7 000 kg。在耐低温、耐弱光、抗病性、早熟性、商品性等方面都有很大突破，前期坐果集中，连续结果能力强，特别适合保护地栽培。

(30)新科18号。鲜食型杂交种。平均株高80 cm,平均株幅73 cm,初花节位9节左右。果实长羊角形,黄绿色,平均果长27 cm,平均果粗3.5 cm,果肉厚0.34 cm左右。前期坐果特别集中且连续结果能力强,后期果形顺直,辣味中等。适合早春日光温室和塑料大棚等设施栽培。抗病毒病CMV、病毒病TMV、疫病、炭疽病,高抗青枯病,耐低温、耐弱光,喜湿不耐涝。第1生长周期亩产3 139.2 kg,比对照平椒9199增产13.4%;第2生长周期亩产3 772.7 kg,比对照平椒9199增产18.3%。早春塑料大棚种植以11月中旬至12月上旬播种,翌年3月20日前定植最为适宜,苗龄80~120 d。

(31)康大602。提早上市辣椒新品种。该品种植株生长势强,抗病能力突出。与同类型品种对比具有膨果速度更快、早熟性好、花蕾肥大、易坐果、坐果集中等优点。果色较绿,果实为粗长牛角形,长25 cm左右,粗5 cm左右,最大单果重可达300 g左右。商品果一致性好,前后期一致性好。适合春、秋保护地及露地种植。

(32)康大603。提早上市辣椒超大果、易坐果、极早熟新品种。该品种早熟性极好,易坐果,大果型,果色较绿,果型美观,膨果速度快,前后期果型基本一致;植株长势旺盛,抗病性强,耐低温能力较强。果实粗牛角形,果长25 cm左右,粗5 cm左右,单果重200 g左右,大果可达300 g;光泽度好,果实整齐一致,连续坐果能力强。适合全国各地春、秋保护地及露地种植。

(33)康大401。优秀大果型牛角辣椒新品种。该品种较康大301早熟7 d左右,前期挂果集中,长势较强,果实为粗长牛角形,膨大速度快,一般果长为20~26 cm,果粗4~5 cm,单果重150 g左右,大果可达260 g以上。果色翠绿,商品性佳。适合春秋大棚、中棚、小棚栽培,春露地及日光温室也可栽培。

第三节 日光温室辣椒安全高效栽培技术

一、日光温室

要求温室后墙高2~2.5 m,墙体厚度砖墙50~62 cm,土墙80~100 cm,脊高2.5~3 m,跨度5~8 m,高跨比1∶2.3左右,长度30 m以上,温室顶部和肩部各设一道放风口,采光面夜晚有保温被或草苫覆盖保温。选择多功能PO膜、EVA功能性棚膜等新型耐老化流滴性强的棚膜;选择保温效果好、防雨雪的保温被;采用肥水一体化微滴灌设施。

二、品种选择

(1)砧木品种选择。砧木选择高抗根腐病、青枯病等根部病害,且对低温、高温、盐害等逆境耐性强的品种,如"卫士""布野丁"等。

(2)接穗品种。选择优质、高产、抗病抗逆性强、耐低温、耐弱光、连续结果能力强、耐储运、商品性好、适合市场需求的品种。早春栽培椒类可选择新科8号、新科18号、新科16号等早熟黄皮辣椒和新科15号、新科17号等早熟、耐低温、耐弱光的甜椒品种;秋延后栽培椒类可选择新科8号、新科大牛角、喜洋洋等辣椒和新科17号等甜椒品种,也可选择新科状元等微辣型品种;越冬栽培椒类可选择迅驰(37-74)等耐低温、耐弱光适合长季节栽培的辣椒品种和富康(35-603)甜椒品种。

三、茬口安排

日光温室秋冬茬辣椒一般6月下旬至7月上旬播种,8月中下旬定植;冬春茬栽培一般10月中下旬于温室播种育苗,12月下旬分苗于营养钵或穴盘内,2月上中旬定植,4月上中旬开始采收。

四、温室前期准备

(一)清洁田园

清除前茬作物的残枝烂叶及病虫残体。

(二)温室消毒

(1)硫黄熏蒸。病害发生不严重的日光温室,每亩用硫黄粉2~3 kg加敌敌畏0.25 kg,拌上锯末分堆点燃,密闭熏蒸一昼夜后放风。操作用的农具同时放入室内消毒。

(2)棉隆消毒。棚内土壤深耕30~40 cm,亩铺施有机肥5 000 kg,撒施棉隆30 kg左右,用旋耕机旋耕一次,灌水,使土壤湿度达到60%~70%。及时覆盖0.04 mm厚农用塑料薄膜,封闭消毒20~30 d。揭膜透气7~10 d,用旋耕机翻耕土壤,释放余下的有毒气体。定植前进行发芽安全试验,确定是否有药剂残留。

(3)石灰氮消毒。在7月、8月闲置季节,在棚内开沟,每亩铺施细碎秸秆1 000~2 000 kg或畜禽粪便5~10 m^2,撒施石灰氮60~80 kg。旋耕2遍,深度30 cm以上。按照栽培作物起栽培垄,稍高出5~10 cm。灌透水后用地膜覆盖,再盖严棚膜,闷棚25~30 d,提温杀菌。

(4)土壤修复。土壤消毒后,配合施用“凯迪瑞”“多利维生”等微生物菌剂、生物有机肥或复合微生物肥料等,进行土壤修复。

五、育苗

(一)种子处理

(1)浸种。选择晴天将精选种子晾晒3~5 h。为防止病毒病、猝倒病等病害,浸种前用10%磷酸三钠或1%高锰酸钾和50 %多菌灵600倍液浸泡种子20~30 min,洗净后倒入55 ℃温水中,迅速搅拌,待水温降至30 ℃时停止搅拌,继续浸泡10~12 h。

(2)催芽。将浸好的种子捞出,用湿润的纱布包好,置白天温度28~30 ℃、夜间15~20 ℃条件下催芽,每隔4~5 h用温水冲洗一次,补充水分和氧气。当70%种子露白时播种。

(3)基质准备。选择适于辣椒幼苗生长的轻质基质,要求容重0.3~0.5 g/cm^3,总孔隙度60%~80%,持水力100%~120%,pH值5.5~6.2,基质化学性质稳定,无有毒物质。基质配方可选:①草炭∶蛭石∶珍珠岩=3∶1∶1或6∶1∶3;②发酵牛粪∶稻壳∶珍珠岩=2∶1∶1。将基质消毒后装入72孔穴盘中。

(二)播种

冬春茬辣椒在日光温室内育苗;秋冬茬需在具有遮阳和降温设施的连栋温室内育苗。

由于砧木出苗速度和幼苗生长速率较慢，因此一般先播砧木，砧木子叶展平时播接穗。播种时，先将穴盘中的基质浇透水，待水渗下后，将催好芽的辣椒种子点播于穴盘内，每穴播1粒。播种深度0.5~1 cm，播后覆盖消毒蛭石。

（三）嫁接前苗床管理

播种后保持苗床气温白天27~32 ℃，夜间16~20 ℃，5~7 d可出苗。幼苗出齐后白天将温度控制在23~28 ℃，夜间13~18 ℃。为了避免幼苗徒长，应控制浇水，保持空气湿度在60%~80%，光照强度在400~800 μmol/（m^2·s）。及时喷撒杀菌剂和杀虫剂，预防猝倒病、立枯病和白粉虱、蚜虫等病虫害。

（四）嫁接前准备

（1）备好嫁接用工具和设施。嫁接工具包括无菌刀片、竹签、嫁接夹，嫁接设施有小拱棚、草苫、遮阳网等。

（2）严格消毒。用50%的多菌灵500~600倍液喷洒苗床、幼苗、嫁接工具。

（3）苗床准备。提前整好苗床，地面喷水使床内空气湿度达到95%以上，冬春茬扣小拱棚，秋冬茬在小拱棚上加遮阳网，保持苗床温度28~32 ℃。

（五）嫁接

（1）嫁接适期。辣椒嫁接可采用劈接法或插接法。砧木与接穗茎粗相近时用劈接法，二者差别较大时用插接法，均在砧木苗5~6片真叶，接穗苗3~4片真叶时进行。

（2）劈接法。用刀片将砧木茎切断并从茎中央劈开，下留2~3片真叶，切口长度0.8~1.0 cm，然后将接穗保留2叶1心削成楔形，切口长度0.5~0.8 cm；最后将削好的接穗插入砧木切口中，用嫁接夹夹好。整盘嫁接完后，放入事先准备好的阳畦或小拱棚中。

（3）插接法。先取砧木，从下数2~3叶处将茎切断，然后用竹签从茎顶端垂直插入0.8~1 cm；再取接穗，上留2~3片真叶削成楔形或圆锥形，刀口0.5~0.8 cm；最后拔出竹签，将接穗迅速插入砧木插孔中。整盘嫁接完后，放入小拱棚中。

（六）嫁接后管理

嫁接后迅速封闭苗床，上盖遮阳网和草苫，2 d内不通风，透光率不大于10%，保持空气湿度95%以上，昼/夜温度28~30 ℃/25~28 ℃。若温室内有加温、降温、遮阳和保湿设施，亦可不封闭苗床，在保证适宜温、湿度的前提下，白天可将地膜直接覆盖在嫁接苗上，夜间揭开。

嫁接后3~5 d，每天上、下午各通风1次，每次20~30 min，去除部分草苫，使苗床内透光率达到20%左右，空气相对湿度85~90%，昼/夜温度仍保持在28~30 ℃/25~28 ℃。

嫁接后6~8 d，通风次数不变，每次通风时间延长至50~60 min，去除草苫，覆盖2层黑色遮阳网，调节苗床内透光率在30%左右，空气相对湿度70~80%，昼/夜温度25~28 ℃/20~25 ℃。

嫁接后8 d左右幼苗成活，可去除遮阳网，逐渐延长通风和见光时间，加大通风量，10 d后进行大温差炼苗，白天30~35 ℃，夜间15~18 ℃。14 d后日光温室条件下常规管理。注意及时去除砧木侧枝，以免影响接穗生长。

（七）壮苗标准

嫁接伤口完全愈合，茎粗壮，叶色浓绿，根系发达，无病虫害和机械损伤。株高15 cm

左右,3~5片真叶。

六、定植

(1)整地、施基肥。在中等肥力条件下,每亩撒施优质腐熟的有机肥5~8 m^3,氮磷钾三元复合肥(15-15-15)40~50 kg。深翻土壤30~40 cm,整平后南北向起垄或高畦。

(2)定植方法。一般采用大小行栽培,大行距60~70 cm,小行距40~50 cm;也可采用高畦栽培,畦宽50~60 cm,每畦栽2行。嫁接苗完全愈合后栽植,按30~40 cm的株距挖穴,栽植深度以上至子叶下方,下至主根尖端为宜,切忌将嫁接伤口部位埋入土中。定植后沟内浇水,水量应充足,确保定植垄浸透。并在行间铺设水肥一体化微灌设施。

七、田间管理

(一)秋冬茬嫁接辣椒田间管理

1.温度、光照管理

从定植到缓苗,应以促根为主,在保证土壤湿度的前提下,及时通风,白天温度控制在25~30 ℃,夜间15~20 ℃;光照过强时,用遮阳网适当遮光。

从缓苗后至门椒开花,注意控制茎叶徒长,尽量增加通风时间和光照强度,延长光照时间。28 ℃以上打开通风口,20 ℃以下关闭通风口,保持白天温度24~28 ℃,夜间15~18 ℃。

对椒坐住后,气温逐渐降低,应注意增光保温。一要选用优质的消雾、无滴塑料薄膜;二要使塑料薄膜保持清洁。当夜间最低气温降到16 ℃以下时,加盖草苫或保温被等不透明覆盖材料。9~11月,30 ℃以上通风,23 ℃以下关闭通风口。草苫应早揭晚盖;11月之后,32 ℃以上通风,25 ℃以下关闭通风口。草苫晴天时早揭早盖,阴天时晚揭早盖,尽量保持白天温度24 ℃以上,夜间14 ℃以上。

2.肥水管理

定植后连浇2水,以促进缓苗,一般不需追肥。缓苗后控水蹲苗,促使根系向深层发展。对椒坐住后,结合浇水每亩施氮磷钾三元复合肥(15-15-15)25~30 kg,腐熟纯鸡粪50 kg或豆饼100 kg。11月之后,30 d左右灌一水,每次灌水都要随水冲施氮磷钾三元复合肥(15-15-15)20 kg/亩和腐熟纯鸡粪30 kg/亩。结果盛期可喷施0.5%磷酸二氢钾、0.5%尿素和15 mmol,氯化钙,每15 d喷施一次。

3.植株调整

(1)吊秧。当辣椒秧长至40 cm左右,主枝分杈时开始吊秧,以后随着侧枝的伸长呈"S"形将蔓缠绕在吊绳上。

(2)整枝与打杈。辣椒的分枝有规律,属假二杈分枝。日光温室栽培辣椒前期应采用四干整枝,后期缩为双干整枝,即当主干分杈时,选留植株上部长势一致的4个枝条作为主枝,并保持其平衡向上生长,除去其他多余的分枝,将门花及其以下的侧芽疏掉,以后每周整枝一次,方法不变;第3层果实收获后,植株行间因枝叶过多呈现郁闭状态时,剪去两个向外的侧枝,形成向上的双干。

除保留的主枝外,其余的分枝均作为杈打掉。打杈时注意:一是去内不去外。即重点去除椒棵“内膛枝”，而保留植株外侧的强枝。二是去弱不去强。去除细弱的侧枝，保留长势强壮的主枝。

（3）摘老叶。辣椒生长中后期，植株比较高大，枝叶相互遮阴，为改善通风透光条件，减少病虫害，要及时摘除植株的老叶、病叶。

（二）冬春茬嫁接辣椒田间管理

1.培育大龄壮苗

嫁接苗伤口愈合后，可在适宜的环境下长至6~8叶，并进行大温差炼苗，白天30~35 ℃，夜间12~15 ℃。定植前用10 mmol氯化钙或10 mmol水杨酸喷撒幼苗，提高幼苗的抗寒性，每天喷1次，连喷3 d后定植。

2.合理密植

因冬春茬前期温度低，生长速率慢，可密度可适当加大，行距45~55 cm，株距30~35 cm，每亩栽3 450~4 950株。

3.温光调控

定植前将前茬作物清除干净，然后密闭温室，用百菌清、二甲菌核利等烟剂熏烟杀菌消毒；起垄后及时覆盖地膜，以提高地温。

4.肥水管理

定植后连浇2水，缓苗后控水蹲苗，可喷施15 mmol氯化钙，提高辣椒抗冷性。对椒坐住后，结合浇水每亩施复合肥25~30 kg，腐熟纯鸡粪50 kg或豆饼100 kg。3月之后，20 d左右浇一水，每次浇水都要随水冲施氮磷钾三元复合肥（15-15-15）30 kg/亩和腐熟鸡粪50 kg/亩。盛果期喷施15 mmol氯化钙，可改善辣椒光合性能，提高产量。

5.植株调整

（1）整枝。冬春茬嫁接辣椒的整枝方式与秋冬茬相似，即前期采用四干整枝，后期缩减为双干。第3~4次侧枝上的果坐住后留2片叶摘心。

（2）保花保果。冬春茬嫁接辣椒初果期温度低、光照弱，植株生长速率慢，营养积累量不足，经常出现落花落果现象，可人工授粉或熊蜂授粉。

（3）疏花。当植株长势较弱时，可将门花及早摘除，以节省营养消耗，以免出现果坠秧现象。

八、病虫害防治

（一）防治原则

按照“预防为主，综合防治”的植保方针，坚持以“农业防治、物理防治、生物防治为主，化学防治为辅”的防治原则。

（二）主要病虫害

辣椒病害主要有病毒病、疫病、炭疽病、灰霉病等地上部病害，虫害有蚜虫、白粉虱、甜菜夜蛾、美洲斑潜蝇等。

（三）农业防治

（1）选用抗病品种。根据当地主要病虫害发生及重茬种植情况，有针对性地选用高抗、多抗品种。

(2)合理布局,轮作换茬。选择2年内未种过茄果类蔬菜的地块,并实行年内轮作,秋冬茬与冬春茬不可连作。

(3)加强田间管理。定植时采用高垄或高畦栽培,地膜覆盖,并通过放风、增加外覆盖、辅助加温等措施,控制各生育期的温、湿度,减少或避免病害发生;增施充分腐熟的有机肥,减少化肥用量;及时清除前茬作物残株,降低病虫基数;及时摘除病叶、病果,集中销毁。

(四)物理防治

(1)黄板诱杀。日光温室内悬挂黄(蓝)色板(25 cm×40 cm)诱杀白粉虱、蚜虫斑潜蝇等害虫,每亩悬挂30~40张。

(2)银灰膜驱避蚜虫。地面铺设银灰色地膜或张挂银灰色膜条避蚜,并在通风口设置40目以上的防虫网。

(3)杀虫灯诱杀。利用电子杀虫灯诱杀鞘翅目、鳞翅目等害虫。杀虫灯悬挂高度一般为灯的底端离地1.2~1.5 m。

(五)生物防治

可用2%宁南霉素水剂200~250倍液预防病毒病;用9%农抗120水溶性粉剂1 000倍液喷雾或300倍液灌根预防猝倒病和枯萎病;用0.5%印楝素乳油600~800倍液喷雾防治白粉虱。

(六)药剂防治

严禁使用剧毒、高毒、高残留农药,各种农药交替使用,严格按照农药安全使用间隔期用药。

(1)病毒病。发病初期,用1.5%植病灵600倍液,或5%菌毒清水剂200~300倍液,或4%胞嘧啶核苷肽水剂500~700倍液,或用3%三氮唑核苷可湿性粉剂600~800倍液喷雾防治。

(2)苗期猝倒病、立枯病防治。以床土消毒为主,发病前或初期可用72%的普力克水剂800倍液加50%的福美双可湿性粉剂800倍液混合喷雾防治。

(3)疫病。用58%甲霜灵·锰锌可湿性粉剂600倍液,或69%烯酰吗啉·锰锌可湿性粉剂800倍液,或52.5%嗯唑菌酮·霜脲氰水分散粒剂2 000倍液,或60%氟吗啉可湿性粉剂800~1 000倍液、或64%杀毒钒可湿性粉剂500倍液,或72%克露可湿性粉剂500倍液喷雾。

(4)炭疽病。发病初期,可用25%咪鲜胺可湿性粉剂800~1 000倍液,或70%甲基托布津可湿性粉剂800倍液,或10%世高水分散性颗粒剂800倍液,或70%代森锰锌可湿性粉剂500~700倍液喷雾,或20%氟硅唑咪鲜胺(氟硅唑4% 咪鲜胺16%)800倍液喷雾防治。

(5)灰霉病。用40%嘧霉胺悬浮剂800倍液,或50%乙烯菌核利可湿性粉剂1 000倍液,或50%异菌脲可湿性粉剂1 000倍液,或50%腐霉利可湿性粉剂1 000倍液等喷雾。

(6)细菌性叶斑病、疮痂病。用50%琥胶肥酸湿性粉剂500倍液,或14%络氨铜水剂300倍液,叶面喷雾防治。

(7)蚜虫、白粉虱、美洲斑潜蝇。可用25%噻虫嗪水分散粒剂2 500~3 000倍液,或

10%吡虫啉可湿性粉剂 1 000 倍液,或 25%噻嗪酮可湿性粉剂 1 500 倍液,或 10%吡虫啉可湿性粉剂 1 500 倍液复配 2.5%阿维菌素乳油 3 000 倍液,或用 5%啶虫脒乳油 6 000 倍液复配 2.5%阿维菌素乳油 3 000 倍液,或用 2.5%溴氰菊酯乳油等 2 000~3 000 倍液叶面喷雾防治。注意叶背面。也可用吡虫啉 30%烟剂,或 20%异丙威烟剂熏杀。

(8)甜菜夜蛾。用 2.5%多杀霉素悬浮剂 1 000~1 500 倍液,或 20%虫酰肼悬浮剂 1 000~1 500 倍液喷雾。

(9)螨类。用 20%三氯杀螨砜 800 倍液、57%克螨特乳油 800 倍液或 1.8%阿维菌素乳油 2 000~3 000 倍液喷雾防治。

(10)棉铃虫、烟青虫。在幼虫孵化到 3 龄以前用 50%辛硫磷乳油 2 000 倍液、或棉铃虫核型多角体病毒水分散粒剂(200 亿 PIB/ g)6~12 g,对水 30~60 kg/亩,或 5%高氯·甲维盐微乳剂 45~60 mL 对水 45~60 kg/亩。

九、采收

果实达商品成熟时,在严格按照农药安全间隔期前提下,及时采收。

第四节　双层拱棚辣椒秋延栽培技术

双层拱棚秋延后茬辣椒,通过后期带株保鲜,延后采收,可供元旦、春节生产淡季,销售价格高,可取得较好的经济效益。与大棚相比,具有投次少、见效快的优势。近年来,山东、河南两省都有大量种植。

一、播种

双层拱棚延后茬辣椒前期经历高温,后期经历严寒季节,因此应选择耐热、抗寒、抗病、高产品种,如新科 8 号、新科大牛角、喜洋洋、新科 17 号、安彩 2 号、甜杂 3 号、苏椒 5 号、中椒 8 号、湘研 13 号、安椒 18 号、洛椒 6 号等。

一般在 6 月中下旬至 8 月上旬播种,秋延后辣椒育苗的苗龄一般为 30 d 左右。播种过早,易形成大量的红果或虎皮果,后期保鲜阶段易裂果和烂果。播种过晚,生长期缩短,产量低。大棚秋延后栽培辣椒育苗正值高温多雨季节,苗期管理难度较大,易出现死苗、病苗现象。因此,应适当增加播量,以保证生产用苗,一般播种量在 80~100 g/亩。采用营养钵育苗称栽用种量 80 g 左右/亩。

播前先将种子晒 3~4 h,温汤浸种的置于 55~60 ℃热水中,不断搅拌。用水量约为种子的 5 倍。待水温降至 30 ℃,停止搅拌,继续浸泡 6 h。药剂浸种的可用 10%磷酸三钠或 1%高锰酸钾溶液浸泡 30 min 后,捞了洗净,再用 30 ℃左右的温水继续浸泡 6 h。

二、育苗

栽培 1 亩需育苗床面积 20~30 m^3。苗床要地势高燥,排水方便,高出地面 10 cm 左右。或采用营养钵育苗。

营养土的配制,按腐熟有机肥 6 份,没有种过茄科蔬菜的园土 4 份,每立方米加入三元复合肥 3~5 kg,充分混合后过筛。采取划方育苗的可将营养土平铺育苗内 10 cm 厚,采取营养钵弃置的,将配制的营养土直接装入钵内。

为了预防苗期病害,可用 1 m^3 细土加入敌百虫 60 g 和 50%多菌灵粉剂 100 g,混合均匀,配制成"药土",播种前在苗床面或营养钵内撒一层,播种后再盖一层的"上铺下盖"药土的方法,以有效预防苗期虫害。

三、苗期管理

育苗时正值调温多雨季节,播种后苗床上必须搭建小拱棚遮阳防雨,四周挖排水沟。小拱棚上覆盖 0.04~0.08 mm 厚塑膜,防雨水冲苗。四周敞开通风,架设防虫网防蚜虫等传播病毒,膜上覆盖遮阳网,防阳光直射。

播种后至出苗前,白天温度控制在 30~32 ℃,夜间 18~20 ℃。出苗后白天 25~30 ℃,夜间 15~17 ℃。苗子出齐后,去掉遮阳网,加大通风量,播种后 5 d,注意检查苗床墒情,如果苗床上面已干,可用喷雾器喷水,直到苗出齐。育苗时种子撒播的,当苗长至第一片真叶进行第二次间苗,3~4 片真叶时定苗。

注意在出苗前盖草帘遮光保湿,出苗后晴天上午盖遮阳网,遇雨天盖塑料薄膜防雨。及时拔除杂草,保证幼苗正常生长。在苗期始终保持苗床湿润,浇水在傍晚进行,应细水喷浇,忌大水漫灌,同时注意排水。壮苗标准是,苗龄 30 d,茎秆粗壮,叶片肥大,出现分枝或门椒现蕾。

定植前一天,在苗床喷一次阿米西达 15 000 倍液或 65%达克宁 600 倍液,以防苗期病害。

四、定植

整地定植前亩施优质有机肥 8~10 m^3,氮磷钾为 15-15-15 的高浓度复合肥 50 kg。土地整平耙细后,在预留小拱棚带内按垄距 40 cm,垄高 15~20 cm 起垄,每小拱棚栽 5 行。小拱棚外放草苫处栽一行(霜降后即拨掉)。株距 25 cm。辣椒栽植不宜过深,以与苗坨相平为宜。早熟品种 4 500~5 000 株/亩,中熟品种 3 500~4 500 株/亩,晚熟品种 3 000~3 500 株/亩。

五、定植后的管理

(一)温度管理

大棚秋延后栽培辣椒由于定植前期温度较高,昼夜温差小,影响根系发育。因此,前期要通过遮光、小水勤灌、顶膜上卷、加大两侧通风量等措施降温。进入 10 月后及时将侧膜上棚,保持温度白天在 25 ℃以上,夜间 15 ℃以上。11 月上旬,扣内拱棚,11 月下旬内拱棚加盖草苫。通过前期降温、后期保温的管理,使棚内温度白天保持在 25~30 ℃,夜间 12~17 ℃。

(二)肥水管理

辣椒苗定植后浇透水,2 d 后复水 1 次,以保证苗成活。复水后及时浅锄土 1 次,以达到松土保墒的目的。苗成活后根据天气适时浇水,浇水后深中耕,蹲苗,保持土壤见干见湿，控制植株徒长；进入开花结果期需水量逐渐增大。11月下旬后保持土壤湿润，以稍偏干为好。

定植缓苗后施1次提苗肥，每亩施10 kg硫酸铵或冲施肥。门椒坐稳后第2次追肥，每亩追施冲施肥20 kg。进入盛果期追肥1~2次。除地面追肥外，还可以叶面喷肥，结合喷药，每隔10~15 d喷1次叶面肥，以促进叶片肥绿。

12月以后辣椒进入冬季保鲜期，辣椒基本已停止生长，不再浇水施肥。

第五节　双层拱棚辣椒早春茬栽培技术

一、播种育苗

品种可选择豫椒101、驻椒20、久星2008、汴研3号、久星长椒66F1、豫椒17、濮椒6号等，用种量80 g/亩。播种期为10月中旬。这茬辣椒育苗也有双层拱棚中进行，播种方法同秋延茬。因这茬辣椒苗期正值寒冷的冬季，苗期管理保温是关键。外界气温在-7 ℃以下时，小拱棚就应夜间加盖双层草苫，草苫外再盖一层塑膜。白天温度低时，也应揭开草苫，尽可能让苗子多见光。在播前浇透底水后，苗期前期一般不再浇水。后期缺水时应选晴天上午小轻浇透一次。后期还应隔7~10 d喷一次必多收、尿素、磷酸二氢钾等叶面肥。低温高湿的环境容易诱发多种病害，应每隔7~10 d喷1次阿米西达、达克宁等杀菌剂预防。

苗床禾本科杂草在2~3叶期，用20%拿捕净（稀禾定）乳油100~125 mL/亩；12.5%盖草能（吡氟乙草灵）乳油50 mL/亩。进行叶面喷雾防治。

到翌年2月上旬，当苗子长至8~9片叶现蕾时，即可定植。

二、定植及定植后的管理

定植行距50 cm，株距30 cm。每小拱棚栽4行，每个双层拱棚共栽8行辣椒。定植方法同秋延茬。

早春茬辣椒定植时外界气温尚低，定植后3 d封闭内膜、外膜以利缓苗。随着外界气温的升高，白天应揭开内膜，使大棚内通风。进入3月、4月，辣椒正植开花坐果期，棚风温度过高会造成落花落果，因此应加大放风量，必要时可放边风，使棚内温度白天控制在23~25 ℃，夜间保持15~20 ℃。进入5月中旬，外界气温稳定在15 ℃以上，可撤去草苫和内棚，大棚四周昼夜通风。

辣椒定植后可以先浇少量稳苗水，待辣椒缓苗后，可再浇一水。当门椒长成，四门椒坐住后，浇一次水，并随水冲入三元复合肥15 kg/亩。以后辣椒进入旺盛生长期，需水需肥量增大，每摘两次辣椒浇一次水，冲一次肥，尿素和硫酸钾交替使用。

第六节 辣椒病虫害综合防治历

一、播种前至播种期

主要综合预防多种病虫害。防治措施如下：

(1)选用抗病品种。

(2)苗床设在地势较高的地方，采用无病菌土，装钵育苗。

(3)苗床消毒。50%多菌灵可湿性粉剂 1∶100 毒土，1.25 kg/m^{2}撒施，或 70%甲基托布津可湿性粉剂 10 g/m^{2}加少量土混匀撒施。

(4)种子处理。10%磷酸三钠浸种 30 min，或福尔马林 100 倍液浸种 30 min，50%多菌灵可湿性粉剂 500 倍液浸种 2 h。

二、播种至定植期

主治病虫害：立枯病、猝倒病等。防治措施如下：

(1)注意保温，防止冷风或低温侵袭。

(2)发现少数病株及早拔除，并对整个苗床喷药防治。药剂选用 70%甲基托布津可湿性粉剂 600~800 倍液，或 95%恶病灵可湿性粉剂 4 000~5 000 倍液，或 72.2%普力克水剂 800 倍液喷雾。

三、定植至结果期

主要防治病虫害：病毒病、蚜虫、棉铃虫、烟青虫等。防治措施如下：

(1)20%病毒 A 可湿性粉剂 500 倍液，或 1.5%植病灵乳油 600~800 倍液，或 83 增抗剂 50~80 倍液喷雾防治病毒病，若有蚜虫，可在药液中加 10%吡虫啉可湿性粉剂 1 000 倍液。

(2)4.5%高效氯氰菊酯 1 500 倍液，或 15%茚虫威悬浮剂(安打)3 500~4 000 倍液，或 50%辛硫磷乳油 1 500 倍液喷雾防治棉铃虫、烟青虫等。

四、结果期

主治病虫害：炭疽病、细菌性疮痂病、茶黄螨等。防治措施如下：发病初期及时喷药，可用 42.2%唑醚·氟酰胺悬浮剂(健达)20~26 mL/亩，或 30%苯醚甲环唑·丙环唑(爱苗)1 500~2 000 倍液，或 70%甲基托布津可湿性粉剂 800 倍液，或 75%达克宁(百菌清)可湿性粉剂 500 倍液喷雾防治炭疽病；新植霉素 4 000 倍液，或 20%叶枯唑可湿性粉剂 500~600 倍液喷雾防治疮痂病。若有螨虫，可在药液中加 1.8%阿维菌素乳油 2 000 倍液。

第十四章 菜 豆

第一节 概 述

一、菜豆的营养

菜豆(Phaseolus vulgaris L.)又名芸豆、豆角、四季豆、玉豆等,为豆科菜豆属中的栽培种,一年生草本植物。

菜豆是我国主要的栽培豆类之一,以嫩豆荚和鲜豆粒供食用,风味鲜美独特,营养价值高,富含矿物质和维生素、蛋白质、脂肪和糖类。豆类蔬菜的产品还可以速冻冷藏、制罐头、腌制、脱水干制供应国内外市场。蔓生种栽培面积最大,城郊蔬菜基地多是其中的软荚种,主食嫩豆荚,菜用;粮区多是其中的硬荚种,主食豆粒,供菜食、做杂粮及豆馅之用。

二、生物学特性

(一)植物学特征

(1)根。菜豆属直根系植物,根系分布深而广,根群主要分布在15~40 cm的土层内,有较强的抗旱和耐瘠薄能力。且根系发育比地上部快,在植株幼苗期就能迅速形成根群。菜豆根系木栓化早,再生能力差,所以在保护地栽培时应采用护根育苗措施。菜豆根上虽有根瘤菌共生,但发生较晚,数量较少,因此菜豆栽培苗期需足够的速效氮供应,否则,对菜豆的生长发育和产量形成会带来不利影响。

(2)茎。菜豆的茎依生长习性可分为矮生种和蔓生种,矮生菜豆茎直立不用搭架,蔓生菜豆一般茎长可达2~3 m。蔓生菜豆茎的基部生长较慢,从第三节或第四节开始进入迅速生长期即伸蔓期,茎蔓左旋(逆时针方向)缠绕。需要搭架生长。

(3)叶。菜豆的叶包括子叶、初生叶和蔓生叶。子叶一对,多呈肾形,为幼苗的生长发育提供养分。菜豆是子叶出土植物,播种不宜过深,以免影响出苗。前2片真叶为初生叶,是一对对生的心形单叶,从第三片真叶开始变成三出复叶,为蔓生叶,每片真叶由3个小叶组成,小叶心脏形或卵形。菜豆真叶的正反两面及叶柄都有茸毛。

(4)花。菜豆的花为完全花,总状花序,每个花序有花2~8朵。蝶形花冠,花有白、黄、红、粉、紫等多种颜色。典型的自花授粉,天然杂交率只有0.2%~1%。

(5)荚。菜豆果实均为荚果,菜豆荚的形状、大小、颜色有很多变异类型。形状有长短扁条形、长短圆棍形、长条形,念珠形以及若干介于中间状态的形状。长短也有较大差别,有的可长达30 cm以上,短的可不足10 cm,绝大部分在10~20 cm。荚的颜色从白至浅绿到深绿可分为多个颜色级别,另有紫、黄和荚面具红色或紫色斑纹的花荚类型。

(6)种子。菜豆种子有白、红、黄、褐等颜色及多种花斑。千粒重300~800 g。种子寿命3~6年,随时间的延长,种子发芽率及使用价值逐渐降低。

(二)对环境条件的要求

(1)温度。根生长的最适地温为20~25 ℃,30 ℃以上发芽受阻。菜豆的春早熟栽培受到发芽起始温度(≥10 ℃)限制外,还受到花芽分化期所需温度(≥15 ℃)的限制。幼苗期适温为18~20 ℃,短期处在2~3 ℃则叶片失绿,0 ℃受冻。蔓生菜豆4~5片真叶至伸蔓发秧期正值花芽分化时期,花芽分化最适温度白天20~25 ℃,夜间18~20 ℃;温度在27 ℃以上,15 ℃以下易产生不稔花粉,落花落荚严重。开花结荚期白天温度20~27 ℃,夜间15~18 ℃为宜,28 ℃以上易落花,35 ℃落花率达到90%左右。地温应保持21~23 ℃为宜,地温13 ℃以下,根系不能伸长。

(2)光照。菜豆属于中光性植物,少数秋栽品种要求短日照,南北引种,春秋播种,均能正常开花结荚。但在高温而日照不足条件下,则叶柄伸长;秋冬季节连续阴天,则出现落花。在幼苗期,菜豆仍需较长和较强的光照,栽培时应尽量满足苗期光照。

(3)水分。菜豆是比较耐旱而不能涝的蔬菜,幼苗期需水较少,抽蔓发秧期需水量增加,结荚期需水量较多。土壤相对湿度以60%~70%为宜,在结荚期的结荚率、荚重、全株重最大。菜豆不耐涝,幼苗期如果水量大,则下部叶片变黄,开花期水量大则落花落蕾;采收期田间积水达2 h,则叶片萎蔫,积水6 h植物死亡。空气相对湿度日平均以70%为宜,80%左右有利于授粉受精,湿度过低,菜豆生长不良,病虫害严重;浇水过多,湿度偏大,又会造成落花落荚,影响产量。但达到80%以上则锈病严重。

(4)土壤及营养。菜豆对土壤的适应性较强。菜豆适宜土层深厚、腐殖质含量高、土质疏松、排水良好的壤土和沙壤土,菜豆不耐盐碱,土壤pH为6.2~7.0为好。菜豆需氮、磷、钾较多,每收获1 000 kg产品需要氮3.37 kg、磷2.26 kg、钾5.94 kg。蔓生菜豆需氮量较多,全生育期都应给予保证。在生长的中后期应注意氮钾的配合,适当增施钾肥才能获得高产。磷对根瘤菌的着生有利,可促进早熟。菜豆对硼、钼反应敏感。硼对根系生长、根内维管束的发育有利,钼可提高氮肥利用率及固氮菌的着生。

第二节 菜豆主要品种及特点

一、蔓性优良品种

(1)丰收1号(国外引进品种)。植株生长势、分枝性较强。花白色,嫩荚浅绿色、稍扁,表皮光滑,荚面略凹凸不平,长18~22 cm。荚肉厚,纤维少,品质好。早熟,较耐热,成熟期集中。该品种适于露地春、秋和保护地秋冬、冬春茬栽培。

(2)绿丰(绿龙)。植株生长势强,主茎长3 m左右,生2~5条侧枝,第5至第7节坐生第一花序,花白色。嫩荚深绿色,长20~25 cm,横径2.5~3 cm。产量高,品质好,耐储运。一般亩产5 000~6 000 kg。适于大棚栽培。

(3)白花架豆。中国农科院蔬菜花卉研究所提纯复壮的架豆品种。植株蔓生,生长势中等,花白色,荚圆棍形,绿色,单荚重8~10 g,长12 cm左右,宽约1 cm,厚0.8~0.9 cm,荚肉厚0.3 cm,荚纤维少,质脆品质佳,每荚种子数5~7粒,种子白色,较小,百粒重26

g,中早熟,丰产。适于华北、华南、华东地区栽培,适于鲜食和加工,为速冻用品种。

二、半蔓性优良品种

(1)双青12号。该品种生长势较强,结荚部位较低。荚长20 cm左右,横径1.8 cm左右,嫩荚圆棍形,白绿色,纤维少,品质好。较早熟,陆续结荚性强,产量高而稳定。适于露地春、秋两茬和保护地多茬栽培。

(2)早白羊角芸豆。主茎长1.2~1.8 m,黄绿色。叶片浅绿色,花蓝紫色。嫩荚圆棍形,长15 cm左右,横径约1.2 cm,单荚重8 g左右。该品种较耐旱、涝,早熟,抗病毒病。适于露地栽培,也适于保护地越冬、冬春茬栽培。

(3)老来少芸豆。主茎长1.5~1.8 m,黄绿色。叶色浅绿,花淡蓝色。嫩荚白色,长约15 cm,横径1.3 cm,荚圆棍形,柄端部分略扁。纤维少,品质好,直至即将成熟还表现嫩白色,故名"老来少"。该品种早熟,较耐旱耐涝和瘠薄。病害发生少而轻,产量较稳。寿光当地品种,适于露地和保护地多茬栽培。

三、矮性优良品种

(1)优胜者(由美国引进)。植株生长势中等,株高38 cm左右,开展度45 cm,主枝5~6节封顶。花浅紫色。嫩荚近圆棍形,长约14 cm,重8.6 g。肉厚,纤维少,品质好。抗病毒病、白粉病。早熟品种,适于露地和保护地栽培。

(2)新西兰5号。植株生长势强,株高52 cm左右,单株有5~6条分枝。叶色深绿,花浅紫色。嫩荚扁圆棍形,先端略弯,绿色,长15 cm,单荚重约12.5 g。荚肉厚,纤维少,品质较好。早熟,较抗病。适于露地和保护地春、秋各茬栽培。

(3)供给者(由美国引进)。植株生长势较强,株高42 cm左右,单株有3~5条分枝。花浅紫色。嫩荚圆棍形,绿色,长12~14 cm。荚纤维少、质脆,品质好。露地栽培可春、秋两茬,保护地栽培可1年多茬。

第三节 露地菜豆种植管理技术

一、整地、施肥

菜豆根系发达,入土深,故应选择土层深厚、疏松,有排灌条件的壤土或沙壤土,前作未种过豆科作物,以葱蒜类或根菜类、白菜等为好,中性至微酸性土壤为宜。前作收获后进行深翻晒垡,每亩施农家肥2 000~3 000 kg、复合肥30 kg、硫酸钾15 kg作底肥,使肥料与土壤充分混合后即可做畦,一般畦宽0.9~1 m,沟宽30 cm,沟深30 cm,每畦播两行。

二、播种

(1)播种时期。菜豆性喜温和,怕冷,不耐热。在20 ℃左右生长良好,30 ℃以上的高温易引起大量落花落荚,未落的荚也变短;气温低,开花结荚期推迟,过低的温度(2~3 ℃),可使植株叶片转黄,甚至死亡。多在春、秋两季播种,并以春播为主。

(2)种子处理。播种前应精选种子,选择籽粒饱满、有光泽的种子,剔去发芽、病残、虫蛀和机械混杂的种子,进行晒种 2~3 d。用 55 ℃的热水烫种,烫种时间持续 15 min。10%盐水选种,消除种子带有的菌核病菌,用清水洗净后播种。也可以药剂浸种,常用 1%福尔马林液浸种 30 min,再用清水反复冲洗;也可用种子重量 0.3%的福美双拌种;500~1 000倍液甲基托布津液浸种 15 min,可预防灰霉病。

(3)菜豆一般采用穴播法进行直播,蔓生菜豆每畦播两行,行距 60~70 cm,穴距 18~25 cm(冬菜豆宜稀,春菜豆宜密),每穴播种 3~4 粒,每亩用种量 2.5~3 kg;矮生种行距 40 cm,穴距 30~40 cm,每穴播种 3~4 粒,每亩用种量 3.5~5 kg,播种后盖土 2~3 cm。

三、田间管理

(1)发芽期管理。播种后 5~7 d 出土,育苗移栽的,待种子弯背出土时,及时降温降湿,进行锻炼,以提高幼苗的抗寒性。注意防治地下害虫。

(2)幼苗期管理。幼苗出土后,应进行中耕松土,促使土壤在太阳照射下升温,并改善土壤透气性,为菜豆根系生长和根瘤菌活动创造良好的条件,苗期中耕 2~3 次。在行间和株间中耕深些,靠近植株根部要浅些,以免伤根。在植株开花结荚前,一般只中耕不浇水,即实行蹲苗。这时期控制水分,以防止植株营养生长过旺,消耗过多养分,导致花、荚因营养不足而发育不良,落花、落荚。

(3)开花结荚期管理。由开花到拉秧的一段时间为开花结荚期,是植株进行旺盛的营养生长和生殖生长的阶段。蔓生菜豆开始抽蔓时需及时插架,一般插成“人”字架,适当引蔓,使各株的藤蔓均匀分布在架杆上。初花期根据植株长势结合灌溉进行追肥,长势旺的可以不追肥;长势弱的应连续追肥 2~3 次,氮、磷、钾配合施用。结荚以后需要加大追肥量,每隔 10 d 追施 1 次氮、磷、钾齐全的肥料,矮生种追 1~2 次,蔓生种追 3~5 次。

(4)后期管理。蔓生种在开花结荚后期,植株衰老,及时摘除老叶、老枝、病叶,并及时追肥,防治病虫害,使植株萌发新的侧枝,恢复生长,继续开花结果,以延长采收期,增加产量。

四、采收

适时采收,采收标准是嫩荚充分长大,两侧缝线粗纤维少,荚壁肉质细嫩,纤维少,含糖量高,种粒大小只占荚宽的 1/3 左右。采收时期因利用方式而异,以嫩荚供食用的,可在开花后 10 d 左右采收;供速冻保存和罐藏加工的,为了满足统一的形状大小规格,在开花后 5~6 d 就采收嫩荚;以种子供食用的,则在开花后 20~30 d,种子完全成熟时才采收。

五、病虫害防治

(一)防治原则

按照“预防为主,综合防治”的植保方针,坚持以“农业防治、物理防治、生物防治为主,化学防治为辅”的防治原则。

(二)主要病虫害

菜豆主要病虫害有细菌性疫病、炭疽病、锈病、蚜虫、豆荚螟等。

（三）农业防治

与葱蒜类蔬菜轮作，拉秧时清除病株残体；保护地实行高畦定植，地膜覆盖，加强通风，避免高温高湿环境；增施腐熟有机肥，促进植株健壮生长，提高抗病性。

（四）药剂防治

（1）疫病。田间始发病时使用抗菌剂401的2 000倍液，80%代森锌可湿粉剂800倍液，7 d喷雾一次，53%金雷多米尔水分散粒剂600倍液，或72%霜尿氰·代森锰锌可湿性粉剂（克露）800倍液，连喷2~3次。

（2）炭疽病。发病初用50%多菌灵，或80%代森锌可温性粉剂800倍液，或25%咪鲜胺乳油（施保克）1 000倍液，每隔5~7 d喷一次，连喷2~3次。

（3）锈病。发病后用10%苯醚甲环唑水分散粒剂500~800倍液，或50%萎锈灵800~1 000倍液，或25%粉锈宁2 000倍液，或40%敌唑酮4 000倍液，或2%武夷菌素水剂150~200倍液，20 d喷一次，连喷2~3次。

（4）蚜虫。常用药剂有10%吡虫啉可湿性粉剂1 000倍液，或50%避蚜雾3 000倍液，或10%啶虫脒微乳剂5 000~8 000倍液，或22.4%螺虫乙酯悬浮剂3 000~4 000倍液，或10%氟啶虫酰胺水分散粒剂35~50 g/亩或10%溴氰虫酰胺可分散油悬浮剂33.3~40 mL/亩对水喷雾，连喷2~3次。

（5）豆荚螟。清洁田园，及时清除田间的落花落荚，并摘除被害花荚，将所收集到的花、荚等物集中烧毁或深埋，以减少虫源，防止幼虫转移为害。在作物开花初期或现蕾期就要注意防治。喷药适宜时间在早上花朵开放时。在成虫盛发期和卵孵化盛喷药，可用52.25%农地乐乳油1 500倍液，或5%锐劲特悬浮剂1 500倍液，或4.5%氯氰菊酯乳油2 000倍液，或20%杀灭菊酯乳油1 000倍液，或2.5%功夫菊酯乳油1 000倍液，或10%除尽乳油2 000倍液，或15%安打悬浮剂3 000倍液。隔7~10 d喷一次，连喷2~3次。不同农药要交替轮换使用，并注意严格掌握农药安全间隔期。

第四节　日光温室（冬暖大棚）越冬茬菜豆栽培技术

一、品种选择

越冬茬栽培应选择耐低温、耐弱光、结荚节位低、产量高的品种，如绿龙、丰收1号、棚架豆2号、老来少等菜豆品种。

二、育苗

（1）播种期。越冬茬栽培的适宜播种期为9月下旬至10月上旬。

（2）精选种子。选择有光泽、籽粒饱满、无病斑、无虫伤、无霉变的种子。播种前晒种1~2 d，以提高发芽势和发芽整齐度。

（3）浸种与催芽。将选好的种子放入25~30 ℃的温水中，浸泡2 h，然后捞出进行催芽。

（4）播种。菜豆根系较深，但根系生长弱，断根后不易长出新根，采用保护根系方式育苗，用8 cm×8 cm育苗钵育苗。芽长1 cm左右时播种。每钵播两粒发芽的种子，播后盖湿润细土 2 cm 厚。将混匀过筛的床土装入营养钵,浇透底水,每个育苗钵内直播 2 粒发芽的种子,然后覆盖 2 cm 厚土,盖纺织布或塑料膜保温保湿。蔓生菜豆苗龄是 25~30 d,矮生菜豆 20~25 d,4~5 片真叶,苗高 6~8 cm。

(5)苗期管理。苗床白天温度控制在 20~25 ℃,夜间 15~18 ℃。若发现幼苗徒长,应降低床温,并控制浇水。播种后 25 d 左右,幼苗长出第二复叶时定植。

三、定植

(1)施肥、整地、做畦。定植前施足基肥,一般每亩施用腐熟的有机肥 4~5 m^3,配合施用氮、磷、钾复合肥 35~50 kg。将肥料撒匀,深翻 30 cm,耙细整平后南北向做成 1.2~1.3 m 宽的平畦。做畦后扣棚膜,高温闷棚 3~4 d。

(2)定植。选晴天栽植。每畦栽两行,穴距 25~30 cm,每穴栽双株,每亩栽植 6 800~7 500 株。开沟水稳苗栽植,或采用开穴点浇水栽植。定植后整平畦面,覆盖地膜。

四、定植后管理

(1)前期管理。适当控制浇水,促进根系和茎叶生长。为促进菜豆花芽分化,白天保持棚内气温 20~25 ℃,夜间 12~15 ℃,白天气温超过 25 ℃时及时通风。

(2)抽蔓期管理。抽蔓期追施一次速效氮素化肥,每亩追施尿素 10~15 kg,追肥后浇一次水。接近开花时要控制浇水,做到浇荚不浇花。无限型蔓生品种,爬蔓后应及时搭架,茎蔓伸出 30 cm 时应搭架,双行密植的可搭成“人”字架,单行密植的可搭成立架,有利于通风透光和提高坐荚率。通风不良、光照强度过弱会导致大量落花。日光温室栽培宜用吊绳进行吊蔓栽培。当秧蔓接近棚顶时进行摘心,防止秧蔓互相缠绕影响透光。

(3)开花结荚期管理。此期间要维持白天棚内气温 20~21 ℃,夜间 15~18 ℃,草苫早揭晚盖,尽量使植株多见光,延长见光时间。当嫩荚坐住后,结合浇攻荚水,每亩冲施尿素 10~15 kg。之后每采收两次,追施一次速效肥,一般 7 d 左右采收一次,采收后每亩追施氮、磷、钾复合肥 20 kg,或速效化肥与腐熟的人粪尿交替追施。每次追肥后随即浇水。

早春阴雨天时,要注意争取使植株多见散射光,并坚持在中午通小风。久阴初晴时,为防止叶片灼伤,要适当遮阴,待植株适应后再大量见光。

(4)保花保荚,提高坐荚率。开花期为提高坐荚率,除要注意温湿度管理外,还要防止空气干燥和土壤干旱,开花期用 5~25 mg/L 奈乙酸或 2 mg/L 防落素处理,均可显著提高坐荚率。

五、病虫害防治

菜豆的主要病害有炭疽病、锈病等。在病虫害化学防治中,要选用高效、低毒、低残留农药,并严格执行安全间隔期。虫害有红蜘虫、潜叶蝇等,可用虫螨克、毒死蜱等药剂防治。

六、采收

矮生菜豆定植后 25~30 d 即可采收,无限型 40 d 左右,要根据市场要求及效益情况确定拉秧时间。

第十五章 豇 豆

第一节 概 述

一、豇豆的营养

豇豆又名豆角、长豆角、带豆、裙带豆等,属豆科一年生植物。起源于热带。但其原产地难以定论。豇豆在我国栽培历史悠久,栽培面积大。北方豇豆多于夏秋季节收获上市,是调剂 8 月、9 月淡季的重要蔬菜。以嫩豆荚和鲜豆粒供食用,风味鲜美独特,营养价值高,富含矿物质和维生素、蛋白质、脂肪和糖类。豆类蔬菜的产品还可以速冻冷藏、制罐头、腌制、脱水干制供应国内外市场。

二、生物学特性

(一)植物学特征

(1)根。豇豆为深根性蔬菜,主根明显,侧根稀疏。主根入土达 80 cm 左右,根群主要分布在 15~18 cm 深的耕层内。根系不太发达,比菜豆弱。

(2)叶。叶分子叶、基生叶和三出复叶,少数为掌状复叶。叶片光滑较厚,较耐旱。

(3)花。总状花序,着生 4~5 对花,常成对结荚。花黄色或淡紫红色。矮生豇豆第一花序着生在第五节前后,蔓生豇豆在第九节以后。

(4)荚。果荚细长直条形,荚长 40~80 cm。

(5)种子。长肾形或弯月形,红褐色、白色或黑色。

(二)生育周期

豇豆的生长发育过程包括发芽期、幼苗期、抽蔓期和开花结果期,其中大部分时间是营养生长和生殖生长同时进行。开花坐荚以前以营养生长为中心,坐荚以后以生殖生长为中心,开花期是从营养生长向生殖生长转折的时期。

蔓生豇豆的生育期为 110~140 d,矮生豇豆为 90~110 d。其中,春播从播种至出苗为 5~8 d,从播种至开花为 40~65 d,从开花至嫩荚采收为 12~15 d,所以从播种至始收需 55~80 d,采收期为 30~60 d;夏秋播种生育期提前,从播种至始收提前 5~10 d,为 45~55 d。

(三)对环境条件的要求

(1)温度。喜温暖,耐高温,不耐霜冻。种子发芽适温为 25~30 ℃,低于 8 ℃不能发芽,植株生育适温为 20~28 ℃,35 ℃以上高温仍能正常结荚,12 ℃以下左右生长缓慢,5 ℃以下受寒害。

(2)光照。豇豆喜光,但也有一定的耐阴性。多数品种为中光性,对日照要求不严格。开花结荚期间需要充足的日照,弱光会引起落花落荚。

(3)水分。根系发达,耐旱,不耐涝。适宜的空气湿度为65%~70%,土壤湿度65%~70%,过湿过干都易引起落花落荚,对产量及品质影响很大。

(4)土壤营养。豇豆对土壤适应性广,以中性偏酸(pH 6.2~7.0)土壤最好。过于黏重土壤或低洼地不利于根系和根瘤菌的发育。豇豆植株生长旺盛,生育期长,需肥量较多,但不耐肥。在施足基肥的基础上,还应少量多次追肥,防止脱肥造成早衰或“伏歇”现象。

第二节　豇豆主要品种及特点

(1)之豇28-2。生长势中等,蔓长2.5 m以上,分枝少,以主蔓结荚为主,结荚集中,叶色深绿,嫩荚淡绿色,荚长60 cm左右,长者可达1 m以上,单荚重19~20 g;纤维少,品质好。该品种耐热、早熟,较耐病毒病,春播亩产2 500 kg左右。植株易早衰,要求加强肥水管理;对低温敏感,适宜夏播。

(2)绿丰99。适应性广泛,在黄淮海地区从清明—大暑,随时均可播种。大致上春播以清明—谷雨为宜;夏播以夏至—小暑为宜。抗病性强,耐高温高湿,丰产稳定,植株生长旺盛,一般2~4节开花结荚。结荚早,收获整齐,采收期长。

(3)红嘴燕。生长势较强,分枝少,以主蔓结荚为主,荚呈现圆棍形,淡绿色,先端呈淡紫红色,故名红嘴燕,嫩荚长50~60 cm,粗0.7~0.8 cm,单荚重19 g左右。中熟,采收集中,耐热性较强,春、夏季均可栽培。

(4)三尺绿。早熟品种,蔓生、蔓长200 cm以上,侧枝较少,生长势较强,结荚节位低,每一果枝着生3~5节,生长速度快,节间较长,抽蔓早,叶片深绿色,嫩荚深绿色,荚长70 cm以上,粗0.5~0.6 cm,荚老化慢,种粒黑色,粒大,有波纹,千粒重160~200 g。耐寒性强,抗病,熟性早,前期及总产量高。

(5)春丰。早熟豇豆新品种,适宜全国各地早春保护地和春季露地栽培。该品种植株蔓生,生长势强,以主蔓结荚为主,第2~3节着生第一花穗,单株结荚多,前期产量高,后期不易早衰。荚长70 cm,横径0.8~1 cm,单荚重30~35 g。荚绿白色,种子红色,肉厚,质脆嫩,纤维少,味甜。该品种较抗病毒病、枯萎病和煤霉病。

(6)郑研豇美人。中早熟,生育期94 d左右。第1花序着生于第4.9节,花紫色,种子红褐色。商品荚翠绿色,长61.1 cm,横径0.88 cm,鼓籽不明显,无鼠尾,果面光滑有光泽。平均每亩产量1 800 kg左右,田间对锈病、白粉病和病毒病的抗性强于对照之豇28,综合性状表现优良,适宜在河南、海南、湖北、山东等地春播栽培。

(7)郑研荚多宝。中早熟,生育期94 d左右。花紫色,种子红褐色。商品荚翠绿色,荚条长63.4 cm,荚条顺直不鼓籽,无鼠尾,荚条表面光滑、有光泽。平均亩产量1 700 kg左右,对锈病、白粉病和病毒病的抗性较强,适宜在河南、湖北、山东等地春播栽培。

(8)浙翠5号。植株蔓生,生长势中等偏强,分枝适中。第一花序3~4节,花白色。三出复叶,小叶长10.3 cm、宽6.5 cm。每花序结荚2~4条,平均株结荚18~20条,荚长69 cm,平均单荚重28.3 g,条荚匀称,肉厚,肉质致密,荚色淡绿。种子肾形、土黄色,有花纹,百粒重13 g。中熟偏早,全生育期116 d,嫩荚采收期33 d左右。田间表现病毒病与煤霉病发病较轻。适宜早春大棚栽培和春、夏、秋露地栽培。

(9)绿元帅。该品种生长势强,叶色深绿,荚色油绿,荚长 75~85 cm。豆荚鲜嫩,不易老化,纤维少,口感佳。荚条长而整齐美观,无鼓籽。比 901 稳产高产、耐热、抗病且可早熟 5 d 左右。适合全国各地种植。

(10)绿状元。墨绿条豇豆新品种。荚长 90 cm 左右。豆荚鲜嫩,不易老化,纤维少,口感佳。荚条长而整齐美观,无鼓籽。比黄籽绿条荚条更长,更早熟,结荚更多。

(11)世纪长玉。该品种植株生长健壮,抗病性好,抗逆性强,不易早衰。主侧蔓均可结荚,丰产潜力大。嫩荚绿白色,籽少肉厚,纤维少。一般荚长 80 cm 以上,整齐一致,十分美观。是露地高产栽培的理想品种。

(12)郑豇高产王。郑州市蔬菜研究所最新选育的高产型豇豆新品种。该品种早熟性好,播种至始花 35 d 左右,荚色嫩绿、有光泽,平均荚长 70~80 cm,荚条粗壮,品质优良,不易老化。适合全国各地春、夏、秋季栽培,是一个全能型的高产品种。

第三节　豇豆种植管理技术

一、栽培季节与茬口

豇豆喜温耐热怕寒,北方春、夏、秋均可以进行露地栽培。春提早栽培,在大棚 10 cm 深处地温稳定在 10 ℃左右时可定植,再据此确定合适的播种期。春大棚可在 3 月上中旬定植。春季早熟栽培于 4 月中下旬直播或定植,6 月中下旬始收,育苗苗龄 20~25 d;晚春茬于 5 月上旬直播,7 月中旬始收;秋茬于 6 月中下旬直播,8 月上旬至 9 月中旬始收。春季地膜覆盖栽培豇豆,可促进根系生长,提早开花,产量比露地栽培增加 40%~50%。北方地区利用大棚进行春提前、秋延后和春夏连秋一大茬栽培。大棚秋延后豇豆于 6 月下旬至 7 月上旬直播,或 7 月下旬至 8 月上旬定植,8 月中上旬始收,10 月下旬至 11 月中旬拉秧。大棚秋延后豇豆也有 8 月上旬直播,9 月下旬至 11 月中旬拉秧。

二、整地施肥做畦

施足有机肥和磷钾肥对豇豆非常重要,一般每亩地施腐熟有机肥 1.0~2.5 t,再加 15 kg 磷酸二铵和 15 kg 硫酸钾,或用三元复合肥 20 kg。

平畦栽培一般畦宽 130 cm 左右,畦沟深 10~20 cm,每畦播种两行,穴距 20~33 cm。

三、育苗

(1)采用营养钵育苗。育苗基质用草炭∶蛭石按照 1∶1,每立方米加复合肥 1~2 kg,拌匀。

(2)浸种。一般采用干籽直播,不需浸种。如需浸种,可用 50~55 ℃温水浸种 15~30 min,在此过程中不断搅拌,水温降至 30 ℃时停止,然后再浸泡 6~8 h。也可用药剂浸种,用 50%适乐时拌种,用药量为用种量的 0.2%,预防苗期病害和枯萎病等病害。

(3)播种。一般采用点播,直接播种在营养钵中。若催芽,露白约 60%时即可播种。

播前应浇透水。如果在寒冬育苗，应放在温室里面，有必要的需加盖小拱棚。播种时须平放种子，播后深度 4~6 cm，要求每个营养钵 2~4 粒种子，须均匀一致。

（4）播前到出苗前管理。播种后，苗床温度白天应控制在 25~30 ℃，晚间为 16~20 ℃，以利尽快出苗。

（5）出苗后到定植期苗床管理。出苗后，要降低苗床温度到白天 20~25 ℃、夜间 12~15 ℃，防止幼苗徒长。要增强光照，保温覆盖物可逐渐揭开。

（6）定植前管理。进行低温锻炼，苗床温度应保持在 15~20 ℃、夜间 10~15 ℃，使秧苗健壮，增加抗病性和抗逆性。此期也应适当防治病虫害。

四、直播播种和育苗移栽

（1）直播播种。一般每亩播量在 1~4 kg。断霜后露地播种，蔓生性品种密度为行距 66~70 cm，株距 20~25 cm，每穴 4~5 粒，留苗 2~3 株，矮生品种行距 50~60 cm，株距 25~30 cm。播后用脚踏实，使土和种子充分接触，吸足水分以利出芽，有 70%芽顶土时，轻浇水 1 次，保证出齐苗。浇水后及时深中耕保墒、增温蹲苗，促使根系生长。

（2）育苗移栽。豇豆易出芽，一般不需要浸种催芽，育苗的苗床底土宜紧实，以铺 6 cm 厚壤土最好，以防止主根深入土内，多发须根，移苗时根群损伤大。所以当苗有一对真叶时即可带土移栽，不宜大苗移植。有条件的可用营养钵或穴盘育苗，每钵两苗或三苗。可根据不同品种和栽培方式来确定，一般行株距为（60~80） cm×（25~40） cm，春季适当早定植。定植宜在晴天下午进行，要浇定植水。浇足定植水，以促进缓苗，在此期间不用施肥，需 3~5 d。缓苗后控制浇水，以不旱为原则。若缺水，则应轻浇，达到蹲苗促根作用，此期可不用追肥。

五、田间管理

生产管理上，主要掌握先控后促的原则，通过水肥供应、整枝摘心、及时采收等措施，进行综合调节，防止徒长、早衰和落花落荚，减缓“伏歇”现象。

（1）浇水追肥。豇豆忌连作，在施足基肥的基础上，幼苗期需肥量少，要控制肥水，尤其注意氮肥的施用，以免茎叶徒长，分枝增加，开花结荚节位升高，花序数减少，形成中下部空蔓不结荚。在第 3 片复叶长出前，根据土壤墒情，适时浇水，中耕蹲苗，直到第一花序基部嫩荚长到 5 cm 左右时，结束蹲苗。盛花结荚期需肥水多，必须重施结荚肥，结合浇水亩追施复合肥 20 kg，每采收 2~3 次豆荚后，追施一次肥。结荚期叶面喷洒 0.3%磷酸二氢钾、0.1%硼砂和 0.1%钼酸铵，或喷施叶面肥 2~3 次，增产作用显著。采豆荚期，不能施速效氮肥。接荚后期进入夏季，宜早晚浇水，随水追施复合肥 10 kg。

（2）插架引蔓与植株调整。植株 5~6 片叶时要及时插架。用“人”字形架或“X”字架。架高 2~2.5 m，距植株基部 10~15 cm，每穴插一根，深 15~20 cm，每两架相交，从中上部 4/5 的交叉处放上横竿并扎紧。豇豆引蔓上架一般在晴天中午或下午进行，不要在露水未干或雨后进行，避免蔓叶折断。及时整枝抹芽摘心可以节约养分，改善群体通风透光性能，是调节秧果平衡关系的有效措施。主蔓经一花序以下各节位的侧芽一律抹掉，促进开花；主蔓中上部各叶腋中花芽旁混生叶芽时，应及时叶芽抽生侧枝打去；打顶类，当主蔓长 2 d 以上时打顶,以便控制生长,促副花芽的形成,同时也利于采收。

(3)采收。长豇豆播种后,约经 60 d(春播)或 40 d(夏播)开始采收嫩荚,一般花后 12~16 d 荚充分长成,组织柔嫩,种子刚刚显露时即可采收。豇豆每花序有两对以上花芽,通常只结一对豆荚。如肥水充足,及时采收和不伤花序上其他花蕾时,可使一部分花序多开花结荚,这样可以提高结荚率,增加产量,采摘初期每隔 4~5 d 采一次,盛果期每隔 1~2 d 采一次,采收期共 30~40 d。豇豆嫩荚一般为每亩产量 2 000~3 000 kg,高产的可达 4 000 kg 以上。安全间隔期内禁止使用化学农药和化学激素。

六、病虫害防治

(一)防治原则

按照"预防为主,综合防治"的植保方针,坚持以"农业防治、物理防治、生物防治为主,化学防治为辅"的防治原则。

(二)主要病虫害

豇豆主要病虫害有细菌性疫病、炭疽病、锈病、蚜虫、豆荚螟等。

(三)农业防治

与葱蒜类蔬菜轮作,拉秧时清除病株残体;保护地实行高畦定植,地膜覆盖,加强通风,避免高温高湿环境;增施腐熟有机肥,促进植株健壮生长,提高抗病性。

(四)药剂防治

(1)煤霉病。又称叶霉病或叶斑病,高温潮湿有利该病发生。主要危害叶片,茎蔓和豆荚也能受害。初期在叶片两面生出紫褐色斑点,以后扩大成淡褐色近圆形病斑,潮湿时表面密生煤烟状霉层,叶片背面多于正面。严重时,叶片变小,病叶干枯、早落,结荚减少。可用25%多菌灵可湿性粉剂400 倍液,或50%甲基托布津可湿性粉剂500 倍液,或75%百菌清可湿性粉剂600 倍液,或65%代森锌可湿性粉剂500 倍液喷雾,每 7~10 d 喷一次,连续防治两三次。

(2)细菌性疫病。在发病初期,用72%农用链霉素可湿性粉剂 3 000~4 000 倍液喷雾防治,或用新植霉素可湿性粉剂 4 000 倍液均匀喷雾防治,隔 7~10 d 喷 1 次,交替用药 2~3次。

(3)炭疽病。豆角苗期子叶和幼茎发病,出现短条状或梭形斑,褐色至红褐色,稍凹陷或龟裂,病斑处有小黑点。豆角病叶上先出现淡红褐色小点,逐渐发展成圆形至不定形病斑,边缘褐色,中部淡褐色,具黄色晕圈,斑面隐现不明显云纹,后期病斑相互融合,造成大面积枯死。也有的病斑是从叶尖开始发病,病斑迅速扩展,呈倒"V"字形大斑,病健交界明显,其上散生淡黑色小颗粒。湿度大时呈现朱红色小点病征。在豆角茎部产生梭形或长条形病斑,初为紫红色,后色变淡,稍凹陷以至龟裂,病斑上密生大量黑点。该病菌主要以种子为传播载体,种子消毒很关键,可选用多菌灵或防霉宝 600 倍液浸种 30 min,洗净晾干后播种即可有效预防。在豆角炭疽病发病初期开始喷 10%苯醚甲环唑 1 500 倍液、25%咪鲜胺 1 500 倍液、25%溴菌腈可湿性粉剂 1 000 倍液、30%爱苗乳油 3 000 倍液,或 75%百菌清可湿性粉剂 600 倍液,或 70%甲基托布津可湿性粉剂 500 倍液,或 80%炭疽福美可湿性粉剂 800 倍液,或 70%甲基托布津可湿性粉剂 800 倍液加 75%百菌清可湿性粉剂 800 倍液。

(4)锈病。在高温高湿环境条件下易发生,温度 20 ℃以上,相对湿度高、结露时或豇豆种植密度过大、室内通风不良、浇水不当、氮肥过多时,病害易流行。该病主要为害叶片、叶柄,茎蔓和豆荚也可受害。发病初多在叶片背面形成黄白色小斑点,后微隆起似脓疱状,扩大后形成红褐色疱斑,具有黄色晕圈,疱斑破裂后散放出红褐色粉末(夏孢子)。植株生长后期,病部产生黑色疱斑,含有黑色粉末(冬孢子)。严重时病斑合并,使全叶干枯脱落。发病初期病斑未破裂前,选用 15%三唑酮可湿性粉剂 1 000~1 500 倍液,或 40%氟硅唑乳油(福星)8 000 倍液,或 50%萎锈灵乳油 800~1 000 倍液,或 40%敌唑铜可湿性粉剂 4 000 倍液,或 2.5%丙环唑乳油(敌力脱)4 000 倍液喷雾,每隔 7~10 d 喷一次,交替用药,连喷两三次。

(5)蚜虫。保护地栽培棚室,在 100 cm×20 cm 的纸板上涂黄漆,上涂一层机油,每亩挂 30~40 块,挂在行间。当板上粘满蚜虫时,再涂一层机油。选用 5%杀蚜烟剂 300~400 g/亩分 6~8 处于傍晚点燃熏一夜。常用药剂有 10%吡虫啉可湿性粉剂 1 000~1 500 倍液,或 50%避蚜雾可湿性粉剂 3 000 倍液,或 5%啶虫咪乳油 1 500 倍液,或 50%敌敌畏乳油 1 000 倍液喷雾,连喷 2~3 次。

(6)豆荚螟。药剂防治的策略是“治花不治荚”,即在豇豆始花期底第 1 次用药,以后间隔 7~10 d 1 次,连续 2~3 次。喷药时间以早晨 8 时前花瓣张开时为好,此时虫体可充分接触药液。在开花期前喷杀在花蕾中的幼虫。谢花后豆荚长成 10 余 cm 长时喷药 1 次,可杀死初孵和蛀入幼荚的低龄幼虫。在成虫盛发期和卵孵化盛喷药,可选用 200 g/L 氯虫苯甲酰胺悬浮剂(康宽)1 500 倍液、48%毒死蜱乳油 1 000 倍液、24%虫螨腈悬浮剂 1 800~2 100 倍液、25%灭幼脲悬浮剂 1 500 倍液、20%杀灭菊酯 3 000~4 000 倍液,隔 7~10 d 喷一次,连喷 2~3 次。

(7)红蜘蛛。幼苗期间,注意及时浇水,避免干旱。培育壮苗,及时摘除病叶和枯黄叶可有效地减少虫源传播。药剂防治:选用 250%达螨灵 1 500 倍液、2.5%联苯菊酯乳油(天王星)2 000 倍液、1.8%阿维菌素乳剂 2 000~2 500 倍液、5%噻螨酮可湿性粉剂 1 000~1 500倍液、10%复方浏阳霉素乳油 1 000 倍液、2.4%螺虫乙酯悬浮剂 4 000~5 000 倍液、20%丁氟螨酯悬浮剂 1 500 倍液等喷雾。

第四节　日光温室冬春茬豇豆栽培技术

一、品种选择

冬春茬豇豆栽培宜选用长势强、分枝性弱、熟性早、抗逆性强,优质、丰产,对光周期不敏感的品种,如之郑研豇美人、郑研荚多宝、豇 28-2、青丰豇豆、三尺绿、浙翠 5 号等。

二、播种育苗

(一)播种期

适宜播种期为 11 月中下旬。

（二）营养土配制

用无病菌的肥沃田土6份、腐熟优质圈肥4份，然后加过磷酸钙0.1%、草木灰0.1%、40%敌百虫可湿性粉剂适量混匀。营养土装入营养钵中或填入苗床切成营养土块。

（三）精选种子

选择有光泽、无虫伤、无霉烂、饱满的种子。播种前晒种1~2 d，以提高发芽势和发芽整齐度。

（四）浸种与催芽

将选好的种子放入30 ℃的温水中，浸泡2 h，然后捞出进行催芽。为避免烂种，宜采取湿土催芽，即将育苗盘底先铺一层薄膜，后在其上撒5~6 cm厚的细土，用水淋湿，将种子均匀地播在细土上，再覆盖1~2 cm细土，然后盖一层薄膜保温保湿。在25~30 ℃条件下，约3 d可出芽。

（五）播种

芽长1 cm左右时播种，每钵播3~4粒发芽的种子，播后覆盖细土2 cm。覆盖地膜保墒、保温，促进幼芽出土。

（六）苗期管理

播种后苗床覆盖塑料薄膜。苗床白天温度控制在25~30 ℃，夜间不低于18 ℃。幼苗出土后，苗床白天温度控制在23~28 ℃，夜间15~18 ℃。10 d后开始间苗，每个营养钵或营养土块内留苗2~3株。定植前炼苗，白天20~25 ℃，夜间13~15 ℃。播种后25 d左右，幼苗长出第二复叶时定植。

三、定植

（一）施肥、整地、做畦

定植前施足基肥，一般每亩施用腐熟的有机肥8 000 kg、过磷酸钙80~100 kg、硫酸钾50 kg。将肥料撒匀，深翻30 cm，耙细整平后做成1.2~1.5m宽的平畦。

（二）定植

选晴天栽植。每畦栽两行，穴距30 cm，每穴2~3株。开沟水稳苗栽植，或采用开穴点浇水栽植。定植后整平畦面，覆盖地膜。

四、定植后管理

（一）前期管理

定植后3~5 d内不通风，白天保持室内气温25~30 ℃，超过30 ℃时可短时通风，夜间17~20 ℃。适当控制浇水，促进根系生长。此期正处于严冬，如果室内温度达不到要求，可在温室内加小拱棚保温。

（二）抽蔓期管理

白天气温控制在23~28 ℃，夜间15~18 ℃，防止徒长。可选好天追施一次速效氮素化肥，每亩追施尿素10~15 kg，追肥后浇一次水。接近开花时要控制浇水，做到浇荚不浇花。为防止豇豆茎蔓互相缠绕和倒伏，要及时搭架。日光温室栽培除用竹竿支架外，可用吊绳进行吊蔓栽培。

（三）开化结荚期管理

此期间要维持白天室内气温 28～32 ℃，夜间 17～20 ℃，不低于 15 ℃。当嫩茎坐住后，结合浇攻荚水，每亩冲施尿素 10～15 kg。之后每采收两次，追施一次速效肥，一般 7 d 左右采收一次，采收后每亩追施磷酸二铵或氮、磷、钾复合肥 20 kg。每次追肥后随即浇水。早春阴雨天时，要注意争取使植株多见散射光，并坚持在中午通小风。久阴初晴时，为防止叶片灼伤，要适当遮阴，或分步拉开草苫，待植株适应后再大量见光。

主蔓爬到架顶或绳顶后，及时对主蔓进行摘心，以后下部侧枝发出后留花序摘心，促进二次结果。在盛收期分期摘除植株下部老叶，以减少营养消耗，促进养分向上部秧蔓、豆荚供应。

五、采收

豇豆开花后 12～14 d，豆荚长至该品种的标准长度，荚果饱满柔软，籽粒未显露时采收。

六、病虫害防治

豇豆的主要病害有疫病、锈病、白粉病等。在病虫害化学防治中，要选用高效、低毒、低残留农药，并严格执行安全间隔期。

第十六章　大　葱

第一节　概　述

一、大葱的类别及营养价值

大葱(Allium fistulosum)为百合科葱属二年生草本植物。起源于中国西部和俄罗斯西伯利亚地区,由野生葱在中国驯化和选择而来,主要分布在西北、东北以及华北等地区。我国葱类栽培历史长达3 000余年,是世界上主要栽培葱的国家,国内分布广泛,遍及全国城乡。大葱是我国广泛栽培的调味蔬菜及经济作物,在蔬菜产业发展中占有重要地位。

大葱的类型有普通大葱、分葱、胡葱、韭葱和楼葱五大类型。

(1)普通大葱。植株高大,分蘖力弱。能开花结实,用种子繁殖。品种多,栽培面积大,如高白牌大葱、梧桐葱、杨玉如牌大葱、女朗山牌大葱、科星牌大葱和河北巨葱都是普通大葱。

(2)分葱。植株矮小,假茎细而短,分蘖性强,每个分蘖长出3~4片叶即开始分蘖,单株每年形成20~80个分蘖。不抽薹,不开花,有少数分株抽薹而不结实,靠单株繁殖。分葱辣味较淡,以食嫩叶为主。

(3)楼葱。假茎短,分蘖性、抗逆性强,分蘖成株后,呈三层小葱株。花器不健全,无结实能力。主要靠分株移栽。休眠期短,可随时采收,随收移栽。

(4)胡葱。又叫火葱、蒜头葱。主要是下部大、上部细。分蘖性强,植株晚春开花,不易结籽,靠鳞茎繁殖;一个鳞茎可繁殖10~20个子鳞茎。

(5)韭葱。别名扁葱、扁叶葱。叶片长带形,有蜡粉,宽5 cm,长50 cm左右,抽生的花薹断面圆形实心,伞形花序。每序有小花800~3 000朵。韭葱耐热、耐寒、生长势强、产量高,病害极少,能忍受38 ℃左右的高温和-10 ℃的低温,生长适温白天18~22 ℃,夜间12~13 ℃,春季育苗,夏季定植,初冬收获。

大葱主要食用其鲜嫩的叶身和假茎。叶片和假茎营养丰富,气味芳香,含有较多的蛋白质、多种维生素、氨基酸和矿物质,特别是含有维生素A、维生素C和具有强大的杀菌能力的蒜素。葱性温、味辛,具有散寒健胃、祛痰、杀菌、利肺通阳、发汗解表、通乳止血、定痛疗伤的功效,可用于痢疾、腹痛、关节炎、便秘等症;还有增进食欲、防止人体细胞老化的功能。葱蒜辣素(也称大蒜素)和硫化丙烯,一方面能除腥增香、刺激消化液分泌,让人食欲大增,同时辣素还有较强的杀菌功效,促进汗腺、呼吸道和泌尿系统中相关腺体的分泌,因此与姜、红糖一起熬制成的“葱姜水”是治疗风寒感冒的一剂中药。

二、生物学特性

(一)植物学特性

(1)根。根白色,弦线状,侧根少而短。根的数量、长度和粗度随植株的发生总叶数的增加而不断增长。大葱发棵生长旺期,根数可达100多条。

(2)茎。大葱的茎呈短缩的圆锥形,黄白色,深入地下,下部着生根,上面着生叶片,顶端为生长锥,具有顶端优势,分蘖少。大葱通过春化阶段后,停止分化叶片。通过春化的植株在日照条件下抽出花薹。

(3)叶。大葱的叶片呈同心环状着生在地下的短缩茎上。叶片由叶身和叶鞘组成。叶身呈圆柱管状,叶鞘相互抱合组成了假茎。每个新生的叶片都是从前一个叶片的叶鞘中伸长出来的。幼叶刚出现时为黄绿色,呈实心,以后随着内部薄壁细胞组织逐渐消失,而叶片成为空心,深绿色,披有白色蜡粉,具有耐旱性。叶片的光合效率与叶龄有关,幼叶光合效率低,而成叶光合效率高,所以生产上要保护好大葱的叶片。延长光合功能叶,是夺取高产的关键。

(4)花。着生于花茎顶端,开花前,正在发育的伞形花序藏于总苞内。营养器官充分生长的葱株,一个花序有花400~500朵,多者可达800朵以上。两性花,异花授粉。每朵花有花被6片,雄蕊6枚。雌蕊成熟时,花柱长1 cm。子房上位,3室,每室2粒。

(5)果实、种子。大葱的种子为蒴果,成熟后裂,种子易脱落,呈盾形,内侧有棱。种皮黑色,坚硬,不易透水,千粒重2.4~3.4 g。种子寿命较短,一般条件下只有1~2年,生产上一般采用当年的种子。但在18~20 ℃的低温下储存时,寿命大大延长。

(二)对环境条件的要求

(1)温度。葱起源于半寒地带,好冷凉而不喜炎热,在冷暖的气候下,产量高,品质好。种子在2~5 ℃条件下能发芽,在7~20 ℃的温度范围内,温度越高,萌芽出土越快,但温度超过20 ℃时无效应。从发芽到子叶出土,需要7 ℃以上的积温140 ℃左右。适宜葱生长的温度是7~35 ℃,在温度13~25 ℃范围内,茎叶生长旺盛;10~20 ℃下,葱白生长旺盛,温度超过25 ℃生长缓慢,形成的葱白和绿叶品质均差。大葱是绿体通过春化阶段的植物,3叶以上的植株在低于7 ℃的温度下,经7~10 d便可通过春化阶段。

(2)光照。大葱对光照强度要求不高,对日照时间的长短要求为中性,只要在低温作用下通过春化,不论日照时间的长短都能正常抽薹开花。

(3)水分。大葱的叶片呈管状,有蜡质,具有抗旱性,能减少水分蒸发而耐干旱。群众有“旱不死的葱”的说法。把5片真叶以上的葱放在阳光下晒10 d,虽然根干、叶缩,但不能危害生命。但在生产中的葱根系无根毛,吸水能力差,各个生长时期都要满足水分供应,才能生长健壮,葱白粗大,产量高。

(4)土壤条件。大葱本来对土壤要求不严格,但它根群小,无根毛,吸肥能力差,如夺高产,必须选用土壤疏松、土层深厚、土质肥沃、排水良好、富含有机质的土壤。大葱对酸碱度的要求:pH值为7~7.4为好,低于6,大于8.5,对种子发芽,植株生长有抑制作用。

第二节　大葱主要品种及特点

(1)章丘大梧桐。山东省章丘市一带的地方品种。特征特性:株高130~150 cm。叶管状细长,绿色,蜡粉少;叶尖锐,肉较薄,叶长冲;葱白长50~60 cm,最长80 cm,假茎直圆柱形,横径3~4 cm,上下匀称一致;组织充实,质地洁白,辛辣适中,纤维少,汁多,品质优良。生长速度快,不易抽薹,不分蘖。单株重0.5~0.75 kg,最重1.5 kg。每亩产量2 500~4 000 kg。晚熟生育期长,不抗紫斑病,不抗风。其栽培要点:一是选择3年没种过葱蒜类地块;二是亩施优质粗肥3~5 m^3,深耕细耙,整平做畦后,每亩用复合肥25 kg;三是9月下旬播种育苗,90 d后,苗长到2~3片叶时越冬;四是下年6月开沟移栽,沟距80 cm,株距5 cm;五是栽后踩实浇水一次,适时培土、施肥,11月收获。

(2)鲁葱杂1号。山东省农业科学院蔬菜花卉研究所选育。棒状大葱类型。生长势强,植株直立,株高120 cm左右,葱白长约50 cm,直径约2.7 cm,单株重300 g左右。叶片直立,不易折叶,叶色深绿,蜡质多,生长期功能叶6~7片。较抗倒伏。冬性强,抽薹迟。辛辣味中等,生熟食皆宜。可上年秋季或当年春季育苗。选地势高燥、排灌方便、土层深厚、地力肥沃的地块栽培。6月中旬至7月上旬定植,密度每亩2万~2.5万株,10月上旬至11月中旬收获。

(3)鲁葱杂5号。山东省农业科学院蔬菜花卉研究所选育。棒状大葱类型。生长势强,植株直立,株高130 cm左右,葱白长约50 cm,直径约2.6 cm,单株重290 g左右。叶片较细长,浅绿色,生长期功能叶5~6片,叶间距较大。较抗倒伏。生熟食皆宜,辛辣味轻。可上年秋季或当年春季育苗。选地势高燥、排灌方便、土层深厚、地力肥沃的地块栽培。6月中旬至7月上旬定植,密度每亩2万~2.5万株,10月上旬至11月中旬收获。

(4)新葱三号。河南省新乡市农业科学院选育。棒状大葱类型。生长势强,不易早衰;植株直立,株高140 cm左右;葱白长约55 cm,直径约2.5 cm,单株重310 g左右。白绿色,棒状,紧实,基部略微膨大,商品性好。叶片挺直,叶色深绿,蜡质多,生长期功能叶5~6片,较抗倒伏。辛辣味中等,生熟食皆宜。可上年秋季或当年春季育苗。选地势高燥、排灌方便、土层深厚、地力肥沃的地块栽培。6月中旬至7月上旬定植,密度每亩2万~2.5万株,10月上旬至11月中旬收获。

(5)平园3号。冬青大葱与章丘大葱优选单株杂交育成。叶深绿色,叶面蜡粉多,商品性状好。口味浓,品质好,株高150 cm以上,葱白长70 cm以上。单株重350 g以上,亩产可达7 000 kg。该品种高抗霜霉病、紫斑病、病霉病,综合性状表现优良。适宜全国各地栽培。

(6)平园2号。利用章丘梧桐大葱优系与日本元藏大葱自交系杂交,杂交后代经过系统选育而育成的大葱新品种。叶深绿色,叶面蜡粉中等,商品性状特好,口感好,品质优良,株高160 cm以上,葱白长可达70 cm,单株重可达500 g,亩产可达10 000 kg。该品种高抗霜霉病、紫斑病、病毒病,综合性状表现优良。

(7)野藏冬翠。该品种生长势强,叶深绿色,生长速度快,高抗紫斑病、病毒病及湿害,稳产高产。葱白致密紧实,很少分蘖,葱白长50~60 cm,单株重可达0.5 kg。质地脆嫩,葱香味较浓。抗寒性强,可耐短期-10 ℃低温,冬季叶不枯,春节后返青快,黄河以南地区越冬种植仍可保持3~5片绿叶,茎秆坚实不软化,商品产量高,外观好。特别适于供应春节市场,适合全国各地大葱生产基地栽培。

(8)郑研寒葱。该品种葱白紧实致密耐储运,辣味较浓、有香味,口感脆嫩爽口,商品性及产量均优于山东大葱,单株重可达0.5 kg。除此之外,郑研寒葱还有以下独特优点:①植株抗寒性极强,可耐-10~-15 ℃低温,黄河以南地区可露地越冬,叶子不干;②越冬不空心,葱白紧实不软;③春节过后返青快,提前上市效益高。

(9)春味大葱。中熟偏早品种,生长势强,外皮有光泽的黄铜色,成熟后成圆球形,单株重400~700 g,优质,抗病,抗寒,秋天播种6月上旬收获的品种。亩产在8 000 kg左右,不易抽薹,不分球,耐储运,适于我国大多数地区栽培。

(10)天光一本。早熟种,植株粗壮、直立;叶深绿色,叶表面披蜡粉,叶厚硬;株高100 cm左右,假茎长30~35 cm,假茎粗2.5~3.5 cm,葱白长25~35 cm,叶鞘包裹紧密,葱白具光泽,葱白单株重250~350 g。在漳浦县种植,一般7月上旬至8月下旬播种,苗龄60 d左右,亩定植2.5万株左右。适时采收,大葱从播种到收获一般不超过200 d。

(11)东京夏黑长葱。耐热、早熟、丰产、品质优,叶浓绿色,长势旺盛,折叶现象少,葱白高40 cm以上,粗2.0~2.5 cm,软白部分纯白、光滑,具有光泽。茎部叶片紧凑、直立,裂损少,生长整齐、美观,且收获期长,秋播一般为9月中旬至10月上旬,翌年2月下旬至4月定植,7~9月收获;春播2月下旬至3月中旬温床育苗,5月中旬至11月下旬收获。

(12)绿秀。耐热性强,耐寒、耐旱、耐涝、抗虫,叶深绿色,叶面蜡粉较少,商品性状好,辣味浓,品质好,株高110~120 cm,单株叶片数6~7个,假茎长45~55 cm,横茎粗2.5~3.5 cm,单株质量0.28~0.75 kg。一般亩产量为5 500 kg以上。高抗霜霉病、紫斑病和病毒病。可一年四季栽培。

(13)春峰大葱。晚抽薹,品质高的F1杂交种,植株生长强健,耐热、耐冷,叶暗绿色,叶鞘长35 cm以上,粗2.0~2.5 cm,茎部紧实,葱白有光泽,叶不徒长,栽培容易。

(14)十国一本太。秋、冬两季收获,长势好、直立,叶为深绿色、较短、稍粗,植株高90~100 cm,粗2.5~3.0 cm,葱白长40~45 cm,软白部分粗、紧密性好,肉质细腻、有光泽,耐高温、干燥,夏、秋两季生育旺盛,肥大性好。整齐、硬度大、高产、抗抽薹。低温下伸长性突出、抗病性强。

第三节　大葱种植管理技术

大葱栽培一般安排露地栽培(秋季大葱)、大拱棚越冬栽培(春季大葱)、早春地膜小拱棚促成栽培(夏季大葱)和秋延迟栽培(冬季大葱)四个茬口中,如表16-1所示。

一、大葱露地栽培技术(秋季大葱)

(一)育苗

1.选用优良种

选择无病虫损伤、当年收获的粒大饱满的新种子,抗病虫性强、抗逆性强、丰产性、商

表 16-1 大葱生产茬口安排表

栽培模式	育苗时间	育苗设施	定植时间	栽培设施	供应市场时间
露地栽培(秋季大葱)	秋播:9月中下旬 春播:4月上旬		6月中下旬至7月上旬		A:9月至11月上旬 B:越冬芽葱3月中旬至4月初
大拱棚越冬栽培(春季大葱)	10月中下旬	风障加阳畦或一膜一苫	1月中下旬	大拱棚三膜覆盖	4月下旬至6月下旬
早春地膜小拱棚促成栽培(夏季大葱)	9月下旬至10月上旬	风障加阳畦或一膜一苫	冬前:11月中下旬至12月上旬 早春:2月下旬至3月上旬	地膜小拱棚覆盖	6~8月
	10月下旬至2月中下旬		4月中下旬至5月上旬	露地栽培或遮阳网	8~9月
秋延迟栽培(冬季大葱)	5月上旬至6月上旬	遮阳网	7月中旬至8月中旬	大拱棚一膜或两膜覆盖	12月至翌年2月

品性好的大葱良种。保鲜大葱露地栽培的品种很多。春味、春强、天光一本、元藏、锦藏、东京一本、绿秀等抗逆性好、抗病性强、假茎组织紧密、整株色泽亮丽、加工品质好的品种均可。

2.温汤浸种

先用清水浸泡 10 min,再用 55 ℃热水浸泡 30 min,其间要不停地搅拌,捞出沥干,然后置于 20 ℃环境下催芽。药剂处理用 0.2%高锰酸钾溶液浸种 20~30 min,再用清水冲净。每天用清水冲洗 1 次,6 d 左右种子露白时进行播种。

3.苗床准备

苗床应建在 3 年未种过葱、韭、蒜的田块。苗床东西向,一般宽 1.2 m,长依育苗量而定。每亩定植需育苗面积 60 m^2。建床时,1 m^2 苗床施腐熟的羊马粪 2~3 kg、三元复合肥 100 g、10%粒满库 10~15 g,要与床土充分混匀。

4.适时播种

秋播以 9 月中下旬为宜,春播以 4 月上旬为宜。以幼苗越冬前有 40~50 d 的生育期,能长成 2~3 片真叶,株高 10 cm 左右,径粗 4 mm 以下为宜。这样生理苗龄的幼苗能够安全越冬,可以避免或减少第二年的先期抽薹。播前造墒,每亩定植需撒播葱种 100 g,盖土厚度为 1.5~2 cm。春播覆土后应覆盖地膜以提温保湿，防止种子落干影响出苗率。

5.苗床管理

（1）冬前管理。幼苗期植株生长量小，叶片蒸腾小，应控制水肥，防止秧苗长的过大或徒长。一般冬前生长期间浇水 1~2 次即可，同时要中耕拔草，让幼苗生长健壮。冬前一般不追肥，但在土壤解结冻前，应结合追稀粪，灌足冻水。越冬幼苗以长到 2 叶 1 心为宜。

（2）春苗床管理。翌年日平均气温达到 13 ℃时浇返青水，返青水不宜浇得过早，以免降低地温。如遇干旱也可于晴天中午灌一次小水，灌水同时进行追肥，以促进幼苗生长。蹲苗 10~15 d，使幼苗生长粗壮，为下一阶段的生长打下基础。蹲苗后幼苗进入旺盛生长期，生长显著加快，应顺水追肥，1 m^2 每次施入高氮高钾类型的三元复合肥 20~30 g 及粪稀等，以满足幼苗旺盛生长的需要。

（3）春播育苗，出苗期间要保持土壤湿润，以利出苗。苗床干旱，土面板结时应浇水，使子叶顺利伸出地面。如播种后全畦用地膜覆盖，对出苗有较好效果。幼苗出齐，及时撤除地膜。出苗后到 3 叶时，要控制灌水，使根系发育健壮，3 叶后再浇水追肥，促进秧苗生长。当葱苗具有 5~7 叶时即可定植。

（二）定植

（1）定植时间。定植时间一般在 6 月上中旬至 7 月上旬。

（2）整地开沟。前茬收获后结合深耕每亩施充分腐熟农家肥料 8 000~10 000 kg，耙平后开沟栽植。栽植沟南北向，使受光均匀。沟宽 1 m，深 25 cm，沟底亩施三元复合肥 20 kg，划锄入土，土肥混匀。

（3）定植密度。保鲜大葱要求细长，其定植行距 1 m，株距 3 cm，每亩栽 2.2 万~2.3 万株。

（4）精选葱苗。起苗前 1~2 d 苗床浇水，起苗时抖净泥土，选苗分级，剔除病、弱、残苗和有薹苗，将葱苗分为大、中、小三级分别定植。边刨边选，随运随栽，以便缓苗快，生长快。

（5）栽植方法。先用水灌沟，水深 3~4 cm，水下渗后再用葱叉压住葱根基部，将葱苗垂直插入沟底，栽植深度视葱苗大小而定，一般 5~7 cm，达外叶分杈处不埋心为宜。插葱时叶片的分杈方向要与沟向平行，以免田间管理时伤叶。

（三）田间管理

1.浇水

缓苗越夏阶段正是炎夏多雨季节，要注意雨后排水，防止大雨灌葱沟，淤塞葱眼（插葱时的葱杈孔），致使根系缺氧，引起腐烂。在此期间一般不浇水，让根系迅速更新，植株返青。8 月上中旬天气转凉，葱白处于生长初期，气温仍偏高，植株生长还较缓慢，对水分要求不高，应少浇水，并于清晨浇水，避免中午骤然降低地温，影响根系生长。这个时期需浇水 2~3 次。处暑以后，当日平均气温降至 24 ℃以下直至霜降前，大葱进入生长盛期，平均每 7~8 d 即可长出 1 片叶子，叶序越高，叶片越大，每片叶的寿命也长。这个时期由于叶片和葱白重量迅速增长，需水量也大大增加，应结合追肥、培土，每 4~5 d 浇水 1 次，而且水量要大，葱沟内要筑拦水埂，使每沟水量浇足浇匀。如天旱少雨，浇水量不足，会严重影响葱白的生长速度和产量。一般高产田在这个阶段要浇水8~10次。霜降以后气温下降,大葱基本长成,进入假茎(葱白)充实期。植株生长缓慢,需水量减少,但仍需保持土壤湿润,使假茎灌浆,叶肉肥厚,充满胶液,葱白鲜嫩肥实。这个时期要灌水2次以满足需要。如缺水则样子枯软、葱白松散,产量降低,品质变劣。收获前7~10 d停水,便于收获储运。

2.追肥

大葱追肥应分期进行。

(1)葱白生长初期,炎夏刚过,天气转凉,葱株生长逐渐加快,应追1次攻叶肥,亩施高氮高钾类型的三元复合肥35~40 kg或者10 kg尿素+20~25 kg复合肥于沟脊上,中耕混匀,锄于沟内,而后浇一次水。

(2)葱白生长盛期,是大葱产量形成的最快时期,葱株迅速长高,葱白加粗,需要大量水分和养分。此时应追攻棵肥,分2~3次追入,氮磷钾并重。第一次可施入复合肥25~30 kg+加硫酸钾15~20 kg,可施于葱行两侧,中耕以后培土成垄,浇水。后两次追肥可在行间撒施硫酸铵或尿素15~20 kg,浅中耕后浇水。

(3)培土。大葱假茎的叶鞘细胞伸长时需要黑暗与湿润环境,并要有营养物质输入和储存作为基础。一般培土越高,葱白越长,葱白组织也较洁白和充实。当大葱进入旺盛生长期后,随着叶鞘加长,及时通过行间中耕,分次培土,使原来的垄脊成沟,葱沟成背。每次培土高度根据假茎生长的高度而定,一般6~10 cm,将土培到叶鞘和叶身的分界处,即只埋叶鞘,勿埋叶身,以免引起叶片腐烂。从立秋(8月上旬)到收获,一般培土3~4次。

培土时还要注意以下几点:第一,取土宽度勿超过行距宽的1/3和开沟深度的1/2,以免伤根,影响根系的发展和伸展;第二,培土后要拍实葱垄两肩的土,防止雨或浇水后引起塌落;第三,培土应在土壤水分适宜时进行,过湿易成泥浆,过干土面板结,均不利于田间操作;第四,培土应在下午进行,避免早晨露水大、温度大时进行,因假茎、叶片容易折断而造成腐烂。

二、大葱大拱棚越冬栽培技术(春季大葱)

(一)育苗

(1)选用良种。应选用耐低温、抗春化、晚抽薹的日本品种,如极晚抽、春味、天光一本、春强等品种。

(2)苗床准备。苗床应建在3年未种过葱、韭、蒜的田块。苗床东西向,一般宽1.2 m,长依育苗量而定。每亩定植需育苗面积60 m^2。建床时,1 m^2苗床施充分腐熟的农家有机肥2~3 kg、氮磷钾三元复合肥100 g、10%粒满库10~15 g,要与床土充分混匀。同时备好拱条、薄膜、草苫等保温设施。

(3)适时播种。播种适期为10月15~30日。播前造墒,每亩定植需60 m^2苗床,撒播葱种100 g,喷水渗下后,用2 000倍液的移栽灵(50 mL)喷洒预防倒苗,然后盖土厚度为2 cm左右。

(4)苗床管理。播种后及时架设小拱棚,覆盖草苫,以保温防寒、提高地温、促发芽出苗。出苗后棚温尽量控制在23~25 ℃,夜间在8 ℃以上,应视天气变化情况及时揭盖草苫。冬季雨雪连阴天也要晚揭早盖,尽量增加光照时间。一般苗床不浇水施肥。为防猝倒病,葱苗直钩前后喷洒2 000倍液的移栽灵1~2遍。当葱苗具有2叶1心时即可定植。

(二)定植

保鲜大葱大拱棚越冬栽培采用两膜一苫的保温措施。

(1)拱棚设施。大拱棚南北向,宽12 m,长依地而定,边柱高1.1~1.2 m,中柱高1.7~1.8m。定植前10~15 d应封棚升温以提地温,定植后架设小拱棚并覆盖草苫。

(2)定植时间。定植时间一般在1月15~30日。定植太早难于管理,发根慢,易烂根,太晚影响春季生长。

(3)整地开沟。前茬收获后结合深耕每亩施腐熟农家肥料8 000~10 000 kg,耙平后开沟栽植。栽植沟南北向,使受光均匀。沟宽1 m,深25 cm,沟底每亩施三元复合肥30 kg,划锄入土,土肥混匀。

(4)定植密度。保鲜大葱要求细长,其定植行距1m,株距3 cm,每亩地2.2万~2.3万株。

(5)精选葱苗。起苗前1~2 d苗床浇水,起苗时抖净泥土,选苗分级,剔除病、弱、残苗和有薹苗,将葱苗分为大、中、小三级分别定植。边刨边选,随运随栽,以便缓苗快,生长快。

(6)药剂蘸根。2 000倍液的移栽灵蘸根,可促进缓苗和生长。

(7)栽植方法。先用水灌沟,水深3~4 cm,水下渗后再用葱叉压住葱根基部,将葱苗垂直插入沟底,栽植深度5~7 cm,达外叶分杈处不埋心为宜。插葱时叶片的分杈方向要与沟向平行,以免田间管理时伤叶。

(三)田间管理

(1)温度调控。大葱定植时正值严寒季节,增温保温促生长是关键。定植后立刻覆盖小拱棚,夜间在小拱棚上盖草苫保温。特别是到假茎粗0.5 cm以上,植株4叶1心时更应加强夜间保温管理,尽量减少温度低于8 ℃的次数和时间,严防大葱通过春化阶段,导致抽薹开花。到3月上中旬,气温已逐渐平稳升高,大葱亦进入假茎生长初期,结合施肥培土,可撤去小拱棚;随气温逐步升高,应逐渐加强大拱棚通风,尽量将温度控制在白天20~25 ℃,夜温不低于8 ℃的适宜范围内。

(2)浇水。定植后浇一次小水,葱苗根系更新后进入葱白生长初期再浇水,大葱进入旺盛生长期前只能少浇水、浇小水;进入旺盛生长期后要结合培土大水勤浇,叶序越高,叶片越大,需水量越多,中后期结合培土施肥应5~6 d浇一次水,直至收获。

(3)追肥。大葱缓苗后应追提苗肥,结合浇水每亩施尿素15 kg+复合肥20~25 kg;葱白生长初期,生长逐渐加快,应追攻叶肥,每亩追三元复合肥25 kg+硫酸钾25~30 kg;葱白进入生长旺盛期,是大葱产量形成的最快时期,葱株迅速长高,葱白加粗,需肥水量大,应追攻棵肥,氮磷钾并重分2次追入,一般每亩施三元复合肥25~30 kg+尿素10~15 kg。

(4)培土。培土是软化叶鞘、防止倒伏、提高葱白产量和质量的重要措施。培土越高,葱白越长,葱白组织也较洁白充实。通过行间中耕和分次培土,使原来的垄背成沟底,葱沟变垄背。每次培土高度5~6 cm,将土培到叶鞘与叶身的分界处,即只埋叶鞘,不埋叶身。一般培土 3~4 次。5 月上中旬,当假茎长达 35 cm、粗 1.8 cm 以上时即可收获。

三、保鲜大葱秋延迟高产栽培技术(冬季大葱)

(一)育苗

(1)选用良种。秋延迟栽培选用品种为元藏、天光一本太、长宝等。这些品种耐寒、抗病性强,低温期生长快,假茎组织紧密,整株色泽亮丽,加工品质好。

(2)苗床准备。苗床应建在 3 年未种过葱、韭、蒜的田块。苗床东西向,一般宽 1.2 m,长依育苗量而定。每亩定植需育苗面积 60~70 m^2。建床时,1 m^2 苗床施用三元复合肥 50 g、优质有机肥 500 g、10%粒满库 10~15 g,并用药物防治地蛆、蝼蛄等地下害虫,各种肥料农药均要与床土充分混匀。

(3)适时播种。播种适期为 5 月上旬至 6 月上旬。播前造墒,每亩定植大田需 60~70 m^2 苗床,葱种 100 g。播前造墒,水下渗后均匀撒播葱种,然后 1 m^2 苗床用多菌灵 15 g 拌细土 50 g 撒盖葱种,以预防苗床病害,然后盖土,厚度为 2.5~3 cm。覆土厚度少于 2.5 cm,苗床会失墒过快,影响出苗率。

(4)苗床管理。此期播种气温逐渐升高,光照加强,苗床失水过快,不利于葱苗生长,因此播种后要架设拱棚,加盖遮阳网,为葱苗创造适宜的生长环境,以利培育壮苗。出苗前如果水分不足,可浇小水,保持湿润,床面不能出现龟裂;苗后拉弓期不浇水,直弓后加强水分供给,结合浇水 1 cm 追施三元复合肥 20~30 g;定植前 15 d 应停止浇水,以利壮苗。及时拔除杂草,并注意防治葱苗的猝倒病、霜霉病、紫斑病、锈病和葱蓟马。

(二)定植

定植于 7 月中旬至 8 月上旬进行。在前茬收获后结合深耕每亩施腐熟土杂肥 8 000~10 000 kg,耙平后开沟栽植。栽植沟南北向,使受光均匀。沟宽 1 m,深 25 cm,沟底每亩施三元复合肥 20 kg,划锄入土,土肥混匀。起苗前 1~2 d 苗床浇水,剔除病残弱苗,将葱苗分大、中、小三级分别定植,边刨边栽。定植要于早、晚进行,避开中午的高温,以利于缓苗快,生长快。定植行距为 1 m,株距 3 cm,每亩定植 2 万~2.1 万株。

(三)田间管理

(1)温度控制。大葱定植后适逢高温,可覆盖遮阳网以利于越夏。冬季前要架设大拱棚,大拱棚南北向,宽 12 m,长依地而定,边柱高 1.1~1.2 m,中柱高 1.7~1.8 m。10 月中旬,大拱棚要覆盖塑料膜。当进入后期,遇严寒天气,有条件的可以加盖 3 m 宽的小拱棚,实行二膜覆盖,以利保温。以白天保持在 15~25 ℃,夜间不低于 6 ℃为宜。

(2)浇水。定植后浇一次小水,葱苗根系更新后进入葱白初期再浇水。大葱进入旺盛生长期前要浇小水;进入旺盛生长期后要结合培土大水勤浇。总的原则是要见干见湿,旱则浇,涝则排,不能有积水。入冬盖棚后要少浇水、浇小水,以免引起地温下降太快,影响大葱正常生长。

(3)追肥。大葱缓苗后,应追提苗肥,结合浇水每亩施尿素 15 kg+复合肥 20~25 kg;葱白生长初期,生长逐渐加快,应追攻叶肥,每亩施三元复合肥 25 kg+硫酸钾 20~30 kg。葱白进入旺盛生长期,需肥量大,应追攻棵肥,氮磷钾并重,每亩施三元复合肥 50~60 kg,尿素 20~30 kg,分 2 次追入。后期,可随浇水每亩冲施鱼蛋白冲施肥 15 kg,以满足大葱的生长需要，有利于提高大葱的抗病、抗寒能力，并提高大葱品质。

（四）培土

盖棚前培土3～4次，盖棚后据生长情况培土1～2次。11～12月收获。

四、保鲜大葱地膜小拱棚促成栽培技术（夏季大葱）

（一）育苗

（1）选用良种。选择日本进口良种夏黑二号、长宝，这些品种耐热性强、早熟、品质好，肉质紧密，叶色浓绿，高温季节假茎生长快，增产潜力大，适于加工出口。

（2）苗床准备。苗床应建在3年未种过葱、韭、蒜的田块。苗床东西向，一般宽1.2 m，长依育苗量而定。每定植亩需育苗面积60 m^2。建床时，1 m^2 苗床施腐熟的羊马粪2～3 kg、三元复合肥100 g、10%粒满库10～15 g，要与床土充分混匀。同时备好拱条、薄膜、草苫等保温设施。

（3）适时播种。大葱越夏栽培，主要是供应7月、8月的大葱市场，因此，育苗应选在9月下旬至10月上旬。播前造墒，每亩定植需撒播葱种100 g，盖土厚度为1 cm。

（4）苗床管理。育苗要采用一膜一苫的保温措施。播种后及时架设小拱棚，覆盖草苫，以保温防寒，提高地温，促发芽出苗，有条件的可以考虑用地热线增加地温。出苗后的管理，重在保温。白天尽量控制在15～25 ℃，晚上以不低于6 ℃为宜。应视天气情况及时揭盖草苫。冬季雨雪连阴天也要晚揭早盖，尽量增加光照时间。注意防治猝倒病。

（二）定植

定植一般在土地封冻前（11月中下旬至12月上旬）或者翌年开冻初（2月下旬至3月上旬）定植。前茬收获后结合深耕每亩施腐熟土杂肥8 000 kg，耙平后开沟栽植。栽植沟南北向，使受光均匀，沟宽1 m，深25 m，沟底每亩施三元复合肥20 kg，划锄入土，土肥混匀。起苗前1～2 d苗床浇水，分三级选苗，剔除病残、弱及有薹苗，边起边栽。定植行距1 m，株距3 cm，每亩栽2.2万～2.3万株。

定植后架设地膜小拱棚。拱条选用80 cm长的细竹条，地膜选用80 cm宽厚度0.06～0.08 mm规格的微膜。拱棚宽50 cm，拱棚顶距离沟底35～40 cm。

（三）田间管理

（1）浇水。定植后以防止大风破膜，提温促缓苗为主，缓苗前不浇水，越冬期间也不浇水。春季随着温度逐渐升高，大葱生长加快，进入旺盛生长期，应逐渐加大浇水量和浇水次数；中后期结合培土施肥应4～5 d浇一次水。6～8月，注意防涝。

（2）追肥。大葱缓苗后应追缓苗肥，结合浇水每亩冲施尿素15～20 kg+复合肥20～25 kg。葱白生长初期应追攻叶肥，每亩冲施三元复合肥25 kg+硫酸钾20～25 kg。在葱白进入旺盛生长期后，结合拔除拱棚后的培土，应氮鳞钾并重，每亩分三次追入三元复合肥20～25 kg+尿素10～15 kg。

（3）培土。4月中旬撤除地膜拱棚。拱棚撤除前不培土，撤除拱棚后培第一次土。一般大葱生长期间培土3～4次，以提高大葱的产量和品质。6～8月，当假茎长达35 cm、粗1.8 cm以上时可收获。

五、保鲜大葱病虫草害防治技术

保鲜大葱病虫草害的无害化防治技术坚持检疫与防治相结合,以预防为主、综合防治为辅,以农业防治和物理防治为主、化学防治为辅的原则,严格选用高效、低毒、低残留农药,杜绝使用剧毒、高残留农药,以确保大葱的内在品质满足出口的要求。

(一)病害防治

大葱病害主要有霜霉病、白疫病、锈病、紫斑病、灰霉病、软腐病、黄矮病,具体防治措施如下:

(1)霜霉病、白疫病。清洁田园,实行轮作。多施用优质有机肥,雨后及时排水,使植株健壮生长,增强抗病能力。发病后控制浇水,及早防治葱蓟马,以免造成伤口等。选用抗病种子。药剂防治:发病初期25%嘧菌酯水分散粒剂34 g/亩,或80%乙磷铝可湿性粉剂100 g/亩,或64%杀毒矾可湿性粉剂100 g/亩,或70%安克悬浮剂60~100 mL/亩,或70% 品润干悬浮剂500~700倍液,或72.2%扑霉特700~1 000倍液,或72.2%普力克水剂800倍液,或50%甲霜铜可湿性粉剂800~1 000倍液等,隔7~10 d一次,视病情连续防治2~3次。

(2)大葱猝倒病。育苗期出现低温、高湿条件发病严重。药剂防治:发病初期用25%嘧菌酯水分散粒剂34 g/亩或72.2%普力克水剂100 g/亩对水喷雾。间隔6~7 d,视病情防治2~3次。64%杀毒矾可湿性粉剂100 g/亩或70%安克(烯酰吗啉)悬浮剂60~100 mL/亩,间隔6~7 d,视病情防治2~3次。

(3)锈病。①多施用充分腐熟的农家肥或者优质商品有机肥,健壮栽培,提高抗病能力。②保护地栽培注意控制好温度和湿度。③及时拔除病株。④发病初期喷洒15%粉锈宁(三唑酮)可湿性粉剂2 000~2 500倍液,或25%敌力脱(丙环唑)乳油3 000倍液,隔10 d左右1次,连续防治2~3次。

(4)紫斑病。农业防治措施与霜霉病相同。化学防治:发病初期,用75%达克宁可湿性粉剂100 g/亩或74%杀毒矾可湿性粉剂100 g/亩对水喷雾。间隔6~7 d,视病情连喷2~3次。可同时兼治霜霉病、白色疫病。用25%嘧菌酯水分散粒剂34 g/亩或77%可杀得可湿性粉剂50 g/亩对水喷雾。间隔6~7 d,视病情连喷2~3次。可同时兼治霜霉病、白色疫病。喷洒75%百菌可湿性粉剂500~600倍液,或64%杀毒矾可湿性粉剂500倍液,或58%甲霜灵锰锌可湿性粉剂500倍液,或50%扑海因可湿性粉剂1 500倍液,隔7~10 d喷洒1次,连续防治3~4次,均有较好的效果。此外,喷洒2%多抗霉素可湿性粉剂3 000倍液。

(5)灰霉病。①清洁田园,实行轮作。②多施用有机肥,雨后及时排水,使植株健壮生长,增强抗病能力。③发病时保护地栽培停止浇水,降低湿度。④平衡施肥,增加钾肥。⑤化学防治。发病初期,轮换用50%速克灵可湿性粉剂、50%扑海因可湿性粉剂1 000~1 500倍液,或25%甲霜灵可湿性粉剂1 000倍液,或50%多菌灵可湿性粉800倍液喷雾,5~7 d一遍。也可以用25%嘧菌酯水分散粒剂34 g/亩对水喷雾,间隔6~7 d,视病情连喷2~3次。

(6)软腐病。①轮作换茬。②施用生物有机肥。③发病初期,喷洒50%琥胶肥酸铜可湿性粉剂 500 倍液,或 14%络氨铜水剂 300 倍液,或新植霉素 4 000~5 000 倍液,视病情隔 7~10 d 一次灌根和喷洒植株,防治 1~2 次。

(7)黄矮病。①轮作换茬,不要在葱蒜类蔬菜栽培地、采种田育苗。②育苗地要远离路边、沟渠等杂草多的地方,并及时拔除苗床及田间杂草。③及时防治传毒蚜虫和飞虱。④化学防治。发病初期,开始喷洒 1.5%植病灵乳剂 1 000 倍液,或 20%病毒 A 或湿性粉剂 500 倍液,或 83 增抗剂 1 000 倍液,隔 10 d 左右 1 次,防治 1~2 次。

(二)虫害防治

大葱害虫主要有蓟马、斑潜蝇、甜菜叶蛾、葱蝇(葱蛆),其具体防治措施如下:

(1)葱蓟马。①清洁田园,及早将越冬葱地伤的枯叶清除,消灭越冬的成虫和若虫。②适时灌溉,尤其早春或干旱时,要及时灌水。③药剂防治。用 20%灭蝇胺水悬浮剂 30 g/亩或 10%大功臣可湿性粉剂 10 g/亩对水喷雾,视虫情防治 1~2 次;用 25%阿克泰水分散粒剂 4 g/亩或 10%大功臣可湿性粉剂 10 g/亩对水喷雾,视虫情防治 1~2 次,可同时兼治斑潜蝇。也可以用 50%马拉硫磷乳油、50%辛硫磷乳油、10%吡虫啉 1 500~2 000 倍液进行防治。以上药剂要轮换使用。

(2)斑潜蝇。清洁田园,前茬收获后清除残枝落叶,深翻,冬灌,消灭虫源。黄板诱杀成虫,亩悬挂 40~50 块黄板,高度略高于植株。药剂防治:在产卵前后消灭成虫。成虫发生盛期喷 20%灭蝇胺水悬浮剂 30 g/亩,或 20%啶虫脒 30 g/亩,或 25%阿克泰水分散粒剂 4 g/亩,对水喷雾。初期用 2%阿维菌素乳油 2 000 倍液、2.5%溴氰菊脂乳油 2 000 倍液、48%乐斯本乳油 1 500 倍液喷雾,视虫情交替防 1~2 次,间隔 5~7 d,喷 2~3 次,并轮换使用。

(3)甜菜叶蛾。①秋耕或冬耕,可消灭部分越冬蛹。②采用黑光灯诱杀成虫,频振式电子杀虫灯效果最好,亩悬挂两盏灯可以诱杀成虫 90%左右。③春季 3~4 月清除杂草,消灭杂草上的初龄幼虫。④人工采卵和捕杀幼虫。⑤糖醋酒液诱杀。用糖、醋、酒、水、敌白虫晶体按 3∶3∶1∶10∶0.5 的比例配成溶液,装入直径 20~30 cm 的盆中放到田间,亩放 3~4 盆,随时添加溶液,保持不干,可以有效的诱杀成虫,防治效果良好。⑥药剂防治。常用的生物防治药剂有 Bt 乳剂、杀螟杆菌、青虫菌粉等,每药加水 800~1 000 倍液,在 20 ℃以上气温时使用,效果良好。菌粉中可加 0.1%洗衣粉,提高防治效果。在幼虫 3 龄以前,可用 50%辛硫磷乳油 1 000~1 500 倍液,或 90%敌百虫晶体 1 000 倍液,或 25%灭幼脲胶悬剂 500~1 000 倍液,5%抑太保乳油 50 mL/亩或 2.5%菜喜悬浮剂 70 mL/亩,对水喷雾,视虫情连防 1~2 次。

(4)葱蝇。幼虫蛀入葱、蒜等鳞茎内取食,引起腐烂,致使上部叶片枯黄,萎蔫至死亡。防治时施充分腐熟的有机粪肥或饼肥;把虫叶和拉秧后的残枝落叶彻底清除出田外深埋或烧毁,可减少虫源。①用糖醋液诱杀成虫,配法是糖∶醋∶水=1∶2∶2.5,内加少量敌百虫拌匀,倒入放有锯末的碗中加盖,待晴天白天开盖诱杀。②由于成虫具有趋腐臭性特性,所以忌用生粪或栽植烂葱,用有机肥必须充分腐熟,且均匀深施。③黄板诱杀成虫,亩悬挂 40~50 块黄板,高度略高于植株。④药剂防治。防治葱蛆,定植时,用 3 500~4 000倍液的阿维菌素溶液浸根 3 min。生长期,90%敌百虫配成 800~1 000 倍液灌根杀蛆。

其他地下害虫主要有蝼蛄、蛴螬、金针虫,危害大葱地下根茎部,造成地上部枯死。可用90%敌百虫晶体 0.15 kg 拌豆饼 5 kg,做成毒饵,用毒饵 1.5~2.5 kg/亩来防治。

按照上述防治病虫亩用药量,根据作物不同生育期确定对水量,一般苗期亩对水量 20~30 L,成株期 40~50 L。使用上述农药应严格掌握安全间隔期(见表 16-2)。

表 16-2　农药使用安全间隔期

农药名称	安全间隔期(d)	农药名称	安全间隔期(d)
达克宁	7	除尽	7
嘧菌酯	3	抑太保	10
安克	14	菜喜	1
翠贝	3	灭蝇胺	10
乙膦铝	7	阿克泰	5
大功臣	5	巴丹	3

(三)草害防治

葱地的杂草,大多是一年生的狗尾草稗草、马唐、野苋菜、灰菜、蓄等,除草主要靠人工除草,但在苗床上也可用化学药剂除草。比较安全的除草剂是 33%的除草通乳油,亩用 100 mL 除草通于播后芽前 1 500 倍液喷雾防除杂草效果很好。大田不能用任何的除草剂。注意:上述所有杀菌剂与杀虫剂必须在大葱收获前 15 d 停用,以免产生药残。

六、收获

葱白长度达到 40 cm 左右,开始收获。收获时深挖轻拔,分级捆扎上市。

第十七章　大　蒜

第一节　概　述

一、大蒜的营养

大蒜（Garlic）又叫蒜头、大蒜头、胡蒜、葫、独蒜、独头蒜，是蒜类植物的统称，百合科葱属二年生草本植物，原产地欧洲南部和中亚、西亚，我国人工驯化栽培已有2 000多年历史。自秦汉时从西域传入中国，经人工栽培繁育，蒜自古被当作药用植物栽培，作为蔬菜，蒜头、蒜薹、蒜黄、幼株（蒜苗）既可以食用，蒜头又可以作为调味料食用，是日常人民喜爱的主要蔬菜之一。以鳞茎（蒜头）、花茎（蒜薹）、见光幼株（蒜苗）、黑暗幼株（蒜黄）为产品，尤其是肉质鳞茎，具有较高的药用价值和营养价值。据研究，蒜富含水分、蛋白质、脂肪、碳水化合物、钙、磷、铁、维生素，且还含有硫胺素、核黄素、尼克酸、蒜素、柠檬醛及硒、锗等微量元素等，具有较强的杀菌作用，对多种疾病具有预防作用，有"地里生长的青霉素"之美称。蒜味辛、性温，有暖脾健胃、促进食欲、帮助消化、消咳止血、行气消积、解毒杀虫等功效。蒜胺对儿童脑细胞的发育具有很好的促进作用。大蒜除具有良好的保健功能外，还具有促进新陈代谢、清热解毒、健肠胃和抗癌之功效。此外，大蒜还广泛用于医药、化工和食品工业上，可加工成蒜酱、蒜粉、大蒜蛋黄粉、蒜醋、蒜酒、糖醋蒜和盐蒜等。大蒜产量高，耐储藏，耐运输，供应期长，对调剂市场需求，解决淡季供应具有十分重要的意义，同时又是重要的加工原料和出口创汇蔬菜，是主要的辛辣蔬菜之一。

二、生物学特性

（一）植物学特征

（1）根。大蒜的根为弦线状根系，没有明显的主、侧根之分。须根均着生在茎盘上，按其发生的先后、着生部位和所起的作用，可分为初生根、次生根和不定根。初生根发生在种瓣的背面，次生根发生在种瓣的腹面及茎盘的外围，不定根是在春季蒜种干瘪前后围绕茎盘周围其他部位着生的第二批新根。须根数量多而根毛少，分布很浅，主要在浅土层中。根系吸收水、肥的能力较弱。

根的生态特性：喜湿怕旱、喜肥耐肥。尤其在抽薹前后对水肥敏感，不能误水误肥。根分泌一种杀菌物质，是其他蔬菜的好茬口。

（2）茎。分为营养茎和花茎。

营养茎，短缩呈盘状（称茎盘）。茎盘下部生根，上部着生叶片。顶芽在茎盘中央，在适宜条件下分化花芽，抽生花茎（蒜薹）。侧芽肥大成鳞芽（蒜瓣）；顶芽不分化成花芽时，则形成无薹多瓣蒜或独头蒜。

花茎,即是蒜薹。花茎顶端着生总苞。总苞内着生伞形花序和气生小鳞茎。气生小鳞茎的形态结构类似于蒜瓣,可作为播种材料。

(3)叶。包括叶身和叶鞘。

叶身,扁平狭长,表面有蜡粉,为耐旱叶型。

叶鞘,筒状,层层抱合成为假茎。假茎中富含营养,幼嫩时可食,即蒜苗或蒜黄。叶鞘基部膨大部分为鳞茎(蒜头)。鳞茎的构造:叶鞘、保护鳞片、肥厚鳞片、幼芽、茎盘、花薹、根原基。

(4)花。大蒜的花为伞形花序,花与气生鳞茎混生在总苞中。一个总苞内有 30~40 朵小花,果实为蒴果,形态扁平,椭圆形,黑褐色。多数植株是开花不结实,或不开花。原因是性细胞营养不足。总苞内着生的小鳞茎,又叫气生鳞茎、蒜珠或天蒜,一般 30~40 粒,多的达 50 粒以上。其构造与蒜瓣相似,但个体甚小,可用于繁殖、复壮。

(5)鳞茎。大蒜的鳞茎又叫蒜头。蒜头呈扁球形或短圆锥形,外面有灰白色或淡棕色膜质鳞皮,剥去鳞皮,内由 6~10 个至 10 个以上鳞芽(蒜瓣)组成。每一个蒜瓣由两层鳞片和一个幼芽构成,外层为保护鳞片,内层为储藏鳞片。保护鳞片随鳞芽膨大,养分转移,干缩呈膜状。储藏鳞片由几片幼叶构成。蒜瓣的外层有 3~4 层蒜皮,蒜皮是由叶鞘基部膨大形成的。

(二)生育周期

1.生长发育周期

生育周期:春播,90~110 d,亩产量 750~1 000 kg。秋播,220~280 d,亩产量 1 500~3 500 kg。应尽量采用秋播技术。

时期划分:

(1)萌芽期。从播种至基生叶出土为萌芽期。春播大蒜需 7~10 d,秋播大蒜因休眠和高温的影响,需 15~20 d。大蒜在储藏后期鳞芽苗端已分化4~5 片幼叶,播种后继续分化。萌芽期最长根达 1 cm 以上,根量多至 30 余条,此期根以纵向生长为主。萌芽期以种瓣内的养分为能量来源,所以全株干重比原重略有减少。但因根系生长迅速,从土壤中吸收大量水分、养分,因此全株鲜重并无减轻的现象。

(2)幼苗期。从第一片真叶展开至花芽鳞芽分化开始为幼苗期。春播早熟品种 50~60 d,秋播晚熟品种 180~210 d。此期根系由纵向生长转入横向生长,并开始发生少量侧根,根长增长速度达到高峰。展出叶数约占总叶数 50%,叶面积约占总叶面积 40%。在此过程中,大蒜中种瓣内的营养物质逐渐消殆尽,蒜母逐渐干瘪成膜状物,生产上称之为“退母”,大蒜由他养生长进入自养生长,同时花芽和鳞芽即将分化,需要养分较多,在植物体内必然产生营养重新分配过程,从而各级叶依次出现黄尖现象,为了减少黄尖现象,应提前灌水追肥,提高土壤营养水平。

(3)花芽和鳞芽分化期。从花芽和鳞芽开始分化到分化结束,需 10~15 d。在华北地区秋播大蒜一般在 4 月上旬开始分化,春播大蒜晚 10~15 d。到幼苗后期先经过一定时间的低温条件,在遇到高温长日照后,花芽才可能开始分化,同时围绕花茎周围形成鳞芽。花芽和鳞芽分化是大蒜产品器官形成的基础。有薹品种花芽分化不好,则成薹率降低,独头蒜增多,将大量减产。此期叶芽分化停止,新叶继续展出,株高和叶面积增长加速,为花茎伸长和鳞茎膨大创造物质基础。

(4)花茎伸长期。从花芽分化结束至花茎采收为花茎伸长期,约35 d。在花茎伸长期,营养生长和生殖生长同时并进。在这一时期分化叶全部展出,叶面积增长达到顶峰。旧根开始衰老,新根大量发生,由于地上部茎叶和蒜薹迅速生长,全株增重最快,约占总重50%以上。蒜薹采收后,植物体内的养分向储藏器官运转,茎叶逐渐干枯脱落,鲜重急速下降,但同期干重则迅速上升。

(5)鳞茎膨大期。从鳞芽分化至鳞茎成熟为鳞茎膨大期,早熟品种需50~60 d,其中花薹采收的20 d左右为鳞茎膨大盛期。鳞芽生长发育速度,最初极为缓慢,至花茎伸长后期开始加速,花茎摘除后,顶端优势解除,鳞芽增长速度最快,直到收获前才逐渐缓慢下来。鳞茎大小决定于鳞芽分化多少及其每个鳞茎的重量,即鳞芽分化愈多,鳞芽愈肥大,则鳞茎也愈重;反之,鳞茎则轻。花茎摘除早晚也能影响鳞芽的生长发育,过晚则消耗植株营养,而影响鳞芽肥大。所以,栽培有薹品种,要适时摘除蒜薹,既保证蒜薹品质,又可提高鳞茎产量。鳞茎接近成熟期,根系大量死亡,叶片迅速干枯,叶鞘由于养分转移,也变薄而松软,失去支撑功能,因此收获失时,则易倒伏。

(6)休眠期。鳞茎收获后,约有两个多月的生理休眠期。生理休眠期结束后常因高温而进入被迫休眠期。

2.花芽分化与蒜薹形成

花薹发育过程:花芽分化—花器孕育期—抽薹期。总苞变白(白苞)时为蒜薹采收适期。花芽分化的条件:低温:0~4 ℃下经过30~40 d通过春化阶段。长日照:13 h以上的日照和较高的温度(15~20 ℃),通过光照阶段。低温花芽分化的首要条件:低温不足,形成无薹多瓣蒜或独头蒜。秋播大蒜的抽薹率和蒜薹产量均高于春播。春播过晚,抽薹率大大降低。

3.鳞芽分化与鳞茎形成

(1)鳞茎形成。大蒜的鳞茎(蒜头)由多个鳞芽(蒜瓣)组成。鳞芽由茎盘上的侧芽发育而成。侧芽在一定条件下肥大,肥大部分是无叶身的叶鞘。因此,可把蒜瓣的幼芽称为鳞腋芽,整个蒜头成为鳞叶。

(2)鳞芽分化与鳞茎肥大的条件。在0~5 ℃低温下经过5~10 d,再在13 h长日下和较高的温度(15~20 ℃),以及一定的营养累积的基础上。独头蒜形成的本质:植株营养不足,不能分化鳞腋芽。

无薹分瓣蒜形成的本质:未满足花芽分化的条件(主要是低温),而植株尚有较充足的营养分化形成鳞腋芽。

(三)对环境条件要求

(1)温度。大蒜喜好冷凉的环境条件。其适应温度为-5~26 ℃。大蒜通过休眠后,在3~5 ℃时即可萌芽发根。茎叶生长适温为12~16 ℃。花茎和鳞茎发育适温为15~20 ℃,当超过26 ℃以上时,植株生理失调,茎叶逐渐干枯,地下鳞茎也将停止生长,在冬季平均温度在-5 ℃以下的地区,秋播大蒜不能自然越冬。大蒜植株在0~5 ℃低温范围,经过30~40 d完成春化作用。

(2)光照。完成春化的大蒜在长日照及较高的温度条件下才开始花芽和鳞芽分化。

在短日照而冷凉的环境下，只适于茎叶的生长。鳞芽形成将受到抑制。所以，无论春播或秋播，都要经过低温及长日照的条件。

(3)水分。大蒜为浅根系作物，喜湿怕旱。在播种前后对土壤温度要求较高，使其迅速萌芽发根，幼苗前期要减少灌水，加强中耕松土，促进根系发展，防止种瓣湿烂。花茎伸长期和鳞茎膨大期是大蒜生长发育的旺盛阶段，也是需水最多的阶段，要求土壤经常保持湿润状态，接近成熟期要求降低土壤湿度，以免因高湿、高温、缺氧引起烂脖散瓣、蒜皮变黑，降低品质。

(4)土壤及营养。大蒜对土壤种类要求不严，但以肥沃的沙质壤土为最好，疏松透气，保水排水性能好，生态环境有利于鳞茎生长发育，蒜头大而整齐，品质好，产量高。适于中性或微酸性土壤，pH 6.0~7.0。过酸，产量低；过碱，幼苗黄，种瓣易烂，招致蒜蛆。喜肥耐肥，幼苗期，主要靠种瓣养分，对土壤养分吸收量很小；退母后，从异养转为自养，养分吸收开始迅速增加；采薹后，进入鳞茎膨大盛期，养分吸收最旺盛；鳞茎膨大后期，养分吸收趋于停止。

第二节　大蒜主要品种及特点

大蒜依蒜瓣大小分类，可分为大瓣蒜和小瓣蒜。大瓣种每头 5~10 瓣，味香辛、产量高、品质好，以生产蒜头和蒜薹为主，是生产上的主栽类型；小瓣种每头 10 瓣以上，叶数多，假茎较高，辣味较淡，产量低，适于蒜黄和青蒜栽培。

(1)蒲棵蒜。苍山大蒜。植株高 80~90 cm，株幅 36 cm。假茎高 35 cm 左右，粗 1.4~1.5 cm。叶色浓绿，全株叶片数 12 片；蒜头近圆形，横径 4~4.5 cm，形状整齐，外皮薄，白色，单头重 35 g 左右，重者达 40 g 以上。每个蒜头有 6~7 个蒜瓣，分两层排列，瓣形整齐。蒜衣 2 层，稍呈红色，平均单瓣重 3.5 g 左右，抽薹性好，蒜薹长 35~50 cm，粗 0.46~0.65 cm，单薹重 25~35 g，质嫩，味佳。一般每亩产蒜薹 500 kg 左右，蒜头 800~900 kg，为蒜头和蒜薹兼用良种。生育期 240 d 左右，属中晚熟品种。耐寒性较强。

(2)航蒜一号。中国农科院大蒜研究所选育，集高产、抗病、抗寒、抗重茬、品质优于一体的大蒜新品种，正常年份亩产鲜蒜 750 kg 左右。该大蒜品种成果直径达 11.5 cm 株高 90~100 cm，株幅 40 cm，根系发达，生长势强，根茎粗大，一般 2.5~3 cm，叶片上冲，长相清秀，茎秆强壮，直立挺拔。叶片宽 4.5~5 cm，叶长 65 cm，叶色墨绿，在大蒜膨大期可保持 9~10 片功能叶，叶尖无干枯现象，抽薹齐，亩产蒜苔 700~800 kg，最重 8 根蒜苔 500 g。蒜头直径 7~9 cm。蒜皮紫红色，蒜皮厚，散瓣耐运输。耐旱、耐寒、活秆、活叶、活根成熟。

(3)高脚子蒜。苍山大蒜。长势强，植株高大，株高 85~90 cm，高者达 1 m 以上，假茎高 35~40 cm，粗 1.4~1.6 cm。全株叶片数 11~12 片，叶片肥大，浓绿色。蒜头近圆形，皮白色，单头重一般在 35 g 以上。每个蒜头一般有 6 个蒜瓣，瓣大而高，瓣形整齐，蒜衣白色。抽薹性好，蒜薹粗而长，长 35~55 cm，粗 0.7 cm 左右。生育期 240 多 d。

(4)金乡大蒜。白皮蒜，为蒜头和蒜薹兼用良种。生育期 220 d 左右，株高 80~90 cm，叶面宽厚浓绿，根系发达，生长势强，茎秆粗壮，假茎直径 2~3 cm。抗寒抗病性强，蒜薹鲜嫩粗壮,甜辣适中,耐老化,蒜薹长且不易断薹。蒜头个大,蒜头纯白色,皮厚,不宜散瓣,商品性好,品质优。

(5)无薹大蒜。上海地方品种,植株粗大,生长势强,不抽薹,蒜头大,每头 8~10 瓣,鳞茎均可食用。除鲜食外,韧性强,不易抽断。采收时尽量不让叶片受损伤或使叶鞘倒状,以免影响养分的制造和运输,降低蒜头产量。

(6)华蒜 3 号。该品种是将薯蓣的膨大基因导入日本山润 2003 大蒜中,并经航天诱变选育而成,是一个品质很好、产量特高的头用型大蒜品种。它根系发达,长势旺盛,茎鞘粗大、坚实,抗风抗折,熟时不倒棵,易收获;叶片宽、长、厚,叶色鲜绿,光合作用能力强,蒜瓣白细,商品性好。该品种抗寒耐旱,喜沃土、耐瘠土,适应性强。蒜皮较厚,很耐储运。株高 80~90 cm,殊栽培可达 120 cm。单个蒜头重 100~200 g,大者可达 500 g,蒜头直径 7.8~11.1 cm。

(7)华蒜 1 号。该品种由山东金乡地方品种的变异单株,经系统选育而成,是现今较好的特早熟薹用型大蒜品种。长势旺,抗逆性强,蒜薹肥而又长,美观,商品性好。亩产蒜薹 900~1 000 kg,种用蒜头 300 kg。效益较好,高产地块亩可产蒜薹 1 250 kg。

(8)豫蒜一号。植株长势健壮,植株半直立,株高 56 cm,假茎高 23 cm,粗 1.9 cm。全株叶片数 12 片,叶片肥大,浓绿色。蒜头近圆形,皮紫色,收获单头重一般在 116 g 以上。抽薹性好,蒜薹粗而长,长 45 cm,粗 0.335 cm 左右。生育期 240 多 d。

(9)焦蒜 1 号。晚蒜品种,株高 70~85 cm,9 片剑形叶,叶色中绿。9 月中下旬播种,翌年 4 月下旬蒜苗营养积累基本完成,叶平均长 62 cm,叶基平均宽 3.6 cm。抽薹前蒜苗单株均重 170 g。4 月 28 日至 5 月 6 日抽薹,蒜薹抽薹期周期较长,蒜薹单根均重 14 g,按 5 成的抽薹率亩产蒜薹 250 kg 左右。蒜头平均横径 6.3 cm,一般有 11~13 瓣,外皮紫色,湿蒜平均单头重 88.6 g,亩产湿蒜 2 000~3 000 kg,是一个丰产性非常好的大蒜品种。

(10)焦蒜 2 号。早蒜品种,株高 60~70 cm,7 片剑形叶,叶色绿中泛白。9 月下旬播种,来年 4 月上旬蒜苗营养积累基本完成,叶平均长 54 cm,叶基平均宽 3.2 cm,抽薹前蒜苗单株均重 160 g。4 月 15~20 日抽薹,蒜薹抽薹期较整齐,蒜薹单根均重 22 g,按 8 成的抽薹率亩产蒜薹 750 kg。5 月 15 日左右出蒜,蒜头横径 6.2 cm,一般 10~12 瓣,外皮浅紫色,平均单头湿重 86.7 g,蒜质脆,亩产湿蒜 1 500~2 500 kg,是一个蒜薹、大蒜兼用的大蒜新品种。

(11)SL-2。早蒜,紫皮,干蒜蒜皮有紫粉红色光泽,蒜头中等,蒜瓣大。该系号较普通大蒜品种叶宽显著,4 月上旬蒜苗营养积累基本完成,叶平均长 57.4 cm,叶基平均宽3.6 cm,且苗期抗寒性强;该系号苗高 1.3 m 左右,叶片绿中泛白,稍软,对大蒜锈病有较强抗性,对紫纹病没有明显抗性;蒜薹产量突出且品质佳,白帽,产量显著,单根均重约 35 g,薹长平均 80 cm,基径平均粗 1.0 cm;抽薹期整齐,4 月 15 日之前抽薹,按 8 成的抽薹率亩产蒜薹 1 250 kg;蒜头平均横径 5.8 cm,一般有 7~8 瓣,湿蒜平均单头重 81.7 g,是一个生产蒜苗和蒜薹的优质大蒜品种。

(12)金蒜 3 号。该品种生育期 243 d,株高约 100 cm,株型较大,假茎粗 1.8~2.0 cm;叶色浓绿,总叶片数 17 片;蒜头外皮微紫红,高 4.9~5.4 cm,单头直径 5.5~6.0 cm,单头重 70~80 g;蒜瓣外皮紫红色,大小均匀,排列整齐而紧凑;单头瓣数外缘 9~10 个,内层 3~5

个。蒜薹直径约 0.6 cm,长度约 70 cm;抽薹率 96.4%。商品品质明显优于对照金乡紫皮。

(13)金蒜 4 号。该品种生育期 232 d,比对照金乡紫皮早熟 10 d 左右,株高约 95 cm,假茎粗 1.7~2.0 cm;叶色浅绿,总叶片数 15 片;蒜头外皮微紫红色,高 4.8~5.6 cm,单头直径 5.5~6.0 cm,单头重 70~75 g,单头瓣数外缘 9~10 个,内层 3~5 个;蒜薹直径约 0.6 cm,长度约 75 cm,抽薹率 96.0%。商品品质明显优于对照金乡紫皮。地膜覆盖栽培,播种期 10 月 1~10 日,适宜密度为 24 000~26 000 株/亩。蒜头、蒜薹平均亩产分别为 2 078.1 kg、459.0 kg。

第三节　优质大蒜高产高效栽培技术

一、品种选择

选用抗病、高产、优质、商品性好的品种。提倡异地换种或使用脱毒蒜种。以收获蒜头为主的中晚熟品种,可选用航蒜一号、焦蒜 1 号、华蒜 3 号、豫蒜一号、中蒜 1 号、中牟白蒜;以收获蒜薹为主的早熟品种,可选用焦蒜 2 号、华蒜 1 号、YF-27、成蒜早 2 号、SL-2。种蒜品种纯度不低于 97%,健瓣率不低于 96%,整齐度不低于 92%,完整度不低于 95%,水分不低于 50%、不高于 65%。植物检疫合格。

二、种蒜处理

(1)选种。选择头大、瓣大、瓣齐且具有本品种代表性的蒜头,然后掰瓣,按大小瓣分级播种。播前将蒜头晾晒 2~3 d,掰开蒜头,剔除芽尖损伤瓣、烂瓣、软瓣、病瓣、虫蛀瓣,挑选完好的蒜瓣作种。将蒜瓣按大(6 g 左右)、中(4~5 g)、小(2~3 g)三级分开播种。小蒜瓣作青蒜栽培用。蒜心一般不作种子使用。

(2)药剂浸种。将种蒜蒜瓣用清水浸泡 1 d,随后 100 kg 蒜种用 34%苯甲·噻虫嗪悬浮种衣剂 100 mL,或 29%噻虫·咯·霜灵悬浮种衣剂 167 mL,或 27%苯醚·咯·噻虫悬浮种衣剂 145 mL 包衣。

三、整地施肥

(1)施足基肥。覆盖地膜后蒜地追肥比较困难,应在耕翻土地前一次性施足肥料。以农家肥为主,化肥为辅,氮磷钾配合,亩施经无害化处理的优质腐熟农家肥 4 000~6 000 kg。氮(N)15~18 kg、磷(P_2O_5)7~10 kg、钾(K_2O)12~15 kg、硫(S)5~6 kg,七水硫酸锌[$ZnSO_4 \cdot 7(H_2O)$]1~2 kg、一水硫酸亚铁($FeSO_4H_2O$)2~3 kg。露地栽培基肥占施肥总量的 70%~80%。

(2)整地做畦。整平耙细,使土壤松软细碎。施肥后深耕细耙,达到地面平整无根茬,土壤细碎无坷垃。地膜覆盖栽培可采用平畦或小高畦,南北畦向。平畦畦宽 1.5 m 或 2.0 m,播种 10 行大蒜。小高畦畦底宽 100 cm,畦面宽 80 cm,畦高 10 cm,沟宽 20 cm,播种 4~5 行大蒜。每亩用辛硫磷乳油 250 mL、25%吡虫·毒死蜱胶悬浮剂 600 g、48%乐斯本乳油 500 mL,拌土 30 kg,或 3%阿维·吡虫啉颗粒剂 1 800 g,犁后耙前垡头撒施,防治地下害虫。

四、播种

(1)播种时间。大蒜适宜的发芽温度为15~20 ℃。大蒜适宜播期,露地可在9月下旬至10月上旬,地膜覆盖的可推迟7~10 d。播种过早,冬前蒜苗易徒长,抗寒性降低,并易诱发二次生长;播种过晚,冬前蒜苗小,达不到壮苗标准,产量低。

(2)播种密度。播种密度要根据品种特性和土壤地力水平灵活掌握。蒜薹蒜头兼用品种,每亩种植3万~4万株为宜,即行距15 cm、株距12~15 cm;地膜覆盖栽培以收获蒜头为主的中晚熟品种亩种植2.5万~2.9万株左右,行距18~20 cm、株距12~15 cm,每亩用种100~150 kg。以收获蒜头为主的早熟品种种植密度亩种植3万~4万株,行距为15~18 cm、株距为8~10 cm,亩用种150~200 kg。

(3)播种方法。按行距开沟,沟深10 cm左右,每亩撒施1.1%苦参碱粉剂3 kg于播种沟内。蒜瓣腹背面连线与行向平行播种,播种沟深度一般要求为3~5 cm。播完后覆土整平,立即浇透水,沉实土壤。

五、化学除草及覆膜

水渗下后,播后苗前,每亩用24%乙氧氟草醚乳油50~60 mL,或34%氧氟·甲戊灵乳油80 mL,或70%苄嘧·异丙隆可湿性粉剂125 g,或50%乙氧·异·甲戊乳油175 L,或33%除草通(二甲戊灵)乳油150 mL,对水50 kg喷洒畦面,然后覆盖地膜。尽量拉平地膜,贴紧地面,并封严。

若日平均气温在20 ℃以上,天气干旱,播后不要立即浇水覆膜,待日平均气温降到17 ℃左右时再浇水覆膜。若气温适宜,不论墒情好坏,播种后应及时浇水,喷洒除草剂,覆膜。若气温偏高,墒情较好,播种后2~3 d,待种瓣定根后,再浇水覆膜。地膜可选厚度为0.006~0.007 mm的微膜,或厚度0.004 mm的超微膜,或厚度0.004~0.006 mm的除草地膜,或厚度0.004~0.008 mm的地膜。使地膜紧贴垄(畦)面,拉紧铺平,膜边用镰刀背压入土中,压紧挤实,膜上每间隔一定距离撒些细土压膜,防止被风刮起或撕裂。

六、田间管理

(1)苗期管理。地膜大蒜播种后7~10 d,幼芽开始出土。在叶片未展开前,用扫帚等轻轻拍打地膜,蒜芽即可透出地膜。少量幼芽不能顶出地膜,可人工用小铁钩在苗顶处开口,将幼苗钩出(掏出)膜外,以免影响蒜苗正常生长,并用土压实破口,防止杂草生长。出苗后视土壤墒情和出苗整齐度可浇一次小水,以利全苗。及时查苗补栽。

露地大蒜中耕除草,出苗后至4叶期中耕2次,5叶后人工拔除杂草。未进行土壤封闭处理的田块,大蒜播后20~25 d,大蒜3~4叶期,杂草基本出齐后,禾本科杂草3叶期以内,每亩用240 g/L乙氧氟草醚乳油50 mL,或42%氧氟·乙草胺乳油100 mL,对水茎叶喷雾。

(2)冬前及越冬期管理。冬前壮苗标准:株高20~25 cm,茎粗0.8 cm,叶片5~7片,须根 25~30 条,单株质量 10~12 g。根据墒情,于 11 月上中旬浇透越冬水。越冬期间注意保护地膜,防止被风吹起。露地大蒜若遇到严寒气候,可在行间铺作物秸秆或牛粪等防冻。

(3)返青期管理。为保证幼苗健壮生长,为蒜薹、蒜头的分化多积累营养物质,应及时做好返青期管理。2 月下旬至 3 月上旬幼苗返青期视墒情及时浇返青壮苗水。返青前后可喷植物抗寒剂,以防倒春寒危害。春分后注意防治蒜蛆、叶枯病等病虫害。

(4)蒜薹生长期管理。随着叶片数的增多和叶面积的扩大,蒜薹随植株慢慢伸长。当蒜薹甩尾 70%左右时,叶面积达最大值,此时是大蒜全生育期中需水、需肥量最大的时期,管理措施是以促为主。3 月下旬至 4 月上旬温度回升后,灌足长棵水。露地大蒜结合浇长棵水追施促棵肥,每亩追施氮肥(N)7.5~10 kg、钾肥(K_2O)5 kg、硫肥(S)1~2 kg、锌肥($ZnSO_4$)1~2 kg。至 4 月中下旬,蒜薹形成前再浇水一次,并根据植株长势可每亩施入氮肥(N)2~4 kg。

(5)蒜头膨大期管理。大蒜抽薹后,蒜头进入迅速膨大期,蒜头产量的高低取决于抽薹后叶面积的大小、功能叶的多少、土壤供水肥能力、根的吸收功能。此期管理的目标是尽量延长功能叶和根系的寿命,抽薹时尽量少伤叶片和假茎,保护叶片的正常生长。水分供应以地表见干见湿为宜。抽薹期 5~7 d 浇水一次,保持土壤湿润。进入抽薹期应叶面喷肥 2~3 次,可采用 0.3%磷酸二氢钾加 0.5% 尿素混合液,每隔 10 d 喷 1 次。蒜薹采收前追施蒜头膨大肥,结合浇水每亩追施氮肥(N)2~5 kg、钾肥(K_2O)2~3 kg。采薹前 4~5 d 停止浇水。蒜薹采收后应及时浇灌催头水,浇透水并保持土壤湿润,促进蒜头膨大。收获蒜头前 7 d 停止浇水。

七、病虫害防治

(一)防治原则

按照"预防为主,综合防治"的植保方针,以农业防治、物理防治、生物防治为主,化学防治为辅。

(二)主要病虫害

大蒜主要病虫害有叶枯病、灰霉病、锈病、蒜蛆、蓟马等。

(三)农业防治

(1)选种。选用抗病品种或脱毒蒜种。

(2)晒种。播前晒种 2~3 d。

(3)健身栽培。深耕土壤,清洁田园,与非葱蒜类作物轮作 2~3 年。施用充分腐熟有机肥,密度适宜,合理水肥。

(四)物理防治

(1)悬挂蓝板。利用蓟马趋蓝色的习性,每亩悬挂 20 cm×30 cm 的蓝板 30~40 块,诱杀蓟马成虫。

(2)糖醋液诱杀。采用 1+1+3+0.1 的糖、醋、水+90%敌百虫晶体溶液,每亩放置 3~4 盆诱杀地下害虫的成虫。

(五)生物防治

每亩用200 IU/mg BT乳剂2~3 kg,防治蒜蝇幼虫。

(六)药剂防治

(1)农药防治原则。严禁使用剧毒、高毒、高残留农药,交替使用农药,并严格按照农药安全使用间隔期用药。

(2)叶枯病。田间发现病株后,及时喷药防治。可选用46.1%氧氯化铜悬浮剂1 000~1 500倍液,或70%代森锰锌可湿性粉剂500倍液,或50%速克灵1 000倍液喷雾防治,7~10 d喷1次,以上药剂交替使用。预防叶枯病,可于大蒜鳞芽花芽分化期和蒜薹伸长期,开始喷洒50%咪鲜胺可湿性粉剂1 000倍液,或10%世高水分散粒剂1 500倍液,或50%多菌灵磺酸盐(溶菌灵)可湿性粉剂700倍液,或78%波·锰锌可湿性粉剂600倍液,喷对好药液60 kg/亩,隔7~10 d喷1次,连续防治3~4次。

(3)灰霉病。可选用50%腐霉利可湿性粉剂1 000~1 500倍液,或50%多菌灵可湿性粉剂400~500倍液,或50%异菌脲可湿性粉剂1 000~1 500倍液喷雾防治,7~10 d喷1次,连续防治2~3次,以上药剂交替使用。

(4)锈病。在发病初期,用40%氟硅唑乳油6 000~8 000倍液,或43%戊唑醇悬浮剂3 000~4 000倍液,或10%苯醚甲环唑水分散粒剂2 000~3 000倍液喷雾防治,7~10 d喷1次,连续防治2~3次,以上药剂交替使用。

(5)蒜蛆。可用50辛硫磷乳油100~150 mL加水2~30 L稀释,拌种200 kg左右,随拌随播。生长期间每亩用25%噻虫胺水分散粒剂240 g,或每亩用25%噻虫嗪水分散粒剂240 g,或每亩用10%吡虫啉可湿性粉剂600 g,或每亩用25%噻虫胺水分散粒剂120 g和75%灭蝇胺可湿性粉剂200 g混用,或每亩用25%噻虫嗪水分散粒剂120 g和灭蝇胺可湿性粉剂200 g混用。将药剂加水稀释,去掉喷雾器喷头,加压后将喷头对准大蒜根部顺垄淋浇灌药。

(6)蓟马。可用10%吡虫啉1 500~2 000倍液,或2.5%多杀菌素悬浮剂1 000~1 500倍液,或5%啶虫脒可湿性粉剂2 500倍液喷雾防治。

八、收获

(1)蒜薹收获。当蒜薹弯钩呈大秤钩形,苞上下应有4~5 cm长呈水平状态(称甩薹);苞明显膨大,颜色由绿转黄,进而变白(称白苞);蒜薹近叶鞘上有4~6 cm变成微黄色(称甩黄)时用蒜薹抽拔器收获蒜薹。采薹宜在中午进行,以提薹为佳,注意保护蒜叶。

(2)蒜头收获。采收过早,蒜头含水量大,储藏后容易干瘪;采收过晚,蒜头容易散头,失去商品价值。一般采薹后18~20 d,5月25~30日手捏假茎基部变软时收获。收获后立即在地里用叶盖住蒜头晾晒3~4 d,注意防止淋雨。

(3)储藏。当假茎和叶干枯时,可编瓣挂在通风处风干储藏。也可将蒜头留梗2 cm剪下,去掉须根,按级装箱,经预冷后入冷库,在-3 ℃、相对湿度75%条件下储藏。

第四节　大蒜病虫害综合防治历

一、播种前至播种期

综合防治多种病虫害。防治措施如下：

(1)5%辛硫磷颗粒剂 1.5～2.0 kg/亩撒施于土壤防治地下害虫。

(2)5%米乐尔颗粒剂 5 kg/亩沟(穴)施于土壤中防治线虫病，注意不要与种子直接接触。

(3)种子处理。①拌种。50%多菌灵可湿性粉剂，或 50%速克灵可湿性粉剂按种子量的 0.3%浸种 6 h，然后捞出播种。②包衣。100 kg 蒜种用 34%苯甲·噻虫嗪悬浮种衣剂 100 mL，或 29%噻虫·咯·霜灵悬浮种衣剂 167 mL，或 27%苯醚·咯·噻虫悬浮种衣剂 145 mL 包衣。

二、返青期至收获期

主治病虫害：叶枯病、灰霉病、紫斑病、菌核病、葱蝇、韭蛆、葱蓟马、叶螨等。

防治措施：可用 30%苯醚甲环唑+丙环唑复配剂 1 500～2 000 倍液，或 50%施保功可湿性粉剂 1 500 倍液，或 25%施保克乳油 1 000 倍液，或 10%世高水分散粒剂 1 500 倍液，或 75%达克宁(百菌清)可湿性粉剂 500 倍液，或 50%多菌灵可湿性粉剂 600～800 倍液，或 50%速克灵可湿性粉剂喷雾防治叶枯病、灰霉病、紫斑病等多种病害。

20%三唑酮乳油 1 500～2 000 倍液喷雾防治锈病。

用 20%叶枯唑可湿性粉剂 500～600 倍液喷雾，或新植霉素 4 000 倍液防治细菌性病害。

20%氰戊酯乳油，或 2.5%辉丰快克乳油 1 000～1 500 倍液，或 1.8%阿维菌素乳油 2 000倍液喷雾防治地上害虫；或 40%毒死蜱乳油 50 g/亩对水稀释灌根防治地下害虫。

防治韭蛆：①成虫化学防治。成虫羽化盛期，上午 9～10 时成虫活动旺盛时，行间喷雾，韭菜收割后喷雾防治成虫效果好。可用 2.5%溴氰菊酯乳油 2 000 倍液，或 5%高效氯氰菊酯乳油 2 000 倍液，或 20%甲氰菊酯乳油 2 000 倍液喷雾，设施栽培韭菜可用 50%硫黄可湿性粉剂 500 g/亩混细土撒施，然后闭棚。②幼虫化学防治。可选用 25%噻虫胺水分散粒剂 240 g/亩、25%噻虫嗪水分散粒剂 240 g/亩、10%吡虫啉可湿性粉剂 600 g/亩、40%辛硫磷乳油 600 mL/亩；75%灭蝇胺可湿性粉剂 400 g/亩等药剂。也可将 25%噻虫胺水分散粒剂 120 g/亩和 5%氟铃脲乳油 300 mL/亩混用、25%噻虫嗪水分散粒剂 120 g/亩和 5%氟铃脲乳油 300 mL/亩混用、40%辛硫磷乳油 300 mL/亩和 5%氟铃脲乳油 300 mL/亩混用。

第十八章　洋　葱

第一节　概　述

一、洋葱的营养

洋葱又叫圆葱、球葱、葱头等，百合科葱属二年生草本植物。以肉质鳞茎和鳞芽构成鳞茎供实用。洋葱原产于中亚，近东和地中海沿岸为第二原产地。在20世纪初传入中国，先在南方沿海地区种植，逐渐传到北方。中国洋葱的主要产地在西北、东北和华北等地。主要消费地是东北和华北地区。洋葱的产量很高，很耐储运，适应性强，因此国内栽培普遍。

洋葱因其适应性强、耐运输和耐储藏等特性成为调节市场需求、解决北方淡季市场蔬菜空白的主要蔬菜作物之一。随着经济的发展，人民对物质的需求不再仅仅停留在温饱问题上，而是在解决温饱的基础上更加注重饮食健康，而洋葱不仅富含蛋白质、维生素等多种营养成分，还具有杀菌、保护心血管、防癌和降血糖等多种作用，逐渐受到公众的青睐。洋葱味甘微辛，性温，有平肝、润肠的功能，可促进食欲和治疗多种疾病。近年来，国际医学界发现洋葱有抑制癌症的药用价值。因此，国际消费量剧增。随着洋葱药用价值的宣传，国内科学知识的普及，洋葱的产量及销量也在增长，并以其耐储藏运输的特性成了国内长途流通的蔬菜之一。

二、生物学特性

（一）植物学特性

（1）根。洋葱的胚根入土后不久便会萎缩，因而没有主根，其根为弦状须根，着生于短缩茎盘的基部，根系较弱，无根毛，根系主要密集分布在20 cm的表土层中，故耐旱性较弱，吸收肥水能力较弱。根系生长温度较地上低，地温5 ℃时，根系即开始生长，10～15 ℃最适，24～25 ℃时生长缓慢。

（2）茎。洋葱的茎在营养生长时期，茎短缩形成扁圆锥形的茎盘，茎盘下部为盘踵，茎盘上部环生圆圈筒形的叶鞘和枝芽，下面生长须根。成熟鳞茎的盘踵组织干缩硬化，能阻止水分进入鳞茎。因此，盘踵可以控制根的过早生长或鳞茎过早萌发，生殖生长时期，植株经受低温和长日照条件，生长锥开始花芽分化，抽生花薹，花薹筒状，中空，中部膨大，有蜡粉，顶端形成花序，能开花结实。顶球洋葱由于花期退化，在花苞中形成气生鳞茎。

（3）叶。洋葱的叶由叶身和叶鞘两部分组成，由叶鞘部分形成假茎和鳞茎，叶身暗绿色，呈圆筒状，中空，腹部有凹沟（是幼苗期区别于大葱的形态标志之一）。洋葱的管状叶直立生长，具有较小的叶面积，叶表面被有较厚的蜡粉，是一种抗旱的生态特征。

(4)花。花葶粗壮,高可达1 m,中空的圆筒状,在中部以下膨大,向上渐狭,下部被叶鞘;总苞2~3裂;伞形花序球状,具多而密集的花;小花梗长约2.5 cm。花粉白色;花被片具绿色中脉,矩圆状卵形,长4~5 mm,宽约2 mm;花丝等长,稍长于花被片,约在基部1/5处合生,合生部分下部的1/2与花被片贴生,内轮花丝的基部极为扩大,扩大部分每侧各具1齿,外轮的锥形。

(5)子房。近球状,腹缝线基部具有帘的凹陷蜜穴;花柱长约4 mm。花果期5~7月。

(二)生长环境要求

(1)温度。洋葱对温度的适应性较强。种子和鳞茎在3~5 ℃下可缓慢发芽,12 ℃开始加速,生长适温幼苗为12~20 ℃,叶片为18~20 ℃,鳞茎为20~26 ℃,健壮幼苗可耐-6~7 ℃的低温。鳞茎膨大需较高的温度,鳞茎在15 ℃以下不能膨大,21~27 ℃生长最好。温度过高就会生长衰退,进入休眠。

(2)光照。洋葱属长日照作物,在鳞茎膨大期和抽薹开花期需要14 h以上的长日照条件。在高温短日照条件下只长叶,不能形成葱头。洋葱适宜的光照强度为2万~4万lx。

(3)水分。洋葱在发芽期、幼苗生长盛期和鳞茎膨大期应供给充足的水分。但在幼苗期和越冬前要控制水分,防止幼苗徒长,遭受冻害。收获前12周要控制灌水,使鳞茎组织充实,加速成熟,防止鳞茎开裂。洋葱叶身耐旱,适于60%~70%的湿度,空气湿度过高易发生病害。

(4)土壤和营养。洋葱对土壤的适应性较强,以肥沃疏松、通气性好的中性壤土为宜,沙质壤土易获高产,但黏壤土鳞茎充实,色泽好,耐储藏。洋葱根系的吸肥能力较弱,要高产需要充足的营养条件。每1 000 kg葱头需从土壤中吸收氮2 kg、磷0.8 kg、钾2.2 kg。施用铜、硼、硫等微量元素有显著增产作用。

第二节　洋葱主要品种及特点

(1)淄博红皮洋葱。淄博市地方品种。植株生长势强,株高50 cm左右。管状叶深绿色,蜡粉少。葱头近圆形,表皮紫红色,高5 cm左右,横径约7 cm。肉白色,味甜辣,香气浓,宜炒食。单株葱头重150~200 g。冬性较强,春季抽薹率低,较耐肥水。一般亩产5 000 kg左右。较抗病毒病。较耐储藏。

(2)济宁红皮洋葱。济宁市地方品种。植株生长势强,株高50~60 cm。叶细管状,深绿色,蜡粉少。葱头扁圆形,表面呈红紫色;肉白色。单株葱头重150~250 g。香味浓、甜辣,宜炒食。较耐肥水。一般亩产4 000~4 500 kg。

(3)青选红皮洋葱。青岛市郊区农家品种。植株生长整齐,株高60~70 cm。管状叶绿色。葱头近圆形,表皮紫红色。单株葱头重150~200 g。品质优良,较耐储藏。冬性较强,先期抽薹率低,一般在0.5%以下。春播生长期180 d左右,秋播生长期270~280 d。一般亩产3 500~4 000 kg。

(4)天正105。山东省农业科学院蔬菜花卉研究所选育。中日照品种。植株生长势强,管状叶直立8~9片、浓绿色。鳞茎近圆球形,球形指数0.85左右,外皮金黄色,有光泽,假茎较细,收口紧;硬度较高,商品性好。内部鳞片乳白色,肉质柔嫩,辣味淡,口感好,适于生食。生育期 250 ~ 255 d,单球重 300 g 左右,耐分球,耐抽薹,耐储存。较抗洋葱灰霉病、紫斑病及霜霉病。

适宜播种期 9 月 10 ~ 15 日,每亩需种子 150 ~ 200 g。适宜定植期 10 月下旬至 11 月上旬,定植株行距一般为 14 cm × 14 cm,浇水渗后覆膜。适宜收获期 5 月中旬,假茎自然倒伏后 7 ~ 10 d 即可采收。

(5)天正 201。山东省农业科学院蔬菜花卉研究所选育。中日照品种。植株生长势强,管状叶直立、8 ~ 10 片、绿色。鳞茎近圆球形,球形指数约 0.85,外皮红色,有光泽,假茎较细,收口紧;硬度较高,商品性好。内部鳞片表皮浅红色,肉质柔嫩,辣味淡,口感好,适于生食。生育期 255 ~ 260 d,单球重 330 g 左右,耐分球,耐抽薹,耐储存。较抗洋葱灰霉病、紫斑病及霜霉病。

适宜播种期 9 月 10 ~ 15 日,每亩需种子 150 ~ 200 g。适宜定植期 10 月下旬至 11 月上旬,定植株行距一般为 14 cm × 14 cm,浇水渗后覆膜。适宜收获期 5 月下旬,假茎自然倒伏后 7 ~ 10 d 即可采收。

(6)天正福星。属中日照早熟品种。生长期约 240 d;生长势较强,发芽出苗较快;叶 8 ~ 9 片,浓绿色;鳞茎近圆球形,整齐,外皮黄色,假茎收口好;内部鳞片乳白色,肉质柔嫩,辣味淡,干物质含量 8.75%,略低于对照,口感明显优于对照,适于生食;单球重 300 g 左右;耐分球,耐抽薹,耐储存。

(7)葱宝 F1。属中日照类型品种,株高 60 ~ 70 cm,鳞茎高圆形,纵径 7 ~ 8 cm,横径 8 ~ 9 cm,单球重 550 ~ 1 500 g。鳞茎外皮紫红色,光泽好,有 8 ~ 11 层肥厚鳞片,呈乳白色。肉质细嫩,无纤维,鳞片水分含量适中,辣味较淡,略带甜味,品质好。耐寒性及抗逆性较极强,抗抽薹,耐储运。属早中熟品种,从定植到收获 100 d 左右,亩产 8 500 kg 至 1.5万 kg 以上。为鲜食、深加工与出口的最理想品种。

(8)紫玉。安阳市农科院选育,该品种鳞茎扁圆形,横茎 6 ~ 8 cm,纵茎 4 ~ 6 cm,平均单球重 200 ~ 300 g;大球茎横茎 12 ~ 14 cm,纵茎 7 ~ 8 cm,单球重 500 ~ 600 g。产量为 5 000 ~ 7 000 kg/亩。鳞茎表皮颜色鲜亮紫红色,品质脆嫩有甜味,辣味较浓,球茎紧实,耐储藏,收获后 3 个月存放安全,不萎缩,不发芽。

(9)紫星。河北省邯郸市蔬菜研究所选育,属中早熟品种,特抗病,高抗软腐病、灰霉病。鳞茎外皮呈紫红色,肉质白,品质佳商品性好,半高桩形,单球重 300 ~ 500 g,最大球重可达 1 000 g,亩产可达 6 000 kg 左右。耐储耐运,喜大水大肥,综合抗逆能力强,不易抽薹,丰产潜力大,适应性广。

(10)红满地。该品种属中早熟品种,鳞茎外皮呈紫红色,肉质白色,半高桩,(加厚饼)品质很好,商品性极佳,单球重 300 ~ 500 g,最大球重可达 1 000 g 以上,亩产高达 8 000 kg 左右,喜大水大肥,特抗病,综合抗逆能力强,不易抽薹,丰产潜力大,耐储运,是鲜食及冷库储存的理想品种。

(11)超级金黄。该品种属中晚熟品种,特抗病,高抗软腐病、灰霉病,鳞茎外皮呈金黄色,肉质白少许黄亮,高桩圆球形,商品性很好,单球重 300 ~ 500 g,最大球重可达 1 000 g 以上,亩产高达 8 000 kg 左右,耐储耐运,需大水大肥,不易抽薹,适应性广泛,是其他黄皮洋葱的换代品种。

(12)紫球葱头。红皮品种，中晚熟。由山西省大同市南效区蔬菜研究所选育而成，其特点是抗逆性强优质、耐储，适于春播秋收。植株生长旺盛，叶深绿色，鳞茎外表皮为紫红色，内部肉质鳞片为白色带紫晕，单个鳞茎质量为 200 ~ 300 g，一般产量为 3 500 ~ 4 500 kg/亩，高产可达 5 000 kg/亩。

(13)宝冠。系中农威尔科技(北京)有限公司最新引进美国优质育种材料，育成的杂交一代中晚熟黄皮洋葱品种。该品种植株生长势强，叶色浓绿，有管状功能叶 9 ~ 11 片，成株叶丛高 70 ~ 75 cm；鳞茎圆球形，黄铜色，球横径 8 ~ 13 cm，纵径 8 ~ 11 cm，单球重 420 ~ 460 g。辣度、甜度适中，不分球，不抽薹，抗病、抗逆性强，适应性广。秋播从定植到成熟 190 d，亩产 7 500 kg。

(14)金红叶 1 号。系中农威尔科技(北京)有限公司引进日本优质育种材料，利用雄性不育技术育成的杂交一代中熟黄皮洋葱新品种。该品种植株生长势强，成株叶丛高 65 ~ 75 cm，叶色深绿，有管状功能叶 9 ~ 10 片；鳞茎圆球形，外皮坚韧，红铜色，球横径 8 ~ 12 cm，纵径 7 ~ 10 cm，单球重 400 ~ 450 g；辣度、甜度适中，肉质紧实，呈乳白色，不分球，不易抽薹，抗病、抗逆性强，适应性广。秋播从定植到成熟 180 d，亩产 7 500 kg。

(15)超级金球。系中农威尔科技(北京)有限公司引进日本优质育种材料，最新育成的杂交一代中熟黄皮洋葱品种。该品种植株生长势强，叶色浓绿，有管状功能叶 9 ~ 10 片，成株叶丛高 70 ~ 75 cm；鳞茎圆球形，黄铜色，球横径 8 ~ 10 cm，纵径 7 ~ 9 cm，单球重 380 ~ 420 g；辣度、甜度适中，不分球，不抽薹，抗病、抗逆性强，适应性广。秋播从定植到成熟 185 d，亩产 7 200 kg。

(16)横冈紫光。植株生长势极强，抗病、抗寒、高产，株高 60 cm 左右，葱头圆形稍扁，一般单株葱头重 300 ~ 450 g，最大 950 g 以上，一般亩产 6 000 kg 左右，高产田可达 7 500 kg 以上。郑州地区 9 月上中旬(白露前后)播种，其他地区根据当地栽培经验择期播种。苗龄 60 ~ 70 d、株高 20 cm、叶片 4 ~ 5 片叶时定植。行株距(20 ~ 50) cm × (12 ~ 15) cm，亩留苗 2.0 万 ~ 2.2 万株。栽培深度 1.5 ~ 2 cm。地膜覆盖，施足底肥，适时灌溉，及时除草，防治病虫害。

(17)郑丰紫雷。紫红皮洋葱新品种。中早熟，前期膨大速度较快，成熟后个头大，葱头圆球形，紧实致密，鳞片水分少，干物质含量丰富，适宜长期储存。茎顶细，一般单株葱头重 300 ~ 450 g，大的可达 700 g 以上。外表皮紫红色，光泽鲜亮。植株生长势极强，抗病、抗寒、高产、株高 60 cm 左右。亩产高产田可达8 000 kg 以上。中原地区 9 月中旬播种育苗，苗龄 50 ~ 60 d 即可定植。一般在严寒到来之前 35 d 左右定植，也可推迟到年后 2 月中下旬定植。其他地区请根据当地栽培经验择期播种。亩定植 35 000 株左右。覆盖黑色地膜可以起到保墒防草的目的。

(18)高阳紫光。大果型高桩洋葱新品种。球茎表皮紫红色，鲜亮有光泽，肉质脆嫩，辣味较浓。植株长势强壮，抗病、抗寒、高产，成株叶丛高 70 cm 左右，鳞茎高桩圆球形，一般单株葱头重 350 ~ 450 g，最大单球质量达 600 g，一般亩产 6 000 kg 左右，高产可达 8 000 kg。

第三节　地膜洋葱种植管理技术

一、品种选择

根据当地气候条件和市场的需要，选用优质、丰产、抗逆性强、商品性好的中日照型品种。选用当年新种子。种子质量要求纯度≥95%，净度≥98%，发芽率≥94%，水分≤10%。

二、栽培季节及栽培方式

洋葱幼苗生长缓慢，占地时间长，而鳞茎形成期又需要一定的日照时间和温度，又需要避开炎夏季节，因此育苗移栽是最佳选择。生产上洋葱栽培方式较多，但主要分为3种：

（1）春播育苗法。早春季节温度较低，育苗需借助温床进行，待苗长有3～4片叶时进行露地定植，当年炎热夏季来临之前进行收获。春播育苗的播期一般在当地适期定植前2个月进行。

（2）秋播育苗法。秋播培育壮秧，当年秋季进行田间定植，或第二春进行定植，夏季收获。在9月上旬至9月中旬播种。洋葱秋播育苗的播种期较为严格，即要求培育有一定粗壮程度的健壮幼苗，又要防止秧苗冬前生长发育过大造成早抽薹。播种过早过晚都会对最终产量带来不利影响。播种过晚，洋葱幼苗弱小，越冬时期抗寒能力不强，幼苗死亡率高，且在春季定植后生育期延长，鳞茎发育期短，产量降低；播种过早，越冬前幼苗粗大，第二年春季植株易出现未熟抽薹的现象，制约了鳞茎的后期膨大，降低了产量和品质。

（3）小球法。在第一年春季密播种子，到夏季形成直径约1 cm的鳞茎小球，干燥后储藏，于第二年春季进行定植。此法产量较高，缺点是小球不易储藏。

三、播种育苗

（一）播种期

地膜洋葱一般在9月10日前后播种，播种过早，冬前茎粗超过0.9 cm，易通过春化，导致第二年春天抽薹开花；播种过晚，苗太小，越冬死苗严重。各地应根据当地的气候条件和栽培经验确定适宜播种期。中早熟品种比晚熟品种早播7～10 d；常规品种比杂交品种早播4～5 d。

（二）苗床准备

（1）地块选择。选择地势高燥、排灌方便的地块，利用拱棚防雨育苗。

（2）土壤处理。每亩苗床施用腐熟的优质农家肥3～5 m^3，或商品有机肥200～300 kg。将50%辛硫磷乳油400 mL加麦麸6.5 kg，拌匀后掺在农家肥中防治地下害虫。然后翻地使土肥混匀，耙细、整平、做畦。在畦内每亩施入磷酸二铵30～50 kg、硫酸钾25 kg。

（3）做畦。采取平畦育苗。畦面宽1.0～1.2 m，畦埂宽0.4 m，做好畦后踏实，灌足底水，待水渗下后播种。定植亩大田洋葱需育苗80～100 m^2。

(三)种子处理

用55 ℃温水浸种10 min;或用40%福尔马林300倍液浸种3 h后,用清水冲洗干净;或用种子重量0.3%的35%甲霜灵拌种剂拌种。

(四)播种

(1)播种量。1 m^2 苗床的播种量宜控制在2.3~2.5 g。

(2)播种方法。将种子掺入细沙,均匀撒在畦面上,覆盖1~1.5 cm厚的细土,在畦面上覆盖草苫、麦秸、地膜等保湿。

(五)苗床管理

(1)撤除覆盖物。一般播种后7 d开始出苗,待60%以上的种子出苗后,于下午及时撤除覆盖物。

(2)浇水。齐苗后用小水灌畦,以后保持畦面见干见湿。在定植前15 d左右适当控水,促进根系生长。

(3)施肥。苗期一般不追肥。若幼苗长势较弱,每亩苗床随水冲施尿素10 kg。

(4)除草。每亩可用33%二甲戊乐灵乳油100~150 g,或用48%双丁乐灵乳油200 g,对水50 kg,播后3 d内在苗床表面均匀喷雾,用药不宜过晚。也可采取人工除草。

(六)定植苗标准

因品种不同而有差异,一般为株高15~18 cm,茎粗5~6 mm,具有3~4片叶,苗龄50~60 d,植株健壮,无病虫害。

四、定植

(一)整地、施肥、做畦、覆膜

宜选择疏松、肥沃、排灌方便的中性土壤,前茬作物以非葱蒜类为宜。一般每亩施腐熟的农家肥4~5 m^3,缓释性硫酸钾复合肥(15-15-15)75~100 kg。肥料2/3铺施,1/3畦面撒施。施足基肥后,将地整平耙细,并使土肥混合均匀,然后按照当地种植习惯做平畦,畦宽根据地膜的幅宽而定,一般为1.2 m。整平畦面后,浇水灌畦,待水渗下后,喷施除草剂。除草剂每亩用72%异丙甲草胺乳油50 mL,或33%二甲戊乐灵乳油100 mL,全田均匀喷施,然后覆盖地膜。

(二)定植时期

洋葱定植一般分为春栽和秋栽2个时期。定植期应严格根据当地温度条件确定。春栽应尽量提早进行,一般在土壤解冻后即可定植。秋栽一般在10月底至11月初日平均气温4~5 ℃时定植。

(三)定植密度

一般为株距12~14 cm、行距16~18 cm,栽植洋葱幼苗2.4万~3.3万株/亩。因土壤肥力、品种等不同而略有差异。土壤肥力高适当稀植,土壤肥力低适当密植;晚熟品种和杂交品种适当稀植,中早熟品种和常规品种适当密植。黄皮洋葱种植密度较红皮洋葱大。

(四)定植方法

(1)起苗分级。定植时,选取根系健壮、生长旺盛的幼苗,并按照幼苗高度和茎基部的粗细进行分级移栽。先在苗床浇透水,起苗后按幼苗大小分级,剔除病苗、弱苗、伤苗。

(2)合理定植。

洋葱为浅根性作物,适宜浅栽,栽植过深叶片生长旺盛,会使假茎部分增粗,影响鳞茎的膨大;但亦不能栽植过浅,因为过浅在浇水时洋葱易倒伏,影响定植后缓苗,并会使植株生长矮小,过早形成鳞茎,鳞茎还会因栽植过浅而裸露在外,在日光照射下易变色开裂,降低商品率。具体的栽植深度一般为 2 cm 左右,以埋住茎盘、不掩埋出叶孔为宜,一般埋至茎基部 1 cm 左右,此时的深度刚好可以埋没小鳞茎,沙质土疏松可稍微深埋一些。

定植前将幼苗根部剪短到 2 cm,然后用 50% 多菌灵 500 ~ 800 倍液蘸根。定植时按幼苗大小级别分区栽植。先在膜上按株、行距打定植孔,再将幼苗栽入定植孔内。

五、田间管理

(1)浇水。冬前定植的洋葱幼苗由于气温较低,蒸发量较小,幼苗生长缓慢。定植后立即浇水,3 ~ 5 d 再浇 1 次缓苗水。土壤封冻前浇 1 次封冻水。第二年返青时浇返青水。早春气温较低,蒸发量和植株生长量较小,为提高地温,在进入发叶盛期以前,浇水不能过勤,并要及时中耕保墒,使土壤保持疏松透气,促进根系生长。叶部生长盛期,要加大浇水量和浇水次数,保持土壤见干见湿,一般 7 ~ 10 d 浇 1 次水。鳞茎膨大期保持土壤湿润,适当增加浇水次数,一般 6 ~ 8 d 浇 1 次水。收获前 8 ~ 10 d 停止浇水。

(2)追肥。根据土壤肥力和生长状况结合浇水分期追肥。返青时,随水每亩追施尿素 5 ~ 7.5 kg。叶旺盛生长期进行第二次追肥,每亩追施尿素、硫酸钾各 5 ~ 7.5 kg。鳞茎膨大期,一般需追肥 2 次,每次每亩随水追施尿素、硫酸钾各 5 ~ 7.5 kg,或氮磷钾三元复合肥(15 - 15 - 15)10 kg,间隔 20 d 左右。同时配施 0.2% ~ 0.4% 磷酸二氢钾作叶面肥,对洋葱鳞茎迅速膨大有重要作用。最后一次追肥时间,应距收获期 30 d 以上。

(3)及时摘薹。若在田间发现有抽薹的植株,要及时摘除花薹,促使侧芽萌动长成新的植株,形成鳞茎。摘薹如果过晚,会使鳞茎形成时期后延,同时花薹中空,在摘薹后如遇雨水天气,易因雨水进入花茎引起腐烂,严重影响洋葱产量。

六、病虫害防治

(一)防治原则

按照“预防为主,综合防治”的植保方针,以农业防治、物理防治、生物防治为主,化学防治为辅。

(二)主要病虫害

洋葱主要病虫害有紫斑病、锈病、霜霉病、灰霉病、葱蓟马、葱蝇、地下害虫等。

(三)农业防治

选用抗病性、适应性强的优良品种;实行 3 年以上的轮作;勤除杂草;收获后及时清洁田园。培育壮苗,合理浇水,增施充分腐熟的有机肥,提高植株抗性。采用地膜覆盖,及时排涝,防止田间积水。

(四)物理防治

播种前采取温水浸种杀菌。设施育苗条件下采用蓝板诱杀葱蓟马,每亩悬挂 20 cm × 30 cm蓝板 20 ~ 30 块。

(五)生物防治

保护和利用瓢虫、小花蝽、姬蝽、塔六点蓟马、寄生蜂和蜘蛛等天敌防治害虫。在葱蝇成虫和幼虫发生期,用1.1%苦参碱粉剂等喷雾或灌根。

(六)化学防治

1. 农药使用原则

严禁使用剧毒、高毒、高残留农药和国家规定在绿色食品蔬菜生产上禁止使用的农药。交替使用农药,并严格按照农药安全使用间隔期用药。每种药剂整个生长期内限用一次。

2. 防治方法

(1)根腐病。主要症状是根部腐烂,从根尖开始向基部扩散,侵染后期导致植株发育迟缓,甚至整个鳞茎或整株腐烂,严重影响产量。由腐霉属引起的根腐病是一类主要真菌性病害,该病害主要通过土壤传播。发病初期可选用68%噁霉·福美双可湿性粉剂1 000倍液进行灌根处理,减缓病害症状,降低病害的发展。

(2)紫斑病。田间发病始于叶尖,并逐渐往下蔓延,初期出现凹陷白色小斑点,中央微紫色,后期扩大为黄褐色椭圆形病斑,病斑轮纹状,湿度大时,出现黑色霉层,发病严重时多个病斑连在一起,扩展至整个叶片,导致叶片枯死。病原菌为香葱链格孢,属于半知菌亚门真菌。病原菌菌丝体附着病残体越冬,翌年产生分生孢子,借助气流或雨水进行传播,病菌可从气孔、伤口或直接穿透植物表皮入侵,高湿条件下利于分生孢子的形成,该病害在多雨的晚春或夏季发病较重。

发病前,可选用10%苯醚甲环唑水分散粒剂50 g/亩,或68.75%噁唑锰锌水分散粒剂1 000倍液,或75%百菌清可湿性粉剂600倍液,或80%代森锰锌可湿性粉剂600倍液,或55%氟硅多菌灵可湿性粉剂1 000倍液,喷雾防治。

(3)锈病。在发病初期,用40%氟硅唑6 000~8 000倍液,或43%戊唑醇3 000~4 000倍液,或10%苯醚甲环唑水分散颗粒剂(世高)2 000~3 000倍液,喷雾防治。

(4)霜霉病。主要危害叶片,外叶由下往上发展,逐渐向内叶蔓延。发病初期病斑苍白绿色,椭圆形或长条形,后期病斑扩大,叶身枯折,严重时叶片干枯死亡,潮湿时病叶腐烂,并出现白色霉层。发病初期,可用68.75%氟菌·霜霉威(银法利)悬浮剂1 000倍液,或25%嘧菌酯悬浮剂1 500~2 000倍液,或72%霜脲·锰锌可湿性剂600倍液,或64%恶霜·锰锌可湿性粉剂600~800倍液,或72.2%霜霉威水剂700倍液,喷雾防治。

(5)灰霉病。灰霉病主要为害叶片,发病初期叶片上出现大量褪绿小白点,并迅速蔓延,后沿叶脉扩展呈不规则形灰白色病斑,致多数叶片枯黄,湿度大时出现霉层,严重时会影响抽薹,导致蒜薹腐烂,造成大量减产。发病初期,可用50%异菌脲可湿性粉剂800倍液,或50%腐霉利可湿性粉剂1 000倍液,或50%多·霉威可湿性粉剂1 000倍液,或40%百霉威·霜脾可湿性粉剂1 000倍液,喷雾防治。

(6)白腐病。主要为害叶片、叶鞘和鳞茎。侵染初期,外叶叶尖变黄并逐渐往叶鞘及内叶扩散,后期整株变黄矮化,甚至枯死,鳞茎基部覆盖大量白色或灰色菌丝层,病部白色腐烂,出现大量黑丝小菌核。由白腐小核菌引起的真菌性病害,菌核借助病残体可在土壤中存活8年以上,借助雨水或灌溉水传播,直接从根部或近地面侵入,引起球茎作物白腐病的发生。该病原菌喜低温高湿,在早春季节极易发生,进入雨季后发生更为严重。

综合防控措施:在重病地块实行与非病原菌寄主作物3年以上轮作,减少初侵染来源;播种前可用50%的甲基硫菌灵可湿性粉剂1 000倍液进行浸种,减少病害的发生;发病初期可进行药剂防治,选用50%多菌灵可湿性粉剂1 000倍液浇灌作物鳞茎,减轻病害的发展;田间合理密植,适时中耕松土,发现病株及时清除销毁,减少病原菌的再次传播。

(7)葱蓟马。在若虫发生高峰期,可用10%吡虫啉1 000倍液,或25%噻虫嗪水分散粒剂2 500~3 000倍液,或40%啶虫脒水分散粒剂1 000~2 000倍液,喷雾防治。

(8)葱蝇。定植前用50%辛硫磷乳油1 000~15 000倍液,或90%晶体敌百虫1 000倍液,浸泡苗根部2 min。成虫发病初期,7 d喷1次,连续防治2次。

(9)地下害虫。苗期如发现蝼蛄,可喷撒50%辛硫磷乳油1 000倍液防治。也可每亩用90%敌百虫晶体100 g加少量水溶解后,拌入37.5 kg炒香的麦麸中做成毒饵,于傍晚均匀撒于种植田内,可防治蝼蛄、地老虎、蟋蟀等地下害虫。

七、采收与储藏

(1)采收时期。当田间2/3以上植株的假茎松软,地上部倒伏,下部1~2片叶枯黄,第3~4片叶尚带绿色,鳞茎外层鳞片变干时,为收获的适宜时期。如果遇到雨水天气,应在雨前及时抢收。若在雨后收获,洋葱会大量腐烂,严重降低产量。

(2)采收、储藏。选晴天采收。在采收前叶片尚未枯黄时,用青鲜素(MH)500 mg/L喷洒叶面,可防止储藏期间发芽;尽量选择晴好天气收获,收获时连根拔起,整株放在栽培畦原地晾晒2~3 d,用叶片盖住葱头,利于后期储藏。待葱头表皮干燥,茎叶柔软时编辫,于通风良好的防雨棚内挂藏;或于假茎基部1.5 cm左右处剪除,在阴凉避雨通风处堆藏。在收获和储藏过程中要避免损伤葱头。

按鳞茎大小分级挑选,一般按7~8 cm、8 cm以上、5~7 cm几个规格分级,窜级是基地化生产的大忌。

第十九章　韭　菜

第一节　概　述

一、韭菜的营养

韭菜(A. tuberosum Rottl. ex Spreng.)别名丰本、草钟乳、起阳草、懒人菜、长生韭、壮阳草、扁菜等,属百合科多年生草本植物,具特殊强烈气味,根茎横卧,鳞茎狭圆锥形,簇生;鳞式外皮黄褐色,网状纤维质;叶基生,条形,扁平;伞形花序,顶生。叶、花葶和花均作蔬菜食用;种子等可入药,具有补肾、健胃、提神、止汗固涩等功效。在中医里,有人把韭菜称为"洗肠草"。

韭菜原产中国,属于多年生宿根性蔬菜。抗寒耐热,适应性强,中国南北各地均可栽培,在北方各省区分布更为普遍,为广大城乡主要蔬菜。韭菜除露地栽培外,还可采取多种设施形式进行冬春生产,做到均衡上市、周年供应。它以其产品鲜嫩,营养丰富,气味芳香,含有维生素 A、纤维素和其他矿物质而深受青睐。

二、生物学特性

(一)植物学特性

(1)根。为弦线根的须根系,没有主侧根。主要分布于 30 cm 耕作层,根数多,有 40 根左右 ,分为吸收根、半储藏根和储藏根 3 种。着生于短缩茎基部,短缩茎为茎的盘状变态,下部生根,上部生叶。

(2)茎。茎分为营养茎和花茎,一、二年生营养茎短缩变态成盘状,称为鳞茎盘,由于分蘖和跳根,短缩茎逐渐向地表延伸生长,平均每年伸长 1.0 ~ 2.0 cm,鳞茎盘下方形成葫芦状的根状茎。根状茎为储藏养分的重要器官。

(3)叶。叶片簇生叶短缩茎上,叶片扁平带状,可分为宽叶和窄叶。叶片表面有蜡粉,气孔陷入角质层。

(4)花。锥型总苞包被的伞形花序,内有小花 20 ~ 30 朵。小花为两性花,花冠白色,花被片 6 片,雄蕊 6 枚。子房上位,异花授粉。

(5)果实、种子。果实为蒴果,子房 3 室,每室内有胚珠 2 枚。成熟种子黑色,盾形,千粒重为 4 ~ 6 g。

(二)生长习性

韭菜属于多年生宿根蔬菜,适应性强,抗寒耐热,中国各地到处都有栽培。南方不少地区可常年生产,北方冬季地上部分虽然枯死,地下部进入休眠,春天表土解冻后萌发生长。

(1)温度。韭菜性喜冷凉,耐寒也耐热,种子发芽适温为12 ℃以上,生长温度15~25 ℃,地下部能耐较低温度。

(2)光照。中等光照强度,耐阴性强。但光照过弱,光合产物积累少,分蘖少而细弱,产量低,易早衰;光照过强,温度过高,纤维多,品质差。

(3)水分。适宜的空气相对湿度60%~70%,土壤湿度为田间最大持水量的80%~90%。

(4)土壤营养。对土壤质地适应性强,适宜pH为5.5~6.5。需肥量大,耐肥能力强。

第二节　韭菜主要品种及特点

(1)久星10号(92-1)。抗寒性极强,优质、高产、高效益,发展潜力大,适应各种保护地和露地生产的韭菜优良新品种,尤其是高寒地区的首选品种。当月平均气温3.5 ℃,最低气温-5.5 ℃时,新叶日平均生长速度1 cm,该品种株高62 cm以上,株丛直立,生长旺盛。叶片浓绿色,宽大肥厚,平均叶宽1 cm,最宽可达2.6 cm,每株叶片6~7个,单株重10 g以上,最大单株重50 g,粗纤维含量少,辛香味浓,鲜嫩,品质上等,商品性状特佳。地上叶鞘16 cm以上,鞘粗0.8 cm,白色。分蘖力强,一年生单株分蘖9个左右,三年生分蘖35个以上,抗衰老,持续产量高,年收割7~8刀,亩产青韭可达11 000 kg以上。

(2)791韭菜。系河南省平顶山市农业科学研究所选育。植株充分生长高度可达50 cm左右,生长势强,株丛直立,假茎粗壮,抗倒伏。叶片宽而厚,平均叶宽1.2 cm,最宽可达2 cm,平均单株重6 g。分蘖力强,适期播种的一年生单株分蘖可达6个,三年生则可达30个左右。该品种最突出的特点是,抗寒性强,春季返青萌发早,一般比钩头韭早上市10~15 d,经济效益显著;秋冬回根晚,故又称“雪韭”。产品肥嫩,粗纤维少,品质好,韭味浓,产量高。

(3)平韭2号。河南省平顶山市农业科学研究所选育的韭菜品种。植株充分生长高可达50 cm以上,株丛直立,分蘖力强,叶鞘粗壮,抗倒伏。叶片宽大肥嫩,叶色翠绿,平均叶宽1 cm左右,叶色优于791韭菜,而直立性稍差。耐寒性、产量和品质都与791韭菜相似,适宜栽培范围广,也是目前保护地和露地栽培的优良品种之一。

(4)久星23号。休眠型韭菜一代杂种,春季早发性好,植株健壮、株型直立,产量高,生长势强。株高37.48 cm,鞘长7 cm,叶长30.65 cm,叶宽0.72 cm,平均单株质量9.29 g,年收割青韭7刀以上,每亩产鲜韭1.2万kg以上,叶肉丰腴、叶色绿、辛香味浓。久星23号对韭菜灰霉病、疫病的抗性强于对照大马蔺和汉中冬韭;适应性强,适宜全国各地露地及早春保护地种植。

(5)久星25号。该品种属高新技术育成,株型直立,叶丛紧凑,生长势强而整齐,冬季休眠,春季发棵早,生长速度快。叶片宽大肥厚,营养含量丰富,韭香味浓,叶片深绿色,株高60 cm以上,叶长45 cm以上。平均叶宽1.0 cm,最大叶宽2.0 cm,鞘长13 cm以上,鞘粗0.8 cm,平均单株重9 g,最大单株重42 g,年收割5~6刀,亩产鲜韭11 000 kg以上,适宜全国各地露地及早春保护地种植。

(6)久星20号。极耐弱光,在黑暗状态下生长良好,是栽培韭黄的首选品种。与普通的韭黄品种相比,该品种株高可选55 cm以上,株型直立,茎秆白色,肥厚匀称,商品性状好,味道鲜美,极抗寒又 耐高温,耐肥力强,生长速度快,产量高,抗病性强,抗倒伏,特别适宜我国各地罐黄、粪黄、棚窖韭黄等多种栽培方式的韭黄栽培。是有机、绿色、无公害韭黄的优秀品种。

(7)南极五号。该品种生长旺盛,直立性强,叶宽、长鞘、抗寒,耐弱光,冬季不回根,适宜全国各地日光温室和塑料大棚、中棚、小棚等各种保护地种植,华北以南地区露地亦可种植。株高59 cm,叶丛紧凑,抗倒伏。叶宽平均1 cm,叶片绿色,长而宽厚。地上叶鞘12 cm以上,青白色,横径0.7 cm,生长迅速,分蘖力强,单株重平均10 g。年收割青韭7刀左右,亩产鲜菜11 000 kg以上。

(8)南极9号。该品种株型直立,株高62 cm,叶宽1 cm,叶片浓绿,宽大肥厚,地上叶鞘长15 cm以上,鞘粗0.7 cm以上,青白色,单株重平均10 g,年收割8刀,亩产13 000 kg。抗病性强,高抗灰霉病、疫病,不易干尖,抗生理病害,冬季不休眠。适宜全国各地日光温室和塑料大棚、中棚、小棚种植,也可在黄淮以南地区露地种植。

(9)平丰8号。该品种表现棵大叶宽,商品性状优良;生长势强,生长速度快,产量高;抗寒性极强,耐储运;高抗韭菜疫病,对灰霉病、韭蛆有较强的抗性。植株高大直立,平均单株叶片数6~7片,平均单株重8.3 g。株高50 cm以上,株丛直立,叶深绿色,叶长约35 cm,叶片宽大肥厚,春季生长快时叶尖稍勾;叶鞘粗壮,鞘长约12 cm,横断面椭圆形,鞘粗0.76 cm左右。6月中旬开始抽薹,7月上中旬为抽薹盛期,花薹粗大,薹粗0.72 cm,平均薹高75 cm。嫩薹商品性状较好,以生产青韭为主,可兼收鲜嫩韭薹。分蘖能力较强。

(10)平丰9号。该品种高产稳产、优质、抗虫,地区适应性广,平均株高达54.45 cm,平均鞘长11.89 cm,平均鞘粗1.07 cm,平均叶长42.57 cm,平均单株质量为12.67g,年产鲜韭8 900 kg/亩。该品种抗疫病、抗韭蛆,耐寒性强,商品性好,品质优良,适宜在全国越冬保护地栽培、黄淮及其以南露地栽培。

(11)平丰10号。该品种株型紧凑,直立性好,耐寒性较强,叶色深绿,不干尖,株高55 cm左右,早春生长速度快,长势强,抗病,栽培范围广,适应华北、华中、华南地区保护地及露地栽培。一般在10月20日前后扣棚,春节前后可收割2~3刀,亩产鲜韭8 000 kg以上;每年可收割7~8刀,亩产鲜韭1.3万kg以上。

第三节 优质韭菜高产高效栽培技术

一、栽培茬次

韭菜生产分露地栽培和保护地栽培,保护地栽培可采取阳畦、中小拱棚、大拱棚、日光温室等多种形式。露地栽培春季一般收2~3茬、秋季收1~2茬,冬春保护地栽培收3茬。一般采用育苗移栽,早春栽培也可开沟直播。

二、品种选择

选用抗病、耐寒、分蘖力强和品质好的品种,如久星10号、久星25号、平丰9号、平丰8号、平丰6号、平韭4号、791韭菜和赛松等。

三、播种育苗

(一)种子处理

采取催芽播种的,播前把种子倒在55 ℃温水中,不断搅拌,水温降至25~30 ℃后,清除浮在水面的瘪籽,浸泡12 h,捞出后用湿布覆盖,放在15~20 ℃的地方催芽,经2~3 d,80%的种子露白即可播种。

(二)苗床准备

床土宜选用沙质土壤。冬前翻耕,播种前浅耕,每亩施入腐熟圈肥5 000 kg、氮磷钾三元复合肥(16-8-18)20 kg,细耙后做畦。一般畦宽1.5 m,畦长因需而定。

(三)播种

(1)干播法。按10~12 cm的行距,开1.5~2.0 cm深的浅沟,将干种撒于沟内,平整畦面覆盖种子,镇压后灌水。幼苗出土前保持土壤湿润,防止土壤板结。

(2)湿播法。畦面耧平浇足底水,水渗后播种,先覆一层0.5 cm厚细土,将催好芽的种子分2~3次撒入畦内,上盖1.5~2 cm厚的细土。用种量,每亩苗床用种4~5 kg,可供2 000 m^2大田定植用,育苗移栽每亩平均用种1.5 kg左右。直播每亩用种3~5 kg。

(四)苗期管理

播种后,每亩用48%地乐胺乳油或33%二甲戊乐灵乳油150~200 mL对水喷雾,均匀喷于地表,覆膜。苗床上扣40目防虫网。70%幼苗顶土时撤除地膜。幼苗出土前保持土壤湿润。幼苗出齐后,浇水要轻浇勤浇,结合浇水,追施尿素1~2次,每亩每次10 kg。苗高15 cm后,控制浇水。

四、整地做畦

韭菜生产用地应选择水肥条件好、保水保肥,旱能浇、涝能排,土壤肥沃、疏松的地块,土壤pH值5.5~7.0。定植前结合翻耕,每亩施入腐熟圈肥5 m^3、氮磷钾复合肥(16-8-18)20 kg左右,细耙后平整做畦。畦向、畦宽因栽培方式而定。

五、定植

(1)定植适期。苗高20 cm,有5~6片叶时即可定植。

(2)定植方法。定植前2~3 d苗床浇透水,以利起苗。秧苗剪去过长须根和叶片,在50%辛硫磷乳油1 000倍液中蘸根后定植。畦栽韭菜,行距18~20 cm,穴距10~15 cm,每穴10~15株。开沟定植,沟深10 cm左右。

六、定植后的管理

(一)定植当年的管理

定植后及时浇水,3 ~4 d 后再浇 1 次水,然后浅耕蹲苗,新叶发出后,浇缓苗水,之后中耕松土,保持土壤见干见湿。高温多雨季节注意排水防涝。8 月下旬后,每 5 ~7 d 浇 1 次水,结合追施尿素 2 ~3 次,每亩每次 10 kg 左右。10 月上旬以后减少浇水量。土地封冻前浇防冻水,在行间铺施腐熟有机肥 2 ~3 m^3 保温过冬。

(二)第二年及以后管理

1. 露地栽培管理

(1)春季管理。及时清理地面的枯叶杂草。韭菜萌芽时,结合中耕松土,把行间的细土培于株间。返青时,结合浇返青水,每亩追施尿素 10 kg。每次收割 2 ~3 d 后,结合浇水,每亩追施氮、磷、钾三元复合肥(16 -8 -18)20 kg。浇水后及时中耕松土,收割期保持土壤见干见湿。

(2)夏季管理。减少浇水,及时除草,雨后排水防涝。为防韭菜倒伏,应搭架扶叶,并清除地面黄叶。

(3)秋季管理。8 月下旬开始,每 5 ~7 d 浇一次水,每次收割 2 ~3 d 后,结合浇水,每亩追施氮磷钾三元复合肥(16 -8 -18)20 kg。10 月上旬以后减少浇水量。土地封冻前浇防冻水,在行间铺施腐熟有机肥 2 ~3 m^3 保温过冬。

2. 保护地栽培管理

(1)扣棚前的管理。扣棚前 15 ~20 d,10 月中旬韭菜休眠后应将韭菜沿地表处收割,随后追施充分腐熟的人粪尿 2 t/亩或复合肥 20 kg/亩加尿素 10 kg/亩,并浇水 1 遍。为防治韭蛆可用 40% 的辛硫磷乳油 1 000 倍液灌根,扣棚前 1 d,用 50% 的多菌灵可湿性粉剂 600 倍液喷洒畦面及拱架,以杀灭病菌。韭菜扣棚前浇 1 遍水,生长期间一般不需要再浇水,如果确需浇水,应选择在阴天尾晴天头浇水,且浇水后应加大放风量,尽快降低棚内空气湿度。

(2)扣棚、温度管理。11 月下旬后,韭菜进入休眠期,清除枯叶,浅中耕,浇透水,扣棚。当气温低于 5 ℃时即可扣棚,黄淮地区一般 11 月上中旬、北方地区 10 月中下旬进行扣棚。扣棚应选择晴天无风的天气进行,先在棚的一侧开沟,压住棚膜一边,然后边拉边压棚膜的另一侧,扣棚初期,地温、气温较高,棚的两头可以暂且不压,以便通风降湿,之后每隔 2 ~3 m 拉 1 根压膜线,以防棚膜被风吹动,以后随着气温的降低,扣棚初期和每次收割后,白天温度保持在 24 ~28 ℃,夜间 8 ~12 ℃。第一茬韭菜生长期应加强防寒保温,适时揭盖草苫,阴雪天及时清除积雪。扣棚初期不放风,中后期当棚温达到 30 ℃时,及时放风。3 月上旬开始大放风,夜间逐步撤去草苫,4 月后视气温情况撤去薄膜。

扣棚后 5 ~7 d,可用 20% 的速克灵百菌清复合烟剂,或用 10% 的速克灵烟剂,或用 40% 的百菌清烟剂于傍晚用暗火点燃进行棚内施药,并闭棚一夜,于第二天早晨及时通风换气。多种药物单独交替使用,每 7 ~10 d 用药 1 次,每茬韭菜施放烟剂 1 ~2 次即可预防。

(3)水肥管理。每次收割 2 ~3 d 后,结合浇水,每亩追施氮磷钾三元复合肥(16 -8 -

18)20 kg。收割期保持土壤见干见湿。

(4)收获后管理。保护地韭菜收割3刀后的管理同露地栽培。

七、病虫害防治

(一)防治原则

按照“预防为主,综合防治”的植保方针,优先使用农业防治和物理防治。科学、合理使用化学防治。采用种植期和生长期防治相结合,地上诱杀成虫与地下防治幼虫相结合。

(二)主要病虫害

韭菜主要病虫害有灰霉病、疫病、韭蛆、斑潜蝇等。

(三)农业防治

(1)实行轮作换茬。一般3~4年,韭菜与其他非韭蛆的寄主植物轮作一次。

(2)合理控水。露地韭菜,7~8月控水,高温干旱可增加韭蛆死亡率。设施韭菜,冬季露地养根期间控水,可有效控制韭蛆虫口数量。防止大水漫灌,雨季及时排涝,减轻疫病发生。

(3)浇灌沼液。每次收割后3~5 d,按2 kg/m^2 沼液,加水稀释1~2倍,顺韭菜垄或沟灌于韭菜根部,间隔7 d,再灌1次。

(4)撒草木灰。或在韭菜根部撒草木灰300 kg,对预防韭蛆有一定效果。

(5)晒土、晒根。露地韭菜,春季土壤开始解冻,萌发前,剔开韭根部周围的土壤晾根,7~10 d后韭蛆可大量死亡,设施韭菜,冬季扣膜前扒土晾根,也可冻杀韭蛆。

(6)合理施肥。施用农家肥应充分腐熟发酵。施用化肥应氮、磷、钾配施,适当补施微肥,防止氮素过量引起植株徒长。韭菜在头刀或二刀后,结合浇水追施碳酸氢铵2次,15~20 kg/亩。

(四)物理防治

(1)防虫网。新种植的韭菜成虫羽化出土前或韭菜收割后,覆盖40目的防虫网,防止成虫飞入产卵。

(2)盖膜。为减少韭菜气味对成虫的吸引,韭菜收割后立即覆盖塑料薄膜,34 d后韭菜伤愈合即可揭去薄膜。

(3)粘虫板诱杀。成虫发生期,放置黄色粘虫板,黄板规格40 cm×25 cm,每20~25 m^2 1张。露地韭菜,粘虫板垂直竖放,放置高度不宜过高,一般距地面10~25 cm,以粘虫板一半露出韭菜顶端为宜。设施栽培,粘虫板平放或竖放。当黄板表面粘满韭蛆成虫时,及时更换粘虫板。

(五)生物防治

可用1%农抗武夷菌素水剂150~200倍液,或用10%多抗霉素可湿性粉剂600~800倍液,或木霉菌600~800倍液喷雾防治灰霉病。可用5%除虫菊素乳油1 000~1 500倍液喷雾防治韭蛆成虫、斑潜蝇。可用1.1%苦参碱粉剂400倍液,或0.5%印楝素乳油600~800倍液,灌根防治韭蛆。

(六)化学防治

(1)农药防治原则。严禁使用剧毒、高毒、高残留农药和国家规定在蔬菜生产上禁止使用的农药。交替使用农药,并严格按照农药安全使用间隔期用药。

(2)灰霉病。发病初期,可用25%嘧菌酯悬浮剂1 500倍液,或用40%嘧霉胺悬浮剂1 000倍液,或50%异菌脲可湿性粉剂1 000倍液,或50%腐霉利可湿性粉剂1 000倍液等喷雾防治。7~10 d喷1次,连续防治2~3次,以上药剂交替使用。

(3)疫病。发病初期,可用58%甲霜灵·锰锌可湿性粉剂500倍液,或50%乙磷铝锰锌可湿性粉剂600倍液,或72.2%霜霉威水剂1 000倍液,或64%恶霜灵+代森锰锌可湿性粉剂600倍液喷雾防治。7~10 d喷1次,连续防治2~3次,以上药剂交替使用。

(4)韭蛆。韭菜播种时,可选用40%辛硫磷乳油600 mL/亩或25%噻虫胺水分散粒剂240 g/亩配制成毒土,撒施。

成虫化学防治:成虫羽化盛期,上午9~10时成虫活动旺盛时,行间喷雾,韭菜收割后喷雾防治成虫效果好。可用2.5%溴氰菊酯乳油2 000倍液,或5%高效氯氰菊酯乳油2 000倍液,或20%甲氰菊酯乳油2 000倍液喷雾,设施栽培韭菜可用50%硫黄可湿性粉剂500 g/亩混细土撒施,然后闭棚。

幼虫化学防治:可选用25%噻虫胺水分散粒剂240 g/亩、25%噻虫嗪水分散粒剂240 g/亩、10%吡虫啉可湿性粉剂600 g/亩、40%辛硫磷乳油600 mL/亩;75%灭蝇胺可湿性粉剂400 g/亩等药剂。也可将25%噻虫胺水分散粒剂120 g/亩和5%氟铃脲乳油300 mL/亩混用、25%噻虫嗪水分散粒剂120 g/亩和5%氟铃脲乳油300 mL/亩混用、40%辛硫磷乳油300 mL/亩和5%氟铃脲乳油300 mL/亩混用。

施药方法:一是滴灌法。韭菜收割后第2~3 d,顺垄根部淋浇,药液用量300 kg/亩。二是喷雾法。韭菜收割后第2~3 d,靠近韭菜根部土壤喷药,药液用量90 kg/亩,喷后浇水。三是毒土法。韭菜收割后第2~3 d,将药剂加细土(30~40 kg/亩)混匀,顺垄撒施于韭菜根部,然后浇水。

(5)斑潜蝇。在产卵盛期至幼虫孵化初期,可用50%灭蝇胺可湿性粉剂2 500~3 500倍液,或10%吡虫啉可湿性粉剂1 000倍液喷雾防治。

八、采收

韭菜植株长至25~30 cm时收割,宜在早晨进行。

第四节 韭菜一年期机械直播栽培技术

相比传统的韭菜育苗移栽种植,韭菜一年期直播栽培增加了种植密度,生产周期从4年缩短至1年,生产田不重茬,减少或避免了药物防治,产品绿色、优质、安全,每亩可减少用工20~25个,节支降本增效明显。

一、品种选择

选择在黄淮地区不休眠、耐低温、抗寒性强的保护地栽培品种,如韭宝、平丰9号、平丰10号等。

二、生产田选择

选择地势平坦、排灌方便的地块，前茬以小麦、玉米、大豆等作物为宜，不与韭菜、大葱、洋葱及大蒜等作物连作，并与周围的韭菜、大葱、洋葱及大蒜菜田间隔500 m以上。

三、整地施肥

耕地前每亩施腐熟细碎有机肥（鸡粪、猪粪等）2 000～2 500 kg、硫酸钾型复合肥（N－P－K为15－15－15，下同）40～50 kg、尿素15～20 kg，耕翻土壤25～30 cm深，耙碎搂平。

四、做畦

规格：畦长20～50 m，畦宽1.8～2.5 m，畦埂宽60～65 cm，畦埂高12～15 cm。做畦后整平畦面并使土壤细碎。

五、播种与种植年限

（1）播种。黄淮地区播种期在3月中旬至4月上旬，每亩播种量1.7～2.0 kg，基本保苗30万～35万株。采用大田机械开沟直播，播种行距23～25 cm，开沟深度3～4 cm，播种后覆土厚1～2 cm。

（2）种植年限。3月中旬至4月上旬播种，9月中旬至10月中旬进行露地栽培，收割2刀韭菜后于11月至翌年2月进行小拱棚生产，小拱棚收割2刀后清理根株，整个种植年限为一年期。

六、出苗前田间管理

播种后在田间铺设喷灌带并及时喷灌1次透水，每隔4～5 d喷灌1次，保持地表湿润，以利早出苗、出齐苗。第1次喷灌后2～3 d每亩可用33% 二甲戊灵乳油100～120 mL封闭除草，可在50～60 d内防止田间滋生杂草。

七、出苗前田间管理

（1）肥水管理。出苗后每隔5～7 d浇1次水，促进幼苗生长。韭菜生长至3～5片叶时，结合中耕除草每亩追施硫酸钾型复合肥30～40 kg、尿素10 kg，每隔20～30 d追施1次，共追施2～3次。7～8月降雨多，田间郁闭时适当控肥、控水，防止倒伏，大雨后及时排水。

（2）病虫害防治。当年种植的生产田病虫源少，在田间管理上合理增施有机肥、磷肥和钾肥，控制氮肥用量，大雨后及时排水，防止因栽培和管理不当而降低植株的抗病能力，即可防控灰霉病和疫病的发生与危害。韭菜虫害主要有斑潜蝇和韭蛆（迟眼蕈蚊），可利用黄板诱杀斑潜蝇和韭蛆成虫，每亩用黄板30～40块，固定高度30～40 cm；生产田四周也可设置高2.0～2.5 m的防虫网，结合黄板防控斑潜蝇和韭蛆成虫等害虫的入侵危害。

八、韭菜收割与管理

(一)露地收割与管理

于 9 月中旬至 10 月下旬露地收割 2 刀,每刀收割后结合中耕追 1 次肥,每亩追施腐熟细碎优质有机肥(鸡粪、猪粪等)1 500 ~ 2 000 kg、硫酸钾型复合肥 50 ~ 60 kg、尿素 10 ~ 15 kg,追施后浇 1 次水。

(二)拱棚收割与管理

(1)拱棚搭建。10 月下旬至 11 月上旬建棚、扣棚,棚架可用细竹竿、竹片等,棚膜可选用聚乙烯复合多功能无滴棚膜。

(2)温湿度管理。扣棚初期当拱棚内空气湿度在 80% 以上、温度达 25 ℃以上时,11:00 ~ 14:00 根据实际情况灵活把握放风、排湿、降温时间及放风口大小。当天最低气温在 0 ~ 2 ℃时夜间加盖草苫,防止低温使叶片受害。

(3)病害防控。扣棚后 15 ~ 20 d 时,每亩可用 65% 百菌 · 腐霉利(灰无踪)烟剂或 60% 速克灵 · 菌核净烟剂 250 ~ 300 g 烟熏,防控灰霉病发生,每隔 7 ~ 10 d 熏 1 次,共熏 2 ~ 4 次。

(4)肥水管理。小拱棚生产期间中耕追肥不便,韭菜收割后补肥时可以结合浇水冲施 1 ~ 2 次韭菜液体专用肥。

(5)灵活收割。扣棚后 30 ~ 50 d、韭菜株高 30 cm 以上时,以效益最大化为目标,根据市场价格、销量、气候、韭菜长势等灵活把握收割时间。

第二十章　芹　菜

第一节　概　述

一、芹菜的营养

芹菜，属伞形科植物。有水芹、旱芹、西芹三种，功能相近，食用部分为发达的叶柄和叶片，属绿叶类速生蔬菜，其营养丰富，富含蛋白质、碳水化合物、矿物质及多种维生素等营养物质，还含有芹菜油，具有降血压、镇静、健胃、利尿等疗效，是一种常见的保健蔬菜。

芹菜原产于地中海沿岸的沼泽地带，世界各国已普遍栽培。我国芹菜栽培始于汉代，至今已有2 000多年的历史。起初仅作为观赏植物种植，后作食用，经过不断的驯化培育，形成了细长叶柄型芹菜栽培种，即本芹（中国芹菜）。本芹在我国各地广泛分布，而河北遵化和玉田县、山东潍县和桓台、河南商丘、内蒙古集宁等地都是芹菜的著名产地。

二、生物学特性

芹菜为浅根性植物，根系主要分布在15～20 cm土层，茎短缩，叶片簇生于短缩茎上，叶柄较发达。芹菜性喜冷凉、湿润的气候，属半耐寒性蔬菜；不耐高温、干燥，可耐短期零度以下低温。种子发芽最低温度为4 ℃，最适温度15～20 ℃，15 ℃以下发芽延迟，30 ℃以上几乎不发芽，幼苗能耐－5～－7 ℃低温，属绿体春化型植物，3～4片叶的幼苗在2～10 ℃的温度条件下，经过10～30 d通过春化阶段。生育期较长，一般从播种到定植需50～60 d，定植到收获需要60～100 d。

芹菜分为本芹（中国类型）和洋芹（西芹类型）两大类。营养价值和生物学特性相似。西芹抗寒性较差，幼苗不耐霜冻，完成春化的适温为12～13 ℃。西芹吸收养分的能力较弱，耐旱性差，对土壤养分和水肥要求较高。适宜在富含有机质，保水、保肥能力强的壤土或黏壤土上生长。沙性土易缺水缺肥，引发叶柄空心。根系较耐酸、不耐碱，在pH4.8时仍可生长，适宜的pH范围为6.0～7.6。

第二节　芹菜主要品种及特点

一、本芹

该品种生长势强，抽薹晚，分枝少。叶柄实心，品质好，抗病，适应性广。平均单株重0.5 kg，平均亩产6 000～10 000 kg，适合全国各地春、秋露地及保护设施栽培。

（1）津南冬芹。该品种叶柄较粗，淡绿色，香味适口。株高90 cm，单株重0.25 kg，分枝极少,最适冬季保护地生产使用。

(2)铁杆芹菜。植株高大,叶色深绿,有光泽,叶柄绿色,实心或半实心,单株重0.25 kg,亩产5 000 kg左右。

二、西芹

(1)加州王(文图拉)。植株高大,生长旺盛,株高80 cm以上。对枯萎病、缺硼症抗性较强。定植后80 d可上市,单株重1 kg以上,亩产达7 500 kg以上。

(2)高优它52-70R。株型较高大,株高70 cm以上。呈圆柱形,易软化。对芹菜病毒病和缺硼症抗性较强。定植后90 d左右可上市,亩产可达7 000 kg以上,单株重一般为1 kg以上。

(3)嫩脆:株型高大,达75 cm以上。植株紧凑,抗病性中等。定植后90 d可上市,单株重1 kg以上,亩产7 000 kg以上。

(4)佛罗里达683。株型高大,高75 cm以上,生长势强,味甜。对缺硼症有抗性。定植后90 d可上市,单株重1 kg以上,亩产达7 000 kg以上。

(5)美国白芹。植株较直立,株型较紧凑,株高60 cm以上。单株重0.8~1 kg。保护地栽培时易自然形成软化栽培,收获时植株下部叶柄乳白色,亩产5 000~7 000 kg。

(6)意大利冬芹。植株长势强,株高85 cm,叶柄粗大,实心,叶柄基部宽1.2 cm,厚0.95 cm,质地脆嫩,纤维少,药香味浓,单株平均重250 g左右。可耐-10 ℃短期低温和35 ℃短期高温。为南北各地主栽西芹品种,特别适合北方地区中小拱棚、改良阳畦及日光温室冬、春及秋延后栽培。

(7)金棚西芹二号。植株较高,70~90 cm,叶片肥大,叶柄浅绿,横断面实心半圆形,腹沟较浅,叶柄肥大宽厚,基部宽3~5 cm,叶柄第一节长27~30 cm,株高80 cm,叶柄抱合紧凑,质地脆嫩,纤维少,品质优。定植到收获80 d左右。对芹菜病毒、叶斑病和缺硼症有较强的抗性。单株产量1 kg以上,亩产7 500 kg以上。

(8)荷兰西芹。由荷兰引入。株高60 cm,植株健壮,叶柄宽厚,叶片及叶柄均呈绿色,有光泽。叶柄实心、质脆,味甜。单株重达1 kg以上。较耐寒、不耐热,抽薹迟。适于秋季和冬季保护地栽培。

(9)加州翠美。株型紧凑,株高80~90 cm,叶柄绿色较宽厚,表面棱线不明显,纯实心,纤维少,脆嫩、品质好,无小叶,品质脆嫩,生长速度快,抗病、耐热性好,单株平均重1.5~2.0 kg。定值后75~80 d收获,亩高产1.2万kg以上。春秋露地及保护地均可栽培,亩播种量:直播250 g,育苗移栽50 g。建议密度8 000~20 000株。

(10)农皇西芹。该品种生长速度快,定植后65~70 d收获,耐低温,抗病性强,色泽淡黄,有光泽,不空心,纤维少,商品性好,高产,株型紧凑,株高80~90 cm,叶柄长30~35 cm,单株1~1.5 kg,适宜保护地及露地品种。

(11)翡莎雅西芹。极优良的西芹品种。植株高大,叶柄基部宽度3~4 cm,第一节长度达30 cm,品质脆嫩,纤维极少,抗病强,尤其对枯萎病和缺硼症有较强的抗病性,定植后80 d可收获,单株重1 kg以上,亩产量可达8 500~10 000 kg以上,是目前大面积种植地区最理想的品种。

第三节 优质芹菜高产高效栽培技术

芹菜性喜冷凉、湿润的气候，属半耐寒性蔬菜，秋季较适宜芹菜生长。在保护地内栽培，可实现周年供应。栽培茬次主要有春茬、夏茬、秋茬和越冬茬。

一、栽培方式

（一）露地栽培

（1）春季栽培。3月下旬至4月中旬直播，6月下旬开始收获；或1月下旬至2月下旬育苗，3月中旬至4月中旬定植，5月中旬开始收获。

（2）夏季栽培。5月上旬至6月上旬直播，8月中旬至9月下旬开始收获。

（3）秋季栽培。6月下旬至7月下旬育苗，8月中旬至9月上旬定植，10月中旬开始收获。

（二）设施栽培

（1）塑料大棚秋延迟栽培。7月中旬育苗，9月上旬定植，12月上旬开始收获。

（2）塑料大棚越冬栽培。8月中旬育苗，10月中旬定植，12月下旬开始收获。

（3）日光温室春提早栽培。11月中旬至12月上旬育苗，1月下旬至2月中旬定植，4月下旬开始收获。

二、品种选择

春季、春提早和越冬栽培应选用耐寒、冬性强、抽薹迟、纤维少、丰产、抗病虫能力强的品种；夏季、秋季和秋延迟栽培应选用耐热、叶柄长、生长快、丰产、抗病虫能力强的品种。本芹品种主要有津南实芹、玻璃脆芹菜、天津黄苗芹菜等，西芹品种主要有高优它、文图拉、加州王、脆嫩、佛罗里达等。

三、栽培管理

（一）整地施肥

前茬作物收获后，应及早清洁田园，每亩施入腐熟有机肥5 000～6 000 kg，复合肥30～40 kg，深耕25～30 cm，深翻整平做1.2～1.5 m宽平畦。

（二）播种

（1）种子质量。种子质量应符合纯度≥92%、净度≥97%、发芽率≥70%、水分≤10%的要求。

（2）用种量。每亩栽培面积，本芹露地直播用种量500～750 g，育苗移栽用种量80～180 g；西芹育苗移栽用种量20～25 g。育苗播种量为每平方米苗床10 g。

（3）种子处理。播种前5～6 d晒种1～2 d。晒种时不能直接平摊在水泥地上。种子用48 ℃恒温水，在不断搅拌的情况下浸种30 min，取出后放在清水中浸种24 h，浸种过程中应搓洗2～3遍。浸种结束后捞出用清水洗净、晾干。夏秋芹菜育苗需进行低温催芽，以利出芽。因芹菜籽粒太小，不透气，催芽时易霉烂，所以掺入等量的清沙拌匀，再装入湿布袋中。用湿纱布包好置于 18 ~ 20 ℃低温条件下催芽，白天放入，晚上拿出。50% 的种子发芽时播种。让种子处于高低温交替条件，打破其休眠。如无合适温度条件，也可将种子置于通风处晾至半干，用湿布包好后晚上置于冰箱中在 5 ℃下保持 12 h，白天再取出放在阴凉处，反复几次种子即可出芽。

(4)播种方法。①露地直播。在栽培畦内浇透水，水渗下后均匀撒播种子，播后覆盖细土 0.5 ~ 0.8 cm。②设施育苗。苗床营养土配制用干细土 500 kg，腐熟园土 + 2.5 kg 中华土壤苗剂 + 0.25 kg 代森锰锌喷水拌匀，提前 1 ~ 2 月闷堆备用，可供 100 m^2 苗床使用。苗床应选择土质疏松、肥沃、通透性好、排灌方便并且翻耕 20 cm 以上、2 年内未种过芹菜的沙壤地块作苗床，夯细耙平。苗床畦高 20 ~ 30 cm，畦宽 150 cm，每亩芹菜需备 100 m^2 的苗床。在棚室内设置育苗畦，将种子均匀撒播于营养土中。

播种前 1 d 或播种前 5 h 左右，在整好的苗床内浇 1 次透水，以表面稀泥状为宜，把准备好的种子和干细土按 1∶4均匀地撒播在苗床内，播种后用干细土作盖土，耙平即可，播种后不进行浇水，以免苗床表土板结，造成出苗困难。覆土耙平后即可用薄膜覆盖，保墒保湿。在薄膜上再加盖一层 10 ~ 15 cm 厚的干稻草，防晒、防高温。应注意每天清晨或傍晚观察出苗情况，当 70% ~ 80% 的种子出苗时，就应该及时掀去干稻草，薄膜在苗床上架插小拱棚，盖上遮阳网，遮阴防高温，薄膜还应留在苗床边，遇暴雨时盖膜防雨。

夏秋育苗时，气温较高，要采取降温措施，用双层遮阳网遮盖，再用塑料薄膜覆盖，搭成四面通风、遮阳降温的拱棚。

育苗设施和营养土应进行消毒。播前营养土应浇透水，播后覆细土 0.5 ~ 0.6 cm。有条件的应采用工厂化穴盘育苗。

(三)苗期管理

(1)直播。夏秋栽培播种后应及时覆盖麦秸、稻草或遮阳网保湿降温，以利出苗，并选用除草通 150 ~ 200 mL 对水 70 ~ 100 kg 喷洒地表，以防草害。出苗后于下午撤除覆盖物，次日开始应勤浇水，保持畦面湿润。间苗 2 ~ 3 次，最后定苗苗距 10 ~ 12 cm。

(2)育苗。冬春设施育苗播种后，选用 33% 二甲戊乐灵乳油(除草通、施田补)150 ~ 200 mL 对水 70 ~ 100 kg 喷洒地表，并加盖地膜或小拱棚。出苗前适宜温度 18 ~ 20 ℃，出苗后撤除地膜或小拱棚，白天温度 15 ~ 20 ℃，夜间 10 ~ 15 ℃。幼苗第一片真叶展开时进行间苗，苗距 1 cm，以后再进行间苗 1 ~ 2 次，使苗距 2 ~ 3 cm。间苗后应及时浇水，夏秋育苗早晚进行，冬春育苗晴天上午进行，保持畦面湿润。结合浇水进行 1 ~ 2 次 0.2% 尿素溶液的叶面喷肥。定植前 3 ~ 4 d，应停止浇水，设施覆盖物逐渐撤除。

(3)壮苗标准。苗龄 50 ~ 70 d、株高 10 ~ 15 cm、真叶 3 ~ 5 片、叶色浓绿、根系发达、无病虫害。

(四)栽培密度

本芹早春、秋冬、冬春、越冬栽培 35 000 ~ 45 000 株/亩，夏秋栽培 25 000 ~ 35 000 株/亩；西芹 9 000 ~ 15 000 株/亩。

(五)定植方法

通常情况下，本芹苗龄达 40 ~ 50 d、西芹苗龄达 50 ~ 60 d 时即可选壮苗进行定植。将苗连根带土挖出，取苗时将主根于 4 cm 处铲断，可促进侧根发生。定植应于下午进行，育苗畦浇透水，用铲具带土取苗。单株定植于栽培畦，本芹行距 15～20 cm、株距 10～12 cm，西芹行株距 18～25 cm。在栽培畦面按行距开沟穴栽，定植深度以不埋住心叶为准，边栽边封沟平畦。从定植到缓苗需 15～20 d，此期间要勤浇水、浇小水，始终保持土壤湿润，降低地温。

（六）田间管理

（1）温度管理。棚室秋冬、越冬栽培应于霜冻前，早春定植前 10～15 d 覆盖薄膜。定植期温度白天 18～23 ℃，夜间不低于 12 ℃，白天温度达到 25 ℃应进行通风，夜间 11～14 ℃；开花结荚期白天 25～30 ℃，夜间 15～18 ℃。

（2）光照管理。应采用透光性好的耐候功能膜，保持膜面洁净；夏秋定植缓苗前应采取遮阳和防雨覆盖措施。

（3）肥水管理。施肥应根据不同栽培季节和生长需要，按照平衡施肥要求进行。浇水应结合追肥进行。棚室芹菜定植或露地直播定苗后 10～15 d，每亩追施复合肥 10 kg，以后每 20～25 d 追施一次肥，每次每亩追施硫酸铵 10 kg、硫酸钾 5 kg。棚室秋冬、冬春和越冬栽培应控制浇水，浇水在晴天上午进行；夏季、早秋栽培浇水应在早、晚进行。

四、病虫害防治

（一）主要病虫害

芹菜主要病虫害有立枯病、黄萎病、灰霉病、细菌叶斑病、细菌叶枯病、菌核病、根结线虫病、点霉叶斑病、柳二尾蚜、菜野螟、斑潜蝇、叶螨。

（二）防治原则

遵循“预防为主，综合治理”方针，从整个生态系统出发，优先运用农业、物理、生物、生态等防治措施，适当运用化学防治措施，创造不利于病虫草等有害生物孳生和有利于各类天敌繁衍的环境条件，保持菜田生态系统的平衡和生物的多样性，将有害生物控制在允许的经济阈值以下，将农药残留降低到规定标准的范围。

（三）农业防治

（1）与其他蔬菜作物实行 2～3 年的轮作。

（2）播种前清除病残体、深翻整地减少菌源。发病初期摘除病虫残叶，带出田外深埋。

（四）物理防治

（1）采用温汤浸种，预防斑枯病和叶斑病。

（2）日光高温消毒。设施栽培在夏季高温季节深翻地 25 cm，撒施 500 kg 切碎的稻草或麦秸，加入 100 kg 氰胺化钙，混匀后起垄，覆盖地膜，保持 20 d。

（3）露地栽培采用银灰膜驱蚜。

（五）生物防治

（1）利用吴氏猪粪堆肥培养拮抗菌 Bacillus cereas 对土壤、种子及繁殖组织进行处理，防治立枯病。

（2）利用生物药剂防治病虫害，如用 72% 农用链霉素可溶性粉剂 4 000 倍液防治细菌性叶斑病、叶枯病，用 100 亿孢子/g 白僵菌制剂 500 倍液，或 25% 灭幼脲 3 号悬浮剂

1 500倍液防治豆野螟,用1.8%阿维菌素乳油3 000倍液防治叶螨、美洲斑潜蝇。

(六)化学防治

(1)立枯病。发病初期用20%甲基立枯磷乳油1 200倍液,或5%井岗霉素可溶性粉剂1 500倍液,或15%恶霉灵水剂450倍液喷雾防治。

(2)黄萎病。发病初期用50%苯菌灵可湿性粉剂1 500倍液,或20%甲基立枯磷乳油900~1 000倍液,或36%甲基硫菌灵悬浮剂400倍液喷雾防治,安全间隔期30 d。

(3)灰霉病。发病初期,可选用50%腐霉利可湿性粉剂1 000~1 500倍液、65%硫菌·霉威可湿性粉剂1 000~1 500倍液、50%异菌脲可湿性粉剂1 000~1 500倍液、25%甲霜灵可湿性粉剂1 000倍液、45%噻菌灵悬浮剂3 000~4 000倍液、50%乙烯菌核利可湿性粉剂1 000倍液、10%多抗霉素可湿性粉剂600倍液、40%嘧霉胺悬浮剂800~1 000倍液或60%多菌灵盐酸盐超微粉600倍液等喷雾防治,隔7~10 d 1次,共喷3~4次。由于灰霉病菌易产生耐药性,应尽量减少用药量和施药次数,必须用药时,要注意轮换或交替及混合施用。保护地栽培,每亩可用5%福·异菌粉尘1 kg喷粉;或者可每亩用15%腐霉利烟剂200 g或45%百菌清烟剂250 g熏1次,隔7~8 d 1次,视病情与其他杀菌剂轮换交替使用。

(4)细菌叶斑病、叶枯病。发病初期选用27%碱式硫酸铜悬浮剂(铜高尚)600倍液,或56%氧化亚铜水分散微颗粒剂(靠山)600~800倍液,或77%氢氧化铜可湿性粉剂(可杀得)500倍液,或46%氢氧化铜水分散粒剂(杜邦可杀得叁千)1 500倍液,或30%氧氯化铜悬浮剂800倍液,或30%碱式硫酸铜悬浮剂(绿得保)400倍液,每7~10 d 1次,防治2~3次。采收前7 d停止用药。

(5)菌核病。发病初期用40%菌核净可湿性粉剂800~1 000倍液喷雾防治,或用50%异菌脲可湿性粉剂600倍液喷雾防治。或用10%乙烯菌核利干悬浮剂1 000~1 500倍液喷雾防治。安全间隔期7~10 d。

(6)根结线虫病。发病初期,可用50%辛硫磷乳油1 500倍液,或1.8%爱福丁乳油4 000倍液,或0.9%爱福丁乳油2 000倍液灌根,10~15 d后再灌1次。也可以在播种前或定植前,在每平方米沟中施入1 mL(1.8%乳油)或2 mL(0.9%乳油)药液,进行土壤消毒,施入后覆上土。

(7)点霉叶斑病。发病初期用77%氢氧化铜可湿性粉剂400~500倍液喷雾防治,安全间隔期7 d。或50%甲基硫菌灵可湿性粉剂500倍液喷雾,安全间隔期30 d。

(8)柳二尾蚜。越冬卵孵化基本结束,有翅蚜迁飞前,用50%抗蚜威可湿性粉剂2 000倍液喷雾,安全间隔期11 d。或用10%吡虫啉可湿性粉剂1 000倍液喷雾防治,安全间隔期5 d。

(9)菜野螟。成虫产卵高峰后7~8 d,3龄幼虫达50%,用5%氟啶脲乳油6 000~10 000倍液,或10%吡虫啉可湿性粉剂2 500倍液,或5%氟虫腈悬浮剂(锐劲特)1 500倍液喷雾防治,安全间隔期7~10 d。

(10)斑潜蝇。卵孵化盛期,用75%灭蝇胺可湿性粉剂4 000~6 000倍液,或1.8%阿维菌素乳油3 000倍液喷雾防治。安全间隔期7~10 d。

(11)叶螨。在叶螨点片发生时,用1.8%阿维菌素乳油2 000~3 000倍液,或2.5%

联苯菊酯乳油(天王星,虫螨灵)1 500 倍液,或 20% 哒螨灵可湿性粉剂 2 500 倍液,或 10% 浏阳霉素乳油 1 000 倍液,安全间隔期 7 ~ 10 d。

五、收获储藏

芹菜采收过早,产量降低,采收过晚,则品质下降,应根据品种特性和市场需求适时收获。收获前 7 ~ 10 d 应停止追肥、浇水。

适宜的储藏条件是:温度 -2 ~ 0 ℃,空气相对湿度 97% ~ 99%。

第二十一章　大白菜

第一节　概　述

一、大白菜的营养

大白菜又叫结球白菜、黄芽菜、黄芽白、包心白等，原产于中国，属十字花科芸薹属，现已成为我国最具代表性、创造性和广泛栽培的中国特产蔬菜。春、夏大白菜生长迅速，目前基本实现了秋、冬、春、夏大白菜周年供应。

大白菜以叶为产品器官，叶片90%以上是水分，含有碳水化合物、蛋白质、氨基酸、维生素、核黄素等营养元素，经测定含有钾、镁、锰、铜、硒、钼、硅等多种微量元素，经常使用大白菜无疑对人体的营养和保健大有裨益。大白菜还有一定的药用价值。其味甘、性温，具解热除烦、生津利尿、补中消食、通利肠胃、清热止咳、解渴、除瘴气等作用。

二、生物学特性

（一）植物学特性

大白菜为二年生植物，第一年为营养生长期，所出生的器官叫营养器官。第二年为生殖生长期，所出生的器官叫生殖器官。从播种开始，大白菜相继出生根、茎、叶、花、果实和种子。

（1）根。大白菜为浅根性直根系，主根较发达，上粗下细，其上着生两列侧根。上部的侧根长而粗，下部的侧根短而细。主根入土不深，一般在60 cm左右，最长可达1 m以上，侧根多分布在距地标25～35 cm的土层中，根系横向扩展的直径约60 cm。

（2）茎。大白菜的茎在不同的发育时期形态各不相同。在营养生长时期的茎称为营养茎，或短缩茎。进入生殖生长期抽生花茎。营养茎最初由胚轴和胚芽发展而来，随生长进行，粗度增加较大，可达4～7 cm，但缺乏居间生长，在整个营养生长阶段基本上是短缩的，呈短圆锥形。大白菜经受低温后，营养苗端发育成为生殖苗端，这时，营养茎仍然很短。但随着温度的升高，生殖苗端发展成为花茎，抽出主薹，叶腋间的芽可抽出侧枝，侧枝还可长出二三级侧枝。花茎有明显的节，高度达60～100 cm。

（3）叶。大白菜的叶既是同化器官，又是营养储藏器官，因此具有明显的器官异态现象。发芽时，胚轴伸长把子叶送出土面。子叶为肾形，光滑，无锯齿，有明显的叶柄，绿色，可进行光合作用。继子叶出土后，出现的第一对叶子称为初生叶或基生叶。初生叶长椭圆形，具羽状网状脉，叶缘有锯齿，叶表面有毛，有明显的叶柄，无托叶。初生叶对称，与子叶呈“十”字形，故此期称为“拉十字”。初生叶之后到球叶出现之前的子叶称为莲座叶。莲座叶为板状叶柄，有明显的叶翼，叶片宽大，皱褶，边缘波状。莲座叶基本上由3个叶环组成，每个叶环的叶片数因品种而异，早熟品种每环5片叶子组成，中熟品种每环由8片叶子组成。莲座叶是大白菜主要的同化器官。莲座叶之后发生的叶片，向心抱合形成叶球，称为球叶。球叶数目因品种而异，一般早熟品种30～40片，晚熟品种60～80片。外层球叶呈绿色，内层球叶呈白色或淡黄色。球叶多褶皱，抱合，储藏大量同化物质。生殖生长阶段，花茎上着生的叶片成为顶生叶或茎生叶。顶生叶是生殖生长时期绿色的同化叶，叶片较小，基部阔，先端尖，呈三角形，叶片抱茎而生，表面光滑、平展，叶缘锯齿较少。随生长部位升高，叶片渐小。

(4)花。大白菜的花为复总状花序，完全花。由花梗、花托、花萼、花冠、雄蕊群和雌蕊群组成。萼片4枚，绿色。花冠4枚，黄色，呈"十"字形排列。雄蕊6枚，4强2弱，花丝基部生有蜜腺。雌蕊1枚，位于花中央，子房上位。属异花授粉植物，自花授粉不亲和。

(5)果实、种子。大白菜的果实为长角果，喙先端呈圆锥形，形状而细长。授粉后30 d左右种子成熟，成熟后果皮纵裂，种子易脱落。大白菜种子球形，红褐或褐色，少数黄色。千粒重2～3 g，使用年限2～3年。

(二)生育规律

大白菜为二年生植物，但早春播种当年也可开花结籽，表现为一年生。大白菜的生长发育周期分为营养生长和生殖生长两阶段，具体来说，有以下几个时期。

1. 营养生长阶段

(1)发芽期。从种子萌动至真叶显露，即"破心"为发芽期。在适宜的条件下需5～7 d。发芽期的营养，主要靠种子子叶里的储藏养分，子叶展开自行同化制造的养分很少。发芽期主要栽培目标是出苗齐、全，防止高脚苗。

(2)幼苗期。从真叶显露到第七至第九片叶展开，亦即第一叶环形成。此期为幼苗期。此期结束的临界特征为叶丛呈圆盘状，俗称"团棵"。在适宜的条件下，需16～20 d。幼苗期主要栽培目标是苗全、苗齐、苗匀和苗壮。

(3)莲座期。从团棵第23～25片莲座叶全部展开并迅速扩大，形成主要同化器官。此期结束的临界特征为叶丛中心叶片出现抱合生长，俗称"卷心"。此期加上幼苗期形成的叶环共有3个，在适宜的温度条件下，早熟品种需15～20 d，晚熟品种需15～28 d；植株苗端此期逐渐向生殖转化，球叶分化相继停止。莲座期主要栽培目标是防病，搭好丰产架子。

(4)结球期。从心叶亦始抱合，到叶球形称为结球期。此期可分为前、中、后三个时期。结球前期，莲座叶继续扩大，外层球叶生长迅速先形成叶球的轮廓，称为"抽筒"或"拉框"，此期为10～15 d。结球中期，植株抽筒后，内层球叶迅速生长，以充实叶球内部，称为灌心，此期为15～25 d。结球后期，叶球继续缓慢生长至收获，为10～15 d。结球期植株生长量最大，约占总植株生长量的70%。结球期长短因品种而异，早熟品种25～30 d，中晚熟品种25～50 d。结球期主要栽培目标是防病、防早衰，获得紧实的肥大叶球。

2. 生殖生长阶段

(1)休眠期。即收获后的储藏时期。大白菜休眠是因气候条件不适宜而被迫休眠，即生长状态转入休眠状态，若有适宜的环境条件，可以不休眠或随时恢复生长。休眠期间不进行光合作用，只有呼吸作用，但外叶的养分仍向球叶部分输送。储藏期的长短随储藏的目的和储藏条件的不同而异。

(2)抽薹期。当大白菜进入结球期时,茎端生长点已经开始孕育花芽,到结球中期时,茎端生长点已经开始孕育花芽,到结球中期,幼小的花芽已经分化出来,当有适宜的温度时,花薹迅速抽出,即进入抽薹期。随着花薹的伸长,茎生叶叶腋间的一级侧枝也都长出来,当主花茎上的花蕾长大,即将开花时,抽薹期结束。大白菜的抽薹期约 20 d。

(3)开花结实期。从植株开花到种子成熟,为开花结实期,一般需要 30 ~ 45 d。刚进入开花结实期,花蕾和侧枝迅速生长,逐渐进入开花盛期,开花后 15 ~ 20 d,种角即长成。进入后期,花枝停止生长,种角和种子迅速生长,直到大部分种角变成黄绿色、种角内种子变为褐色时,即可收获。大白菜的开花习性,是由花茎下部向上陆续开放,一些抽生较晚的侧枝和顶部的花往往结角率低,种子不饱满。生产上要减少晚生分枝和顶部花的发生,让更多的养分保证优势分枝和优势花的生长,以提高种子产量和质量。

(三)对环境条件的要求

(1)温度。大白菜是半耐寒性植物,其生长要求温和冷凉的气候。发芽期适宜温度为 20 ~ 25 ℃;幼苗期对温度变化有较强的适应性,适宜温度为 22 ~ 25 ℃;莲座期适宜范围为 17 ~ 22 ℃,温度过高,莲座叶生长过快但不健壮,温度过低,则生长缓慢;结球期对温度的要求最严格,适宜温度为 12 ~ 22 ℃,昼夜温差以 8 ~ 12 ℃ 为宜。大白菜叶球形成后,在较低温度下保持休眠,一般以 0 ~ 2 ℃ 为最适。在 -2 ℃以下,宜生冻害;高于 5 ℃,呼吸作用旺盛,消耗养分过多。大白菜从萌动的种子到不同生长阶段,受到一定日数的低温影响,均可通过春化阶段。一般早熟品种需要有效积温 1 300 ℃左右,中熟品种 1 500 ℃左右,晚熟品种 1 800 ℃以上。

(2)光照。大白菜需要中等强度的光照,其光合作用光的补偿点较低,适于密植。但植株过密,光照不足,则会造成叶片变黄,叶肉薄,叶片趋于直立生长,大幅度减产。

(3)水分。大白菜叶面积大,蒸腾耗水多,但根系较浅,不能充分利用土壤深层的水分。因此,生育期应供应充足的水分。幼苗期应经常浇水,保持土壤湿润,若土壤干旱,极易因高温干旱而发生病毒病,莲座期应适当控水,浇水过多易引起徒长,影响包心;结球期应大量浇水,保证叶球迅速生长,但结球后期应少浇水,以免叶球开裂和便于储藏。

(4)土壤。大白菜对土壤的要求比较严格,以土层深厚、肥沃疏松、富含有机质的壤土和黏土为宜。适于中性偏酸的土壤。

(5)肥料。在肥料三要素中,以氮肥对大白菜最重要,氮对促进植株迅速生长、提高产量的作用最大。适当配合磷、钾肥,有提高抗病力、改善品质的功效。大白菜对钙素反应敏感,土壤中缺乏可供吸收的钙,则会诱发大白菜干烧心病害。

第二节　大白菜主栽品种及特点

(1)青研春白 4 号。春白菜品种。株高 42 cm,开展度 54 cm,外叶半直立,叶色浅绿,白帮,叶面稍皱、刺毛较少。叶球直筒形,球高 32 cm,球径 14 cm。生长期 69 d,单球重 1.8 kg,冬性较强。高抗病毒病,抗霜霉病。适宜 3 月下旬至 4 月初露地直播,平畦覆盖地膜。行距 50 cm,株距 40 cm,每亩 3 000 ~ 3 300 株。

(2)喜旺。春白菜品种。株高 40 cm,开展度 52 cm,外叶较上冲,叶色翠绿,白帮,叶面稍皱,叶缘少量刺毛。叶球炮弹形,球高 32 cm,球径 17 cm。生长期65 d,单球重 1.8 kg,冬性较强,商品性好。抗病毒病(TuMV),中抗霜霉病。适宜3 月下旬至4 月初露地直播,平畦或起垄覆膜栽培。行距 50 ~60 cm,株距40 cm,每亩3 000 株左右。

(3)郑靓优三号。郑州市蔬菜研究所白菜育种专家最新选育的中桩叠抱大白菜新品种。该品种生长期75 d 左右,株型半直立,外叶色较深,叶面稍皱,叶柄绿色,球高 32 cm 左右,单株净菜重 4 kg 左右,净菜率极高。植株生长势旺,结球快、紧实,耐储运,抗病毒病、耐霜霉病、软腐病和干烧心。适播期为 8 月 18 ~25 日,河南省北部稍早,南部稍晚。

(4)黄优皇。品种系白菜育种专家最新选育的早熟橘红心彩色大白菜新品种。生育期60 d 左右,叶球合抱、柱形。叶片光滑无毛,外叶 2 ~3 层为绿色,去除后内叶见光后为橘红色。植株生长健壮,抗病能力强。结球紧实,叶球整齐漂亮,单球重 3 kg 左右。质地脆嫩,营养价值远远高于传统大白菜,是高优品质白菜消费的新贵。播期为 8 月 15 日前后。5 ~6 片叶定苗,建议高垄栽培,亩留苗 3 200 株左右。

(5)黄中皇。橘红彩色大白菜新品种。中晚熟杂交新一代,生育期 75 ~80 d,生长健壮,抗病毒病,软腐病、霜霉病等多种病害。结球较紧实,单球重 3.5 kg 左右,其外层 2 ~3 片叶为绿色,内层叶色为橘红色,腌泽后色泽鲜艳。叶球整齐漂亮,质地脆嫩,营养价值远远高于传统大白菜。是各大超市、火锅店和酒楼的新贵。

(6)天正橘红 62。秋播中熟橘红心大白菜一代杂交种。生长期 66 d,叶球矮桩叠抱,外叶绿色、白帮,心叶橘黄色。株高 35.8 cm,开展度 57.3 cm,叶球高度 27.2 cm,球形指数 1.7,叶球重 2.2 kg,净菜率 74.6% 。高抗霜霉病,抗病毒病和黑腐病。一般亩栽 2 600 棵。

(7)新科小包 26。生长期 70 d。矮桩叠抱,软叶率高,结球紧实,品质优良,高产稳产,单球净重 3 kg 左右,亩产净菜 7 000 kg。抗干烧心,高抗病毒病、软腐病及霜霉病。

(8)新乡小包 23。小包心,生长期 70 d。结球紧实,品质极佳,单球净重 3 kg,亩产净菜 7 000 kg。高抗干烧心,耐抽薹性好,春、秋播皆宜。

(9)新中 78(新中皇后)。生长期 78 d,矮桩叠抱,结球紧实,叶球周正,商品性好,高抗干烧心及三大病害,单球净重 4 kg 左右,亩产净菜 8 000 kg。

(10)新小 60。小小包,生长期 60 d。单球净重 2 kg 左右,一般亩产净菜 6 000 kg。上心快,叶帮薄,品质佳。高抗干烧心及三大病害,耐热,耐湿,抗裂球,适播期长。

(11)新早 56。生长期 56 d。叶帮薄,粗纤维含量少,口感好。单球重 1.5 kg 左右,亩产净菜 4 500 kg。高抗病毒病,抗软腐病和霜霉病。耐热,耐湿,稳产高产。春、夏、秋播皆宜,幼苗、叶球兼用,适应全国各地种植。

(12)新早 58。生长期 50 d。外叶深绿,结球紧实,帮叶薄,品质优,单球净重 1.5 kg,亩产净菜 5 000 kg 左右。耐热,耐湿,抗病性强,适合早秋种植。

(13)新早 59。生长期 59 d,矮桩叠抱,球叶绿白色,单球净重 1.5 kg 左右,一般亩产净菜 5 000 kg,耐热,耐湿,抗病性更强,适合全国各地种植。

(14)新早 49。生长期 49 d。株型紧凑,叶球合抱 - 青叠,外叶无毛,绿色,球叶黄白色,单球净重 1.0 kg,一般亩产净菜 4 000 kg 左右,耐热,耐湿,抗病性强,适合夏、秋种植。

苗菜栽培,生长速度快,叶片厚,深绿,无毛,叶柄短而白,耐热耐雨水,口感特好,风味极佳。

(15)新早48。生长期48 d。外叶无毛,绿色,球叶黄白色,单球净重1.0 kg,一般亩产净菜4 000 kg,耐热,耐湿,抗病性更强,适合夏、早秋种植。苗菜栽培,生长速度快,叶片厚,深绿,无毛,叶柄短而白,耐热,耐雨水,口感特好,风味极佳。

(16)新丰二号。该品种中桩麻叶型,生长期70 d,外叶直立,叶色浓绿,叶面大泡皱,叶帮白色。上心速度快,紧实度高,球顶花心,球叶黄嫩,口感好,商品性佳,耐抽薹,抗病性强,适应性广。单球净重2.5 kg左右,一般亩产7 000 kg。

(17)新长二号。生长期70 d,株型直立,球顶合抱,外叶深绿,无毛,球心黄嫩,品质优良,高抗三大病害及干烧心,适应能力广,单球净重2.5 kg左右,亩产净菜7 500 kg。适宜于8月中下旬播种,苗龄30 d,株行距43 cm×53 cm。

(18)新乡903。生长期80 d左右,单球重3.5 kg,亩产净菜9 000 kg左右。高产稳产,高抗病毒病、霜霉病、软腐病及黑斑病。对肥水要求不太严格,抗热耐寒,适播期长,8月1~22日均可播种。

(19)新丰。中桩叠抱型,生长期75~80 d,上心速度快,紧实度高,单球净重3.5 kg左右,亩产净菜8 000 kg,抗三大病害,口感佳,品质好,耐储运。

(20)新科翠玉。生长期50 d左右,小麻叶,合抱-花心,心叶黄嫩,适合做娃娃菜栽培。抗病,耐热,耐抽薹,适播期长。适宜全国各地春、夏、秋栽培。

(21)新科娃一号。株型紧凑,叶球叠包,外叶深绿,内叶黄嫩,球高20 cm,球径10 cm,单球净重0.5~0.8 kg;口感好,商品性佳,外叶直立,适宜密植,抗病性强。适合做娃娃菜栽培。

(22)新科快菜一号。专用快菜、苗菜品种。极早熟,植株直立,叶片黄绿色,无毛,叶柄宽而平,柔韧性好,耐热,耐湿,适应性广。一般20 d左右即可采收苗菜,也可延迟到40 d长成半结球白菜收获。

(23)新苗一号。该品种快菜、苗菜品种,叶片肥大,叶色亮绿;耐热,抗病,生长势强,便于捆绑,品质优良。

(24)新苗五号。快菜、苗菜品种,该品种株型紧凑,直立,叶面光滑、无毛,叶片长椭圆形,叶色黄绿、叶柄绿白色,生长速度快,叶质柔嫩,风味佳,抗逆性强,保护地,露地均可播。可做四季栽培。

(25)新冬五号。越冬小白菜。株型紧凑,幼苗塌地,株高8~12 cm。叶柄白色,外叶深绿多褶皱、厚实有光泽,心叶金黄色。纤维极少、口感好。耐寒性强,霜打后品质更佳。

(26)新冬六号。越冬小白菜。株型紧凑,幼苗塌地,株高8~12 cm。叶柄白色,外叶黄绿多褶皱、厚实有光泽,心叶金黄色。纤维极少、口感好。耐寒性强,霜打后品质更佳。

(27)青梗68。为青梗菜,植株较直立,叶面光滑,叶色油绿,光泽度好,叶柄肥厚,品质柔嫩,纤维少,品质优良;耐热,耐湿,耐抽薹。

(28)新科菜心一号。菜心品种,中熟品种,播种至初收40 d左右;可延迟采收一周左右;株型直立紧凑,株高可达40 cm,叶片油绿椭圆,主苔高25 cm左右,直径1.5 cm,肉质脆嫩、香甜,纤维少,品质优良。田间表现为耐寒,耐热,抗软腐病和霜霉病。

(29)新科菜心二号。菜心品种,中熟杂交品种,播种至采收30 d左右;株型紧凑,整齐一致,叶片椭圆,叶色亮绿,主苔粗壮,肉质脆嫩、香甜,纤维少,品质佳。春播效果好。

(30)金盛219。黄心白菜品种,叶球圆筒形,底部平,球形漂亮。定植后55 d左右可收获,球高27~32 cm,横径16~20 cm。内心金黄色,心色饱满,菜帮顺直,中心柱短,耐抽薹能力较好,适合春季种植。

(31)锦宝三号。秋白菜品种,早熟性好,定植后50 d左右成熟。叶球半叠抱,抱球紧实,球形稍大头近圆柱形。外叶深绿,内叶嫩黄,抗病能力强,对黑斑病、病毒病有抗性。适合秋季抢早上市种植。

(32)口口金。中棵型黄心白菜品种,球高25~27 cm,横径14~16 cm,单球重1.5~2.1 kg。外叶绿色,内心金黄,口味佳,品质好。叶球合抱,抱球较紧实,近H形,棵型较小,可适当密植。耐抽薹能力较好,适合春季栽培。

(33)夏爽。耐热青梗菜品种,耐暑、耐湿能力强。株型较直立,叶梗宽、平展,梗色深,叶色较深。束腰较好,株型美观。柔韧性好,利于捆扎。

(34)吉祥娃娃菜。该品种系白菜育种专家最新选育的早熟黄心娃娃白菜新品种。定植后45 d左右收获。叶球合抱紧凑,圆柱形,商品外观美观。植株生长健壮,抗病毒病、软腐病、霜霉病等多种病害。植株直立性好,叶片绿而无毛,内层叶片黄色艳丽,品质优良,净球重2.2 kg。

第三节　大白菜秋季露地生产技术

一、品种选择

选择高产、抗病、商品性好、抗逆性强,适合市场需求的中晚熟大白菜品种,如潍白70、新乡903等。宜秋季种植的早熟品种有郑早60、郑早55 、新早89-8 、豫早一号、汴早五号、早熟五号 、秦白二号、中白50、津白56等 。

二、播种时间

秋季陆地白菜一般在8月上中旬播种为宜,高温年份可推迟到8月中下旬。抗病、生长期长的晚熟品种可以适当早播,生长期短的中熟品种可适当晚播几天。早熟品种最佳播种时间为7月20日至8月10日,根据品种特性和上市时间安排播种期,抗病性强的品种可以适当早播。

三、整地施肥

前茬作物收获后,要及时整地施肥,将生育期总施氮量的20%,磷肥的全部,生育期总施钾量的30%作为基肥施用。一般地块每亩基施充分腐熟有机肥2 m^3以上,配合施用尿素5 kg、磷酸二铵10~15 kg、硫酸钾7~9 kg(或使用15-15-15≥45%复合肥料35~45 kg)作为基肥。连续多年种植蔬菜的地块,建议配施中微量元素或含钙土壤调理剂30~50 kg。

种植大白菜一般采用高垄和平畦两种模式栽培。高垄一般每垄栽一行，平畦每畦栽两行，畦宽依品种而定。采取高垄栽培，一般垄高 16 ~ 20 cm，垄顶面宽约 20 cm，垄底宽约 30 cm，垄距 50 ~ 60 cm，做到高低、粗细、虚实一致。

四、播种

(1)播种方法。一般前茬作物收获早，又能及时整地做畦的，可采用直播法；否则，就采用育苗移栽的方法。直播比育苗移栽晚 5 ~ 6 d 播种。直播有穴播和条播两种方法。穴播是在行内或垄顶按一定的株距开穴，穴长 8 ~ 10 cm，深 1 ~ 1.5 cm，每穴播 5 ~ 6 粒，每亩用种 0.15 kg。条播是按行距开 5 ~ 10 cm 深的沟，先顺沟浇水，水渗后，将种子均匀撒在沟内，并撒盖 1 cm 厚的细土。每亩用种量 0.3 kg 左右。

(2)播种密度。早熟品种行距 55 ~ 60 cm。株距 40 ~ 50 cm，每亩栽植 3 000 株左右；中晚熟品种行距 65 ~ 70 cm，株距 55 ~ 60 cm，每亩栽植 2 500 株左右。

(3)苗期管理。苗出齐后，在子叶期、拉十字期、3 ~ 4 叶期进行间苗。间除并生、过密、拥挤、病、虫、弱、残苗。在 5 ~ 6 叶时定苗，苗距 10 cm。

(4)移栽定植。育苗移栽的，苗龄一般在 15 ~ 20 d，幼苗有 5 ~ 6 片真叶时移栽。栽后立即浇水。以后每天早、晚各浇一次水，连续 3 ~ 4 d，以利缓苗保活。

五、肥水管理

(一)追肥

第一次追肥在莲座期即 2 ~ 3 片圆盘状叶形成时进行，养分用量为生育期总施氮量的 30%，生育期总施钾量的 30%。一般亩施尿素 10 ~ 15 kg、硫酸钾 7 ~ 9 kg。也可以高氮高钾低磷复合肥 25 ~ 30 kg 代替。

第二次追肥在包心期进行，追施养分用量为生育期总施氮量的 50%，生育期总施钾量的 40%。一般亩施尿素 17 ~ 25 kg、硫酸钾 10 ~ 12 kg。也可以 27 - 0 - 15 高氮中钾二元复肥 34 ~ 42 kg 代替。

第三次在莲座期大追肥，每亩施尿素 15 ~ 20 kg、过磷酸钙 10 ~ 15 kg，将肥料施入沟内或穴内，再稍加培土扶垄，然后浇水。

第四次在结球中期施灌心肥，每亩施尿素 10 ~ 15 kg，可随水冲施。

(二)浇水

干旱时应 2 ~ 3 d 浇 1 次小水，保持地面湿润。在高温、干旱天气，除及时浇水外，还可临时在中午遮阴降温。苗期遇大雨积涝时，及时排水防涝。土壤稍干，抓紧中耕松土。结合中耕，除草 2 ~ 3 次。遇热雨积涝时，应浇冷凉的井水串灌，以降低地温。大白菜从团棵到莲座期，气温日渐下降，天气温和，此间可适当浇水，莲座末期可适当控水数天，到第三次追肥后再浇水。大白菜进入结球期后，需水分最多，因此刚结束蹲苗就要浇一次透水。然后隔 2 ~ 3 d 浇第二次水。以后，一般 5 ~ 6 d 浇一次水，使土壤保持湿润。

六、收获

早熟品种，包心七八成时陆续上市。中晚熟品种，尤其是进行储藏时宜尽量延长生长期,但应在霜冻前采收。

七、病虫害防治

(一)农业防治

一是合理密植,中、早熟品种每亩种植2 500 ~3 000 株,晚熟品种每亩种植2 000 ~2 400株;二是平衡施肥,追施多元素复合肥,避免偏施氮肥;三是雨后及时排水,防治田间积水。

(二)药剂防治

(1)霜霉病。大白菜从苗期到结球后期均可发生,主要为害白菜叶片。苗被害,叶背面出现白色霜状的霉层,严重时苗叶及子茎变黄枯死;成株被害,除叶背显白色霜霉,叶正面也显淡绿色的病斑,随后逐渐由绿转淡黄色至黄褐色,形成多角形病斑,潮湿时病斑背面产生白色霉层,严重时叶片干枯;进入包心期后,若环境条件适合,病情发展最快,病斑迅速增加,使叶片连片枯死,层层干枯,致使植株不包心或包心不紧实,严重影响产量、质量及商品性。发现病株及时拔除并带出菜田,再用生石灰对病穴进行土壤消毒处理。发病初期可用40%乙磷铝800倍液、58%甲霜灵锰锌500倍液或1.5%霜疫威1 000倍液叶面喷雾;发病重可用69%霜脲锰锌可湿性粉剂600 ~750 倍液,或72%杜邦克露800倍液叶面喷雾,每周一次,连喷2 ~3 次。

(2)病毒病。又称孤丁病、抽疯或花叶病,是危害白菜的主要病害,在各生育期均可发病。苗期发病心叶的叶脉失绿透明,后产生浓淡不均的绿色斑驳或花叶皱缩,根系不发达,须根很少,植株矮小僵死。成株发病,叶片严重皱缩花叶,质硬而脆,植株明显矮化畸形,不结球或结球松散;感病晚的,只在植株一侧或半边呈现皱缩畸形,或呈轻微皱缩和花叶,仍能结球,即抽风结球。白菜病毒病由蚜虫传播,采用20%病毒A可湿性粉剂600倍液,或1.5%植病灵乳油1 000 ~1 500 倍液喷雾防治。治蚜虫要抓早,定植前后及时喷洒20%病毒A可湿性粉剂500倍液、1.5%植病灵乳剂1 000倍液或加20%病毒A 600倍液,隔10 d喷1次,连喷2 ~3 次。也可选用10%吡虫啉1 500 ~2 000 倍液,或50%抗蚜威可湿性粉剂每亩用药10 g对水40 ~50 kg进行喷雾,视天气和虫情情况连续防治几次。

(3)软腐病。又称脱邦、烂疙瘩,是大白菜三大病害之一,在白菜莲座期至包心期发生。一种是萎蔫型:发病初期,大白菜外层叶片在晴天中午呈萎蔫状,早晚可恢复,持续几天后,外叶不再恢复而瘫倒在地,叶球外露,称为“脱帮”。第二种是软腐型。病株由叶柄基部开始发病,初呈半透明水渍状,2 ~3 d后变成淡灰色湿腐,溢出污白色菌脓,随后叶球呈黏滑性软腐,并散发出臭味。可用3%克菌康1 000倍液、20%龙克菌500倍液交替喷雾,每周一次,连喷2 ~3 次。还可用新植霉素4 000倍液喷雾,或用70%敌克松原粉500 ~1 000 倍液浇灌渍株及周围的健株根部。

(4)干烧心病。在白菜幼苗期,大白菜采收前半个月,用0.5%氯化钙水溶液喷施2 ~3次,同时用0.2% ~0.3%磷酸二氢钾溶液混喷。

(5)根肿病。大白菜播种时,用75%百菌清可湿性粉剂1 000倍液,或58%甲霜灵锰锌可湿性粉剂1 500倍液和50%五氯硝基苯可湿性粉剂500倍液,每穴或每株灌药液250 mL穴施毒土或穴浇药液,然后播种盖土封穴,待白菜出苗后15 d,再用以上药剂药剂灌根;发病比较严重的地块,可在大白菜出苗后 30 d 再灌一次。育苗移栽时,用 75% 百菌清可湿性粉剂 2.5 g,或 58% 甲霜灵锰锌可湿性粉剂 1.67 g,或 50% 五氯硝基苯可湿性粉剂 10 g,加细土 5 kg 拌匀,苗床浇透水后下铺(1/3)上盖(2/3)已催过芽的种子。

(6)蚜虫、白粉虱。25% 噻虫嗪水分散粒剂 5 000 ~ 6 000 倍液,或 10% 吡虫啉可湿性粉剂 1 000 ~ 2 000 倍液,每隔 7 ~ 10 d 一次,连防 2 ~ 3 次。

(7)菜青虫、甜菜夜蛾和小菜蛾。可用 52.25% 农地乐乳油 1 000 ~ 1 500 倍液,或 50% 噻虫胺水分散粒剂 6.4 ~ 12.8 g/亩,15% 茚虫威悬浮剂(安打)8.8 ~ 17.6 mL 稀释 3 000 ~ 6 000 倍液,30% 茚虫威水分散粒剂(全垒打)4.4 ~ 8.8 g 稀释 6 000 ~ 8 000 倍液,或 20% 虫酰肼悬浮剂(米满)1 000 倍液,或 1.8% 阿维菌素乳油 4 000 倍液,或 2.5% 多杀霉素悬浮剂(菜喜)1 500 ~ 2 000 倍液,或 4.5% 高效氯氰菊酯乳油 1 500 ~ 2 000 倍液交替喷雾防治。防治甜菜夜蛾,晴天时傍晚用药,阴天则可全天用药。

第四节　春播大白菜栽培技术

一、整地

冬前每亩施充分腐熟的优质厩肥 5 000 kg,深耕 25 ~ 30 cm。开春后再浅耕、耙平,结合整地,每亩施复合肥 25 kg。定植前一周,起垄或做畦,并扣棚或盖好地膜备用。

二、播期及栽培方式

于 2 月 20 日温室或阳畦育苗,3 月中下旬定植于中、小棚;3 月中旬温室或阳畦育苗,4 月 5 日定植大田,地膜覆盖栽培;4 月 2 ~ 6 日直播栽培。

三、育苗技术

(1)营养土配制。用腐熟有机肥和园土按 3∶7 或 4∶6 配制,1 m^2 培养土中再加氮、磷、钾复合肥 1 kg;或用基质育苗。

(2)育苗。用直径为 8 cm 的营养钵或 50 孔的穴盘育苗,浇足水;每钵播 2 ~ 3 粒种子,覆 0.8 cm 厚细土。

(3)苗期温度管理。夜间温度要保持在 13 ℃以上,白天 25 ~ 28 ℃。出苗后夜间 11 ~ 13 ℃,白天 22 ~ 25 ℃。定植前 7 d 左右,对幼苗进行锻炼。

(4)定植。苗龄 25 ~ 30 d 即可定植。种植密度要略高于同类品种秋季的种植密度。

四、田间管理

(1)浇水。包球以后每隔 5 ~ 7 d 浇 1 次水,收获前 7 ~ 10 d 停止浇水。

(2)施肥。定植后每亩随水追施尿素 10 kg;结球始期追施尿素 20 kg。在莲座期和结球期喷施 0.7% 氯化钙可防止干烧心;喷洒 0.2% ~ 0.3% 的磷酸二氢钾可增强植株的抗逆能力。采收前 15 d 禁止施肥。

(3)温度管理。夜间温度要保证在 11 ℃以上,白天温度:苗期 25 ~ 28 ℃,结球期

22~25 ℃。保护地栽培4月25日以后要大放风,5月1日前拆棚。

五、病虫害防治

常见病害主要有病毒病、霜霉病、软腐病和黑腐病,常见虫害有小菜蛾、菜青虫、蚜虫和斑潜蝇。

六、采收

春播大白菜定植后50 d左右成熟,当叶球八成熟时即可陆续收获,分期分批上市。

第五节　夏大白菜栽培技术

夏大白菜一般于6月中旬至7月中旬播种,8月中旬至9月中旬收获。夏季气温高,降水量大,病虫害特别严重,给大白菜的栽培造成了很大困难。夏大白菜需要克服的困难是高温结球,暴雨、干旱的影响及病虫害的影响等。现将其无公害栽培技术介绍如下。

一、选择优良品种

一般认为,在平均气温持续超过25 ℃的条件下能够正常结球的大白菜品种可作为夏大白菜栽培,同时还应具备早熟、抗病、耐湿等特点。主要品种有夏优3号、豫园50、夏阳50、小杂50、抗热45等。

二、整地起垄

要选择前茬没有种过十字花科蔬菜的地块,上茬作物收获后,清除杂草、残株,结合整地,亩施腐熟农家肥3 000~4000 kg、饼肥100 kg、磷酸二铵15~20 kg、钾肥10~15 kg、硫酸锌10 kg。深耕细耙,做到土地平整。为利于排水,须采用高垄或高畦栽培,垄距40 cm,畦宽80 cm。为了防治病虫害,可每667m^{2}用0.75 kg甲基托布津加10 kg细土制成药土,在地整好后,将药土撒施于地表,然后起垄。

三、精细播种

播期为6月中旬至7月中旬,力争一播全苗,种子发芽率应在80%以上。直播时为节省种子,以穴播为佳。每亩用种50~100 g,播后覆盖0.5 cm厚细土,并耧平压实。播后应立即浇水,浇水应浇透,但以不漫垄为宜。同时,播后应不隔夜撒毒谷(将麦麸或玉米粉用辛硫磷或敌百虫拌匀),在定植前撒毒谷2~3次。另外,为保证全苗,也可育苗移栽,采用营养钵育苗。塑料营养钵育苗,该方法易保全苗,缓苗快,定植时伤根少,可降低软腐病和根肿病的发病率。在育苗床上搭棚架覆盖遮阳网,可以降温保湿和防暴雨冲击幼苗。覆盖银灰色遮阳网还可驱蚜虫,防病毒病。种子浅播,通常每一个营养钵播3粒种子,经2次间苗,留1株壮苗。幼苗发生第一片真叶时,开始追施薄肥,以后隔3~5 d追施1次。幼苗根浅,需水量大,每天要充分浇水,经常保持土壤湿润状态。幼苗定植前5 d,须减少浇水,以利于壮苗。苗龄在18 d左右定植。嫩苗定植成活率高,成长迅速;如果苗龄过大,植株老化,定植后成长缓慢,而且影响产量。除苗期治虫外,移栽前应集中治虫一次,以防止把虫害带入大田。

四、田间管理

(1)间苗、定苗。要早间苗、晚定苗。在2~3片叶时进行第一次间苗,5~6片叶时进行第二次间苗,7~8片叶定苗。间苗定苗时,防止伤根,以防软腐病发生,每亩保苗4 000~5 000株。由于夏大白菜的单球重量较小,使用植物的紧凑结构来增加种植密度,以获得期望的产量。每亩5 000株植物密度是最合适的。

(2)肥水管理。抗热大白菜生育期短,尤其是结球期不足20 d,外叶生长速度快,栽培要以促为主,不蹲苗。夏季温度高,土壤水分蒸发快,应始终保持土壤湿润,严防土壤干湿不均,在高温、干旱天气,应加大浇水量,降雨时或雨后应及时排水,以防田间积水,造成烂根。夏大白菜包心前10~15 d浇1次透水,中耕除草。在浇水后,再追一次壮心肥,结球期要注意保持土壤水分,保持地表见湿不见干,结合浇水亩施尿素10 kg或硫酸铵15 kg,以穴施或沟施为主,施肥点应远离植株,以免烧伤根系。

收获前5~7 d停止浇水,这是夏大白菜丰收的关键。同时,防止苗荒、草荒、虫荒是夏大白菜种植成功的又一关键。为降温除草,定苗后在菜田用麦秸或稻草覆盖。

五、病虫害防治

主要病害是病毒病、霜霉病和软腐病,出现病株要及时拔除。主要虫害为菜青虫、小菜蛾、菜螟等。

六、适时收获

夏大白菜生长期间气温高,虽然大部分品种的抗热性较好,管理得当均能高温结球,但随着叶球的充实,免疫力下降,抗热能力和抗病能力降低,如不及时采收,容易散球、烂球。适当早收,要在白菜长至七八成熟时即可采收,具体收获时间还赢根据市场情况而定。收获应在早晚进行。

第六节　大白菜病虫害综合防治历

一、播前至播种期

综合预防病虫害:霜霉病、黑腐病、黑斑病、地下害虫等发生。防治措施如下:

(1)选用抗病品种,如青杂中丰、改良青中青、改良青杂3号等。

(2)施净肥。腐熟有机肥。

(3)用25%甲霜灵可湿性粉剂按种子量的0.3%拌种。

(4)每亩用5%辛硫磷颗粒剂1.5~2 kg土壤处理。

二、出土到团棵期

主治病毒病、蚜虫。防治措施如下:喷 18% 抑毒星可湿性粉剂 800 倍液,或 1.5% 植病灵乳油 1 000 倍液防治病毒病。若有虫,可在药液中加 10% 吡虫啉可湿性粉剂 1 000 倍液。

三、团棵至包心期

主要防治霜霉病、黑斑病、软腐病。防治措施如下:

(1)喷 80% 疫霜灵可湿性粉剂 400 倍液,或 72.2% 霜霉威盐酸盐水剂(普力克) 600 ~800倍液,或 72% 霜尿氰·锰锌可湿性粉剂(克露)600 倍液,或 64% 杀毒矾可湿性粉剂 400 ~500 倍液防治霜霉病,兼制黑斑病。

(2)发病初期每亩 50% DT 杀菌剂 10 g 对水 25 ~30 kg,或菜丰宁 200 g 对水 50 kg 喷施,也可用 53.8% 可杀得 2000 干悬浮剂 1 000 倍液、72% 农用链霉素闻可湿性粉剂 3 000 ~4 000倍液。新植霉素 4 000 倍液,或 10% 丙硫唑悬浮剂(施宝灵)1 000 倍液防治软腐病、黑腐病。每隔 7 ~10 d 1 次,连续喷 2 ~3 次。

四、收获期

清洁田园,选无病株留种。

第二十二章 结球甘蓝

第一节 概 述

一、结球甘蓝的营养

结球甘蓝(Brassica oleracea L. var. capitata L.)简称甘蓝,俗称卷心菜、包心菜,属于十字花科。起源于地中海沿岸,在16~18世纪传入亚洲,16世纪开始传入中国,已有4 000年的栽培历史。结球甘蓝营养丰富,每100 g鲜菜中,含维生素C 40~50 mg、蛋白质1.1 g、碳水化合物3.4 g、脂肪0.2~0.3 g、粗纤维0.5~0.7 g、钙32 mg、磷24 mg、铁0.3~0.7 mg、硫胺素0.04 mg、核黄素0.04 mg、胡萝卜素0.02 mg、尼克酸0.3 mg。结球甘蓝主要以叶球供食,可炒食、煮食、凉拌、腌渍或制干货,物美价廉,是广大城乡居民日常喜爱的蔬菜之一。

二、生物学特性

(一)植物学特性

(1)根。为浅根系,主根不发达,须根系发达,根系主要分布在0~30 cm的土层。

(2)叶。结球甘蓝茎短缩,叶片肥大,后期叶片内卷,包心成球。食用部分为叶球。早熟品种外叶一般14~16叶,晚熟品种24片叶左右。

(3)茎。种株抽薹后逐渐抽生花茎,主花茎又分生侧枝。

(4)花。为总状花序,异花授粉。

(5)果、种子。为长角果,表面光滑,成熟时细胞膜增厚而硬化。种子生在膜上,圆球状,黑褐色,无光泽。千粒重4 g左右。

(二)生育周期

1.营养生长期

营养生长包括发芽期、幼苗期、莲座期、结球期。

(1)发芽期。从播种到第一片真叶显露。历时6~10 d,温度低时需要15 d左右。

(2)幼苗期。从真叶显露至长成一个叶环,早熟品种5个叶片左右,晚熟品种8片左右,温度是适宜经历25~30 d,早春一般40~60 d,冬季需要80 d左右。

(3)莲座期。从第二叶环开始到第三叶环的叶充分展开,早熟品种约15片叶,需20~30 d,晚熟品种为24片叶,需30~40 d。

(4)结球期。从开始包心到收获。需要25~35 d。

2.生殖生长期

生殖生长期包括抽薹期、开花期、结荚期,从花落到角果黄熟,需要30~40 d。

（三）对环境条件要求

（1）温度。结球甘蓝喜温和气候，较耐寒。也有适应高温的能力。生长适温 15～20 ℃。肉质茎膨大期如遇 30 ℃以上高温肉质易纤维化。

（2）光照。结球甘蓝需要较强的光照，光饱和点 1 441 μmol/（m^2·s），光补偿点为 47 μmol/（m^2·s）。

（3）水分。结球甘蓝适宜的土壤相对含水量 70%～80%，空气相对湿度 80%～90%。

（4）土壤营养。对土壤的适应性较强，从沙土到黏壤土均能生长，但仍宜选择土质肥沃、疏松、保水保肥的土壤上种植。适宜的土壤 pH 为 6～7，对微碱性土壤也有一定适应能力。耐盐碱性很强，在含盐量为 0.75%～1.2% 的条件下，能正常结球。每生产 1 000 kg 甘蓝，需吸收纯氮（N）4.1～4.8 kg、磷（P_2O_5）1.2～1.3 kg、钾（K_2O）4.9～5.4 kg。

第二节　甘蓝主栽品种及特点

（1）中甘 11 号。幼苗期真叶呈卵圆形，深绿色，蜡粉中等。收获期植株开展度 46～52 cm，卵圆形。叶球近圆形，球内中心柱长 6～7 cm。单球重 0.75～0.85 kg。种子黑褐色，千粒重 3～4 g。早熟品种，一般定植后 50 d 左右可收获。每亩单产 3 000～3 500 kg。球叶质地脆嫩，风味品质优良。抗寒性较强，不易先期抽薹，抗干烧心病。

（2）中甘 21。中早熟品种，从定植到收获 50～55 d。株型半直立，株高 26 cm，开展度 43.5～43.8 cm。外叶 15.6 片，倒卵圆形，绿色，蜡粉少，叶缘有轻波纹，无缺刻。叶球圆球形，单球重约 1 kg，叶球紧实，球内颜色浅黄，质地脆嫩，不易裂球，球高 14.8 cm，宽 14.5 cm，中心柱长 6.3 cm。2 月播种，3 月分苗，4 月中下旬定植，6～7 月收获。亩定植密度 6 500～8 000 株。平均亩产 5 300 多 kg。

（3）中甘 23。开展度为 43～52 cm，外叶约 15 片，叶色绿，叶面蜡粉少。叶球紧实，叶球圆球形，叶质脆嫩，品质优。球内中心柱长约 6 cm，定植到收获约 50 d，单球重 1～1.5 kg，每亩产量约 3 800 kg。抗逆性强，耐裂球，不易未熟抽薹。一般在 3 月底 4 月初定植露地，每亩约 4 500 株。定植时幼苗以 6～7 片为宜。

（4）春玉甘蓝。植株开展度 43～47 cm，叶 13 片左右，叶色深绿，叶片卵圆形，叶面蜡粉较少。叶球紧实，近圆球形，叶质脆嫩，风味品质优良。冬性较强，不易未熟抽薹。早熟性好，从定植到商品成熟约 50 d，单球重 1.3 kg 左右。

（5）紫甘蓝红宝石。中早熟品种，从定植到收获 72 d，适宜春、秋露地及早春保护地种植。生长势强，外叶少，紫红色，叶球紧实，圆球形、紫红色，中心柱短，不易裂球，单球重 1.5～2 kg。

（6）紫甘 1 号。为中晚熟品种，从定植到收获 80～90 d，适宜春保护地和露地种植，也可用于春季露地种植。生长势强，耐热，抗病，外叶暗紫红色，叶面蜡粉多；叶球紫红色、圆球形，中心柱较粗，单球重 2～3 kg。

（7）8132。中国农业科学院蔬菜花卉研究所育成的早熟春甘蓝一代杂交新品种。其特征特性表现为：植株开展度 40～48 cm，外叶 12～15 片，外叶绿，叶片倒卵圆形，叶面蜡粉中等。叶球紧实，圆球形，叶质脆嫩，风味品质优良。冬性和抗寒性较强，不易发生“未熟抽薹”,抗干烧心病。早熟,从定植至商品成熟50 d,单球质量0.8 ~1 kg,平均每亩产量3 200 ~3 800 kg。适于我国北方广大地区早春保护地栽培或露地种植。

(8)四季39。由河北省高碑店市奥丰种苗公司育成的极早熟春甘蓝一代杂交新品种。其特征特性表现为:植株开展度36 cm,株高26 cm,外叶深绿色,蜡粉少。球叶翠绿,叶球紧实,近圆球形,中心柱长为球高的30%。单球质量1 ~2 kg,净菜率85%。球叶质地细嫩,纤维少,味甜,品质优良。极早熟,从定植至商品成熟45 d左右。抗黑胫病、霜霉病及软腐病。冬性较强,不易发生“未熟抽薹”现象。平均每亩产量3 500 ~4 000 kg。适于河北、北京、河南、山西等地作早春保护地栽培或露地种植。

(9)冬甘2号。天津市农业科学院蔬菜研究所育成的适于保护地栽培的早熟春甘蓝一代杂交新品种。其特征特性表现为:植株开展度37 ~38 cm,株高18.5 cm,外叶13 ~15片,叶色深绿,叶面蜡粉中等。叶球近圆球形,浅绿色,紧实度0.75。单球质量0.7 ~1 kg,中心柱短。抗霜霉病和软腐病,耐裂球。抗寒性强,耐弱光,冬性极强,春季不易发生未熟抽薹。早熟性好,春季保护地栽培生育期121 ~126 d,从定植至商品成熟45 ~50 d,平均每亩产量3 000 ~3 500 kg。适于华北、西北、东北地区早春保护地栽培或秋延后栽培。

(10)冬甘1号。天津市农业科学院蔬菜研究所育成的早熟春甘蓝一代杂交新品种。其特征特性表现为:株型紧凑,开展度41 cm左右,外叶13 ~15片。叶色深绿,叶面蜡粉中等。叶球紧实,近圆球形,球径12 cm,球高12.7 cm,紧实度0.8左右,中心柱长5 cm,小于球高的50%,单球质量0.75 ~1 kg,品质优良。冬性极强,春季不易发生未熟抽薹现象。耐裂球,抗干烧心病,较耐低温及弱光。早熟性好,露地栽培从定植至商品成熟45 ~50 d,平均每亩产量3 000 ~3 500 kg。适于华北、西北、东北地区早春保护地栽培或露地种植。

(11)8398。中国农业科学院蔬菜花卉研究所育成的早熟春甘蓝一代杂交新品种。其特征特性表现为:植株开展度40 ~50 cm,外叶12 ~16片,外叶绿,叶片倒卵圆形,叶面蜡粉少。叶球紧实,圆球形,叶质脆嫩,风味品质优良。冬性较强,不易发生“未熟抽薹”现象,抗干烧心病。早熟,从定植至商品成熟50 d,单球质量0.8 ~1 kg,平均每亩产量3 300 ~3 800 kg,比中甘11号增产10%。适于我国北方地区早春保护地或露地种植。

(12)春甘45。中国农业科学院蔬菜花卉研究所育成的早熟春甘蓝一代杂交新品种。其特征特性表现为:植株开展度40 ~50 cm,株高25 cm,外叶12 ~14片,外叶绿,蜡粉少,叶球紧实,圆球形,叶质脆嫩,平均单球质量0.8 ~1 kg。该品种冬性强,耐寒,春季不易“未熟抽薹”。抗干烧心病,极早熟,从定植至商品成熟45 ~50 d,平均每亩产量3 500 kg。适于北方地区早春保护地或露地种植。

(13)早夏16。上海市农业科学院园艺研究所最新育成的早熟夏秋甘蓝一代杂交新品种。该品种植株直立,开展度50 cm左右,叶片深绿,蜡粉多。叶球扁圆形,品质好,中心柱短,商品性佳,单球质量0.6 ~1.3 kg。早熟,从定植至商品成熟55 ~60 d。适应性强,耐热,耐湿性好,植株不易腐烂,是夏秋高温多雨季节栽培的抗病丰产品种,较夏光甘蓝增产10%以上,一般亩产量3 500 kg。适于全国大部分地区作夏秋甘蓝栽培。

(14)中甘15号。中国农业科学院蔬菜花卉研究所育成的一代杂交早熟春甘蓝新品种。主要特征特性表现为：植株开展度42～45 cm，外叶14～16片，叶色浅绿，冬性较强，耐先期抽薹。中早熟，春季从定植至商品成熟55 d左右，单球质量1.3 kg左右，每亩产量4 000～4 500 kg。适于我国华北、东北及西北地区春季露地种植。

(15)中甘56号。用雄性不育系配制的极早熟春季保护地专用甘蓝一代杂种，整齐度高，杂交率达100%。球叶色绿，叶质脆嫩，品质优，圆球形，紧实。中心柱短，冬性强，耐先期抽薹，单球重约0.8 kg。定植到收获约45 d，亩产可达3 500 kg左右。

(16)中甘26。用雄性不育系配制的春甘蓝一代杂种，整齐度高。早熟，生育期45～50 d；植株开展度42～48 cm；外叶14～16片，蜡粉少；叶球圆形，球色绿，单球重约1.0 kg，亩产可达4 000 kg左右；中心柱长度中等，约为球高的一半；叶球内部结构细密，结球较紧实，耐裂性中等，叶质脆嫩，品质优良。

(17)中甘605。用雄性不育系配制的早熟秋甘蓝一代杂种。株型较直立，植株开展度60～65 cm，外叶15～18片，球色绿，圆球形，中心柱短，约6.5 cm。早熟，从定植到收获55～60 d，单球重1.3 kg左右，亩产4 200 kg左右。

(18)商甘蓝一号。系河南省商丘市瓜菜研究所用9401和9408两个自交不亲和系交配育成的越冬甘蓝新品种。该品种具有优质丰产、商品性好、冬性强的特点。植株矮小直立，株高28 cm，株幅50～55 cm，外叶8片，叶色深绿，蜡粉中，叶球圆锥形，单球质量500 g左右，叶质脆嫩，品质好。早熟，抗寒性和冬性较强，春季耐抽薹。

目前生产上推广品种早熟越冬甘蓝品种有争春、春丰、苏甘21号、春甘2号等，晚熟越冬春甘蓝品种有新丰甘蓝、皖甘二号、荷兰1039、日本强力79等。

第三节　甘蓝高产高效栽培技术

一、栽培茬次

露地甘蓝栽培通常分为春甘蓝、夏秋甘蓝、越冬甘蓝三大茬口。近年来，随着设施蔬菜栽培技术的发展，利用保护地进行甘蓝反季节栽培的种植模式开始逐渐推广，利用塑料大棚、温室等设施在早春、秋延后甚至冬季进行栽培，可在冬春及早春蔬菜供应淡季上市；另外，保护地生产的甘蓝病虫害少、农药用量低，品质好，且对环境污染少；优良产品供应淡季市场，可获得较高的效益，因而受到广大菜农欢迎。

(1)春甘蓝。冬春育苗，早春定植，春夏收获。

(2)夏甘蓝。春季育苗，初夏定植，夏秋收获。

(3)秋甘蓝。夏季育苗，秋季定植，秋冬收获。

(4)冬甘蓝。夏秋育苗，秋季定植，冬春收获。

二、栽培设施

用于保护地甘蓝栽培的设施主要有塑料棚(小拱棚、中棚、大棚)和日光温室及防虫网设施。塑料棚甘蓝栽培茬口安排可分为秋延后(11～12月收获)和春提前(2～3月收获)。塑料棚保温效果有限，因此无法在冬季栽培。

日光温室栽培常在秋末或初冬栽培甘蓝,12月至翌年1月收获,甘蓝生长期温度低,因此需采用保温效果较好的日光温室栽培,并在下茬和茄果类轮作,以提高收益。

三、品种选择

(一)按季节选择

(1)春甘蓝。选用冬性强、耐抽薹、生育期短、商品性好的早熟品种,如冬甘1号、春甘45、中甘11号、中甘15号、中甘8398、中甘56、中甘26等。

(2)夏甘蓝。选用耐热、抗病、耐涝、生育期短、结球紧实、整齐度高的品种,如早夏16等。

(3)秋甘蓝。早、中、晚品种均可采用,但生产上多选用优质高产、耐储藏的中晚熟品种。早熟、中早熟品种选用中甘605、中甘8号、中甘18号、中甘22号等,中熟品种选用中甘9号、中甘20号等,晚熟品种选用京丰1号甘蓝、中甘19号等。

(4)越冬甘蓝。选用抗寒、耐低温能力强,冬性强,整齐度高的品种,如商甘蓝一号等。

(二)按设施条件选择

用于塑料棚栽培的甘蓝品种,一般要求冬性强(幼苗长到一定大小,经过一定时间的低温不容易发生未熟抽薹现象)、生育期短(从定植到收获45~50 d)、低温条件下生长速度快、结球能力好,此外也要求丰产性较好;这样既可防止抽薹造成损失,又可在蔬菜市场供应淡季上市获得较高产量和较好收益。可选用中甘11号、中甘15号、中甘8398、中甘56、中甘26等优良早熟品种,这些品种除耐抽薹性强、丰产性好外,还具有球色绿、结球疏松、口感脆嫩、商品性好等优点。

用于日光温室栽培的甘蓝品种,同样应具有冬性强、丰产性好、球色亮绿等优点,此外特别要求品种耐低温、耐弱光,生育期短,便于尽早采收以免影响下茬作物。可选用中甘8398、中甘56、中甘26等优良早熟品种,这些品种能够完全适应日光温室栽培的低温、弱光条件,生长迅速、结球快,为增加菜农收益提供了保障。

四、育苗

(一)育苗设施

可采用阳畦、拱棚等设施育苗。

(二)育苗方式

根据栽培季节和栽培方式,可在阳畦、中小拱棚、露地及防虫网育苗。有条件的可采用工厂化穴盘育苗。

(三)营养土配制

配制营养土根据生产需要选择合适方法。一是用田土配制。选用近3年未种过十字花科蔬菜的肥沃田土6份,加充分腐熟的农家肥4份配制营养土,每立方米营养土中加氮磷钾三元复合肥(15-15-15)1~1.5 kg、多菌灵80~100 g,充分混匀,盖膜闷制7~10 d。然后装入育苗钵中,或直接铺到苗床上。

二是草炭、蛭石配制。将草炭和蛭石按体积比1∶1配制,每立方米加入腐熟有机肥

6～7 kg、三元复合肥2 kg,混匀备用。为防止猝倒病、黑腐病等病害,可在营养土中混入杀菌剂,每立方米用药100 g左右,如50%多菌灵可湿性粉剂与50%福美双可湿性粉剂按质量比1:1混合,或25%甲霜灵可湿性粉剂与70%代森锰锌可湿性粉剂按质量比9:1混合。药、土混合均匀后,2/3撒在床面作垫土,1/3用于播种后覆土。

(四)种子处理

播种前5～6 d,进行发芽试验,以确定播种量。播前用温水浸种,不催芽;也可用干种子直播。物理方法有温汤浸种和高温处理等,前者是以50～55 ℃温水浸种20～30 min,取出晾干后播种;后者是将干种子在60 ℃下处理6 h后播种。常用的化学处理方法有药剂浸种和药剂拌种等。药剂浸种可用45%代森锌水剂200倍液浸种15 min,或用72%农用链霉素可溶性粉剂1 000倍液浸种2 h,取出冲洗、晾干后播种;药剂拌种可用种子质量0.3%的40%福美·拌种灵(拌种双)可湿性粉剂,或50%福美双可湿性粉剂,或35%甲霜灵(瑞毒霉)可湿性粉剂,或75%百菌清可湿性粉剂拌种后播种。

(五)播种

(1)播种期。塑料大棚早春多层覆盖栽培,阳畦育苗,11月下旬播种;中小拱棚早春栽培,阳畦育苗,12月中旬播种;春露地栽培,阳畦育苗,1月播种;夏季栽培,露地育苗,4月下旬至5月中旬分期播种;秋季露地栽培,秋甘蓝栽培,分秋早熟栽培和丰产栽培。秋早熟栽培,一般选用生育期短的早熟品种,于7月上中旬采取遮阴育苗,8月上中旬定植,10月中旬左右收获。秋甘蓝丰产栽培,一般选用中晚熟品种,于6月上中旬或7月初采取遮阴育苗,7月中下旬至8月初定植,10月中下旬至11月上旬收获。特别指出的是,中晚熟品种的播期,宁可适当提前,不可延后。迟播时,若生长期间遇到阴雨寡照,积温不足,往往会造成秋甘蓝结球不实,产量下降,影响种植效益。

越冬栽培,露地育苗,严格掌握播种、定植期,尤其是越冬春甘蓝播期和定植期的正确确定,在整个栽培过程中至关重要,可以说它是种植成功的关键。早熟越冬春甘蓝于10月上中旬播种,11月中旬左右定植。晚熟越冬春甘蓝品种的植株以6～7成叶球进入越冬期为宜。可在7月中旬至8月上旬播种,日历苗龄25～30 d,生理苗龄4～5片真叶定植。

(2)播种方法。育苗床浇足底水,水渗后覆一层细土(或掺有多菌灵等杀菌剂的药土),然后将种子均匀撒于床面,每平方米用种子2～3 g,播种后覆盖1 cm左右的细土。

(六)苗床管理

白天温度控制在20～25 ℃,夜间10～15 ℃。冬季育苗采取保温设施,适当控制浇水;夏季育苗采取遮阴防虫措施,根据墒情适当浇水,以免干旱影响幼苗生长。出苗后间苗1～2次。露地育苗若部分苗,须使苗距达5～6 cm。

(七)壮苗标准

幼苗5～6片真叶,生长健壮,叶片肥厚,根系发达,无病虫害。

五、整地施肥

结合整地每亩施腐熟有机肥4～5 m^3,氮磷钾三元复合肥(15－15－15)30～40 kg。整地后做平畦,畦宽1～1.5 m。

六、定植

(1)定植时间。越冬栽培,选择晴天定植,保证在缓苗期有一段好天气。春露栽培,一般在 10 cm 地温稳定在 8 ℃以上时定植。夏季栽培,选阴天或傍晚定植,并及时覆盖防虫网。定植后浇缓苗水。秋甘蓝定植时正值高温天气,应选择阴天或晴天傍晚进行,一般幼苗在 30 d 左右、7 ~8 片真叶时定植。

(2)定植方法。春、冬一般采用平畦栽培,覆盖地膜;夏秋起垄栽培。

(3)定植密度。早熟品种,每亩定植 4 500 ~5 000 株;中熟品种,每亩定植 3 000 ~4 000株;晚熟品种,每亩定植 1 800 ~2 200 株。

七、定植后管理

(1)春甘蓝。定植后每 5 ~7 d 浇一次缓苗水,连续中耕 2 ~3 次。定植 15 d 后,每亩追施尿素 10 ~15 kg,叶面喷施 0.2% 的硼砂溶液 1 ~2 次,促进莲座叶生长。植株开始结球时,每亩施氮磷钾三元复合肥(15 –15 –15)15 ~20 kg,随后浇水。根据植株生长状况,中晚熟品种可再追肥 1 ~2 次。结球期间 5 ~6 d 浇一水。

(2)夏甘蓝。定植 2 ~3 d 后浇一次缓苗水,中耕。15 d 后,结合浇水,每亩施氮磷钾三元复合肥(15 –15 –15)15 ~20 kg,中耕 1 ~2 次。浇水应在早晨或傍晚进行。天气无雨时,4 ~5 d 浇一水。热雨后浇井水,边浇边排。大雨后及时排水。结球前期和中期各追肥一次,每亩施充分腐熟农家肥 500 ~800 kg。勤中耕除草。

(3)秋甘蓝。定植后及时浇水,3 ~5 d 后再浇一水,保持土壤湿润。雨后及时排水。封垄前中耕 2 ~3 次,及时培土。缓苗后施提苗肥,每亩施尿素 10 kg。结球初期,结合浇水冲施氮磷钾三元复合肥(15 –15 –15)15 ~20 kg。结球中期,追施在充分腐熟有机肥 600 ~800 kg。莲座期适当控制浇水,结球期及时浇水,保持土壤湿润,5 ~7 d 浇一水,后期逐渐减少浇水。

(4)越冬甘蓝。莲座期和结球初期,结合浇水,每亩追施尿素 10 kg 和氮磷钾三元复合肥(15 –15 –15)20 kg。结球后控制浇水。

八、采收

叶球充实后应及时采收,尽早上市,结球不齐的地块应分期收获,成熟一批收获一批。早熟露地越冬春甘蓝以幼苗露地越冬、翌年春季温度回升后进入生长旺盛期,4 月上中旬至 5 月初,当叶球达到商品成熟时,即可分批采收上市。晚熟露地越冬春甘蓝多于年前结 7 ~8 成的叶球,春季温度回升后继续生长,充实叶球,于 2 ~3 月上市。若遇到暖冬年份,可提前到 1 月成熟。甘蓝叶球成熟后,可根据市场需求进行分批采收和销售。

九、病虫害防治

(一)农业防治

选用多抗品种;增施充分腐熟有机肥;勤除杂草;及时排涝,防止田间积水。

（二）生物防治

利用100亿活芽孢/苏云金杆菌（B. t）乳剂800～1 000倍液喷雾防治菜青虫；用绿浪乳油800～1 000倍液喷雾，防治白粉虱、斑潜蝇、蚜虫、菜青虫等。可用0.6%的苦参碱水剂2 000倍液喷雾防治蚜虫。

（三）药剂防治

（1）霜霉病。属真菌性病害，病菌从叶片侵入，病斑受叶脉限制呈不规则形或多角形，叶背病斑呈现白色霜状霉层，严重时病斑扩大、连片导致叶片干枯。发病初期可用12%绿乳铜乳油600倍液喷雾，或58%瑞毒霉锰锌500倍液，或25%甲霜灵可湿性粉剂800倍液，或64%噁霜灵锰锌可湿性粉剂500倍液，或72.2%霜霉威丙酰胺水剂600～1 000倍液等交替使用，一般7～10 d喷雾1次，连喷2～3次。

（2）软腐病。属细菌性病害，病菌从伤口、叶柄等侵入，先在叶基部、茎基部等产生水渍状病斑，后逐渐造成茎基和根、叶柄腐烂，有恶臭味。可用50%琥胶肥酸铜可湿性粉剂400～500倍液，或77%氢氧化铜可湿性粉剂800～1 000倍液，或90%的新植霉素可湿性粉剂4 000～5 000倍液，或14%络氨铜水剂350倍液，或47%加瑞农可湿性粉剂700倍液等交替进行喷雾或灌根，7～10 d喷1次，连续防治2～3次。

（3）菌核病。发病初期，喷50%速克灵可湿性粉剂或50%腐霉利可湿性粉剂800～1 000倍液，或50%多霉灵可湿性粉剂或50%多霉清可湿性粉剂600～800倍液，或40%菌核净可湿性粉剂800倍液，或灭霉灵可湿性粉剂600倍液。

（4）黑腐病。属细菌性病害，病菌通过水孔、伤口等入侵植株，导致植株叶片外缘"V"字形病斑的形成，严重时外叶干枯。发病初期，可喷洒60%琥·乙膦铝可湿性粉剂600倍液，或77%氢氧化铜（可杀得）可湿性粉剂500倍液，或30%绿得保悬浮剂300～400倍液，或72%农用链霉素可溶性粉剂3 000倍液，或14%络氨铜水剂350倍液，或47%加瑞农可湿性粉剂500～800倍液，隔7～10 d喷1次，轮换用药2～3次。

（5）菜青虫。在低龄幼虫发生时，喷洒Bt乳剂或青虫菌6号液剂500倍液，或25%灭幼脲3号胶悬液500～1 000倍液，或5%抑太保乳油2 000倍液，或2.5%溴氰菊酯乳油1 500倍液，或50%辛硫磷乳油1 000倍液，或10%天王星（虫螨灵）乳油1 500～2 000倍液等，交替喷雾，对防治3龄以前幼虫均有良好效果。

（6）小菜蛾。在2龄幼虫盛期可选用5%锐劲特悬浮剂1 500～2 000倍液，或25%灭幼脲3号悬浮剂500～1 000倍液，或5%定虫隆（抑太保）乳油1 000～2 000倍液，或1.8%阿维菌素乳油3 000倍液喷雾。上述农药应交替使用，7～10 d喷1次，每种农药连续使用不能超过2～3次。

（7）蚜虫。可选用25%吡虫啉可湿性粉剂3 000倍液，或15%安打水悬浮剂3 500～4 000倍液，或10%烯啶虫胺可溶性液剂或10%水剂2 000～3 000倍液，或25%噻虫嗪水分散粒剂10～15 g/亩对水30～45 kg均匀喷雾，或50%抗蚜威可湿性粉剂20～30 g/亩对水30～45 kg均匀喷雾，或5%氟虫腈悬浮剂2 500倍液，交替使用。

第二十三章 花椰菜

第一节 概 述

一、花椰菜的营养

花椰菜又称花菜或椰菜花，是一种十字花科芸苔属甘蓝种蔬菜，一年或二年生植物。原产于地中海东部海岸，由甘蓝演化而来。约在19世纪中叶由欧洲或美国传入中国。花椰菜是一种很受人们喜爱的蔬菜。其质地细嫩，纤维素含量少，味道鲜美，营养可口，食后易于消化。它富含蛋白质、脂肪、磷、铁、胡萝卜素、维生素B1、维生素B2和维生素C、维生素A等，尤以维生素C含量丰富。据测定，花菜每千克鲜重含维生素C 850～1 000 mg，是大白菜的3倍；胡萝卜素含量是大白菜的8倍；维生素B2的含量是大白菜的2倍；钙含量较高，堪与牛奶中的钙含量媲美。另外，还含有一般蔬菜所没有的维生素K和类黄酮素（又称维生素P），可强化胶原蛋白，同时维护微血管功能，调节其渗透力，减缓发炎的反应。此外，还含有抗氧化剂异硫氰化物等。丰富的维生素C含量，可使花菜具有一定的抗癌功效，其平均营养价值及防病保健作用远远超出其他蔬菜。因此，在美国《时代》杂志推荐的10大健康食品中名列第四；美国公众利益科学中心把花菜列为10种超优食物之一。

松花菜又称散花菜、有机花菜，是十字花科甘蓝属花椰菜中的一个类型，因其蕾枝较长，花层较薄，花球充分膨大时形态不紧实，相对于普通花菜呈松散状，故此得名。松花菜花枝松散，甜脆可口，味道鲜美，维生素C、可溶性糖含量明显比普通花菜高，非常受消费者欢迎，近几年在全国各地非常畅销，并受饭店、超市所青睐。由于松花菜比紧实型花椰菜口感脆甜，口感鲜美，松花菜产量是西兰花产量的1～2倍。

青花菜又名青花椰菜、意大利花菜、意大利芥蓝、木立花椰菜、绿花菜、茎椰菜、西兰花。甘蓝种中以绿花球为产品的一个变种。以主茎及侧枝顶端形成的绿色花球为产品，营养丰富，色、香、味俱佳，是国际市场十分畅销的一种名特蔬菜，青花菜与白菜花都是甘蓝的变种。从外观看比白花菜粗糙，但营养价值与风味皆比白花菜高，蛋白质、氨基酸及维生素的含量均高于白花菜，且栽培容易，供应期长，很有发展前途。

二、生物学特性

（一）植物学特性

花菜属2年生蔬菜作物，其生长发育周期可分为营养生长期和生殖生长期。它的营养生长期包括发芽期、幼苗期和莲座期；生殖生长期包括花球生长期、抽薹期、开花期和结实期。它的营养生长过程，其发芽期、幼苗期和莲座期与甘蓝相似，不同的是甘蓝在莲座期结束后即进入结球期(营养生长后期),但花菜在莲座期结束时主茎顶端发生花芽分化,继而出现花球,进入花球生长期(生殖生长初期)。

花菜的生殖生长是从花芽分化开始的。花球生长期是人们期待获得硕大花球的重要时期。其长短因品种不同而异,一般 20 ~50 d。花球生长后期,从花球边缘开始松散,花茎逐渐伸长至初花为抽薹期,一般 7 ~10 d,因品种不同和气温高低而异。从初花至整株谢花为开花期,需 3 ~4 周的时间,因品种不同和气温高低而异。从谢花至荚果蜡熟时为结荚期,为 20 ~40 d,因品种不同而异。

花菜通过春化的温度因品种而不同,一般在 5 ~25 ℃时都能通过。早熟品种可在较高的温度下通过,且所需时间较短;晚熟品种则要求较低的温度,且所需时间较长。植株的大小对低温的感应有所不同,植株越小所需时间越长。花菜通过光周期所需日照长短也没有甘蓝那么严格,很容易通过光照阶段进入生殖生长期。

(二)对环境条件要求

(1)温度。花菜性喜冷凉温和的气候条件,忌炎热,亦不耐霜冻,对温度要求较甘蓝严格。气温过低时不易形成花球;相反,气温过高易促使花薹伸长,花球松散,品质降低。一般来说,花菜营养生长期适宜温度为 8 ~25 ℃。如种子发芽最适温度为 25 ℃左右,花球形成适温为 14 ~20 ℃。气温低于 8 ℃时花球生长缓慢,0 ℃以下低温花球易受冻害,25 ℃以上高温花球膨大受抑制,花蕾很快松散,花球品质降低。花菜在 5 ~20 ℃温度范围内均可通过春化阶段,其中以 10 ~17 ℃和幼苗较大时通过最快。因此,花菜在反季节栽培条件下也能形成花球。

(2)光照。花菜是喜光长日照植物,但也能耐稍阴的环境。其花球在强光下直接照射,易使花球变黄,降低产品质量。因此,在花球形成过程中,多采取束叶或遮盖来保护花球。

(3)水分。花菜对土壤水分和空气湿度的需求与甘蓝基本相似,它不但对水分要求严格,而且对干旱和涝渍的抵抗力也较弱。如土壤积水时,轻者影响发根,重者造成烂根甚至死亡。若土壤干旱炎热,则花菜叶子缩小,叶柄及节间伸长,生长不良,影响花菜的产量和品质。

(4)土壤条件及矿质营养。花菜对土壤的要求较甘蓝严格,最适宜在土壤肥沃、浇灌条件良好的地块上栽培。适宜的土壤酸碱度为 pH 6 ~6.7,不耐盐碱。花菜是需肥较多的蔬菜作物。在整个生长过程中都需要有充足的氮素营养,而在花球生长期中还需要大量的磷钾元素。它在整个生长期中吸收氮磷钾的比例是 3.1∶1∶2.8。花菜对硼、镁等微量元素较敏感,缺硼时常引起花茎中心开裂,花球变锈褐色,味苦;缺镁时,叶子变黄色等。

第二节 花菜主栽品种及特点

一、品种类型

花菜的品种类型可分为早、中、晚熟 3 种类型。

(1)早熟品种。一般从定植至花球初收需 40 ~60 d,株型偏小,叶小而细长,叶片蜡粉多,植株耐热性较强,多为耐热性品种,适于夏秋早熟花菜栽培,产品于 8 ~ 9 月上市。主要品种有白峰、夏雪 40、夏雪 50、泰国 40 等。

(2)中熟品种。一般从定植至初收花球 80 ~ 90 d 为中熟品种。其植株较早熟品种高大,叶片大而宽,较耐热,花球较大紧实,品质好,产量高。多于秋冬季节上市,如荷兰雪球、日本雪山、龙峰特大 80 d 等。

(3)晚熟品种。一般从定植至初收花球在 100 d 以上者为晚熟品种。其植株高大,长势强,叶片多宽大,叶色浓绿,花球大,叠层致密,植株耐寒性和冬性较强,此类品种多在南方种植。一些耐寒性较强的品种亦可在中原一带露地越冬栽培,翌年早春上市。如巨丰 130 d、福建 120 d、冬花 240 等。

不同的花菜品种类型其商品性亦有不同的要求。如早熟品种要求心叶合抱性好,花球洁白致密,色泽纯正,无茸毛,花茎短缩,单球质量以 0.75 ~ 1 kg 为宜。中熟品种要求球大紧实,叠层致密,洁白无毛,花茎短缩,单球质量以 1 ~ 1.5 kg 为宜。晚熟品种要求单球质量在 1.5 kg 左右,花球洁白致密,叠层突出,花茎短缩,花球无畸形。

二、主要品种

(一)露地花菜品种

(1)新白峰。由天津市农业科学院蔬菜研究所育成的秋早熟花菜新品种。株型直立紧凑,内叶合抱护球,叶片灰绿色,阔披针形,株高 70 ~ 75 cm,植株开展度 75 cm 左右,生长势较强。花球紧实、洁白,半圆形,无茸毛,商品性优。经品质分析,每千克鲜重含维生素 C 822.8 mg,蛋白质 1.91%。抗芜菁花叶病毒病,中抗黑腐病。一般从定植至商品成熟约 60 d,单球质量 0.5 ~ 0.8 kg,平均每亩产量2 000 kg 左右,较对照“白峰”增产 20% 以上。可作为“白峰”替代品种,适宜于大部分地区夏秋季早熟栽培。

(2)夏雪 40。天津市农业科学院蔬菜研究所育成的杂交一代秋季耐热早熟花菜新品种。其特征特性表现为:植株高 55 cm,开展度 54 cm,叶片绿色,蜡粉中等,20 片叶左右现花球,内层叶片向内合抱,花球洁白、柔嫩,单球质量 0.5 ~ 0.6 kg。从定植至商品成熟约 40 d,平均每亩产量 1 600 kg 左右。由于该品种成熟期早,8 月下旬即可上市,填补了市场空白,经济效益很高。栽培时应视当地气候条件合理安排播期,苗期要求旬平均气温在 23 ℃以上。忌蹲苗,全生育期以促为主,一促到底。尤其是要小苗龄(20 ~ 25 d)定植,栽植后要大水大肥促进,这是栽培成功的关键。

(3)夏雪 50。由天津市农业科学院蔬菜研究所育成的秋早熟耐热杂交一代花菜新品种。其特征特性表现为:株高 60 cm 左右,开展度 58 cm 左右,叶片绿色,蜡粉中等。叶呈披针形,20 ~ 25 片叶现花球。叶内层扣抱,中、外层上冲,自行护球,花球柔嫩洁白,单球质量 0.75 ~ 0.80 kg,定植后 50 d 左右收获,品质优良,平均每亩产量 1 800 kg 以上。视当地气候条件合理安排播期。苗龄 25 d 左右,苗期不能控水,苗龄不宜过大,一般 20 ~ 25 d,4 ~ 6 片叶时应及时定植。定植前要施足基肥,定植后应及时追肥浇水,一促到底,以获高产。

(4)丰花 60。由天津市农业科学院蔬菜研究所选育的中早熟秋花菜杂交一代新品种。其特征特性表现为:株型紧凑,株高 70 ~ 80 cm,开展度 85 cm 左右,叶片灰绿色,阔披针形,叶缘锯齿较明显,23 片叶左右出现花球,内叶合抱护球,花球组织致密,雪白细嫩,呈半圆形。品质优,每千克鲜重含维生素 C 895 mg,蛋白质 1.97%。属秋中早熟类型,从定植至商品成熟 60 d 左右,单球质量 0.57 ~0.90 kg,平均每亩产量 2 000 kg 左右。该品种生长势强,抗病性好,适应性广。

(5)龙峰特大 50 d。温州市龙牌蔬菜种苗有限公司育成的一代杂交秋栽早熟花菜新品种。其特征特性表现为:株型矮壮,紧凑,叶片较厚,叶色深灰绿色,叶呈椭圆形,约 17 cm×37 cm,20 片左右叶片现花球。花球洁白细嫩,呈半圆形,风味爽口。该品种耐热,抗病,生长快,不耐寒。单球质量 0.55 ~0.75 kg, 平均每亩产量 2 000 kg 以上,为 10 月 1 日前后抢先上市的最佳品种。

(6)津品 70。由天津市农业科学院科润蔬菜研究所育成的杂交一代中晚熟秋栽花菜新品种。其主要特征特性表现为:株型紧凑,株高 80 cm 左右,开展度 70 cm 左右,叶片深绿色,内叶合抱护花球,花球紧实细嫩、洁白如玉,单球质量 1.5 ~1.6 kg,平均每亩产量 3 000 ~3 500 kg。该品种中晚熟,秋季栽培从定植至商品成熟约 85 d。生长势强,抗病毒病及黑腐病,适于北方地区秋季露地栽培或保护地栽培。

(7)雪鼎花菜。中熟秋花菜专用品种,定植后 70 ~80 d 采收。该品种植株生长健壮,适应性广,耐湿热,抗霜霉病、根腐病和干烧心,抗灾性好,易于管理。花球高圆形,均重可达 1.5 kg,紧实致密,花粒洁白细密,不易毛花,不易形成紫花,不易散球,整齐度好。叶子披针形,内叶自覆性好,适于长途运输,商品性佳。适应性广,全国各地栽培均表现优秀。

(8)雪贝。秋播早熟品种,从定植到收获约 60 d 即可收获。该品种植株健壮,生长势强,抗病能力突出。花球圆形稍扁,心叶护球。花粒紧实细密,洁白如雪,不易散花,单球重 1.5 kg 左右,亩产可达 3 500 kg 左右。播种期在 7 月初,播种期过早可能会产生花球"长毛"现象。

(9)津品 69。由天津市农业科学院蔬菜研究所最新育成的中早熟秋栽花菜品种。该品种主要特征特性表现为:植株生长势强,内叶拧抱覆盖花球,花球洁白紧实,呈高半圆形,平均单球质量达 1.5 kg 左右,平均每亩产量 3 500 kg 左右。从定植至商品成熟 65 ~70 d,适应性强,抗病性好。适于北方地区秋季露地栽培。

(10)云山 1 号。天津市农业科学院蔬菜研究所配制的春秋兼用型中晚熟一代杂交花菜新品种。其主要特征特性表现为:株型紧凑,株高 80 ~85 cm,开展度 70 ~75 cm。叶片深绿色,蜡质少,阔披针形,外部叶片向下翻,内叶合抱护球。花球高半圆形,洁白,无毛,紧实。春栽时单球质量达 0.7 ~0.85 kg,秋栽时达 1.3 ~2.1 kg。品质优,商品性好。抗病毒病,耐黑腐病,适应性强,丰产性和稳产性好。春露地栽培定植至商品成熟 60 d 左右,平均每亩产量 2 000 kg 左右,比"日本雪山"增产 30% 左右;秋露地栽培定植至商品成熟 90 d,每亩产量 4 500 ~5 000 kg,比"日本雪山"增产 27% ~42%。适宜华北各地春、秋两季栽培,每亩栽植 2 500 株左右。

(11)冬花 240。该品种由河南省郑州市特种蔬菜研究所与郑州市蔬菜办公室,于 1984 年从上海慢慢种与上海旺心天然杂交后代中经多年系统选育而成的晚熟露地越冬花菜品种。该品种全生长期为 240 d 左右,株高 44 ~52 cm,开展度 53 ~60 cm。叶长卵形,叶色深绿,叶脉明显,蜡粉较多。短缩茎 16.2 ~17.6 cm。花球半圆形,大而紧实,洁白细嫩,球茎短粗,花枝层多,花肉细密,口感脆嫩,微甜,耐咀嚼,风味好。单球质量 1 ~ 2.5 kg,平均每亩产量 1 500 ~ 2 000 kg。抗寒能力强,可耐 -5 ~ -10 ℃低温以及短时间 -17 ℃的极端低温,抗黑腐病和霜霉病。适宜于中原一带作露地越冬栽培、早春上市的花菜栽培模式。

(12)雪里雅。从荷兰进口的极品春花菜专用种,该品种系一代杂交种,较早熟,定植后 60 d 左右即可收获。该品种叶色深绿,生长势强,抗病性佳。花球高半圆形,心叶护球,既不易受阳光直射,又能防止病虫害侵染,因而洁白细腻,光滑紧实,单球质量 1 ~ 1.5 kg,商品性十分突出。播期为 9 月下旬至 10 月上旬,覆盖地膜即可越冬。

(13)雪阳花菜。该品种是郑州市蔬菜研究所育成的秋花菜一代杂交种,从定植到收获 70 ~ 75 d,比雪山花菜早熟 7 ~ 10 d。生长势强,抗病,叶面微皱,叶片数 20 片,花球高半圆形,纵径 10.67 cm,横径 17.67 cm,洁白细腻,极紧实,心叶护球,商品性优,不易出现紫色斑点,平均单球质量 1.2 ~ 1.5 kg,大者可达 2 kg, 平均每亩产量 3 500 kg 左右。

(14)冬花 2 号。该品种是郑州市蔬菜研究所育成的晚熟露地越冬花菜品种,生育期 240 d 左右。叶片长椭圆形,平展,灰绿色,心叶半合抱,功能叶 25 片左右。花球呈高半圆形,花粒较粗,乳白紧实,单球质量 0.5 ~ 1 kg,最大花球可达 2.5 kg,平均每亩产量 2 000 kg 左右,可耐 -10 ℃短期低温,花球生长期适宜温度为 5 ~ 16 ℃,适合黄淮流域露地越冬及保护地栽培。

(15)冬花 3 号。该品种是郑州市蔬菜研究所育成的晚熟露地越冬花菜品种,生育期 250 d 左右。植株生长势中等,叶片长椭圆形,灰绿色,功能叶 28 片左右,外叶较大,内叶抱合,蜡粉中等。花球呈高半圆形,花粒细白,紧实,单球质量 0.7 ~ 1.5 kg,平均每亩产量 2 000 kg 左右,可耐 -10 ℃短期低温,花球生长期适宜温度为 6 ~ 18 ℃,适于黄淮流域露地及保护地越冬种植。

(16)郑研越冬花菜。该品种是郑州市蔬菜研究所育成的基地出口专用越冬花菜晚熟品种,生育期 260 d 左右。植株生长势中等,叶片长椭圆形,灰绿色,功能叶 28 片左右,外叶较大,内叶抱合,蜡粉中等。花球呈高半圆形,花粒细白,紧实,商品性极佳。可耐 -10 ℃短期低温,花球生长期适宜温度为 6 ~ 18 ℃,适合黄淮流域露地越冬及保护地栽培。

(17)曼陀绿。一代青花菜。中早熟。成熟期:定植后 60 d 左右,春季略早,秋季略晚。植株直立,侧枝少,适宜性广,可用于春秋栽培。花蕾较细小,花球高圆形,紧凑,不易散花,采收期长,既可采收 250 ~ 300 g 的花球用于鲜菜市场,又可采收 500 g 以上的大花球用于加工。适宜凉爽气候条件下栽培。

(18)山水。中熟品种,长势旺盛、开展度大,单球重约 500 d,半圆形,花球紧密,蕾细、蓝绿色,耐寒性较差,但抗逆性强。

(19)优秀。早熟直立型的品种。有着蘑菇状的花球,还有着非常突出的顶端,颜色是深绿色的,每个花球重 350 ~ 480 g,花球紧实,花蕾细,少侧枝,商品的性能好。适合进行密植,浓绿的颜色,花球就像个蘑菇,长得饱满。适合早春及秋季栽培。播种后 90 ~ 100 日收获的早中熟品种。耐寒、低温调节下不发生紫色;花球圆润均一,蕾粒大小均匀,色鲜绿,非常适合保鲜出口及国内高档市场。耐暑性一般。

（20）秀绿。中早熟春、秋两用西兰花新品种，主花球、侧枝花球可兼收。植株直立，株型紧凑，生长势强，抗病毒病、黑腐病。主花球重500 g以上，花蕾细致，整齐，花茎翠绿，尤其适宜速冻加工出口。春种产量高，经济效益明显。

（21）福至。定植后约75 d采收的中熟品种。蕾粒中等偏细，球色呈深绿色，球蕾整齐，蕾重约400 g，少有侧枝，茎不易空心，采收后不易变黄。栽培适应性广泛，在高冷地及冷地的夏季和秋季可栽培。抗黑腐病、霜霉病、软腐病能力强。

（22）新绿雪。中晚熟品种，适合春或秋栽培，定植后80～85 d收获。花球紧实，球色深绿色，呈扁圆形球形。花蕾细腻，植株少侧枝和少空茎，单球重约500 g。花蕾整齐度高，而且栽培适应性较为广泛。春播初夏采收（适温为15～25 ℃）。高冷地及冷地的夏季和秋冬季栽培时，可收获优秀圆正的蕾球。具有耐低温，抗霜霉病、黑腐病等特点。

（23）德花90。中晚熟绿梗松花菜品种。一代杂交，春、秋兼用，植株生长健壮，抗病性好。花球较松散，花球颜色白，花梗碧绿色，口感甜脆，品质优秀。正常气候和栽培管理条件下春季定植之后65 d左右可以采收上市，单球重可达1.5 kg左右；秋季定植后90 d左右可以采收上市，单球重可达1.8～2.6 kg。适合大型花菜基地和有机花菜基地种植。

（24）德早60。早熟耐热杂交花菜品种，兼具早熟性好、花球洁白、球形大等优点。正常气候和栽培管理条件下定植后60～66 d开始采收上市，较耐湿热，叶子深绿色，蜡粉较重。花球白，结球紧实，球形高圆，品质优秀。单球重可达1.2 kg左右，最大可达1.5 kg以上。是夏秋季节早熟栽培的优秀品种。

（25）绿岭。青花菜品种，株高40 cm左右，花球紧实，淡绿色，扁圆形，球形指数0.9，单个顶花球重500～700 g。侧枝萌发力强。顶球收获后可分次采摘侧球。丰产，抗病。

（26）郑奇。青花菜品种，生长势强，株高40 cm左右。叶片大而厚，较直立，叶色深绿，蜡质厚。茎粗，叶多，花球大，顶花球扁圆球形，花球横径17～25 cm，球形指数0.8左右，单球重600～800 g，最大可达1 500 g。花球大小整齐，品质鲜嫩，适合出口要求。

（27）宝冠。青花菜品种，植株长势旺，株高50 cm，叶片窄长，叶色暗绿带紫，蜡质厚。花球紧密，单个顶花球重450～850 g，侧枝旺盛，侧球产量较高，每株可采侧球3～6个，是分次采收的高产品种之一。

（28）玉冠。青花菜品种，植株生长势较强，株高60 cm，叶椭圆形，叶片大而厚，叶色深绿有蜡粉。顶端群生绿色花蕾，花梗及主茎均呈青绿色，花枝长，花球大而松散且平展，单球重500～700 g。

（29）里绿。从日本引进的早熟青花菜品种，株高65 cm，叶片开展度较小，侧枝发生能力弱，叶片大而厚，叶色深绿。花球大，单球重600～850 g，品质鲜嫩。适应性强，抗病、丰产。

（30）领秀二号。青花菜秋中熟品种，植株生长旺盛，株高65 cm，株展70 cm。叶片长椭圆形，叶色深绿，蜡粉多，抗黑腐病、霜霉病，易于栽培；主花球高圆，半球形，蕾色深绿，蕾粒中小均匀，花蕾遇冷不变紫，无荚叶，不易空心，单球质量450 g左右，商品性好。

（31）绿雄90。从日本TOKITA种子有限公司引进的中晚熟青花菜品种。属中晚熟的杂交一代种。定植至采收90～110 d。生长势强，植株较直立，株高65～70 cm，开展度40～45 cm，总叶数21～22片。商品性好，作保鲜出口花球采收，花球横径11～14 cm，茎直径 5 ~ 8 cm，单球重 400 ~ 450 g；作内销采收，单球重 750 ~ 1 250 g。球形圆整紧实，蕾粒中细、均匀，色绿。耐寒、耐阴雨性较强，低温条件下花蕾不易变紫，蜡粉较浓。抗霜霉病。

(32)绿禧青花菜。新一代西兰花杂交种，蘑菇形，花细致密。早熟性好，定植后 60 d 左右收获。植株株高 65 cm 左右，植株开展度 65 ~ 75 cm，外叶灰绿。花球浓绿、花蕾较细，花球半高圆致密，主花茎不易空心，主花球重约 650 g，每亩产量 1 500 kg 以上。抗病毒病和黑腐病。适于我国各地秋季种植。

栽培要点：河南省秋露地种植一般于 6 月中下旬播种，春季种植一般于 2 月上中旬播种。因绿菜花对气候条件要求严格，各地应先试种选择最适宜当地播期。秋季播种时处于高温多雨时期，要整高畦搭遮阳棚育苗，注意防雨遮阳。每亩栽培密度 2 300 株。注意防治病虫害。

(二)保护地花菜品种

(1)日本雪山。由中国种子公司从日本引进的花菜一代杂交品种。1990 年通过河北省农作物品种审定委员会认定，1994 年通过全国农作物品种审定委员会审定。该品种的特征特性表现为：植株生长势强，株高 70 cm 左右，开展度 88 ~ 90 cm。外叶 23 ~ 25 片，长披针形，肥厚，深灰绿色，叶脉白绿，叶面微皱，蜡粉中等。花球高半圆形，雪白纯正，花蕾紧密，肉质，含水分较多，花柄较短粗，品质好。对温度反应不敏感，表现为耐热性、耐寒性及抗病性均较强。中晚熟种，定植后至商品成熟 75 ~ 80 d，单球质量 1 ~ 1.5 kg，平均每亩产量 2 500 kg 左右。该品种以秋季栽培为主，春季亦可种植，也可作保护地主栽品种。

(2)津雪 88。天津市农业科学院蔬菜研究所最新育成的一代杂交春秋花菜品种。植株生长势强，株型直立、紧凑。叶片灰绿色，蜡粉多，内叶合抱性好。花球洁白、紧实。秋季栽培时从定植至商品成熟 70 d 左右，单球质量 1 ~ 1.9 kg，平均每亩产量 2 700 ~ 4 300 kg。部分地区亦可春季栽培，从定植至商品成熟约 50 d，单球质量 1 kg 左右，平均每亩产量 2 500 ~ 3 000 kg。适于华北地区春秋露地栽培或保护地栽培。

(3)津品 60。由天津市农业科学院科润蔬菜研究所育成的杂交一代中早熟秋花菜新品种。其主要特征特性表现为：该品种为中早熟种，秋季栽培定植后 60 ~ 65 d 成熟。内叶合抱护球，花球洁白，结球紧实，球面平整、均匀。单球质量 1.0 ~ 1.5 kg。在 2005 ~ 2006 年多点试验中，平均折合亩产量 2 699.6 ~ 2 890.3 kg，比对照增产 24%。生长势强，抗病性好，抗黑腐病强于祁连白雪，适于北方秋季早熟栽培和保护地栽培。

(4)荷兰春早。中国农业科学院蔬菜花卉研究所从国外引进的春播型早熟花菜品种。主要特征特性为：株高 41 cm，开展度 54 cm 左右，外叶 15 ~ 18 片，灰绿色，蜡粉较多，叶面微皱。花球紧实、洁白，近半圆球形。花球高 8 cm，横径 15.5 cm，单球质量 0.6 kg 左右。迟收不易散球，品质好。早熟，从定植到始收 45 ~ 50 d，比一般春花菜品种早熟 7 ~ 10 d。整齐度高，从始收到终收 10 d 左右。耐寒、冬性较强，耐肥水，不易徒长。平均每亩产量 1 500 ~ 2 500 kg。适宜于北方早春露地或保护地栽培。

(5)云山 2 号。天津市农业科学院蔬菜研究所育成的春秋兼用型花菜一代杂交新品种。其主要特征特性表现为：植株生长势强，叶片灰绿色，蜡粉多，花球呈半圆球形，洁白、紧实，每千克鲜重含维生素 C 755.6 mg，品质优。该品种春季栽培从定植至商品成熟约

59 d,单球质量0.63～0.75 kg,平均每亩产量1 575～1 875 kg,比对照雪峰增产88.0%左右,比日本雪山增产7.0%～10.5%。秋季栽培从定植至商品成熟90～95 d,单球质量1.21～1.91 kg,平均每亩产量3 025～4 775 kg,比对照日本雪山增产13.0%～22.0%。抗病性较强,苗期人工接种表现中抗TuMV和黑腐病。适于北方春、秋两季露地栽培或保护地栽培。

(三)松花菜品种

(1)庆农45 d。早熟一代杂交品种,植株耐热、耐湿,抗病性强,花球雪白美观,青梗松花,单球质量约1.5 kg,品质特优。产量高,定植后约45 d收获,为最优秀青梗松花菜的早熟品种。苗期生长适温20～30 ℃,莲座期生长适温18～32 ℃,花球形成期最佳适温20～26 ℃。

(2)台松60 d。浙江神良种业有限公司育成。早熟、生长快、株型大,耐热、耐湿,结球期适温17～28 ℃,为新育成的优秀青梗杂交松花菜品种,秋种定植后60 d成熟,花球品质佳,球形扁平、雪白松大,蕾枝青梗、梗长,肉质松软、甜脆好吃,是全国各地平原秋季高产优质,抢早上市品种,比台松65 d早熟7 d,抗逆性、适应性较强,每亩栽植1 700～2 000株,单球质量1.2 kg。

(3)庆松65 d。浙江神良种业有限公司育成。中早熟,生长快速,株型大,耐热、耐湿,单球质量2 kg,秋栽定植后65～75 d、春种定植后约50 d采收,为新育成的最优秀青梗杂交品种,花菜品质佳,球形扁平美观,品质极佳,是松花形主栽品种,花球雪白松大,蕾枝浅青梗,肉质柔软、甜脆好吃,是松花品种推广面积最大品种之一。适于平原地区春、秋种植,高海拔地区适于夏种。

(4)松布冬。露地越冬松花菜品种。该品种是利用雄性不育技术杂交培育的晚熟松花菜品种,短时间可抗－8 ℃左右的严寒,长势旺盛,抗病性强,花球洁白,花粒较细,适应性强,不易发生毛花,花梗淡绿,口感甜脆可口,生育期210～240 d,单球质量1.5～3 kg,最大可达4 kg,每亩产量约3 000 kg,高产潜力大,是尤其珍贵的越冬松花菜新品种。

(5)优松五号。青梗松花型优良品种,俗称有机花菜。花球表面洁白、美观球体较松,梗枝淡青色,炒食青梗白花,甘嫩味鲜,商品值高。株型较紧凑,长势强,抗黑腐病、病毒病,植株能耐－3 ℃低温。适宜春、秋两季栽培。秋季定植后85～90 d采收;春季定植后70～75 d采收。

(6)雪松55F1。春秋兼用松花菜,秋季定植后75～80 d可采收,单球重2～3 kg;春季属于早熟品种,定植后60 d左右可采收,单球重1 kg左右。花球松大,花梗绿。春季露地栽培在2月20日后播种,秋种在6月20日播种。

第三节　春花菜生产技术

春花菜栽培是我国蔬菜生产上的主要栽培茬次,种植面积较大,产量较高,对春末夏初蔬菜供应起着重要的作用。与保护地栽培相比,春花菜露地栽培虽经济效益稍低,但生产成本不高,不需保护设施投资,生产的风险较小,易被广大菜农所接受。

一、选好品种，适时播种

该栽培茬次多选用早熟、高产、抗病、冬性强的品种。花菜可选用日本雪山、云山1号、雪里雅、荷兰春早等品种。中原一带可于12月底至翌年1月初采用阳畦育苗或1月底至2月初在日光温室育苗，每亩用种50 g。由于花菜的冬性没有甘蓝的冬性强，其播种期较甘蓝可晚播5～7 d。

二、加强苗床管理，培育壮苗

苗床管理的关键是温度和湿度的调控，使花菜苗壮而不旺，以防花菜出现“早花”现象。当幼苗出齐至第1片真叶展开，白天保持18～20 ℃，高于20 ℃，中午要放小风，3叶期以前，促壮苗防徒长，白天保持20～25 ℃，夜间不低于2～3 ℃。土壤湿度以保持湿润、不裂缝为宜。幼苗长到2叶1心时按10 cm见方进行分苗，分苗后2～3 d白天保持23～25 ℃，夜间不低于12 ℃，缓苗后逐渐放风，使白天温度保持在18 ℃左右，夜间保持在5 ℃以上。当植株长到4～6片叶时，将苗带土坨起出，囤苗2～3 d后即可定植。

三、整地施肥，适时定植

春花菜定植前应施足底肥，每亩施有机肥3 000～4000 kg、三元复合肥50～60 kg。深耕细耙，平整做畦。中原地区栽培花菜一般在3月中下旬定植，花菜定植行距50～60 cm，株距40 cm左右，每亩栽3 000株左右。可采取平畦或高畦栽培，定植后立即浇水，亦可采取地膜覆盖，有利于缓苗和提早成熟。

四、定植后的管理

定植后7～10 d为缓苗期，气温高时缓苗期缩短，气温低时缓苗期延长。缓苗过后，随着气温的回升，幼苗的生长速度加快，田间管理刻不容缓。在田间管理方面，应做好下面3个时期的管理：

(1)缓苗期。早春定植花菜以后，外界气温偏低，可能还会遇到晚霜冻，幼苗缓苗期较长，叶片往往呈现紫色，这主要是由于定植时伤根和早春地温低，根系吸收磷素减少而影响糖类的运转。因此，花菜缓苗期的管理应以增温保墒为主。可于定植后4～5 d浇1次缓苗水，浇水量不宜过大，随后中耕松土1～2次。此外，于定植前炼好苗并带土坨移栽以减少伤根，也能缩短缓苗期。当甘蓝、花菜幼苗由紫转绿时表明缓苗期结束，幼苗开始生长。

(2)莲座期。这个时期的特点是：花菜幼苗的根系已完全恢复生长，吸收水肥的能力增强，植株的生长速度加快。该时期的田间管理主要是控制莲座叶不能过旺，以促使花菜花球的分化。其技术措施就是进行蹲苗，使莲座期的植株壮而不旺，为花菜结球期奠定良好基础。由于花菜多为早熟品种，蹲苗期不宜过长，一般5～7 d即可，过长会因营养生长受抑制而使花菜产生“早花”现象。当植株生长健壮，叶片蜡粉明显增厚，心叶开始合抱时则应及时结束蹲苗，进行追肥浇水，促进结球。一般每亩追施10～15 kg尿素，随后浇水。

(3)结球期。花菜进入结球期以后,其生长速度最快,生长量最大,是整个生长时期需要肥水最多的时期。因此,保证充足的肥水供应是花菜高产的关键。由于早熟品种的结球期短,结球肥要早追施。可于蹲苗结束后 3 ~5 d 进行追肥,结球中期再追 1 次,每次亩追施尿素 20 kg 即可,追后浇水。值得注意的是,花菜结球期应保证充足的水分供应,田间以经常保持湿润为宜。当花菜花球生长到拳头大小时,应采取束叶或折叶护球措施,确保花菜球鲜嫩雪白,品质好。甘蓝、花菜浇水应小水勤浇,收获前 2 周要停止追施无机氮肥,以提高花菜产品的品质。

五、病虫害防治

(1)立枯病。播前用 50% 福美双或 65% 代森锌可湿性粉剂拌种(药剂用量为种子量的 0.3%),发病前或发病初期可喷洒 75% 百菌清可湿性粉剂 600 倍液并拔除病株。或用 60% 多 · 福可湿性粉剂 500 倍液,或 20% 甲基立枯磷乳油 1 000 倍液,或铜氨混剂 400 倍液等交替使用,7 ~10 d 1 次,连喷 2 ~3 次。

(2)猝倒病。预防可在足墒的苗床上喷洒 38% 恶霜嘧铜菌酯 1 000 ~1 500 倍溶液,然后筛撒薄薄 1 层干土,随后播种,再筛撒细土进行覆盖。发病前或发病初期可用72.2% 普力克水剂 400 倍液,或 64% 恶霜 · 锰锌可湿性粉剂 500 倍液,或 70% 敌克松可湿性粉剂 800 倍液,或 25% 甲霜灵可湿性粉剂 600 倍液,或 58% 甲霜 · 锰锌可湿性粉剂 600 倍液喷淋(每平方米喷淋药液 2 ~3 kg)或叶面喷洒。为降低苗床湿度,应在晴天的上午喷药。

(3)黑胫病。又称根腐病、干腐病。发病初期喷洒 60% 多 · 福可湿性粉剂 600 倍液,或多 · 硫悬浮剂 500 ~600 倍液,或 70% 百菌清可湿性粉剂 600 倍液,上述药剂交替使用,每隔 7 d 左右喷一次,连喷 2 ~3 次。

(4)霜霉病。从幼苗期至成株期都能发生,尤以中后期发生较重,发病初期用 50% 烯酰吗啉 800 ~1 000 倍液,或 77% 氢氧化铜可湿性粉剂 300 ~500 倍液均匀喷雾。保护地花菜发病时,可用 45% 百菌清烟剂熏烟防治,每亩用量为 110 ~180 g,均匀分散放入棚室内,于傍晚时密闭棚室,暗火点燃烟剂,熏烟 8 ~12 h。一般每 7 d 熏 1 次,连熏 3 ~4 次即可。

(5)黑斑病。当田间发现少量病株时,先拔除病株,然后应及时喷洒 75% 百菌清可湿性粉剂 500 ~600 倍液,或 40% 大富丹 600 倍液,或 80% 喷克可湿性粉剂 600 倍液,或 50% 扑海因可湿性粉剂 1 500 倍液,或 50% 速克灵可湿性粉剂 2 000 倍液,或 50% 异菌脲可湿性粉剂 1 500 倍液,或 70% 代森锰锌可湿性粉剂 400 ~500 倍液等药剂,上述药剂应交替使用,7 ~10 d 1 次,连喷 2 ~3 次。

(6)软腐病、黑腐病、细菌性黑斑病。发病初期及时拔除病株,并在病穴撒少许生石灰消毒,每亩用 20% 噻菌铜悬浮剂 500 倍液,或 77% 的氢氧化铜可湿性粉剂 300 ~500 倍液均匀喷雾。注意要使药液流入叶柄和茎基部。

(7)菌核病。发病初期每亩用 5% 氯硝铵粉剂 2 ~2.5 kg,加细土 15 kg,拌匀后均匀撒在行间;或喷洒 50% 氯硝铵可湿性粉剂 800 倍液,或 20% 甲基立枯磷乳油 900 ~1 000 倍液,或 40% 多硫悬浮剂 500 倍液,或 70% 甲基硫菌灵可湿性粉剂 500 ~600 倍液,或

50%扑海因可湿性粉剂1 000～1 500倍液，或50%速克灵可湿性粉剂2 000倍液，或40%菌核净可湿性粉剂500倍液等药剂交替使用，每隔7～10 d喷1次，连续喷药2～3次。

(8)病毒病。及时防治蚜虫，特别是加强苗期蚜虫的防治，最好采用防虫网覆盖育苗方式育苗。发病初期，可用新型生物农药抗毒丰(0.5%菇类蛋白多糖水剂，原名抗毒剂1号)300倍液，或20%吗胍·乙酸铜可湿性粉剂1 000倍液，或40%烯羟吗啉胍可溶性粉剂1 000倍液，或95%三氮唑核苷700倍液，或病毒1号乳油400倍液，或20%病毒净400～600倍液等交替使用，在苗期每7～10 d喷1次，连喷3～4次。

(9)灰霉病。花菜于发病初期，及时喷洒50%速克灵可湿性粉剂2 000倍液，或50%扑海因可湿性粉剂1 000～1 500倍液，或50%异菌脲可湿性粉剂1 000～1 500倍液，或50%腐霉利可湿性粉剂2 000倍液，或50%农利灵可湿性粉剂1 000～1 500倍液，或40%多·硫悬浮剂600倍液等药剂，上述农药交替使用，7～10 d 1次，连续防治2～3次。

(10)菜青虫。①生物防治：可采用细菌杀虫剂如Bt乳剂或青虫菌6号液剂，通常用500～800倍液进行喷雾，一般在3龄前幼虫期应用较好。亦可用杀螟杆菌600～800倍液，或僵菌剂100～200倍液，或HD－1杀虫菌800～1 200倍液等药喷雾，7～10 d 1次，连喷2～3次。另外，还可保护和利用天敌治虫。如卵期和幼虫期利用天敌昆虫广赤眼蜂放置田间，还可保护和利用野生微红绒茧蜂、菜粉蝶茧蜂、凤蝶金小蜂等天敌治虫，亦能收到良好效果。②药剂防治：在1～3龄时喷药防治。另外，菜青虫取食有2次高峰，即上午9时前后和下午4时前后。此时，幼虫活动在叶表面取食，喷洒药液极易触杀。可首选植物源农药，如印楝素或川楝素，属无公害农药，价格稍贵，使用时参照产品说明。亦可选用昆虫生长调节剂，不污染环境，对天敌安全，如20%灭幼脲1号(除虫脲)悬浮剂500～1 000倍液，或5%抑太保(定虫隆)乳油2 000倍液及5%农梦特(伏虫隆)乳油1 200倍液等药剂交替喷雾，每7～10 d喷1次，连用2～3次，对初孵化的幼虫均有较好的防治效果。还可选用拟除虫菊酯类杀虫剂，该类药高效速效低毒。可在虫口密度大、虫情危急时使用2.5%溴氰菊酯乳油(敌杀死)1 500～3 000倍液或2.5%高效氯氟氰菊酯乳油(功夫)1 500～2 500倍液喷雾，对防治3龄以前幼虫均有良好效果。另外，使用50%辛硫磷乳油1 000倍液喷雾治虫时，每季菜最多使用3次为宜。以上农药可以交替使用，一般5～7 d喷1次，连喷2～3次即可。

(11)小菜蛾。①生物防治：采用细菌杀虫剂，如苏云金杆菌(Bt)乳剂对水500～1 000倍，可使小菜蛾幼虫大量感病死亡。或用HD－1生物药剂800倍液喷雾防治。田间应注意保护天敌，少施或不施高毒农药。②化学防治：由于小菜蛾常年猖獗，发育期短，世代数多，农药使用频繁，抗药性产生极快，已成为此虫化学防治的一大难题。灭幼脲1号及3号制剂500～1 000倍液、农梦特2 000倍液、抑太保2 000倍液、卡死克2 000倍液、15%茚虫威悬浮剂(安打)3 000倍液、2.5%多杀霉素悬浮剂(菜喜)2 000倍液、24%美满悬浮剂(虫酰肼)2 500～3 000倍液、10%虫螨腈悬浮剂(除尽)1 000～1 500倍液、5%氟虫腈悬浮剂(锐劲特)每亩用量50～100 mL、0.12%灭虫丁可湿性粉剂(天力Ⅱ号)1 000～1 500倍液、30%敌氧菊酯2 500倍液等，对防治抗性小菜蛾均有较好效果，并且持效时间长。在用化学药剂防治小菜蛾时，切忌单一种类的农药连续长时间使用，应该以生物防治为主，减少对化学农药的依赖性。必须用化学农药防治时，可交替使用或混用，以减缓抗药性的产生。

(12)蚜虫。花菜的蚜虫主要有甘蓝蚜、萝卜蚜和桃蚜。用50%抗蚜威可湿性粉剂2 000～3 000倍液,或50%避蚜雾可湿性粉剂2 000～3 000倍液进行喷雾,这两个药剂对天敌昆虫及桑蚕、蜜蜂等益虫无害。亦可选用1.8%藜芦碱水剂800倍液,或4.5%高效氯氰菊酯乳油2 000倍液,或10%吡虫啉2 000～3 000倍液等农药喷雾,7～10 d喷1次,连续使用2～3次。喷药时要正反两面喷匀以提高药效。上述药剂可单独使用,遇到多种害虫混合发生时亦可复配使用。

(13)夜蛾科害虫,主要包括甘蓝夜蛾、斜纹夜蛾、银纹夜蛾和甜菜夜蛾等。在幼虫低龄期每亩用2%甲氨基阿维菌素甲酸盐微乳剂5～10 mL,对水50～60 kg均匀喷雾防治,或用16 000 IU/mg的苏云金杆菌可湿性粉剂200～250 g喷雾,或15%茚虫威悬浮剂(安打)3 000倍液,或2.5%多杀霉素悬浮剂(菜喜)2 000倍液,或用5%氯虫苯甲酰胺悬浮剂30～55 mL,稀释1 000倍喷雾防治。注意要喷洒均匀。

(14)白粉虱。由于白粉虱世代重叠,在同一时间同一作物上存在各虫态,而当前药剂没有对所有虫态皆有效的种类,所以采用化学防治法,必须连续几次用药,才能收到良好效果。可选用的药剂和浓度如下:10%扑虱灵乳油(又名灭幼酮、优乐得,有效成分为噻嗪酮)1 000倍液喷雾,对白粉虱有特效。或用25%灭螨猛乳油(喹菌酮)1 000倍液喷雾,对白粉虱成虫、卵和若虫有特效。亦可用25%噻虫嗪水分散粒剂(阿克泰)2 000～4 000倍液,10%溴虫腈悬浮剂(俗名:除尽、虫螨腈)2 000～4 000倍液,或10%烯啶虫胺水剂2 000倍液。或用2.5%联苯菊酯乳油(天王星)3 000倍液,可杀成虫、若虫和假蛹,对卵的效果不明显。也可用2.5%啶虫脒乳油2 000～2 500倍液,或10%吡虫啉可湿性粉剂1 000倍液连续喷施,均有较好效果。

(15)黄条跳甲。土壤处理杀死土壤中黄曲条跳甲的幼虫和蛹,可选用300 g/L氯虫·噻虫嗪悬浮剂灌根;叶面喷雾杀灭成虫,可选25%噻虫嗪水分散粒剂2 000～4 000倍液、10%溴氰虫酰胺可分散油悬浮剂(倍内威)24～28 mL/亩对水40 kg、10%高效氯氰菊酯乳油1 500倍液、2.5%溴氰菊酯乳油3 000倍液等防治。夏日上午9时前或下午6时后喷药。喷雾处理时应喷透叶片,喷湿土壤。田块较宽的,应选用先喷四周再喷中央的方法,包围杀虫;如田块细长,可先喷一端,再从另一端喷过去,避免成虫窜逃。

(16)菜螟。菜田4～5片真叶期易受为害,要尽量在幼虫初孵期和幼虫3龄前用药,如初见心叶被害和有丝网时立即喷药,将药喷到心叶内。可选用10%虫螨腈悬浮剂1 500～2 000倍液、50%辛硫磷乳油1 000倍液、5%氟啶脲乳油1 500倍液、10%溴虫腈悬浮剂(除尽)2 000倍液、15%茚虫威悬浮剂(安打)3 000倍液、2.5%多杀霉素悬浮剂(菜喜)2 000倍液、5%氯虫苯甲酰胺悬浮剂、1 000倍液、20%氯虫苯甲酰胺悬浮剂(康宽)3 000倍液、0.36%苦参碱乳油1 000倍液、2.5%鱼藤酮乳油1 000倍液等防治。

(17)蜗牛。可用8%灭蜗灵颗粒剂或10%多聚乙醛颗粒剂,每平方米1.5 g,于晴天傍晚撒施,可杀成蜗或幼蜗。

(18)野蛞蝓。别名叫鼻涕虫。同蜗牛的防治方法。

六、适时收获上市

当甘蓝叶球开始紧实,外层球叶发亮时即可分批采收上市。花菜花球生长到适当大小、花球紧实雪白、具有较好商品价值时应及时采收上市。如果收获过晚,易发生花菜散花而影响花菜的产量和品质,使其商品性和种植效益大大降低。

第四节 秋花菜的高产栽培技术

一、品种选择

早熟秋花菜品种可选用新白峰、龙峰特大50天等,中早熟品种可选用荷兰48、津雪88等,中晚熟品种可选用日本雪山、云山1号等。

二、培育壮苗

育苗地应选地势高燥,土层疏松、肥沃,前茬未种过甘蓝类蔬菜的沙壤土地块为宜。秋花菜育苗时间在6~8月,应采取遮阳防雨育苗法育苗。一般于播种后18~20 d,幼苗达2~3片真叶时进行分苗。行株距均为10 cm,苗大小分开,行株对齐,以利于定植前划土块取苗带土移栽。经10~15 d后,中晚熟品种当幼苗达到6~7片叶时及时定植,不可久拖,否则秧苗老化致使定植后生长缓慢。早熟品种育苗时可采取加大苗床面积,均匀稀播不分苗的方法,当日历苗龄25~28 d、生理苗龄达4~5片真叶时及时定植。若采取基质穴盘育苗更好,可提高育苗质量,有利于花菜苗早发快长。

三、施足底肥,合理密植

花菜忌连作,也不宜与同科蔬菜作物重茬。整地要深耕,并施足底肥。每亩需施用腐熟有机肥3 000~5 000 kg或鸡粪1 500~2 000 kg、过磷酸钙40~50 kg、硫酸钾15~20 kg,或增施2~3 kg硼砂。按品种株型大小确定株行距。一般早熟品种株型小,行距50~60 cm,株距40 cm左右,每亩栽植3 000~3 300株为宜。中晚熟品种株型稍大,行距60 cm左右,株距40~50 cm,每亩栽植2 500~2 700株为宜。秋季多雨,应选择高畦栽培。定植时最好选择阴天或晴天傍晚进行。

四、田间管理

秋季气温前期较高,要注意浇水和中耕除草,雨后注意排涝。花菜整个生长期对水肥要求敏感。莲座期追肥以氮肥为主,一般每亩施用尿素15~20 kg。花球形成初期适当增施磷、钾肥,可每亩施磷酸二铵10 kg,硫酸钾10 kg。生长期长的品种用肥量多些,可追施2~3次,生长期短的品种可少些,追施1~2次。追肥应结合浇水进行,结球期要肥水并重,使菜田土壤经常保持湿润状态。花菜对硼、钼敏感,如发现缺素症,应及时进行叶面补施。缺硼时,可用0.2~0.5%硼酸或硼砂溶液喷施,缺钼时可用0.05%~0.1%的钼酸铵溶液喷洒。每3~4 d喷1次,连续喷施3次可见效。要进行中耕与束叶,中耕宜于生长前期进行 2 ~3 次。束叶有保护花球不受日光照射,使产品色泽洁白、品质鲜嫩的作用。一般于花球形成初期,将植株中心的几片叶子上端束扎,或把中部 1 ~2 片叶折裂覆盖在花球上。

五、病虫害防治

花菜在苗期和大田高温、高湿条件下易发生霜霉病、菌核病、软腐病和菜青虫、小菜蛾、菜螟虫和黄曲条跳甲等虫害。可采用高效低毒、低残留的无公害生物农药进行防治,如 7216 杀虫菌、苏云金杆菌、阿维菌素和抑太保等进行防治。

六、适时收获

秋花菜一般较春花菜的花球大,产量高。当花球长到充分大小时即可收获上市。如果是早熟秋花菜品种,其上市期在 8 ~9 月。此时正值秋菜淡季,市场需求迫切且价格较好,应及时采收上市,以获得较高的经济收入。中晚熟品种的成熟期多在秋末冬初,此时气温较低,花菜生长非常缓慢,可根据市场需求收获期适当提前或延迟。

第五节　夏秋早熟花菜的栽培技术

早熟夏秋花菜品种具有耐热、耐湿、抗病和生育期短的特点,在夏秋季高温高湿条件下花球生长良好,其上市时间在秋淡季,此时菜价高,种植效益好,深受广大菜农欢迎。

一、品种选择

合理选用良种是早熟夏秋花菜高产高效益的物质基础。目前生产上多使用 40 ~55 d 的耐热花菜品种。这类品种主要有如夏雪 40、夏雪 50、新白峰、夏花 6 号、一代金光 50 d、神良 50 d、泰国 40 d、泰国 50 d 等。一般中原一带多选用夏雪 50、新白峰或夏花 6 号,成熟期在 50 ~55 d;长江流域及其以南地区多选用一代金光 50 d、神良 50 d 或泰国 40 d 等,这些品种亦可在中原一带种植,但成熟期较在南方种植有所延迟。

二、适期播种

早熟夏秋花菜品种生育期较短,花球上市集中,恰当安排播种期,使花菜产品上市时间赶在 8 月底至 9 月上中旬,此时蔬菜短缺,花菜产品上市价高,可获得较高的种植效益。如商丘市农林科学院 2004 ~2005 年引进试种的夏雪 40 花菜,于 6 月 20 日播种,7 月 15 日定植,8 月 26 日上市,每亩产花菜 1 760 kg。因此,各地应根据所选用花菜品种的生育期长短,可在 6 月 20 ~30 日进行播种,在此范围内,北方可适当早播,南方可适当晚播。

三、适龄定植

掌握好最佳定植苗龄,是早熟夏秋花菜获得高产的关键。由于这类品种的生育期较短,定植苗龄不可太大。一般日历苗龄 20 ~25 d 即可定植大田。据商丘市农林科学院试验,夏雪 50 花菜的最佳定植苗龄为 21 ~24 d,超过 25 d 可造成减产。2004 年不同苗龄栽培试验结果表明，苗龄 24 d、27 d、30 d、33 d 的产量分别比 21 d 苗龄的减产 0.2%、8.4%、19.8%和 25.6%。其减产的主要原因是苗龄老化，植株后发劲弱，以致造成花球生长发育不良，使产量降低，同时也影响花球的品质。在大田生产上，也时常遇到个别菜农种植的早熟秋花菜株小和花球小的现象，究其原因，主要是苗龄过大，植株老化所致。

四、合理密植

早熟夏秋花菜品种以行株距 50 cm×38 cm，每亩栽培密度 3 500 株为宜。夏雪 50 花菜品种以每亩栽培 3 600 株的产量最高，3 400 株的次之。

五、肥水管理

早熟夏秋花菜品种的肥水管理要点是："施足底肥忌蹲苗，莲座初花肥水攻"。早熟夏秋花菜定植后严禁蹲苗，要大肥大水促进，一促到底，这是栽培成功的关键。以见干见湿为原则，雨后及时排干田间积水，花椰菜整个生长期间保持土壤湿润。在每亩施入 50～60 kg三元复合肥作底肥的情况下，于莲座期、花球初期还要追施 25～30 kg 的尿素，第 1 次追施 40%，第 2 次追施 60%，且保证有足够的水分供应，以促进花球健壮生长。

六、病虫防治与护花

花菜在田间生长期间易受菜青虫和小菜蛾危害，花菜软腐病也时常发生，夏秋季尤为严重。因此，做好病虫害防治工作是保证早熟夏秋花菜丰产丰收、高产高效的保证。

防治菜青虫可在卵孵化盛期选用苏云金杆菌可湿性粉剂进行喷雾防治；在低龄幼虫发生高峰期选用氯氟氰菊酯乳油、联苯菊酯乳油、齐墩螨素等农药交替喷雾。防治小菜蛾可于低龄幼虫期选用氟虫腈悬浮剂、定虫隆乳油、齐墩螨素乳油、苏云金杆菌可湿性粉剂等农药交替使用。防治软腐病应在发病初期选用农用链霉素可溶性粉剂或氢氧化铜等农药喷雾防治。

另外，在花菜花球膨大初期，可将上部叶片束叶或摘下部老叶盖花球，免受阳光直射，以使花球洁白，提高花球品质和商品率。

第六节　露地越冬春花菜的栽培技术

一、选好品种

晚熟露地越冬春花菜品种应选择冬花 240、冬花 2 号等，早熟露地越冬春花菜品种可选择津雪 88、荷兰新雪球等。

二、适宜苗龄越冬

晚熟露地越冬春花菜品种应以较大的植株越冬为宜，要求有 20 片以上的功能叶片，植株生长势强，茎粗壮，叶片大、厚，叶色浓绿。早熟露地越冬春花菜品种适宜越冬的苗龄不宜过大，以 5 片左右叶片越冬为宜，以防苗龄过大通过春化而产生"早花"现象。

三、加强栽培管理

晚熟露地越冬春花菜品种越冬前应加强肥水管理，以形成较大的植株越冬，为年后植株型成硕大花球奠定基础。同时做好病虫防治工作，保护好植株叶片。越冬前浇好越冬水，并培土封根。早春温度回升后应及时浇返青水，并适量增施氮肥，促进花球膨大快长。早熟露地越冬春花菜品种的越冬前管理也应以控为主，与早熟露地越冬春甘蓝相比，播种期应晚 5 ~ 7 d，越冬时生理苗龄应少 1 ~ 2 片叶，年后要加强肥水管理，以促到底。

这里值得一提的是，早熟露地越冬春花菜栽培的自然风险较大，主要是幼苗遇暖冬天气过早春化形成"早花"和遇到过冷年份出现冻死幼苗现象。各地应根据当地生产实际，通过小面积试验成功后再适度发展，不可盲目大面积扩大种植。

第七节　优质松花菜高产栽培技术

一、茬口

(1)秋季栽培。郑州—徐州—西安一线纬度内 6 月 22 日至 7 月 15 日育苗，苗龄 26 ~ 28 d定植。往北适度早播，往南推迟播种。亩栽 2 200 株。

(2)秋延后栽培。郑州—徐州—西安一线纬度内秋季延后栽培，要在温室或大棚保护地条件下实施。播期为 7 月 12 ~ 25 日育苗，苗龄 26 ~ 28 d 定植。于 11 月中旬盖上棚膜。

(3)早春栽培。4 月中下旬因市场稀缺，花菜价格很高，吸引一些有保护条件的农户进行早春栽培。早春栽培的播期为 10 月 18 日至 11 月 20 日，苗龄 45 ~ 50 d，以幼苗长至 5 片叶为准进行定植，亩栽 2 600 株。定植前先上棚膜，12 月 20 日前后搭上二道薄膜，以保安全越冬。

(4)春季栽培。播期为 11 月 20 日至 12 月 8 日，苗龄约 60 d，以幼苗长至 5 片叶为准进行定植，亩栽 2 600 株。

二、合理选用品种

秋栽松花菜定植后的生育期一般在 60 ~ 80 d，属中熟或中晚熟类型。目前生产上推广的品种主要来自台湾和温州选育的品种。如高海拔地区，早熟品种可选用高山宝 55 d 和高山宝 60 d，中熟或中晚熟品种可选用高山宝 65 d 和长胜 80 d。平原地区，早熟品种可选用庆农 45 d 和台松 60 d，中熟或中晚熟品种可选用庆松 65 d、长胜 65 d、长胜 80 d、松布冬。

三、适期播种，培育壮苗

中原地区秋季栽培松花菜，一般于 7 月 15 ~ 25 日播种。由于品种不同，收获期在 11 ~ 12 月。松花菜播种期往往正逢高温及多雨季节，所以要选择地势高燥、排灌方便的地块作苗床。育苗方法可采用常规育苗法或穴盘育苗法。穴盘育苗可选用 72 孔穴盘和市售营养基质。播种深度约 0.5 cm，每穴播 1 ~ 2 粒种子，播后覆盖 1 层基质，浇透水，覆盖遮阳网保湿。夏秋季育苗床要用透光率 50% 的遮阳网覆盖，穴盘育苗时水分管理特别重要，注意穴盘基质水分不能长期过湿或过干。一般苗龄控制在 23 ~ 25 d，移栽前 1 周开始炼苗。

四、适时定植，合理密植

当幼苗 4 ~ 5 片叶、25 d 左右的日历苗龄时即可移栽。根据地力及管理水平情况决定畦宽。一般行距 0.6 m，株距 0.5 ~ 0.6 m，每亩栽植 1 800 ~ 2 200 株。一般早熟品种宜密植，中晚熟品种宜稀植。

五、加强肥水管理

生产田每亩施有机肥 5 000 kg、三元复合肥 50 kg、硼砂 1 kg。追肥分 2 ~ 3 次进行，定植后 10 d 每亩追施尿素 10 kg 左右或腐熟沼气肥 1 500 kg，封行前后（移栽后 1 个月）结合中耕培土每亩追施三元复合肥 40 kg，现球初期每亩追施尿素 15 kg。大雨过后及时排水，防止田间积水，结球期保持土壤湿润。

六、安全用药，综合防治病虫害

松花菜主要病虫害有霜霉病、软腐病、黑腐病和菜青虫、蚜虫、白粉虱、小菜蛾、夜蛾科等害虫。种植者一定要辨明病害种类和虫害取食特点等，有针对性地用药。尽量选择生物农药，减少化学农药用量，严格遵守农药安全间隔期。

七、适时采收

一般松花菜现球后 20 d 左右即可采收。为使花球白净，当花球在 5 cm 大时可采取折叶覆盖或束叶覆盖方法，保护花球不受阳光直晒。待花球充分膨大、周边开始松散时即为鲜食松花菜适宜采收期，脱水加工用花菜收获可以适当延迟。采收时可留 3 ~ 5 片叶以保护花球，避免储运过程中机械损伤或沾染污物。采收后尽快出售，或入 4 ℃左右冷库预冷保鲜。

第八节　绿色食品西兰花安全栽培技术

一、基地选择

西兰花（又名花椰菜、绿菜花、绿花菜、青花菜）生产基地应选择在环境质量符合有机蔬菜产地环境《国家有机食品生产基地考核管理规定（试行）》要求的无污染和生态条件良好的地区。基地选点应远离工矿区和公路铁路干线，避开工业和城市污染源的影响，同时生产基地应具有可持续的生产能力。

二、品种选择

选择抗病、高产、优质的绿禧青花菜、曼陀绿、拉克、优秀、绿吟、里绿、玉冠、上海一号、绿雄90等品种。晚冬早春利用日光温室栽培，应选用优秀、绿吟、里绿、玉冠、上海一号等中早熟品种，从育苗到收获生长期为85～100 d。

三、育苗

(1)苗床准备。选择地势高燥、通风向阳、土层深厚、质地疏松、排水良好的地方设立苗床。播种前充分翻土晒土，结合整地，每亩苗床施入腐熟过筛有机肥5 000 kg，掺匀后整平畦面，表土颗粒应细碎。在整平后的畦面上均匀填上10 cm厚的营养土，营养土的配制为：非十字花科园土与腐熟的有机肥按7:3的比例混合，在每立方米混合土中加草木灰15 kg，混合好过筛，均匀撒在畦面上。

(2)浸种催芽。春季用30～40 ℃的温水浸泡2～3 h，洗净，在20～25 ℃条件下催芽，1～2 d后种子露白即可播种。秋季不用育苗，可干籽直接播种。

(3)播种方法。播前浇足底水，使床土湿透15～20 cm。播种时先用筢子把整平的畦面搂成间距大约5 cm的浅沟，将种子捻种在浅沟内，覆盖上0.5 cm厚的过筛细土即可。春季播种后搭上拱棚盖膜，同时密闭大棚，使苗床温度昼夜保持25 ℃以上，以利幼苗尽快出土；秋季播种后也要搭上拱棚盖膜，同时加盖防虫网，密闭拱棚，24 h后两头通风降温，幼苗全部出土后撤下，遇雨盖膜，雨停揭膜，防止幼苗被大雨冲倒。

(4)苗期管理。春季育苗：在第一片真叶显露前，应将小拱棚进行通风，防止幼苗徒长，开始通风量要小，以后逐渐加大，使苗床温度白天保持在20 ℃左右，夜间10 ℃左右。秋季育苗：幼苗长到二叶一心时，拔去老弱病残苗，进行分苗，并在长出一片真叶时浇水，以后隔3～4 d浇一次水，保持苗床湿润，长到4～5片真叶时，准备定植。

四、精细整地、施足基肥

定植前及时清除田间残枝及杂草，亩施优质腐熟有机肥4 000～5 000 kg或饼肥100～150 kg，混合施入，深翻整平，浇足底水。

五、适时定植，合理密植

当幼苗长至6片叶时，即可定植。春季定植：一般行距50～60 cm，株距40～50 cm，每亩定植2 000～2 500株；秋季定植：一般行距70 cm，株距40～50 cm，每亩定植1 800～2 000株。温室栽培的，施肥整地后，粑平做垄，通常垄宽1.0～1.2 m，按株行距50 cm×45 cm，每垄栽2行，每亩定植3 000株左右。定植要选健壮、整齐的苗子，大坨移栽，尽量少伤根，土坨略高于地面。春季采用地膜覆盖，以提高地温，促进缓苗；秋季定植后要及时浇定根水。

六、田间管理

(1)查苗补苗。缓苗后要及时查苗补苗，保证苗全苗齐。

(2)划锄。秋季栽培中,封垄前每次浇水或雨后要及时划锄,既能防止土壤板结,又能起到保墒、除草、促进根系生长的作用,封垄后不再划锄。

(3)追肥浇水。缓苗后立即追第一次肥,顶花蕾出现后追第二次肥,每亩追施 500 ~ 700 kg 稀粪,追肥后立即浇水。顶花蕾形成前适当控制浇水,花球直径 2 ~ 3 cm 后及时浇水,采收前 7 d 停止浇水。

(4)温室定植后,为促其缓苗,可 4 ~ 5 d 不放风。缓苗之后,逐渐由小到大放风,白天温度保持在 15 ~ 20 ℃,夜晚 5 ~ 10 ℃,使温室内的青花菜既有合适的生长环境,又不致透受冻害。在揭去温室薄膜的前 5 d,妥逐渐加大放风口,使幼苗逐渐适应外界的低温环境。在定植后 30 d 即可撤去塑料薄膜。

七、病虫防治

按照"预防为主,综合防治"的方针,采用农业防治、物理防治、生物防治、科学用药等措施,达到防控青花菜病虫害的目的。

(一)病虫种类

西兰花常见病害有猝倒病、立枯病、黑腐病,虫害主要有蚜虫、菜青虫、小菜蛾。

(二)防治方法

(1)优先采用农业措施。通过选用抗病虫品种,非化学药剂种子处理,培育壮苗,加强栽培管理,中耕除草,秋季深翻晒土,清洁田园,轮作换间作套种等一系列措施,起到防治病虫草害的作用。同时还应尽量利用机械捕捉害虫,机械和人工除草等措施,防除病虫草害。

(2)物理措施。①色板诱杀:用于病虫害防治时,每亩用色板:大型(30 m × 25 cm)15 ~ 20 片,中型(20 cm × 25 cm)30 ~ 40 片,也可根据虫情增加或减少。用于监测时,每亩标准棚悬挂 5 片。悬挂高度建议距离顶端 15 ~ 30 cm。②灯光诱杀:采用频振式杀虫灯,每亩适宜挂 1 盏杀虫灯。太阳能杀虫灯应集中大面积连片使用,在光源充足的情况下单灯控害面积推荐 1.0 ~ 1.7 hm^2,在光源相对较少的地方单灯控害面积推荐 1 334 ~ 1 801 m^2。挂灯高度 80 ~ 100 cm,最佳开灯时间段 19:00 ~ 24:00。③有条件的基地可使用 25 ~ 30 目的防虫网隔离,单个网室面积 2 000 m^2 以下。④性诱剂诱杀:一般每亩设置 1 个斜纹夜蛾专用诱捕器,每个诱捕器内放置斜纹夜蛾性诱剂 1 粒;每亩设置 1 个甜菜夜蛾专用诱捕器,每个诱捕器内放置性诱剂 1 粒;每亩设置 3 ~ 5 粒小菜蛾性诱剂,可用纸质粘胶或水盆作诱捕器(保持水面高度,使其距离诱芯 1 cm)。斜纹夜蛾、甜菜夜蛾等体型较大的害虫专用诱捕器底部距离青花菜顶部 20 ~ 30 cm,小菜蛾诱捕器底部应靠近青花菜顶部,距离顶部 10 cm。⑤饵料诱杀:用敌百虫制成毒饵,可防治地老虎、蝼蛄等地下害虫。⑥高温闷棚:温室栽培的,将未腐熟有机肥料如牛粪、菇渣、切碎的秸秆等按 1 ~ 2 t/亩用量施入土壤中,并均匀撒施石灰氮 30 ~ 60 kg/亩,翻耕 2 ~ 3 遍,翻耕 25 ~ 30 cm。大棚内大量浇水,使土壤达到田间持水量的 70% 左右最佳,盖上地膜。封闭温室风口,使 20 cm 处的地温保持在 50 ℃以上,闷棚 25 d 以上。闷棚完成后,通风或晾晒 1 ~ 2 d,然后可移栽青花菜。

(3)生物防控。利用天敌充分发挥瓢虫、草蛉、食蚜蝇、寄生蜂、白僵菌等对害虫的控制作用。目前,在当地使用的生物农药主要有甜核·苏云金杆菌、夜蛾类核型多角体病毒、乙基多杀菌素和苦参碱等,主要防治菜青虫、小菜蛾、甜菜夜蛾、斜纹夜蛾和蚜虫等。

(4)特殊情况下,必须使用农药时,应遵守以下准则:必须是有机食品生产中允许使用的资料农药类产品(见表23-1),在有机食品生产资料农药类不能满足植保工作需要的情况下,可试用以下农药:①中等毒性以下植物源杀虫剂、杀菌剂、拒避剂和增效剂,如除虫菊素、鱼藤酮、烟草水、大蒜素、苦楝、川楝、印楝、芝麻素等。②释放寄生性捕食性天敌动物,昆虫、捕食螨、蜘蛛及昆虫病原线虫等。③在害虫捕捉其中食用昆虫信息素及植物源引诱剂。④可以使用矿物油和植物油制剂以及矿物元农药中的硫制剂、铜制剂。⑤经专门机构核准,允许有限度地使用活体微生物农药,如真菌制剂、细菌性制剂、病毒制剂、放线菌、拮抗菌剂、昆虫病原线虫、原虫等。

表23-1　青花菜主要病虫害及绿色防控推荐农药

病虫害名称	推荐农药	有效成分含量	剂型	每亩用量或稀释倍数	使用方法
猝倒病	甲霜·噁霉灵	3%	水剂	3 000 倍	喷雾
立枯病	乙蒜素	80%	乳油	1 000 倍	喷雾
黑腐病	络氨铜	14%	水剂	400 倍	喷雾
霜霉病	氢氧化铜	77%	可湿性粉剂	500 倍	喷雾
	井冈霉素	20%	可溶性粉剂	500～1 000 倍	喷雾
	春雷霉素	6%	可湿性粉剂	500～800 倍	喷雾
灰霉病	木霉病	3 亿 CFU/g	粉剂	500～800 倍	喷雾
	武夷霉素	2%	水剂	100 倍	喷雾
	丁子香酚	0.30%	可溶性液剂	500～800 倍	喷雾
枯萎病	多菌灵	12.50%	可溶性粉剂	200～300 倍	灌根
	噁霉灵	80%	可湿性粉剂	4 000～5 000 倍	灌根
菌核病	木霉菌	2×10^8 孢子/g	可湿性粉剂	200～300 倍	喷雾
	嗜热侧孢霉	2×10^8 孢子/g	可湿性粉剂	100～200 倍	喷雾
	多黏类芽孢杆菌	10×10^8 孢子/g	可湿性粉剂	100～200 倍	喷雾
软腐病	春雷霉素	2%	水剂	400～750 倍	喷雾
细菌性斑点病	络氨铜	25%	水剂	300～500 倍	喷雾
细菌性角斑病	氢氧化铜	56%	水分散微粒剂	500～700 倍	喷雾或灌根
病毒病	宁南霉素	2%	粉剂	200 倍	喷雾
	寡糖·链蛋白	12%	可湿性粉剂	1 000 倍	喷雾
小菜蛾	阿维菌素	1.80%	乳油	2 000～3 000 倍	喷雾
	茚虫威	15%	悬浮剂	3 000～4 000 倍	喷雾

续表 23-1

病虫害名称	推荐农药	有效成分含量	剂型	每亩用量或稀释倍数	使用方法
菜青虫	乙基多杀菌素	60 g/L	悬浮剂	1 000～2 000 倍	喷雾
	多杀菌素	25 g/L	悬浮剂	1 000～2 000 倍	喷雾
斜纹夜蛾	斜纹夜蛾核型多角体病毒	200 亿 PIB/g	水分散粒剂	5 000 倍	喷雾
	苏云金杆菌	1 600 IU/ mg	可湿性粉剂	800 倍	喷雾
甜菜夜蛾	甜菜夜蛾核型多角体病毒	300 亿 PIB/ g	水分散粒剂	5 000 倍	喷雾
	苏云金杆菌	3 200 IU/ mg	可湿性粉剂	500～800 倍	喷雾
	多杀霉素	25 g/L	悬浮剂	150～250 倍	喷雾
蚜虫	鱼藤酮	2.50%	乳油	700～800 倍	喷雾
	印楝素	0.30%	乳油	800～1 200 倍	喷雾
地老虎	苦参碱	0.20%	水剂	36～54 mL	灌根
蝼蛄	鱼藤酮	2.50%	乳油	700～800 倍	灌根
蛴螬	绿僵菌	23 亿～28 亿活孢子/g	粉剂	2 kg	撒施

禁止使用有机合成的化学杀虫剂、杀螨剂、杀菌剂、杀线虫剂、除草剂和植物生长调节剂，以及一些基因工程品种(产品)及制剂。

八、适期采收

当花蕾充分长成，紧实，花蕾大，颜色绿，花球尚未松散时，要及时采收。采收时花球下面要保留 3～4 片嫩叶，保护花球不受污染和损伤。

九、生产档案

建立生产档案，详细记录地块、产地环境、品种及来源、肥水管理、病虫害防治措施、收获等信息，并保存 2 年以上。

第二十四章　萝　卜

第一节　概　述

一、萝卜的营养

萝卜又称莱菔，为十字花科一、二年生草本植物。我国栽培的萝卜，原产我国，称中国萝卜。欧美栽培的小萝卜，称四季萝卜。萝卜营养丰富，每 100 g 食用部分含蛋白质 0.6 ~1 g、碳水化合物5.7 ~6.6 g、钙44 ~61 mg、磷28 ~40 mg、铁0.5 ~0.7 mg、胡萝卜素 0.01 ~0.02 mg、维生素 B1 0.03 ~0.04 mg、维生素 B2 0.01 ~0.02 mg、尼克酸 0.3 ~0.8 mg、维生素 C 19 ~34 mg。萝卜不仅营养丰富，而且还有很高的药用价值，具有祛痰、消积、定喘、利尿、止泻等功效。萝卜在我国栽培历史悠久，分布广，面积大，产量高，耐储藏，管理简便省工，供应期长，是北方冬季、春季的主要蔬菜之一。

二、生物学特性

萝卜是半耐寒性蔬菜，生长的温度范围为 5 ~25 ℃，生长适温在 20 ℃左右。气温高于 25 ℃时，植株生长衰弱，6 ℃以下时生长缓慢。种子在 2 ~3 ℃温度条件下就可以发芽，但其适宜温度是 20 ~25 ℃，幼苗生长的适温是 15 ~20 ℃，肉质根膨大适温为 18 ~20 ℃；肉质根膨大盛期所需昼夜温差为 7 ~12 ℃；肉质根受冻温度 -2 ~ -1 ℃。播种到收获总需 6 ℃以上有效积温 1 400 ~1 700 ℃。

萝卜属中等光照强度的蔬菜，在叶片生长盛期和肉质根生长盛期，充足的光照有利于光合作用的进行，提高产量和品质。萝卜光补偿点为 600 lx，光饱和点为 25 000 lx。萝卜一生需水较多，但不同的生育阶段有异。苗期最适土壤含水量为 16% ~18%，肉质根膨大期最适土壤含水量为 18% ~22%。

萝卜对土壤的适应性很广，但以土层深厚、富含有机质、排水良好、疏松透气的沙壤土为好。黏重的土壤比较适于栽植直根、入土很浅的品种。萝卜在适宜的土壤中生长，肉质根肥大，形状端正，外皮光滑，品质好。耕层过浅或土质过于黏重，或土层中的石砾较多，容易产生畸形根，商品性差。适宜的土壤 pH 为 5.5 ~7。据生产测定，每生产 1 000 kg 肉质根需从土壤中吸收氮 4 ~6 kg、磷 0.5 ~1 kg、钾 6 ~8 kg、钙 2.5 kg、镁 0.5 kg、硫 1 kg。选择富钾地块和增施钾肥有利于提高品质。另外，萝卜对硼素比较敏感，在肉质根膨大前期和盛期采用叶面喷施硼肥，可有效提高萝卜的品质。

第二节　萝卜主要品种及特点

(1)平丰五号。平顶山市农业科学院蔬菜研究中心选育。植株较直立,生长势强,叶片花叶型,浅绿色,叶片数 17.97 片,株高 59.02 cm,开展度 79.14 cm×76.18 cm,肉质根长圆柱形,露根率为 71.67%,地上部皮色绿色,根肉淡青色,肉质脆,有甜味,微辣;生 育期 85～90 d;种子千粒重 16.1 g,平均单根重 1.57 kg,平均亩产量 6 290.46 kg/亩。水分含量 91.6%,蛋白质 0.75 g/100 g,维生素 C 含量 20.89 mg/100 g,总糖 4.42%,粗纤维 0.6%;抗霜霉病、病毒病和黑腐病。综合性状表现优良,适宜河南省秋季露地栽培。

(2)绿玉萝卜。郑州市蔬菜所以豫萝卜一号(791)和洛阳露头青 90－1 杂交后系统选育而成。生育期 80～85 d。植株半直立,生长势强;叶片花叶、深亮绿色,叶片数 15.46 片,株高 49.00 cm,开展度 71.18 cm×66.73 cm。肉质根中长圆柱形,根长 20.90～23.42 cm,横径 8.25～8.82 cm,露根率为 79.72%,表皮光滑,皮色绿,肉色青绿色,肉质脆、稍甜多汁,生熟食兼用。抗病性强,抗霜霉病、病毒病和黑腐病,商品性优,综合性状表现优良,平均单根质量 1.55 kg。

(3)潍县青。山东潍坊市地方品种。肉质根长圆筒形,尾部稍弯,一般长 22～30 cm,直径 6～7 cm,皮翠绿色附白锈,肉绿色,组织致密,耐储藏。经储藏后,汁多味甜,为著名的水果萝卜。生长期 90 d 左右,一般亩产 2 500～3 000 kg。

(4)天正萝卜 14 号。山东省农业科学院蔬菜研究所选育。春萝卜品种。生长期 60 d 左右。叶丛半直立,羽状裂叶,叶色深绿,单株叶片 20～22 片。肉质根圆柱形,入土部分约占根长的 2/5,白皮白肉,脆甜多汁。单株肉质根重 1.5 kg,根叶比为 3 左右。微辣,风味好,生熟食兼用。不易抽薹。3 月底至 4 月初生茬地施足基肥,起垄点播,行距 50 cm,株距 33 cm。

(5)西星萝卜 6 号。山东登海种业股份有限公司西由种子分公司选育。秋萝卜品种。生长期 75 d。植株生长势强,生长速度快,羽状裂叶,叶色深绿,叶片数 14 片左右。肉质根长圆柱形,表皮绿色,入土较深,约占 2/5,平均单株重 1.8 kg。肉浅绿色,品质脆甜。生熟食兼用。耐储藏性中等。7 月初至 8 月中旬生茬地施足基肥,起垄点播,行距 50 cm,株距 33 cm。作冬储可在 8 月 15 日后播种,立冬至小雪收获。

(6)郑禧 991 萝卜。郑州市蔬菜研究所新育成的青皮水果萝卜品种,短粗圆柱形,并且表皮亮绿光滑,无根痕,根尾圆形,肉色青绿,地上绿色部分占总根长 80% 以上,入土浅。生食口感脆而多汁,微甜,后味清香,无渣,可媲美水果。比天津沙窝和山东潍县青萝卜外观形状好,商品性优良,肉细,水分多,更脆更甜,收获后即可生食。

(7)天正秋红 1 号。山东鲁蔬种业有限责任公司选育。秋萝卜品种。生长期约 75 d。植株生长势强,叶簇半直立,羽状裂叶,叶片绿色,叶柄浅红色,成株叶片 15 片左右。肉质根圆柱形,入土部分占根长的 1/4～1/3,平均单根重 1.6 kg,根叶比 3.6。红皮白肉,表皮光滑,根痕小。质地细嫩,适于熟食。耐储性较好。施足基肥,起垄穴播,行距 60 cm,株距 30 cm。8 月 15～20 日露地直播,定苗时追施一次有机肥或复合肥,随即扶垄浇水一次。忌重茬,生长前期注意防治蚜虫,生长后期注意防治霜霉病。冬储于立冬至小雪收获。

(8)夏速生。山东省农业科学院蔬菜研究所选育的春夏秋全能型一代杂交萝卜种,该品种商品性状好,汁多,口感好,生食、熟食均可。特别是该品种极耐热,生长速度快,作越夏栽培,可取得较高的经济效益。该品种生长期 55 d 左右,肉质根呈圆柱形,顶部钝圆,长 40 cm 左右,单根重 600 ~ 800 g,重的可达 1 000 g,白皮白肉,高产抗病。

(9)绿宝。植株直立,叶丛较小,圆柱形,长 35 ~ 40 cm,直径 8 ~ 10 cm,入土部分很少为白色,地上部分为绿色,表面光滑美观,肉色翠绿,生食脆甜,冬储不易糠心,生育期 80 d 左右,亩产量 6 000 ~ 8 000 kg。

(10)白玉一号。草姿半立形,花叶,叶片短,叶数少。根形收尾快,顺直,表皮白、光滑,中厚皮,韧性好。根长 23 ~ 33 cm,横径 7 ~ 9 cm。耐低温能力较好,适宜春、秋种植。

(11)新优 1 号。该品种适应性强,生长旺盛,叶簇半直立,叶片浓绿色,叶柄及主脉均为绿色,肉质根圆柱形,上部外露部分为绿色,下部为白色,表皮光滑,单株重一般 3 kg 左右,且商品性状好,市场易销,深受消费者喜爱。河南地区 7 月下旬前后播种,行播、穴播均可,行距 50 cm 左右,株距 30 ~ 40 cm,适时田间管理,确保丰产丰收。亩产 6 000 kg,高产可达 10 000 kg。

(12)富帅二号。草姿半立形,花叶。根形顺直、均匀,表皮全白,光滑,收尾好。根长 26 ~ 37 cm,横径 6 ~ 8 cm。皮厚而有韧性,不易断、裂。耐低温能力一般,避开低温期种植。

(13)富美三号。叶片为板叶兼花叶型,后期花叶明显,半直立。生长速度快,播种后 55 d 左右收获。根形好,上下顺直,圆柱形,根长 25 ~ 31 cm。根皮光滑,厚而有韧性,不易断、裂,耐储运。耐暑及耐湿性强。

(14)绿富士三号。青首萝卜品种,根形顺直,近圆柱形。青首比例 1/2 左右,下部洁白,表皮光滑,外观漂亮,商品性好。根长 23 ~ 28 cm,横径 8 ~ 11 cm,收尾好。适宜夏、秋栽培。

(15)超级绿美人。优质秋萝卜品种,生育期 95 d 左右,根形纺锤状,皮色翠绿,光滑有光泽,肉浅绿色,口感脆甜,微带辣味,青多白少,商品性极佳。生食、熟食、加工皆宜,管理简便,适应性强,全国各地均可栽培。

(16)中大 791。秋萝卜品种,生长势强,生育期 90 ~ 100 d,前期地上部生长迅速,后期根部膨大速度快。根形美观,青皮绿肉,表皮光亮,青多白少,口感脆甜,商品性极佳,生食、熟食均可,适应性强,全国各地均表现优秀。秋播种期在 8 月 15 日前后。在河南及周边地区可用于春播,需引种试种成功后方可大面积推广。

(17)翠玉。生长势强,高抗病,根长 22 ~ 30 cm,比 791 萝卜长 20% ~ 30%,根粗 10 ~ 15 cm,它继承了 791 萝卜表皮光滑、皮色亮绿、口感脆甜的突出优点,同时由于其根形为短圆柱形,形状规则,商品性状更加优秀,特别易于袋装,适合长途运输,供应城市市场。

(18)两尺绿。秋冬型大根萝卜新品种,肉质根圆柱形,地上部分皮色翠绿光亮,入土部分乳白,根痕浅,单根长 65 cm 以上,重 3 kg 左右,亩产可达 6 000 kg 以上。高抗病毒病、霜霉病、黑腐病和软腐病,耐热。根柱肉质细密,品质脆嫩,适宜生食、煎炒、腌制和晒干等。

(19)竹叶青。绿皮长形萝卜新品种,生育期90 d左右,植株生长健壮,株型紧凑,抗病性强。根柱长圆柱形,根皮翠绿,根痕浅,肉质根3/4露出地面,单根重2 kg,一般亩产5 000 kg以上。

(20)郑研大青。长形萝卜新品种,株型紧凑,叶片绿色,羽状花叶,肉质根长圆柱形,皮色青绿,根痕浅,地上部占总根长的60%以上。单根重1~1.5 kg,大者可达3.0 kg以上,一般亩产5 000 kg以上。抗病、优质 ,适于生食、熟食、腌渍、晒干等,适合全国各地种植。

(21)韩将军。优良韩国新品种。耐抽薹,抗病能力强,产量高。植株生长旺盛,采收期长,整齐度好。不易糠心,口感好,须根及裂根发生少。播种后60 d左右可收货,根长43~48 cm,根茎7~8 cm,根重1.5~2 kg。根型更长,商品性更佳。适宜保护地和露地栽培。

(22)白玉春。系从韩国引进品种, 全生育期60 d左右。该品种叶色深绿, 花叶有茸毛;根白色,长圆筒形,一般单根重1 kg左右。其耐寒、冬性强;不易抽苔和空心,肉质脆嫩,品质佳。

(23)特新白玉春。韩国BIO株式会社制种的萝卜品种,北京世农种苗有限公司引进。该品种株型、品质皆有别于白玉春和新白玉春,是肉质致密型萝卜中的佳品,因其适应性广、生长速度快、产量高、商品性好,近年来推广很快。叶簇开张,长势中等,株高42 cm,株幅70 cm。花叶、叶色浓绿亮泽,叶片21张,叶长47 cm。肉质根无颈,直筒形,长36 cm、横径7.8 cm,侧根细,根孔浅,外表光滑细腻,白皮白肉,肉质致密、较甜、口感鲜美,单根重1.2~1.5 kg,最大4.6 kg。生长期中等,春、夏、秋栽培播后35 d肉质根开始膨大,52~80 d采收,冬播春收90~140 d,每亩产量5 000 kg。

第三节　萝卜种植管理技术

一、茬口安排及品种选择

萝卜根深叶茂,吸肥力强,需肥量较大。也比较容易感染病虫害。生产上应尽量避免与十字花科作物连作,更不能与萝卜重茬。最好选土豆茬、四季豆茬、黄瓜茬、葱蒜茬的沙壤土地,如果是辣椒、番茄、冬瓜、南瓜、茄子、豇豆茬,以及常种十字花科蔬菜的地块,种萝卜前最好歇地30 d,并且施高含钾的复合肥。萝卜商品性表现为沙壤土 > 壤土 > 黏土地。

种植春萝卜一定要选择耐寒、冬性强、不易抽薹、早熟速生的品种,以便早种早收,夺取高产高效。可选用白玉春、新白玉春、韩雪、将军、象牙白、长春大根、富春大根,日本的天春大根、大棚大根等。春茬保护地栽培播种期一般在2月初至4月下旬播种,5~7月收获。

春露地萝卜播期一般为3月中下旬至5月上旬,7~8月收获。北方不适合大型萝卜的生长,易出现未熟抽薹(春季栽培的萝卜,肉质根还未充分膨大,就出现抽薹开花的现象)、糠心等问题,造成产量较低、品质下降。因此,春季只栽培一些小型的四季萝卜品种。目前,各地较多选择春白玉、白玉春、春萝卜 9646 和长春大根等品种,其综合性状优秀,是比较安全的选择。

露地秋萝卜是萝卜栽培的主要茬口,栽培量大,产量高,产品质量好。秋萝卜播期一般为 7 月下旬至 8 月中旬,10 月中旬至 11 月上旬收获,可选郑研 791、郑研地黄缨、平丰五号、两尺绿、竹叶青、郑研大青、郑研大青等大中型品种。

水果萝卜比正常秋萝卜播期适当晚播,可选择郑禧 991、翠玉、绿宝及杂交水果萝卜。郑禧 991 短粗圆柱形,翠玉和杂交萝卜中圆柱形,绿宝短圆柱形,萝卜表皮亮绿光滑,无根痕,根尾圆形,肉色青绿,地上绿色部分占总根长的 80% 以上,入土浅。生食口感脆而多汁,微甜,后味清香,无渣,可媲美水果。

二、整地施肥

萝卜生育期短、产量高,需肥多而集中,所以精细整地和施足底肥非常重要。土壤以沙壤地或沙地为好,播种前深翻地 2 ~ 3 次,深度应不低于 20 cm,翻地同时拾净田间石块、瓦砾、残株和杂草,深耕灭茬晒垡,然后整平、耙细、耙透,做到没有明暗坷垃,再进行起垄,以南北向为宜,垄距 60 cm 左右。耕地浅,耙不透,有坷垃、砾石,对萝卜的质量影响很大,容易造成萝卜长度不够,分杈多。施肥以基肥为主,一般每亩施入腐熟的有机肥 3 000 ~ 5 000 kg、尿素 10 ~ 15 kg、磷酸二铵 10 ~ 15 kg、硫酸钾 15 ~ 30 kg,或者三元复合肥 50 kg。有机肥未完全腐熟或集中施肥,容易损伤主根,地下害虫增多,萝卜极易形成分杈,成畸形根,影响商品性。如果用滴灌,每 1.1 m 做一宽畦,畦上种两行,株距 17 ~ 20 cm,滴灌管放在高畦上两行萝卜中间。

三、精细播种,培育壮苗

播种时间:正常播种秋萝卜时间为立秋后到处暑,一般在 8 月中下旬进行;水果萝卜比正常播期适当晚播,要避开高温,芥辣味会降低,应于每年白露后播种,8 月底至 9 月上旬播种,9 月 8 ~ 10 日播种最佳,生长期 75 d,11 月中下旬收获,这样形状才能完全长成,根尾呈圆形,商品性优良,口感极好。单根质量在 0.5 ~ 0.75 kg,比较均匀,适合装箱并作为水果萝卜生食。如果早播,萝卜苦辣味稍重;如果晚播,形状不能完全形成,尾部尖,商品性不好。

穴播和条播均可。夏秋萝卜一般是垄上单行种植。垄距也就是行距 60 cm 左右,株距 25 ~ 27 cm,每亩播种量 300 ~ 500 g,留苗 4 000 株左右。采用穴播的,每穴 2 粒种子,播深 1.5 ~ 2 cm。条播的,在垄上开浅沟,把种子均匀地撒在浅沟内。

为降低成本和避免畸形根的发生,春萝卜一般采用穴播。播前浇足底水,播后可覆盖地膜保温。每畦播两行,行距 0.35 m、穴距 0.20 m,每穴播种 1 或 2 粒。每亩播种 6 500 穴以上,每亩用种量 75 ~ 100 g,避免播种太稀而受阳光直射产生青头。

为防止地下害虫为害,播种前每亩可用敌百虫 0.5 kg 加 5 kg 麦麸(最好炒熟)均匀撒在沟内,然后覆土。

足墒播种,出苗前后要小水勤浇,保持土壤湿润,以保全苗。播后 2 ~ 3 d 即可出苗。当幼苗长到 4 ~ 5 片真叶时,及时间苗、定苗,每穴留 1 株符合品种特征的健壮苗。

四、田间管理

萝卜封垄前要适时中耕除草,保持土壤疏松,促进正常生长。垄面塌了,应及时培土。萝卜苗期需水量不大,但干旱时应及时浇水,保持表层土壤湿润,切忌大水漫灌。

出苗到破肚,这一时期以长叶为主,一般不施肥,少浇水,适当蹲苗,利于肉质根扎根,适当控水,保持地面见干见湿,防止萝卜叶生长过旺、萝卜头太大,影响商品性。萝卜破肚期定苗后可结合浇水,每亩施尿素 5 ~10 kg。肉质根膨大初期每亩施尿素 3 ~5 kg、硫酸钾 5 ~10 kg。

地膜春萝卜在播后 4 ~5 d 即可出苗,出苗后萝卜子叶平展时要及时破膜放苗,用小刀或竹签在膜上划一个"十"字形开口,放出萝卜苗后立即用细土封口。在萝卜幼苗长至 2 或 3 叶期进行间苗、查苗,对缺苗的地方及时移苗补栽,保证每穴一株壮苗,不重苗不缺苗。播种后 20 d 左右萝卜肉质根开始膨大。春萝卜在播种时一次浇足底水后尽量少浇水,畦面发白时可用小水串沟,切忌频繁补水和大水漫畦,以防降低地温。

破肚到露肩,这一时期萝卜根生长速度加快,保持土壤见干见湿。应适当控制地上部生长,地不干不浇水,地发白时再浇水。肉质根生长盛期应加强水肥管理,保证地皮不干,浇水要小水勤浇,早晚浇水,以灌跑马水为好,保持土壤田间持水量 70% ~80%,空气湿度 80% ~90%,这样肉质根膨大快、品质好。如遇大雨,要及时排水,防止积水沤根。对土壤肥力较低、长势较差的地块,可适当追肥。

在萝卜播种后 30 d 左右,萝卜露肩时每亩追施三元复合肥 15 kg,对水成 1% 浓度后浇施。在萝卜播后 45 d 肉质根膨大盛期每亩再施 20 kg 复合肥。生长中后期的水分管理以地表见干见湿为好,土壤湿度过大,肉质根会出现开裂或表皮粗糙等现象。建议在萝卜收获前 1 周停止肥水供应。

五、萝卜劣质根发生原因及防止措施

(1)裂根。裂根有纵裂、横裂、龟裂 3 种类型。主要原因是土壤水分供应不均。防止措施:在整个生长期土壤供水要均匀,防止根组织老化。特别是即将采收时,要防止大量供水,保持土壤湿润即可。

(2)畸形根。主要是因弱光、高温或前期缺肥水,而后期肥水条件改善引起的。防止措施:密度要合理,最好采用穴播,1 穴定植 1 棵苗。撒播、条播的一定要及时间苗,冬季温度较低,可适当密植。夏季高温季节,要适当稀植。整地做畦时,要耙细、耙平土壤,捡除石块等坚硬物体。

(3)糠心。糠心与品种及栽培条件有关。早熟且生长速度过快的品种易发生糠心。土壤缺水缺肥,加上高温条件易发生糠心,未及时采收或采收后长时间存放在 15 ℃以上温度条件下也易发生糠心。防止措施:选用不易糠心品种,保持水肥均衡供应,及时通风降温,适时采收,尽快出售,或在 0 ~5 ℃条件下储存,用塑料袋包装,防止失水。

(4)辣味太浓。根辣味太浓与高温、干旱、病虫害及机械损伤有关。防止措施:创造适宜的温、湿度条件,土壤供水要均匀,及时防治病虫害,避免肉质根机械损伤。

六、病虫害防治

(1)病毒病。发病初期,可用植病灵1 000倍液,或病毒A500倍液,或20%病毒净400~600倍液喷雾。一般苗期每7~10 d喷一次,连喷3~4次。

(2)软腐病。及时防治地下害虫。发病严重的地块,在根际周围撒石灰粉,每亩撒60 kg,可防止病害流行。发病初期,可选用14%络氨铜水剂300倍液,或77%可杀得1 000倍液,或4%农抗120水剂300~400倍液,或90%新植霉素可溶性粉剂5 000倍液进行喷雾或灌根,药剂提倡轮换交替或复配使用,每7~10 d一次,连续2~3次。

(3)黑斑病。一是适当晚播。二是发现病株及时清理,深埋或烧毁。三是药剂防治。发病初期可用75%百菌清可湿性粉剂600倍液,或50%异菌脲可湿性粉剂1 000倍液,或50%腐霉利可湿性粉剂1 500倍液,或58%甲霜灵·锰锌可湿性粉剂500倍液,交替喷雾,每隔7~10 d喷一次,连喷2~3次。

(4)霜霉病。发病初期可选用25%吡唑醚菌酯乳油1 500~2 000倍液,或72%霜脲·锰锌可湿性粉剂500~700倍液,或69%安克锰锌可湿性粉剂或水分散粒剂1 000倍液,或72.2%霉霜威盐酸盐水剂600~800倍液+50%克菌丹可湿性粉剂500~700倍液,或50%烯酰吗啉可湿性粉剂1 000~1 500倍液+70%丙森锌可湿性粉剂600倍液,喷雾全株,根据病情发展情况,可间隔5~7 d一次,连续施用2~4次。

(5)菜粉蝶。在幼龄期及时喷药。常用的药剂有32 000 IU/mg苏云杆金杆菌可湿性粉剂500~1 000倍液,或2.5%多杀霉素悬浮剂(菜喜)40~50 mL/亩,或BT乳剂用药100 g/亩,或20%灭幼脲1号悬浮剂2 000倍液,或4.5%高效氯氰菊酯乳油2 500倍液,或5%氟虫腈悬浮剂2 500倍液交替使用,每5~7 d喷一次,连喷2~3次。

(6)菜蛾。可用灯光、性诱蛾剂诱杀。在1~2龄幼虫发生养分期,可用5%定虫隆(抑太保)乳油2 000倍液,2.5%多杀菌素胶悬剂1 000倍液,或5%氟虫脲乳油2 000~2 500倍液,或5%氟啶脲乳油2 000~2 500倍液,或Bt 500~1 000倍液,或90%敌百虫晶体800倍液,或2.5%溴氰菊酯乳油6 000~8 000倍液,或杀螟杆菌800~1 000倍液,交替使用,每5~7 d喷一次,连喷2~3次。

(7)菜蚜。可用银灰色膜避蚜,可用10%烯啶虫胺可溶性液剂或10%水剂2 000~3 000倍液、25%噻虫嗪水分散粒剂10~15 g/亩对水30~45 kg均匀喷雾,50%抗蚜威可湿性粉剂20~30 g/亩对水30~45 kg均匀喷雾,或5%氟虫腈悬浮剂2 500倍液,交替使用。保护地栽培可用22%敌敌畏烟剂0.5 kg/亩熏烟防治。

(8)甘蓝夜蛾。秋季深翻土地,可杀死部分越冬蛹。在卵期可释放赤眼蜂,每100 m^2释放2 000~3 000只,每5 d一次,共放2~3次,可消灭虫卵。亦可用300~500倍的杀螟杆菌粉的喷雾。发生初期,可用5%定虫隆(抑太保)乳油,或20%灭幼脲1号悬浮剂500~1 000倍液,或50%辛硫磷乳油1 000~1 500倍液,叶面喷雾,交替使用,每7~10 d喷雾1次。

(9)地老虎或蝼蛄。出苗时发现有地老虎或蝼蛄咬断苗,可采用90%敌百虫晶体75 g与5 kg麦麸制成毒饵,敌百虫用温水少量化开,炒香麸拌敌百虫,搅拌均匀,撒到苗旁,注意不要撒到苗上,以防烧苗。

七、采收

采收前 7 d 停止浇水，利于萝卜采收和储藏。肉质根基部已圆，可根据市场行情分批采收个体较大的上市。一般在 10 月下旬至 11 月中旬进行收获，品质佳，最低气温 -3 ℃强寒流前一定要收获完，防止冻害发生。采收时要用力均匀，防止拔断。收获后挑出外表光滑、条形匀称、无病虫害、无分杈、无斑点、无霉烂、无机械伤萝卜，去掉大部分叶片，只保留根头部 5 cm 的茎叶，以利保鲜。精选后的萝卜要及时清洗。洗净的萝卜放在阴凉处晾干，然后上市销售，或送加工厂加工。

春萝卜的采收亦早不亦晚，当肉质根直径达 5 cm 以上、重约 0.5 kg 时，即可分批收获上市。可视市场行情决定提前的天数。采收时注意留萝卜樱 3 ~ 5 cm，可延长存放时间。近距离销售的，可清洗后上市，如果进行远距离运输则不要清洗。

水果萝卜采收时间在 11 月中旬至 11 月底。一般萝卜单根质量为 0.5 ~ 0.75 kg，每亩产量为 3 000 ~ 4 000 kg。经霜后收的萝卜生吃脆而甜，口感较好，可媲美水果。收获时去掉大叶，留心叶，可装箱直接超市销售。如果价格低，可以储藏一段时间再上市。

八、储藏

(1)冷库储藏。装纸箱里面加一层塑料薄膜，冷库温度先调到 -2 ℃进行预冷，使纸箱里萝卜温度在 1 ~ 5 ℃时进行保存。储存期间及时查看温度和萝卜情况。

(2)土窖保存。按东西走向挖沟，沟宽 80 cm，沟深 60 ~ 70 cm。挖出的土一般堆在阳面，不让太阳晒到萝卜沟。萝卜一般不切去根头，把叶子拧掉，头朝上根朝下斜放，摆 2 层，如果萝卜层数多了。每隔 2 m 要放一捆玉米秆或芝麻秆通气。刚收后储藏时要覆盖薄薄一层土，盖住萝卜不露出土面就行，然后根据气温下降分次加土，盖土厚度稍微超过当时当地的冻土层，盖得厚了容易起热，萝卜腐烂；盖得薄了萝卜冻坏。一般可储藏到翌年 2 月底。

(3)短期储藏。挖圆形土窖，宽 1.5 ~ 2 m，深 1 ~ 1.5 m，窖中间竖放一大捆玉米秆，萝卜摆多层，萝卜上面依气温变化加土覆盖，或者萝卜上面不加土，覆盖塑料薄膜，依气温下降塑料薄膜上面盖玉米秆，这样可以储藏到春节前，依市场价格及时销售。

第四节　越夏萝卜生产技术

越夏萝卜产品收获期正值 8 月下旬至 9 月上旬的蔬菜淡季，因此投资少、见效快、收益高，发展前景广阔。

一、选地

以地势较高、排灌方便、土层深厚、土质疏松、富含有机质、保水保肥性好的壤土为宜，避免与十字花科蔬菜连作。

二、选种

选用高温条件下生长良好、质脆、味甜、肉质根膨大的抗病、优质丰产、抗逆性强、耐热性好、商品性好的品种,如东方丰雪、热杂四号、夏速生、鲁萝卜 2 号、新济杂 2 号、夏秋 55、热抗 48、夏抗 40、鲁萝卜 3 号、四季青等。

三、整地

清洁田园,将田里的杂草和残株清理干净,深挖、打碎、耙平。基肥和追肥的比例为 7:3,基肥按照每亩菜田施入充分腐熟的有机肥 2 500 ~5 000 kg、钾肥 15 kg、三元素复合肥 30 ~40 kg、硼砂 2 ~3 kg,充分混合后施入。

四、做畦

起垄栽培,垄上宽 60 cm,垄高 20 ~30 cm,垄间距 50 ~60 cm,垄上种两行。也可按 45 ~50 cm间距做垄,垄顶宽 25 cm,垄高 20 cm,单行种植。

五、播种

5 月中旬至 6 月中旬均可播种,也可分批播种。大个型品种每亩播种量 0.5 kg。采用穴播或条播方式,播种时,先浇水再播种后盖土。行株距均为 20 ~30 cm。播种后用稻草或遮阳网覆盖畦面,以起到防晒降暑、防暴雨冲刷、减少肥水流失等作用。齐苗后及时揭除稻草和遮阳网,以免压苗或造成幼苗细弱。

六、田间管理

(1)间苗定苗。幼苗期早间苗、晚定苗。子叶充分展开时进行第一次间苗,2 ~3 片真叶时进行第二次间苗;5 ~6 片真叶,肉质根破肚时,按规定的株距进行定苗。

(2)中耕除草与培土。结合间苗进行中耕除草。中耕时先浅后深,避免伤根。第一、二次间苗要浅耕,锄松表土;最后一次深耕,并把畦沟的土壤培于畦面,防止倒苗。

(3)浇水。① 发芽期。播后要充分灌水,土壤有效含水量宜在 80% 以上;干旱年份应采取“三水齐苗”,即播后一水、拱土一水、齐苗一水,防止高温发生病毒病。② 幼苗期。苗期根浅,需水量小,应少浇勤浇。土壤有效含水量宜在 60% 以上。③ 叶生长盛期。此期叶数不断增加,叶面积逐渐增大,肉质根也开始膨大,此期需水量较大,但要适量灌溉,以防止地上部分生长过旺。④ 肉质根膨大期。此期需水量最大,应充分均匀浇水,土壤有效含水量宜在 70% ~80% 以上,防止糠心和裂根。

(4)追肥。根据土壤肥力和生长状况确定追肥时间,一般在苗期、叶生长期和肉质根生长盛期分两次进行。苗期、叶生长盛期以追施氮肥为主,施入氮磷钾复合肥 10 ~15 kg;肉质根生长盛期应多施磷钾肥,施入氮磷钾复合肥 30 kg。收获前 20 d 内不应使用速效氮肥。

七、病虫害防治

（一）主要病虫害

萝卜主要病虫害有软腐病、黑腐病、病毒病、霜霉病及黄条跳甲、蚜虫、菜青虫、小菜蛾、菜螟、甜菜夜蛾等。

（二）防治原则

坚持"预防为主，综合防治"的植保方针，以健身栽培为基础，优先采用农业、物理和生物防治措施，科学合理地利用化学防治技术，坚决不允许使用高毒、高残留农药，使用农药应按照产品标签规定，严格控制农药剂量（或浓度）、施药次数和严守安全间隔期。

（三）防治措施

1. 农业防治

清洁田园，播种前深翻暴晒、增施有机肥、改良土壤；培育壮苗、健身栽培，提高作物抵抗病虫害的能力；勤除杂草，破坏病虫害孳生环境；合理布局，实行轮作倒茬。

2. 物理防治

晒种、温烫浸种等高温处理种子，杀灭或者减少种传病害；使用防虫网防虫；利用频振式杀虫灯、黄蓝板、性诱剂诱杀害虫；使用糖醋液诱集夜蛾科害虫。

3. 生物防治

利用生物天敌、杀虫微生物、农用抗生素及其他生物防治剂控制病虫害。保护生态环境，利用害虫天敌捕杀害虫；利用苏云金杆菌防治菜青虫；利用苦楝、烟碱、苦参碱等植物源农药防治害虫；利用农用链霉素等抗生素防治软腐病、黑腐病。

4. 化学防治

采用高效、低毒、低残留的化学农药，科学合理地防治病虫害，对症下药，适期防治，严格遵守各类农药的安全间隔期。

（1）软腐病、黑腐病。发生病害的地块，要及时清除病株，并在发病中心及其周围撒施生石灰消毒。发病初期可用72%农用链霉素可溶性粉剂3 000～4 000倍液，或77%可杀得600倍液，每隔7 d左右喷1次，连喷2～3次。

（2）病毒病。严格控制蚜虫、白粉虱和潜叶蝇的发生。发病初期或无病预防，可用20%病毒A 500倍液喷雾防治，每次间隔7～10 d喷一次，连续2～3次。

（3）霜霉病。发病初期可用72%霜脲锰锌可湿性粉剂600～800倍液，或69%安克锰锌可湿性粉剂1 000倍液，或72.2%普力克600～1 000倍液，或80%的代森锰锌可湿性粉剂600～800倍液喷雾防治。以上药剂进行交替使用，每次间隔7 d，连续喷2～3次。

（4）黄条跳甲。在萝卜生长盛期，选择成虫活动旺盛时段喷施农药，喷药时采用围歼战术，即从田边向中间、从畦沟向畦面、从地面向植株、从植株下部向顶部围歼，提高农药的喷杀效果。可选用20%呋虫胺悬浮剂25～30 mL/亩对水喷雾，或灭幼脲1号、3号500～1 000倍液，或50%辛硫磷1 000倍液、48%毒死蜱乳油1 500倍液加80%敌敌畏乳油1 000倍液等喷雾防治。

（5）蚜虫。可用10%吡虫啉可湿性粉剂1 000倍液，或40%啶虫脒水分散粒剂2 500～3 000倍液，或10%高效氯氰菊酯乳油2 000倍液喷雾防治。

（6）菜青虫、小菜蛾、菜螟。可用2.5%抑太保乳油2 000倍液、2.5%多杀菌素胶悬剂1 000倍液，或5%氟虫脲乳油2 000～2 500倍液，或5%氟啶脲乳油2 000～2 500倍液、Bt 500～1 000倍液等喷雾进行防治。

（7）甜菜夜蛾。施药时间应选择在清晨最佳。在卵孵高峰和初龄幼虫，可选用5%抑太宝乳油2 000倍液与20%敌杀死1 000倍液混喷，或5%高效氯氰菊酯乳油1 000倍液加5%卡死克可分散液剂分散液剂500倍混合液，或10%虫螨腈悬浮剂（除尽）每亩用33～50 mL稀释1 000～1 500倍液，或6%阿维·氯苯酰悬浮剂（亮泰）30～40 mL/亩，或0.3%印楝素乳油1 000倍液喷雾防治。

八、收获

当叶色转淡、地下茎充分膨大、基部已圆时，及时采收。

第二十五章　胡萝卜

第一节　概　述

一、胡萝卜的营养

胡萝卜是伞形科胡萝卜属1~2年生草本植物。原产中亚,世界各地均有栽培。以肉质根供食用,其富含胡萝卜素及各种营养物质,具有很高的营养价值,素有“小人参”之称。每100 g可食部分含蛋白质1~1.4 g、脂肪0.2 g、碳水化合物7~8.5 g、钙37 mg、磷16~27 mg、铁0.7 mg、钾341 mg、钠25~71 mg、维生素B 0.4 mg、维生素C 12 mg,胡萝卜素1.35 mg。胡萝卜不仅营养丰富,而且还有很高的药用价值,对小儿百日咳、麻疹、水痘、夜盲症均有辅助治疗作用。常食胡萝卜,可增强视力,提高免疫力,防治心脏病,增加冠状动脉流量,降低血脂,降压,抗癌,延缓衰老。

二、生物学特性

胡萝卜根系发达,主要根系分布在20~90 cm土层内,直根上部包括少部分胚轴肥大,形成肉质根,是胡萝卜主要的食用部分。叶丛生于缩短茎上,三回羽状复叶,叶柄细长。营养生长时期为90~140 d,发芽期10~15 d,幼苗期约25 d,叶生长期30 d,其后是肉质根生长期30~70 d。

胡萝卜为半耐寒性蔬菜,发芽适宜温度为20~25 ℃,生长适宜温度为白天18~23 ℃,夜温13~18 ℃,温度过高、过低均对生长不利。胡萝卜根系膨大需要萱松的土壤,较适于在土层深厚的沙质土壤上种植,过于黏重的土壤会妨碍肉质根膨胀,表面凹凸不平,产生畸形根。适宜土壤pH为5~8,pH在5以下生长不良。胡萝卜根深扩大2 m以上,可吸收利用深层土壤水分,比较耐旱,适宜的土壤湿度为田间持水量的60%~80%。若生长前期水分过多,地上部分生长过旺,会影响肉质根膨大生长;若后期水分不足,则直根不能充分膨大,致使产量降低。

第二节　胡萝卜主要品种及特点

(1)超级改良黑田五寸。生长速度快,收尾早。根性为圆柱形,均匀一致,皮、肉、芯“三红”率高。颜色鲜红,表皮光滑有光泽。耐热、耐寒性好,耐抽薹,歧根、裂根少,生长期100 d左右,根长18~25 cm,根重250 g左右,亩产可达4 800~5 500 kg。

(2)超级“三红”六寸。为新黑田五寸胡萝卜改良品种,颜色红,着色快。皮、肉、芯“三红”率高,根成筒状,上下均匀,表皮光滑,商品性好。种植后105 d左右,根长18~25

cm,单根重250～300 g。

(3)东洋七寸。根形顺直美观,收尾好,裂根少,“三红”率高,播种后70～100 d即可收获,根长25～30 cm,平均根重300 g,生长旺盛,耐抽薹,成品率高。

(4)红心七寸。生长快速,收尾早,“三红”率高。根肥大性好,生长旺盛,耐抽薹,耐逆性好,播种后90～105 d,平均根重250～300 g,根长25～30 cm,根径3.5～4.5 cm。

(5)大坂特选。日本大坂最新品种,表皮及心部颜色佳,根型整齐,高产,该品种裂根少,肩部及根尖肥大均匀良好,早熟,商品性好。播种后约100 d根长可达18～20 cm,根重200～220 g。

(6)特级宝冠黑田。根部圆筒形、整齐,肥大快,根尖也肥大良好。根长20～22 cm,浓橙红色,心部颜色好。适宜夏播种,抗热性强,播种后100～110 d根重可达350 g左右。抗病性强,生长强壮。高产,质量优良,适宜加工出口。

(7)郑参一号。株型半直立,株高中等,地上部分生长势较强,肉质根圆柱形,商品率高,长20 cm,直径5 cm。单根重300～400 g,亩产4 000～6 000 kg。心柱较细,皮、肉、心均为鲜橘红色,鲜食脆甜,更适宜加工,是国内外少见的圆柱形“三红”胡萝卜,加工出口潜力巨大。

(8)郑参丰收红。“三红”棒状胡萝卜新品种。较郑参一号皮色更鲜艳,口感更加脆甜,顶更小,畸形根更少,根毛更少,表皮更光亮,品质更优,商品性更佳,是鲜食和加工的理想品种。该品种中早熟,生育期105 d,肉质根近柱形,皮、肉、心柱均为红色,柱心细,商品率高,根长20～25 cm,根粗5 cm左右,单根重300～400 g,亩产4 000 kg左右,高产田可达6 000 kg以上。

(9)孟德尔三号。成熟期110 d左右,低温条件下,抗抽薹能力较弱。根性顺直,收尾圆钝,表面光亮,皮、肉、芯颜色鲜红;根长18～22 cm,单根重200～300 g,整齐一致,产量高;口感香甜,肉质根不易木质化,是保鲜、加工两用的高档品种。叶型中偏小,抗病能力强。根下扎,成熟后根形稳定,采收期长。

(10)雷肯德。肉质、根皮及心柱为鲜红色,有光泽,商品性优,耐抽薹,抗病性强,根形长且均匀,颜色鲜红,尾部钝圆,歧根、裂根少,品质佳,表面光滑,根长20 cm左右,根茎4～5 cm,单根重240～260 g,高抗胡萝卜常见病害,如根腐病、黑斑病、黄化病,耐枯叶病极强。

(11)板神90。根长20～24 cm,单根重200 g左右,根型收尾好,表皮光滑有光泽,皮、肉、芯均颜色鲜红;播种后90 d即可收获;早熟,耐裂,耐抽薹,整齐度好,商品率高。

(12)阪神100。三系杂交胡萝卜品种,生育期100～110 d;根圆柱形,收尾圆钝,根长23～25 cm,单根重300 g左右,皮、肉、芯深红色,芯柱细,耐储运。

第三节　胡萝卜夏秋播种管理技术

胡萝卜一般夏秋播种,7月中旬至8月上旬播种,初冬收获。

一、选用良种

选用高产、优质、抗病、耐寒、耐热、肉质根肥大的品种。主要有富士七寸、选东阳7

寸、黑田五寸系列、天红 1 号、红芯 4 号、红芯 5 号、红芯 6 号、红誉五寸、金红、法国阿雅等。

二、整地施肥

选择地力肥沃,土层深厚、疏松,排水良好的沙壤土或壤土。由于胡萝卜肉质根入土深,吸收根分布也深,生产上胡萝卜栽培的地块要早耕多翻,碎土要充分耙细,深耕,一般深度在 25 ~30 cm。前茬作物收获后,及时清洁田园,先浅耕灭茬,然后每亩施入腐熟的有机肥 4 000 ~6 000 kg、尿素 10 kg、草木灰 100 kg,深翻,精细耧耙 2 ~3 遍。然后做高畦或起高垄。高畦一般宽 50 cm、高 15 ~ 20 cm,畦面种两行胡萝卜。起垄,一般垄距 80 ~90 cm,垄面宽 50 cm,沟宽 40 cm,高 15 ~20 cm,每垄播两行。土层深厚、疏松、高燥及少雨的地区可做平畦。一般畦面宽 1.2 ~1.5 m,每畦种 4 ~6 行。畦和垄的长度可根据地块的具体情况而定。一般长 20 ~30m,这样便于管理。

三、播种

(1)种子处理。生产用的种子应该达到种子纯度不低于 92%,种子净度不低于 85%,发芽率不低于 80%,水分含量以小 10% 为宜。选好种后,先对种子进行筛选,除去秕、小的种子,并做发芽试验,以确定播种量。然后搓去种子上的刺毛,以利种子吸水。搓去毛的种子在 40 ℃的温水中浸种 2 h,用纱布包好,置于 20 ~25 ℃的条件下催芽,一般 2 ~3 d后种子露白即可播种。

(2)播种。一般在 7 月中旬至 8 月中旬播种。条播或撒播均可。条播按 20 ~25 cm 的行距开沟,沟要浅,一般深 2 ~3 cm,将种子均匀地播于沟内。播前种子可用适量的细沙混合均匀再播,这样播种均匀。播后覆土 2 cm,轻轻镇压后浇水。条播一般每亩播量 0.5 ~1 kg,撒播每亩播量 1.5 ~2 kg。进口的胡萝卜种子很贵,应采用精播技术,穴播或点播,一般每亩用种 0.2 ~0.4 kg。播后在畦面盖麦秸或稻草,有保墒、降温、防大雨冲刷的作用,有利于出苗。

(3)除草。胡萝卜苗期长,苗期又处在高温多雨季节,各种杂草生长很快,为了一播齐苗,可在播种后喷洒除草剂来防除杂草。可每亩用 48% 的地乐胺乳油 200 g,或 50% 扑草净可湿性粉剂 100 ~150 g,或 33% 的除草通乳油 150 ~200 g 等除草剂,对水 50 ~60 kg,均匀喷布在垄面或畦面,除草效果很好。

四、田间管理

(1)及时间定苗,中耕除草。苗期一般进行 2 ~3 次间苗和中耕除草。当幼苗长到 2 ~3片真叶,进行第一次间苗,保持株距 3 cm,并结合进行中耕除草。当幼苗长到 3 ~4 片真叶时,进行第二次间苗,苗距在 6 cm 左右。一般苗有 5 ~6 片真叶定苗。去除过密株、劣株和病株。一般中小品种株距 12 cm 左右,每亩留苗 4 万株左右;大型品种 15 cm 左右,每亩留苗 3.5 万株左右。定苗时中耕除草。在肉质根膨大期一般要进行 2 ~3 次中耕。当叶垄(行)前进行最后一次中耕,并将细土培至根头部,以防根部膨大后露出地面,皮色变绿而影响品质。

（2）合理浇水。发芽期不能缺水，要保持土壤湿润，过干过湿均不利于种子萌动和出土。齐苗后，幼苗需水量不大，不宜过多浇水，保持土壤见干见湿，一般5~7 d浇一次水，以利发根，防止幼苗徒长。大雨后要及时排水防涝，遇涝易死苗。定苗后要浇一次水，水后趁土壤湿润进行深中耕蹲苗，至7~8片叶，肉质根开始膨大时，结束蹲苗。肉质根膨大期不能缺水，每3~5 d浇一次水，保持土壤湿润，以促进肉质根的肥大。收获前15 d左右停止浇水。

（3）科学追肥。要根据土壤肥力、胡萝卜本身的生长状况进行追肥。定苗后追一次肥，一般每亩施三元复合肥15 kg左右。隔15 d后再追第二次肥。每亩施三元复合肥30 kg为宜。施肥时，于垄肩中下部开施入，然后覆土。收获前20 d不要施速效氮肥。

（4）胡萝卜出苗不齐的原因及防止措施。

①原因。播种不均匀；种子吸水慢，透气性差；春播外界温度低。夏播天气炎热，蒸发量大，土温高，易干燥；种子生长势弱，发芽困难；采用新种子播种，由于种子后熟不足或未打破休眠，导致出苗困难。

②防止措施。一是要保证播种质量，选择适宜栽培季节及优良品种，播前做发芽试验。二是播前搓去种子上刺毛以利吸水。三是选择适宜的土壤，耙细整平，造好底墒。四是防止杂草危害。

五、胡萝卜出现劣质根的原因及防止措施

（一）胡萝卜肉质根着色不良的原因及防止措施

（1）原因。当温度高于21 ℃时，胡萝卜素形成不良；当土壤透气性好，空气充足时，着色好；在空气差、排水不良的地块颜色较差；提前收获胡萝卜着色不良。

（2）防止措施。一要掌握好适宜的播期；二要在有条件的情况下，注意控制温度在16~21 ℃范围内；三要选择透气条件较好的沙壤土；四要施足底肥，在适宜时期收获。

（二）胡萝卜出现异形根的原因及防止措施

（1）原因。一是胡萝卜在土壤黏重、整地不良、耕层浅的土壤中生长，肉质根伸长受阻，易形成分叉根。二是种子储藏时间过长，种子活力降低，造成胡萝卜植株生长势减弱，容易形成分叉根。三是土壤中或施入的基肥中杂质多，如砖块或石块等，妨碍肉质根的生长，易产生分叉根和弯曲根。四是使用未腐熟的有机肥和化肥直接接触根部而引起烧根。五是间苗时引起植株倒伏，间苗后不及时中耕覆土，易造成曲根。六是地下害虫咬伤主根先端，侧根膨大后分叉或畸形。从植株型态可以辨别胡萝卜根形异常。肉质根正常的植株多呈半直立状，叶片向周围均匀展开，呈同心圆状，而根形异常的植株，叶片多向一侧展开，叶片扭曲。当植株型成了叉根，植株吸收养分和水分的面积增大，地上部生长发育旺盛，植株略呈开展状，并出现叶片扭曲。形成短粗分枝根的植株从肉质根膨大初期开始，靠近地面的根变粗，地上部呈展开状。

（2）防治措施。选择耕层深、土质疏松、排水良好，最好是有机质比较丰富的土壤种植胡萝卜。间苗后立即培土。选用新鲜种子。基肥要充分腐熟，与土壤充分混匀，去掉其中杂质。及时防治地下害虫侵害。

六、病虫害防治

(1)黑腐病。发病初期,可用75%的百菌清可湿性粉剂600倍液,或50%多菌灵可湿性粉剂800倍液,或50%异菌脲可湿性粉剂1 500倍液,或58%的甲霜灵·锰锌可湿性粉剂600倍液喷雾,交替使用,每隔7~10 d喷一次,连喷2~3次。

(2)细菌性软腐病。发现病株及时挖除,并撒生石灰。发病初期,可用90%新植霉素可溶性粉剂4 000倍液,或14%络氨铜水剂300倍液喷雾。每隔10 d喷一次,连喷2~3次。

(3)菌核病。该病只为害肉质根。发现病株及时将病株残体集中烧毁或深埋。发病初期,可用80%代森锌600~800倍液,或25%多菌灵可湿性粉剂300~400倍液喷雾。喷雾时要重点喷植株的基部。

(4)白粉病。发病初期,亩用250 g/L醚菌酯悬浮剂60~90 mL,或50%水分散粒剂30~45 g,对水60~90 kg均匀喷雾;或25%丙环唑乳油32~36 mL,稀释5 000倍喷雾;或15%三唑酮可湿性粉剂1 500~2 000倍液喷雾。

(5)蛴螬。发现幼苗被害时,可在根际附近挖出幼虫。利用成虫的假死性,在其停留的作物上捕杀。药剂防治:在蛴螬发生严重的地块,用21%氰马乳油8 000倍液,或50%辛硫磷乳油800倍液,或80%敌百虫可湿性粉剂800倍液,每平方米用药4~5 kg。

(6)蝼蛄。每亩用5%辛硫磷颗粒剂1~1.5 kg混细土300~4 500 kg,在播种后撒于要播沟内,或畦面。然后再覆土,可预防蝼蛄的为害。发生蝼蛄为害后,可用毒饵诱杀。方法是将豆饼或麦麸5 kg,炒熟,用90%晶体敌或50%辛硫磷乳油150 g对水30倍拌匀。每亩用毒饵2~2.5 kg。

(7)菜青虫、甜菜夜蛾。①生物防治:在甜菜夜蛾发生初期(虫龄3龄及以下),选用10亿PIB/mL甜菜夜蛾核型多角体病毒悬浮剂500倍液、10亿PIB/mL苜蓿银纹夜蛾核型多角体病毒悬浮剂500倍液或100亿孢子/ g金龟子绿僵菌油悬浮剂1 000倍液喷施,连喷2次,每次间隔7 d,在阴天或黄昏时重点喷施新生部位及叶背等部位。在菜青虫发生始盛期喷菜青虫颗粒体病毒或苏云金杆菌(Bt可湿性粉剂)1 000倍液、5%抑太保乳油1 500倍液防治,7~10 d一次,每生长周期2~3次。②在害虫始盛期,可用20%氯虫苯甲酰胺悬浮剂(康宽)4 000倍液、10%溴氰虫酰胺悬浮剂(倍内威)1 500倍液、10%虫螨腈悬浮剂(除尽)50~70 mL/亩、5%甲维盐乳油10~30 mL/亩、15%茚虫威悬浮剂(安打)15~20 mL/亩、24%甲氧虫酰肼悬浮剂10~20 g/亩、5%虱螨脲乳油(美除)1 000~1 500倍(30~40 mL/亩)、24%氰氟虫腙悬浮剂(艾法迪)56.25~75 mL/亩、20%氟苯虫酰胺悬浮剂(护城)1 000~2 000倍液、30%唑虫酰胺悬浮剂(默赛美锐)25~40 g/亩、20%氯氟氰虫酰胺悬浮剂(富美实)15~20 mL/亩和10%四氯虫酰胺悬浮剂10~20 g/亩等。此外,利用增效剂、渗透剂与农药混用,如可加入0.1%的有机硅喷雾助剂Ag-64(倍效),按二次稀释法混匀后喷雾,可减少药量25%、降低药液量50%。

七、适时收获、储藏

秋播一般11月底至12月份收获。早熟品种一般80~90 d,中晚熟品种100~120 d

就可收获。当肉质根充分膨大，即可采收上市。用于储藏、加工、出口的产品要适当晚收。采收过早，肉质根未充分膨大，产量低，品质差。采收过迟，肉须根易木栓化，心柱变粗，降低品质。

储藏保鲜，胡萝卜应放在0～3 ℃、空气相对湿度保持在90%～95%、二氧化碳保持在3%～7%的窖内储藏。

第四节　早春胡萝卜高效栽培新技术

胡萝卜春播3月中旬至4月上旬播种。关键是出苗期间确保不会引起抽薹的温度管理和收获期要赶在高温汛期之前。如果播种太早，易产生抽薹；过晚，收获期赶在高温汛期易发生沤根腐烂。若早春采取保护地栽培，可提前15～20 d播种。5月下旬前后开始收获，7月中旬收获完毕。

一、整地、施肥

胡萝卜为深根性蔬菜，适宜选择土层深厚、排灌方便、中性或微酸性的沙壤土或壤土，而且前茬没有种过伞形科蔬菜。胡萝卜地要求耕深25～30 cm，深翻2次以上为宜，可以疏松土壤，利于主根深扎，不易分叉。耕后细耙，表土要求细碎、平整。

耕前使用机械深松土壤一次可以连续种植2～3年。深松后每亩撒施优质腐熟农家肥2 500 kg、45%复合肥（15－15－15）50 kg，每2～3年耕深一次，用旋耕机整平耙细，使肥料均匀分布。

早春胡萝卜保护地栽培应于播种前15～20 d扣棚整地，以提高地温，促进播种后早出苗。

二、品种选择

适宜选择冬性强、早熟、丰产、抗病、耐抽薹、耐热、耐寒、耐旱的优质胡萝卜品种，主栽品种有BALTIMORE、NAPA、阪神90F1、雷肯德、新红参三号、百日红冠、新黑田五寸、郑参丰收红、日本产菊阳、红誉五寸、红映二号、京红五寸、春红一号、春红二号等。

选择新鲜种子，胡萝卜种子果皮较厚，外表有刺毛，种皮革质，吸水能力差，发芽率较低，会造成胡萝卜出苗不齐、不全，影响后期产量。因此，播种前要根据发芽率确定播种量。胡萝卜种子一般适用期为2～3年。播种时要选用比较新鲜的种子，新种子有辛香味，种仁白色；陈种子无辛香味，种仁黄色或深黄色。

三、播种

（1）播期。胡萝卜为半耐寒性长日照植物，4～6 ℃种子即可萌动，但发芽慢，发芽最适温度为20～25 ℃。胡萝卜早春保护地栽培，应根据当地气候条件、保护设施情况及栽培模式等，选择合适的播期。豫中部大棚加地膜种植，其参考播期为2月中下旬；小拱棚加地膜种植，其播期为2月下旬至3月上旬；露地地膜覆盖种植，其播期为3月中下旬。露地春播约在3月下旬至4月上旬播种（日平均温度10 ℃，夜平均温度7 ℃）。其他地方根据气候条件及栽培模式,在外界日平均气温 6 ~ 8 ℃时及早播种。

(2)种子处理。播种前要晒种,提高发芽率。尽量选用经脱毛和包衣处理的种子。包衣种子应符合 GB/T 15671—2009 的要求。

(3)高垄栽培。胡萝卜有两种栽培方式:高垄栽培和平畦栽培。高垄栽培的胡萝卜品质要好于平畦栽培。方法如下:起垄,垄距 50 ~ 60 cm,平垄宽 45 cm 左右、高 20 cm 左右,用耙子耙平垄面。每垄条播 2 行,行距 18 ~ 20 cm,开沟深 2 cm 左右, 顺沟均匀播种,覆土厚度约 1 cm,压实。

当膜下地表 5 cm 深处地温稳定在 8 ~ 10 ℃时播种,垄面采取单行直播,每亩保留 3 万株左右,在缺乏人工的情况下,可采用胡萝卜播种机进行播种,每亩用种量 300 g,播种深度 1.0 ~ 1.5 cm,播后覆土或覆湿沙镇压。如采用种子带编织机将丸粒化后,胡萝卜种子每隔 3 ~ 5 cm 均匀编入纸带(也叫播种绳),以利机械化精准定向播种。播种覆土后用宽 80 cm 的地膜覆盖保墒保温,膜面保持 30 ~ 40 cm 宽。

(4)喷施除草剂。胡萝卜苗期长,各种杂草生长很快,可在播种后喷施除草剂,每亩用 33% 二甲戊灵(施田补)乳油 150 mL 加水 75 kg,喷洒畦面防止杂草生长。

四、田间管理

(一)间苗、定苗

间苗的原则是除去劣苗、叶片及叶柄密生粗硬茸毛的苗、叶片数量过多的苗和叶片过厚而短的苗,这样的苗多形成畸形根。齐苗后 1 ~ 2 片叶时进行第 1 次间苗,此时还要破膜现苗,把幼苗掏出地膜外。胡萝卜定苗时,中小型品种苗间距为 10 ~ 12 cm,大型品种为 13 ~ 15 cm。可根据叶龄定苗,当 3 ~ 4 片叶时进行第 2 次间苗,当 5 ~ 6 片叶时进行定苗,此时株距应达到 10 cm 左右。

(二)中耕培土

起垄栽培撤去地膜后,在胡萝卜生长期可据实际需要进行中耕保墒。当肉质根开始膨大时要及时进行中耕,一般可进行 2 ~ 3 次,当肉质根膨大后期,运用中耕培土机进行中耕培土至胡萝卜根肩部,增加土壤的透气性, 防肉质根颜色异常,防止出现肉质根青肩、畸根,提高胡萝卜肉质根的商品性。

(三)浇水施肥

浇水施肥是露地胡萝卜田间管理的关键。胡萝卜生长期间一般追肥 2 ~ 3 次,定苗后第 1 次追肥,追施尿素 10 kg/亩左右; 肉质根膨大期进行第 2、第 3 次追肥,相隔约 20 d,偏施磷、钾肥,每次追施氮磷钾复合肥 15 kg/亩左右。追肥和浇水结合。生长期间应经常保持土壤湿润,特别是肉质根肥大时期,这是对水分要求最多的时期,要及时、充足浇水。水分不足,胡萝卜肉质根容易木栓化, 侧根增多;水分过多, 肉质根易腐烂;土地忽干忽湿,肉质根易开裂。因此,要精心搞好水分管理, 切忌忽干忽湿。收获前 5 d 停止浇水。

(四)保护地管理

(1)水肥一体化施肥灌溉。水肥一体化技术设备:主要利用原有的地下水源、配置潜水电泵一台,功率 3 kW。灌水设备由主管道、水表、电动喷雾器(施肥设备)、三叉管、接头、微喷灌设备、滴灌设备等组成。水肥一体化技术,可以根据不同作物制订灌溉、施肥方案,在灌水量、施肥量及灌溉、施肥时间控制等方面都达到了很高的精度,减少了水分下渗和养分的移动淋失,不仅协调和满足供应作物生长对水肥的需求,提高了农产品产量,而且可较好地解决了土壤养分富集和盐渍化问题,减少农产品污染。

(2)浇水、追肥。胡萝卜苗期需水量不大,不宜浇水过多,温室胡萝卜栽培技术定苗后浇1次小水,然后蹲苗,促进主根下伸和须根发展。5~6片真叶时浇小水1次;5~6片叶到全部叶片展开进入叶旺盛生长期后,应适当控制水分,防止叶部徒长,20 d浇水1次;叶片全部展开后进入肉质根膨大期,需要及时充足追肥浇水,保持地面见干见湿。肉质根膨大期,结合浇水亩冲施三元素复合肥15~20 kg,肥料宜选用水溶性肥料。

(3)保温与通风。保护地胡萝卜生长前期,早春气温还比较低,根据棚内温湿度晚揭早盖棚膜两头通风口,以达到增温的目的,以后逐渐早揭晚盖,尽量延长光照时间。播种后出苗前,温度应高些,棚内温度控制在28~30 ℃,白天尽量提高棚内温度,一般播后10 d左右出苗。出苗后视天气适当放风,降低棚内温度和湿度,白天为20~25 ℃。夜晚前期气温、地温尚低,密闭风口,以保温为主。进入4月后,气温回升较快,须加强通风换气,保证棚内白天温度不超过25 ℃,夜间保持在10~15 ℃,不能低于10 ℃。若管理不到位,会造成胡萝卜旺长,应适当控水和控温。4月底至5月初撤去棚膜,光照充足,让胡萝卜露地生长,积累更多的同化物质,促使肉质根迅速膨大。

(五)病虫害防治

早春保护地胡萝卜主要的病害是黑斑病、黑腐病和软腐病。黑斑病和黑腐病防治方法:在播种前进行种子处理,用50%福美双可湿性粉剂拌种,发病初期用75%百菌清可湿性粉剂600倍液防治,每5~7 d喷1次,连续喷洒2~3次,发病期用64%恶霜·锰锌(杀毒矾)可湿性粉剂600~800倍液,或50%异菌脲(扑海因)可湿性粉剂1 500倍液防治,每7 d喷1次,连续喷洒2~3次。软腐病防治方法:及时清除病株,撒消石灰消毒,发病初期用50%琥胶肥酸铜可湿性粉剂400~500倍液,或77%氢氧化铜可湿性粉剂800~1 000倍液,或90%的新植霉素可湿性粉剂4 000~5 000倍液,或14%络氨铜水剂350倍液喷洒。

地上害虫蚜虫10%吡虫啉可湿性粉剂1 500倍液喷雾。菜青虫、甜菜夜蛾、小菜蛾可用1.8%阿维菌素乳油2 500~3 000倍液、1%甲胺基阿维菌素苯甲酸盐乳油3 000倍液喷雾。

(六)适时收获

根据胡萝卜实际生长情况和市场行情适时采收,收获过早或过晚都会影响肉质根的商品性,以胡萝卜植株叶片不再生长发育,不生新叶,下部叶片变黄为成熟标志。春播胡萝卜一般于6月底到7月初收获。收获前3~5 d浇水,待水渗干后用工具挖出,采收时注意防止损伤胡萝卜。

(七)清洗分级和包装

采收后利用自动清洗设备对胡萝卜进行清洗,按出口标准进行分级:一级,皮、肉、心柱均为橙红色,表皮光滑,心柱较细,形状优良整齐,质地脆嫩,没有青头、裂根、分叉、病虫害和机械损伤;二级,皮、肉、心柱均为橙红色,表皮比较光滑,心柱较细,形状良好整齐,微有青头,无裂根和分叉,无严重病虫害和机械损伤。根据市场和销售的要求,用保鲜袋分装成 5 kg、10 kg、25 kg、50 kg 的包装,直接进入超市和各大批发市场。

第五节　胡萝卜种绳直播技术

胡萝卜种绳直播技术适用于大面积机械化精量播种,土地深翻细耙后,由胡萝卜播种机一次性完成起垄、垄面开沟、4 行种绳直播、2 路滴灌带的铺设和覆土等工序,节省劳力,操作简单。

一、种子准备

(1)品种选择。通过引种试验,选择颜色漂亮、根形顺直、根长适中(20~23 cm)、根径均匀、单根重、抽薹率低、畸形率低、产量高的品种,可选用优良的品种有孟德尔、板神 90 雷肯德、红金川等。精播技术用种量少,对种子芽率要求高,要选用正规厂家品质好、出芽率高的优质品种。

(2)种子缠绳。种子缠绳是由种子缠绳机来完成的。种子缠绳机是由排种系统、拧绳系统、卷绳系统三部分组成的。先由种子缠绳机的排种系统采用振动原理将胡萝卜种子按照事先预定的距离和种粒数均匀地播在宽为 2 mm 的纸带,为了增加种绳的强度,纸带上放有一根细线,再由拧绳系统将种子、细线和纸带捻成种绳。最后由卷绳系统将种绳卷盘备用。

二、整理土地

(1)土壤选择。种植胡萝卜要选择在地势较高、排水良好、土层深厚、质地疏松、有机质含量高的沙质壤土上种植。这样有利于肉质根的伸长,减少畸形根,且外皮光亮,品质脆甜。胡萝卜的前茬可为番茄、洋葱、大蒜和土豆等。

(2)重施基肥。胡萝卜施肥的原则是:以产定肥,测土配方,以有机肥为主,化肥为辅。亩施用腐熟的有机肥 3 000~5 000 kg,也可加施 40 kg 生物有机肥。

(3)深耕土地。要培育肉质根长的商品,就要深耕土地,深度达 25~30 cm,使活土层适应胡萝卜肉质根的伸长,从而改善商品性,提高产量和品质。

(4)轻施化肥。施三元素复合肥 50 kg/亩。要求有机肥必须充分腐熟、细碎,并进行全面铺施,与土壤充分混匀;否则,施用未腐熟有机肥或施肥不匀,会损伤主根,产生叉根。

(5)除草。第一次除草在深翻后土壤消毒和撒施化肥同时进行。及时喷洒除草剂,每亩用 33% 二甲戊灵乳油(施田补)150~200 mL,对水 40~50 kg,均匀喷雾于土表,对一年生杂草除草率达 90%。主要防除单子叶杂草:稗草、马唐、狗尾草、金狗尾草、牛筋草、画眉草、看麦娘、千金子、异型莎草、碎米莎草等,阔叶杂草:苋、马齿苋、牛繁缕、藜、蓼等。

(6)精细旋耕。要使胡萝卜肉质根达到顺长、粗圆、表皮光滑、色泽鲜亮、肉质嫩脆,与精细整地有很大关系。用旋耕机精耧细耙 2~3 遍,使土地平整干净。

三、起垄播种

早熟栽培理想的播种期一般在 3 月下旬至 4 月上旬前后播种,即春播一般在日平均温度 10 ℃、10 cm 地温保持在 13 ℃以上播种。根据种植情况选用不同的播绳机播种，自走式和人力式播绳机需提前耕地、起垄。

土地深翻细耱后采用拖拉机携带播绳机旋地、起垄、播绳、铺设滴灌管四步一体一次完成：1 个高 25 cm 和宽 85 cm 垄、垄面开 4 条种植浅沟、4 行种绳直播、2 路滴灌带的铺设和覆土。垄与垄的间距为 20 cm。

有的采用 30 cm 垄距双行播种，1 路滴灌带。每亩地播绳约 1 700 m。

四、田间管理

（1）滴水。滴灌系统组装好后进行胡萝卜第一次放水。同时，要根据实际情况和药剂剂量随水跟滴毒死蜱，以防地下害虫草咬断滴水带。土壤干旱会推迟出苗，并造成缺苗断垄，播种至出苗连续浇水 2～3 次，土壤湿度保持在 70%～80%。

（2）第二次除草。在播后第一次放水后，亩用 50% 的扑草净可湿性粉剂 100 g 和二甲戊灵乳油 150～200 mL 对水 30～40 kg 喷雾处理，其对单子叶杂草防效达 100%，对双子叶杂草防效为 98%，对胡萝卜幼苗生长的抑制率仅 1%。施用时一定要掌握好剂量和浓度，不可过量。

（3）覆膜。除草剂打完后就要在垄上覆膜，选择宽 1.4 m 的膜把整个垄覆盖。7～8 d 后就有出苗的，随时观察，适时放风，放风时要照胡萝卜行间断地划破薄膜。

（4）间苗。胡萝卜间苗是将过密苗、劣苗及杂草及早拔除。第 1 次在 1～2 片真叶时进行，苗距 4～6 cm。

（5）追肥。胡萝卜一般应追两次肥，在定苗期进行第一次追肥，以氮肥为主，亩追尿素 10 kg、或沼液 300 kg；在肉质根膨大期进行第二次追肥，偏施磷钾肥、氮磷钾复合肥10～5 kg 或沼液 450 kg。第三次追肥在每二次追肥后浇水一次后，亩沼液 450 kg。追肥数量确定后充分溶解并直接倒入施肥罐，由滴灌系统输送到目的地。收获前 10 d 停止追肥灌水。

五、病虫害防治

注意及时防治胡萝卜白粉病、黑腐病、细菌性软腐病、蚜虫、蝼蛄等病虫害。

六、销售或储藏

（1）销售。如果是当时销往外地的胡萝卜，先用大型胡萝卜清洗机把胡萝卜清洗干净后，进入分级包装流水线，分级包装根据销售市场不同而分为 S、M、L、2L 等 4 个等级，S 主要销往日本，M 主要销往韩国，2L 主要销往俄罗斯，L 主要销往国内广州市、武汉市。剩下的再选部分当地市场销售，残次品销往脱水场。

（2）储藏。收获后如果不能及时销售出去，清洗后装箱冷库储藏。库内保持 0～1 ℃。等市场价格上涨后再销售。

第二十六章　芦　笋

第一节　概　述

一、芦笋的营养

芦笋,别名石刁柏、龙须菜等,属于百合科(Liliaceae)天门冬属(Asparagus)多年生宿根草本植物,起源于地中海沿岸和小亚细亚一带。以嫩茎为食用器官。幼茎出土前采收的产品为白芦笋,用于制罐;幼茎出土后见光呈绿色的产品称为绿芦笋,主要供鲜食。

芦笋质地细嫩、鲜美芳香、营养丰富,其含有丰富的天门冬酰胺、槲皮黄酮、芦笋苷和结晶体及多种甾体皂苷物质、组蛋白、叶酸、核酸,以及锌、锰、钼、硒等微量元素等丰富的营养成分,具有抗癌、降血脂、提高人体免疫力等多种保健功效,居世界十大名菜之首,市场需求量逐年加大。

二、芦笋生物学特性

(一)生长发育周期

(1)生育周期。芦笋为雌雄异株宿根性多年生草本植物,可连续生长10~20年。这期间,根据其一生的生长过程可分为幼苗期、幼株期、成株期和衰老期。幼苗期从种子发芽到定植,一般为几个月至一年。幼株期从定植至开始采收,主要形成地下茎,为2~3年。成株期开始采收后,产量逐年增加,5~6年后进入盛采期。在10~12年后,产量下降,进入衰老期。

(2)生长动态。种子发芽后,先有胚根向下生长,并形成细小的次级侧根;同时向上抽生第一条地上茎,根颈处有极短缩的地下茎。该地下茎水平生长的同时,向上抽生地上茎,向下发生肉质根。肉质根上长出纤细的吸收根。随着年龄的增加,地下茎不断发生分枝。

(3)一年内的生育过程。成株期,在北方一年内要经过鳞茎萌动生长、嫩茎采收、采收后的地上部生长、开花结籽、养分累积和休眠越冬几个阶段。采收期2.5~3个月。

(二)对环境条件要求

(1)温度。芦笋对温度适应性很强,既耐寒又耐热,但以夏季温暖、冬季冷凉的气候最适宜生长。种子发芽的始温为5 ℃,适温为25~30 ℃。春季地温回升到5 ℃以上时,鳞芽开始萌动;10 ℃以上时嫩茎开始伸长;15~17 ℃最适于嫩茎生长;25~30 ℃以上嫩茎伸长最快,但嫩茎基部及外皮容易纤维化、笋尖鳞片易松散,茎细味苦,品质低劣;35~37 ℃以上植株生长受抑制,进入夏眠。植株在15 ℃以下生长开始缓慢,嫩茎发生数量少;5~6 ℃为生长的最低温度;晚秋初冬遇霜地上部枯萎进入冬眠。休眠期的植株地下

部可在 -20 ~ -37 ℃的冻土中越冬。

(2)光照。需要光照充足。光饱和点为 40 kLx。

(3)水分。芦笋根系分布广而深,地上部叶片退化,蒸腾弱,故表现耐旱能力强的特性。但是采笋期间要保证充足的水分供应。过于干旱,必然导致嫩茎细弱,生长芽回缩,严重减产。地上部生长期间,也应供给充足的水分,使植株茂盛,为嫩茎丰产奠定基础。一般适宜的土壤湿度为 80% ~90%。芦笋极不耐涝。经常积水,会导致地下部鳞芽和根部腐烂,植株死亡。

(4)土壤营养。芦笋对土壤的适应性广,但宜选用富含有机质、疏松通气、土层深厚、地下水位低、排水良好的壤土或沙壤土种植。富含有机质的微酸沙壤土最好。适宜的土壤 pH 值为 6.0 ~6.7。芦笋能耐轻度的盐碱,土壤含盐量不能超过 0.2%。芦笋对矿质营养要求以氮钾为多,需磷较少,还需较多的钙。

第二节　芦笋主要品种及特点

(1)芦笋王子。该品种是由山东省潍坊市农业科学院采用有性杂交与组培技术相结合,于 1996 年选育而成的芦笋品种。植株生长旺盛,叶色深绿,笋条直,粗细均匀,抗茎枯病能力强,亩产量可达 1 500 kg 以上。白笋栽培最佳。该品种在山东、山西两省推广种植较多,表现出很好的生产优势,深受笋农欢迎。

(2)冠军。山东省潍坊市农业科学院最新育成的杂交新品种,植株生长旺盛,叶色浓绿,笋条直,均匀粗大,直径在 1.2 ~2.0 cm 范围内的占 95%,是与国外杂交种相媲美的白、绿两用型品种,抗茎枯病能力强。亩产量可达 1 700 kg 以上。

(3)硕丰。该品种是山东省潍坊市农业科学院采用有性杂交与组培技术相结合选育而成的芦笋新品种。植株生长旺盛,叶色深绿,笋条直,粗细均匀,抗茎枯病能力强,无空心,直径 1.3 ~2.2 cm 占 90%,亩产量可达 1 700 kg 以上。白笋栽培最佳。

(4)阿特拉斯。双杂交进口品种,适应性广泛。植株高大,长势健壮,嫩茎肥大,大小整齐,嫩茎数较多,笋顶圆形,产量高,单笋重 26 g 以上,分枝点约 60 cm。高耐镰刀菌,耐芦笋锈菌,高耐其他叶片尾孢菌,抗锈病能力强,不培土采收时,笋茎光滑,圆锥形嫩茎为绿色,大小适中,芽蕾、芽尖及芽条基部略带紫色,嫩茎色泽浓绿诱人,不易散头,平均直径 1.8 cm 左右。白、绿兼用品种,适宜速冻、加工及保鲜上市。

(5)格兰德。美国加利福尼亚大学选育,中熟,植株高大,长势健壮,嫩茎肥大,平均直径在 1.4 cm 以上,大小整齐,嫩茎数较多,笋顶圆形,抽茎多、质量优,产量高,两年后每株出笋 45 根左右,分枝点在 50 cm 以上,单笋平均重 28 g 以上,成年笋每亩产量为 1 500 kg 左右,最高产量每亩可达 2 400 kg 以上;笋尖锥形,鳞片抱合紧凑,在夏季高温条件下也不易散头;对茎枯病、褐斑病抗性中等,对镰刀菌属的病菌和锈病具有较高的耐性;对土壤条件要求不高;不培土采收时,嫩茎色泽浓绿。适宜生产绿、白芦笋。

(6)阿波罗。植株高大,长势健壮,嫩茎肥大适中,平均茎粗 1.6 cm 以上,大小整齐,嫩茎数较多,产量高。对叶枯病、锈病高抗,对根腐病、茎枯病,有较高的耐病性。不培土采收时,嫩茎色泽浓绿,不易散头。嫩芽颜色深绿,笋尖鳞芽上端和笋的出土部分颜色微发紫,笋尖圆形,包裹紧密,在国际市场上极受欢迎,是速冻出口的极佳品种。白、绿兼用品种。

(7)玛丽华盛顿。植株生长旺盛,早熟高产。幼茎粗大,大小一致,形状好,高温时头部不松散。抗锈病力强。多适于采收白笋。

(8)玛丽华盛顿500。又叫加利福尼亚500。其幼茎数量多,大小整齐一致,头部紧凑,幼茎头部几乎没有紫色,丰产。缺点是幼茎稍细,抗锈病力稍弱。

(9)加州711。丰产性强。幼茎粗度中等,上下粗细均匀,形状端正。品质优良,抗锈病。

(10)鲁芦笋2号。植株生长健壮,笋条直,粗细均匀,质地细嫩,色泽白,包头紧实,商品率高。产量比对照增加20%以上。

(11)极雄皇冠。具有较强优势的经典芦笋新产品。该品种由美国加州育成,中早熟,适合中国南北种植。嫩茎顶部鳞片抱合紧实,出笋整齐,优质品率高,笋茎2.0 cm左右。抗性全面,根系储备能力强大,忍耐性好,产量高且稳产,是绿白兼用芦笋新品种,也是结合我国种植开发的新一代芦笋优良品种。

(12)伊诺斯(ENOS)。植株生长势强,抽茎率较高,枝丛活力较高。嫩茎粗细均匀,整齐一致,笋条顺直,顶端长圆,鳞片包裹紧密,一级品率高。抗病性好,产量较高。该品种是绿白兼用芦笋新品种,产出绿笋质量好。

(13)杰立姆(Jerim)。荷兰优质绿白兼用芦笋F1代品种。植株高大,生长势强,抗逆性好,丰产性好。春季鳞芽萌动较早,休眠期较短,中早熟品种。单株嫩茎抽发数多,粗细适中,笋条顺直,整齐一致,畸形笋少,色泽纯正,商品率高。分枝高度46 cm左右,顶部鳞片抱合紧密,顶芽长圆,略呈紫色,鳞片稍密,不易散头。嫩茎多汁、微甜、质地细嫩,纤维含量少,口感。抗病性强,较抗叶枯病、锈病,较耐根腐病、茎枯病,耐湿性较好。在我国北方地区定植后第二年亩产可达500 kg,成年笋亩产可达2 000~3 000 kg。

此外,还有荷兰的531465和53137、UC157FI、加州72、富兰克林、爱达丽、鲁芦笋1号、美国阿伯罗、紫色激情等优良品种。适于绿笋采收的品种有加州309、日本瑞洋等。

第三节　芦笋高产栽培技术

一、育苗

芦笋种皮厚且有蜡质,种子吸水性差、萌芽慢,为此,要选择适宜的育苗方式进行精心育苗。

(1)播种期。①露地育苗:通常应在10 cm地温达到10 ℃以上时播种,使秧苗在冬前有5~6个月的生长期,以利安全越冬。以4月中下旬为播种适期。北方地区一般第1年露地育苗,第2年定植,必须到第3年始收。②保护地育苗:可比露地播种期提早30~40 d,即2月下旬至3月上中旬阳畦或小拱棚播种,可以当年定植,第2年即可试采,缩短采前生长期。③营养钵育苗:按70%园土、30%有机肥配制营养土(加2%三元素复合肥)或80%园土、20%草木灰、1.5%复合肥配制营养土。营养钵的直径一般为8 cm左右、钵高 10 cm。每亩大田需备钵 2 500 个。

（2）浸种催芽。芦笋直播时发芽极慢，播种前应先行浸种催芽。选用新种子，于 28～30 ℃温水中浸泡 3～5 d，每天换水 1～2 次，使种子充分吸胀。催芽温度 25～30 ℃。催芽时间 10～15 d。当种子有 50% 左右出芽时即可播种。

（3）播种。①露地育苗：按行距 40 cm 开沟，沟深 2～3 cm。沟内每隔 7～10 cm 点播 1 粒种子。覆土后浇水，并经常保持畦面湿润。②保护地育苗：播种前浇足底水，按株行距 10 cm 见方点籽，每 100 cm^2（或每个营养钵）播 1 粒种子，覆土厚度 2～3 cm，并覆盖地膜保湿增温，出苗时及时撤地膜。

露地育苗圃 1 000 m^2 或保护地育苗 300 m^2 需用种子 1 500 g 左右，可供 1.0～1.5 hm^2 本田栽植。

（4）苗期管理。需注意以下问题：一是注意保温。苗床温度白天保持在 20～25 ℃，不超过 30 ℃，夜间以 15～18 ℃为宜，不低于 13 ℃。二是注意浇水，保持床土湿润。三是注意通风换气、控温降湿或遮阴防高温。四是施肥促苗，每隔 20 d 左右追施 1 次肥料，可用速效性肥或 10% 腐熟人粪尿浇施；五是人工拔除杂草和注意病虫害防治。

（5）壮苗标准。苗龄 60～80 d，苗高 30～40 cm，地上茎 4～6 根，地下肉质根 6～10 条，根长 15～20 cm，鳞芽饱满，无病虫害。

二、定植

（1）定植时期。定植时期依当地气候和育苗方式而定。露地育苗的秧苗宜在休眠期进行定植。一般分春栽和秋栽两种形式。北方冬季寒冷地区宜春栽。若秋栽，越冬期容易受冻害。春栽一般在 5 cm 地温达 10 ℃以上时进行。华北地区在 4 月幼芽刚萌动时定植为适宜。保护地育苗的秧苗进行夏栽。在苗高 25～30 cm，地上茎长出 3～4 条，地下茎 15 条左右，根长 20～25 cm，苗龄 70 d 左右定植为宜。多在 6 月中下旬至 7 月上旬定植。

（2）精细整地、施足底肥。定植前的精细整地、施足底肥和做好排灌渠道十分重要。因为芦笋为多年生植物，种植一次可采收多年（10～20 年）。一般采用开沟定植。白色栽培的沟距 1.8～2.0 m，以便采笋期培土软化。绿色栽培的沟距 1.2～1.5 m。定植沟南北走向，沟深 30 cm，沟宽 40 cm。每亩沟底施入腐熟有机肥 3～4 m^3 三元复合肥 40～50 kg。回填土至半沟，并将肥土混合均匀，其上再加一层熟土，于沟中心堆成断面为等腰三角形的土埂。

（3）栽植。定植时随起苗随栽植，避免肉质根风干脱水降低成活率。起苗时应尽量少伤根系，选苗分级栽植。白色栽培的栽植密度以 1 000～1 200 株/亩为宜，绿色栽培的以 1 500～1 800 株/亩为宜。定植沟：沟深 35～40 cm，底宽 35 cm，口宽 45 cm。每沟栽植 1 行，白笋栽培和绿笋栽培的株距均为 30 cm。注意定植深度。栽植过深，容易造成缺株或使幼苗发育不良，同时春季地温回升慢，出笋比较晚。栽植过浅，鳞芽生长压力小，嫩茎比较细，地上茎易倒伏。栽植深度适宜深度是 20 cm，以地下茎着生鳞芽处距地表 15 cm 为宜。地下茎顺沟排放，不要与沟向垂直，以利培土、采笋和田间作业方便。栽植后覆土 5～8 cm，并稍镇压。回填时先放表面 20 cm 以上的熟土在底部，两边的余土以后分次填入。栽植后立即浇水,以利缓苗。

三、幼株期管理

(1)定植后当年的管理。定植缓苗后,天旱时要及时浇水,保持土壤湿润;雨涝时要及时排涝;适时中耕除草,促进根系发育。定植沟要根据苗情及时填土。雨季到来之前,应填平定植沟,防止沟内积水沤根。填土的同时结合追肥 2~4 次,使植株茂盛。封冻前浇足冻水,保证水分供应。

(2)定植后第 2 年的管理。定植后第 2 年,植株抽生的地上茎增多,但一般不采收嫩茎,应培养根株,为以后丰产打基础。只有当保护地育苗栽植且生长健壮时,第 2 年才可少量采收嫩茎。第 2 年株丛发展较快,施肥量应增加。春季萌芽前在植株两侧 30~40 cm 处沟施有机肥 1.5~2 m^3/亩,过磷酸钙 1.6 kg/亩、氯化钾 0.6 kg/亩。夏秋季节追施 2~3 次速效性肥料。

(3)采用小拱棚加地膜的简易覆盖方式,该方式增温效应明显,对芦笋早春生长和产量增加有较好的促进作用,能使采笋期提前 24 d。但在生产过程中应注意及时破膜,在 3 月下旬晴好天气、气温回升较快时,及时破膜通风,以防温度过高导致散头率增加。

四、成株期管理

(1)施肥。春季采笋采收结束前 2 周左右追施速效性肥料,如尿素 5~8 kg/亩。嫩茎采收结束后结合放垄,施入有机肥 3~5 m^3/亩,并配合施入三元复合肥 30~50 kg/亩。秋季旺盛生长期应追施速效性氮肥和钾肥。中耕除草、培垄与放垄、植株调整。

(2)浇水。春季培垄前不浇水,以免降低地温,造成嫩笋弯曲或空心。培垄后及时浇水。采笋期间保持土壤水分充足,则嫩茎抽生快而粗壮、组织柔嫩、品质好。地上部枝叶生长期间,也要保证水分充足供应,促使同化功能旺盛,为下一年嫩茎丰产奠定基础。土壤上冻前浇足冻水,防止冬旱。浇水和雨后及时中耕松土。

(3)培垄与放垄。白芦笋未长出地面的(培土软化采收)。一般于 3 月 5 日前后结合耕地施肥做好扶垄培土工作。要求土壤细碎,做成底宽 60 cm、高 25~30 cm、顶宽 40 cm 的高垄,并达到土垄内松外紧,表面光滑。控制好芦笋根盘覆土厚度,一般不可超出 15 cm,通过培垄方式能够有效抵抗倒伏,并且满足秋茎生长过程中的营养需求。

(4)中耕除草、植株调整。夏季高温雨季重点是防治病虫害、除草、排涝。为防止暴风雨袭击造成倒伏,还要架设铁丝防护,且夏季不能追施过多氮肥。花茎抽生后不留种者,应及时摘除。株丛中拥挤的老弱病枝应及时去除,以利通风透光。

五、病虫害防治

(1)茎枯病。茎枯病是危害芦笋生产的致命性病害,防治该病是芦笋病虫害防治体系中的关键环节。预防茎枯病一般在芦笋嫩茎出土 20 d 内进行,防治药剂有 25% 吡唑醚菌酯(凯润)乳油 2 000 倍液、50% 醚菌酯(翠贝)干悬浮剂 5 000 倍液、70% 代森锰锌 600 倍液,上述药剂可交替使用,连防 2~3 次。

(2)立枯病。增施有机肥,提高抗病能力;收获时及时清除病残体,集中烧毁,雨后及时排水;药剂防治在发病初期喷洒 30% 碱式硫酸铜悬浮剂 400 倍液和 47% 加瑞农可湿性粉剂 800 倍液。

(3)褐斑病。在高温多雨季节注意及时排水并疏枝打顶,去除杂草,改善通风透光条件,减轻病害发生。药剂防治可用 75% 百菌清、50% 多菌灵可湿性粉剂分别配成 500 ~ 800 倍液进行喷雾,一般每 10 d 喷一次,发病盛期每 7 d 喷一次。

(4)蛴螬、地老虎、金针虫。灌水灭虫,在幼虫危害盛期,可结合灌溉让笋田内短时间积水,实践证明,具有良好的杀虫效果。利用成虫的假死性、趋光性及性诱性,进行诱杀或人工捕捉。育苗时,结合苗床整地,每亩用 3% 辛硫磷颗粒 1 kg,拌细沙 3 kg 撒施在苗床内。幼苗生长或采笋期间用 90% 敌百虫 800 ~ 1 000 倍液顺垄喷洒防治,还可用 1.8% 阿维菌素乳油 2 000 ~ 3 000 倍液灌根。地老虎、蛴螬等地下害虫也可用炒香的麦麸加 50% 辛硫磷乳油拌入剁碎的青菜叶,撒到笋垄上进行诱杀。

(5)蓟马。春季清除笋田周围杂草,消灭越冬寄主上的虫源。气候干旱时,采用浇跑马水的方法灌溉。于花期防治,药剂用 2.5% 多杀菌素悬浮剂 1 000 ~ 1 500 倍液、0.3% 印楝素乳油 800 ~ 1 200 倍液、0.38% 黄参碱可溶性液剂 1 000 ~ 1 500 倍液、0.1% 阿维苏 100 亿/g 苏云金杆菌可湿性粉剂 1 500 ~ 2 000 倍液等。重点喷嫩茎、茎尖等幼嫩组织等部位。芦笋放秧后,每隔 7 ~ 10 d 喷 1 次药,连喷 2 ~ 3 次。

(6)夜蛾科害虫。①应用杀虫灯和性诱剂诱杀。② 应用防虫网隔离。③用糖醋液诱杀。糖醋液用糖 3 份、醋 3 份、酒 1 份、水 10 份、敌百虫 0.1%,调匀,于夜晚时间放置诱液防治夜蛾科害虫,每隔 5 d 换液 1 次。④生物(或仿生)杀虫剂防治。可用 5% 氯虫苯甲酰胺悬浮剂 1 000 倍液,或 15% 茚虫威乳油 2 500 倍液,或 2% 甲氨基阿维素苯甲酸盐悬浮剂 2 000 倍液,或 10% 虫螨腈悬浮剂 1 000 ~ 1 500 倍液,或 100 亿孢子/mL 短稳杆菌悬浮剂 500 ~ 600 倍液,或 10 亿 PIB/mL 苜蓿银纹夜蛾核型多角体病毒悬浮剂 500 倍液,或 50 g/L 虱螨脲乳油1 000倍液,或 10% 多杀霉素悬浮剂 2 000 倍液,或 60 g/L 乙基多杀菌素悬浮剂 1 500 倍液喷雾防治斜纹夜蛾、甜菜夜蛾等夜蛾科害虫。应在初龄幼虫未分散或未入土躲藏时喷药,成龄后抗药性很强,往往难以杀灭。一般根据预测,产卵高峰后 4 ~ 5 d,喷药效果最佳,傍晚喷药效果更佳。

(7)蚜虫。①黄板诱蚜:黄色、橙黄色对有翅成蚜具较强的趋性,可在黄板上涂抹 10 号机油或凡士林等黏物,诱杀有翅蚜虫。黄色板的长、宽度一般为 15 ~ 20 cm,挂或插在田间。待黄色板诱满蚜虫时应及时更换,以提高诱杀效果。②银灰膜避蚜:蚜虫对银灰色有较强的驱避性,可利用银灰色的遮阳网、防虫网、地膜进行覆盖栽培,或在田间挂银灰色塑料带,防蚜虫迁飞、传毒。③韭菜驱蚜:韭菜挥发出的气味对蚜虫有驱避作用。在芦笋行间种植韭菜,可降低蚜虫的虫口密度,减轻危害。④发生初期用 50% 马拉硫磷乳油 1 000 ~ 2 000 倍液,或 20% 螺虫乙酯呋虫胺悬浮剂 2 000 ~ 3 000 倍液,或 50% 吡蚜酮水分散粒剂 3 000 倍液,或 10% 吡虫啉可湿性粉剂 3 000 倍液,或 25% 噻虫嗪水分散粒剂 1 000 ~ 2 000 倍液,或 25% 噻虫嗪 2 000 倍液,或 50% 氟啶虫胺腈水分散粒剂(可立施) 15 000 ~ 20 000 倍液,或 24.7% 噻虫嗪 · 高效氯氟氰菊酯微囊悬浮剂 1 500 倍液等喷雾除虫,每 7 ~ 10 d 1 次,保护地可以用敌敌畏熏蒸。⑤利用瓢虫、食蚜蝇、蚜霉菌等天敌防治。

(8)白粉虱。可选用 90% 敌百虫晶体 600 倍液 + 25% 噻虫嗪水分散颗粒剂(阿克泰)

2 000 倍液左右，在幼虫初孵期及危害初期用药，以后连续用药 2 ~ 3 次。

六、采收

(1)绿笋采收。芦笋嫩茎生长速度受温度影响明显，当平均气温在 20 ℃以上时，一天可伸长 10 ~ 20 cm，因此每天要在上午、下午分两次进行采收。采收绿芦笋的方法是：用笋刀将长 20 ~ 25 cm 的嫩茎沿地面割下，基部不要留茬，以免侧芽萌发。采收的嫩茎应立即放在容器中用湿布盖好。

(2)白笋采收。采收白芦笋宜在每天早上 8 时前及下午 4 时后进行，看到土表龟裂，应扒开表土，露出笋尖，用笋刀于地下茎上部 16 ~ 18 cm 采收。采收后将垄土复原拍平，白笋采后将嫩茎放入容器中，盖潮湿黑布，遮阴保管。

(3)采收年限。采收持续期和产量，依植株年限、植株长势、气候、土质、田间管理水平等情况而异。当出笋数量减少并且变细弱时，必须停止采收。采收持续期过长，则绿色茎枝的生长日期被缩短，同化产物累积减少，造成下一年产量降低，而且植株抗性弱，易衰老和发生病害。一般定植后第 4 年至第 12 年为盛采期，第 13 年后植株趋于衰老，产量逐渐降低。若管理良好，可延长到 15 ~ 20 年。

第四节　大棚芦笋优质高效栽培技术

一、芦笋种植温室大棚建造

在明确芦笋周年生产现实需求的基础上，需找准温室建造具体方位，一般采取东西延长的方式。为保证温室结构稳定性，以水泥柱或钢骨架作为温室骨架，温室内墙最好涂白。由于温室前后屋面存在一定差异，一般以保温材料对后屋面进行处理，并以半无滴膜对前屋面进行处理，通过棉被和防雪膜的应用来满足夜间保温需求。

二、芦笋品种选择及育苗

(1)品种选择。选择高产、优质、抗病性强、生长快的杂交品种，在周年生产且温室大棚栽培的方式下，一般选用格兰德、皇冠、绿塔、紫色激情和 UC157FI 等品种，以确保其具有良好的耐低温能力和抗病能力。

(2)浸种催芽。在选定芦笋种子后，以标准比例的百菌清可湿性粉剂来对种子进行浸泡消毒，洗净后浸泡于清水中，每日搓洗两次之后换水，待 72 h 后，将水分过滤掉，并在同样的温度条件下进行催芽，催芽过程中必须保证种子处于良好的湿润状态，并及时进行清洗，待露白后即可播种。首先，将芦笋种子采用温汤浸种法浸种，即在 55 ℃温水中浸泡 15 ~ 20 min 后捞出，用清水反复搓洗，去除种子表面的蜡质；然后在常温下用清水浸泡 72 h(夏、秋 48 h)，每天换水 2 次(早、晚各一次)；浸泡后沥干，用多层湿纱布包裹，放入恒温箱，30 ℃催芽，每天用清水冲洗 2 次以避免闷种，待部分种子露白后，即可播种。

(3)育苗播种。采用营养钵 8 cm × 8 cm 基质育苗，每钵播 1 粒种子，播后即盖上厚 0.5 ~ 1.0 cm 的基质，基质配比是草炭: 蛭石为2: 1，同时每立方米上述基质拌入 0.625 kg

三元复合肥($N-P_2O_5-K_2O$ 为 15-15-15)和 100 g 多菌灵作为最终的育苗基质。如早春育苗,营养钵上加盖塑料薄膜;夏秋育苗,加盖遮阳网。当出苗率达 50% 时,及时揭除营养钵上覆盖物;同时,通过开、关通风口,开、合遮阳网等措施,调节棚室内温度,使其保持在 23 ℃左右。浇水以见干见湿为原则。

(4)苗期管理。观察种苗,待顶芽后,揭开地膜,并观察基质状态,适当浇水,确保相对湿度满足苗期水分要求。之后叶面喷施磷酸二氢钾叶面肥和多菌灵或苯醚甲环唑等,以有效防治病害,加强芦笋苗质量控制。

三、整地、定植

(1)整地。定植前清理大棚,用辛硫磷喷施地面及四周,然后用百菌清和异丙威烟剂熏蒸。结合施肥,深翻、平整土地。亩施优质腐熟有机肥 3 000 ~ 5 000 kg、三元复合肥 30 ~ 50 kg。做畦,每棚 4 畦,畦宽约 1 m,高 25 cm,沟宽 50 cm。

(2)定植。挑选长势一致的苗及时定植,株行距为 40 cm × 150 cm。深栽,深度 10 ~ 15 cm,注意使地下茎生鳞芽群的生长方向基本一致,与定植沟的方向也一致,便于以后田间培土和施肥,延长采收期。

四、加强田间管理

(1)浇水。定植缓苗后及时浇水,待水渗下后再覆土,以后视天气情况和墒情变化适时适量浇水。夏秋季节温度高,水分消耗多,要确保土壤有足够的水分,保证植株正常生长。另外,由于芦笋根系中根毛吸收肥料及水分能力较弱,因此浇水不能过勤过多,避免土壤长期湿度大、通气差,影响根系生理功能,引起烂根。冬季封冻前浇越冬水,以利芦笋安全越冬。

(2)追肥。植初期,少量勤施追肥,促苗早发。一般在中耕除草后和新茎抽生前各施 1 次,以腐熟有机肥最好,采用埋施的方式,或者每亩施三元复合肥 5 kg。同时要多施草木灰等高钾肥料。随着植株不断生长,尤其是进入采笋期,增加追肥次数和追肥量,以促使植株地上部和地下部营养生长。入秋后追施 1 次秋发肥,亩施有机生物肥 500 ~ 1 000 kg,或三元复合肥 10 ~ 15 kg,到 10 月下旬结束施肥。

(3)中耕除草及培土。春季气温回升后,对定植成活的芦笋进行一次中耕松土,以增加土壤透气性,促进幼茎较快地生长;在夏季高温季节也要进行中耕松土,特别是在灌水后,因为此时根群密布、呼吸作用特别旺盛,尤其需要新鲜氧气,结合中耕进行除草。同时,随着生长年限增加,芦笋地下茎会发生上移,造成鳞芽发育差,易抽生纤细的嫩茎和成茎,且嫩茎质硬,纤维多,植株易老化,进而产量下降,茎秆易倒伏。因此,随着植株的生长还要逐步分次培土,以保持鳞芽盘离土面 5 ~ 8 cm,不断扩大地下部生长空间,以增强地下部营养吸收和储备能力。

(4)植株调整。春季采笋旺季过后,随着气温的升高,芦笋品质变差,售价走低,此时每株留 2 条母茎,进行营养生长,以便制造养分供地下部生长和储存,为秋季和来年芦笋高产打下基础。此期,母茎长至 1 m 左右打顶,以利当季芦笋继续抽发、采收。秋后母茎衰老后,及时割除衰老株,清理的植株应予烧毁或移出田间,以防病菌传播。

(5)环境调控。春、秋季天气温差大,上午棚室内温度在 23 ℃时,透棚,防止中午前后温度过高,并降低棚室内湿度,减少病害的发生;下午棚室内温度低于 19 ℃时,关闭通风口。夏季天气炎热,侧面通风口可长期开到最大。

五、病虫害防治

采取“预防为主,防治结合”的方针,注重绿色防护。通风口加设防虫网,以杜绝棚外害虫进入;大棚内张挂黄、蓝色诱虫板,消灭棚内害虫。虫害主要是夜蛾、蚜虫、蓟马等。如上述物理措施不力,夜蛾可用 2.5% 溴氰菊酯乳油 2 000 倍液防治;蚜虫和蓟马可用 10% 吡虫啉可湿性粉剂 2 000 倍液防治,也可用 10% 异丙威烟熏剂熏杀。

病害主要有锈病、茎枯病、褐斑病等,主要通过通风以降低棚内湿度来进行控制。如预防不当,锈病可用 25% 敌力脱(丙环唑)乳油 2 000 倍液或石硫合剂防治;茎枯病可选用 25% 吡唑醚菌酯(凯润)乳油 2 000 倍液、50% 醚菌酯(翠贝)干悬浮剂 5 000 倍液、50% 异菌脲、50% 苯菌灵可湿性粉剂 1 500 倍液等防治;褐斑病可选用 75% 百菌清 400 ~ 500 倍液或 78% 波 · 锰锌可湿性粉剂 600 倍液防治。另外,要注意用药间隔期,选用 2 ~ 3 种相应的低毒高效药剂进行交替防治,防止病害蔓延。

六、采收及后期管理

以笋尖不开散,长 18 ~ 20 cm 为标准,气温较低(25 ℃以下),生长较慢时,每天早晨或傍晚采收 1 次;气温较高(25 ℃以上),生长较快时,每天早、晚各采收 1 次。每次将该采的全部采收,以防下次采收时笋尖开散。包装时要分级,粗细均匀的捆扎在一起,并将芦笋根部切齐,弯曲笋尖理向中部,在切口上 2 cm 处用胶带捆扎,每捆质量为 1 kg。采收完成的嫩茎需依照具体粗细分别捆扎,整理好后存入冷库或保鲜箱,以达到保鲜效果。

第二十七章　葡　萄

第一节　概　述

一、葡萄的营养

葡萄属于葡萄科(15 个属)的葡萄属,葡萄属分为真葡萄亚属和圆叶葡萄亚属。我国种植的葡萄,最主要的和栽培面积最大的是欧亚种葡萄和欧美杂交种葡萄。

葡萄美味可口而且营养丰富,果皮中富含白藜芦醇、鞣酸、花青素等对人体有益的物质。白藜芦醇能够帮助人体降低血脂,增强免疫力;鞣酸能抗过敏、抗衰老,还可以增强免疫力和预防心脑血管疾病;花青素能强抗氧化性、抗突变、保护心血管。除了鲜食,葡萄还可以制成葡萄酒、葡萄汁等产品,具有防暑、降血压、降血脂等功能。近年来,随着人们生活水平的提高,对葡萄及其衍生产品的需求也越来越大,在国内有着巨大的市场潜力。

二、生物学特性

(一)植物学特征

葡萄是多年生落叶果树,具有一般果树的植物学特征。有发达的根系、枝干和繁茂的叶片、较大的树冠作为营养体,还有芽、花、果实、种子等生殖器官。

葡萄又属藤本植物,具有以下特点:①藤蔓细长、不能支撑自身,必须借助卷须攀附棚架或其他物体,向上生长和横向扩大树冠;②顶芽萌发早,生长快,新梢生长旺,短期可生长数米,再生更新能力强,一年可多次发枝;③茎蔓髓部结构疏松,导管大而长,能有效地输送营养;④茎节部有独特的横隔膜结构,卷须、果穗、芽、叶片都生长在横隔膜上,并通过隔膜获得水分、养分,保证迅速生长;⑤茎节处或节间可发生不定根,自行吸收营养,所以繁殖容易,可压条、扦插、嫁接繁殖;⑥大部分芽眼都能分化成花芽,结果枝占芽眼总数的比例高,副梢结实能力强;⑦一般每花序有 200 ~ 1 500 朵花,所以结实率高,可获丰产;⑧肉质根发达,可储藏大量营养物质,供应生长发育。

葡萄又是浆果植物,外果皮较厚,颜色随果实成熟程度不同而变化;中果皮肉质内含丰富的浆汁;果肉有维管束,种子小而多。

(1)根系。实生根是播种后由种子的胚根发育形成的根系。它包括主根、侧根、二级侧根、三级侧根及幼根,在根和茎交界处有根颈。扦插根系是扦插、压条、嫁接后从土中茎蔓生出的不定根,包括根干和分枝的细根。

(2)枝蔓。葡萄枝蔓由主干、主蔓、一年生结果枝、当年生新枝、副梢组成。树干为主干(老蔓),不再伸长生长,但不断加粗。主干的分枝称主蔓,主蔓的生长与结果力密切相关,主蔓越粗壮,结果力越强。带叶片的当年生枝称新梢,在生长期内新梢一直保持绿色,但果实成熟前10 d左右逐渐变为红褐色,成熟为一年生枝。翌年一年生枝变成两年生枝,此后成为多年生枝。带有花序的新梢称结果枝,不带花序的新梢称发育枝。当年萌发的枝条称副梢。新梢和副梢在冬季落叶,这种秋季成熟枝统称当年生枝,或称一年生枝。一年生枝修剪留作次年结果,称结果母枝。

(3)芽。葡萄的芽是混合芽,有夏芽、冬芽和隐芽之分。夏芽是在新梢叶腋中形成的,当年夏芽萌发,抽生枝为夏芽副梢。在新梢顶芽摘除后,夏芽可形成花芽,抽生出带花序的副梢,从而提高结果量。冬芽是在副梢基部叶腋中形成的,当年不萌发。冬芽外包被有两片鳞片,鳞片上密生茸毛。冬芽由1个主芽、2~8个副芽组成。一般仅主芽萌发,主芽在受到伤害、冻害、虫害时副芽才萌发,形成枝条。从冬芽萌发形成的副梢称冬芽副梢。及时抹去冬芽主芽,可使副芽也形成花芽,发育成花序。隐芽是在多年生枝蔓上发育的芽,一般不萌发,寿命较长。葡萄混合芽在春季萌发,大量生出新梢,然后在新梢第3~5节的叶腋处出现花序。只要环境条件适宜,冬芽、夏芽都能形成花序。花芽分化通常是前一年春天开始,到第二年春天完成花序分化。

(4)叶。葡萄叶由托叶、叶柄、叶片组成。托叶对幼叶有保护作用,叶片长大后托叶自行脱落。叶柄基部有凹沟,可从三面包住新梢。叶片形似人手掌,多为5裂,少数品种有3裂的。

(5)卷须。成年葡萄植株新梢一般在第3~6节处长出卷须,副梢一般在第2~3节处长出卷须。栽培管理中,为节约养分常掐掉卷须。

(6)花序和花。葡萄的花序为圆锥状花序,由花梗、花序轴、花朵组成,通称花穗。葡萄的花由花梗、花托、花萼、花冠、雄蕊、雌蕊组成。葡萄的花分为两性花、雌能花和雄能花。两性花又称完全花,具有发育完全的雄蕊和雌蕊,雄蕊直立,有可育花粉,能自花授粉结籽。

(7)果穗。果穗由穗轴、穗梗和果粒组成。葡萄花序开花授粉结成果粒之后,长成果穗。花序梗变为果穗梗,花序轴变为穗轴。

(8)种子。子房胚珠内的卵细胞受精后发育成种子。葡萄果粒中一般含1~4粒种子。多数有2~3粒。有的品种果粒没有种子,既无核葡萄。通过选种无核品种、授粉刺激、环剥枝蔓、花前花后赤霉素处理方法,可获得无核葡萄。

(二)葡萄生长期的特点

葡萄在一年中的生长发育是按规律分阶段进行的。每年都有营养生长期和休眠期两个时期,细分葡萄年生长周期,又可分为8个物候期。

(1)树液流动期。春季气温回升,当地温达到6~7 ℃时,欧美杂交种根系开始吸收水分、养分,达到7~8 ℃时欧亚种葡萄根系也开始吸收水分、养分,直到萌芽。这段时期称为树液流动期。根系吸收了水分和无机盐后,树液向上流动,植株生命活动开始运转,如果此时形成伤口,易造成“伤流”,所以这个时期又称“伤流期”。

(2)萌芽期。气温继续回升,当日平均气温稳定在10 ℃以上时,葡萄根系发生大量须根,枝蔓芽眼萌动、膨大和伸长。芽内的花序原基继续分化,形成各级分枝和花蕾。新梢的叶腋陆续形成腋芽。从萌芽到开始展叶的时期称为萌芽期。萌芽期虽短,但很重要。此时营养好坏,将影响到以后花序的大小,要及时采取上架、喷药、灌水等管理措施。

(3)新梢生长期。从展叶到新梢停止生长的时期称为新梢生长期。新梢开始时生长缓慢,以后随气温升高而加快,到 20 ℃左右新梢迅速生长,日生长 5 cm 以上,出现生长高峰期,持续到开花才又变缓。新梢的腋芽也迅速长出副梢。此时如营养条件良好,新梢健壮生长 ,将对当年果品产量、品质和次年花序分化起到决定性作用。此时必须及时追施复合肥料,还要剪除多余的营养枝及副梢,抹芽定枝;否则,新梢就会长势细弱,花序分化不良,影响生产。

(4)开花期。从始花期到终花期止,这段时间为开花期,一般 1 ~ 2 周时间。每天上午 8 ~ 10 时,天气晴好,20 ~ 25 ℃环境下开花最多。如气温低于 15 ℃或连续阴雨天,开花期将延迟。盛花后 2 ~ 3 d 和 8 ~ 15 d 有 2 次落花和落果高峰,落花率、落果率达到 50%左右,这是正常情况。为提高坐果率,应在花前、花后施肥浇水,对结果枝及时摘心,人工辅助授粉,喷硼砂液。特别像巨峰、玫瑰香等品种,如生长过旺会严重落花落果。

(5)浆果生长期。子房膨大至果实成熟的一段时期称为浆果生长期。一般需要 60 ~ 70 d,长的需要 100 d。子房开始膨大,种子开始发育,浆果生长。幼果含有叶绿素,可进行光合作用制造养分,有两次生长高峰。当幼果长到高粱粒大小(2 ~ 4 mm)时,部分幼果因授粉不良等原因落果。这时新梢生长渐缓而加粗生长,枝条下部开始成熟,叶腋中形成冬芽。在生产措施上应即行追肥、绑蔓、防治病虫害等。

(6)浆果成熟期。果实变软开始成熟至充分成熟的阶段,时间半个月至 2 个月。这时果皮褪绿,红色品种开始着色;黄绿品种的绿色变淡,逐渐呈乳黄色;白色品种果皮渐透明。果实变软有弹性,果肉变甜。种子渐变为深褐色。此时浆果完全成熟。浆果成熟期与品种有关,分极早熟、早熟、中熟和晚熟品种。浆果成熟期要求高温干燥、阳光充足。部分早熟和中熟品种的成熟期正好赶上雨季,园中易涝,果实着色差,不甜不香。管理上应注意排水防涝,疏叶,打掉无用副梢,喷施叶面肥,使果实较好地成熟着色。

(7)落叶期。果实采收至叶片变黄脱落的时期称为落叶期。果实采收后,果树体内的营养转向枝蔓和根部储藏。枝蔓自下而上逐渐成熟,直到早霜冻来临,叶片脱落。此时应加强越冬防寒措施,预防早霜提前出现,为果树安全越冬做好准备。

(8)休眠期。从落叶到第二年春天根系活动、树液开始流动为止,这段时期称为休眠期,也称冬眠期。我国幅员广大,各地葡萄休眠不一。葡萄休眠并不是假死,植株体内仍进行着复杂的生理活动,只是微弱地进行,休眠是相对的。休眠期管理主要是施足基肥、修剪、灌水、盖塑料薄膜或埋土防寒等。

(三)葡萄生长对环境条件的要求

(1)温度。葡萄是喜温植物,温度影响着葡萄生长发育的全过程,直接决定产量和品质。一般早春 10 ℃以上时葡萄开始萌芽,秋季日平均温度降到 10 ℃以下时,叶片黄萎脱落,植株进入休眠期。葡萄生产结果最适宜的温度是 25 ~ 30 ℃,超过 35 ℃生长就会受到抑制,38 ℃以上时浆果发育滞缓,品质变劣,叶、果会出现日灼病。

葡萄不同生长期对温度的要求也有不同。如萌芽期,必须日平均气温在 10 ℃以上才开始萌芽;新梢生长期,20 ℃以上时新梢生长加快,花芽分化也快;开花期适宜温度为 20 ~ 28 ℃;浆果成熟期必须 20 ℃以上、昼夜温差大于 10 ℃时,果品质量才能达到优良。

(2)光照。葡萄是喜光植物,只有光照充足,才能顺利地生长发育、花序分化、开花结实。光照不足,光合作用产物少,就会使新梢长势减弱、枝蔓不够成熟,最终造成果实着色不良、品质下降。光照问题在设施栽培中尤显突出,日光温室或塑料大棚必要时需开灯以补充光照。

(3)水分。葡萄是耐旱植物,在北方大多数地方都可栽培。但水是葡萄生长发育不可缺少的物质,特别是生长前期,要形成营养器官就需要大量水分。如果过于干旱,就会出现叶黄凋落,甚至枯死。葡萄在萌芽期、新梢生长期、幼果膨大期需要充足的水分,一般7~10 d就应酌情浇水一次,或蓄水保墒。春旱时节尤要注意补水。开花期应减少水分,以促进果实膨大,此时浇水会增加产量,但大棚葡萄必须控制湿度,避免病害发生。浆果成熟期要求水分减少,但这一时期往往多雨,土壤过湿至积水,导致产量、品质降低和病害蔓延,此时应注意及时补水、控制湿度,尽量不喷农药,以保证果品优质。

(4)土壤要求。葡萄对土壤的适应范围较广,无论丘陵、山坡、平原均可正常生长,一般土质类型均能栽培,但以较肥沃的沙质壤土最适宜,在这种疏松、通透性好、保水力强的土壤上,葡萄生长良好。黏质土壤通透性差、地温上升慢、肥劲来得迟,葡萄表现较差。盐碱地及低洼晚涝、地下水位高的地块不宜栽种葡萄。栽植园以土层深厚(80 cm以上)、pH 6.5~7.5为宜。温室或大棚栽培情况下,对土壤要求更高,土质更应肥沃、富含有机质、通风透气。

第二节　葡萄主要品种与特点

一、阳光玫瑰(夏音马斯卡特、耀眼玫瑰)

阳光玫瑰属欧美杂种,其亲本为‘安芸津2号’和‘白南’。近年来,开始陆续引入我国。是集丰产稳产、抗病、大粒、耐储运、口感极佳等优点于一体的优良品种。

(1)果实经济性状。果穗圆锥形,带副穗,平均穗重在600~800 g,最大穗重达1 500 g。果粒椭圆形,松散适度,平均粒重达6~8 g,果粒大小均匀一致。果皮绿黄色,完熟可达到金黄色。肉质脆甜爽口,有玫瑰香味,皮薄可食,无涩味。可溶性固形物含量达18%~22%,最高可达27%。果实成熟后可挂树至霜降,不变味,不裂果,不脱粒,不褪色。天气转凉,食用品质更佳。

(2)生长结果习性。生长势中庸偏旺,花芽分化特好,萌芽率高,结果枝率较高。一般每结果枝带花序1个,极个别带2个花序。花序一般着生于结果枝3~4节。基部叶片生长正常,枝条中等粗,成熟度良好。定植当年需加强肥水供应,使树体成形,枝条健壮,为来年的结果奠定基础。经统计,两年生树平均每亩产量可达500 kg。

(3)物候期。阳光玫瑰在河南郑州地区4月初萌芽,5月上旬开花,8月下旬果实成熟,属于晚熟品种。

(4)抗性。抗病能力较强。果实易染炭疽病,套袋前需认真蘸药,让果实安安全全套袋。病害防治按照常规管理即可。

(5)架势。阳光玫瑰适应多种架势栽培,建议采用“高、宽、垂”架势进行栽培,易于管理,且方便搭建避雨设施。该架势的主要参数如下:立柱长3 m,下端埋土60 cm,在立柱

1.45 m 处拉第一道钢丝，1.70 m 处设横梁，横梁采用钢管（或三角铁），横梁长 1.5 m，以横梁的中点向两边每隔 35 cm 处打孔，共打 4 孔，共拉 4 道钢丝即可。然后用铁丝将每根立柱上横梁与钢丝固定即可。

二、金手指

金手指属于欧美杂交种，1997 年引入我国，该品种果粒奇特、含糖量较高。嫩梢绿黄色，幼叶浅红色，茸毛密。成叶大而厚，近圆形，5 裂，上裂刻深，下裂刻浅，锯齿锐。叶柄洼呈一字形，叶柄紫红色。一年生枝条黄褐色，有光泽，节间长，冬芽中等大。

（1）果实经济性状。果穗圆锥形，带副穗，平均穗重 300～550 g，最大穗可达 800 g。果粒着生松散适度。果粒弯形，似手指状，中间粗两头细，粒重 6～7 g，含种子 2～3 粒，果皮黄绿色，完熟后果皮呈金黄色，十分诱人。果皮薄，可带皮食用。果肉较脆，果肉有冰糖味和牛奶味，汁中多。一般黄绿色果实可溶性固形物含量 18%～22%，金黄色果实含糖量在 20% 以上，最高可达 25%。甜至极甜，口感极佳。

（2）生长结果习性。生长势较旺，花芽分化中等，发枝力强，冬芽主芽萌芽率 87.7%，每个结果枝着生 1～2 个花序，花序着生在结果枝的 3～5 节，以 3、4 节为主，属于低节位花芽分化。枝蔓中等粗，节间较长。基部叶片生长正常，不易提前黄花。副梢生长旺盛，容易使架面郁闭，需及时进行单叶绝后处理。切记副梢处理和主梢打顶不可同时进行，以免逼迫其冬芽萌发，相隔一周后再进行即可。两年生树可少量挂果，每亩可达 300 kg 左右。三年生树可进入盛产期，平均每亩可达 1 250 kg。

（3）物候期。金手指在河南郑州地区 4 月 7 日萌芽，5 月 13 日开花，8 月 12 日成熟。从萌芽至成熟需 120～130 d。属于早中熟品种。

（4）抗性和适应性。抗寒性强，抗病性强，常规病虫害防治即可有效控制病虫害。该品种在各葡萄产区均可种植，适应性较广。

（5）架势。采用双十字 V 形架。其主要参数如下：立柱行距 3 m，柱距 4 m，柱长 3 m，下端埋土 0.6 m。栽柱时应保证上端在一个水平面。每根立柱两个横梁，下横梁长 60 cm，距畦面 1.15 m。上横梁长 1 m，距畦面 1.5 m 处。畦面 0.9 m 处两边拉两道钢丝，两个横梁离边 5 cm 处打孔，各拉一条钢丝。

三、巨玫瑰

欧美杂种。由辽宁省大连市农业科学研究院杂交选育。亲本：‘沈阳玫瑰’×‘巨峰’。该品种是一个色泽鲜艳、香味纯正的优良品种，深受消费者喜爱。

（1）果实经济性状。果穗圆锥形，带副穗，穗重 400～550 g。着粒中等紧密，果粒椭圆形，粒重 8 g 左右。果皮紫红色，可着至紫黑色，玫瑰香味更浓，口感更好。果皮中等厚，皮涩，肉质软，汁中多。可溶性固形物含量 18%～24%。若使用激素，必须科学合理地运用。

（2）生长结果习性。生长势旺，发枝力强，丰产且稳产。一般情况下，巨玫瑰每结果枝带花序 2～3 个，结合定梢原则，疏去多余花序，每条结果枝只留一穗果，个别强旺新梢可留两穗果。该品种长势旺、挂果早，定植第二年主干粗可达到 2.5 cm，每亩可产 500 kg

果实。定植第三年，主干粗可达到3.5 cm，每亩可产1 250 kg果实。以后每年将产量控制在1 500 kg以内，每亩超过1 500 kg，表现着色不良。巨玫瑰基部叶片易黄化，可通过适时摘心或喷施有助于延迟叶片老化的叶面肥减缓叶片提前黄化问题。

(3)物候期。巨玫瑰在河南郑州地区4月4日萌芽，5月8日开花，8月15日成熟。从萌芽至成熟需130～140 d，属于中熟品种。

(4)抗性。巨玫瑰抗病性中等，适应性广。易染炭疽病和霜霉病，花前花后和套袋前是炭疽病的重要防治点，雨季要提前做好霜霉病的预防工作。

(5)架势。巨玫瑰生长势强旺，适合选择缓和树势的架势进行栽培，建议采用"高、宽、垂"架势，不仅缓和树势，操作省工省力，而且方便搭建避雨棚。该架势的主要参数如下：立柱长3 m，下端埋土60 cm，在立柱1.5 m处拉第一道钢丝，1.75 m处设横梁，横梁采用钢管(或三角铁)，横梁长1.5 m，以横梁的中点向两边每隔35 cm处打孔，共打4孔，共拉4道钢丝即可。然后用铁丝将每根立柱上横梁与钢丝固定即可。

四、夏黑

夏黑葡萄作为新时代的宠儿备受消费者的青睐。许多果农盲目地扩大种植，导致多数果园的夏黑葡萄丰产不丰收的例子比比皆是。

(1)果实经济性状。果穗圆锥形，带副穗，经赤霉酸处理果穗可达500～800 g。果粒近圆形，着生紧密，天然无核，自然状态下粒重3 g左右，且落果较重。经赤霉酸处理，平均果粒可达6～8 g。果肉脆，皮厚，汁中多，具有淡淡的草莓香味。果实成熟后呈紫黑色，可溶性固形物含量18%～22%。

(2)生长结果习性。生长势旺，花芽分化好。芽眼萌发率85%，成枝率95%，平均每结果枝带花序1.5个。隐芽萌发枝结实力强，丰产性强。一般情况下，每结果枝留一穗果，生长旺的结果枝可留两穗果，以防旺长。两年生树亩产可达500～600 kg，三年生树亩产可达1 500 kg。但必须严格控制产量，否则易出现大小年现象。

(3)物候期。在河南郑州地区，该品种4月3日萌芽，5月8日开花，7月15日浆果成熟。从萌芽到成熟仅需110 d，属于无核早熟品种。

(4)抗性。该品种抗病性较强，果实易染炭疽病，可通过套袋预防。

(5)架势。夏黑葡萄生长势旺，需采用缓和树势的架势进行栽培，建议采用高宽垂架势。该架势的主要参数如下：立柱高3 m，埋土0.6 m，在立柱1.5 m处拉第一道钢丝，1.7 m处设横梁，横梁采用钢管(或三角铁)，横梁长1.5 m，以横梁的中点向两边每隔35 cm处打孔，共打4孔，共拉4道钢丝即可。行柱距3 m×4 m，每亩栽立柱55根。

(6)避雨棚搭建。立柱顶端往下5 cm处打孔，南北拉顶丝，并将顶丝固定在每根立柱顶端。距立柱顶端向下40 cm处东西方向拉横丝，用较粗的钢绞线将东西方向每一根立柱连接，两头固定在60 cm深的地锚上。果园两头的横丝粗(10号钢绞丝)，中间可稍细些(6号或7号钢绞丝)。以两头横丝与立柱交点向两边各量取1.1 m南北拉避雨棚的边丝，并与相交的每道横丝固定。拱片用毛竹片或压制成型的空心铁管，长为2.5 m，每隔0.6 m一片，竹片中点固定在顶丝上，两边与边丝固定。郑州地区一般于4月初覆膜，8月下旬揭膜。

五、葡之梦

由山东省酿酒葡萄研究所1998年从美国引入。晚熟无核葡萄品种，属欧亚种。葡之梦俗称“美香指”，别名克里森无核、排红无核、可伦生无核、淑女红无核。是美国加州继红提葡萄之后推出的又一无核葡萄新品种。不足之处为：①成花难，需从树势、控产、修剪、肥水等多方面促进花芽分化。②拉穗难，调节剂使用不当极易出现药害或果穗扭曲变形。③膨果难，果粒较小，需要膨大处理。④上色难，需从肥水、生长期修剪、控产等方面促进着色。总之，葡之梦对栽培技术要求较高。

(1)植物学性状。嫩梢亮褐红色或红绿色，幼叶有光泽，无茸毛，叶缘绿色。成龄叶片中等大，深5裂，锯齿中等锐，叶片较薄，叶片两面均光滑无茸毛，叶柄长，叶柄凹闭合呈圆形或椭圆形。成熟枝条粗壮，黄褐色。

(2)果实性状：果粒充分成熟后为紫红色，外观美，上有较厚的白色果粉，果粒椭圆形。平均粒重5～6 g，经赤霉素膨大处理后7～8 g。果肉浅黄色，细脆，半透明肉质，果肉较硬，不易落粒，不裂果。果皮中等厚，与果肉不易分离，果实无核，清香甘甜，品质极佳。可溶性固形物含量19%，10月中下旬采收可达21%，含酸量0.6%，糖酸比20∶1。葡之梦是一个晚熟、耐储运、极优质的高档品种。

(3)生长结果习性。该品种生长旺盛，萌芽力、成枝力均较强，主梢、副稍易形成花芽，植株进入丰产期稍晚。该品种抗病性稍强，但易感染白腐病。4月上旬萌芽，5月中旬开花，保护地9月上旬成熟，露地10月上中旬果实充分成熟。果实耐储运。栽培中注意控制树势，防止生长过旺影响结果和果实品质。喜干旱、高温环境，在干旱条件下易形成花芽，但负载过多或管理不善，易发生果粒小和着色不良。

(4)适应性与抗逆性。风土适应性强，抗病性较强，较抗炭疽病和黑痘病，对葡萄霜霉病和灰霉病抗性中等，但容易感染白腐病，抗旱、抗寒能力中等。

(5)架势。采用能缓和树势，有利于花芽形成的“高、宽、垂”栽培架式，单篱架支柱的顶部加横梁，呈“T”字形。在直立的支柱上拉1～2道铁丝，横梁上两端各拉1道铁丝。横梁宽80～120 cm。

采用单干双臂树形。植株一个主干，高1～1.2 m，在主干顶部沿铁丝方向分出两个臂，每个臂上均匀分布5～7个结果枝。篱架栽培在第一道铁丝的上部25～30 cm处拉第2道铁丝。向上引缚新梢，最上部新梢反复摘心，以控制树势。实行“高、宽、垂”栽培的，将结果母枝上生出的新梢分向两边，分别引缚在横梁两端的铁丝上，大部分新梢随生长而自然下垂。

六、浪漫红颜

由阳光玫瑰和魏可杂交育成，欧亚种。该品种抗病性与阳光玫瑰相似。没有畸形叶，长势强，第一年枝条成熟较晚。果穗圆锥形，穗质量600 g左右，果粒整齐紧凑，椭圆形稍长，果面着鲜红色，非常鲜艳。可溶性固形物含量较高，在18%以上，没有香味。

建议按照阳光玫瑰栽培技术管理。由于没有香味，品质不如阳光玫瑰，不建议大面积栽培，可做礼品或搭配品种(与阳光玫瑰栽植搭配较佳)。生产中穗质量宜控制在800 g

左右(果粒55粒左右),丰产期亩产控制在1 250 kg左右,不宜太高,否则严重影响着色。

七、中葡萄12号

欧美杂种,亲本为'京亚'×'巨峰'。在郑州地区7月下旬到8月上旬成熟,果穗圆锥形,中等大,果穗大小整齐,果粒着生中等紧密。果粒椭圆形,紫黑色,平均果粒重8.5 g,果粉厚,果皮较厚而韧,有涩味。果肉软,汁多,绿黄色,味酸甜,有草莓香味。可溶性固形物含量18%,可滴定酸含量0.52%,固酸比为34.6∶1,维生素C含量4.42 mg/100 g。

管理技术要求:此品系为早中熟鲜食品种。穗大,粒大,落花落果严重,栽培上应控制花前肥水,并及时摘心,花穗整形,均衡树势,控制产量,在花期用噻苯隆浸蘸果穗,保花保果。其适应性和抗病性较强,在多雨地区和季节,要对黑痘病、霜霉病、穗轴褐枯病防治。宜中、长梢修剪。

八、中葡萄18号

欧亚种,亲本为'无核紫'×'玫瑰香'。在郑州地区8月下旬成熟,果穗圆锥形,果穗上果粒着生中等紧密,果粒长椭圆形,紫红色,果粒大,平均单粒重6.8 g,果粉中等厚,肉脆,硬度大,果汁无色,汁液中等多,果皮无涩味,果梗短,抗拉力强,种子退化,无核。可溶性固形物含量18.0%,可溶性总糖含量16.2%,总酸含量0.31%,糖酸比达到52∶1,单宁含量686 mg/kg,维生素C含量5.76 mg/100 g,氨基酸总量6.41 g/ kg。

管理技术要求:此品系为中晚熟鲜食无核品种。果穗大,在无核品种中,果粒较大,花芽分化一般,因此肥水要跟上,控旺长,均衡树势,控制产量,每亩每年施有机肥1 000～2 000 kg、磷肥50 kg,硼肥2.5 kg。抗病性中等,要防治好霜霉病、灰霉病。冬剪时,按中长梢修剪。

九、郑艳无核

欧美杂种。植株生长势中等。平均穗重618 g,最大穗重989 g。果粒成熟一致。果粒着生中等紧密。平均粒重3.1 g,最大粒重4.6 g。果皮无涩味。皮下无色素。果肉、汁有草莓香味。无核。可溶性固形物含量约为19.9%。品质优。在河南郑州地区4月上旬萌芽,5月上旬开花,6月下旬浆果始熟,7月中下旬果实充分成熟。为早熟鲜食葡萄品种。

管理技术要求:篱架、棚架栽培皆可。株行距篱架"高、宽、垂"树形为1.5 m×(2.5～3.0)m;棚架龙干架式为1.0 m×(3.5～4.0)m;棚架"T"型架式为2.0 m×6.0 m;棚架"H"型架式为4.0 m×6.0 m。以长、中、短梢混合修剪为主。花前、幼果期和浆果成熟期喷1%～3%的过磷酸钙溶液;花期喷0.05%～0.1%的硼酸溶液,果实生长期喷钾盐溶液。果粒着色期一般不浇水。冬季修剪原则是强枝长留、弱枝短留,以短梢修剪为主;棚架前段长留,下部短留;剪除密集枝、细弱枝和病虫害枝。夏季修剪时将果穗以下的副梢从基部除去,果穗以上的副梢留2叶摘心,主梢顶端的副梢留3～5片叶反复摘心。因坐果率偏高,结果枝可在开花后摘心。

十、红艳无核

欧亚种。果穗圆锥形,穗梗中等长,带副穗,穗长29.8 cm,穗宽17.8 cm,平均穗重1 200 g。果粒成熟一致。果粒着生中等紧密。平均粒重4.0 g,最大粒重6.0 g。果粒与果柄难分离。果粉中。果皮无涩味。果肉中到脆,汁少,有清香味,无核,不裂果。可溶性固形物含量20.4%以上,品质优。在河南郑州地区4月上旬萌芽,5月上旬开花,7月中旬浆果始熟,8月上旬果实充分成熟。为中早熟鲜食葡萄品种。

管理技术要求:适宜双十字架和小棚架栽培。株行距双十字架、单干水平树形为1.5 m×(2.5~3.0)m;棚架龙干树形为1.0 m×(3.5~4.0)m。宜中短梢修剪。基肥宜在9月底10月初施入。在花前、幼果期和浆果成熟期可喷0.5%的硫酸钾溶液或中微量元素溶液。入冬后应至少进行3次灌水,分别在落叶后、土壤上冻前和土壤解冻后。

十一、水晶红

欧亚种,树势中庸偏强,萌芽率80%以上。单穗重820 g,平均单粒重8.3 g。果肉脆,风味甜,可溶性固形物含量17.4%,总糖含量14.5%,可滴定酸含量0.29%,糖酸比50:1,丹宁含量644 mg/kg,维生素C含量6.87 mg/100 g,品质极上。在河南郑州地区陆地栽培9月10~15日成熟。丰产性、商品性良好,果实耐储运。

管理技术要求:栽培架式可采用篱架、棚架、“高、宽、垂”等,并根据架式合理整形;全年追肥3~4次;萌芽前浇水,每亩施尿素或复合肥20~30 kg;花前花后浇水,每亩施磷酸二铵15~20 kg;果实着色期浇水,每亩施磷酸二氢钾或硫酸钾20 kg。果实采收后,结合深翻每亩施有机肥2.5~4 m^3。

十二、香悦

由辽宁省农业科学院葡萄实验园采取有性杂交方法育成的欧美杂种4倍体鲜食葡萄良种,亲本为‘沈阳玫瑰’×‘紫香水芽变’。表现出长势旺盛,适应性强,抗病耐寒,易管理;具有果穗整齐,着生紧密,果粒大,着色一致,风味香甜,易成花,丰产性强的优点。

(1)生物学特性。香悦葡萄枝条节间长、粗壮,成熟后呈红褐色;卷须长,尖端有2~3个分叉,叶片肥大,深绿色,背面有茸毛,叶柄长,紫红色;两性花。

(2)果实经济性状。果穗圆锥形,穗紧凑,平均穗重620 g,最大1 060 g;果粒圆球形,平均粒重11 g,果粒大小整齐;果皮蓝黑色,果皮厚,果粉多。果肉细致,无肉囊,果肉软硬适中,汁多,有浓郁的桂花香味,可溶性固形物含量16%~17%,品质上乘。每果粒含种子1~3粒,种子与果肉易分离,无小青粒。不裂果,不脱粒,耐储运,堪称优质、大粒、中熟鲜食葡萄品种的佼佼者,具有很强的市场竞争力。

(3)物候期。在郑州地区4月初萌芽,5月初开花,7月下旬开始成熟,8月上旬充分成熟,从萌芽到果实充分成熟需要127 d左右,大概需要有效积温2 885 ℃。

(4)抗病性。该品种抗霜霉病、白腐病、黑痘病,抗病性强于巨峰。即使在降雨量较大的年份发病也较少,使生产成本大大降低,也减轻了对环境的污染,是生产无公害葡萄和有机葡萄的主要品种之一。

(5)架势。棚架栽培或篱架栽培均可,行距3~4 m,单株单蔓的株距0.6~0.7 m,单株双蔓的株距1.2~1.4 m。南北行种植,采用双"十"字架架式栽培。

十三、郑葡1号

由'红地球'×'早玫瑰'杂交选育出的中熟葡萄新品种。果穗圆柱形,平均穗重685.0 g,最大穗重910.0 g。果粒着生极紧,成熟一致,着色一致。果粒近圆形,红色,平均粒重10.3 g。果粒与果柄较难分离。果粉中等厚。每果实含种子2~4粒,多为2粒。果皮无涩味,果肉较脆,无香味。可溶性固形物含量为17.0%,品质中上。果实生育期90 d左右,在郑州地区8月上中旬成熟。植株生长势中庸。每结果枝结果1~2穗,2穗居多。叶片对霜霉病较为敏感,果实易感染白腐病。适合在温暖、雨量少的气候条件下种植。进入结果期早,定植第2年开始结果,易早期丰产。棚、篱架均可栽培,以中、短梢修剪为主。

十四、香妃

香妃葡萄属于欧亚种,由北京市农林科学院林业果树研究所杂交选育而成。该品种以其浓郁的玫瑰香味受到消费者的喜爱。果穗圆锥形,带副穗,果穗松散适度,平均穗重410 g左右;果粒近圆形,单粒重6~7 g;果皮黄绿色,果肉硬脆,汁中多,具有浓郁的玫瑰香味。每果粒含种子3~4粒,可溶性固形物含量16%。果实成熟后期易发生环裂,注意保持果实发育后期水分的供应平衡与水分供应的稳定性,防治土壤水分急剧变化的现象发生。且有轻度的大小粒现象,需引起重视。植株生长势、发枝力均较强。在郑州地区,该品种4月上旬萌芽,5月上中旬开花,6月20日左右转色,7月下旬浆果成熟。从萌芽至成熟需115 d,属于早熟品种。抗病性中等,主要的病虫害有霜霉病、灰霉病、绿盲蝽。南北行定植,株行距为1.5 m×3 m,每亩定植148株。香妃葡萄花芽分化较好,可采用高宽垂架架式,定植当年新梢长至1.35 m左右对其摘心,促进副梢萌发。在距一道钢丝下方10 cm左右确定2副梢作为两条主蔓培养,其下所发副梢全部单叶绝后。搭建避雨棚,5月下旬扣膜,9月下旬揭膜。采果后一定要控水,防止徒长。如果采用滴灌,可有效防止葡萄成熟期环裂现象的发生。

十五、朝霞无核

焦作市农林科学研究院与郑州果树研究所合作选育,以京秀为母本,布朗无核为父本杂交选育而成。果穗分枝形,无副穗,无歧肩,自然状况下,穗长15.0~22.3 cm,穗宽12.0~14.5 cm,平均穗重580.0 g,最大穗重1 120.9 g。果粒成熟一致,着生紧密度中。果粒圆形,粉红色,纵径1.72 cm,横径1.53 cm,自然粒重2.28 g。果粉薄,皮下色素浅。果肉中,汁中,有淡玫瑰香味。无种子。可溶性固形物含量约16.9%。成熟期7月上旬,为早熟葡萄优良品种。该品种适宜河南省葡萄适生区栽培,为采摘园早熟品种的首选品种。

第三节　大棚葡萄栽培技术

一、育苗

扦插育苗是目前生产中主要的育苗方法，它是利用葡萄枝蔓在适宜的环境条件下易形成不定根的特性，把带有芽眼的一年生葡萄枝条扦插在地中，人为创造适宜的环境条件，经过一段时间的培养，将枝条培养成新植株。

（一）种条采集和储藏

种条一般结合冬季修剪时采集，选取植株健壮、节间长度适中、芽眼饱满的当年生枝条，将种条剪成6～8个节长，每50～100根打成1捆，标明品种和来源。在地势较高、排水良好、向阳背风的地方挖深50 cm、宽1.2～1.5m的沟，在沟底铺10 cm左右的湿沙，将种条平放在沟内，每放1层插条，填入1层湿沙，最后盖上5 cm厚的湿沙后覆土。种条储藏前要用5波美度石硫合剂浸泡数秒进行杀菌消毒，沙土湿度应保持在70%～80%，每隔15 d检查1次。

（二）插条剪截与催根

春季，取出插条，选择芽壮、没有霉烂和损伤的种条，每2～3个芽眼剪截成1根插条。剪截时，上端剪口距芽眼2 cm左右，下端剪口在距基部芽眼0.8 cm以下按45°角斜剪。插条每30根捆1把，将插条下端在1 000～1 500 mg/L萘乙酸溶液中蘸一下，取出便可扦插。

（三）扦插

当温度稳定在10 ℃以上时，在整理好的地块进行扦插。株行距20 cm×30 cm，每畦2～3行。扦插时先用比插条细的筷子或木棍，通过地膜呈75°角戳一个洞，然后把插条插入洞内，插条基部朝南剪口芽在上侧或南面，深度以剪口芽与地面相平为宜。插后立即灌透水。

（四）苗期管理

扦插苗的田间管理主要是肥水管理、摘心和病虫害防治等工作。总的原则是前期加强肥水管理，促进幼苗的生长，后期摘心并控制肥水，加速枝条的成熟。

二、定植

以11月下旬或翌年4月上旬定植为宜。栽植时，将苗放入穴内对准株行距离，舒展根系，边填土边踏实，并轻提苗使根系舒展与土壤紧密接触。栽植深度保持原根茎与地面平，栽后立即浇透水，覆地膜。

三、定植后管理

栽后15 d左右苗木即可生根和萌动，对少数未萌动的可扒开覆土检查，对未成活的苗要及时补栽。栽后若遇大风、干旱，可用细水沿栽植穴少量浇水，切勿大水漫灌。

葡萄的树形要与架式相适应，所以葡萄的树形培养方式要根据已准备好的架式，选用与其相适应的树形。葡萄架式一般分为篱架、棚架、双十字“V”形架等。近年来,在一些多雨地区采用避雨棚架。每种架式又可以具体地划分为多种类型。篱架包括单臂篱架、双臂篱架和将其与棚架组成的篱棚架以及“T”字形架等;棚架按照大小及样式的不同,划分为大棚架、小棚架、漏斗式棚架、屋脊式棚架和水平式棚架等。

(一)幼树期管理

幼树期是指从葡萄苗木定植到初结果这一时期,其主要任务是将葡萄引绑上架,快速成形,为结果打好基础。苗木长到 20 cm 时,选一靠上直立的生长健壮的枝蔓留作主蔓,抹除其余枝蔓。苗木长到 50 cm 时,及时设立架杆,将苗木绑到杆上,促进苗木直立生长,随着苗木的生长,每隔 30 cm 绑 1 道。对主蔓上距地面 30 cm 以内的副梢,留 1 片叶连续摘心;对 30 cm 以上部位的副梢,则采用一次副梢留 3 片叶、二次副梢留 2 片叶、三次副梢留 1 片叶进行摘心。从 7 月上旬开始,树体全面喷布半量式波尔多液 240 倍液 1 次,以预防霜霉病。进入 8 月后,树体枝蔓开始老化成熟,及时喷布 0.3% 磷酸二氢钾,加速树体成熟和花芽分化。8 月中旬开始主蔓摘心,促使枝蔓成熟。进入 10 月后,每亩施农家肥 4 000 kg 和钙镁磷肥 50 kg,立即浇水沉实。

(二)栽后第 2~3 年管理

第 2 年萌芽后,抹除主蔓上位置不当和过密的营养枝,主蔓上带有花序的在萌芽分花穗时,每隔 20~25 cm 选留一个结果枝,其余抹除。一般原则是弱枝不留或少留花穗,壮枝一般留 2 穗,中庸枝留 1 穗。控制产量在 1 000 kg/亩,产量过高品质会下降。所留结果枝在开花前 3~4 d 在花序上 6 片叶摘心,一次副梢除先端留 1~2 个延长枝外,其余花穗以下均抹除,花穗以上副梢留 2~3 片叶摘心。果穗在初花期去副穗,掐除过长的穗尖,有利于穗形美观,增大果粒。

1. 萌芽后管理

(1)抹芽定枝。萌芽后当芽长到 1~2 cm 时开始抹芽。当枝条长至 3~4 片叶时,去掉部分弱枝和无用枝(多余枝、无果枝)。当第 5 片叶展开时,去掉顶端长势过强的枝条。

(2)铺反光膜。葡萄萌芽后,行间铺设外银内黑、1 m 宽反光膜,提高地温,保墒抑草,增加光照,改善着色,提高品质,增加效益。

2. 花前管理

(1)花前叶肥。花前使用叶面肥可提高叶面厚度,增强光合效率,建议喷施 2~3 次叶面肥,推荐:海绿肥、海藻素或海藻肥 +0.2% ~0.3% KH_2PO_4 + 春雨一号。

(2)扎丝绑蔓或吊扣固蔓。每根扎丝约 1 分钱,可使用 3 年以上。节省人工 50% 以上(简约、省工)、利于等距离定梢、标准化管理(标准)。

(3)摘心。开花前 3~5 d,对新梢进行摘心,以控制营养生长,促进坐果。方法是:结果枝在花序上部留 3~5 片叶,摘去顶端部分,摘心部位叶片达到成叶 1/3~1/2 大小。

(4)防好灰霉。开花前后,喷施 40% 嘧霉胺悬浮剂 1 000~1 500 倍液,或 50% 啶酰菌胺水分散粒剂 1 000 倍液等防治葡萄灰霉病,为塑造美观穗型打好基础。

(5)拉长花序。方法一:花序长度 7~15 cm 时,使用 4~5 mg/L 赤霉酸(GA3)均匀浸蘸花序或喷施花序(加入洗洁精),可拉长花序 1/3 左右,减轻疏果用工。方法二:推荐使用柔水通(农用水质优化剂)5 000 倍液 +20% 赤霉素(美国雅培公司奇宝)30 000 倍液 +

25%嘧菌酯悬浮液(阿米西达)2 000倍液。当50%花序长度达到6～10 cm(花序进入分离期,单花序有一半小分枝已经分离时)时开始进行蘸拉花序。

注意事项:一是精确配制药液。先将柔水通加入水中搅拌均匀,活化水质,再加入少量水溶解后的奇宝。最后加入阿米西达(按容积计算)的二次稀释液并搅拌均匀。水质要求干净,无泥沙、杂物;药液配比倍数必须精确无误。二是不能过夜使用。为保证配药质量和避免药液浪费,要求集中配制药液。配好溶液须立即使用,随配随用,不能过夜使用。严禁奇宝原药打开包装与空气接触后当天不用的情况发生。三是清洗容器。与药液接触的各种容器必须清洗干净。四是浸蘸迅速。蘸拉长剂时,要求迅速浸蘸,时间为0.5～1 s,不能浸蘸时间过长,以免发生花序卷曲现象。五是正确浸蘸花序。蘸完拉长剂后要及时将花序上的药液弹掉,以免因局部浓度过大引起花序畸形。蘸拉长剂时要将花序全部浸蘸,尤其是花序上部。同时还要防止漏蘸花序现象的发生。蘸药时还要防止出现扯掉新梢的现象发生。六是防烫伤。上午配制的药液中午时要放置在阴凉处,以防遭受暴晒后温度过高出现烫伤花序现象。

(6)提高坐果。坐果不好的品种如巨峰、醉金香等,见花至见花3 d,用500～750 mg/L的助壮素(甲哌鎓),喷叶幕,能明显提高坐果。

花序整形:花前整理花序是优质、精品栽培关键技术之一。葡萄花穗整形的主要作用是:①调控葡萄果穗大小。正常生产需要50～100个花蕾结果,品种不同果穗大小不一样,通过花穗整形,可以控制穗形大小。日本生产上,商品果穗要求400～500 g/穗,我国很多地方葡萄果穗达1 kg以上。②调节花期的一致性。通过保留穗尖整形,保留的穗尖花期略迟,但开花期相对一致,特别适用无核化处理,利于掌握处理时间,提高无核率。③提高坐果率、增大果实,提高果实品质。通过整穗起到疏蕾疏花的目的,有利于花期的养分集中,提高坐果率,促进果实生长。④调节果穗的形状。⑤减少疏花疏果工作量。葡萄花序整形,只疏除小穗,操作比较容易,一般进行花序整形后疏花疏果量较少或不需要疏果。整花序后,坐果适中,减少疏果工作量。⑥有利于果穗的标准化,提高果实质量及商品性状。

花穗整形方法有:①仅留穗尖式整形,用花穗整形器整穗,适合巨峰、阳光玫瑰、圣诞玫瑰等。②巨峰系葡萄品种有核栽培的整穗方法,去除副穗及以下8～10小穗,保留15～20段,并去除穗尖。③掐短过长分枝整穗法,夏黑、巨玫瑰、阳光玫瑰等品种常用此法。见花前2 d至见花3 d,花序肩部3～4条较长分枝掐除多余花蕾,留长1～1.5 cm的花蕾即可,把花序整成圆柱形。花序长短此时不用整理。有副穗的花序,花序展开后及时摘去副穗。该方式优缺点:果穗整齐、美观,果穗病害少,果穗大小适中;操作比留穗尖稍费工。④隔二去一分枝整形,如红宝石无核等品种采用。⑤掌状整形,剪除果穗中下部,留下分枝呈掌状。该方式缺点:果穗较宽,套袋不方便,果穗中部通透性差,容易挤压裂果,后期酸腐病严重。有红宝石无核、圣诞玫瑰品种采用。

3. 见花后及幼果期管理

(1)保花保果。生产中使用多种保果剂,推荐使用“赤霉酸大果宝”(江苏省农垦生物化学公司生产)或“噻苯隆”(中国农科院植保所廊坊农药厂生产)。1包“赤霉酸大果宝”对水10～15 kg(1包噻苯隆对水6～7.5 kg),于见花后6～10 d(谢花前3 d至谢花后3 d,

夏黑等品种）一次性均匀浸蘸或喷施果穗。如开花不整齐，需分批处理，分别于见花后第6、8、10天进行处理。药液中可混配施佳乐嘧霉胺、保倍等药剂防好灰霉病、穗轴褐枯病。

（2）花后叶肥。喷施3次以上叶面肥，海绿肥、海藻素等海藻肥 + 0.2% ~ 0.3% KH_2PO_4 + 春雨一号 + 果蔬钙肥或果滋润（套袋会影响果实对钙的吸收，喷施可在植株体内移动的钙肥可提高果实硬度，改进果实品质，减轻水灌病发生）。

（3）定穗整穗。坐果后（见花后18 ~ 20 d）按定穗计划定穗。每亩定梢2 500 ~ 3 000条，定穗一般不超过2 200穗，5条枝蔓留4穗或3蔓留2穗。剪除穗形不好、开花晚、果粒呈淡黄色的果穗。定穗后剪除过长穗尖。如夏黑剪留16 ~ 18 cm穗长，果穗成熟时长22 ~ 25 cm，宽13 ~ 15 cm。

（4）及时疏果。定穗后，果粒大小分明时开始疏果、疏除小粒果、过密的果，每穗留50粒左右（巨峰、藤稔等）、60 ~ 80粒（阳光玫瑰、红地球等）、90 ~ 110粒（夏黑、巨玫瑰等）。目标：成熟果穗松紧适中，一般穗重500 ~ 1 000 g（平均750 g）。

（5）控制负载。早熟品种，建议每亩产量不要超过1 500 kg，负载量过高会影响果粒大小、含糖量、着色和成熟期。

4. 膨果期管理

果粒大小对葡萄品质档次和销售价格有较大影响，在生产中利用植物生长调节剂处理是促进无核葡萄果粒膨大的主要途径。生长调节剂的适宜使用时期和使用浓度要根据葡萄品种、生长时期和环境条件进行配制使用。在鲜食葡萄生产中使用植物生长调节剂可有效改变果实内源激素水平，实现无核化，影响果实品质。一般来说，利用GA3、CPPU等多种外源激素实现葡萄无核化栽培需在特定的时期进行二次处理。首次处理诱导葡萄产生无核果，由于种胚败育，内源激素匮乏，果实发育受阻，需与首次处理间隔10 ~ 15 d后再次处理，促进果粒膨大。

（1）膨果处理。生产中使用多种果实膨大剂，如使用“赤霉酸大果宝”或“噻苯隆”（夏黑、巨玫瑰、醉金香、京亚、藤稔等），见花后第22 ~ 24天，使用“赤霉酸大果宝”1包对水6 ~ 10 kg或“噻苯隆”1包对水4.5 ~ 6 kg均匀浸蘸果穗或喷施果穗一次。红地球葡萄果粒较小的产区，科学合理使用植物生长调节调理剂，可增大红地球果粒，提高商品档次。推荐使用“红提大宝”（圣诞玫瑰、维多利亚也可用此法）。

①果粒在火柴头大小时用尹氏膨大剂1号1 mL对水500 g进行蘸穗，10 d后用2号1 mL对水500 g再处理一次。

②果粒接近绿豆粒大小时用1 g（4 000倍）奇宝加0.1%氯吡脲可溶液剂（施特优）20 mL（200倍）对水4 kg蘸穗，10 d后再处理一次。

③果粒接近绿豆粒大小时用三高素400倍液蘸果，10 d后再处理一次。

④果粒接近绿豆粒大小时用益果灵500倍液 + 奇宝15 000倍液蘸果，10 d后再处理一次。

注意事项：使用洁净水，pH值6.5 ~ 7.0为最佳。蘸药的器具边口要光滑，不能划伤果穗，且要足够深，能浸蘸整穗为宜，配药、蘸药的容器一定要干净。具体时间以上午8:00以后至11:00以前、下午4:00以后至天黑前或无雨阴天为好。配药时先用少量水化开，搅拌溶解后再加足量水。药液随配随用，勿久置。严禁原药打开包装与空气接触后当天不用的情况发生。蘸膨大剂时蘸穗后适当晃穗,将果穗上多余的药液晃掉入容器内,以免因局部药液浓度过大引起果实畸形。蘸膨大剂时要将果穗全部浸蘸,尤其是果穗上部。同时还要防止漏蘸现象的发生。

⑤使用复配剂。使用柔水通 5 000 倍液 +20% 赤霉酸 7 500 ~9 000 倍液[在高温不易坐果(如温室内)的情况下使用高倍数,在温度合适易坐果(如露地)的情况下使用低倍数] +3.8% 果美林[高赤霉酸(GA)和细胞分裂素(BA)复配]4 500 倍液 + 阿米西达 2 000倍液。在开花末期(花序上 80% 以上的花朵开放,即仅剩花序尖部个别花没有开时)要进行处理。

注意事项:一是正确配制。先将柔水通加入水中搅拌均匀,活化水质,再加入少量水溶解后的赤霉酸。最后加入阿米西达(按容积计算)的二次稀释液并搅拌均匀。水质要求干净,无泥沙、杂物;药液配比倍数必须精确无误。二是随配随用。为保证配药质量和避免药液浪费,要求集中配制药液。配好溶液须立即使用,随配随用,不能过夜使用。严禁赤霉酸原药打开包装与空气接触后当天不用的情况发生。三是洗净容器。与药液接触的各种容器必须清洗干净。四是迅速浸蘸。要求迅速浸蘸,时间为 0.5 ~1 s,不能浸蘸时间过长。五是正确浸蘸花序。蘸保果剂时要将花序全部浸蘸,尤其是花序上部。同时还要防止漏蘸花序现象的发生。蘸药时还要防止出现扯掉新梢的现象发生。

膨大果实依品种特性,采用不同方法:

以阳光玫瑰品种为例,葡萄激素的处理时间和浓度:盛花期用不同浓度药液浸蘸花穗 5 s,进行第 1 次处理,花后 2 周进行第 2 次处理。在盛花期和花后 2 周都用 GA3(75%,上海同瑞生物科技有限公司)25 mg/L +0.1% 氯吡脲(四川施特优化工有限公司,CPPU)5 mg/L 混合溶液浸蘸花/果穗,综合表现最佳。

以夏黑品种为例,葡萄激素的处理时间和浓度:第一次处理在花序分离时进行,即小支穗和花蕾刚刚分开的时候,用 5 mg/L 的赤霉酸 + 三联包(50% 保倍 3 000 倍液 +50% 抑霉唑 3 000 倍液 +20% 苯醚甲环唑 3 000 倍液)浸蘸花序,目的在于拉长花序。第二次处理在见花第 7 ~9 d,务必在这 3 天内完成。使用 10 mg/L 的赤霉酸 +200 mg/L 的硫酸链霉素浸蘸花序,目的在于保果。第三次处理在第二次处理后两周进行,使用 25 mg/L 的赤霉酸(40 000 倍液) + 三联包(50% 保倍 3 000 倍液 +50% 抑霉唑 3 000 倍液 +20% 苯醚甲环唑 3 000 倍液)浸蘸花序,目的在于膨大果实。

以红提品种为例,葡萄激素的处理时间和浓度:采用 4 次蘸穗最好,第一次在花完全凋谢后 10 d,用保美灵(3.6% 苄氨·赤霉酸液体)130 mg/L + 奇宝(20% 赤霉酸可溶性粉剂)60 mg/L + 必加 500 mg/L + 多收液 2 000 mg/L;第二次谢花后 20 d,用保美灵 130 mg/L + 奇宝 100 mg/L + 必加 500 mg/L + 多收液 2 000 mg/L;第三次在谢花 30 d,用保美灵 130 mg/L + 奇宝 100 mg/L + 必加 500 mg/L + 多收液 2 000 mg/L;第四次在谢花后 40 d 时,用奇宝 100 mg/L + 必加 500 mg/L。奇宝、保美灵是由美国华仑生物科学公司生产的。必加为展着剂。

(2)及时套袋。果实膨大处理后,及时套透光率高的优质果袋,防病、防虫、防尘、防蜂、防鸟(防鸟网),果穗美观。

疏果后,要在果穗上的药液干后及时套袋。套袋前全园喷一次杀虫杀菌剂,可喷甲托、百菌清、复方多菌灵、福星等杀菌剂并加杀虫剂吡虫啉或阿维菌素类杀虫剂,待药液充分干后再套袋。或者用50%保倍3 000倍液+50%抑霉唑3 000倍液+20%苯醚甲环唑3 000倍液、或者用10%苯醚甲环唑1 000倍液+20%戴唑霉2 000倍液浸蘸果穗,保证套袋前的安全。另外,套袋还要结合天气情况进行,尽量做到喷药至套袋间果穗不经雨。套袋时应避开强光高温天气。并注意做到喷药后3 d将袋套完,过期要重喷药再套。对于套袋后期视天气等情况需要对果穗重新喷药。套袋要求:将果袋上部边折充分展开,果穗处于果袋的中间位置,避免果穗上部与果袋接触而形成凹坑,防止下雨聚水后渗入果袋;果袋扎口位置不能在果柄节处,防止掉袋;袋口扎紧,防止后期雨水进入而烂穗,但不能勒伤穗柄。打药前完成漏套袋检查工作,避免打药对果面造成污染。特别要注意不能经雨。

套袋后要定期检查果袋,修掉感病的果粒、鸟叼烂果、酸腐果等。

阳光玫瑰品种套袋一般在花后30~40 d为宜。套袋应在晴天进行,以上午8~10时或下午4时以后为宜,切忌雨后高温立即套袋,宁可晚套袋。

(3)膨果施肥。葡萄果实膨大期建议分两次施入15-15-15 N、P、K三元素复合肥,每次施入15~20 kg/亩,促使果实膨大,提高果实等级。

(4)主干环剥。果实膨大初期进行主干环剥可增大果粒5%~10%;硬核期进行主干环剥可改善着色、提高含糖量、改进品质以及提早成熟等,环剥宽度不要超过主干径粗的1/5,不要伤及木质部。剥后封口浇水。注意事项:弱树不能环剥,切口不能伤木质部。

5. 转色至成熟期管理

(1)重视钾肥。葡萄有"钾质植株"之称,需钾量较大,硬核期和着色初期分两次施入硫酸钾,每次施入15~20 kg/亩,改善着色,提高含糖量,改进品质,提高植株抗性。

(2)摘除基叶。萌芽后110 d左右,摘除基部3张叶片。减少基部叶片营养消耗,有利于树体营养积累;改善光照,利于着色、增糖,减轻炭疽。

(3)解袋转果。葡萄成熟前10 d左右,套袋果园去除果袋,并适时转动果穗,充分接触阳光,促进果实着色。半透光袋可带袋采收而不去袋,纸质较厚的或报纸袋必须在采收前10 d左右去袋。分两次去袋,一次打开袋底,过3~5个晴日后完全摘除,一天中去袋时间宜在上午9:00~11:00,下午3:00~5:00。

6. 采收包装

果实达商品成熟时(如夏黑呈紫黑色,18%以上;红地球呈鲜红色,16%以上)开始销售。采果前整好果穗,套好塑网;一层装箱,2.5~5 kg/箱。成熟果实要及时销售,过晚采收,果实易发病。

7. 采后管理

(1)采后追肥。及时追施采果肥和基肥。

(2)保叶。加强后期病害防治,防提前落叶。

(3)去副梢。立秋后,新发副梢全部抹除。

(4)去老叶。分批去除老叶。

(5)冬剪。时间在冬至后的1个半月内。

（三）盛果期管理

盛果期是指果树已开始大量结果，产量、品质和经济价值已开始达到最佳水平的时期。盛果期树的结果量逐年增加，营养生长逐渐减弱，若管理不当，容易出现大小年。因此，树体管理重点是调节生长和结果的关系，改善光照条件，维持树势健壮，获得高产、稳产。根据品种特性、架式特点和树龄等确定结果母枝的剪留强度和更新方式，一般结果母枝的剪留量为：篱架架面每平方米 8 个，棚架架面每平方米 6 个。在枝条已出现花序时进行定梢，依据品种、树势等定梢，一般在 8 ~ 15 个，遵循强树多留、弱树少留，架面上部多留、架面下部少留的原则。盛果期的抹芽分 2 ~ 3 次进行，其原则是留稀不留密、留花芽不留叶芽。

1. 夏季修剪

夏季是葡萄植株的生长季节。在萌芽后及时抹除弱芽、偏芽，新梢长到 4 ~ 5 片叶时定梢，多余的枝梢疏除。当新梢长到 30 cm 长时，开始将新梢绑到架面铅丝上。随新梢不断伸长，需不断绑缚，一般要绑 3 ~ 4 次。绑梢时要将新梢均匀分开，间距一般为 10 cm 左右，并随手摘去已发生的卷须。

一般在 8 月中旬前后，篱架主蔓在 0.8 ~ 1.2 m 处摘心，棚架主蔓在 1.2 ~ 1.5 m 处摘心。第二年，结果枝在开花前 3 ~ 5 d，在花序上留 3 ~ 7 片叶摘心，营养枝留 8 ~ 10 片叶摘心。摘心后发出的副梢只留顶端 1 ~ 2 个，并留 3 ~ 5 片叶反复摘心，其余的一律抹除。

2. 冬季修剪

以长梢修剪为主，结合中、短梢修剪，选生长中庸充实枝条。篱架留枝量为每立方米架面留 7 ~ 15 个新梢，旺枝少留，弱枝多留；果枝与发育枝的比例为 7:1。新梢剪留长度可以参照以下标准：剪口粗度 1 cm 以上的留 8 ~ 12 节，粗度 0.8 ~ 1.0 cm 的留 4 ~ 7 节，粗度 0.8 cm 以下的留 1 ~ 3 节。

四、打破休眠方法

需冷量不足的地方或设施栽培葡萄使用破眠剂可补充需冷量、打破休眠，萌芽整齐，提早萌芽、开花和成熟 7 d 左右。萌芽整齐、成熟提前可提高葡萄售价、增加效益，对于早熟品种尤为明显。破眠剂主要有两种：

（1）石灰氮。将 7 倍左右 50 ~ 70 ℃温水倒入石灰氮中，搅拌均匀，加盖浸泡 2 h 以上，自然冷却。

（2）单氰胺。（朵美滋、荣芽、芽灵等）。50% 的单氰胺用水稀释 25 ~ 30 倍。

破眠剂在葡萄萌芽前 30 d 左右使用，使用方法：用刷子将石灰氮浸提液或单氰胺稀释液涂于结果母枝，顶端 2 芽可以不涂抹；或使用喷雾器把破眠剂喷于一年生枝条上。

五、病虫害防治

休眠期至萌芽露绿期，以防治越冬病菌、虫卵为主。在冬季修剪后对树木喷 3 ~ 5 波美度石硫合剂 1 次；在葡萄绒球期，芽体透绿时，使用 3 ~ 5 波美度的石硫合剂喷施植株、架材及地面，可消灭一些越冬病菌虫卵，起到事半功倍的作用。

展叶期至花期，以防治黑痘病为主；幼果速生期至硬核期，是多种病害和透翅蛾的重发期,也是病虫防治的关键时期,防治重点包括黑痘病、白粉病、霜霉病、炭疽病、透翅蛾;浆果着色至完熟期,主要防治炭疽病、白粉病、白腐病。

防治黑痘病、炭疽病用20%苯醚甲环唑微乳剂3 000倍液,或40%氟硅唑乳油8 000倍液,或50%烯酰吗啉·嘧菌酯悬浮剂1 500倍液,或50%杀菌王水溶性粉剂1 000倍液,或64%恶霜·锰锌可湿性粉剂700倍液;防治白腐病用40%氟硅唑乳油(福星)6 000倍液,或42.4%唑醚·氟酰胺(巴斯夫健达)2 500倍,或50%多菌灵可湿性粉剂600倍液,或70%甲基硫菌灵可湿性粉剂1 000倍液;防治白粉病用30%苯醚甲·丙环乳油5 000倍液,或25%丙环唑乳油5 000倍液,或50%溶菌灵可湿性粉剂700倍液;防治霜霉病用25%嘧菌酯悬浮剂(阿米西达)1 500倍液,或50%烯酰吗啉2 500倍液,或72%霜脲·锰锌可湿性粉剂(杜邦克露)600倍液,或52.5%恶唑菌酮·霜脲氰(抑快净)2 000倍液,或58%甲霜灵锰锌可湿性粉剂1 500倍液喷雾;防治红蜘蛛用25%阿维·乙螨唑悬浮剂3 000倍液,或20%螨死净乳油2 000倍液,或73%克螨特乳油3 000倍液,或34%螺螨酯悬浮剂4 000倍液喷雾。葡萄病害的防治要以预防为主,在施药时,交替使用农药种类,避免病菌产生抗药性。

六、避雨栽培管理

(一)棚膜管理

葡萄避雨栽培必须适时盖膜与揭膜。3月上旬葡萄萌芽期为黑痘病发生期,受害部位主要有嫩芽、嫩叶、微梢与卷须,因此最好在萌芽前喷石硫合剂后盖棚膜,在葡萄采收前15~20 d揭膜。套袋的果穗在以晴天和多云天气为主时,可以临时揭膜,以利于葡萄增光上色。平时要注意棚膜维护,尤其在大风期间和大风后,要经常检查压膜带和竹夹。压膜带松动的要及时整理压紧,竹夹松脱,要及时补夹。发现棚膜松动或移位,应及时整理,棚膜必须保持平展。特别是在葡萄成熟前至成熟采果期,如棚膜破损,雨水淋落到叶幕和果穗上,极容易导致炭疽病的发生,所以应及时修补破损棚膜。

(二)温度、湿度和光照调节

(1)温度管理。葡萄最适宜的生长发育温度在23~28 ℃。由于避雨栽培只是遮住棚架上面部分,整个葡萄园仍是通风透气的,与露地栽培差异不大。而且改良型大棚结构中的塑料膜和葡萄叶面距离在80 cm以上,一般不会出现“烧叶”现象。但高温天气,仍然要及时揭膜,降低棚温。

(2)湿度的调节。葡萄在幼果期要适当灌水,田间持水量应保持在80%左右,以促使果实迅速增大。成熟之际,要保持土壤的适宜湿度,田间的持水量保持在50%~60%为宜。

(3)光照的调节。覆膜后,棚内的光照仅为露地栽培的75%左右,因此改善棚内的光照十分重要。棚膜可以选用透光性能良好的无滴膜,并随时除去膜上的尘土和遮光物,以保证最大限度的透光性能;有条件的,也可以在地面铺设反光膜,改善低光照,增加下层光照;天气晴好时,应及时揭膜;还可以通过夏季修剪,疏除无用枝、过密枝、病虫害枝等,改善架面的光照条件。

七、花期管理和果实套袋

（一）花期管理

在开花前后叶面喷施天然芸苔素内酯2~3次。在花后3~5 d用2~5 mg/L的吡效隆浸果，可以保证坐果稳定、大小均匀。对于结实力强、花序偏多、坐果率高的品种，花期应当去除部分花序。花序分散后，疏除细弱的花穗，每条结果蔓留1穗花，个别强壮的可留2穗花，弱蔓一般不留穗花。

以葡之梦品种为例，赤霉素处理方法如下：在促进无核葡萄膨大的各种生长调节剂中，最常用的是赤霉素，并配合其他生长调节剂应用，可以显著提高无核葡萄的坐果率和增大果粒。第1次处理在花前7 d进行，使用浓度为50~100mL/L，主要作用为拉长果穗，提高坐果率；第2次处理以花后7~15 d完成，适宜浓度为50~100mL/L。处理的方法为蘸穗或喷施。在喷施时，一定要均匀地喷洒在果粒表面，防止畸形果发生。

（二）果实套袋

在避雨设施条件下，使用套袋技术，能有效提高葡萄品质。套袋时间可以选择在葡萄坐果20 d后至果实第一次膨大末期。套袋前，先对果穗进行适当修整，剔除小果、畸形果，疏果后，使用40%嘧霉胺1 000倍液+20%苯醚甲环唑3 000倍液浸蘸花序，待药液干后，在1~3 d内进行套袋。在果实成熟前7~10 d，选择晴好天气，及时去袋，有利于果实上色和增糖。

第四节　日光温室葡萄栽培技术

葡萄是温室适栽树种之一，温室葡萄栽培不但可以避免和防御风害、冰雹、霜害、降雨等自然灾害，获得高产稳产，还可以促进葡萄早熟提早上市或延后上市，提高生产效益。按照果实上市时间的不同，分为促成栽培和延迟栽培。促成栽培指的是果实成熟期比露地栽培的早成熟上市，延迟栽培指的是果实成熟期比露地栽培的晚成熟上市。

一、日光温室结构与建造

棚址应选择水源充足、地势平坦、土壤为沙壤土的地块。棚向坐北向南。棚长7~8 m、跨度7~10 m、矢高3.0 m。后墙为砖石空心墙，厚度为1.5 m。墙顶用预制板封闭，后坡用空心预制板长2 m，预制板下端放在后墙上，上端放在脊檩上。脊檩由钢筋混凝土预制，脊檩长2 m，由预制板支撑。前屋面拱架上弦用4号钢管，下弦用10号钢筋，拉线用6号钢筋预制板上铺15 cm炉灰渣，山侧墙厚度1 m。建造前可根据本地的经纬度计算出太阳光线与水平面的角度。采光角24°~28°，后屋面的角度45°左右。温室四周建筑好加温炕墙。棚膜采用聚氯乙烯无滴长寿膜或聚氯乙烯消雾膜。

二、选好品种

品种选择极为重要。日光温室葡萄开花结果早，温室内风量小、湿度大，必须选择抗病、穗粒大、坐果率高、早熟、果实品质好（酸甜适口）、产量高、大小年不严重的优良品种。

葡萄促早栽培要选择早熟、优质、大粒、长势中庸、便于管理，最好是无核、色泽鲜艳的品种。目前适于葡萄设施促早栽培的主要优良品种有早夏黑、夏黑、红巴拉多、阳光玫瑰等。

三、精选苗木

选择优质健壮嫁接苗，栽植要求苗木有 5 条侧根，侧根粗度 0.4 cm 以上，长度 20 cm 左右，枝干充分成熟，高度 20 cm 以上，粗度 0.6 cm 以上，品种部分的饱满芽 5 个以上，砧木萌蘖完全清除，没有任何检疫对象。

四、精心定植

定植在春季 3 月上中旬前对土壤进行冬翻熟化，施腐熟有机肥 3 ~ 5 m^3/亩，定植前按 2.5 ~ 2.8 m 行距开沟，沟深 50 cm、宽 50 cm，开沟时熟土放在一边，生土放在一边，以株距 1.0 m、行距 2.5 ~ 2.8 m 密度栽植，苗木栽植前先用杀菌剂消毒，栽好后留 3 个饱满芽短截，然后浇足水，用黑地膜覆盖保湿。

五、生长管理

(1)抹芽定梢。在设施栽培中，抹芽定梢的目的是调节树势，控制新梢花前生长量。一般从萌芽至开花，可连续进行 2 ~ 3 次。当新梢能明确分开强弱时，进行第 1 次抹芽，并结合留梢密度抹去强梢和弱梢以及多余的发育枝、副芽枝和隐芽枝，使留下的新梢整齐一致。留梢密度，一般每平方米架面可保留 8 ~ 12 个，新梢间隔距离 20 cm 左右。当新梢长到约 20 cm 时进行第 2 次抹芽，并按照留梢密度进行定梢，去强弱、留中庸。当新梢长到 40 cm 左右时，结合整理架面，再次抹去个别过强的枝梢，并同时进行引缚，以使架面充分通风透光。

(2)绑蔓引缚和去卷须。在萌芽前要将老蔓按照不同的整形方式进行绑蔓（绑蔓采用倒“八”字形或猪蹄扣的方法，下同）；萌芽后新梢长到 40 cm 左右时要进行新梢引缚，注意引缚要使新梢均匀地分布在架面上。引缚不可过早也不可过晚，过早容易折断。对于已经留下的弱梢，可以不引缚，任其自然生长；对于强梢，可以先“捻”后“引”，或将其呈弓形引缚于架面上，以削弱其生长势。在引缚新梢的同时，对新梢上发出的卷须要及时摘除，以便减少营养消耗和便于工作。

(3)扭梢。设施栽培葡萄发芽往往不整齐，有的顶部芽萌发长到 20 cm 时，下部芽才萌发。为使结果枝在开花前长短基本一致，当先萌动的芽新梢长到 20 cm 左右时，将基部扭一下，使其缓慢生长。这样，晚萌发的新梢经过 10 ~ 15 d 生长即可赶上。另外，在开花前对花序上部的新梢进行扭梢，可提高坐果率 20% 左右。

(4)新梢摘心。于花前将新梢的梢尖剪掉，以暂时缓和新梢与花穗对储存营养的争夺，使储存养分更多地流入花穗，以保证花芽分化、开花和坐果对营养的需要。一般于个别花开时对所有新梢进行摘心，摘心位置以叶片大小为正常叶片大小的 1/3 处进行，花上留 7 ~ 8 片叶为好，并同时去掉花穗以下所有副梢，以增加摘心效果。

(5)副梢处理。对于营养枝发出的副梢，只保留顶端 2 个副梢，其余副梢进行单叶处理，留下的每个副梢上留 2 ~ 4 片叶摘心，副梢上发出的二次副梢，只留顶端的 1 个副梢的

2～3 片叶摘心，其余的副梢长出后应立即从基部抹去，使营养集中到叶片，以加强光合作用，促进花芽分化和新梢成熟。对于摘心后的结果枝发出的副梢，一般将花序下部的副梢去掉，上部副梢除顶部留 2～3 个副梢外，其余副梢全部进行单叶处理，留下的副梢留 2～3 片叶摘心，副梢上发出的二次副梢、三次副梢只留 1 片叶反复摘心。到果实着色时停止对副梢进行摘心，这段时期共摘心 4～5 次。

（6）花果管理。要获得果粒大、色泽好的葡萄，必须控制负载量和每个果穗的果粒数。果穗太多，产量太高，果粒不易着色；合适果穗数才能保证生产出较大的果粒。结果枝长度达到 20 cm 至开花前都可以进行花序疏除，一般每个果枝留 1 个果穗，少数壮枝留 2 穗，弱枝不留果穗，将亩产量控制在 2 000 kg 左右。开花前 1 周左右将花序顶端用手指掐去其全长的 1/4 或 1/5 左右，并掐去副穗，减少果粒数，使剩下的果粒能够长得更大。对于无核葡萄品种要进行果粒膨大处理，根据品种不同，采用的处理方法不同，一般在花前 7 d 左右用 25～50 mg/kg 的奇宝进行果穗拉长处理；在盛花期用含赤霉素 30～50 mg/kg的植物生长调节剂和盛花后 7～20 d 用含赤霉素 30～100 mg/kg 的植物生长调节剂喷布或浸泡果穗 1～2 次，可使无核葡萄果粒增大 1～2 倍，同时还可提高坐果率。

六、封棚及催芽

用0.06～0.08 mm 的无滴防老化膜，于 2 月上中旬封棚升温，封棚前 1 周浇足水，然后覆盖黑色地膜防草及提高地温。如果萌芽不整齐，第二年在萌芽前，升温前用 20% 石灰氮水溶液涂芽促使整齐萌发，石灰氮在使用前先用 5 倍的温水化开，充分搅拌后静置 4 h 以上，然后取上清液喷布或往芽上涂抹芽眼。

七、生长期温、湿度及光、气调控

（1）温度控制。单体墙保温性差，单层膜夜温比外界仅高 3～5 ℃，封棚后第 1 周白天温度保持为 18～20 ℃、夜晚 5～10 ℃；第 2 周白天 18～20 ℃、夜晚 10～15 ℃；第 3 周白天 22～28 ℃、晚上 15 ℃，从升温至萌芽一般温度控制为 25～30 ℃。

（2）湿度调节。保持催芽期空气湿度 90% 以上，新梢生长期湿度 60% 以上，花期空气相对湿度 50% 以上，浆果发育期空气湿度 60%～70%，着色成熟期空气湿度 50%～60%。

（3）光的调控。葡萄为喜光植物，对光照要求高。采取早揭晚盖帘延长光照时间。每周用水冲一次棚盖灰尘等杂物。温室墙上每隔 2～3 m 悬挂 1 m 涂有金属层的塑料膜或锡纸。也可采用高压钠灯或白炽灯，于棚内上方每平方米 4～5 W 进行人工光照射。早晨揭帘前或傍晚盖帘后，开灯补充，每天补光时间 2～3 h。

（4）气体调控。由于温室内密闭，空气中二氧化碳含量降低，采用换气补充二氧化碳，在上午 10 时左右进行。地面也可施用固体二氧化碳气肥，使用浓度 1 000～1 500 mg/L。

八、肥水管理

葡萄共追肥浇水 4 次，第 1 次于萌芽前施氮肥 10～15 kg/亩，并及时浇小水 1 次；第 2

次于始花期前后施磷钾肥 15 kg/亩,追后浇水;第 3 次于果实膨大期施钾肥 30 kg/亩,追后浇水;第 4 次于采果后 1 ~ 2 个月要及时施有机肥 1.5 ~ 2.5 t/亩 + 过磷酸钙 75 kg/亩 + 硼肥 1 ~ 1.5 kg/亩,并及时浇水。同时从 4 月下旬至采果前每隔 10 ~ 15 d 叶面喷 1 次 0.2% 磷酸二氢钾、硫酸镁等,花前及花后各喷 1 次硼砂。

九、病虫害防治

在温室内栽培的葡萄,由于处于高温高湿的环境条件,容易发生病虫危害。发生较多的病害有灰霉病、霜霉病、白粉病、穗轴褐腐病等。对温室葡萄病虫害的防治要做到以预防为主、综合防治的植保方针,要以农业防治、物理防治和生物防治为主,化学防治为辅的防治原则。发芽前绒球期全园喷 1 次石硫合剂杀灭越冬病菌和部分虫卵。

霜霉病发生后,叶片背面产生一层白色霜霉层,叶片正面有黄斑,造成大量落叶,低温高湿有利于发生。治疗药剂可选用 25% 嘧菌酯悬浮剂(阿米西达)1 500 倍液,或 50% 烯酰吗啉 2 500 倍液,或 72% 霜脲 · 锰锌可湿性粉剂(杜邦克露)600 倍液,或 52.5% 恶唑菌酮 · 霜脲氰(抑快净)2 000 倍液,或 58% 甲霜灵锰锌可湿性粉剂 1 500 倍液喷雾等,预防性药剂可选用 80% 波尔多液(必备)400 倍液、78% 波尔 · 锰锌可湿性粉剂(科博)500 ~ 600 倍液、70% 丙森锌可湿性粉剂(安泰生)400 ~ 600 倍液、硫悬浮剂等。

白腐病主要危害果实和穗轴,5 ~ 8 月间不断形成分生孢子,借风雨传播,高温、高湿、伤口过多有利于发病。地面撒施 50% 福美双可湿性粉剂 1 kg/亩 + 石灰粉 1 kg/亩。花前、花后 1 周、套袋前各喷 1 次药,药剂可选用 10% 苯醚甲环唑水分散粒剂 2 000 倍液、40% 氟硅唑乳油(福星)6 000 倍液、20% 嘧菌酯悬浮剂 2 000 倍液、福美双 1 500 倍液等。

炭疽病主要危害果实,在果实成熟期陆续出现症状,天气潮湿时其上长出粉红色孢子,表面生出许多轮纹状排列小点粒,导致全果腐烂。芽萌动展叶时喷药 1 次,以后每隔 10 ~ 15 d 喷 1 次药,药剂可选用 10% 苯醚甲环唑水分散粒剂(世高)、25% 嘧菌酯悬浮剂(阿米西达)、75% 百菌清、50% 甲基硫菌灵悬浮剂等。

第五节 葡萄病虫害防治历

一、萌芽前

(1)防治对象。黑痘病、炭疽病、短须螨、介壳虫等。

(2)防治措施。冬季进行修剪时,剪除病枝梢及残存的病果,刮除病、老树皮,彻底清除果园内的枯枝、落叶、烂果等,并集中烧毁。再用铲除剂喷布树体及树干四周的土面。常用的铲除剂有:3 ~ 5 波美度石硫合剂,45% 晶体石硫合剂 30 倍液、10% 硫酸亚铁 + 1% 粗硫酸。喷药时期以葡萄芽鳞膨大,尚未出现绿色组织时为好。过晚喷洒易发生药害,过早效果较差。要细致周到,包括枝蔓、石桩、防风障及地面。

在绒球期,温度达到 20 ℃时,用 5 波美度石硫合剂或 45% 晶体石硫合剂 30 倍液全园喷施,包括枝条、水泥柱、钢丝等。

重视苗木消毒。由于黑痘病等病害的远距离传播主要通过带病菌的苗木或插条,因此应选择无病苗木,或进行苗木消毒处理。常用的苗木消毒剂有:①10% ~15%的硫酸铵溶液;②3% ~5%的硫酸铜溶液;③硫酸亚铁硫酸液(10%的硫酸亚铁 +1%的粗硫酸);④3 ~5 波美度石硫合剂等。方法是将苗木或插条在上述任一种药液中浸泡 3 ~5 min 取出即可定植或育苗。

二、2 ~3 叶期花序分离期

用3%阿维·高氯乳油 1 500 倍液,或 2.5%溴氰菊酯乳剂 4 000 倍液,或 4.5%高效氯氰菊酯 1 000 倍液防治绿盲蝽,用 1.8%阿维菌素 3 000 倍液等防治葡萄螨类;用22.5%啶氧菌酯悬浮剂(阿砣)1 500 ~2 000 倍液,或 30%苯醚甲环唑·丙环唑乳油(爱苗)1 500 ~2 000 倍液,50%保倍福美双 1 500 倍液,或 50%福美双 600 ~800 倍液 +1%中生菌素 200 倍液,或 42%代森锰锌 800 倍液 +21%保倍硼 2 000 倍液,防治灰霉病、黑痘病、炭疽病、霜霉病。

三、开花前

一般使用 50%保倍福美双 1 500 倍液预防灰霉病、白腐病、黑痘病、穗轴褐枯病。若往年灰霉病发病重,可添加 40%嘧霉胺悬浮剂 800 倍液防治,若白腐病、黑痘病发病重,可添加 37%苯醚甲环唑水分散粒剂 3 000 倍液防治;若蓟马、叶蝉、绿盲蝽发生,用 30%敌百·啶虫脒乳油 500 倍液防治。

建议花前使用 80%必备 400 倍液或 50%保倍福美双 1 500 倍液 +40%嘧霉胺悬浮剂800 倍液 +20%苯醚甲环唑微乳剂 2 500 倍液或 37%苯醚甲环唑水分散粒剂 3 000 倍液 +10%高效氯氰菊酯 2 500 液倍或 30%敌百·啶虫脒乳油 500 倍液混合液,防病治虫效果好。

霜霉病发病后立刻喷施治疗剂。25%嘧菌酯悬浮剂 1 500 倍液、50%烯酰吗啉·嘧菌酯悬浮剂 1 500 倍液、72%霜脲·锰锌可湿性粉剂 600 ~750 倍液、52.5%恶唑菌酮·霜脲氰水分散粒剂(抑快净)2 000 ~2 400 倍液或 58%瑞毒锰锌可湿必粉剂 600 倍液、速成木醋液(20 L 水对木醋液 70 mL + 米醋 30 mL,下午 16:00 以后喷布),每 7 d 喷一次,共喷 3 ~4 次,效果明显,上述药剂交替使用可有效进行防治。

发现花序或幼果期感染霜霉病,立即用 50%烯酰吗啉水分散粒剂(金科克)1 500 倍液处理花序或果穗,摘除病叶;3 d 左右,整园喷施保护性杀菌剂 + 内吸性杀菌剂,如 42%代森锰锌 +50%烯酰吗啉水分散粒剂 3 000 倍液。

四、谢花后 2 ~3 d

若灰霉病发生,用 42.2%唑醚·氟酰胺悬浮剂(健达)2 500 ~4 000 倍液,或 40%嘧霉胺悬浮剂 800 倍液防治;若黑痘病发生,用 37%苯醚甲环唑水分散粒剂 3 000 倍液防治;若穗轴褐枯病发生,用 37%苯醚甲环唑水分散粒剂 3 000 倍液,或 25%嘧菌酯悬浮剂1 500 ~2 000 倍液,或 40%嘧霉胺悬浮剂 800 倍液防治,关键花前、始花期、终花期、幼果期四个阶段预防好;若蓟马、叶蝉、绿盲蝽发生,用 40%氟虫·乙多素水分散粒剂 3 000 ~4 000 倍液,或 30%敌百·啶虫脒乳油 500 倍液防治。

谢花后，可用42%代森锰锌悬浮剂800倍液+20%苯醚甲环唑微乳剂2 500倍液预防灰霉病、黑痘病、炭疽病、霜霉病。

五、雨季的规范防治措施

雨季的新梢、新叶比较多，容易造成黑痘病的流行，应根据品种和果园的具体情况采取措施。一般以保护剂（如80%水胆矾石膏 WP 400～800倍液、50%保倍福美双1 500倍液、78%水胆矾石膏+代森锰锌600～800倍液、30%王铜（氧氯化铜）600～800倍液等）为主，结合内吸性药剂（20%苯醚甲环唑微乳剂2 500倍液、40%氟硅唑6 000～8 000倍液等）。

六、套袋前

花后至套袋前建议使用两次药剂，第一次使用50%保倍水分散粒剂（甲氧基丙烯酸酯类高效杀菌剂）3 000倍液，或50%保倍福美双1 500倍液，或40%氟硅唑乳油（福星）6 000倍液+50%抑霉唑乳油3 000倍液；第二次使用80%必备400倍液+20%苯醚甲环唑2 500倍液，预防灰霉病、黑痘病、炭疽病。

七、套袋后到成熟期

一般使用3次药。第1次使用50%保倍福美双1 500倍液，第2次使用42%代森锰锌悬浮剂800倍液+50%烯酰吗啉水分散粒剂（金科克）2 500倍液，第3次使用80%波尔多液可湿性粉剂（必备）500倍液+杀虫剂，预防炭疽病、白腐病、霜霉病、酸腐病、介壳虫等。

八、架设防鸟网

套袋结束后进行架设防鸟网工作，要求所有结果地块全架，同时鸟网结合处要紧密，且每张鸟网的网边都固定在架丝上，将地块四周用旧鸟网围严，且在日常工作中做到保持鸟网的下垂状态，不要长时间掀起。在日后的生产过程中，重视鸟网的维护工作。

九、采收后到落叶前

秋梢生长期，可再喷一遍40%氟硅唑乳油（福星）6 000倍液防治白粉病、黑痘病等，同时兼治褐斑病等叶部病害。以后每隔15 d喷布1次铜制剂的药，比如80%波尔多液可湿性粉剂（必备）500倍液或30%王铜800倍液，重点保护叶片；霜霉病发生时，用50%烯酰吗啉水分散粒剂（金科克）2 500倍液防治；若褐斑病发生，用37%苯醚甲环唑水分散粒剂3 000倍液等防治。

第二十八章　草　莓

第一节　概　述

一、草莓的起源与营养价值

草莓学名为 Fragria Xananassa Duchesne，又叫洋莓、红莓、地杨梅等，为蔷薇科多年生宿根性草本植物。草莓栽培起始于14世纪的欧洲，最初在法国栽培，后传到英国、丹麦等国。到18世纪培育出大果草莓以后，才逐渐传播到世界各地，并扩大栽培面积。我国草莓栽培始于1915年，但一直发展缓慢，20世纪50年代形成一定的种植面积，20世纪80年代以来，随着经济改革和农村经济政策的落实，在一业为主、多种经营方针的指导下，草莓生产得到了迅速发展。

草莓在果品生产中占有重要的地位，是当今世界十大水果之一。草莓具有较高的营养价值、药用价值和广泛的用途。草莓鲜果无皮无核，可食部分占98%，色泽鲜艳，外形美观，肉嫩多汁，酸甜适口，芳香味浓，具有独特的风味，深受人们欢迎，被誉为"水果皇后"。

草莓果实含有丰富的营养。据测定，每100 g草莓鲜果中含糖6～11 g、有机酸0.8～1.5 g、蛋白质0.4～0.6 g、无机盐0.6 g、粗纤维1.4 g、维生素C 50～120 mg、磷41 mg、钙32 mg，还有丰富的维生素A、维生素B和铁等，维生素C含量比橘子多3倍，比西瓜含量高10倍，这些营养是人体所必需的，又很容易被人体吸收，草莓是一种老幼皆宜的滋补果品，有"生命之果"之称。

草莓味甘酸、性凉、无毒，具润肺、生津、利痰、健脾、补血、化脂的功能，对肠胃病和心血管病有一定的防治作用。明代李时珍在《本草纲目》中对草莓的药用价值有详细论述，认为草莓汁有消炎、止痛、解热、驱毒、通经、促进伤口愈合等功能。从草莓中提取的"草莓胺"，对治疗白血病、障碍性贫血等血液病疗效显著。草莓鲜汁可治咽喉肿痛、声音嘶哑症。草莓对治疗高血压、高胆固醇、痔疮及结肠癌有一定疗效。经常食用草莓对积食胀痛、胃口不佳、营养不良和病后体弱有一定的调治作用。同时草莓还有滋润营养皮肤的功效，对减缓皮肤出现皱纹效果显著。

二、生物学特性

（一）植物学性状

草莓分为地下和地上两部分，由根、茎、叶、花、果实等器官组成。根、茎、叶为营养器官，花、果实、种子为生殖器官。草莓植株矮小，呈半匍匐或直立丛状生长，高20～30 cm。草莓用种子繁殖形成的根系属于直根系，而生产上栽培草莓是由茎生根形成的根系，即由新茎和根状茎上发生粗细相近的不定根组成的根系,属于须根系。草莓茎有新茎、根状茎和匍匐茎3种。草莓芽萌发后当年抽生的短缩茎叫新茎。根状茎是草莓二年及二年以上生的茎,是一种具有节和年轮的地下茎,是储藏营养物质的器官。新茎在第二年叶片全部枯死脱落后,成为外形似根的根状茎。草莓匍匐茎由新茎的腋芽萌发形成,它是一种特殊的地上茎。茎细而节长,是草莓主要的营养繁殖器官。草莓叶属于基生三出复叶,着生于新茎上。叶柄较长,一般10~20 cm,总叶柄基部与新茎相连部分,有两片托叶鞘包于新茎上。草莓的芽可分为顶芽和腋芽。顶芽着生于新茎的尖端,向上长出叶片和延伸新茎。多数品种为完全花,由花柄、花托、萼、萼片、花瓣、雄蕊和雌蕊组成,能自花授粉。少数品种为不完全花,不完全花品种,必须以两性花品种授粉。草莓果实是由花托和子房愈合在一起发育而成的,由果柄、萼片、花托和瘦果组成,植物学上称为假果,栽培学上称为浆果。其形状多为扁圆形、圆锥形、长锥形、圆形等,是品种的特征之一。果面多呈深红或浅红色,果肉多为红色或橙红色。果心充实或稍有空心。果面嵌生着深度不同的许多像芝麻似的种子(称瘦果,是真正的果实)。果实大小因品种而异。草莓盛果年龄为2~3年。

(二)生长发育过程

草莓为常绿植物,在一年中的生长发育过程可以分为萌芽和开始生长期、现蕾期、开花结果期、旺盛生长期、花芽分化期和休眠期。早春地温稳定在2~5 ℃时,草莓根系开始活动,主要是上年秋季长出的根恢复并加长生长,随着地温升高,逐渐发出新根。同时越冬叶片开始进行光合作用。当温度升至5 ℃以上时,地上部茎的顶芽开始萌芽,抽生新茎,陆续出现新叶,越冬叶片逐渐枯死。地上部生长约一个月后,花序梗伸长,露出整个花序为现蕾期。从花蕾显现到第一朵花开放需15 d左右。同一花序的浆果成熟顺序是和开花一致的,有时第一朵花所结的果已成熟,而还有花正在开放。果实成熟前10 d,体积和重量的增加达到高峰。果实采收后,植株进入旺盛生长期。草莓经过旺盛生长后,在较低的温度和短日照条件下,植株生长缓慢,开始花芽分化。花芽分化期的特点是由营养生长转向生殖生长,形成大量的花芽,为来年的开花结果打下基础。一般品种在自然条件下,花芽分化期在9月中旬至10月下旬,最晚11月结束。花芽形成后,气温降至5 ℃以下,日照缩短,草莓逐渐停止生长进入休眠期。草莓休眠期一般在10月下旬至翌年3月上旬。

(三)草莓生长发育所需环境条件

影响草莓生长发育的主要环境条件有温度、水分、光照、土壤、肥料等。这些条件相辅相成,缺一不可,只有在适宜的条件下栽植培育,才能生产出优质高产草莓。

(1)温度。草莓对温度的适应性较强。喜欢温暖的气候,但不抗炎热,虽有耐寒性,但也不抗高寒。18~23 ℃为植株最适生长温度。30 ℃以上生长受到抑制,叶片出现灼伤或焦边。温度5 ℃时地上部开始生长,春季如果遇-7 ℃低温则受冻害,-10 ℃时大多数植株死亡。根系生长最适温度为15~20 ℃。春季2 ℃时根系开始活动,冬季土壤温度下降到-8 ℃,根部受到危害。开花结果期最低温在5 ℃以上,低于0 ℃或高于40 ℃会影响授粉受精。花芽分化必须在低于15 ℃的较低温度下才开始进行,而气温低于5 ℃,花芽分化又会停止。

(2)水分。草莓为浅根性植物,根系多分布在20 cm深的土层内,植株矮小,叶片多且大,对水分要求较高。草莓在不同的生长发育期对水分的要求不一样。越冬后草莓萌芽生长,需视土壤墒情适当浇水。现蕾至开花期,水分要充足,以不低于土壤最大持水量的70%为宜。果实膨大期需水量较大,应保持土壤最大持水量的80%左右。果实成熟期要适当控水。浆果采收后,要注意浇水,促进匍匐茎扎根成苗。伏天温度高,草莓处于停止生长状态,土壤不干就行。立秋后,植株生长旺盛,要保证水分供应。进入花芽分化期,保持土壤最大持水量的60%~65%为宜。越冬前浇足封冻水。

(3)光照。草莓是喜光植物,但又较耐阴。据测定,草莓光饱合点比较低,为2万~3万Lx,因此草莓适宜栽植于低龄果树间或覆盖栽培稍有遮阴。在光照充足的条件下,植株生长强壮、化芽分化好,产量高、品质好。如果光照不足,植株生长弱,果实着色差,成熟期延迟,品质下降。光照过强,如遇干旱和高温,植株生长不良,严重时造成植株死亡。草莓在不同发育阶段对光照要求不同,开花结果和旺盛生长期,每天需12~15 h较长日照时间。在花芽分化期,要求10~12 h短日照和较低温,诱导花芽的转化。短日照和低温诱导草莓休眠。

(4)土壤。适宜的土壤条件是作物丰产的基础。草莓根系浅,表层土壤对草莓的生长影响极大。草莓适宜栽植在土壤肥沃、保水保肥能力强、透水通气性良好、质地较疏松的沙壤质中性土壤中。土壤pH值在5.5~6.5最适宜。土壤中有机质含量大于1.5%,pH 5~7植株可以良好生长。在pH 8以上,植株成活后逐渐干叶死亡。黏壤土保水能力良好,但通气不良,而沙土通气性好,但保肥水能力差,均不适宜栽植草莓。另外,土壤地下水位应在1 m以下。

(5)肥料。草莓生长需要肥量很大。据研究,草莓需氮、磷、钾的比例为1:1.26:0.74。氮能促进花序和浆果发育,并能促进叶片和匍匐茎的生长,在草莓的整个生长过程中不可缺少。磷能促进花芽的形成并能提高结果能力。钾能促进草莓浆果成熟,提高其含糖量,增进果品质量。钙可维持细胞正常分裂,使细胞膜保持稳定,缺钙使根系停止生长,根毛不能形成,并能引起一系列生理病害。对微量元素如铁、锰、铜、锌等也有较高的要求,当植株缺少某种元素时,就会引起生理失调,表现出缺素症。

第二节 草莓主要品种与特点

(1)丰香。日本早熟品种。植株生长势强,开花早。果实大,果实圆锥形,鲜红色;果面平整,有光泽,外观艳丽;果肉浅红色,硬度中等;果实风味优,香甜适口,品质较好。第一序果平均重18 g,最大果重48 g。产量高,一般亩产2 000~2 500 kg,温室栽培亩产可达7 500 kg以上。果实糖度高而稳定,可溶性固形物为11.25%。果实圆锥形,鲜红有光泽。香甜适口,品质较好。果肉白色致密,硬度大,较耐储运。休眠浅,仅需40 h左右。温室栽培每亩栽植8 000株以上。该品种适应性强,在我国南北方均可栽植,抗寒、抗旱,花期较抗晚霜危害,抗病性极强。

(2)女峰。日本品种,1985年从日本引入我国。果实圆锥形,畸形果少,鲜红色,有光泽,果肉淡红,髓心小,硬度较大,保鲜耐储性好,甜酸适度,香味浓,品质极上。在日本是主栽品种之一。第一序果平均重17.4 g,最大果重24 g。单株花序2~4个,亩产可达

1 600 kg 以上。植株直立,生长势强,匍匐茎发生多,叶片大,色浓绿。休眠浅,是有前途的温室栽培品种。

(3)春香。日本品种,20 世纪 70 年代末引入我国。果实圆锥形,有光泽,果色深红,果肉橙红色。髓心中,肉质细,酸甜适宜,香气浓,硬度中等,品质较好。第一序果平均重 17.8 g,最大果重 30 g。植株生长直立,分枝力中等,叶片椭圆形,中等大,色深绿,单抹花序 4 ~ 6 个,丰产,亩产可达 1 500 ~ 2 000 kg,是温室栽培比较理想的品种之一。温室栽培每亩栽植 8 000 株以上为宜。

(4)华艳。植株长势强,匍匐茎抽生能力中等。花粉发芽力高,授粉均匀,坐果率高,畸形果少。果肉红色,果尖易着色,无青尖果。味道甜美,香味浓,脆甜爽口,果实硬度大,耐储运。亩产一般达到 2 600 kg 以上。极早熟,比红颜早 1 个月左右,连续结果性强。抗炭疽病、灰霉病和白粉病。适合全国多数地区促成栽培。

(5)中莓 1 号。植株长势中等,为中间型。一级序果平均果重 30.7 g,最大果重 44.3 g。果肉颜色白色,质地脆,肉细腻,橙红色,空洞中等,果汁中多、粉红色。果实风味酸甜,有香气,可溶性固形物含量 10.5%,耐储运。果实适宜鲜食。田间自然表现抗病性较强,没有炭疽病,少见白粉病。我国草莓适生区均可栽培。适宜保护地促成栽培和半促成栽培。

(6)中莓 3 号。植株长势中等,为中间型。果实长圆锥形,果形一致,无畸形果,果面平整,橙红或鲜红色,光泽度强。一级序果平均果重 28.3 g,最大果重 38.9 g。果肉颜色橙红,质地绵,肉细腻,纤维少。果实风味酸甜,有香气。可溶性固形物含量 13%,较耐储运。果实适宜鲜食。田间自然表现抗病性较强,没有炭疽病,少见白粉病。我国草莓适生区均可栽培。适宜保护地促成栽培和半促成栽培。

(7)章姬。又名甜宝,日本静冈县农民育种家章弘先生于 1985 年以久能早生与女峰杂交育成的早熟品种。植株健旺,植株高 25 ~ 30 cm,株幅 30 ~ 35 cm,叶片大厚而深绿,平滑,有光泽,腋芽分生能力较强,匍匐茎多,繁育子株能力强。植株对高温、低温耐受能力比丰香强。花芽分化期早,休眠期短,适于促成栽培,易获丰产。果大,长圆锥形,单株产量 450 g,平一级序果平均 40 g,最大时重 130 g。果形端正整齐,髓心中等大、心空,果肉白色至橙色,畸形果少,一级果比例高。果色鲜红,有光泽,可溶性固形物含量 9% ~ 14%。果色艳丽美观,柔软多汁,味浓甜、芳香,香甜适中,品质极佳,有人称谓牛奶草莓。耐储性差,不抗白粉病,适于城市近郊区栽培。休眠期浅,适宜礼品草莓和近距运销温室栽培。不耐储运,比丰香容易栽培,适于城郊种植。

(8)华丰(C6)。由'甜查理'×'红太后'杂交选育而成。该品系植株生长旺盛,为中间型,株高 16.4 cm,冠径 32 cm。叶片绿色,圆形,长 6.2 cm,宽 5.2 cm,叶片革质光滑,叶柄长 10.1 cm。果实圆锥形,橙红色,光泽度强。果面平整,畸形果少,纵横径 8.1 cm × 6.3 cm。肉橙红,髓心橙红;味道酸甜,可溶性固形物含量 10%,较耐储运。果个大,丰产性强,一、二级序果平均单果重 23.2 g,最大果重 48.4 g,产量达到 2 426 kg/亩。抗炭疽病和白粉病。适合半促成栽培。

(9)甜查理。美国早熟品种,叶片近圆形、较厚,叶色深绿,叶缘锯齿较大钝圆,叶柄粗壮、有茸毛,植株健壮,根系发达,株型较紧凑,生长势强,花序二歧分枝。休眠期在 45 h

左右较短。第一级序果平均重 50 g,最大果重高达 105.0 g。果面平整,浆果圆锥形,大小整齐,畸形果少,表面深红色有光泽,种子黄色,果肉橙色并带白色条纹,髓心较小而稍空,硬度大,味甜,甜脆爽口,香气浓郁,适口性极佳。糖度为 12.8%,可溶性固形物含量 11.9%,硬度大、耐储运。浆果抗压力较强,摔至硬地面不破裂,耐储运性好。成熟后自然存放 7~10 d 才仍然保持原色、原味,口感好,品质优良。抗灰霉病、白粉病和炭疽病,对其他病害抗性也很强,很少有病害发生,抗高低温能力强,采果期亦早,既适于露地,更适于设施(大棚)促成栽培。适合我国南北方多种栽培形式栽培。

(10)红颜。日本静冈县用幸香与章姬杂交育成的早熟栽培品种良种,2001 年引进我国,植株长势强,株态直立,易于栽培管理。叶片大,新茎分枝多。连续结果能力强,丰产,亩可产 3 000 kg 以上,品质好(味好于丰香,具有典型的草莓香味),果个大,最大果重 120 g,圆锥形,硬度大于所有日本品种,果面红色、有光泽。它具有叶绿、花白、果红、味佳的品质,优质特点是个大、色红、味甜、味浓,甜度能达到 14%~16%,一般草莓甜度只有 10% 左右。果形、果色明显优于丰香。红颜又称红颊。根系生长能力和吸收能力强,休眠浅,可抽发 4 次花序,各花序可连续开花结果,中间无断档。

(11)妙香 7 号。山东农业大学用‘红颜’×‘甜查理’杂交选育的暖地草莓品种。果实圆锥形,平均单果重 35.5 g,比对照品种红颜高 25.9%;果面鲜红色,富光泽;果肉鲜红,细腻,香味浓郁,可溶性固形物含量 9.9%,糖酸比 10.5,维生素 C 含量 77 mg/100 g,硬度大;髓心小。保护地促成栽培条件下,白粉病、灰霉病、黄萎病的发病率分别为5.1%、5.6%、4.2%,均显著低于红颜和甜查理。果实发育期 50 d 左右,保护地促成栽培一般 9 月上旬定植,12 月下旬开始成熟,翌年 1 月中旬进入盛果期。

(12)佐贺清香。佐贺清香又名佐贺 2 号,是日本佐贺农业试验研究中心 1991 年以大锦与丰香杂交,经过系统选育而成。1998 年在日本审定命名为佐贺清香。其生物学和经济性均优于丰香,我国南北方草莓产区的主栽品种。果实大,一级果平均重 35 g,最大果重 52 g,果实圆锥形,鲜红亮丽,果型端正而整齐,稽形果和沟棱果少,果肉白色,种子平于果面均匀。香味较浓,甜度大,酸度低于丰香。耐运输,储存时间长。抗白粉病能力强于丰香,抗疫病、炭疽病能力与丰香相当,抗矮化能力明显优于丰香,适宜北方温室促成和半促成栽培,也适合南方拱棚和露地栽培,栽培时间依栽培地和方式不同而不尽相同,花芽形成时间较早和休眠期较短,扣膜加温时间可适当提早。因品种连续结果能力强,故应加强肥水管理。其他栽培管理措施与丰香相仿。

(13)美香莎。荷兰极早熟品种,保护地栽培品种。果实长圆锥至方锤形,花萼向后翻卷,一级果重 55 g,最大果重 106 g。果面深红,有光泽。果肉红色,心空,味微酸,香甜,品质极上。当果面完全变红后再延迟 2~3 d 采摘为好。极早熟,比丰香早熟 5~10 d。可溶性固形物含量平均 10.9%,最高达 14%,果实硬度特大,可切块、切片,其硬度属当今草莓之最,保质期长,极耐储运。休眠浅,需冷量同丰香,5 ℃以下低温 30~50 h。抗旱、耐高温,对多种重茬连作病害具有高度抗性,适应不同的土壤和气候条件。

(14)达赛莱克特。法国达鹏(DARBONNE)公司培育品种,1997 年引入我国。该品种除鲜食外,是理想的做果酱和速冻果的加工原料。近两年中,该品种速冻果得到日、韩及欧洲客商的抢购,生产量远不能满足市场需求。中熟,果形为长圆锥形,果个大,丰产性强,亩产量可达2 000~3 000 kg。果面为深红色,有光亮,果肉全红,质地较硬,耐储运。可溶性固形物含量9%~12%,成熟后口感良好,有香气,风味极佳。抗病性和抗寒性较强。适合于露地栽培。

(15)卡麦罗莎。又名童子一号,美国加利福尼亚州福罗里大学20世纪90年代育成品种,近年引入我国。该品种长势旺健,株态半开张,匍匐茎抽生能力强,根系发达,抗白粉病和灰霉病,休眠期浅,叶片中大,近圆形,色浓绿有光泽。果实长圆锥或楔状,果面光滑平整,种子略凹陷果面,果色鲜红并有蜡质光泽,肉红色,质地细密,硬度好,耐储运。口味甜酸,可溶性固形物9%以上,丰产性强,一级序果平均重22 g,最大果重100 g,可连续结果采收5~6个月,亩产4 t左右,为鲜食和深加工兼用品种。适合温室和露地栽培。

(16)雪里香。山东农业大学高东升教授培育的早熟品种。植株长势较章姬强,直立性强,株型较开张,植株明显大于章姬。果实圆锥形,果大,最大单果重85 g,果实平均单果重32 g;果实硬度大,平均硬度352.13 g/cm^2。果实颜色红色;种子微凸果面;果面光滑、有光泽;口感酸甜适口,风味浓郁;果实肉质细,口感甜,全年平均果实可溶性固形物含量12.3%;糖度最高可达20,平均在15以上,总酸含量6.83 g/kg,维生素C含量625 mg/kg。正常年份8月底9月初定植,11月中下旬批量果开始成熟,12月初大批果采收,商品果采收结束期在翌年5月中旬,采收期7个月。平均可溶性固形物含量高;着色亮丽,硬度大,耐储运性好。对赤霉素GA敏感,操作不当易造成旺长,少量有空洞,无土栽培出现少量裂果。

(17)白雪公主。外表呈白色,有着红色籽粒的草莓叫作"白雪公主",由北京市农林科学院培育的新品种。株型小,生长势中等偏弱,叶色绿,花瓣白色。果实较大,最大单果重48 g,果实圆锥形或楔形,果面白色,果实光泽强,种子红色,平于果面,萼片绿色,着生方式是主贴副离,萼片与髓心连接程度牢固不易离,果肉白色,果心色白,果实空洞小;可溶性固形物含量9%~11%,风味独特。抗病性更强。特别适合采摘园种植。

(18)京郊小白。北京市密云县农民李健通过红颜组培苗变异株选育而成的草莓新品种,2014年8月通过北京市种子管理站鉴定。果实前期12月至翌年3月为白色或淡粉色,4月以后随着温度升高和光线增强会转为粉色,果肉为纯白色或淡黄色。口感香甜,入口即化,果皮较薄,充分成熟果肉为淡黄色,吃起来有黄桃的味道,可溶性固形物(糖度)14%以上,该品种表现生长旺盛,果大品质优,丰产性好,抗白粉病能力较强,适合以鲜食为目的的促成栽培。

(19)宁玉。宁玉草莓是江苏省农业科学院园艺所以'幸香'与'章姬'杂交选育而成,2010年通过江苏省品种审定委员会审定。极早熟品种,该品种株态半直立,长势强,匍匐茎抽生能力强。叶椭圆形,绿色,叶面粗糙。花房长短合适,分歧少,节位低,坐果率高,畸形果少。果大丰产,果实圆锥形,果个均匀,红色,光泽强,风味佳,甜香浓,可溶性固形物含量10.7%,总糖7.384%,硬度1.63 kg/cm^2。一、二级序平均单果重24.5 g,最大果重115 g,果个整齐,连续开花坐果性强,早期产量占有率可达40.5%~57.9%。耐热、耐寒性强,冬季不易矮化,春季转暖不易疯长,抗炭疽病、白粉病,适合我国大部分地区促成种植。

(20)久香。上海市农业科学院林木果树研究所选育。该品种生长势强,株型紧凑,根系较发达。果实圆锥形,较大,畸形果少;果肉红色,无空洞;甜酸适度,香味浓;对白粉病和灰霉病的抗性均强于丰香。

(21)隋珠(又名香野)。植株高大,较直立,长势强旺,叶片椭圆形。休眠浅,成花容易,花量大,连续结果能力强,早熟丰产。果实圆锥形或长圆锥形,平均单果重25 g左右,最大果重超过100 g,大果有空心现象。果皮红色,果肉橙红色,肉质脆嫩、香味浓郁,带蜂蜜味,含糖量10%~12%,口感极佳,果实硬度大,耐储运。抗性强,对炭疽病、白粉病的抗性明显强于红颜,适合采摘园种植。缺点:温度较高时由于生长期较短,品质明显下降。

(22)石莓7号。河北省农林科学院石家庄果树研究所选育品种。果实圆锥形,无果颈,无裂果,果面平整,鲜红色,有明显蜡质层光泽,光泽度强,萼下着色良好,果面着色均匀。一、二级序果平均单果重分别为33.6 g和21.5 g,整株平均单果重10.9 g,最大单果重57 g。同一级序果果个均匀整齐。果肉橘红色,质地较密,肉细腻,纤维少,髓心中大,果汁中多。果味酸甜,香气浓,属中早熟品种。适宜露地及保护地半促成栽培。

(23)阿尔比。欧美品种,以'钻石'母本与'Cal 94.16-1'父本杂交育成的日中性品种。植株长势较强,叶片椭圆形。果实圆锥形,颜色深红有光泽,髓心空,质地细腻,果实酸甜适中。果个大,一级序果平均单果重31 g,最大单果重60 g。为"四季果"习性,适合生长条件下可全年产果。果实硬度高,耐储运,货架期长。综合抗性强。世界各地大面积种植,目前已替代卡姆罗莎为世界栽培面积第一的品种。

(24)红袖添香。中国自育品种,以'卡姆罗莎'为母本,'红颜'为父本杂交育成的早熟品种。果实长圆锥形或楔形,深红色,有光泽。风味酸甜适中,耐储运性、抗病能力与'红颜'相比都有所提升。一、二级序果平均单果重50.6 g,最大单果重98 g。

(25)甘露。植株长势旺盛,耐低温能力强,坐果率高,畸形果极少;果实圆锥形,鲜红色,光泽强,果个均匀,无果颈,甜味突出,香味明显。生产管理简单。果实硬度适中,耐储运性好。果大丰产,亩产量一般达2 500 kg以上。成熟早,连续坐果能力强。抗病性较强,抗白粉病和炭疽病。适合促成栽培。

第三节　草莓高产高效栽培技术

一、地块选择

草莓地应选择灌溉、排水方便,有机质丰富,通气性能良好,呈弱酸性或中性,具有良好的保水、保肥性能的地块。草莓定植前应施优质腐熟的农家肥,将土壤深翻到30~40 cm。平整土地后打垄,垄面宽50 cm,垄沟宽40 cm,垄高25~30 cm。垄不宜过长,一般20~30 m。

二、品种选择

选用具有较好耐寒性、较短休眠期的保护地栽培草莓,并选择具有较好口感及较高产量、果形整齐的早熟品种。

三、定植技术

(1)定植时间。郑州地区以 8 月下旬至 9 月上旬定植为宜。应选择在阴天下午 5 时以后进行定植,避免阳光暴晒。定植苗选择健壮无病毒、根系发达的苗。

(2)定向定植。垄上双行定植,苗弓背朝向垄沟一侧,以促进透光通风,便于管理。定植深度做到深不埋心、浅不露根,并让根系充分伸展开,栽后用力压实土壤。

(3)合理密植。根据不同品种的苗大小,采用株距 15 ~ 22 cm、行距 30 ~ 35 cm 进行定植。定植密度一般以每亩种植 6 000 ~9 000 棵为宜。定植后应立即浇透水,并及时检查,对淤心苗、露根苗等重新按要求定植好。

四、定植后管理

(1)控温。草莓生长发育的适温在 15 ~25 ℃。郑州地区于 10 月中旬开始扣膜保温,地膜采用黑色薄膜,棚膜采用聚氯乙烯无滴膜为宜。定植初期,要求白天 25 ~30 ℃,夜间不低于 12 ℃;果实膨大期到采收期白天温度控制在 22 ~25 ℃,夜温保持在 7 ℃以上,最低不能低于 5 ℃。通风口迟揭早放。

(2)控湿。大棚膜覆盖后整个生长期都要尽可能减低棚内的湿度,开花后应尽量保持 50% ~60% 的相对湿度。

(3)控水。草莓是喜水怕涝植物,浇水原则是"湿而不涝,干而不旱",判断是否该浇水应观察早晨叶面水分,如果有吐水现象,可以认为水分充足;相反,则表示缺水,需要及时浇水。

(4)追肥。掌握薄肥勤施的原则。为促进根系发育,增加果实产量,改善果实品质,通常在现蕾期、开花期、花芽分化期进行,叶面喷施 0. 3% ~0. 5% 的尿素液、0. 3% ~0. 5% 的磷酸二氢钾液、0. 1% ~0. 3% 的硼酸液等。

(5)植株管理。及时摘除匍匐茎、老叶、病叶、黄叶,进行适度的疏花疏果,对晚形成的花蕾及发育不正常的幼果、虫果、畸形果、病果及时除去,以充分利用养分。

五、放蜂授粉

开花前 2 ~4 d 放置蜜蜂,一般 300 m^2 一箱蜜蜂,放置大棚的中端或北端,放蜂前 10 d 棚内停止用药,必须喷药时将蜜蜂拿出大棚。

六、病虫害防治

遵循"预防为主,综合防治"的植保方针。可采取严格控制空气温湿度,及时清除病株烂叶和病果及喷药等措施。草莓生长过程中易受到的病虫害主要有炭疽病、白粉病、灰霉病、红白蜘蛛、蚜虫、蓟马等。

(1)炭疽病。5 ~6 月为植株感病期,7 ~8 月为发病高峰期。防治方法为:一是避免土地连作,严格进行土壤消毒;二是"梅季"搭棚覆盖避雨,改漫灌为微喷灌,夏季高温时用遮阳网保护;三是药剂防治,在清理植株感病部位后,选用 25% 吡唑醚菌酯乳油 1 500 倍液喷施或浇根,或 32. 5% 苯醚甲环唑嘧菌酯悬浮剂(阿米妙收)1 000 ~1 500 倍液,或

25%咪鲜胺乳油(使百克)800倍液,或20%噻菌铜悬浮剂(龙克菌)500倍液,或22.5%啶氧菌胺悬浮剂(阿砣)1 500倍液,或42.2%唑醚·氟酰胺悬浮剂(健达)1 500~2 000倍液,或80%代森锰锌可湿性粉剂(大生)800倍液喷施防治。可选用苯醚甲环唑嘧菌酯,或丙环唑咪鲜胺等。

(2)白粉病。草莓白粉病主要危害叶、花和果实,匍匐茎上很少发生。草莓发病初期会在叶背面出现白色丝状物,继而形成白粉状。若叶片患病,前期会出现大小不一的暗色污斑,继而叶背斑块处会产生白色粉状物,危害严重者叶缘卷曲、萎缩、枯焦,若花瓣患病会显红色;若草莓果患病果面会覆盖白色粉状物,停止膨大,着色不好,较严重者果面会覆盖一层白色粉状物,将严重影响草莓的经济价值。在缓苗后喷施保护性杀菌剂预防。可选用1 000亿孢子/g枯草芽孢杆菌可湿性粉剂(仓美)40~50 g/亩,或80%的硫黄水分散粒剂300~500倍液,或2%武夷菌素水剂200倍液,或25%嘧菌酯悬浮剂1 500倍液,或80%代森锰锌可湿性粉剂1 000~1 500倍液喷施。发病后可选用250 g/L吡唑醚菌酯乳油(凯润)20~25 mL/亩,或50%醚菌酯水分散粒剂2 500~3 000倍液,或29%吡萘·嘧菌酯悬浮剂(绿妃)30~50 mL/亩,或70%甲基硫菌灵1 000倍液,或4%四氟醚唑水乳剂1 200倍液,或10%苯醚甲环唑水分散粒剂1 500倍液,或42.8%氟菌·肟菌酯悬浮剂(露娜森)20~30 mL/亩喷施。7~10 d喷1次,连喷2~3次,药剂宜轮换使用。

(3)灰霉病。典型的低温高湿型病害,属弱寄生菌侵染,主要侵染残花、残叶,抵抗力低的部位。只要进入花期后就需要开始预防,尽一切可能降低湿度,如合理通风等,通风应在提温后进行,排湿效果好;摘除病残体再打药。已经感染严重的组织必须摘除,装进塑料口袋或桶里扔掉,然后再打药,可选用50%异菌脲悬浮剂800倍液,或80%克菌丹水分散粒剂1 000倍液,或50%啶酰菌胺水分散粒剂1 200倍液,或40%氟啶胺悬浮剂1 000倍液,或42.4%唑醚·氟酰胺悬浮剂(健达)1 500倍液,或35%异菌·腐霉利悬浮剂800倍液,10%多氧霉素可湿性粉剂100~150 g/亩,或38%唑醚·啶酰菌吡(有效成分吡唑醚菌酯、啶酰菌胺)水分散粒剂40~60 g/亩等。

(4)甜菜夜蛾、斜纹夜蛾等夜蛾类。利用成虫的趋化性和趋光性,可用黑光灯、糖醋液等诱杀;可利用蜘蛛、赤眼蜂等自然天敌,以控制此虫为害。防治时,要本着“治早治小”的原则,及早进行防治。在幼虫1~3龄时进行防治,可每亩用生物农药20亿PIB/mL甘蓝夜蛾核型多角体病毒(康邦)100 mL,或6%乙基多杀菌素悬浮剂(艾绿士)30 mL,或32 000 IU/mg苏云金杆菌可湿性粉剂30 g,叶面、叶背均匀喷雾防治。也可选用5%氯虫苯甲酰胺悬浮剂1 000倍液,或15%茚虫威悬浮剂3 500~4 500倍液,或5%氟虫脲乳油2 000~2 500倍液,或1%甲氨基阿维菌素乳油1 500倍液。注意治虫喷药时,有蜜蜂,应搬离1~3 d。

(5)红白蜘蛛。影响草莓生产最重要的螨虫有白蜘蛛(又称二斑叶螨)和红蜘蛛两种,其中白蜘蛛在食物充足情况下常表现为绿色,食物不足时则表现为黄色或白色,其寄主范围最广,年发生在10代以上,世代重叠严重。红蜘蛛在草莓叶的背面吸食汁液,使叶片局部形成灰白色小点,后现红斑,严重受害时叶片呈铁锈色干枯,状似火烧,植株生长受抑制,严重影响产量。草莓生长期间,红蜘蛛在植株下部老叶栖息,密度大,危害重,故随时摘除老叶和枯黄叶带出棚室烧毁,减少虫源。一经发现少量植株发生红蜘蛛则立即处理,通过翻看叶背查虫比较麻烦,可查看叶面,若有成团状的小黄点,则多被红蜘蛛为害。选用安全性高的杀螨剂进行防治,发生初期可每亩用 110 g/L 乙螨唑悬浮剂(来福禄)20 ~ 30 mL,或 43% 联苯肼酯悬浮剂(爱卡螨)20 ~ 30 mL,或 0.5% 藜芦碱可溶液剂 120 ~ 140 g 均匀喷雾防治;药后第 2 天加州新小绥每亩释放 13 瓶,每株草莓释放 1 片叶。

(6)蚜虫。蚜虫在温室草莓危害主要集中在 2 ~ 5 月和 9 ~ 12 月,3 月、4 月为盛期,多在嫩叶、叶柄、叶背活动吸食汁液,分泌蜜露污染叶片,同时蚜虫传播病毒,使种苗退化。以成虫在塑料薄膜覆盖的草莓株茎和老叶下面越冬,也可在作物近地面主根间越冬,或以卵在果树枝、芽上越冬。在大棚温室内不断繁殖为害。在草莓大棚的通风方位设置防虫网,防治蚜虫进入棚内。及时摘除老叶清理田间,除去杂草,保护利用蚜虫天敌。有翅成蚜对黄色、橙黄色有较强的趋性,在草莓地周围设置黄色板。即把涂满橙黄色 30 cm × 50 cm的塑料薄膜外再涂一层黏性机油,插入田间或挂在高出地面 0.5 m,隔 3 ~ 5 m 放 1 块,这样可以大量诱杀有翅蚜。利用银灰色对蚜虫的驱避作用,可以用银灰色的地膜覆盖,防止蚜虫迁飞到草莓地。在草莓繁苗期,应加强喷药防治,削减蚜虫的病毒病传达概率。啶虫脒或者噻虫啉或者吡蚜酮或者呋虫胺等可选用吡虫啉或氟啶虫酰胺啶虫脒进行叶面喷施。每亩可选用 22% 氟啶虫胺腈悬浮剂(特福力)20 mL,或 6% 乙基多杀菌素悬浮剂(艾绿士)20 ~ 30 mL,3% 啶虫脒乳油 50 ~ 60 mL,或 1.5% 苦参碱可溶性液剂 40 ~ 46 g 均匀喷雾防治。留意农药安全距离期,避免发生抗药性和药害。防治草莓蚜虫,尽量避开花期用药,需要施药的应避开上午 10 时至下午 3 时的开花授粉时段,以免影响授粉导致畸形果。

七、蓟马

蓟马锉吸式口器吸食嫩叶汁液,造成新叶缩小、皱褶、变厚、叶脉发黑,严重时导致植株矮小,发育不良生长停滞,甚至死亡。在防治上要采取以下措施,做到农业防治和药剂防治相结合,早发现早治疗。

(1)田间勤观察。重点观察花、果实、嫩叶。做好预防。

(2)及时清理草莓园及周围的杂草,去除可能的宿主植物。以清除虫源和减少蓟马的栖息场所。将棚内枯枝病叶等清出棚外进行销毁,让卵和蛹没有藏身之处,从而控制蓟马种群数量。在有蓟马危害的草莓田杂草的花器中会有大量蓟马,如果不能及时清除干净,短期内会大量繁殖,再次危害草莓。

(3)加强肥水管理,培养健壮植株以提高抗虫力。适时浇水,防止干旱,创造不利于蓟马生存的田间小环境。

(4)利用蓟马趋蓝色的习性,设置蓝板诱杀;一般标准棚室悬挂 25 cm × 30 cm 的蓝板 30 块,注意定期更换。

(5)防治药剂:①生物药剂,可选用 60 g/L 乙基多杀菌素悬浮剂 1 000 ~ 1 500 倍液,或 25 g/L 多杀菌素悬浮剂 800 ~ 1 000 倍液,或 1.5% 苦参碱可溶液剂 1 000 ~ 1 500 倍液,或 7.5% 鱼藤酮 1 500 倍液等;②化学药剂,可选用 240 g/L 螺虫乙酯悬浮剂 1 500 ~ 2 000 倍液,或 25% 噻虫嗪水分散粒剂 1 000 ~ 1 500 倍液(开花前使用),或 10% 氟啶虫酰胺水分散粒剂 1 500 倍液,或 50% 吡蚜酮水分散粒剂 3 000 倍液。③针对蓟马耐药性强、难以防治的特性,用药可以参考以下配方:60 g/L 乙基多杀菌素水分散粒剂 +1.8% 阿维菌素乳油 +25% 噻虫嗪水分散粒剂;25 g/L 多杀菌素悬浮剂 +1.8% 阿维菌素乳油 +25% 噻虫嗪水分散粒剂。注意药剂的轮换使用,如发生严重,间隔 3 ~5 d,连续用药 2 ~3 次。选择阴天用药,或晴天下午至傍晚防治最佳。

第二十九章　石榴

第一节　概　述

一、石榴的营养

石榴原产于伊朗、阿富汗等中亚地带，属石榴科石榴属植物，落叶小乔木或灌木。目前全世界几乎均有栽培。我国已有2000多年的栽培历史，南北均产石榴。营养丰富，味酸甜，含水分79%，蛋白质0.6%～1.6%、脂肪0.6%～1.0%、碳水化合物17%以上，含糖17%，含酸量0.4%～1.0%，每百克含磷11～16 mg、钙11～13 mg、铁0.4～0.6 mg，维生素C含量超过苹果，是梨的1～2倍，是优质的保健果品。石榴可鲜食，加工果汁、饮料，可提取鞣料和染料。石榴还可以入药，是重要的中药材，在中医用于治疗痢疾、脱肛等症。因花美果色艳，也可作绿化树种。

二、生物学特性

石榴为喜光树种，喜温暖，生长期内要求年平均气温在15 ℃以上，萌芽时气温在10～12 ℃，气温达15 ℃以上时才开始开花，能耐短期低温。较耐干旱，尤其是花期和果实着色期，空气干燥，日照良好，对石榴结果最为理想。果实膨大期若遇干旱，需及时灌水，否则易导致落花落果。

(一)生长特性

石榴根系发达、易萌蘖、分布较浅(20～70 cm)，水平分布范围较广，一般为树冠直径的1～2倍。枝条一年有两次生长，分春梢和夏梢，幼旺树会抽生秋梢；春梢结果枝多且结果率高。夏梢和秋梢结果枝开花较晚，只开花不结果。枝条细，先端成针形，长枝和徒长枝无顶芽(自枯)，从基部长出的短枝有顶芽，如果营养好，当年形成混合芽成为结果母枝，次年抽生结果枝。

(二)结果特性

扦插苗定植后2～3年开花结果，顶生花先开花、先坐果，花为两性，可分为：①完全花(筒状花)，雌蕊柱头高于雄花药或持平，结实率高；②不完全花(钟状花)，雌蕊低于雄花药或退化不结实。

结果枝从春至夏不断抽生和开花(5月上开花直到8月)，花期长达2～3个月，可分头花(占24.6%)、二花(46%)、三花(18.6%)和末花(10.6%)，头花坐果率为4.3%，果大、品质好，二、三花坐果率为10%～54%，果小、品质差，末花坐果率为7.5%～33%，品质更差。春梢开花结果、发育好，夏秋梢北方发育不好。

（三）对环境条件的要求

喜光、喜温，生长期大于10 ℃以上的积温要求3 000 ℃以上，不耐低温，冬季最低气温 -17 ℃时出现冻害，-20 ℃时地上部冻死。

石榴对土壤要求不严，壤土、沙壤土上生长良好，最适pH值为6.5~7.5，一般4.5~8.2都能生长结果，但品质较差。

石榴较耐旱，但干旱区在生长期必须灌水，干旱会导致落花落果，水分充足时开花整齐；在花期遇阴雨、低温会影响授粉受精（昆虫），易引起徒长，也会造成落花落果；果实膨大期干旱会抑制果实发育，引起落果；采果前如雨水过多，则导致果实霉烂、裂果而减产。因此，水分过多过少都不能丰产优质。

第二节　石榴主要品种与特点

（1）玛丽斯。该品种是国家林业局“948”项目资助通过引种方式引入我国的以色列软籽石榴，2012~2014年通过区域试验确定为优系，于2018年12月通过河南省林木品种审定委员会审定。该品种具有早果性好、丰产稳产、抗旱耐瘠薄且无裂果现象等特征。果熟期9月底，果个大（平均单果质量510 g），果实近圆形，果皮光洁明亮，呈粉红色。籽粒大（百粒质量59 g），红色且较软（籽粒硬度为2.01 kg/cm^2），核仁可食，嚼后无残渣，汁多味甘甜（可溶性固形物含量超过16%），出汁率85%。风味甘甜可口，品质极佳。成龄树长、中、短果枝均可结果。多数雌蕊高于雄蕊或与雄蕊平，自花即可结实，若配置突尼斯软籽石榴或中石榴1号作为授粉树，坐果率更高。3年生树平均株产7.2 kg，4年生树平均株产17.8 kg。在河南郑州地区3月中下旬萌芽，4月中下旬现蕾，5月初出花，5月初至5月底进入盛花期，盛花期持续约25 d，6月中旬进入末花期，6月初形成幼果，果实生育期约118 d，9月下旬果实开始成熟，11月中下旬落叶，全年生育期约180 d。

（2）中石榴2号。曾用名郑榴5号优系、中农红玉。是中国农业科学院郑州果树研究所培育的早丰型半软籽石榴新品种。以突尼斯软籽为母本、豫大籽为父本杂交选育而成。果实近圆形，果个较大，平均单果质量450 g，最大690 g；果皮光洁明亮，果面红色，着色率超过85.0%；籽粒红色，汁多味酸甜，出汁率85.7%，核仁半软（硬度4.16 kg/cm^2），可食用；可溶性固形物含量超过15.0%，品质优良。该品种树势强健，萌芽率高，成枝力强，幼树以中、长果枝结果为主，成龄树中、长、短果枝均可结果，自然坐果率高，超过80.0%，且大小年现象不明显，栽培容易。3月萌芽，4月下旬初花，5月初至5月底进入盛花期，盛花期持续约20 d，6月中旬进入末花期，花后1~2周开始生理落果，一般生理落果持续2~3 d，果实生育期约118 d，9月下旬果实开始成熟，11月中下旬落叶，全年生育期约180 d。多数雌蕊高于雄蕊或与雄蕊平，自花即可结实，配置突尼斯软籽石榴或中农黑籽石榴作为授粉树，坐果率更高。3年生树平均株产6.2 kg，4年生树平均株产17.2 kg，5年生树平均株产25.1 kg。树形主要采用单干式小冠疏层形。

（3）中石榴8号。是中国农业科学院郑州果树研究所从‘突尼斯软籽’×‘中石榴1号’杂交后代中选育的软籽石榴新品种，2018年通过河南省林木品种审定委员会审定并命名。果实近圆形、有棱，平均单果质量454 g；果面底色黄绿，着红色，着色率80%以上；

果皮光洁明亮，裂果不明显；籽粒红色，汁多，味甜酸，可溶性固形物含量15.5%，可滴定酸0.22%，基酸7.52 g/kg，维生素C 1.29 mg/100 g；籽粒硬度1.55 kg/cm^2，属超软品种（硬度低于3.67 kg/cm^2）；百粒重58 g。自然坐果率高，早期丰产性好。定植5年生树单株结果数量55个，单株产量25 kg，产量20.25 t/hm^2。在河南郑州9月下旬成熟。可采用主干形或"Y"字形架式。定植当年应注意培养干性。株行距(2.0~2.5)m×(3.5~4.0)m。授粉树可按照1:10配置中石榴1号、突尼斯软籽等品种。

(4)慕乐。果实近圆形，果皮光洁明亮，果面粉红色，裂果不明显。果个大，平均单果重370 g，纵径76.21 mm，横径89.20 mm。籽粒红色，百粒重54 g，晶莹剔透，风味甘甜可口，核仁极软可食。可溶性固形物含量14.5%，可滴定酸0.24%，氨基酸8.29 g/kg，维生素C 17.0 mg/kg，核仁硬度1.75 kg/cm^2。在郑州地区3月中下旬萌芽，4月中下旬现蕾，5月初初花，5月5~25日盛花期，盛花期持续约20 d，6月中旬进入末花期，6月初形成幼果，9月下旬果实成熟，11月中下旬落叶，全年生育期约180 d。3年生树平均株产5.1 kg，4年生树平均株产17.3 kg。多数雌蕊高于雄蕊或与雄蕊平，自花即可结实，配置突尼斯软籽石榴或中石榴1号石榴作为授粉树，坐果率更高。

(5)突尼斯软籽石榴。突尼斯软籽石榴是石榴的一个品种，1986年从突尼斯引入我国，外形圆润饱满，果皮薄，光洁明亮，颜色有黄有红，单果质量可达400 g。籽粒由玫瑰红至紫红色，颗粒饱满、紧密，果汁丰盈，籽粒最外层的膜很薄，软甜爽口。石榴籽又小又软，易嚼碎，可食率为61.9%，肉汁率92.6%，糖含量15.8%，酸含量0.29%，维生素C含量18.7 mg/kg。该品种抗旱、抗病，但一年生苗不抗寒，黄河以北地区要防寒。

(6)中榴1号。树势中庸，枝条较突尼斯软籽稍直立。以中、长果枝结果为主，花量大，自然坐果率70%以上。平均单果重475 g；最大果重714 g。籽粒紫红色，汁多味甘甜，出汁率87.8%，核仁特软可食用。可溶性固形物含量15.3%以上，风味甘甜可口，品质极佳。比突尼斯早熟10~15 d。管理技术要求：株行距(2~3)m×(3~4)m。少雨地区挖沟栽植，多雨地区起垄栽植，密植园多采用自由纺锤形。适宜推广地区：年极端低温不低于-10 ℃，否则易受冻害，低于-10 ℃的地区需要采取冬季防冻措施。

第三节 石榴优质栽培管理技术

一、石榴育苗

石榴树一般采用扦插育苗的方式，这种栽培技术比较成熟，但是在扦插过程中要想保证成活率，也要注意以下问题：

(1)插条采集与储藏。插条采集的时候要选择优良品种，并且母体必须处于生长旺期且无病虫害，还要注意用途。如果作为经济果树，应选择丰产树种；如果作为绿化树种，则不需要考虑这一问题。插条一般在落叶后的冬季进行采集，选择长势旺盛的一、二年生枝作为种条，修去茎刺，防止刺伤。按照一定数量捆绑留置，标明品种及母体。储藏地点在背风向阳处，开挖1 m深储藏沟，宽度和长度根据所要储藏的种条数量确定。在储藏的过程中需要先在沟底铺一层10 cm的湿沙，种条按照种类分层斜放，每层之间用湿沙隔开，全部放置以后用湿沙填满、埋严，覆盖的湿沙厚度在10～15 cm。

（2）整地与插条处理。育苗中要选择土质良好、土壤肥沃、排灌方便的土地进行，先对土地进行深翻，均匀撒入有机肥，旋耕机快速旋耕一遍，然后人工平整。插条一般在3月下旬进行，时间上可以根据当地的气候适当提前或延迟，先将储藏的种条取出，剪成15～20 cm的短条，上留两三个芽，芽上留出1 cm，剪平，芽下留出5～10 cm，剪成斜口。同时要按照一定数量，分品种捆绑，做好品种标记。

（3）扦插。扦插一般在3月、4月进行，具体时间要根据当地气候确定，0 ℃以上即可进行扦插，这个时间段的成活率比较高。扦插时行距一般为30 cm，株距控制在6～10 cm，地面上留出一两个芽，扦插后大水浇灌、浇透。

（4）定植。石榴树的定植土层厚度不能低于1 m，土壤pH值在7.0～7.5，地下水水位高于2 m，土壤中的有机质含量>1%。定植一般在土壤解冻以后到石榴树萌芽前的春季进行，也可以选择落叶以后10～11月进行秋栽，客观来说春栽效果更好，气温相对比较低的地方栽种以后要埋土防寒。栽种的行向最好为南北向，如果地势好、方位比较差，可以适当改变一下行向。定植密度要控制好，密度为3 m×4 m，55～60株/亩；株行距为3 m×7 m，32株/亩。开挖定植穴要遵循先开沟、再挖穴，直径和深度分别为0.8 m和0.6 m。栽种前施熟基肥5 kg、磷钾复合肥1 kg，与土按照1∶1的比例搅拌均匀备用。栽种时要根据石榴苗木的来源选择栽种方式，本地苗采用边起苗、边栽种的方法，外地购买的苗木要带土运输，运输过程中要注意洒水保湿。在选购石榴树苗时，要剔除霉烂、芽眼破损、畜啃等损坏的树苗，定植之前还要对树根进行适当的修正，修掉已经干枯、霉烂、伤残的部分，栽种时可以用1∶500生根粉水浸泡几分钟，然后再栽种，栽种时要直，将备好的混合肥料的土填满，大水浇透。

二、土壤管理

（一）果园深翻

（1）秋季深翻。一般在果实采收前后进行，此时地上部分生长较慢，养分开始积累，深翻后正值秋季根系生长高峰，伤口易愈合，并可长出新根。

（2）春季深翻。在土壤解冻后进行，愈早愈好。此时地上部尚处于休眠期，根系刚开始活动，生长较缓慢，伤根后容易愈合和再生。

山岭薄地或较黏重的土层，深度要0.8～1 m，若是土层深厚的沙质土壤，深翻0.5～0.6 m即可。深翻有3种方式：一是深翻扩穴，即幼树定植后，向外深翻扩大定植穴，直至株、行间全部翻一遍。二是隔行翻，即翻一行隔一行，两次完成全园深翻。三是全园翻，即将栽植穴外的土壤一次深翻完毕，此法适用于幼龄石榴园。

（二）地面覆盖

（1）地膜覆盖。应于早春土壤解冻后及早进行。覆膜前先整平、浇足水，并以树体大小施入0.25～1 kg尿素，然后盖地膜，四周用土压实，以防风损。结果树覆膜，可提高坐果率1%～1.6%，提高单果重。覆膜的时间以早春石榴树发芽为宜。

（2）果园覆草。覆草前应先整出树盘，然后把作物秸秆或杂草等物料粉碎成5～10 cm长小段，或已经初步腐熟的物料，均匀覆盖于树冠下。一般以春、夏季为好。覆盖厚度

15 ~ 20 cm，每株树 40 ~ 50 kg。须镇压并在其上盖少量土，以防风或火灾。成龄密植园需全园覆草，每亩需覆草 2 000 ~ 2 400 kg，结果大树覆草前每株树施氮肥 0.2 ~ 0.5 kg，以免微生物繁殖时与果树争夺氮肥，从而引起石榴树因供氮不足叶片变黄。一旦发现叶片变黄，要及时叶面喷施 0.3% ~ 0.5%（w）的尿素。覆草虽然好处很多，但要注意防止火灾。冬季害虫常在草中越冬，因此应在早春对覆草喷撒农药，杀灭害虫。

三、合理施肥

（一）施肥时间

（1）秋施基肥。秋季果实已成熟，树体营养消耗很大。果实采收后，即应进行施肥，以有机肥为主，如腐殖酸类肥、堆肥、粪肥、厩肥及腐熟的作物秸秆、杂草等，每亩施有机肥 1 500 ~ 2 000 kg，可混施 30 ~ 50 kg 的速效氮肥。

（2）生长期追肥。石榴追肥可分 3 个时期：①开花前追肥。石榴花开需要大量的营养，这时期可施用速效氮、磷、钾才能满足其开花坐果的需要，提高头茬花坐果率，每亩施复合肥 20 ~ 30 kg。②花后追肥。这时期幼果开始膨大，新梢生长加速，追施过磷酸钙 30 ~ 40 kg，磷酸二铵、氯化钾各 20 ~ 25 kg，可减少幼果脱落，促进幼果迅速生长，提高产量。③果实膨大和花芽分化期追肥。此期新梢停止生长，花芽开始分化，应追施氮、磷、钾复合肥 30 ~ 40 kg，可提高树体光合效能，促进营养积累，有利于果实增大和花芽分化，提高果实品质。

（二）施肥方法

一般采用放射沟施肥，以树干为中心，向外挖 4 ~ 6 条内浅外深的沟。沟内宽 40 ~ 50 cm，外宽 60 cm 左右，把肥料与土混合后填入。隔年更换沟的位置。

四、水分管理

（一）灌水时期

根据石榴对水分的需求，灌水分 4 个时期：

（1）封冻水。采果后至土壤封冻前（10 ~ 12 月），结合秋季深耕，施基肥后灌水，促使有机质分解转化，有利于树体营养积累，有利于冬春花芽的分化发育，有利于石榴树安全越冬。

（2）萌芽水。在春季 3 月灌水，可增强枝条发芽势，促使萌芽整齐，对春梢生长、花蕾发育有促进作用。春灌时间宜早不宜迟。

（3）花后水。盛花期过后，幼果开始发育，由于大量开花对树体水分和营养消耗很大，配合追肥进行灌水，可提高光合效率，促进幼果膨大和花芽分化。

（4）采果前后灌水。可促进石榴树的花芽分化和果实增大，并为明年丰产奠定良好的基础。

（二）灌水方法

切忌大水漫灌，一般采用小沟灌溉和交替灌溉的方式。小沟灌溉：在行间挖深 25 cm 左右的浅沟，顺沟灌水，沟距树 1.5 m 左右，灌后把沟填平。交替灌溉：隔一行灌一行，分两次灌完。

五、整形修剪

石榴对修剪反应敏感。石榴树一般采用三主枝开心形、疏散分层形、双主干“V”字形和主干形等。定植后第一年，枝叶全部保留，养树养根，促进生长。第二年以后修剪以疏、放为主，采用下垂枝结果。夏剪时间要在坐果后进行，主要疏除过密小枝以保持合理的透光量。对过多的芽和侧枝要及时疏除或摘心，促进主枝生长。疏枝时要求枝条在树冠上的分布是上稀下密、外稀内密、大枝稀小枝密，疏除徒长枝、过密枝、病虫枝、细弱下垂枝等。对于盛果期树，要保持树冠的原有结构，为维持树体长势，可以轮换更新复壮枝组，维持树势中庸健壮，外围上部过多的旺枝要促其生长缓和，过多的侧枝要缩剪或疏除，近于直立的骨干枝要注意拉枝处理，加大生长角度。修剪时造成的伤口，要及时涂抹凡士林，防止干裂和产生病菌。

六、花果管理

（1）整枝。及早抹去多余的萌芽，对有空间可利用的徒长枝留 50 cm 摘心，并扭至平斜状态。在花期和幼果期要多次抹除背上旺梢。

（2）授粉。利用蜂群辅助授粉，盛花期放蜂能显著提高坐果率。每箱蜂能授粉 200 株左右。蜂箱宜放在果园中央，离主栽品种不宜太远，放蜂期切忌喷施农药。

（3）控制旺长。遇有旺长树推迟开花结果时，可进行局部开沟断根，控制氮肥施入量，增加磷肥施入量，或喷布 0.1% 的多效唑溶液，抑制新梢生长，促进花芽形成。

（4）环剥。花蕾初显时，对结果骨干枝从基部环剥，环剥宽度为枝粗的 1/10，然后用塑料薄膜包扎伤口。

（5）疏花。现蕾后，在可分辨筒状花时，将大部分钟状花疏除，5 月底以后开放的花全部疏除，以减少营养消耗。

（6）喷硼。初花期至盛花期喷稀土微肥混合液或 0.3% 的硼砂液，可提高坐果率 5% ~15%。

（7）疏果。去除晚花果、病虫果、中小果、双果等，可使果实个大、品质好，成熟期一致。

七、病虫害防控

石榴病害主要有 9 种（石榴干腐病、炭疽病、褐斑病、霉污病、黑霉病、青霉病、干枯病、冻害、裂果），虫害主要有 5 种（蚜虫、桃蛀螟、绿盲蝽、金龟子、木蠹蛾）。

（一）农业防治

结合冬季修剪，剪除木蠹蛾蛀害的枝条并烧毁。发现有日本蜡蚧雌成虫聚集越冬的一、二年生枝条，可结合修剪剪去或用器具刮刷。在石榴树上发现黄刺蛾的越冬茧应及时清除，使之不能羽化。危害石榴的蓑蛾在冬季以幼虫在护囊内越冬，石榴树落叶后极易发现，可随时摘除。危害石榴果实的桃蛀螟以老熟幼虫在树干粗皮裂缝内越冬，可将石榴树的老翘皮刮掉，集中处理。随时清除园内杂草、枯枝落叶及落地石榴，都能减轻害虫危害。

(二)人工、物理防治

木囊蛾成虫和桃蛀螟成虫有趋光性,可在园内安装黑光灯诱杀成虫。桃蛀螟在成虫发生期还可用糖醋液诱杀。在石榴果实拇指大,第2次自然落果后进行套袋,以防桃蛀螟成虫产卵于石榴上。发现受害虫枝、果实或害虫卵、幼虫,应随时摘除。

(三)生物防治

寄生黄刺蛾的天敌有上海青蜂、黑小蜂等。可在果园内收集越冬茧,并将被寄生的越冬茧挑出,集中放于饲养纱笼中,加以保护利用,让寄生蜂羽化后钻出纱笼继续寄生,起到防治黄刺蛾的作用。日本蜡蚧的天敌较多,捕食性的有红点唇瓢虫、丽草蛉等,体外寄生的有长盾金小蜂,体内寄生的有姬小蜂等,要注意保护。

(四)化学防治

1.石榴干腐病

(1)症状。干腐病为石榴果实生长期和储藏期的主要病害,也侵染花器、果台、新梢。幼果一般在萼筒处发生不规则形像豆粒大小浅褐色病斑,逐渐向四周扩展,平均每天以0.47~2.25 cm的速度扩展,颜色由浅到深,形成中间黑边缘浅褐界线明显的不凹陷病斑,发病5~6 d即可从先发病部位逐次向外产生黑点,子室内腐烂较快。从树上落下的无病果,3~14 d即全部发病腐烂。7~9月当果面上有贴叶时,叶片下果面上容易产生病斑。成果发病后较少脱落,果实腐烂不带湿性,后失水变为僵果,红褐色。在储藏期可造成果实腐烂,以后果面产生密集丛生小黑点。花蕾期发生最初于花瓣处变褐色,以后扩大到花萼、花托,使整个花变成褐色,褐色部分产生许多暗色小颗粒。枝干染病,初期出现黄褐色或浅褐色,逐渐变为深褐色或黑褐色。变色部位表面粗糙,病健交界处往往开裂,病皮翘起以致剥离,病部迅速扩大,深达木质部。发病枝条生长衰弱,叶变黄,最后使全枝干枯死亡,发病后期病部出现小黑点。

干腐病病原菌主要以菌丝体或分生孢子在病果、果台、枝条内越冬,其中果皮、果台、子粒的带菌率最高。翌年4月中旬前后,越冬僵果及果台的菌丝产生的分生孢子是当年病菌的主要传播源。发病季节病原菌随雨水从寄主伤口或皮孔处侵入,一般5月上旬左右开始侵染花蕾,以后蔓延至花冠和果实,染病早晚取决于降雨和湿度。7~8月高温多雨及蛀果或蛀干害虫的为害,加速了病情的发展,为果实发病高峰期。

(2)防治措施:①清园。休眠期结合冬剪清除病果、僵果,刮除枝干病斑;生长期及时摘除病果。②预防冻害或霜害,提高树体抗病能力。可优先选用耐冻品种以及不易发生冻害的园址,采取浇封冻水、果园培土、树干涂白等措施。③药剂防治。萌芽前全园普喷3~5波美度石硫合剂。

生长期一般于6月下旬至9月上中旬做好病害的预防和治疗,可选用430 g/L戊唑醇悬浮剂4 000倍液、10%(质量分数,后同)苯醚甲环唑水分散粒剂1 500~2 000倍液、40%氟硅唑乳油8 000倍液、25%咪鲜胺乳油800~1 000倍液、250 g/L嘧菌酯悬浮剂1 000倍液、75%肟菌酯·戊唑醇悬浮剂3 000倍液、50%醚菌酯水分散粒剂2 000倍液、250 g/L吡唑醚菌酯乳油1 500~2 000倍液等,并与80%代森锰锌可湿性粉剂800倍液、70%代森联水分散粒剂600倍液混用或交替使用。一般喷药间隔期10~15 d,重点喷枝干和果实。

2. 石榴炭疽病

(1)症状。该病主要危害果实。果实染病开始产生褐色小点,随后形成近圆形褐色或暗褐色病斑,上有大量粉红色分生孢子团,最后导致病部果肉坏死、腐烂。北方多雨年份常发生此病。

(2)防治措施:①及时摘除树上病僵果及落地病果。②石榴中后期适当控制速效氮肥用量。③药剂防治。休眠期喷 3 ~5 波美度石硫合剂、45% 代森铵水剂 400 倍液或 1.8% 辛菌胺水剂 50 倍液。

生长期喷 250 g/L 吡唑醚菌酯 1 500 ~2 000 倍液、25% 咪鲜胺乳油 800 ~1 000 倍液、45% 咪鲜胺锰盐 800 ~1 000 倍液、80% 克菌丹可湿性粉剂 600 倍液、10% 苯醚甲环唑水分散粒剂 1 500 倍液或 1: 1: 200 波尔多液等。

3. 石榴霉污病

(1)症状。该病主要危害叶片和果实,发病时在叶片或果实表面产生黑色煤烟状物,影响叶片光合作用,严重时导致叶片早落,果实品质不良。

(2)防治措施:①科学修剪和控制速效氮肥用量,改善果园通风透光条件。②及时控制蚜虫、介壳虫等害虫。③药剂防治。发病前或发病初期喷 80% 代森锰锌可湿性粉剂 800 倍液、10% 苯醚甲环唑水分散粒剂 1 500 ~2 000 倍液,同时在上述药剂中加入 240 g/L螺虫乙酯悬浮剂 5 000 倍液、10% 氟啶虫酰胺水分散粒剂 3 000 倍液、10% 烯啶虫胺水剂 2 500 倍液、10% 吡虫啉 2 000 倍液等控制蚜虫、介壳虫,一般喷药间隔期 10 ~15 d,连喷 2 ~3 次。

4. 石榴褐斑病

(1)症状。该病主要危害叶片。发病初期在叶片上出现浅褐色斑点,以后病斑逐渐扩大为外围淡褐色、内部灰白色的圆形病斑,中后期部分叶片变黄,湿度大时病叶背面常有霉状物,最后叶片早落;果实上病斑黑色、微凹,近圆形或不规则形。

褐斑病以菌丝体在落叶上越冬,翌年产生分生孢子,4 月下旬开始,通过风雨传播,一般 5 月下旬开始发病,7 ~8 月高峰,8 ~9 月大量落叶。

(2)防治措施:①及时处理落叶,可于落叶前后树上和地面喷 2.5% 尿素,完全落叶后翻耕土壤,促使叶片快速腐烂,减少越冬菌原基数。②加强中后期管理,改善果园通风透光条件。于发病前或发病初期结合干腐病防治喷 10% 苯醚甲环唑水分散粒剂 1 500 ~2 000倍液、250 g/L 吡唑醚菌酯乳油 1 500 ~2 000 倍液、75% 肟菌酯 · 戊唑醇悬浮剂 3 000倍液或 80% 代森锰锌可湿性粉剂等。

5. 根腐病

(1)症状。根腐病主要为害根部,发生初期,病株地上部分正常发芽、展叶和开花,较难鉴别,病情逐渐发展后,病株生长显著衰弱,发芽长叶缓慢,叶形变小,开不能结果的退化花。以后枝干失水皱缩,枝梢先端或小枝开始枯死,最后全株死亡。下面 3 种情况容易引发根腐病:①地势低洼、排水不良的果园;②果树管理不善、树势弱,缺施有机肥;③在管理过程中使用除草剂(如草甘膦)不当。

(2)防治措施:①加强货源管理。做好果树的修剪和整枝,注意防治病虫害,及时除草。②施肥改土。增肌有机肥,改良果园土壤结构,增加土壤的通透性。③药剂防治。在开春或摘果后施药，可用下面药物灌根，药液用量为每株果树 10～20 kg：绿亨 1 号 300 倍液加 10% 生根粉 10 000 倍液；或绿亨 1 号与福美双按 1∶9的比例混合成 800 倍液、或 54.5% 恶霉 · 福可湿性粉剂 700 倍液；或 10% 复硝酚钠 2 000 倍液加 60% 敌克松 500 倍液；10% 复硝酚钠 2 000 倍液加 80% 代森锌 200～400 倍液；多利维生 · 寡雄腐霉 7 500 倍液加 60% 锰锌 · 氟吗啉可湿性粉剂 600 倍液。④生长季发现病树后，立即刨出根系，并在伤口处涂菌毒清 10 倍液，或 3 波美度石硫合剂或 2% 的 402 杀菌剂等。

6. 石榴冻害

(1) 症状。石榴树遇冰点以下的低温及结霜会造成韧皮部、木质部变褐，皮层凹陷、叶片萎蔫枯死，枝梢干枯，甚至整株死亡。

(2) 防治措施：①选择抗寒品种或抗性强的砧木，如泰山红石榴、酸石榴等。②选择背风向阳、小气候环境较好、不易发生冻害的地方建园，并提倡采用保护地或建防风林栽培。③及时浇封冻水、萌芽水。④采用主干涂白、树干绑草绳、根颈部培土、果园覆草等防冻措施。涂白剂配比可采用水 15 kg、生石灰 5 kg、面粉 150 g、食盐 150 g、植物油 25 g，混合调制成涂白剂涂刷树干。配制方法：先用温开水将生石灰溶解开，然后加入面粉、食盐和植物油，充分搅拌，直至变成糊状即可。涂白完成后，就近在空地处取松软土壤培于树干周围，高度 40～50 cm，来年春季树体萌芽后再扒开土堆。大冻到来之前，用稻草绳缠绕主干、主枝，防止寒流侵袭，减轻冻害。⑤冬季来临前，喷 1∶1∶200 倍波尔多液或 5% 氨基寡糖素水剂 500 倍液减轻冻害的发生。

7. 石榴裂果

(1) 症状。从石榴幼果期至即将成熟阶段发生在果面的裂纹、纵裂、横裂等开裂现象。造成石榴裂果的原因主要与石榴品种、栽培情况、气候有关。在水分供应不均匀、天气干湿变化大，特别是在大暴雨或者持续阴雨天气后忽然转晴条件下，很容易出现裂果。

(2) 防治措施：①选用抗裂果的石榴品种如泰山红、天红蛋石榴、会理红皮石榴、豫石榴 1 号、豫石榴 2 号等。②合理灌溉。在石榴果实膨大期至果实成熟期适当控制果园灌水量，注意排水防涝。干旱季节浇水，应采取小水分多次进行，保持土壤含水量在 60% 左右，防止缺水或水分过量。③施肥应该以有机肥为主，增施磷、钾肥，避免过量施用氮肥，在果实膨大期，用 0.3% 磷酸二氢钾溶液或 0.5% 氯化钙溶液叶面喷施，增强果皮韧性，防止裂果，同时提倡石榴园覆草，以培肥地力，减少裂果。④药剂防治。在石榴果实发育的中后期，喷 25 mg/L 赤霉素溶液、0.3% 多效唑溶液或 20～25 mg/kg 乙烯利溶液，可减轻或防止裂果发生。⑤幼果期提倡果实套袋。⑥分批采摘。

8. 桃蛀螟

桃蛀螟属鳞翅目螟蛾科，是石榴树最主要的害虫之一。

(1) 危害状。幼虫一般从花或果的萼筒、果与果、果与叶、果与枝的接触处钻入，导致果实腐烂，造成落果或干果挂在树上，果实失去食用和商品价值。

(2) 防治措施：①及时清园。②园内设置黑光灯、糖醋液、性诱剂等诱杀成虫。③堵塞萼筒。石榴坐果后用 90% 敌百虫 10 g、土 1 000 g、水 10 kg 混合制成药泥，用该药泥堵萼筒，或用 50% 辛硫磷乳油 500 倍液，浸渗药棉球或药泥堵塞萼筒。④种植引诱植物。利用桃蛀螟产卵对向日葵花盘有较强趋性的特点，可在果园周围种植向日葵，开花后引诱成虫产卵,定期向向日葵花盘上喷药防治。⑤药剂防治。成虫发生期和产卵盛期,喷50%杀螟松乳剂1 000倍液、50%辛硫磷乳油1 000倍液或20%杀灭菊酯乳油2 500倍液。

9. 蚜虫

(1)危害状。成蚜和若蚜群集在石榴当年新梢、嫩叶背面以及幼芽、幼蕾上刺吸汁液,导致被害新梢长势弱,叶片反卷,花蕾、花生长不良,甚至果实脱落。蚜虫排出黏液沾污叶面,常引起煤污病发生,导致果实品质下降。

(2)防治措施:①清园。冬季及时清理石榴园中枯枝和落叶、杂草集中销毁。②萌芽前。全园喷3~5波美度石硫合剂,消灭越冬虫卵。③展叶后。喷0.3%苦参碱水剂500~750倍液或0.5%苦参碱水剂1 250倍液。④生长期喷药防治。每季每种药剂不超2次,喷药间隔期一般15~20 d一次。可选用下述药剂:10%吡虫啉可溶性粉剂3 000倍液,20%啶虫脒可湿性粉剂10 000倍液,20%氟啶虫酰胺水分散粒剂2 500~5 000倍液,10%烯啶虫胺水剂2 500倍液;20%噻虫胺悬浮剂3 000~4 000倍液;1.5%苦参碱可溶液剂500~750倍液。

10. 绿盲蝽

(1)危害状。绿盲蝽以若虫、成虫刺吸石榴树刚刚萌发出的嫩梢、嫩叶和花蕾。嫩梢受害后,顶端生长点干枯,停止生长,无法现蕾;花蕾受害,基部出现许多黑色小斑点,逐渐扩大成片,后脱落;嫩叶受害,叶片上出现黑色干枯斑点,有的多个斑点连在一起,造成叶面穿孔,叶钩状卷曲畸形,严重影响光合作用。绿盲蝽1年发生5代,其第1代若、成虫危害石榴树。该虫害以卵在枝干翘皮下、断枝和剪口髓部及土壤中越冬。3月下旬温度达15 ℃,相对湿度达到70%以上时,卵开始孵化。若虫生活隐蔽,爬行敏捷。成虫善飞翔,晴天白昼多隐匿在草丛、叶丛内,早晨、夜晚和阴雨天爬至梢、叶上危害,频繁刺吸嫩梢、叶的汁液,不易被发现。4月上中旬开始危害石榴树,4月下旬至5月上旬为危害盛期,5月中下旬以后停止危害,新梢陆续抽出。

(2)防治措施:①合理布局栽植。避免石榴树与桃、葡萄或苹果等果树混栽,不要间作棉花、大豆、麻类等绿盲蝽的寄主植物,以减少绿盲蝽的发生。②刮除树干。落叶后彻底清理园内的落叶、间作物秸秆和杂草等;刮除树干翘皮,收集烧毁,并用石灰水涂干;修剪的枝条及时运出果园,随后全树喷布5波美度石硫合剂。③农药防治。石榴树刚萌芽的4月初开始施药,10 d 1次,连喷4~5次,要全树均匀着药。选用10%的吡虫啉1 500~2 000倍液,或4.5%的高效氯氰菊酯乳油2 500~3 000倍液,或5%啶虫脒3 000~3 500倍液喷施,喷药时间要选择上午10时以前、下午16时以后,但温度不要太低,否则影响药效。由于绿盲蝽蟓白天一般在树下杂草及行间作物上潜伏,夜晚上树危害,因此喷药要着重树干、地上杂草及行间作物,做到树上树下喷严、喷全,达到根除目的。药剂应交替使用,以减小害虫抗药性。

11. 黄刺蛾

(1)危害状。黄刺蛾主要为害叶片,1年发生1~2代,以老熟幼虫在茧内越冬,翌年5月下旬开始化蛹,第一代成虫发生期为7月中旬至8月下旬,第二代幼虫于7月底开始为害,8月上中旬为害最重,初孵幼虫集中为害,多在叶背啃食叶肉,长大后逐渐分散,食量增大,能吃尽叶片,仅留叶柄。

(2)防治措施:①冬季人工摘除越冬虫茧。②幼虫发生初期喷洒25%灭幼脲3号胶悬剂倍液1 500~2 000倍液,或20%除虫脲悬浮剂7 000倍液,或Bt乳剂500倍液,或4.8%高氯·甲维盐乳油6 000倍液,或50%敌敌畏乳油1 000~1 500倍液,或2.5%溴氰菊酯乳油(敌杀死)3 000~3 500倍液,或20%氰戊菊酯1 500倍液+5.7%甲维盐2 000倍混合液喷杀幼虫,可连用1~2次,间隔7~10 d。可轮换用药,以延缓抗性的产生。

第三十章 樱 桃

第一节 概 述

一、樱桃的营养

樱桃为蔷薇科李亚科樱属植物。原产于热带美洲西印度群岛加勒比海地区,因此又叫西印度樱桃。乔木,高2~6 m,树皮灰白色。小枝灰褐色,嫩枝绿色,无毛或被疏柔毛。冬芽卵形,无毛。果实可以作为水果食用,外表色泽鲜艳、晶莹美丽,红如玛瑙,黄如凝脂,果实富含糖、蛋白质、维生素及钙、铁、磷、钾等多种元素。是世界公认的“天然维生素C之王”和“生命之果”。甜樱桃是继中国樱桃之后上市最早的果品,素有“春果第一枝”的美称,在调节淡季市场供应,满足人们生活要求方面,有着特殊作用。其果实色泽鲜艳,晶莹美丽,营养丰富,外观肉质俱佳,被誉为“果中珍品”。

二、生物学特性

(一)植物学性状

1. 根系

樱桃根系的生长,因选用的砧木种类、繁殖方式和土壤类型不同而不同。中国樱桃、甜樱桃的须根发达,在土壤中的分布浅,骨干根和须根主要集中在15~35 cm的土层中。甜樱桃的实生苗根系比中国樱桃和酸樱桃发达。酸樱桃介于中国樱桃和甜樱桃之间。无性繁殖的苗木具有两层根系,比实生繁殖的根系深,这是樱桃与其他树种所不同的特点。

2. 枝梢

樱桃的枝可分为发育枝和结果枝两类。发育枝上主要着生叶芽,萌芽以后抽枝展叶,制造营养,扩大树冠及形成新的结果枝组。结果枝可分为混合枝、长果枝、中果枝、短果枝和花束状果枝五类。

(1)混合枝。枝下部有花芽,能开花结果,而上部为叶芽,抽枝展叶,具有结果和生长的双重功能,因此称为混合枝,一般长20~30 cm。

(2)长果枝。除顶端和其附近数芽为叶芽外,其余均为花芽。开花结果后,枝条中下部易光秃,先端可抽生不同长度的果枝。初果期树这种果枝较多,一般长度15~20 cm。

(3)中果枝。枝上除顶芽外,其余全部为花芽,长度5~15 cm。

(4)短果枝。长度为5 cm左右的果枝,顶芽是叶芽,其余为花芽。花芽质量好,坐果率高。

(5)花束状果枝。长度为1~2 cm极短的果枝。顶端是叶芽,花芽簇生在一起,开花如束。这是甜樱桃进入盛果期以后的主要结果枝,寿命长,一般为7~10年,甚至可长达

20 年(如那翁)。

各种类型结果枝的多少,因品种、树龄、树势有一定的差异。那翁、滨库、黄玉等花束状果枝多,大紫、早紫、香蕉等多为长、中、短果枝,紫樱桃居于二者之间。幼树、旺树长中果枝多;盛果期树、中庸树短果枝、花束状果枝多。

(6)新梢。当年叶芽萌发长成的带有叶片的枝条。甜樱桃叶芽萌发后,有一周左右的初生长期,开花期间,新梢生长减慢,谢花后又转入迅速生长,到果实成熟前生长又变慢,采果后还有一次生长。幼树和旺树还可以在雨季又有第二次生长,形成秋梢和二次枝。酸樱桃产生的新梢多,中国樱桃次之,甜樱桃最弱。

3. 芽

樱桃的芽有纯花芽和叶芽两类。酸樱桃的幼树有少量的混合芽。樱桃的顶芽都是叶芽,侧芽可以是叶芽或者花芽。叶芽一般呈三角形,瘦,花芽呈圆锥形,饱满。单个花芽内通常有花 2 ~ 7 朵。樱桃与其他核果类果树的芽不同之处是,其腋芽都是单芽着生,即每个节上只有一个芽,这样枝条的下部由于一般着生的是花芽,结果后很容易光秃。

樱桃一般在采收后 10 d 左右开始大量分化花芽,此时也是新梢接近停止生长的时期,整个分化期大体上经过 40 ~ 50 d 完成,比一般核果类的果树要短。樱桃的潜伏芽寿命较长,一般 10 ~ 20 年。

4. 开花与授粉

樱桃的开花期露地一般在杏树开花之后、桃树开花之前。中国樱桃比甜樱桃早 20 ~ 25 d。通常 1 个花芽内可抽出 2 ~ 3 朵花,饱满花芽则多一些。花期一般 7 ~ 10 d。

樱桃自花授粉结实率的高低,因种和品种不同而不同。中国樱桃自花结实率高,酸樱桃次之,而甜樱桃的大部分品种一般自花不结实,需配置授粉树。

5. 果实

樱桃的果实由子房发育而成,由外果皮、中果皮、内果皮、种皮和胚组成。内果皮硬化形成一硬核,核内有种子。樱桃果实的发育期很短,中国樱桃从开花到果实成熟 40 ~ 50 d,甜樱桃 60 d 左右,大棚及温室内果实发育期延长,可比大田延长生长 8 ~ 24 d,因而果实普遍增大。樱桃果实的发育经历快、慢、快三个时期,呈典型的双“S”曲线。第一阶段,从谢花后至硬核前,是果实的第一次旺盛生长期;第二阶段为硬核期,此期果核加速木质化;第三阶段从硬核期到果实成熟期,是果实第二次旺盛生长期,果实开始着色,含糖量增加。

(二)对环境的要求

1. 对温度的要求

(1)休眠对低温的要求。樱桃休眠期低温需求量在 1 100 ~ 1 440 h 左右,因种及品种的不同有所不同。日本温室的樱桃主栽品种高砂的低温需求量在 1 440 h,少于此时数后萌发及采收期推迟。应当指出,当自然休眠通过以后,扣棚升温愈迟,萌芽开花则愈迟。

(2)低温、高温及适宜温度。樱桃当日均温达 10 ℃以上开始发芽,20 ℃左右新梢生长最快,20 ~ 25 ℃果实开始成熟。秋季日均温度下降到 5 ℃时,开始落叶和休眠。冬季温度在 −20 ℃以下时,樱桃发生冻害,一年生苗在 −15 ℃时,地上部便被冻死。花期 −1 ℃低温,花瓣受冻,−4 ℃雌蕊受冻。适宜温度为白天气温 20 ~ 22 ℃,夜间 6 ~ 7 ℃,避免出现25 ℃以上的高温。花后气温白天不应高于27 ℃。

不同夜温对果实的成熟也有一定的影响。高夜温比低夜温能使果实提前成熟。高夜温的处理温度为:覆膜后8 ℃,萌芽期10 ℃,开花期12 ℃,盛花期16 ℃,果实肥大期15 ℃,果实肥大期后13 ℃;低夜温的处理温度为:覆膜后5 ℃,萌芽期8 ℃,开花期10 ℃,盛花期12 ℃,果实肥大期12 ℃,果实肥大期后13 ℃。

2. 对光照的要求

樱桃是较为喜光的果树,但比杏、桃的光照要求差。光照不足,外围枝易徒长,内膛枝易衰弱,果枝寿命短,结果部位外移,花芽分化不良,坐果率低,品质差。大棚及温室内应注意光照管理。

3. 对水分的要求

樱桃对水分十分敏感,喜水但不抗涝。5~6年生的树,淹水两天就会大片死亡。因此,在地下水位高的地方不易种植樱桃。果实成熟前,雨水过多会造成果实裂果。樱桃也不抗旱,当土壤含水量为10%时,地上部分停止生长,下降到7%时,叶片萎蔫变色。干旱使树体早衰,落果严重,产量很低。

4. 对土壤的要求

樱桃根系呼吸旺盛,对土壤要求也较高。它适宜于土层深厚、肥沃、保水保肥能力强及通气良好的土壤。对土壤盐渍化反应也比较敏感,盐碱地上不易栽培成功。大棚及温室种植多年后,土壤出现盐渍化,影响樱桃后期的生长。土壤pH值在5.6~7.0较为适宜樱桃的生长。

第二节　大樱桃主要品种与特点

选用品种从品种的成熟期、果实大小、早果性、丰产性、品质、储运性、能够相互授粉和早、中、晚熟搭配进行综合考虑。应以早、中熟品种为主,在5月25日以前成熟的甜樱桃果实不易裂果。如果有避雨设施的,适当发展晚熟品种。早熟品种有早红宝石、红灯、龙冠、莫利、早大果、红蜜等,中熟品种有拉宾斯、先锋、美早等,晚熟品种有艳阳、雷尼尔等。

(1)大紫。属甜樱桃类,原产苏联。果实大,平均单果重5.6 g,最大7.5 g;果实为心脏形或宽心脏形,稍扁;果顶平或微凹,缝合线不明显。果皮深紫红色,有光泽;果肉浅红至深红色,肉质软、汁多、味甜,可溶性固形物含量12%~15%,品质中上。果梗细,中长,长2~4.8 cm,且果实易脱离。果实发育期40 d左右。树体强健,萌芽率高,成枝力强,以短果枝结果为主。

(2)红樱桃。产于山东烟台上夼村,1979年发现,亲本不详。果实较大,平均单果重8.0 g,最大9.5 g;果皮鲜红色,有光泽,极美观;果肉浅红色,质地脆硬,甜酸适度,品质上,离核。树势强健,枝条粗壮。萌芽率和成枝力均强,在大棚及温室中表现较好。

(3)龙冠。属甜樱桃类。郑州果树所用那翁与大紫的杂交实生苗种子播种选育而成。果实平均重6.8 g,最大达12 g,果实为宽心形,外观全面宝石红色,美观;果肉紫红色,汁中多,风味浓郁,可溶性固形物含量达13%~16%,品质优良;黏核。果实发育期40 d,其树体强健,自花结实力强,异花授粉能增产。

(4)红灯。属甜樱桃,大连农科所用'那翁'×'黄玉'育成。果实重9.6 g,最大10.9 g;果实宽肾形;果皮紫红色,富光泽、艳丽。果肉较硬,肥厚、多汁,酸甜适口,可溶性固形物含量14.5%~15%。是一中熟品种。果实耐储运,但采前遇雨有裂果现象。树势强健,长势旺,幼树期直立,成龄树半开张,适宜的授粉树有巨红、滨库、大紫、红蜜等。在郑州地区5月10~17日成熟。

(5)那翁。又名黄樱桃、大脆。属甜樱桃类,来源不详,为一古老品种。果实重6.5 g,最大8.0 g;果实为心脏形。果实底色乳黄,阳面带红晕。果肉米黄色,肉质脆硬,汁多,风味甜酸,为一中晚熟品种。适应性强,丰产性状好,耐储藏,成熟前遇雨易裂果。适宜授粉品种为大紫、水晶、红灯等。

(6)高砂。属甜樱桃类,美国育成。果实为宽心形;底色黄,果肉黄色或白色,柔软,汁少,无色,味酸甜,品质中上,为一中晚熟品种。

(7)拉宾斯。加拿大以'先锋'与'斯坦拉'杂交育成,果实近圆形,单果重7~8 g,紫红色,光泽美观,果皮厚而韧;果肉肥厚、硬脆,果汁多,可溶性固形物含量16%,风味、品质优良。早果、丰产、耐寒,适宜充分成熟后采收鲜销。做主栽品种,可自花结实;又是一个广泛的花粉供体,是其他品种良好的授粉树。

(8)雷尼尔。美国品种,现为美国华盛顿州的第二主栽品种。果心脏形,平均单果重8~9 g。果面底色黄,着鲜红色晕。果肉无色,肉质脆硬,含可溶性固形物含量15%,品质佳,耐储运,抗裂果,树势较强,早果丰产。自花不实,但花粉多,是优良的授粉品种。

(9)斯坦拉。加拿大育成,自花结实品种。果实中大,平均单果重7.1 g,可达9.2 g以上。果实心脏形,果梗细长,果皮深红色,光泽艳丽,皮厚而韧,耐储运。果肉淡红色,致密而硬,汁中多,酸甜适口,风味好,可溶性固形物16.8%。树势强,可自花结实,花粉多,是良好的授粉品种。

(10)意大利早红。由意大利引入,属极早熟品种。果实为短鸡心形,5月20日前后成熟,单果重9 g,最大12 g,红色艳丽,肉质中,味甜,含糖14度,有极高的商品价值,是大棚栽培的最佳品种。

(11)得利红。果实心脏形,平均单果重8 g。果面为紫色,肉质硬,多汁,叶酸甜,可溶性固形物含量18%,品质上。不裂果,耐储运。树势强健,以短果枝和花束状枝结果为主。花白色,花粉多,也是良好的授粉品种。

(12)早红宝石。又叫早鲁贝,属极早熟红色乌克兰品种,是'法兰西斯'与'早熟马尔齐'杂交育成的早熟品种,自花不实。果实心脏形,平均单果重4.8~5 g。果皮、果肉暗红色,果肉柔嫩、多汁,果肉红色,味纯,酸甜可口。在郑州地区成熟期4月28日至5月5日。

(13)先峰。加拿大育成,果实肾脏形,紫红色,光泽艳丽,单果重8.5 g,达10.5 g,果皮厚而韧。果肉玫瑰红色,肥厚、硬脆,汁多、甜酸适口,可溶性固形物17%,品质佳。丰产、稳产、抗寒性强,很少裂果,需异花授粉,授粉品种以斯坦拉、滨库、那翁为佳。先峰花粉量大,是一个良好的授粉品种。

(14)艳阳。加拿大品种,以'先峰'与'斯坦拉'杂交育成,与拉宾斯是姊妹关系。果实极大,平均单果重13.12 g,大者可达22.5 g以上。果圆形,果皮黑色,有较好的光泽。

果肉甜美多汁,品质好。树势强健,丰产稳产,有一定的自花结实能力,抗寒性较强。在郑州地区5月20~27日成熟。

(15)莫莉。原产法国。果实肾形,单果重6~7 g,可溶性固形物含量12.5%。果皮浓红色,有光泽。果肉红色,肉较硬,肥厚多汁,风味酸甜。以花束状果枝和短果枝结果为主。树势健壮,抗旱、抗寒性强。

(16)佐藤锦。原产日本。果短心脏形,单果重6~7 g,皮厚,鲜红色,果肉白色略黄,核小,味甜酸适口,品质上等,树体健壮,丰产稳产。成熟期6月初,比那翁早约5 d。

(17)春露。早熟品种,单果重8~12 g,酸甜适口,品质佳。在郑州地区5月10日左右成熟。树势强,树姿半直立,早果性好,很丰产。外观整齐,畸形果极少。自花不实,果实大小和成熟期同红灯,但早果性、丰产性、耐病毒病和没有畸形果等性状则明显优于红灯。授粉品种可用早大果、早红珠、红灯、龙冠等。夏季注意叶片细菌性穿孔病和褐斑病等早期落叶病的发生,注意防涝排水。

(18)春雷。中晚熟品种,单果重9~13 g,果肉硬,酸甜适口,品质佳,耐储运性好,很少有畸形果。在郑州地区5月26日左右成熟。树势强,树姿直立,早果丰产性好。自花不实。授粉品种可用萨米脱、艳阳、赛维等。

(19)春晖。中熟品种,单果重9~13 g,果肉硬,味甜微酸,品质极佳。在郑州地区5月24日左右成熟。树势强,树姿半直立,丰产。自花不实。突出特点是,果实成熟时易与果柄分离,可以实现不带果柄采摘,适合都市生态观光园采摘,降低采摘对树体的伤害。授粉品种可用春绣、美早、阿尔梅瑟、春露等。成熟期间遇雨水容易裂果,建议避雨栽培。

(20)春娇。中晚熟品种,单果重8~12 g,果肉硬,酸甜适口,品质佳,耐储运性好,很少有畸形果。在郑州地区5月26日左右成熟。树势中庸,树姿半直立,早果丰产性极好。自花不实。授粉品种可用春绣、美早、阿尔梅瑟、春露等,授粉品种最好有两个以上,相互之间可互相授粉。

(21)睿德。早中熟新品系,单果重8~12 g,硬肉、脆,浓甜,酸含量极低,品质极佳。在郑州地区5月18日左右成熟。果实外观圆润、大小整齐,没有畸形果,商品率高。树势中庸,树姿开张,早果和丰产性极好。自花不实,突出优点是果实酸含量极低,6成熟口感就无酸味,早采可食,适合国人口感。授粉品种可用萨米脱、美早、赛维、艳阳等。花期气温低于15 ℃时,应注意人工辅助授粉,或花期喷硼等措施提高坐果率。

(22)睿贤。早熟新品系,单果重8~10 g,甜、微酸,品质佳。在郑州地区5月12日左右成熟。树势较强,树姿较开张,耐花期高温,畸形果极少,是国内成熟期最早的自花结实品种,很丰产。突出特点是早熟、品质佳、自花结实,并具有很好的早果性和丰产性,耐花期高温和夏季高温、高湿,较抗裂果。授粉品种可用红灯、早大果、早红珠、春露等。

(23)萨米脱(Summit)。又名皇帝,加拿大夏地农业研究所育成的中晚熟品种。1988年烟台果树研究所引进。果实性状:果实特大,单果重达10 g左右。果形长心脏形,稍长,果皮紫红色。在日本青森县栽培,含糖量17.9%,酸0.78%,风味浓厚,品质佳。雨后裂果较多。在郑州地区成熟期5月15~22日,比那翁晚2~3 d。树势强健,丰产性能好,亩产可达2 500 kg。初果期多以中、长果枝结果,盛果期以花束状果枝结果为主。

(24)柯迪娅。为晚熟品种。平均单果重8.2 g,果个均匀一致。果实心脏形,稍长,果皮中厚，紫红色至红紫色，有光泽，果顶圆凸；肉质较脆，肥厚多汁，果肉紫红色，较硬，核小，可食率93.3%。可溶性固形物含量16.8%，风味酸甜适口。果柄中长，果与柄较难分离，采前不落果。果皮较厚。果实生长期60 d左右，6月初成熟。自花不实，着色期遇雨有轻微裂果，抗裂果。树势较强健，干性强，但分生中庸枝较多。萌芽率、成枝率高。在郑州地区萌芽期2月底至3月初，初花期3月下旬，盛花期一般在3月底，末花期在4月3日以前。

(25)早大果。乌克兰品种。成熟期比红灯早4～5 d，单果重一般9～14 g，盛果期平均单果重约11 g。果皮较厚，果肉硬，耐储运，成熟后果面呈紫红色。风味好品质上。结果较早，易成花。多雨年份有一定裂果。但比红灯轻。是一个很有发展前途的早熟大果型品种。在郑州地区成熟期5月5～12日。

(26)红蜜。红蜜是一个中果型、早熟、质软、黄底红色品种。花量很多，适宜作为授粉品种。红蜜的坐果率高，是丰产型品种。果实中等大小，平均单果重6.0 g，均匀整齐，果型为宽心脏形；果皮黄底色，有鲜红的红晕，光照充足的部位，大部分果面呈鲜红色；肉质较软，多汁，以甜为主，略有酸味，品质上等；可溶性固形物含量为17%；核小、黏核，可食部分占92.3%。成熟期在5月12～19日，比红灯晚4～5 d，果实发育期40～50 d。

第三节 甜樱桃优质高产栽培技术

一、品种选择

选择品种时，要全面分析品种的综合性状，如丰产性、品质、适应性、成熟期、栽培目的和经济价值等。在综合性状较好的条件下，尽量选用大果硬肉耐储运的品种。注意早、中、晚熟品种的合理搭配。选择抗寒、抗旱、抗病虫能力强，口感好的黑珍珠、桑提娜、红灯、早大果、龙冠、萨米脱、柯迪娅、斯坦勒等。

二、建园

(一)园地选择

大樱桃既不抗旱也不耐涝，更不耐盐碱。因此，园地宜选择在有水浇条件，同时地下水位低、不宜积涝的地方，适宜中性微酸土壤。活土层要求达40 cm以上，不足的，要深翻改造。土壤有机质含量在1.5%以上，不足的，建园前要增施有机肥改造或通过后期管理提升。尽量不选黏重土壤，不选低洼、易遭霜冻以及风口、风大的地块。

(二)株行距确定

现代樱桃栽培，是针对有限土地、生产者老龄化、小型机械化作业等问题，而采取的矮密栽培，以达到早结果、早丰产的目的。现今生产中，大多采取单行密植栽培，不仅矮化苗木能密植，乔化苗木也能密植栽培。一般采用2 m×4 m、2.5 m×4 m、3 m×4 m的株行距，即每亩定植56株、66株、84株。标准园通常采用栽植密度2 m×4 m。旅游采摘园，株行距应加大，尤其便于采摘的两层枝整形的，可采用4 m×6 m。

(三)整地

根据设计好的行向、株行距等进行整地。地面整平后拉出行线挖沟定植,增加有机肥施肥量,有利于改良土壤、雨季排水及以后的扩穴改土。

定植沟深 70 cm,宽 1 m。挖沟(穴)时,把上面 15 ~ 20 cm 的表土放在一边,死土层的土放在另一边。沟(穴)挖好后,先在沟底填上 10 ~ 15 cm 厚的作物秸秆、杂草等物,上面填上 0 ~ 15 cm 活土层的土,然后把肥料与表土混合后填满沟(穴)内,并凸起 10 ~ 15 cm。死土层的土垒成畦埂。此时施入的肥料为底(基)肥,要以农家肥、猪、牛厩类等有机肥料为主,按每株 100 kg 施肥量施入,沟(穴)填好后要灌一次透水,叫塌地水,使沟内土塌实后再定植,苗木就不会下陷。排水不良、地下水位高和雨量多的地方必须起垄栽培,即在两行树之间挖一条上宽 80 ~ 100 cm、底宽 40 cm、深 50 cm 的沟,成中间高、两侧低的垄,树种在垄中央。

(四)苗木储藏

买回的苗要立即埋土假植。假植地块以沙土或沙壤土为佳,黏土地不宜假植。假植沟宽 1 m、深 40 cm,苗排放沟内,四周埋细土,埋后浇水,浇水后再填土,防止漏风抽干。

(五)定植

樱桃在落叶后 10 月至春季发芽前 3 月均可定植。秋冬定植的苗木要及时浇水,覆膜保墒,埋土防寒。

把红灯、8 ~ 129、早大果、龙冠、先锋、雷尼尔定为一个授粉品种组合;开花较迟的艳阳、萨米脱、美早、雷佶娜、柯迪娅作为另一组;一个樱桃园一般定植 3 ~ 5 个品种,授粉效果较好。

(1)定植前苗木准备。在定植前,将苗木从苗圃或假植沟内挖出,把苗木分品种扎成捆,挂上标签。然后把根系放在水中浸泡 2 ~ 4 h,使其吸足水分。定植面积较大时还要把壮苗与弱苗分开定植,便于定植后分别管理。

(2)定植。塌地水渗下后能够作业时就可开始定植,以打好的点为中心,挖一深 30 cm、口径 40 cm 左右的小穴,穴的大小可根据苗木根系大小而定。用手提住苗立在穴正中间,用潮湿的细土填于苗的四周,忌用干的大土块填入坑内。填土至根茎部,向上轻提苗,使苗根系舒展,然后踏实,上面再覆土至坑平。

(六)定植后的管理

苗定植后立即灌一次定根水,使苗木根系与土壤充分接触,同时按预先设计的树形进行定干或对芽苗进行剪砧。芽苗剪砧时,剪口距接芽的芽片 5 cm 左右,剪口涂蜡或漆,防止剪口抽干而降低接芽的成活率。

苗木开始萌芽后,定植芽苗的要及时抹去砧木芽,使营养集中于品种芽的萌发与生长。定植成苗的,除为了整形需要而进行的抹芽外,一般不需抹去主干上的芽。

三、土、肥、水管理

(一)整地方式

刚定植的树,可沿树行整成一条 50 ~ 60 cm 宽的平畦,畦边起小畦便于浇水。

(二)果园覆盖

(1)覆盖地膜。露地栽培一般是从土壤上冻时开始覆盖地膜,到翌年5月揭膜;降雨后,注意开口排水;幼树到5月要撤膜或膜上盖草,防止地面高温。

(2)果园覆草。5月后,将草均匀撒到树冠下,在根茎部位处留出20 cm^2通气孔,覆草厚度一般为20 cm。草腐烂后要及时补充。覆草后,上面要少量稀疏地压土,防止风刮草飞。

(三)追施肥料

(1)秋施基肥。每年秋施基肥要结合扩穴进行,最佳时期为9月中旬。以牲畜粪、土杂肥为主,纯鸡粪盛果期树30 kg/株。全园扩穴完成之后,只挖浅沟,施入基肥之后浅覆土即可,忌挖深沟施肥。

(2)追肥。幼龄果园,萌芽前,每株追肥有机肥料500 g+磷酸二铵0.5 kg/株,距树干50 cm处挖环形浅沟施入,盖土并浇水。

盛果期树的追肥:①萌芽期追肥。此期追肥可以使用氮磷钾三元复合肥等速效性含多元素的化肥1 kg/株。②果实膨大期追肥。施用氮磷钾三元复合肥1 kg/株。③采果后追肥。樱桃采果后花芽乃处于分化期,在这一时期应追施人粪尿、猪粪尿、豆饼水、复合肥等含元素全的速效性肥料。

(四)喷叶面肥

于樱桃花蕾期和谢花末期各喷1次200倍鱼肽素(酶解小分子肽蛋白+海藻提取物等),或800倍腐植酸类含钛等多种微量元素的叶面肥,每7 d一次,连喷3次。不仅能提高果实可溶性固形物含量,促进果色鲜艳、亮泽,而且提高坐果率。

10月叶面喷施1%~2%尿素+生物氨基酸300倍2次,间隔10 d,延迟叶片衰老,增强叶功能时间,提高树体的储藏营养。

(五)浇水、喷水、排水

(1)苗木栽植后第一年的工作主要是浇水。定植后1~2年生的小树要勤浇水、浇小水,即土壤相对含水量低于60%时就浇水,即手捏10 cm深处的土壤只感到稍有湿意时就应浇水。全年浇水11~12次,其中,6月底以前浇水7~8次,确保苗木成活及苗壮苗旺。7~8月雨季排水;9~10月秋旱浇水;土壤封冻前浇一次透水,确保樱桃安全越冬。

从樱桃栽植第二年开始,正常年份,一般年灌水6~7次,分别在萌芽前、谢花后、果实迅速膨大期(2次)、9~10月干旱期、土壤封冻前。在樱桃年生长发育周期中,休眠期是需水少的时期,果实生长及新梢生长期是需水高峰期。应注意浇好下面几次水:①花前水。在发芽后开花前浇水。②硬核水。落花后当果实发育如花生米大小时,及时浇水,促进果实发育,减轻裂果。③采后水。果实采收后,及时浇水,保证花芽分化。但浇水量要控制,宜小不宜大。④基肥水。秋施基肥后要浇一次透水。⑤越冬水。入冬后,在土壤上冻之前浇一次水,保温防冻。

(2)灌水方法。一是行间沟渗灌。行间漫灌,让水慢慢渗到根系周围。不要让水接触根颈部,以防根颈腐烂病发生,引起死树。二是滴灌。每行树的两边铺设两条滴灌管,根据水压和土壤干湿程度,分次分批关阀门数量。三是带状喷灌。每行树铺设一条带状喷管,选用直径4 cm的喷管,管上每排有5个出水孔,以保证喷落水均匀。根据水压和喷水高度，分次分批开关阀门数量。

(3)喷水降温。在果实发育期，于傍晚，通过带状灌，喷地下井水来降低果园温度，减少果实夜间呼吸所需要的养分消耗，增加光合产物积累，提高果实可溶性固形物含量。

(4)在涝雨季节前修挖果园排水沟，确保汛期雨水畅通，能及时排出园外。

四、整形修剪

目前国内外樱桃生产及科研园中应用的树形主要有自由纺锤形、细长纺锤形、高纺锤形(超细纺锤形)、篱壁形、三主枝定向开心形、KGB 树形(直立丛状形)、UFO 树形、Y 字形、Y 字扇形、多中心干形、主干疏层形等。任何树形都有丰产的实例，只是不同树形丰产期来的早晚不同而已。

(一)丛枝形

标准园栽植密度 2 m×4 m，无中心干，干高 55～65 cm，树高 2.5 m 左右。中心干上着生 5～6 个大的分枝，每个分枝上着生 5～6 个单轴延伸的结果枝组，全树 25～30 个主枝，无主无侧，全部直立生长，无永久枝。丛枝形具有结果早、易整形、方便采摘、产量高等优点。

(二)篱壁形

标准园栽植密度 2 m×4 m，具中心干，干高 60～70 cm，树高 3～3.5 m，行间设立支架。在中心干上轮状着生长势相近、水平生长的 15～20 个侧生分枝，无永久枝，将侧生分枝固定在铁丝上，形成篱壁状。篱壁形具有通风透光性好、结果早、适合机械化管理等优点。

(三)细长纺锤形

目前在国内樱桃园中自由纺锤形、细长纺锤形应用较多，细长纺锤形较自由纺锤形更容易实现早丰产。细长纺锤形树形适于株行距(2～3)m×(4～5)m 的密植栽培园。标准园栽植密度 2 m×4 m，具中心干，干高 60～70 cm，树高 3～4 m，行间设立支架。在中心干上轮状着生长势相近、水平生长的 15～25 个侧生分枝，无永久枝。细长纺锤形具有结果早、易丰产、适合机械化管理等优点。

篱壁形和细长纺锤形树形园区需设立支柱，立柱两端拉力较大，在两端斜支撑一根镀锌管，用于固定。立柱上共拉 6 条钢丝，用棉布条将树木主干及分支固定在铁丝上，达到扶正主干、拉枝整形的目的。

细长纺锤形具有成形早、早丰产，进入盛果期之后实现丰产、稳产、优质的特点。其整形修剪技术介绍如下。

1. 细长纺锤形树体结构

甜樱桃细长纺锤形的树体具中心干。定植后在苗高 80 cm 处定干，定干剪口下形成第一层主枝，干的高度实际只有 50～60 cm。成形的树高 3～4 m，冠幅 2.5～3 m。树高和冠幅根据行距来定，行距 4 m 的，树高为 3～3.5 m；行距为 5 m 的，树高为 3.5～4 m；在中心干上，基部第一层有三主枝，以上均匀轮状着生长势相近、水平生长的 15～20 个主枝，基部三主枝基角、腰角 80°～90°，枝梢 70°～80°，其他主枝和营养枝都是水平状，其梢部可下垂。整树的下部冠幅较大，上部较小，全树修长，呈细长纺锤形。此树形适于株行距

(2~3)m×(4~5)m 的密植栽培园。下述的整形模式只适于2 m×4 m 或2.5 m×4 m 的密植园。对3 m×4 m 的栽植园,可在下述的所有主枝和侧枝上增加一级分枝,即树的中下部形成3 级分枝的主枝,树的上部形成2 级分枝的主枝,加大树冠幅度,增加单株产量。

2. 定植后第一年的整形技术

(1)定干。12 月土壤封冻之前或初春化冻之后、发芽之前定植。定植之后进行定干,定干可按下列情况做不同的处理。定植没有分枝的单干苗,可在干高80 cm 处下剪,剪口下第一个芽将抽生强旺枝作主干延长枝;于即将萌芽时抹去剪口下第一个芽以下10 cm 的芽;再在其下面,每隔10 cm 左右选留3 个饱满的芽做主枝;在萌芽期在选留的芽上方1 cm 处刻芽,上部的芽可刻得轻一些,下面的芽要刻得重一些。定干之后剪口要涂蜡或漆,在干旱多风的地方最好在干上喷防冻剂,减少水分蒸发。定干后每株立一竹竿或木杆,把苗的干绑在杆上,保证苗直立生长。

(2)生长季整形。定植的苗木在发芽时注意防止金龟子啃食嫩芽,适时浇水,促发新枝。而树干基部形成10 多个叶丛枝,这些叶丛枝起到辅养树体的作用,并且在生长的第二年或第三年它们中的一部分可开花结果。

主干上抽生的新枝到5~6 月可长到60 cm,这时可进行剪梢,剪去约20 cm,剪口下第一个芽选用侧生芽或背下芽,使抽生的新枝有较大的角度。抽生的新枝便是主枝上的第一级分枝。作为主干的新枝长到80 cm 时剪去25~30 cm,使主干上形成第二层主枝。夏季主干延长枝剪梢,剪口下的几个芽同时抽生新枝,长势相近,应在这些新枝中选位正、长势最旺的一枝让其直立生长,继续作为主干延长枝;其他的枝条长到40~50 cm 半木质化时进行拉枝或坠枝,使其成近水平状,削弱其生长势。在栽培条件优越,树势生长十分健壮,基部主枝的一级分枝在7 月底之前能长到50 cm 时,可进行第二次剪梢,剪去20 cm,促发第二级分枝。

3. 定植后第二年的整形技术

第二年整形修剪最根本的目的是继续加速树冠的扩大和枝条总量的增加,为第4 年和第5 年产量的快速增加奠定基础。到夏秋季节注意缓和基部主枝的生长势,促使其向生殖生长转化。

(1)冬季整形修剪。冬季整形修剪一般都在冬末春初进行。甜樱桃不提倡寒冬时修剪,以防剪口失水和枝条抽干。基部第一层主枝,如果已有两级分枝,原则上延长枝头不再剪截,只是剪去轮生枝的枝头。把枝条拉成水平状或下垂状,削弱其生长势。第一年形成的第二层主枝,在延长头打顶。主枝延长枝留40 cm,侧枝延长枝留30~35 cm。剪口下的芽仍选侧生芽或背下芽,并抹去枝条的背上芽,继续促发主枝,拉平枝条。对主干延长枝于第二层主枝上方70 cm 处下剪,留一饱满芽作主干延长头,主干延长枝的处理方法同定干的处理方法。

(2)生长季整形修剪。基部的主枝到本年夏天已具备二级分枝,到这时注意随时将主枝和侧枝延长头拉到水平或下垂状,当其长至30 cm 左右时,及时进行轻摘心,即摘去带3~4 片小叶的梢部,约过1 个月梢部又可抽生1~2 枝20~25 cm 的嫩梢,这时又可摘去这些嫩枝的梢部。第一次轻摘心的枝条基部即可形成腋花芽;而在二年生枝的前部可形成少量的花束状短枝。

第一年夏天在主干上抽生的主枝，经第二年春天的生长形成的第二层主枝，如果一个主枝只有一级分枝，在长到55～60 cm时，剪去梢部25 cm，促发二级分枝。抽生的二级分枝在半木质化时拉枝开张角度。冬剪时选留的主干延长枝，春天顶芽可萌生成直立旺枝；其下部可抽生3～4个新的分枝，作为第三层主枝。延长枝长到70 cm时可剪去梢部25～30 cm，促发第四层主枝。甜樱桃的枝条有直立向上生长的习性，春天拉平的枝条，夏天又会抬头向上生长，故应注意随时拉平主枝和侧枝，这样才能保证内膛的通风透光。

4. 定植后第三年整形修剪技术

第三年的整形修剪的原则是：冬剪时继续以扩大树冠、增加枝条总量为主要出发点；而夏秋季节则以控制其营养生长，促进其向生殖生长（开花结果）转化。

（1）冬季整形修剪。基部第一层和第二层主枝以及其形成的侧枝、结果枝仍需拉至水平或下垂，除轮生枝的梢部要剪除外，其他枝不再剪截，用缓放的方法使其在第三年和第四年形成大量花束状果枝。第二年夏天形成的已具备一级分枝的第三层主枝，仍需剪截促发二级分枝，树上部形成的第四层主枝，仍未发生分枝，剪留40 cm，促发一级分枝。主干延长枝剪留70 cm，处理方法如上述，促发新枝作为第五层主枝。

（2）生长季整形修剪。经过夏季生长，基部上的第一至第三层主枝都已形成2级以上分枝，这三层枝条抽生的嫩枝在其长到30 cm时进行连续轻摘心，并随时拉平枝条，促进一年生枝的基部形成腋花芽；而二年生和三年生枝形成大量的花束状短枝。这些枝条上抽生的直立枝要及时疏除，或进行极重短截，只留下瘪芽。过密枝也应疏除。

到第三年的秋天细长纺锤形的树体骨架已基本形成，为了控制营养生长，有利于向生殖生长转化和花芽形成，定植后第三年应控制施肥量。

5. 定植后第四年的整形修剪技术

定植后第四年整形修剪的原则是控制营养生长，促进花芽的大量形成；平衡整树各个方位和上下的长势，适量增加枝条的数量，为第六年起获得更高产量打下基础。

进入定植后的第四年，其冬剪技术相对简单，主要是拉平枝条，剪去虫梢和轮生枝梢及病虫枝、过密枝，疏除直立枝。

6. 定植后第五年的整形方法

本年整形修剪非常简单，冬剪时剪除病虫枝、过密枝、直立枝和虫梢及轮生枝梢。生长季轻摘心、疏除直立枝和过密枝。全年注意拉平枝条，控制其营养生长，防止内膛密闭。

7. 进入结果盛期的整形修剪

按照以上的整形修剪技术，从定植后第六年起就进入盛果期，即进入亩产750～1 250 kg的高产时期，进入此时期整形工作已经完成。

（四）自由纺锤形

自由纺锤形树形中干直立粗壮，树高3 m左右，干高50～60 cm，中干上着生25～30个骨干枝（下部8个左右，中部13个左右，上部6个左右），骨干枝长度1.5 m左右，骨干枝粗度在4 cm以下，骨干枝角度70°～90°（下部90°，中部80°，上部70°），骨干枝间距9～10 cm（下部6 cm，中部7 cm，上部24 cm），亩枝量27 500条左右，长、中、短、叶丛枝比例4∶1∶1∶12。（注：第一骨干枝至地上80 cm为下部，80～180 cm为中部，180 cm至顶端为上部）。

自由纺锤形整形修剪技术要点如下：

第1年早春，苗木定植后，留80 cm定干，剪口处距顶芽1 cm左右，剪口涂抹猪大油或白乳胶，防止顶芽抽干。为促进顶芽快速生长，突出中心领导干优势，定干后将剪口下第2~4芽抹除，留第5芽，抹除第6、7芽，留第8芽。芽萌动时(芽体露绿)，对第8芽以下的芽隔三差五进行刻芽，然后涂抹抽枝宝或发枝素，促发长条；对距地面40 cm以内的芽不再进行刻芽或其他处理。

第2年早春，中心干延长枝留60 cm左右短截，中上部抹芽同第1年，对其中下部芽，在芽萌动时每间隔7~8 cm进行刻芽，以促发着生部位较理想的长枝(骨干枝)；基层发育枝留2~4芽(细枝少留，旺枝多留)极重短截，促发分枝，增加枝量，减少枝组。5月下旬至6月上旬，对中央领导干剪口下萌发的个别强旺新梢，除第1新梢外，留15 m左右短截，促发分枝，分散长势。9月下旬至10月上旬，除中心领导新梢外，其余新梢通过扦拉方式拉至水平或微下垂状态。

第3年早春，对中心领导枝继续留60 cm左右短截，抹芽、刻芽的时间与方式同第1年。对中心领导干上缺枝的地方，看是否有叶丛短枝，在叶丛短枝上方，于芽萌动时进行刻芽(用于钢刻)，促发长枝，培育骨干枝。对个别角度较小的骨干枝，拉枝开张其角度。对于美早、红灯等生长势强旺品种的骨干枝背上芽，在芽萌动时进行芽后刻芽(目伤)，促其形成叶丛状花枝。萌芽1个月后(烟台，5月上中旬)，对骨干枝背上萌发的新梢进行扭梢控制，或留5~7片大叶摘心，促其形成腋花芽；对骨干枝延长头周围的“三叉头”或“五叉头”新梢，选留1个新梢，其余摘心控制或者疏除，使骨干枝单轴延伸。

第4年早春，对树高达不到要求的，对中心领导枝继续短截、抹芽、刻芽，其余枝拉平，促其成花。树高达到要求的，将顶部发育枝拉平或微下垂。

树体成形后，骨干枝背上、两侧萌发的新梢，通过摘心、扭梢、捋枝等方式，培养结果枝组，防止骨干枝上早期结果的叶丛短枝在结果多年后枯死，避免骨干枝后部光秃现象出现，从而防止结果部位外移。生长季节及时疏除树体顶部骨干枝背上萌发的直立新梢，防止上强。

五、避雨防霜设施搭建

生产中，搭建避雨防霜设施是解决大横裂果的最有效途径，不仅有效预防大樱桃裂果发生，而且对早春霜冻害、冰雹、鸟害有较好的预防效果。

根据园片立地条件、材料获得的难易、建棚成本等因素，选择不同的棚型模式，在栽培面积较小的地块，建议采用四线(成三线)拉帘式避雨防霜设施；大面积地块，建议采用聚乙烯篷布固定式避雨防霜设施；在保证效果的基础上，可降低成本。

(一)四线拉帘式避雨防霜设施

主要材料包括钢管、钢绞线和防雨绸，以钢管作避雨骨架，钢绞线作棚架之间连接衬托，防雨绸作盖物。每两行树搭建一个避雨棚，在两行之间每隔15~20 m设一根中间立柱，地下埋50~60 cm，棚的高度依树高而定，棚顶离树顶保持0.5~1 m的空间，中间立柱两边隔4 m左右各立一根立柱，高度较中间立柱低1~1.2 m，形成一个坡度，防止雨天积水。用钢绞线作骨架的连接和衬托，中间立柱拉2根钢绞线，相隔15~20 cm，两边立柱各拉 1 根钢绞线。斜梁上每隔 30 cm 左右在斜梁上、下各焊一排螺丝帽，串上钢丝作为防雨绸的托绳和压绳，压绳和托绳间隔排列，然后覆盖防雨绸，防雨绸两边有安全扣，直接挂在钢绞线上，可以自由拉动。

（二）聚乙烯篷布固定式避雨防霜设施

主要材料包括圆木、钢绞线、钢丝和聚乙烯篷布。以圆木作避雨棚立柱及斜顶杆，钢绞线作树行内立柱之间的连接及挂覆盖物，聚乙烯篷布（透光率约为 80%）作覆盖物。一行树搭建一个避雨棚，各个避雨棚连成一个整体。在树行内每隔 8 m 左右设一根立柱，地下埋 50 cm 左右，棚高依树高而定，棚顶离树体保持 0.5～1 m 的空间。每行树的两端靠近立柱有斜顶杆，用钢绞线连接立柱顶端及斜顶杆，两端用地锚固定，通过滑杆螺丝将钢绞线拉紧，斜顶杆的高度比立柱低 1.1 m。立柱顶部纵向之间的连接用钢丝，延伸到果园的两侧，并设斜顶杆和地锚。立柱纵向之间用钢丝连接，经过斜顶杆并固定在地锚上，架设高度比立柱顶端低 1.1 m。在每一行间架设两道水平钢丝，高度比立柱低 1.1 m，两道钢丝的距离 50 cm，钢丝的两端连接在地锚上，整个框架结构已形成。聚乙烯篷布中间及两边均有安全扣，需要时直接挂在钢绞线和行间钢丝上。若防早春霜冻和防裂果，在开花前挂上；若只为防裂果，可在果实转白前挂上，两端固定好，到果实采收后，将篷布收起存放。

六、主要病虫害防治

根据“预防为主，综合防治”的植保方针，对甜樱桃进行病虫害管理。采用以农业防治为基础，物理防治、人工防治、生物防治、化学防治相结合的综合防治方法，科学管理甜樱桃园，减少虫源、病源，降低病害发生频率以及虫口密度，选用低毒、高效、低残留量的化学药剂，科学用药，以实现甜樱桃的无公害生产。

（一）物理防治

利用黄色粘板防治蚜虫，将黄色粘板挂在树上防虫。用黑光灯和糖醋液诱杀金龟子类地下害虫等。利用黄刺蛾、卷夜蛾、舟形毛虫、金龟子、梨小食心虫、金缘吉丁虫、红颈天牛等成虫的趋光性，用黑光灯诱集捕杀。一般每隔 3.3 hm^2 放置 1 盏黑光灯，约距地面 3 m。另外，糖醋液可诱集梨小食心虫、天牛、金龟子等昆虫，其成分及比例为红糖: 醋: 白酒: 水为1: 4: 1: 16，加少量杀虫剂，等距设置 3～10 个/亩，距地面约 1.5 m。

（二）金龟子类

防治方法：成虫发生期在樱桃园分散插蘸有 80% 敌百虫 100～150 倍液的杨、柳、榆枝条，诱杀成虫。利用其假死性，早晚用振落法捕杀成虫；成虫为害期树上喷 4.5% 高效氯氰菊酯 1 000 倍液、2% 甲氨基阿维菌素苯甲酸盐微乳剂 1 200 倍液、50% 辛硫磷乳剂 1 000倍液防治。成虫有入土习性，可在地面撒 5% 辛硫磷颗粒剂，5～10 g/株，撒于树下，浅锄，毒杀出土成虫或初孵幼虫。

（三）食叶虫类

食叶虫类包括舟形毛虫、毒刺蛾和枣步蛐。5～8 月发生，可在喷施防治褐斑病的药液中同时掺入杀虫剂喷雾防治。在梨小食心虫成虫高峰过后 4～8 d 喷 25% 灭幼脲 3 号悬浮剂 1 500 倍液、4.5% 高效氯氰菊酯乳油 2 000 倍液或 2.5% 溴氰菊酯 2 000 倍液等，可有效消灭梨小食心虫。防治毒刺蛾，在幼虫1～3龄阶段，用40%毒死蜱1 500倍液+10%吡虫啉1 000倍液、90%晶体敌百虫1 000倍液、25%灭幼脲3号悬浮剂1 500倍液、苦参碱800倍液喷雾防治。虫龄大时可选用菊酯类杀虫剂或2%甲氨基阿维菌素苯甲酸盐微乳剂1 200倍液。

（四）草履蚧

秋冬季清除树干周围土中、石块下、树皮缝、树洞内卵囊，减少越冬虫源。2月若虫上树前，在树主干中下部涂商品粘虫胶、专用胶带、废黄油或废机油药环阻隔若虫上树。于4月下旬至5月下旬悬挂黑光灯诱杀雄成虫。果树发芽前可用3～5波美度石硫合剂防治；发芽后可用4.5%高效氯氰菊酯1 000～1 500倍液、苦参碱800～1 000倍液、25%噻虫嗪1 000～1 200倍液防治。

（五）桃红颈天牛

幼虫孵化期，人工刮除老树皮，集中烧毁。6～7月成虫发生期，中午至下午2:00～3:00成虫有静栖在枝条树干基部的习性，组织人工捕捉。成虫产卵期检查树干，有方形产卵伤痕，及时刮除或以槌击死卵粒。对有新鲜虫粪排出的蛀孔，用天牛钩针钩杀幼虫防治。

桃红颈天牛成虫惧怕白色，于成虫发生期前，对樱桃树主干和主枝涂白，防止成虫产卵。对有新鲜虫粪排出的蛀孔，可用小棉球蘸4.5%高效氯氰菊酯5倍液塞入虫孔内，然后再用泥土封闭虫孔，或注射4.5%高效氯氰菊酯5倍液，洞口敷以泥土，熏杀幼虫；每年6～7月，用8%绿色威雷微胶囊剂300倍液喷树枝干杀灭成虫。

（六）螨类

主要是山楂叶螨和二斑叶螨。清除落叶、杂草及地面覆草，刮除翘皮并深埋；挖除树干周围30 cm内表土或用新土覆盖树盘，防治越冬虫源。发芽前喷3～5波美度石硫合剂或5%柴油乳剂，树体及干基周围地面均要细致喷药，杀除越冬虫源。

生长季可喷24%螺螨酯4 000倍液、15%哒螨灵2 000倍液、25%三唑锡1 500倍液、1.8%阿维菌素2 000倍液等药剂，交替使用。只杀卵不杀螨的常见药剂有螨死净（四螨嗪）、尼索朗等。虽不杀螨但能抑制雌成螨的产卵量以及使产出的卵不能孵化。

（七）果蝇

（1）深埋树盘表土。秋末冬初，在行间挖深坑或深沟，将树盘表土与行间沟土置换，消灭越冬蛹。

（2）悬挂糖醋液。用敌百虫、糖、醋、酒、清水按1:5:10:10:20配成饵液，倒入合适的塑料盆，悬挂树冠荫蔽处，高度约1.5 m，每盆装饵液约1 kg，每亩挂8～10盆，每周或最多2周更换1次糖醋液，定期除去盆内成虫。

（3）熏杀成虫。樱桃果实膨大着色进入成熟期前，是果蝇产卵期，可将苦蒿、艾叶晾至半干，于微风的晚上在果园内堆积生火，使其产生浓烟，或用1.82%胺氯菊酯熏烟剂按1:1对水，用喷烟机顺风对地面喷烟，熏杀或驱赶成虫。

（4）在果实硬核期喷40%毒死稗1 000倍液+25%灭幼脲800倍液，在果实转白期喷10%氯氰菊酯2 000倍液+25%灭幼服800倍液。

（八）樱桃流胶病

（1）培育健壮树势。通过增施有机肥、合理灌溉、合理排水、合理防寒，不使樱桃发生旱灾、涝灾和冻害。尽量避免伤口。加强病虫害防治，避免造成病虫害伤口；冬季修剪尽量在芽萌动前进行，大伤口要涂伤口愈合剂或腐植酸铜等，夏季修剪要减少大的剪锯口。刮治流胶斑块。要及时发现，及时刮治，刮后涂药。药剂可用灰铜制剂（100 g 硫酸铜，300 g 氧化钙，1 000 g 水）、40% 氟硅唑 200 倍液、21% 过氧乙酸 5 倍液、1.8% 辛菌胺 50 倍液、45% 代森铵 30 倍液。

（2）结合清园喷 40% 氟硅唑 500 倍液、21% 过氧乙酸 100 倍液、1.8% 辛菌胺 400 倍液、45% 代森铵 200 倍液或 3 ~5 波美度石硫合剂预防；生长季节喷 40% 氟硅唑 4 000 倍液、1.8% 辛菌胺 1 000 倍液、45% 代森铵 500 倍液、80% 代森锰锌 1 000 倍液交替防治。

（九）樱桃叶斑病与穿孔病

（1）合理栽培、修剪、施肥，培育健壮的树势，提高树体抗病能力。

（2）清除病叶。结合清园，清除病枝、病叶，集中烧毁或深埋。

（3）发芽前喷 3 ~5 波美度石硫合剂、1.8% 辛菌胺 400 倍液、45% 代森铵 200 倍液。

（4）谢花后至采果前 20 d，喷 1.8% 辛菌胺 800 倍液、45% 代森铵 500 倍液、70% 代森锰锌 800 倍液或 75% 大生 M－45 800 倍液等，每隔 10 ~14 d 喷 1 次，连喷 2 次；采果后，根据天气情况交替喷药防治 3 ~4 次。

（十）樱桃根癌病

大樱桃根癌病的病原菌为土壤中的根癌农杆菌（细菌），通过根系伤口侵入，导入 T-DNA，与樱桃根系细胞 DNA 结合，引起基因的分离复制，在侵染部位形成肿瘤。

选用抗根癌的砧木，如优系大青叶、吉塞拉 6 号、马哈利。不在重茬地育苗，不用带根瘤的苗木。生长季节及时防治地下害虫（线虫等）。苗木栽植前，用根癌宁 3 号 2 倍液或 72% 农用链霉素 1 000 倍液蘸根。大量施用含有益活性菌的生物有机肥，改善土壤微生物类群。

对碱性土壤，施用偏酸性肥料（尿素、磷酸一铵、磷酸二铵、硫酸钾、氨基酸肥、腐植酸肥等）改良。在 pH 值大于 8.0 的土壤上可适量施用硫黄。降低地下水位，改良黏质土壤，增加透气性。（注：对已带根瘤的苗木或树，采用目前常见农药灌根，都不能杀死根瘤。）

七、其他管理

（一）提高樱桃坐果率的技术措施

（1）花期放蜂。开花前 3 d，果园释放壁蜂 300 ~500 头/亩，或在樱桃花开 10% 左右时初花期释放蜜蜂 2 箱/亩。大棚樱桃放蜜蜂为好。

（2）人工授粉。人工授粉的方法是人工用鸡毛掸在不同品种的花群上弹掸，时间从初花期到末花期的每天上午 8 时至下午 5 时，以上午 8 时到 11 时最为有效。这样的授粉效率很高，1 亩地一个人 2.5 h 就能授一遍粉，但樱桃的花期不一致，故应在开花期反复进行。在花期低温、大风和有冻害的情况下人工辅助授粉是绝对必需的。

(二)自然灾害的预防

樱桃根系分布层比较浅,呼吸强度大,表现出较低的抗旱性和耐涝性。在生产中要及时浇水、排涝。

花期冻害是世界性的问题,往往导致严重损失。在花蕾和花期,当寒潮将过,天气晴朗无风的下半夜最易发生花期冻害,可在果园的迎风面设风障,园内熏烟,树下燃烧煤炉,即在每棵树下燃放一个煤炉,可提高园内气温6~8 ℃,完全免除花期冻害。

(三)果园除草、生草

除草的方法有人工锄草、机械割草、黑地膜覆盖、无纺布覆盖、毡毯覆盖等,可适当选择。

樱桃园生草不利于雨季排水。但是无覆秸草的果园生草能有效减少水土流失,保水保肥,提高土壤有机质含量,改善土壤团粒结构,培肥地力;蓄水保墒,提高果园的抗旱能力;缩减地表温度变幅,调节稳定地温;促进果树根系的生长发育;重建果园生态平衡,增强天敌自然控制能力,减少病虫害发生;抑制杂草生长,降低果园管理成本,降低劳动强度。在草的生长期需施肥,每年1~2次,以氮肥为主,采用撒施或叶面喷施的方法,每年施氮肥10~20 kg/亩。为防止草与果树争夺养分和水分,草长至30~40 cm时,应及时刈割,刈割后草高10 cm左右,全年刈割3次左右。

(四)配置杀虫灯

杀虫灯诱杀害虫是利用害虫趋光特性,引诱害虫扑灯,再以灯外配以高压电网触杀害虫的物理防治技术,对鳞翅目、鞘翅目等夜出性害虫均有很好的诱杀效果。一盏杀虫灯有效防控面积达2 hm^2。配置杀虫灯后能有效减少防治次数,降低生产成本,减少农药使用量,降低农药残留,确保农产品质量安全,为无公害、绿色农产品生产的发展提供了有效的途径。

(五)水肥一体化

具有多方面的优势。首先,该技术可减少水分的下渗和蒸发,提高水分利用率。在露天条件下,滴灌施肥与大水漫灌相比,节水率达50%左右;其次,该技术实现了平衡施肥和集中施肥,减少了肥料挥发和流失,以及养分过剩造成的损失,具有施肥简便、供肥及时、作物易于吸收、提高肥料利用率等优点。在作物产量相近或相同的情况下,水肥一体化与传统技术施肥相比节省化肥40%~50%。再次,水肥一体化能够改善土壤微生态环境,增强微生物活性。滴灌施肥与常规畦灌施肥技术相比,地温可提高2.7 ℃,有利于增强土壤微生物活性,促进作物对养分的吸收;有利于改善土壤物理性质,滴灌施肥克服了因灌溉造成的土壤板结,土壤容重降低,孔隙度增加。

(六)重视刻芽

由于甜樱桃分蘖能力较差,要重视刻芽工作,确保分枝量足够。苗木进行定干后,确保剪口下第2个芽饱满有活力,从第3个芽开始,根据分枝方向需每隔2~3个芽进行1次刻芽,在芽上0.5 cm处用钢锯条拉一下,深达木质部。

(七)及时开张角度

樱桃生长过程中应及时拉枝开角,促进花芽形成,及早结果。拉枝开角的过程中,除采用传统的地面定橛拉枝方式外,还可在当年新发嫩枝上采用牙签开角,对当年发枝采取开角器开角，对多年生枝可采用重力开角的方式。针对篱壁形和细长纺锤形配备支架的特点，也可以采用小夹子将枝条固定于支架钢线上，达到整枝的目的。

(八)铺反光膜

在果实上色期，在树的两边各铺设一条反光膜，促进果实上色，尤其对于黄色品种雷尼铺设反光膜后，果面大部分上红色，果实甜度增加。

八、采收与采后处理

(一)采收

外销和储藏保鲜的果实宜在八成熟时采收。果实成熟期不一致，要适期分批采收，要根据果实成熟的早晚，分2~3次采收。第一、二次按用途采收成熟度适宜的果实，最后一次清园，把树上遗留的果实全部采收完毕。采收时间宜在上午10时以前或下午4时以后，采收后的果实放入有软衬垫的容器内，要轻拿轻放。

(二)分级、包装

采收后的樱桃要先进行初选、分级，剔除裂果、病烂果、畸形(连体)果、刺伤果、过熟果、僵果等。选后放入有软衬垫的抗压力较强的容器内，如花格木条板箱、硬纸箱或塑料周转箱盛装，防止运输中发生碰压伤。应注意通风散热以防热伤。果实分级可按颜色、单果重等分级。包装形式分为采摘包装、运输储藏包装和销售包装。采摘包装用小果篮(塑料、柳编均可)，运输包装用塑料周转箱、纸箱等抗压力较强的色装物，箱内要衬软垫，如包装纸、聚苯乙烯泡沫等。销售包装可根据市场要求设计。

(三)预冷

装袋预冷是樱桃储藏的一个重要环节，其目的是快速降温，抑制樱桃呼吸，减少消耗。田间采收的樱桃应于当天尽快运至彻底消毒、库温已降至-1 ℃的预冷间内，按品种、批次、等级分别摆放。果箱堆码成单捧或双排，箱与箱之间要留有空隙。为使果实快速降温，每次入库量最多不要超过总库容量的1/5。预冷库温设定在0~2 ℃(温度设定在上限0 ℃、下限2 ℃)，预冷标准为樱桃品温在(0±0.5) ℃，一般时间为1~2 d即能达到预冷目的。预冷时要在包装箱内整体预冷，切忌倒出预冷，避免增加果实的碰压伤。如果采用聚苯泡沫箱，可采用箱体打孔、揭开上盖等措施，加速冷空气的对流。

预冷品温达到要求温度后，将库温调至(0±0.5)℃(上限+0.5 ℃，下限-0.5 ℃)，即可装袋。装袋整理要求在冷间内完成，进一步剔除不适宜储藏的病果、伤果、过熟果、无果柄、畸形等不适宜储藏的果实。装袋后用扎口绳等扎紧袋口。存放樱桃要用保鲜袋包装，容量1~2 kg，保鲜袋的选择以0.05 mm PVC专用保鲜袋为好。

(四)储藏保鲜

(1)温度管理。稳定的低温是大樱桃进行冷藏生物气调的关键。适宜的低温可有效地抑制大樱桃呼吸强度，使新陈代谢降到最低限度，从而延缓其衰老，同时低温减缓了病菌危害，为樱桃保持其鲜嫩品质提供了基本条件。冷库理想的温度保持在(0±0.5) ℃，一般条件，冷库气温波动幅度不大于2 ℃，大樱桃品温波动幅度不大于0.5 ℃较理想。

(2)湿度管理。大樱桃适宜湿度为90%左右，采用保鲜袋包装，袋内湿度能够达到理想指标。

(3)气体成分管理。适宜氧气的浓度为3% ~10%,二氧化碳为10% ~15%。选择的保鲜袋不同,温度和容量不同,氧气和二氧化碳的浓度也不同。越接近理想指标,保鲜效果越好。

(4)定期检查。正常检查是观察樱桃的色、味等变化情况。最好有氧气和二氧化碳测定仪定期检测袋内气体成分。如果没有,则需要定期抽查几袋樱桃,打开袋口观察袋内樱桃的变化,检查是否有异味、变质、出现异样等,如发现问题,应及时出售。

第四节　大棚甜樱桃栽培技术

一、品种和设施选择

品种应选择果个大、耐储运、品质好、自花结实率和坐果率高、果实发育期短、需冷量低的早熟或早中熟品种。进行大面积种植时,按品种成熟早晚排开种植。大棚种植目前报道的均需加盖草帘,否则花期易受冻。一般大棚种植可提前成熟2 ~3周;温室种植可提前成熟期3 ~6周。主栽品种与授粉品种比例为2∶1或1∶1。红灯、美早、先锋等是目前大棚栽培的主栽品种。一栋大棚以1 ~2个品种为主栽品种,搭配2 ~3个授粉品种。授粉品种要与主栽品种需冷量相近,花期相近,与主栽品种授粉亲和力高,授粉品种果实经济性状好、花粉量大,特别是能自花授粉的品种,如先锋、雷尼尔、拉宾斯等,授粉品种比率不能低于40%。

塑料大棚为南北走向,应建在光照充足的背风地带,靠近水源,土壤应选择土层深厚、透气性能好、保水力较强、较肥沃的沙壤土。大棚为拱形,拱架结构,上覆新型EVA无滴膜;大棚长50 ~60 m,宽10 ~12 m,脊高4 ~6 m,肩高2.5 ~4 m,大棚的长宽根据建棚地段面积大小可适当调整。树高与大棚顶膜保持40 ~50 cm的空间。大棚门设在背风的南部。对塑料大棚的设计应以保温、经济、实用、便于操作为原则,设计自动转帘,草苫或棉被覆盖。

二、苗木培育

樱桃可采用分株、扦插和嫁接育苗,现分述如下:

(1)分株育苗。生产上常采用堆土压条或水平压条法进行繁殖。堆土压条在秋末或春初在选好的母树基部堆起30 ~50 cm高土堆,促使树干基部发生的萌蘖生根形成新株,于翌年秋或第三年初春将生根植株分离取下即可。在选好的母株上选择靠地面具多数侧枝的萌条,将其水平状态压于沟中,用木钩固定于沟底,填土压实,待生根后于秋天或翌年春天分段将压条剪断,即可获得新株。

(2)扦插育苗。于春季树液流动时进行。将插条剪成15 ~20 cm长的插段,下端剪成马耳形,上端剪平,插于苗床,并覆土保湿。覆土厚度以埋过插条顶端2 ~3 cm为宜。

(3)嫁接。目前采用的樱桃苗大多为嫁接苗。嫁接方法可采用芽接和枝接等方法,不同的是樱桃对砧木的选择比较严,否则很难栽植成功。所谓"樱桃好吃树难栽",其砧木选择不合理,是主要原因之一。经过实践,目前较为理想的砧木有山樱桃、莱阳矮樱桃、大叶草樱桃、马扎德等。①山樱桃：是辽宁等地为克服青肤樱、草樱抗寒力弱、根癌病严重而选用的特抗寒冷、抗根癌病、嫁接亲和力强的砧木。②莱阳矮樱桃：根系分布深，树体强健，具有矮化作用，被认为是中国樱桃中最有希望的砧木，目前已在生产上大量使用。③大叶草樱桃：应用最普遍的砧木，作砧木用时必须用压条繁殖苗，而不能用实生砧苗，由于实生砧苗病毒较重，嫁接甜樱桃7～8年后，将陆续死树。④马扎德：国外应用较多。深根性，抗旱、耐寒，嫁接亲和力强，较适于黏重土壤。⑤考脱：为半矮化砧木，根系特别发达，但组培苗根癌病严重，而采用扦插和压条繁殖可降低发病率。

另外，还有美国用'马扎德'×'马哈利'杂交后育成的'M×M1'号(高抗根癌病)和'M×M39'(矮化、亲和力好，抗根癌病)等。

嫁接时可采用"T"形芽接、劈接、切接、腹接、舌接法进行。

三、栽培技术

(一)选苗定植

幼苗选择要选枝条粗壮、芽体饱满、根系发达、无病虫害的优质嫁接苗。若条件允许，可选用3～5年生的大树进行移植，提前收益。有建园基础的，可选5年以上稳定结果大树直接建棚，这样不但避免了大树移栽等烦琐过程，还可避开缓苗期，在短时间内获得经济收益。

定植前先对土地进行翻耕平整，并开挖定植沟，一般株行距为3 m×4 m或4 m×5 m，每亩施用5 000 kg腐熟的农家肥作为基肥。定植时间一般在10～12月落叶后土壤封冻前或翌年2月上中旬土壤解冻后到3月中下旬萌芽前。定植后要及时浇水，覆盖地膜进行保湿，并采取防寒措施。

(二)扣棚管理

甜樱桃一般品种需冷量为1 000～1 200 h，满足其需冷量，甜樱桃才能完成休眠，顺利开花坐果。河南省郑州市一般年份11月中下旬低温都在7.2 ℃以下，此期扣棚蓄冷，可以利用冷资源，12月下旬或1月上中旬白天揭帘升温，晚上覆盖保温。新建樱桃园，一般在第二、三年樱桃开始结果后扣棚。扣棚愈早，成熟期则愈早，但管理难度愈大。具体时间应根据休眠通过期及棚室保温、增温性能而定。

(三)整形修剪

目前樱桃选用的树形有改良主干形(类似于纺锤形)、开心形和丛状形等。同一温室内，一般边行采用丛状形，内行采用改良主干形。

(1)改良主干形。主干高20～30 cm。中央培养一个直立强壮中干，中干上可分层或不分层培养10～13个主枝，主枝上培养结果枝组。分层时，第一层5～6个主枝，角度70°～80°；第二层3～4个主枝，角度70°左右，距第一层50～60 cm；第三层2～3个主枝，角度50°～60°，距第二层40～50 cm。整个树高1.8～2.2 m。主枝上不培养侧枝，直接着生中小型枝组和果枝。

(2)丛状形。无主干(或留极低主干)。从地面处培养5～6个主枝，呈45°～80°角延伸，主枝上直接培养中、小型结果枝组，树高控制在1.4～1.5 m。

(3)自然开心形。干高20～40 cm，无中心主干，全树有2～4个主枝，开张角度为40°

左右,每个主枝上配备2~3层侧枝,每层间隔30 cm,侧枝上有各种类型的结果枝组。

大棚甜樱桃栽培,树体应相对露地矮小,一般采用改良纺锤形树形,干高40~50 cm,树高2.5~3 m,中心干较强。主枝约10个,单轴延伸,螺旋状排列,角度接近水平,其上直接着生结果枝组。也有的采用丛枝形树形,该树形无明显主干,在近地面处培养5~6个方位不同的骨干枝,在骨干枝上直接着生结果枝组。修剪以夏季修剪为主,冬季不修剪或修剪量很小;春季刻芽,夏季摘心,秋季以拉枝或拿梢以缓和长势为主,对于缓放旺枝应及时摘心,促发中短枝、增加枝量。

大棚甜樱桃采收后,要及时疏枝,主枝通过开角清头,改善光照,保护小枝,形成大量优质结果枝,使枝组由弱变强,促进花芽分化,提高花芽质量,保证连年优质丰产。6月适当喷施15%多效唑可湿性粉剂200倍液,可控制营养生长,促进花芽分化。

四、花果管理

(1)授粉。一般采用人工授粉,进入盛花初期,每天用鸡毛掸子在不同品种的花朵上轻轻移动,或用吹风机或电扇在树行间吹风,辅助授粉。在木棍或竹竿顶端绑缠海绵或绑缠长约50 cm的泡沫塑料并外包一层洁净纱布,用其在不同品种花朵间滚动,达到采粉授粉的目的。在授粉前2~3 d,人工自制取花粉,进行人工点授。以开花的第1~2 d,点授效果最好。

也可采取果园养蜂,在开花前一周放2箱野生蜜蜂(亩大棚)。野生蜜蜂须在15 ℃以上才能活动,活动频率高,对大棚甜樱桃授粉有利。

(2)疏花蕾及疏果。疏花芽一般在花芽膨大期进行,疏除瘦弱、过密花芽;疏蕾一般在开花前进行,主要是疏除过密或过小花蕾;疏花主要是疏除细弱果枝上的小花和畸形花,花量大时采用花前复剪方法调节;疏果一般在甜樱桃生理落果后进行,每花束状果枝留3~4个果,最多4~5个果,特小果和畸形果等疏除。

(3)促进成熟。在花后7 d,对果实用40~60 mg/kg的赤霉素涂果,可提前成熟3~5 d;当用80 mg/kg的赤霉素处理时,可提前9 d,但使果实重量减小。

花后7 d环剥,也能提早成熟,并能增加坐果率和果实可溶性固形物含量。环剥后如能再喷施尿素和微肥,效果会更好。环剥后有少量流胶,但不影响愈合。

(4)花期喷肥。盛花期喷施0.2%硼砂或0.15%钼酸钠可提高甜樱桃的坐果率,若花量大或树势弱,再加喷0.2%尿素。

(5)防治裂果。采收前适当喷施0.5%氯化钙,可提高果实硬度,防治裂果。

五、环境管理

(一)温度湿度调控

(1)扣棚初期。11月中旬,当晚上温度稳定在7 ℃左右时扣棚蓄冷,扣棚的同时加盖保温层。晚上卷起保温层,打开风口,让冷空气进入;白天关闭风口,同时加盖保温层保持棚内7.2 ℃以下低温。如此保持40~50 d,使之完成休眠。

(2)升温期。12月下旬至翌年1月上旬,揭苫升温,揭苫后前10~15 d白天温度控制在18~20 ℃,夜间在-3~5 ℃,15 d后白天温度18~20 ℃,夜间温度控制在6~8 ℃,

升温 35～40 d 后进入初花期。升温期间大棚内相对湿度为 80%～90%。

（3）开花期。大棚内甜樱桃初花期一般在 2 月中下旬，花期 8～10 d 或更长些，开花期白天温度控制在 20～22 ℃，最高不超过 25 ℃，夜间温度控制在 5～8 ℃，开花期大棚内相对湿度为 50%～60%。萌芽期至末花期期间大棚内湿度过低时，可喷水或向地面洒水 2～3 次来调节湿度；温度过高，湿度过低，萌芽开花不整齐，柱头干燥，不利于花粉管的萌发，影响授粉受精，最终导致落花落果。

（4）果实发育期和成熟期。3 月初至 4 月中下旬，从谢花至果实成熟经过幼果期、硬核期、转色期、果实成熟期，需 50～60 d。

幼果期，白天温度控制在 18～22 ℃，夜间在 7～10 ℃；若遇露地 0 ℃以下低温，注意防寒；少数白天露地气温达 25 ℃，大棚内温度易超过 35 ℃，注意遮阳降温。

成熟期，白天温度控制在 22～25 ℃，夜间温度 10～15 ℃；果实着色期，昼夜温差要控制在 10 ℃以上，促进果实糖分积累，其间大棚内最高温度应不超过 30 ℃，要注意及时打开通风口，加大通风换气，并进行遮阳降温。

（5）揭膜期。果实采收后，开大风口，进行 1 周左右的锻炼，其间逐次揭膜，锻炼后，选择无强日照和大风的天气揭掉棚膜，之后按露地生产管理，高温时期注意采取遮阳、地面浇水、行间喷雾等降温措施。

（二）光照调节

选择透光性好的棚膜，如新型 EVA 无滴膜，保持薄膜清洁，以保证透光率；挂聚酯镀铝膜反光幕，充分利用反射光增加栽培畦上的光强；畦面铺反光膜，既可增加反射光量，又可保湿，同时保持土温；适时揭盖草苫或棉被，增加棚内光照。

（三）二氧化碳和其他有害气体调节

生产中增加二氧化碳浓度的简易操作方法有：①增施有机肥，每亩施 3 000 kg 以上有机肥。②换气通风，补充棚内二氧化碳气体的不足。塑料大棚内由于施肥，有机肥料分解过程中产生氨气和亚硝酸气体。当氨气浓度超过 5 mg/L 或亚硝酸气体超过 200 mg/L 时，甜樱桃就会受到危害，严重时会导致树体死亡，若发现棚内有氨气等有害气体积累，要及时通风换气。

六、土肥水管理

（1）土壤管理。大棚地面以覆白膜为好，可以提高地温。地面杂草可以人工拔除，尽量不喷除草剂，以免发生药害。

（2）施肥。大棚甜樱桃施肥应比露地施肥量大，每年 9 月至 10 月初，每亩施入充分腐熟的农家肥 1 500～2 000 kg，结合用豆饼、棉饼、果子饼等 200 kg，再加入尿素 5～10 kg、磷酸钙 10～15 kg、磷酸二铵 15 kg、硫酸亚铁 3～5 kg、硼砂 3～5 kg。施用方法以沟施为主，施肥部位在树冠投影范围内。生长期进行 2 次追肥，第 1 次追肥在萌芽前，第 2 次追肥在坐果后，每次每亩追施复合肥 50 kg。正常施肥管理下，落花后 10 d 左右开始每隔 7～10 d 喷施 1 次叶面肥，至采收后 20～30 d 止，共喷 5～6 次，主要选择磷酸二氢钾、活力素等交替使用，采收后还要加喷 0.2% 尿素。

（3）水分管理。升温前后的 3～5 d 内灌 1 次透水，当水完全渗下后，全园覆盖地膜保墒。以后视土壤墒情，进行膜下小水灌溉。具体时间花前1周左右补灌1次小水，花后20 d以后（硬核后期）补灌1次小水；不覆地膜或沙质土壤的可在果实着色前期再补灌1次小水；不覆地膜的水量稍增加，黏土壤的水量稍减。果实成熟期注意控水。

七、甜樱桃主要病虫害防治

（1）桑白蚧（介壳虫）冬季人工刮刷树皮，消灭越冬雌成虫；萌芽期，喷布1次5波美度石硫合剂；各代若虫孵化盛期，喷布2.5%功夫乳油3 000倍液，或40.7%乐斯本乳油1 000倍液。

（2）盲蝽象类害虫。越冬期人工捕捉茶翅蝽越冬成虫，清除园内外杂草，消灭绿盲蝽越冬卵。刮刷枝干的粗皮裂缝，消灭梨网蝽越冬成虫。若虫孵化期喷布40.7%乐斯本乳油1 500倍液，或20%成虫发生期杀灭菊酯乳油3 000倍液。

（3）金龟子类害虫。人工捕杀成虫：成虫发生期（5～6月）利用其假死性，组织人力于清晨或傍晚振落捕杀成虫，树下事先用塑料布或床单铺地接虫，集中消灭。

在果树含苞未放的花蕾期喷布50%马拉硫磷油或50%辛硫磷乳油1 500～2 000倍液，或50%敌敌畏1 000倍液。

在土壤施基肥时，拌一定量的氯霉素或白僵菌杀死幼虫，在金龟子盛行的时期，树上均匀喷10%氯氟菊酯（安绿宝）乳油2 000倍液、4.5%高效氯氟菊酯乳油2 000～2 500倍液、40%速扑杀乳油1 500倍液、50%辛硫磷乳油800～1 000倍液、20%虫酰肼悬浮剂3 000～4 000倍等药剂，防治金龟子。

（4）红颈天牛。人工捕杀成虫：成虫发生期（6月中旬至7月下旬），在中午或下午进行人工捕杀。树干涂白：成虫发生前（6月上旬）在枝上涂白（即白涂济）防止产卵。

及早消灭幼虫：在8～9月人工检查树干上有无产卵钻孔和红褐色粪便，发现时用80%敌敌畏乳剂100～200倍液的毒棉纤塞虫孔。

（5）叶片穿孔病。休眠期彻底清理果园，扫除落叶烧毁。发芽前，喷布4～5波美度石硫合剂。谢花后和新梢速长期，喷2～3次70%代森锰锌600倍液，或80%喷克800倍液。

（6）根癌病。选用抗病砧木，以大叶型草樱桃最好。出圃苗木严格检疫，发现病株即行剔除、烧毁。苗木栽植前，先用根癌宁（K84）30倍液浸根5 min消毒。发现癌瘤彻底刮除干净并烧毁，贴附上吸足根癌宁30倍液的药棉。外用5波美度石硫合剂消毒切口，外涂波尔多液（1∶1∶15）保护。

（7）细菌性穿孔病。农业防治方法可参照樱桃褐斑病；药剂防治，发芽前喷一次4～5波美度的石硫合剂；谢花后，新梢生长期喷77%可杀得101可湿性粉剂800倍液，或农用链霉素200单位。

（8）枝干干腐病。加强综合管理，增强树势，提高抗病能力；加强树体保护，减少和避免机械伤口、冻伤和虫伤，及时剪除枯弱小枝和死芽；发现病斑及时刮治，并用石硫合剂原液或其他药剂消毒，刮下的病皮彻底销毁；早春发芽前喷布5波美度石硫合剂，生长期使用防病药注意在枝干上喷布，减少和防止病菌侵染。

（9）流胶病。增施有机肥料，防止旱、涝、冻害，健壮树势，提高树体抗性；树干涂白，预防日灼；加强病虫害防治，特别是蛀干害虫的防治；修剪时少作伤口，避免机械损伤；对已发病的枝干及时、彻底刮治，伤口用生石灰 10 份、石硫合剂 1 份、食盐 2 份、植物油 0.3 份加水调制成的保护剂涂抹。也可用生石灰∶硫酸铜∶食用油∶水（3∶1∶1∶10）调成保护剂涂抹刮后伤疤 3～4 次，每 10～15 d 一次。

（10）根颈腐烂病。选用根系发达的大叶类型中国樱桃作砧木，并进行营养繁殖；加强果园的排水防风设施，防治好金龟子类的幼虫，减轻和避免伤根；及时检查树势变弱的植株，发现根部罹病，立即治疗。用利刀在病根部纵向平行划道，间距 3 mm 左右，深达木质部，涂以 50 倍的砷平液（1 份福美砷、0.5 份平平加、50 份水），连抹两遍预防，早春和 6 月一次。也可试用 80～100 倍的多效灵浇灌，根颈部分土壤喷浓石灰水（喷白）。

第三十一章 桃

第一节 概 述

一、桃的营养

桃原产于我国,各省区广泛栽培。世界各地均有栽植。桃为蔷薇科桃属植物,较重要的变种有油桃、蟠桃、寿星桃、碧桃。其中油桃和蟠桃都作果树栽培,寿星桃和碧桃主要供观赏,寿星桃还可作桃的矮化砧。桃是一种果实作为水果的落叶小乔木,花可以观赏,果实多汁,可以生食或制桃脯、罐头等,核仁也可以食用。果肉有白色和黄色的,桃有多种品种,一般果皮有毛,油桃的果皮光滑;蟠桃果实是扁盘状;碧桃是观赏花用桃树,有多种形式的花瓣。

桃子姿娇花美,绚丽多彩,果实鲜艳,风味浓郁,极得人们的喜爱和尊崇,素有“仙桃”“寿果”之称,成了长寿、多福的象征。桃肉含蛋白质、脂肪、碳水化合物、粗纤维、钙、磷、铁、胡萝卜素、维生素 B1 以及有机酸(主要是苹果酸和柠檬酸)、糖分(主要是葡萄糖、果糖、蔗糖、木糖)和挥发油。每 100 g 鲜桃中所含水分占比 88%,蛋白质约有 0.7 g,碳水化合物 11 g,热量只有 180.0 kJ。桃子适宜低血钾和缺铁性贫血患者食用。

二、生物学特性

(一)植物学性状

1. 根系

桃的根系分布较浅,尤其在温室内栽培,由于采用扦插苗和多次移栽,使垂直根不发达,而水平根发达,多集中在 20 ~ 60 cm 的土层中。水平伸展范围虽然可超过树冠 1 倍以上,但多集中在树冠下的土层中。桃树根系的分布因品种、树势、栽植密度、砧木的不同而有所差异。

桃的根系在年周期中无明显休眠,只要条件适宜,便可开始生长。早春根系周围土壤温度达 0 ℃以上时便能吸收和同化氮素。地温达 5 ℃时开始生长新根,7.2 ℃时营养物质可以向地上部转移。地温达 15 ℃时根系旺盛生长,在 22 ℃下生长最快。秋季地温降到 11 ℃以下时生长停止。

桃根系需氧量较高,要求土壤空气含量达到 10% 以上。若土壤含氧量降至 2% 以下,根系生长就明显衰退,甚至死亡。在通气良好的土壤中,桃根发育特别旺盛,即使在 1 m 以下的深土层,只要通气良好,桃根照样能生长。桃根耐水性极弱,淹水 3 d 便发生死亡。

2. 芽

桃树的芽有叶芽、花芽和潜伏芽。潜伏芽指着生在多年生枝的基部,一般较难萌发,所以桃树的大枝更新较为困难。叶芽和花芽着生在一年生枝上，在枝条上其组成方式有多种，常见的有单芽着生和3个芽组成的复芽。单芽可以是叶芽，也可以是花芽；复芽一般两边的是花芽，中间的为叶芽。花芽为纯花芽，萌芽后只开花不长叶；而叶芽萌芽后抽生枝条和叶片，无花和果实。

叶芽有顶芽和腋芽，顶芽一般在翌年萌发而腋芽有时不形成鳞片，在当年萌发，形成桃树的副梢。花芽大多数着生在枝条中上部的叶腋间，其分化形成时间是在前一年的生长季，露地一般在6月中下旬至7月中下旬开始分化。从开始分化到花器完全形成，露地需要8~9个月，温室内需要5~6个月。

3. 枝梢

桃树的枝梢按其主要功能可分为生长枝、结果枝和新梢。

(1)生长枝。生长枝指枝条上着生叶芽或有极少量花芽的枝条。按照其长势又分为发育枝、徒长枝和单芽枝。发育枝一般粗1.5~2.5 cm，其上有多次副梢，主要用来扩大树冠和形成大型枝组。徒长枝也较粗，但枝条节间长、虚旺不充实。单芽枝一般长度仅1 cm，极短，其上只有一顶生叶芽。萌发时只形成叶丛，当营养光照条件好时，也可发生壮枝，用作更新。

(2)结果枝。桃树的结果枝按其长度可分为徒长性结果枝、长果枝、中果枝、短果枝和花束状结果枝五类。徒长性结果枝一般长60~80 cm、粗1.0~1.5 cm。生长枝一般长30~60 cm。其生长适度，一般无副梢。花芽质量不高，坐果率低。

长果枝一般长30~60 cm，其生长适度，一般无副梢，着生的花芽多，多复花芽，花芽充实，是多数品种的主要结果枝。在结果的同时，还能长出生长势适度的新梢，具有形成新的长果枝和中果枝的能力。中果枝长15~30 cm、粗0.4~0.5 cm。枝上单、复花芽混生，盲芽少。剪截后一般多发生中、短型结果枝。短果枝长5~15 cm、粗度0.4 cm以下，多单花芽，粗壮的结果枝结果后，还能长出新的结果枝。花束状果枝长度在5 cm以下。仅顶端是叶芽，多为单花芽，结果后发芽能力差，易衰亡。

桃树上不同种类结果枝的比例因品种和树龄有一定差异。成枝力强的南方水蜜桃多形成长果枝，发枝力较弱的直立性品种则多以短果枝结果为主。幼年树和初果期桃树以长果枝和徒长性结果枝为主，而老树及幼树则以短果枝和花束状结果枝为主。

(3)新梢。即当年生长有叶片的枝条。按照其抽生的级次分为一次枝、二次枝，三次枝等。一次枝为春季叶芽萌发后形成的主梢，主梢上腋芽萌发形成二次枝，二次枝上腋芽萌发形成三次枝。温室内升温后，树体叶芽萌发，新梢经过一段缓慢的生长后，随着温室内地温和气温的升高，进入迅速生长期。然后由于果实的膨大生长，新梢生长减慢，到果实采收后撤掉棚室膜，桃树裸露于外界(5月上中旬)，新梢暂时停止生长(20 d左右)。然后随气温的上升，又进入新的迅速生长期，至秋季新梢缓慢地停止生长，而后落叶进入休眠。

4. 花

桃花由花柄、花萼、花瓣、雄蕊、雌蕊组成。这些器官具备且发育正常的称为完全花。有时有些雄蕊柱头短小或无雌蕊，则不能发育成果实。有的品种花药中缺乏有生活力的花粉或无花粉，这种花称为雌能花。雌能花品种栽植时需配制授粉树，如五月鲜、砂子早生等品种。

温室春季升温后，一般 1 个月左右气温恒定到 10 ℃以上时即可开花，12 ~ 14 ℃开花整齐。气温不稳定，则易受冻。随着花瓣的展开，花药开始散粉，自花授粉的品种一部分花便自行授粉。但一般来讲，温室内需人工授粉才能保证桃树有较高的坐果率。

雌蕊保持受精的能力一般为 4 ~ 5 d，通常柱头在开花 1 ~ 2 d 内分泌物最多，是接受花粉的适宜时期。花粉在 10 ℃以上均可发芽、正常生长，适宜温度为 12 ~ 15 ℃，在 4.4 ~ 10 ℃时花粉萌发及花粉管生长受阻，在 4.4 ℃以下则停止发育。授粉后，适宜条件下 2 周左右可完成受精。

5. 果实

(1) 果实发育。桃的果实由子房发育而成。落花后到果实成熟有三个阶段。即两次迅速生长期中间夹一个缓慢生长期。前一个迅速膨大期自授粉受精后，子房开始膨大，至果核尖呈现浅黄色的木质化现象，这段时间一般持续 36 ~ 40 d，果实迅速膨大。

缓慢生长期也称硬核期，果实停止膨大或增长很慢。极早熟品种一般持续 7 d 左右，早熟品种 10 ~ 15 d，中熟品种 30 ~ 35 d，晚熟品种可持续 40 ~ 50 d，极晚熟品种 60 ~ 150 d。

后期迅速生长期，度过硬核期后，果实再次膨大，特别是临成熟前 15 ~ 20 d 增大最为明显，直至成熟便不再增大，并出现该品种固有的色泽和风味。

(2) 单性果。桃树未经授粉受精而结成的果实称单性果；因单性果小，俗称“桃奴”。“桃奴”果肉薄、成熟晚、味甜，但基本没有商品价值。形成单性果的原因很多，授粉受精不足是主要原因之一。

(3) 裂核现象。裂核是指桃果核裂开的现象。裂核后的果实味淡，易引起种子霉烂而降低果实商品价值。裂核后可使晚熟果脱落，但中熟果大部分能发育成熟。造成裂核的原因也较多，如双胚核、过早疏果、大量灌水等均能造成裂核。

(二) 对环境的要求

1. 对温度的要求

(1) 低温需求量。桃树进入休眠期后，一般需要低于 7.2 ℃以下的低温 800 ~ 1 000 h 才能打破休眠，个别品种或更低或更高，如南山甜桃仅需 250 h，而 5 月鲜需 1 150 h。叶芽与花芽的低温需求量大体相近。生产上常见的桃的品种低温需求量见表 31-1。

表 31-1　桃常见品种低温需求量　　(单位：h)

品种	花芽	叶芽	品种	花芽	叶芽
春蕾	800	850	早红 2 号	500	500
早花露	850	800	朝霞	850	800
麦香	850	850	庆丰	850	850
雨花露	850	800	白凤	850	850
布目早生	850	800	大久保	900	850
砂子早生	850	750	丰黄	850	800
五月火	550	500	连黄	750	700

在温室内,如果升温时间过早,常因不能满足其低温需求量而出现一些异常现象。如花芽不等膨大即自行脱落;有时枝上部的花芽已经开放,而下部的花芽还在休眠,以后才逐渐开放,后开放的花小而且呈畸形,花柱不能伸长;有时子房大小虽然正常,但不能授粉受精。需冷量不足时,叶芽常延迟萌发或不萌发,树冠内骨干枝易光秃。

桃对零下低温有一定的耐寒力,一般可耐 -22 ~ -25 ℃低温,但要注意若短时间内变温很大,则易发生冻害。树体花芽在休眠期可耐 -16 ~ -18 ℃低温,温度继续降低,花芽则易受冻,如5月鲜在 -15 ~ -18 ℃即遭受冻害,是这些品种产量不稳定的原因之一。花芽萌动后的花蕾变色期受冻温度为 ~1.7 ~ -6.6 ℃,开花期和幼果期受冻温度为 -1 ~ -2 ℃根系的耐寒力较弱,休眠期能抗 -10 ~ -11 ℃,活动期能抗 -9 ℃上的低温。

2. 对光照的要求

桃树是喜光树种,因而对光反应敏感。当光照不足时,根系发育差、枝叶徒长、花芽少且质量差、落花落果严重、果实品质差。棚室内必须注意合理密植与整形修剪及其他增光措施,以满足其对光照的要求。

3. 对土壤条件的要求

桃树耐旱忌涝,在含水量20% ~40%的土壤上便能生长良好,但很不抗涝。它宜在土质疏松、排水畅通的沙质壤土上生长,黏重土上的桃树易徒长、易患流胶病。

桃树在微酸至微碱的土中都能生长,pH <4.5 和 pH >7.5 生长不良。土壤含盐量达0.28%以上生长不良或部分死亡,因此棚室栽培桃树必须选择近中性、含盐量低的沙壤土。

第二节　桃主要品种与特点

一、油桃品种群

(1)曙光。郑州果树所以'丽格兰特'×'北京26~2'甜油桃育成。平均单果重100 g,最大130 g;果实近圆形,端正美观;底色黄色,全面浓红色,有光泽,风味浓甜,香气浓郁,可溶性固形物13% ~17%,品质极优。5月底至6月上旬成熟,为极早熟白肉甜油桃。花粉多,可自花结实,丰产性好,耐储运。

(2)早红宝石。郑州果树所育成。果实圆形,单果重100 ~150 g;果面光洁艳丽。着宝石红色,极美观;果肉黄色,柔软多汁,风味浓甜,可溶性固形物含量12% ~13%,黏核。5月底至6月上旬成熟,果实发育期60 ~65 d,为极早熟黄肉甜油桃。

(3)早红2号。从美国引入。果实较大,果重117 ~150 g,最大果重180 ~220 g;圆形,底色橙黄,全面鲜红,有光泽;果肉橙黄,汁液中多,风味酸甜适中,有香味,品质较好。离核花粉多,丰产性好,果实发育期90 ~95 d,但低温需求量仅500 h左右,在日光温室中,可于5月初成熟。

(4)华光。中国农科院郑州果树所育成。果实椭圆形,果实发育期60 d,6月上中旬成熟,果实椭圆形,平均单果重105 g左右,最大可达150 g以上,表面光滑无毛,80%果面着玫瑰红色。果皮底白色,果面着鲜玫瑰红色。风味香甜,品质佳,可溶性固形物含量

13%左右。自花结实,丰产性良好,是一个极早熟白肉甜油桃。

(5)艳光。中国农科院郑州果树所育成。果实发育期65 d,果实个大,椭圆形,平均单果重120 g,最大150 g以上,果实底色白,果面着玫瑰红色,艳丽美观,风味浓甜,有香气,可溶性固形物含量14%左右,是特早熟、果个大、风味佳的甜油桃新品种。

(6)早红珠。北京农林科学院育成。果实圆形或椭圆形。平均单果重90 g,最大130 g。果顶圆平,缝合线浅,不对称。果面光滑,底色黄绿,90%着鲜红色。果肉白色,肉质细,多汁,软溶质,味浓甜,品质优,半离核,果实发育期65 d。

(7)丹墨。北京农科院选育,全红型极早熟黄肉甜油桃。果形圆正,稍扁,美观亮泽,果皮全面着深红至紫红色,有不明显条纹。平均单果重97 g,最大可达130 g。果顶圆平,呈线唇状。缝合线浅,过顶,两侧对称,梗洼深而较广。着色不均匀,充分成熟时果顶及部分果面呈墨红色。果肉黄色,硬溶质,质细。风味浓甜,香味中等。可溶性固形物含量10%~12%,黏核。果实发育期65 d,中果枝结果,丰产性好。

(8)早红霞。北京农林科学院选育,极早熟白肉甜油桃。果实为长圆形,平均单果重130 g,最大可达170 g。果顶圆,缝合线浅,不明显,两侧较对称。梗洼中深,广度中等。果实整齐。果皮底色绿白,果面80%以上着鲜红色条斑纹,色泽艳美。果肉乳白色,皮下有少量淡红色,近核无红晕。果肉为硬溶质质细。风味甜或浓甜,有微香。可溶性固形物含量9%~11%。黏核。品质中上等,耐储运性中等。果实发育期为65 d。以长、中果枝结果为主,是极早熟白肉甜油桃优系。

(9)五月火。美国品种。果实长圆形,对称,果顶微凸,缝合线浅。果皮底色橙黄,全面着鲜红色。平均单果重75 g,最大110 g。果肉橙黄,无红色素,硬溶质,细脆,酸甜爽口,风味偏酸,香气浓郁,可溶性固形物含量8.8%。果实发育期56 d。以中、长果枝结果为主。

(10)瑞光1号。北京农林科学院林果所选育。果实近圆或短椭圆形,果顶圆,缝合线浅。平均单果重87 g,最大果重139 g。果皮底色为淡绿色或黄白色,果面的一半至全部着紫红色或玫瑰红色,或玫瑰红色晕,不易剥离。果肉黄白色,硬溶质,完熟后柔软多汁。可溶性固形物含量8.0%~10.2%。黏核。各类果枝均能结果。

(11)瑞光2号。果长圆形,平均单果重130 g,最大果重158 g。果皮底色为黄色,着色面70%左右着艳红色。果肉黄色,细嫩,可溶性固形物含量7%~10%,最高可达17%。黏核。品质中上。果实生育期80~85 d。需冷量为800~850 h。

(12)瑞光3号。果实短椭圆形,果形正,平均单果重140 g,最大果重235 g,不离皮;果肉白色,有少量红色素,硬溶质,汁多,味甜,可溶性固形物11.5%。黏核,品质上。果实发育期90 d左右。

(13)超红珠。果实长圆形,整齐,外观鲜红亮丽。平均单果重114~120 g。肉质细,硬度中等。风味浓甜,中香,可溶性固形物含量11.0%。品质优,半黏核,耐储运。果实发育期55 d。

(14)中农金辉。河南省郑州地区果实6月18日左右成熟。需冷量650 h。果实椭圆形,果形正。单果重173 g,大果重252 g;皮不能剥离;果肉橙黄色,硬溶质,耐运输;汁液多,纤维中等;果实风味浓甜,可溶性固形物含量12%~14%,有香味,黏核。花为铃形,自花结实。

(15)中油金冠。河南省郑州地区6月15日成熟,果顶稍凹陷,成熟状态一致;平均单果重170 g,大果重250 g;果皮光滑无毛,底色浅黄,果面全红,着鲜红色晕,十分美观,果肉黄色,肉质为硬溶质,耐运输;果实风味甜,可溶性固形物含量14%,黏核。

(16)中油20号。中熟白肉油桃品种。7月中下旬成熟,果实发育期约110 d。单果重185~278 g,口感脆甜,可溶性固形物含量14%~16%,黏核,品质优。留树时间长,极耐储运。有花粉,极丰产。属于SH肉质,果肉硬脆,货架期长,耐储运,适合规模化种植、建立大型基地、远距离运销。

(17)中油15号。耐储、优质白肉鲜食油桃品种,平均单果重180~200 g,大果重250 g以上。果皮底色白,成熟后全面着红晕,果面无茸毛,艳丽美观,果皮较厚,不能剥离。果肉硬脆,白色,完全成熟后果皮下花色苷多,近核处花色苷少,果肉纤维少,风味甜。可溶性固形物含量12.6%,风味甜。核椭圆形,黏核,未发现裂核现象。花蔷薇型,花粉多,自花结实,丰产。果实硬度高,留树时间可长达2周以上不变软,采摘后仍可保持硬脆状态。

(18)中油13号。河南郑州地区6月下旬成熟,果实圆形,端正,对称。果皮底色白,成熟时全面着鲜红色,有光泽,果实大,平均单果重201 g,大果重300 g以上。果皮厚度中等,不能剥离。果肉白色,硬度中等,溶质,肉质细,汁液中多,风味甜,有清香,皮下花色苷多,果肉有花色苷,近核处花色苷少。成熟果实可溶性固形物含量13.7%,总糖10.92%,总酸0.22%,维生素C含量10.46 mg/100 g,黏核。花蔷薇型,花粉多,自花结实,丰产。

(19)中油4号。大果型甜油桃品种。果实6月中旬成熟,生育期74 d左右。果实近圆形,果顶圆,两半部对称,缝合线较浅,梗洼中深。大小较均匀,平均单果重160 g,最大果重200 g。果皮底色淡黄,成熟后全面着浓红色,树冠内外果实着色基本一致,光洁亮丽。果肉橙黄色,硬溶质,肉质细脆,可溶性固形物含量12%~15%,味浓甜,品质佳。核小,黏核,室内能存放10 d,成熟后不裂果,耐储运。树势中庸,树姿半开张,发枝力和成枝力中等,各类果枝均能结果,以中、短果枝结果为主。花为铃形,花粉多,极丰产。

(20)早油4号。中油4号油桃的优良芽变品种,比中油桃4号早熟7 d左右,保持了中油桃4号果实大、品质优、硬溶耐运、极丰产的特点,其他性状与中油桃4号相似。与曙光同期成熟,克服了曙光品种果实较不耐储运的不足。果实含糖量达16%,自花结实,极丰产,抗裂果。

二、水蜜桃品种群

(1)春蕾。上海园艺所以'砂子早生'×'白香露'育成。1995年定名。果实卵圆形,平均单重70 g,最大100 g;底色乳白,顶部微红;肉白色,汁中多,较甜;可溶性固形物含量8%~11%,有芳香,软核,品质上。露地5月底至6月初成熟。

(2)春花。上海园艺所研究以'北农2号'×'春蕾'育成,1989年定名。果实近圆形,平均单果重80 g,最大140 g;顶圆,缝合线浅,对称,底色黄绿,顶部和阳面有紫红色斑点,离皮;肉白色,近核处无红色;肉厚、质软、汁中多,甜酸,有芳香,纤维中,品质上。6月上旬成熟。

(3)早霞露。浙江园艺所以‘砂子早生’×‘雨花露’育成,1990年定名。果实长圆形,平均单果重85 g,最大116.5 g;果顶平圆,底色浅绿,顶部有少量红晕,毛稀疏、美观、离皮;肉乳白色,近核处无红色,质柔软,汁液多,较甜;可溶性固形物含量8%~10%,微香,黏核,品质上。露地5月下旬成熟。

(4)砂子早生。果实近圆形,平均单果重250 g,最大果重360 g,果柄短,缝合线明显,果顶平,底色为绿色,着红色,果实大而鲜艳,黏核,近核处有红色素,肉厚,果肉黄白色,汁多,可溶性固形物含量11%~12%,味淡,属较早熟品种。

(5)春艳。早熟白肉水蜜桃,果形圆正,果个较大,平均单果重110 g,最大果重210 g。色泽鲜红,底色乳白娇嫩,果肉白色,质地细腻,香气浓,可溶性固形物含量12%~14%,黏核,果实发育期62 d左右。树体健壮,树姿较开张,花粉量大,自花结实力强,结果早,丰产稳产,适合露地或保护地栽培,保护地栽培时注意增光促进着色。

(6)玫瑰露。早熟白肉水蜜桃,果实圆形,整齐一致,果皮底色淡绿色,全果着玫瑰色红晕,外观美丽,平均单果重达140 g,最大果重205 g。果肉白色,风味甜,有香气,可溶性固形物13%左右,黏核,一般不裂核。树势较强健,树姿半开张,以中长枝结果为主,蔷薇型花,复花芽多,花粉量大,坐果率高,丰产,适合露地或保护地栽培。

(7)秦王。晚熟白肉水蜜桃,果实近圆形,缝合线较浅,果个特大,平均单果重265 g,最大果重650 g,果皮底色呈白色,果面着玫瑰红色,外观漂亮,果肉白色,近核处微红色,果肉细密,纤维少,风味甜,黏核。树势健壮,树姿较开张,树冠形成快,花芽形成容易,中长果枝结果为主,复花芽多,蔷薇型花,花粉量大,自花结实力强,丰产稳产。

(8)中华沙红。中早熟白肉水蜜桃,果实圆形,两半较对称,果顶平凹,缝合线明显,果个特大,平均单果重240 g,最大果重460 g。果实成熟时果底为乳黄色,果面90%以上着玫瑰红色,毛短,果皮厚,果肉乳白色,肉质细密,硬溶质,味香气浓,可溶性固形物含量13.1%,黏核,耐储运。树体健壮,树姿较直立,中长枝结果为主,自然坐果率高,抗病虫能力强,适合露地或保护地栽培。

(9)黄金蜜桃3号。黄肉鲜食桃品种,果实7月底成熟。果个大,平均单果重245 g,大果重400 g以上。果实表面茸毛中等,底色黄,成熟时多数果面着深红色。果肉黄色,硬溶质,肉质细,汁液中多,风味浓甜,近核处有红色素。可溶性固形物含量11.8%~13.6%,总糖含量10.6%,总酸含量0.34%,品质优。黏核。花铃形,花粉多,自花结实。近些年来,随着人们对健康的日益关注,富含类胡萝卜素的黄肉桃受到越来越多的垂青,市场价格明显高于同期白肉桃。

(10)黄金蜜桃1号。6月上旬成熟,果实发育期65~68 d。果实单果重150~175 g。果肉金黄色,风味浓甜,香气浓郁,可溶性固形物含量11%~14%,品质优。肉脆,完熟后柔软多汁。黏核,花蔷薇型,自花结实,丰产,需冷量550 h。

(11)中桃绯玉。河南省郑州地区6月4日成熟;平均单果重150 g,大果重250 g;果肉白色,红色素多,肉质为硬溶质;汁液多,纤维中等;果实风味甜,可溶性固形物含量12%,黏核。

(12)中桃紫玉。河南省郑州地区6月20日成熟;平均单果重180 g,大果重200 g;果面全红,着鲜红色晕,十分美观,皮成熟后能剥离;果肉白色,红色素多,肉质为硬溶质;汁液多,纤维中等;果实风味甜,可溶性固形物含量12%,黏核。

(13)中桃红玉。果实圆形,两半部对称,缝合线明显、浅,成熟状态一致。河南省郑州地区果实6月15日成熟,果实生育期80 d左右。需冷量500 h。平均单果重180 g,大果重200 g;果肉白色,肉质为硬溶质,耐运输;果实风味甜,可溶性固形物含量12%,黏核。花为蔷薇型,自花结实。

(14)中桃22号。晚熟白肉桃品种,果实9月中旬成熟。果实大,平均单果重267 g,大果重430 g。果肉白色,溶质,肉质细,汁液中等,风味甜香,近核处红色素较多。可溶性固形物含量12.2%~13.7%,总糖含量11.4%,总酸含量0.32%。果核长椭圆形,黏核。花蔷薇型,花粉多,自花结实。可满足中秋前后果品市场需求。

(15)中桃21号。8月下旬成熟,单果重208~310 g;果肉白色,硬溶质,可溶性固形物含量12%~15%,品质优,风味浓甜,黏核;花蔷薇型,无花粉。需配置授粉树。

三、蟠桃品种群

(1)早露蟠桃。果形扁平,中等大。平均单果重68 g,最大果重95 g。果顶凹入,缝合线浅。果皮易离,底色乳黄,果面50%着红晕,茸毛中等。果肉乳白色,近核处微红,硬溶质,肉质细,微香,风味甜。可溶性固形物含量9.0%,黏核,核小。果实生育期63 d。各类果枝均能结果,丰产。

(2)早蜜蟠桃。果形扁平,平均单果重65.9 g,最大果重114 g。果顶圆平,凹入,两半部对称,缝合线中深,梗洼浅而广。果皮底色浅绿白,果顶部有紫红色斑点或晕,其覆盖面占50%~70%,茸毛密,外观美。果皮厚度中等,容易剥离。果肉乳白色,软溶质,香气中等,甜味浓。可溶性固形物含量11.3%。核小,分离。果实生育期为75 d。

(3)早油蟠桃。从美国引入的早熟油蟠桃新品种。平均单果重96 g,适当疏果后可达120 g,最大果重达165 g。果皮底色黄白,全面着鲜红色,极亮丽美观。果肉黄色,硬溶质,成熟后果汁多,含可溶性固形物12%,甜酸适口,风味极佳,是目前稀有桃品种之一。由于该品种早果丰产性极好,生产上要注意适当疏果。

(4)中油蟠7号。7月中下旬果实成熟,果实扁平形,单果重220 g;果面干净,亮红,基本不裂果;果肉橙黄色,肉质为硬溶质,果实风味浓甜,可溶性固形物含量最高达20%,铃形花,有花粉,自花结实,丰产。

(5)中蟠10号。河南省郑州地区果实7月初左右成熟,果实生育期95 d左右。需冷量800 h。单果重160 g,大果重180 g;果皮有毛,底色乳白,果面90%以上着明亮鲜红色晕,十分美观,呈虎皮花斑状,皮不能剥离;果肉乳白色,肉质为硬溶质,耐运输;果实风味浓甜,可溶性固形物含量12%,黏核。花为蔷薇型,自花结实。

(6)中蟠11号。河南郑州地区果实7月中下旬成熟,需冷量800 h。平均单果重180 g,大果重240 g;果肉橙黄色,肉质为硬溶质,耐运输;果实风味浓甜,可溶性固形物含量14%,有香味,黏核。花为铃形,自花结实。

(7)中蟠13号。果实7月上旬成熟,果实扁平形,果顶平,不裂果、不裂核;单果重120 g,大果重180 g,果面60%以上着鲜红色,果皮茸毛短,干净似水洗,十分美观,皮不能剥离,果肉橙黄色,肉质为硬溶质,果实风味甜,可溶性固形物含量12%,极丰产。

(8)中蟠17号。郑州地区7月底成熟,果实扁平形、厚度大,果面全红、美观,皮不能剥离;果肉橙黄色,肉质为硬溶质,耐运输,可溶性固形物含量13%,单果重200~250 g,极丰产。在成熟季节多雨的地区要注意防止果顶流胶和裂果,建议采用套袋栽培。

第三节 桃反季节栽培技术

一、设施选择与品种搭配

春提早栽培可选择大棚或温室设施。大棚内一般可提早桃成熟期15~20 d。由于大棚可扣棚的时间较迟,可选择低温需求量较大的品种。温室栽培一般可将成熟期提前30~60 d,选用品种应选择低温需求量低、果实发育期短的品种。

秋延后栽培目前均利用大棚在秋季罩棚,而品种只能选择果实生育期在200 d以上的品种,这样才能延后时间较长。

二、苗木培育

为使温室桃树在扣棚后能够尽早高产,获得较高效益,进入温室的苗子一般应先在露地盆栽或袋栽培养一年,然后移入温室。而大棚内一般则直接定植,树开始挂果后扣棚。

温室预先盆栽可选用直径40 cm的大盆(也可选用编织袋,但夏季应移动2~3次,以防根系外扎),盆内装营养土,可定植半成品或成苗。半成苗在接芽长到10~12 cm时摘心,促发三级主枝,这样可培养出具有12个主枝头的三级主枝杯状形树形,其余副梢视空间应尽量保留。这种苗子已具备初步树形和结果能力,可于9月下旬从花盆中移栽到温室。

如没有盆栽条件的,可选用副梢有花芽、根系发达的大苗或二年生苗。

三、栽植技术

(一)栽植方式与密度

温室内可采用纯桃树栽植和间作栽植方式。纯桃树栽植采用的株行距有0.9 m×1.2 m、1 m×1.5 m、1.2 m×1.5 m、1.5 m×2.0 m、1.5 m×2.5 m等;也可按前期较密,后期伐除一部分的计划性密植。行向为南北行,行与行之间也可采用两行窄行留一个宽行,一般窄行1.2~1.5 m、宽行2~2.5 m。

间作式栽植一般在温室内按东西行栽两行,株行距2 m×1.5 m、1.5 m×3 m。温室中"Y"形整枝时,密度不能超过266株/亩。

(二)栽植技术

确定好株行距后,按行距挖沟,沟深1 m,宽80 cm,挖好沟后,按5 000 kg/亩有机肥拌入土中回填到沟内,沟底最好填铡断的秸秆,并与土混合,可使多余的水分快速下渗,不至于使桃树发生淹水。

填好回填土后,立即浇水,待土壤稍干后,便可在沟内按株行距挖定植穴,一般穴深

40 cm、宽 50 cm。

栽植时期可在春季或秋季。盆栽培养的苗最好在秋季，这样根系能及早适应土壤环境，并有一定的生长，第二年扣棚后生长结果能力强。春季栽植一般选用未盆栽的健壮苗，经过一个生长季的培养后，秋季建棚，第二年即可投入生产。

栽植时，应注意深度。桃树不可过深，否则，苗木生长慢，一般应使根颈部位同地面相平为宜。栽后立即浇水一次。

四、幼树管理

事先未培养的桃苗栽植后，应注意加强管理，才能使第二年获得高产。

（一）定干

定干可按照棚面的高低和树形确定定干的高度，温室内一般前行定干高度 30 cm，棚面高的地方可在 80 cm 处定干，中间可依次按 40 ~ 70 cm 定干，前面的 4 株可按二主枝开心形或三主枝开心形整形，后二株可按纺锤形整枝。也可在同一大棚或温室内按同一形状整枝，如二主枝开心形（“Y”字形）。

（二）整形与修剪

（1）杯状形。苗木栽后，于 50 ~ 60 cm 处定干。苗木成活，及时抹除砧芽和多余萌芽。当接芽长到 10 cm 时，进行摘心，促发副梢。从中选出 3 个方位角好的副梢作 1 级主枝，待 1 级主枝长到 15 ~ 20 cm 时，进行 2 次摘心。再从 1 级主枝前端二次梢中，选 2 个对称生长的副梢作 2 级主枝，待 2 级主枝长到 20 cm 时，进行第 3 次摘心。再从 2 级主枝前端的副梢中，选 2 个对称的作 3 级主枝；最后，形成 12 个 3 级主枝的杯状形。对主枝外的副梢要酌情控制和选留。

（2）二主枝开心形（“Y”字形）。干高 30 ~ 40 cm，其上着生两大主枝，主枝角度 60° ~ 70°，树高低于棚膜 0. 3 ~ 0. 4 m，每个主枝上只留 2 ~ 3 个大枝组，着生于主枝外斜侧方向，余为中、小枝组。枝组分布呈上小下大和里大外小的锤形结构。树体高度不超过 1. 5 m。这种树形光照好、易修剪。

定干后，当梢长 20 cm 时，选 2 个错落对生、长势均匀、伸向行间的新梢为主枝，对其余新梢进行摘心控制，促生分枝；待两大主枝 30 ~ 40 cm 时，剪去 10 cm 嫩尖，促发副梢并调整其方位角。8 月底，摘除所有新梢、副梢顶端幼嫩部分，以控其长势，促进枝条成熟和花芽饱满。冬剪时，对主枝先端壮梢短截，作延长枝，并在其下部选一侧生副梢短截。

种植第 2 年当春季萌芽后，新梢长到 20 cm 左右进行第一次摘心，以后新梢进行反复摘心，一直到 6 月底，两主枝顶端新梢仍不摘心，继续延长生长。在整个生长期中可采用疏枝或扭梢等方法控制直立旺枝，果实采收后进行疏枝和回缩修剪。

种植第 3 年及以后若干年夏季修剪仍以摘心为主，辅以修剪和扭梢，同时要开始培养健壮的结果枝组，使其紧靠主干，分布均匀，行间保证通风透光。每年 9 月中旬前后及时回缩修剪，顶端延长枝可以回缩到 2 ~ 2.5 m 高。冬季落叶后可视长势进行短截更新，每主枝应留有结果枝 30 ~ 40 个（以长、中结果枝为主）。

种植第一年在 7 月喷 15%（质量分数，后同）多效唑 200 倍液一次，到 9 月初，如生长仍旺盛再喷第二次（浓度和第一次相同）。二年以后的 2 ~ 3 年中，每当新梢长到 20 cm 左右喷多效唑200倍液一次即可。多效唑这些年存在用量过多问题,果农不可一味依赖多效唑控制旺长,要结合修剪进行控旺。

(3)纺锤形。干高50~60 cm,留有中心干,留3层主枝:第1层3个,错落着生,相距10 cm左右,主枝角度70°~80°;第2层2个主枝;第3层1~2个主枝。层间距分别为70 cm和50 cm。各主枝上直接着生枝组。

定干后,距苗木4~5 cm处,立杆绑缚防歪斜。剪口第1梢强壮,作中央领导干。主干距地面10 cm内,抹除全部萌芽。10 cm以上的新梢,选5~6个作主枝。当中央领导梢长到50~60 cm时摘心。摘心后,从新发副梢中选3~4个主枝。翌年同样在中央干上选留8~10个主枝,两年共选18~20个主枝,中央干高2 m时,落头开心。定植当年,除中央干外,主枝不修剪,但长到20~30 cm时,应使开张角度达70°~80°。翌年,采收后,进行第二次修剪,中央干枝剪留50~60 cm,主枝剪留10~15 cm。这样,一个主枝上可萌发2个侧枝;喷布多效唑后,可使其成花良好。第3年后,主要修剪主枝,去弱留强,强结果枝剪留10~15 cm,同样可发2个新梢。结果后,同样去弱留强,每年更新枝组,除去后部秃枝,有利于保持中央干的优势。为保持中央干优势,枝干粗比1:2者,要及时疏除。主枝结果下垂者,应吊枝,改善通风透光条件。

(4)匍匐扇形。这种树形最适于温室、大棚前底角低矮处。苗干定干后,将苗干拉向行间,与地面呈35°~40°角,在主干上直接着生各类枝组。该树形结构简单,易成形,光照好。

栽后或成活后,将苗干拉向行间,与地面呈40°角,主干高15~20 cm。第1主枝与第2主枝对生或错落着生于主干两侧,第3主枝与第1主枝同侧,相距60~80 cm。各主枝上配备各类枝组。树冠呈匍匐扇形。树高控制在1.2 m左右。

(5)主干形。桃树主干形栽培具有结果早、产量高、品质优、效益高、管理技术简单、便于机械化操作等优点,但不适宜温室、大棚栽培。栽植成苗时,嫁接口以上留10~15 cm短截,发芽后待新梢长至20 cm以上时,选留直立旺盛的作为主干,用竹竿绑缚,扶正新梢防止被风吹折,并随着苗木长高不断绑缚,其余新梢要扭梢使其下垂或者进行摘心。过低的基部新梢可于7月以后逐步疏除。处理时要保持主干的优势。设立支架,每6~8 m设立一水泥柱,柱高3 m,离地面60 cm开始设立3道铁丝。主干形整形的桃树,有上强下弱现象,对此可以采取一些技术措施予以纠正:一是冬剪时顶部留细弱果枝、下部留较壮的果枝作为牵制枝或当年夏季就培养好牵制枝条。二是疏果时上部适当多留果,下部适当少留果。三是注意加强顶端新梢的控制,可采取扭梢的措施或化控,对当年新梢及时扭梢使其水平或略下垂,进入盛果期后及时控制果枝上的新梢,防止其旺长;对较粗果枝拉枝使其下垂,抑制顶端优势,防止果枝前部冒条,促进其基部发枝;冬剪时疏除过大枝组或在夏季就采取摘心等措施防止主干上出现竞争枝,枝干比控制在(5~6):1。培育过程中可以应用摘心技术。摘心是在新梢旺长期摘除新梢嫩尖部分。摘心可以削除顶端优势,促进其他枝梢的生长。

第1年,当新梢40~50 cm时及时捋枝拿枝,个别强旺新梢要留2~3片叶(10 cm左右)重摘心;树高1.8~2.0 m、全树有30个左右优质新梢时应及时喷多效唑150倍液加以控制。

第2年，果枝上的新梢长度30～40 cm时，要喷施1遍150倍液的PBO或150倍液的多效唑；对果枝背上发出的过旺直立新梢，可将其疏除；对严重影响光照的新梢适当疏除。从继续向上生长的中干上发出的副梢，可按栽植当年树上新梢进行管理。秋季在中干顶端留1～2个粗壮的新梢（增粗枝），任其迅速生长并加粗，从而使主干迅速加粗，但要防止影响下部光照。

第3年以后，当新梢长到20～30 cm时，及时喷多效唑控制，对个别强旺新梢重摘心。桃树主干形要求冬季修剪要采用长梢修剪法，对所留果枝全部长放。一是冬剪时留果枝适量，一般每树留30～35个果枝即可；二是坐果后及时疏果，按平均每个果枝留0.5 kg果的原则进行留果，即大果型品种每个果枝留1～2个果，中果型品种留2～3个果，小果型品种留3～4个果；三是加强果园的肥水管理；四是注意树体的夏季控制，调节好结果和新梢生长的矛盾。

五、结果树管理

（一）冬季修剪

对于主枝、侧枝延长头，如果还没有达到预定高度或宽度，一般剪留30～40 cm让其继续延长和分枝。没有空间时，可利用下部强枝轮换回缩修剪。

对于结果枝，应注意在主枝、侧枝上配备大、中、小型结果枝组，在初果期以单枝和小枝组结果，中期以中、小型结果枝结果，后期以中、大型结果枝结果。

各类果枝的剪留长度，长果枝留5～10节，中果枝留4～5节；短果枝和花束状果枝过弱时只疏不短剪，并按距离保持一定数量。

结果枝修剪时，既要保证当年产量，又要考虑预备枝的培养，一般采用单枝更新和双枝更新的方法保证年年结果。单枝更新时用长、中、果枝留2～8节短剪；双枝更新时，一个行果枝剪留15～20 cm，使之结果，另一个留2～3个芽短剪，使其抽生长梢，作为预备枝，下年冬剪时，将结果的枝条疏除。

（二）生长季修剪

生长季修剪包括有抹芽、除萌、疏梢、摘心、扭梢等工作。

（1）抹芽除萌。抹掉内膛的徒长芽、剪口下的竞争芽、副梢基部的双生芽和一些弱芽。

（2）疏梢。疏去冠内膛的细弱枝、密生枝和无用的徒长枝。

（3）摘心。凡生长达35～40 cm以上的新梢，都可摘心。以促进其分枝，压低结果部位。摘心一般根据枝条生长强度，要进行2～3次。

（4）扭梢。对直立新梢和有空间的徒长枝在基部开始半木质化时可向下扭梢。

（三）花果管理

花果管理主要包括授粉和疏花疏果及定果、套袋等工作。

（1）授粉。可用人工授粉或壁蜂授粉，壁蜂授粉可按每株树一只蜂释放壁蜂。

（2）疏花疏果。成年树，枝条背上的花芽全部疏除，每隔15 cm留1个芽节的花。幼树花芽量少时，可不疏花，而在落花后15 d后，当桃果达玉米粒大小时进行第一次疏果。先疏双果、病果和圆形果，后疏密果和小果。疏密果时，要疏上下果，留两侧果。

(3)定果。当果实已膨大,可明显观察到大小果时,进行定果。果实留量可按 30 ~ 50 个叶片 1 个果预留。长果枝留 3 ~ 4 个,中果枝留 2 ~ 3 个,短果枝、花束状果枝和副梢果枝留 1 个,预备枝不留果。

(4)套袋。在定果后进行,主要防止病虫害和果面污染。可减少果皮叶绿素含量,促进着色。套袋果,应在采收前 10 d 除袋。

(5)摘叶。为促进着色,可在采收前 10 d,将果实周围 3 ~ 4 片遮光叶摘去。

六、环境管理

(1)扣棚与除膜。春提早栽培大棚可在 2 月下旬至 3 月上旬扣棚。温室扣棚应准确计算低温量是否满足,低温量满足后可扣棚。北方地区越靠北,扣棚时间可提前,越靠南扣棚时间应推迟,以郑州地区为例,低温需求量 500 h 的品种,可在 1 月上旬扣棚;600 h 的可在 1 月中旬扣棚;700 ~ 800 h 的可在 1 月下旬至 2 月上旬扣棚。秋延后大棚一般在 9 月下旬气温变冷时扣棚。温室在采收前 10 d 应逐渐把棚膜除去。

(2)温度及湿度。从开始升温到萌芽,日平均温度调控在 5 ~ 10 ℃,白天最高温不超过 28 ℃;温度太高,升温过快,会导致花芽萌发过快,缩短胚珠的发育期和使胚囊败育,从而使桃树只开花不结果。夜间温度高于 0 ℃,湿度控制在 80%。从萌芽至开花,日平均温度控制在 10 ~ 15 ℃,最高不超过 28 ℃,最低不低于 6 ℃。花期适宜温度为 12 ~ 15 ℃,最高不超过 22 ℃,最低不低于 5 ~ 7 ℃。相对湿度在 50% ~ 60%。坐果至果实成熟期温度应控制在 15 ~ 24 ℃,最高不超过 25 ℃,最低不低于 10 ~ 15 ℃。相对湿度应控制在 60% 以下。

(3)气体调控。在新梢旺长期开始后应通过换气和增施二氧化碳气肥增加棚室内二氧化碳的含量。

(4)肥水管理。施肥以秋季施基肥为主。追肥可结合浇水施入土壤,可在萌芽前、果实膨大期、采收后分别追一次肥,也可叶面喷肥,每隔半月一次。

七、病虫害防治

桃树的病虫害较多。主要病害有桃缩叶病、细菌性穿孔病、果实炭疽病、疮痂病、褐腐病及枝干流胶病等,主要虫害有红颈天牛、桃蛀螟、梨小食心虫、桃蚜、桑白蚧、叶蝉和刺蛾等。

(1)褐腐病。彻底清除已感病的果实;春季萌芽前喷 4 ~ 5 波美度石硫合剂;落花后 10 d 喷 0.3 波美度石硫合剂一次,花萼脱落后再喷一次;采收前 1 个月喷一次多菌灵可湿性粉剂 1 000 倍液,或 75% 的百菌清可湿性粉剂 500 ~ 800 倍液,或 25% 嘧菌酯悬浮剂 1 500倍液,或 32.5% 苯甲 · 嘧菌酯悬浮剂 1 500 倍液,或 50% 异菌脲悬浮剂 1 000 倍液,或 21% 过氧乙酸水剂 300 倍液,或 43% 戊唑醇悬浮剂 4 500 倍液,或 54.8% 氯溴 · 中生 · 辛菌水剂 600 倍液。

(2)桃穿孔病。桃穿孔病有细菌性和真菌性两种,均以危害叶片为主。冬季清除落叶、病枝;在芽刚萌动未展叶前,喷一次 2 ~ 3 波美度石硫合剂;发芽后一个月,在病害发生初期喷施 65% 代森锌可湿性粉剂 500 倍液 2 ~ 3 次,可兼治多种穿孔病,或喷施 45% 噻菌灵悬浮剂(特克多)2 000 倍液,效果也较好。细菌性穿孔病用农用链霉素 50 ~100 mg/L 或 20% 噻菌铜悬浮剂 500 ~700 倍液均匀喷雾,或 40% 噻唑锌悬浮剂 600 ~1 000 倍液均匀喷雾,或 8% 宁南霉素水剂 2 000 ~3 000 倍液等均匀喷雾防治。褐斑病穿孔病,可用 70% 甲基硫菌灵可湿性粉剂 1 000 倍液,或 40% 氟硅唑乳油 4 000 ~6 000 倍液,或 10% 苯醚甲环唑水分散粒剂 1 000 倍液 +75% 百菌清可湿性粉剂 600 ~800 倍液,或 10% 氟嘧菌酯乳油 2 000 ~4 000 倍液,或 50% 己唑醇悬浮剂 800 ~1 000 倍液,或 75% 肟菌酯·戊唑醇水分散粒剂 4 000 ~6 000 倍液,或 25% 吡唑醚菌酯 1 500 ~2 000 倍液等药剂交替使用喷雾防治。共 2 ~3 次,每隔 15 d 喷一次。

(3)桃缩叶病。典型的单循环病害,只在早春侵染一次而没有再侵染,为此,缩叶病的预防,重点是清除越冬菌源。春季桃芽开始膨大时,是防治桃缩叶病的关键时期。桃芽膨大而尚未绽开时喷布 5 波美度石硫合剂,严重时在展叶后再喷 0.3 波美度石硫合剂;及时摘除病叶、病梢烧毁,减少病源;发病初期喷布以下药剂:10% 苯醚甲环唑水分散粒剂 2 000倍液,75% 百菌清可湿性粉剂 600 倍液,或 70% 甲基托布津可湿性粉剂 700 倍液,或 70% 代森锰锌 500 倍液,或 50% 悬浮硫 600 倍液,或 50% 多菌灵 800 倍液。

(4)桃炭疽病。主要危害果实和新梢。流行时造成幼果严重落果,成熟期大量烂果,给生产造成重大损失。套袋可避免病菌侵染,减少用药次数。幼果期喷 0.3 ~0.4 波美度石硫合剂,或 32.5% 苯甲·嘧菌酯悬浮剂 1 500 倍液,或 25% 多菌灵 400 ~500 倍液,或 75% 托布津 1 000 倍液,或 10% 苯醚甲环唑 2 000 倍液,或 70% 丙森锌可湿性粉剂(安泰生)800 倍液,均能有效地防治该病。

(5)桃流胶病。主要从加强管理、增强树势入手,做好树体保护工作。初冬时,首先要对树盘或行内土壤翻耕,以杀灭在地下越冬的病菌和害虫,同时刮除主干和主侧枝的流胶硬块、腐烂皮层,再用杀菌剂涂抹枝干,目的就是清园消毒;到了春天,等桃树开花后,用药剂喷洒数次,若已发生流胶,则先刮后涂喷。冬春季清洗剂可于 3 月下旬至 4 月中旬结合防治其他病害,喷施 72% 农用硫酸链霉素 4 000 ~5 000 倍液、50% 多菌灵 800 ~1 000 倍液或甲基托布津 1 000 ~1 500 倍液等药进行防治。5 月上旬至 6 月上旬、8 月上旬至 9 月上旬是侵染性流胶病的两个发病高峰期,在每次发病高峰期前夕,选用 50% 异菌脲可湿性粉剂 1 500 倍液,或 50% 腐霉利可湿性粉剂 2 000 倍液,或退菌特 50% 可湿性粉剂 800 倍液,或 70% 代森锰锌可湿粉剂 500 倍液,或 80% 炭疽福美可湿粉剂 800 倍液喷洒防治,每隔 10 ~15 d 喷 1 次,连续防治 3 ~4 次。

(6)红颈天牛。5 月底即成虫发生前对主干及主枝分杈部位涂白(白涂剂用生石灰 10 份、硫黄粉 1 份、水 40 份加食盐少许制成涂剂),防止成虫产卵,又可防病治病;人工捕杀成虫,6 月在成虫集中出现期,特别是雨后晴天、中午前后在烂果、主干、主枝附近捕捉成虫。在生长期经常检查树干,发现幼虫危害时可进行钩杀或药杀。药杀方法简便,杀幼效果好。发现新鲜虫粪即将树干蛀道内幼虫挖出,用 40% 敌敌畏 100 倍液每孔注入 1 mL,或用棉球蘸敌敌畏原液少许塞入粪孔,或塞入 56% 的磷化铝片剂 1 ~2 片,然后用黄泥封严。

(7)桃蛀螟。桃蛀螟以幼虫蛀食为害,危害桃果时,从果柄基部蛀入果核,特别喜欢在两果处蛀入,蛀孔处常流出黄褐色透明黏胶,周围堆积有大量红褐色虫粪。桃蛀螟寄主植物多,年度间转移寄主明显,应坚持预防为主、综合防治的策略。①树干缠布条,结合冬季修剪彻底剪除枯桩干橛,挖、刮除树皮缝中的越冬幼虫,及时清理玉米秸秆和穗轴等越冬场所,消灭越冬虫源。②随时摘除虫果和拣拾落果。③设置频振式杀虫灯、糖醋液(糖1份+酒0.5份+醋1.5份)集杀成虫。④加强虫情观测,在桃园按梅花状取5点,挂上糖醋液或性引诱剂,5月中旬开始,每天早上捞取成虫,以日期为横坐标、成虫头数为纵坐标,画一曲线图,待高峰出现后的3~5 d都是有效的防治时期。在卵发生和幼虫孵化期喷布20%氯虫苯甲酰胺悬浮剂2 000~3 000倍液,或30%噻虫嗪·氯虫苯甲酰胺悬浮剂3 000倍液,或40%噻虫嗪·氯虫苯甲酰胺水分散粒剂3 000倍液,或14%氯虫·高氯氟微囊悬浮剂(福奇)3 000~5 000倍液,或20%氰戊菊酯乳油2 000~3 000倍液,或BT乳剂600倍液,或25%灭幼脲3号1 500倍液,或1%苦参碱1 000倍液,或10%氟氰菊酯乳油3 000~4 000倍液,均可达到良好效果。还可以把性引诱剂下的水碗换为糖醋液,能增加诱蛾量2~4倍。⑤果实套袋。产卵前用报纸或其他廉价纸把幼果简单套上,定果后再套专业袋。套袋前细致打一次杀虫杀菌剂。

(8)梨小食心虫。桃树发芽前,细致刮除老枝干、剪锯口、根颈等处的老翘皮,集中烧毁,消灭越冬幼虫;幼虫发生期,人工摘除被害虫果,并连续剪除被害桃梢,立即集中深埋。生物防治:在梨小卵发生初期,释放松毛虫赤眼蜂,每5 d放一次,共放5次,每亩每次放蜂量为2.5万头左右。药剂防治:根据田间卵果率和成虫监测调查,当卵果率达到0.3%~0.5%时,梨小成虫发生高峰期时,并有个别幼虫蛀果时,立即喷布35%氯虫苯甲酰胺水分散粒剂8 000~10 000倍液,或20%氯虫苯甲酰胺悬浮剂2 000~3 000倍液,或2.5%溴氰菊酯乳油2 500倍液,或1.8%阿维菌素乳油4 000~5 000倍液,或20%氟铃脲悬浮剂8 000~10 000倍液药杀幼虫,隔10~15 d再喷一次。也可在喷药后进行套袋防护。桃、梨混栽的果园,应加强桃园的防治工作。并在卵孵化末期,部分幼虫已蛀入嫩梢时,细致喷布5波美度石硫合剂,或菊酯类药,杀死嫩梢中的幼虫及初孵化的幼虫。

(9)蚜虫。危害桃树的蚜虫主要有桃蚜、桃粉蚜、桃瘤蚜。桃蚜有趋黄性,可悬挂黄板或给枝干涂上黄油、机油诱集捕杀;防治桃蚜于桃树大蕾期至5%花芽开放时,喷布20%螺虫乙酯呋虫胺悬浮剂2 000~3 000倍液,或50%吡蚜酮水分散粒剂3 000倍液,或10%吡虫啉可湿性粉剂3 000倍液,或25%噻虫嗪水分散粒剂1 000~2 000倍液,或者25%噻虫嗪2 000倍液,或50%氟啶虫胺腈水分散粒剂(可立施)15 000~20 000倍液,或24.7%噻虫嗪·高效氯氟氰菊酯微囊悬浮剂1 500倍液,使用时注意交替使用。落花后20 d再喷一次;对周围的寄主作物要进行防治;早春在桃芽萌动,越冬卵孵化盛期是防治桃蚜的关键时期,春季产卵盛孵期喷布22.4%螺虫乙酯悬浮剂3 000~4 000倍液,3%啶虫脒乳油1 500~2 000倍液,或50%乙酸甲胺磷乳油500~1 000倍液,或10%氯氰菊酯乳油1 000~1 300倍液,均可收到较好的效果。

防治桃粉蚜,芽萌动期喷药效果最好。由于身被白粉,为害期喷药,在药液中加入表面活性剂(0.1%~0.3%的中性洗衣粉或0.1%有机氟助剂害立平溶液),增加黏(展)着力,可以提高防治效果。

为害期的桃瘤蚜迁移活动性不大,因此及时发现并剪除受害枝梢烧掉是防治桃瘤蚜的重要措施。桃瘤蚜在卷叶内为害,叶面喷雾防治效果较差,喷药最好在卷叶前进行,或喷洒内吸性强的药剂以提高防治效果。芽萌动期，用5%高效氯氰菊酯乳油2 000倍液，或20%氰戊菊酯乳油3 000倍液，或30%氰戊·马拉松乳油2 000倍液喷“干枝”。

（10）桃山楂叶螨。山楂红蜘蛛在大发生时期，常群集于叶背和初萌发的嫩芽上吸食汁液。叶片受害后呈现失绿黄色斑点，逐渐扩大成红褐色斑块，严重时，整张叶片变黄，枯焦而脱落，甚至造成二次开花，消耗树体大量养分，影响光合作用，导致树体衰弱。当年果实不能成熟，而且还影响花芽形成和翌年果实产量。①人工防治：结合冬季修剪和刮树皮，彻底剪除枯桩、干橛，刮除粗老翘皮。春季发芽前在主干、主枝基部涂胶粘剂一周，黏着出蛰的雌成虫。②芽前、花后防治：在山楂叶螨发生量大、为害严重的果园，于芽开绽前周到细致地喷洒5波美度石硫合剂，或在花前或花后喷洒50%硫黄悬浮剂200～400倍液，消灭越冬虫体。③生长期防治：在7月底以前，每百片叶活动螨数达400～500头时即需进行喷药防治。可选用5%甲氨基阿维菌素苯甲酸盐4 000倍液，或5%哒螨灵悬浮剂1 000～1 500倍液，或15%速螨酮乳油1 500～2 000倍液，或22.4%螺虫乙酯悬浮剂4 000～5 000倍液等。需多次用药时，应轮换、交替使用农药，每种农药每个生长季节使用不超过2次。在实际生产中，在收麦前要打一遍防红蜘蛛的药，把其控制在前期虫口密度小的阶段。

第三十二章 李 子

第一节 概 述

一、李子的营养

李子别称嘉庆子、玉皇李、山李子,为蔷薇科李属植物,落叶乔木,核果类果树,我国的长江流域、黄河流域均为李子的原产地。我国栽培已有3 000多年历史。栽培范围广、品种多,多属中国李、欧洲李和美洲李三大类。叶长椭圆形至椭圆状倒卵形,有锯齿。花白色,果实圆形,果皮紫红、鲜红、青绿或黄绿,李子果实色泽鲜艳,酸甜可口。李子营养丰富,且形、色、香、味俱全,含糖量7%~17%,酸0.16%~2.29%,蛋白质、维生素C含量较高,李子果实既可生食,又可加工成果汁、果脯等。据有关资料,100 g李子的果实含糖7~17 g、酸0.16~2.29 g、单宁0.15~1.50 g;李子中还含有蛋白质、脂肪、胡萝卜素,维生素C1、B1、B2,钙、铁、磷等矿物质,以及17种人体需要的氨基酸等。李子亦有较高的药用价值,有清热利水、活血祛痰、润肠等作用,李子仁含油率高达45%。李子仁油是重要的工业润滑油之一。

杏李属蔷薇科木本果树,是美国果树育种专家通过杏、李种间多代杂交培育成的水果品种。杏李形态特征和生物学特性与李相似,果实具有杏和李的基因,不但具有杏的香味、李子的甜味,而且果形也有较大的变化。美国杂交杏具有特有的浓郁芳香味,果实含糖量比杏、李品种都高得多,是市场前景好的新兴水果种类之一。

二、生物学特性

(一)植物学性状

(1)根系。李树的根系多分布于距地表5~40 cm的土层内,但由于砧木种类不同,根系分布的深浅有所不同。毛樱桃为砧木的李树根系分布浅,0~20 cm的根系占全根量的60%以上,而毛桃和山杏砧木的分别占49.3%和28.1%。水平根的分布通常比树冠大1~2倍。

一般李树根系没有自然休眠期,温度适宜的情况下,一年内均可生长。当土温达到5~7 ℃时,即可发生新根,15~22 ℃为根系活跃期,超过22 ℃根系生长减缓,达到35 ℃以上时,根系停止生长。一般幼树一年中根系有三次生长高峰,分别在春季、新梢旺长后和秋季采果后。而结果树仅有两次生长高峰。

(2)枝梢。李子树的枝分为营养枝和结果枝。旺的营养枝也称发育枝,叶腋一般只着生叶芽,但有时也有少数花芽,一般不能坐果。中国李的花束状果枝和短果枝结果稳定,长果枝、徒长枝坐果较差。欧洲李、美洲李长、中、短果枝均可结果,修剪时,应对不同品种的李子树区别对待。李干性较强，在自然生长条件下有明显中干。

①营养枝。营养枝一般指当年萌发形成的新梢。幼树期，新梢年生长量较大，可达1 m以上。进入结果期后，新梢生长减缓，结果枝比例增大。

②结果枝。李树的结果枝按其长度可分为长果枝、中果树、短果枝和花束状果枝四种。长果枝（>30 cm）是幼树主要的结果枝，其上多为复花芽。中果枝（15～30 cm）上部和下部多为单芽，中部多为复花芽；短果枝（5～15 cm）上多为单花芽，是李树主要的结果枝。花束状果枝（<5 cm）除顶芽为叶芽外，其下排列的都是花芽，也是李树主要的结果枝。

长果枝、中果枝、短果枝上均可形成花束状果枝。当花束状果枝的营养状况得到改善时或受到某种刺激时也可转变成为短果枝或中果枝。

（3）芽。李子树的芽分为叶芽、花芽两种。叶芽着生于叶腋和枝顶，花芽只着生于叶腋。一个叶腋内可单生一个花芽或一个叶芽，也可花芽叶芽并生称为复芽。中国李中、长果枝的复花芽多数中间为叶芽，两边为花芽，美洲李、欧洲李多为单芽。李芽具有早熟性，幼旺树一年内新梢可有2～3次生长并可发生副梢（但副梢发生量少于桃）。李萌芽力强（可高达90%左右），成枝力弱。中国李隐芽寿命长，萌发力强，故更新容易。欧洲李、美洲李则较难。此外，李树还具有潜伏芽，当年不能萌发，受到外界刺激后极易萌发，可用于更新树冠。

（4）花。李树的花大多数为完全花，少数发生雌蕊退化。春季每个花芽可开1～5朵花。

（5）果实。李果属核果，由外果皮、中果皮、内果皮和种子组成。果实发育过程中表现为典型的双“S”曲线，明显可分为四个时期，即幼果膨大期、硬核期、第二次迅速生长期和成熟期。

（二）对环境的要求

（1）对温度的要求。李树对温度的要求因种类和品种不同而异。一般来讲，中国李、欧洲李喜温暖湿润的环境，而美洲李比较耐寒。不同品种对温度的要求也不同，我国北部寒冷地区的绥棱红、绥李3号等品种，可耐－35～－42 ℃的低温；而南方的芙蓉李等则对低温的适应性较差，冬季低于－20 ℃就会受到冻害。李树不同发育阶段对温度的要求不同，如花期最适宜的温度为12～16 ℃。幼果期可忍受－0.5～－2.2 ℃低温。

此外，李树通过自然休眠需要一定时段的低温积累。如中国李一般需要700～1 000 h，大石早生需要940 h。

（2）对水分的要求。欧洲李喜湿润环境，中国李则适应性较强。毛桃砧一般抗旱性差，耐涝性较强，山桃砧耐涝性差、抗旱性强，毛樱桃砧根系浅，不抗旱。

（3）对光照的要求。李树为喜光树种，通风透光良好的情况下，果实着色好，糖分高；枝条粗壮，花芽饱满，但对光照的要求不如桃那么高。

杏李形态特征和生物学特性与李相似，果实具有杏和李的基因，不但具有杏的香味、李子的甜味，而且果形也有较大的变化。

第二节　李子主要品种与特点

一、李子品种

(1)芙蓉李。主产福建福州、永泰等地。树冠开张,呈自然杯状形或自然圆头形;树势强壮,枝条开张,分枝密。果实近圆形,单果重52~75.7 g,果顶平或微凹;果实硬熟期果皮为黄绿色,果粉厚而多,呈银灰色,果肉橙黄色,肉质脆,甜酸适口;软熟期果皮和果肉为紫红色,肉质软而多汁,味甜可口,品质上等,黏核。7月中下旬成熟。

(2)日本早红李(大石早生)。由上海市农业科学院园艺所从日本引进早熟李品种,具有丰产、质优等特点,是日本的李主栽品种。幼树生长较旺,树姿直立,结果后逐渐开张,树冠呈自然圆头形。果顶尖,缝合线较深。果实卵圆形,平均单果重49.5 g,最大85 g。果实底色黄绿,果面鲜红色,果面有大小不等的黄褐色果点。果肉黄色,有红色放射状条纹,质细汁多,味酸甜适口,微香,糖酸比3.4∶1,黏核且核小,品质上等,可食率为97%。常温下可储存7 d。采前落果轻,果实成熟期一致。长势中庸,结果早,丰产,抗病性强,耐寒,耐旱。

(3)大石中生。日本品种。果实短椭圆形,平均单果重65.9 g,最大84.5 g,果面底色金黄,阳面着鲜红色。果肉乳白色,肉质致密,风味甜酸多汁,可溶性固形物含量13.0%。核小,黏核。丰产,抗寒,抗病。果实生育期比大石早生长20 d。

(4)五月脆(又名凤凰李)。是川西南地方李品种变异株系中优选而成的脆甜李新品种。果皮紫红色,果面有果粉,外形美观。平均果重50 g左右,最大果达70 g以上。果实脱骨脆甜。果肉细腻,皮薄脆甜,核小,离核,口感脆嫩多汁、清香化渣,味浓甜爽口,甜度可达到16度。采摘期长,由于果子硬度大,耐运输。特早熟,成熟时间6月中旬。

(5)黑琥珀。原产美国,由黑宝石李、玫瑰皇后李杂交选育而成。黑琥珀李子树干褐色,皮孔粗,不甚光滑。新梢绿色,老熟后棕红色。叶长卵形,叶面不平,呈明显波浪状起伏,具强蜡质光泽,叶柄红色。每花芽有2~3朵单花。树势中庸,比黑宝石李略强,树姿直立。萌芽力和成枝力均强,长、中、短果枝及花束状果枝均可结果,结果成串成堆,丰产性好,异花授粉结实力高,可用玫瑰皇后作授粉树,亲和性好,花期一致。

该品种极易成花,定植第二年开花株率100%,见果株率70%。果实扁圆形,平均单果重102.8 g,最大180 g。完全成熟时果皮黑紫色,果粉厚。果肉淡,核小,可食率99%,味甜香,品质上等,优于黑宝石李。

(6)莫尔特尼。由山东省农业科学院果树研究所从美国引进。果实中大、近圆形,平均单果重74.2 g,最大果重123 g。果顶尖,果面平滑有光泽,底色为黄色,着紫红色。果皮中厚,离皮,果粉少。果肉淡黄色,近果皮处有红色素,不溶质,肉质细,果汁中少,风味酸甜,单宁含量极少,品质中上等。可溶性固形物含量13.3%。黏核。果实6月下旬成熟,树势中庸,幼树结果早,极丰产。以短果枝结果为主。在自然授粉条件下,全部坐单果,故果实分布均匀。抗逆性强,抗寒,抗旱,耐瘠薄,对病虫害抗性强。

(7)黑宝石(布朗李)。原产自美国加州,引入我国后表现良好。果实圆形,平均单果重72.2 g,最大果重127 g。果皮紫黑色,果粉少。果肉乳白色、质硬而脆,汁多,味甜,可溶性固形物含量11.5%,可食率为98%。离核,核小。品质上等。果实9月上旬成熟。树势强健,花粉多,自花结实能力强,极丰产。栽后2年开始结果,4年进入盛果期。抗寒性强。此品种的特点是特别耐储运,在常温条件下可存放1个月,在低温下可储存6个月。

(8)蓝蜜李。即罗马尼亚李,果实卵圆形,平均单果重55 g,大果110 g,缝合线深,稍不对称,果面100%蓝黑色,果粉厚,灰白色,果皮厚,果肉黄绿色,硬韧,纤维少,果汁多,味甜,自花结果,丰产性好,8月成熟。

(9)盖县大李(美丽李)。沈阳农业大学和盖州市果树局在辽宁盖州发现大果型中早熟品种,树势中等,树冠半开张。果实圆形,整齐,端正,特大,单果重125 g,最大165 g。果皮红色,果点小而不明显,果粉少。果肉橘黄色,肉质细软,果汁较多,甜酸味浓而具香气,离核,可溶性固形物含量13.5%,品质极佳。果实较耐储运,适应性和抗病虫力较强,丰产、稳产。以中短枝和花束状果枝结果为主。果实发育期80 d左右,7月上旬成熟。是大石早生和大石中生的优良授粉品种。

(10)太后李。是陕西果树研究所选育的最新品种,7月底8月初成熟。果实圆形,果个特大,平均单果重205 g,最大果重315 g,果面着紫红色晕,全红,外观极美。果肉乳白,溶质,味甜,有香味,可溶性固形物含量13%,品质上乘。适应性强,丰产。由于果个特大,色彩艳丽,味甜香郁,李中独秀。

(11)红艳1号。山东省果树研究所从美国引进的86份种质材料中选出,早实丰产性强、着色艳丽、质优耐储、栽培适应性强、综合经济性状优良品种。果实中大,平均单果重75.40 g;果实心形,果形端正;缝合线中深、明显,两半部对称,梗洼深;果皮鲜红色,完全成熟时紫红色,果面光滑亮丽;果点黄白色,细小稍密;果皮中厚,果粉中多;果肉黄色,半溶质,质地细脆,果汁中多,可溶性固形物含量15.0%,果肉去皮硬度3.38 kg/cm^2,风味酸甜适口,品质极上。对土壤和气候条件要求不严格,适应范围广,生长稳定,坐果率高,易丰产,果实着色好。对细菌性穿孔病、早期落叶病也有较强的抗性。

(12)紫晶。山西省农业科学院果树研究所从意大利罗马果树所引进大果型李优良品种自然杂交种子,从实生后代群体中初选出优系93-1,自花结实性好、晚花、中晚熟、丰产的优良品种。干性强,长势旺。萌芽率高,成枝力弱。花期晚,可避开晚霜为害;易成花,花粉量大,自花结实性强,自然坐果率可达73.5%,成熟期中晚,丰产性好。果实圆形、紫红色,色泽艳丽,缝合线浅,两侧对称,果粉多,黏核,核小,肉厚,可食率高,果肉橘红色,酸甜可口、细腻多汁,纤维少,晶莹剔透,口感好,品质极上。抗逆性强,较抗细菌性穿孔病,病虫害发生较轻。

(13)红心李。系美国品种,果实7月上旬成熟。果实中大,单果重69.4 g,最大77 g;果实心脏形,果顶尖圆,果面棕色,果点大而明显;果肉血红色,肉质细嫩多汁,味甜、香气较浓、品质上等;可溶性固形物含量13%,黏核,核小,可食率97.3%。

该品种长势强旺,枝条粗壮直立,成枝力一般。以花束状果枝结果为主,异花授粉坐果率15%。较抗蟠类和蜡虫。定植后二年见果,三年见产,四年丰产,亩产1 658 kg。果实耐储藏,商品价值高。

(14)拉罗达李(Larodo)。系美国品种,果实8月上旬成熟。中大型果,单果重66.7 g,最大86.4 g;果实紫红色,有白粉,果卵圆形,顶部圆滑,两半部对称;可溶性固形物含量15.2%,果实汁液较多,甜酸爽口,风味上等;黏核,可食率93.1%;耐储运,在0~5 ℃条件下可储藏3个月以上。植株长势壮旺,枝条直立,树姿半开张,成枝力强。长果枝、短果枝和花束状果枝占结果枝的比例分别为55.2%、14.3%和26.0%;异花授粉坐果率24.5%,双果率占30.7%;栽后二年见果,三年丰产。该品种抗病力强,适于密植。

(15)蜜思李(Methley)。新西兰品种,为中国李和樱桃李的杂交后代,世界许多国家都广为栽培。该品种植株长势中庸,树姿开张,枝条紧凑,成枝力强。以长果枝结果为主。每花序2~3朵花,自花授粉坐果率为38.5%,坐双果和三果率达24.7%。该品种在密植条件下二年见产,三年丰产。果实于6月中旬成熟,单果重50.7 g,最大74.0 g。果实近圆形,果面紫红色,果粉中多,果点极小,不明显;果肉淡黄色,肉质细嫩,汁液丰富,酸甜适中,香气较浓,品质上等;果实可溶性固形物含量13.0%,总糖10.5%,总酸1.50%,糖酸比7:1;黏核,核极小,可食率达97.4%。

(16)玖瑰皇后李(QueenRosa)。美国品种,果实7月下旬成熟。大型果,单果重86 g,最大151.3 g。果形扁圆,顶部圆平;果面紫色,有果粉,果点大而稀;果肉金黄色,肉质细嫩,汁液较多,味甜可口,品质上等;离核、核极小;耐储运,在0~5 ℃条件下可储藏2个月以上。植株长势强旺,枝条直立,分枝角度小,着生较密,成枝力较强,短枝多。以花束状果枝结果为主。异花授粉坐果率12.5%。栽后三年见果,四年丰产。该品种进入盛果期应疏果以增大果个。

(17)澳得罗达李(Eidorsd)。系美国品种,果实7月下旬成熟。单果重52.1 g,最大83 g,果形扁圆,顶部平圆;果面鲜红色,无果点、果粉;果肉金黄色,质细,不溶质,品质上等;离核,核小;极耐储运,在0~5 ℃条件下可储藏3个月以上。植株长势强旺,枝条直立,短枝量多,花束状果枝着生较密,成枝力较强。以花束状果枝和短果枝结果为主,自花授粉坐果率为29.8%,坐双果和三果率达62.2%,结果成串;栽后二年见果,三年丰产,亩产1 000多千克。栽培上宜注意重截,并疏果以增大果个。

(18)鸡蛋李。山西省农科院果树研究所李杏课题组于1992年选择从意大利罗马果树所引进的李优良品种Susino precoce del Italia种子作亲本,进行实生选种。果实卵圆形,果面覆蓝色果粉,外形美观;采收期果实可溶性固形物含量15.4%,单糖6.4%,双糖4.3%,总糖10.71%,含糖量显著高于对照品种扎克、澳大利亚14号、玉皇李等品种,口感甜脆,果肉厚,核小,可食率达97%;3月中旬开始萌芽,4月上中旬盛花,8月中旬果实成熟。具有花期晚、抗晚霜、果个大(单果均重为66.85 g)、采前不落果、采收期长、适应范围广等优点,而且鲜食、制干均宜。果实8月中旬成熟,货架期较长,常温下可储藏10~15 d。授粉品种以扎克(意大利品种,属欧洲李品种系统)为佳。盛果期平均株产28 kg,单产可达1 540 kg/亩。

(19)长李15号。果实扁圆形,平均单果重50 g,最大果重90 g;果顶平,稍凹入,缝合线深,两侧对称;果面底色绿,着紫红色,果粉多;果肉淡黄色,肉质致密,汁液中多,风味酸甜,有香气,可溶性固形物含量12%;半离核;品质上。果实发育期70 d左右,昌黎地区成熟期为6月底。树势较强,萌芽率高,成枝力中等,极易成花,坐果率高。适应性广,抗逆性、抗病性都强,是早熟、丰产的优良品种。

(20)牛心李。美洲李品种。果实呈圆形或椭圆形,平均单果重35 g。果皮深红色。缝合线浅,果粉较厚,果柄长。果肉淡黄色,肉质致密,果汁多,味酸甜,有香气,品质中上。在北京地区7月上中旬成熟。自花能结实,坐果率高。极抗寒,结果早,丰产性好,但对土壤要求较高,不耐瘠薄。

(21)玉皇李。树姿开张,斜生枝多,萌芽力、成枝力均强。叶片宽大平展,呈长倒卵圆形。果实圆形,单果重42~45 g。顶部微凸,果柄细长,果皮黄色,果粉三等。果肉黄色,汁多,味酸甜,品质优良,7月上中旬成熟。

(22)红布霖。果实圆球形,大果型,均果重139 g,果面呈紫红色,外观鲜艳,果肉淡黄色,肉质脆硬,味甜酸适中,充分成熟后红色素深入果肉,有香气,品质较好。7月下旬至8月上旬成熟,栽培时应选盖县大李、澳得罗达、黑宝石等品种作为授粉树。

(23)冰糖李。树势较弱,树姿开张。新梢有明显的单轴二次生长。二次枝生长不充实,易受冻害。结果部位多在一次枝基部15 cm内。果实长圆形,顶部略尖。果小,平均单果重25 g,果皮薄,粉红色,果肉黄绿色,离核,甘甜爽口,品质上乘,8月下旬成熟。

(24)晚秋红李。日本品种,9月上旬成熟,平均单果重150~210 g。全果鲜红色,果肉黄色致密,多汁,离核,核极小,可食率99%。果实风味香甜浓郁,品质极上,适合国内人口味。耐储运,冷库保存可放置至元旦、春节,是供应中秋、国庆两节的精品礼品。栽植后二年可以挂果,四年进入丰产期,亩产可达到2 500 kg以上。

(25)大石晚生。引自意大利,9月成熟,平均单果重100 g左右,最大果重120 g以上。果实圆尖形,果色紫红色,果肉黄色致密,有光泽,较抗寒,多汁,果肉脆甜,果核极小,可食率特高,是供应中秋、国庆的最佳礼品,冷库储存可放至元旦、春节。树势较强,生长较快,三年进入丰产期,亩产可达到2 500 kg左右。

(26)西梅。9月成熟,单果重60~100 g,果实为卵圆形或椭圆形,果实基部有乳头状,形似宝葫芦。果皮深紫红色,果肉乳黄色,味酸甜,风味极佳,品质特好,可溶性固形物含量20%以上。核小,果肉硬,极耐储运,常温下可储存20~30 d,冷库可储存3个月以上。三年挂果,四年丰产,亩产2 000 kg左右,是目前国内有发展前途的品种之一。

(27)红喜梅。平均单果重75 g,大果150 g左右。玫瑰红色,果皮后,果实卵圆形,果肉淡黄色。肉质细韧,汁液少,味甜,有香气,纤维少而细,品质优,可溶性固形物含量18.5%,高达20%以上,离核,可食率高。丰产性强,耐储运,可制干。果实8月中旬左右成熟,地区不同,成熟期略有不同。

(28)黄甘李1号。河南省2015年认定的李优良品种,果实近圆形,果顶稍歪,果实较大,平均单果重量65.4 g,最大73.3 g。果实可溶性固形物含量13.7%,总酸含量0.95%,总糖含量6.78%。成熟时果皮黄色,阳面红色,充分成熟后为樱桃红色,果顶稍平而微凹,缝合线深广,皮薄,果粉中多,果点椭圆形,小而密集。定植后3年结果,第4年平均株产30 kg,每亩产量1 350 kg,5年生平均株产50 kg,每亩产量达2 250 kg。第6年进入盛果期,平均株产56 kg,每亩产量达2 520 kg。

二、杏李种间杂交品种

(1)风味玫瑰。中国林业科学研究院经济林研究开发中心引进筛选出的杏李种间杂交新品种。异花授粉品种,自花结实率较低。极早熟。李基因占75%。果实扁圆形,平均单果重95.3 g,最大单果重150 g以上。成熟后果实紫红色,果皮易剥离,果肉鲜红色,质地细,粗纤维少,果汁多,风味甜,具有浓郁的玫瑰花香味,品质极佳。可溶性固形物含量15.2% ~18.5%,含糖量17.2% ~18.5%。2月下旬始花,3月上中旬盛花,5月9日果实开始着色,5月下旬至6月中旬果实成熟;早果,丰产、稳产,耐储运。苗木栽植后2 ~3年结果,第4 ~5年进入盛果期,果实发育日数75 ~85 d。盛果期株产25 ~35 kg,每亩产量1 800 ~2 500 kg。抗病性强,需冷量低,极早熟,适应性强。常温下可储藏15 ~20 d。授粉品种为'味帝'、'恐龙蛋',主栽品种与授粉品种的配置比例为5∶1,一般露地栽培行株距4 m×3 m、4 m×2 m,每亩栽植55 ~84株;保护地栽培行株距2 m×1.5 m、1.5 m×1 m,每亩栽植222 ~445株。早春将风味玫瑰杏李树的主干和大枝用涂白剂(按照质量百分比水10份,生石灰3份、食盐0.5份、石硫合剂原液0.5份、动物油少许配制而成)涂白,在花芽微露白时,对整个树体再喷10%的石灰水,可推迟开花3 ~5 d,风味玫瑰与授粉品种的花期可基本调整一致。该品种总的评价是能自花结实,果皮较厚,果味特优,成熟最早。

(2)恐龙蛋。中国林业科学研究院经济林研究开发中心引进筛选的杏李种间杂交新品种。果实近圆形,表面被白色蜡质果粉,果顶圆平,侧沟不明显,缝合线浅。平均单果重126.0 g,最大单果重199.0 g,果皮淡红色,果肉粉红色,肉质脆,黏核,汁液多,粗纤维少,香气浓,风味甜,品质极佳;可溶性固形物含量15% ~20%。生长势旺,萌芽率高,但成枝力弱。自花结实率低,需配置适宜授粉树,花朵坐果率40%以上。苗木栽植后第2 ~3年结果,第4年进入盛果期。开花期3月上中旬,果实6月上旬开始着色,着色期30 ~50 d,丰产性最强,平均株产33.6 kg。果实成熟期8月上中旬,每亩产量2 000 ~2 500 kg。适宜的授粉品种是'味厚'、'味帝'等杏李种间杂交新品种,恐龙蛋与授粉品种的配置比例为5∶1。

(3)味帝。是中国林业科学研究院经济林研究开发中心引进筛选出的杏李种间杂交新品种。早熟品种。果实圆球形或近圆球形,平均单果重106.0 g,最大单果重152.0 g,果皮带有红色斑点;果肉鲜红色,肉质细,汁液多,香气浓郁,风味极甜,品质极佳;可溶性固形物含量14% ~19%;开花期3月6 ~19日,叶芽萌动期3月上旬,果实成熟期6月10 ~15日,果实发育期85 d左右。果实成熟期6月上旬至6月中旬,每亩产量2 000 ~2 500 kg。苗木栽植后第2年结果,第4年进入盛果期,平均株产30.6 kg。适宜树形是自然开心形或两层疏散开心形。适宜授粉品种是'风味玫瑰'、'恐龙蛋'等杏李种间杂交新品种,授粉品种所占比例为20% ~25%。该品种成枝力强,长势旺,萌芽率高,产量低,原因是花粉干瘪无粉,雄性不育,若能做好授粉,也是质优、丰产的早熟品种。

(4)味厚。中国林业科学研究院经济林研究开发中心引进筛选出的杏李种间杂交新品种。晚熟杏李品种。果实圆形,平均单果重126 g,最大单果重203 g,果肉橘黄色,肉质细,离核,粗纤维少,汁液多,风味甜,香气浓,品质极佳;可溶性固形物含量15% ~18%;

开花期 3 月 9～25 日，果实 6 月 10 日开始着色，8 月下旬至 9 月上旬成熟，果实发育期 150 d 左右；丰产，每亩产量 2 000～2 500 kg。适宜授粉品种是'恐龙蛋'、'味帝'等杏李种间杂交新品种，味厚与授粉品种的配置比例为 5∶1。易早期落叶，生理落果最为严重（高达 80%），虽然果肉硬，晚熟（8 月下旬），但风味一般。

（5）味馨。中国林业科学研究院经济林研究开发中心引进选育的杏李极早熟品种。果实香味浓郁，风味甜，含糖量高。果实圆形或近圆形，平均单果重 43.0 g，最大单果重 68.0 g，果皮黄红色，果顶平，缝合线明显，中深。果实两半部对称，梗洼浅，果柄短。离核，平均单仁重 0.71 g。果肉橘黄色，香味浓，风味甜，品质上等。可溶性固形物含量 14%～18%。果实在室温下可储藏 5～7 d，在 2～5 ℃冷藏条件下可储藏 1 个月。开花期 2 月下旬至 3 月上旬，叶芽萌动期 3 月上旬至中旬，展叶期为 3 月中旬至下旬，果实 6 月上旬成熟，与对照杏品种金太阳同期成熟，果实发育期 75～85 d。自花结实率在 80% 以上。授粉品种'风味玫瑰'，配置比例 1/4。抗倒春寒，花期遇 －2 ℃以下低温或降雪天气，仍能正常结实。苗木栽植第 2 年结果株率%，株产 4～6 kg。4～5 年进入盛果期，极丰产，盛果期树每亩产量 2 500～3 500 kg。

（6）风味皇后。属杏和李的杂交种。果实扁圆形，平均单果重 93 g，最大 132 g，果皮橘黄色，果肉金黄色，离核，粗纤维少，质地细，味甜，香气浓，口感好。果实含糖量 20% 左右，可溶性固形物含量 20%。富含维生素 A、C 和 β－胡萝卜素。常温下可储藏 28 d 左右，2～5 ℃低温下可储藏 5～6 个月。树形采用两层疏散开心形。易形成花芽，自花结实率不高，需配置授粉树，可用'味帝'、'味厚'品种作授粉树，配置比例以 10%～15% 为宜。栽后第 2 年开始挂果，结果株率 100%，株产 8～10 kg；4～5 年进入盛果期，亩产量可达2 450 kg。成熟期为 7 月下旬。果实发育期 100 d。

（7）味王。中国林业科学院经济林研究开发中心引进杏李种间杂交品种。果实近圆形，纵径 5.2～6.6 cm，横径 5.1～6.3 cm，平均单果重 92 g，最大单果重 145 g。成熟后整个果皮紫红色，有蜡质光泽，果顶稍尖突起，似桃形，缝合线明显，中深，梗洼深。离核，果肉呈红色，肉质细，粗纤维少，汁液多，风味极甜，味王的果实含糖量比风味皇后、味馨等其他杏李品种果的含糖量都高，可溶性固形物含量 18%～20%。树势弱，发芽率中等，成枝力弱，以花束状和中、短枝结果为主。3 月 5～8 日萌芽，3 月 20 日左右开花，3 月 12～20 日展叶，4 月初开始抽枝，7 月初果实开始着色，8 月中旬果实成熟。果实发育期 140 d 左右。按 4∶1的比例配置授粉树。

第三节　李子树高产栽培实用技术

一、苗木培育

李子树苗木的培育与其他果树一样，大都采用嫁接繁殖，育苗程序也同其他果树类似。李子树在生产上普遍应用嫁接繁殖法，常用芽接或枝接。常用的砧木有毛桃、山桃、扁桃、杏和李子等砧木。毛桃和山桃与李子树的亲合力强，嫁接苗生长快，耐旱，结果早，丰产。特别是山桃砧的李子树抗寒力较强。缺点是这两种砧木都不耐低洼黏重土壤，易得根头癌肿病，嫁接部位过高时有“大脚”现象。

李砧（共砧）对低洼黏重土壤的适应性强，根头癌肿病发生较少，但极易发生根蘖。另外，李子树多数品种的种子发育不良，出苗率低。

近年来，有人用毛樱桃和欧李作李子砧木，表现出早果、矮化、丰产的特点。

苗木培育即先将砧木种子精选、沙藏，于3月上中旬播种，出苗后及时中耕、松土锄草、施肥浇水、预防病虫害。待砧木苗长到50～60 cm时进行摘心，促进加粗生长，7月中下旬即可芽接。翌年3月上旬，从接芽上部剪掉砧木。接芽萌发后及时除萌蘖，设支柱，加强肥水管理和防治病虫害，秋季落叶后即可出圃。

李子树可采用分株和扦插繁育苗木。分株是利用根蘖，移栽在苗圃中，培育成砧木苗，再行嫁接。扦插法既可培育砧木苗，也可直接培育果苗。具体方法是于5月采取优良品种的嫩枝，用250 mg/L的萘乙酸处理1 h，随后插入露地苗床，塑料棚保湿，6月即可生根，生根率达80%以上，移栽成活率可达90%。

二、园地选择与设计

李子树的适应性强，对栽植地要求不严格，无论丘陵、平川、河滩和山地都可栽培。但是要使李子树达到优质、丰产的目的，栽植地的选择也是十分重要的。园地应选择地势平坦、排灌条件良好、土层深厚、土壤肥沃、pH值5～8的土壤为好。此外，为生产绿色无公害水果，选址时还应注意园地周边水质、空气、土壤的污染情况。

三、栽植密度

一般在地势平坦、土层较厚、土壤肥力较高、气候温暖的地区建园，栽植密度可大些。株行距可为3 m×4 m或3 m×5 m，每亩栽植45～55株。也可以进行高密度栽培，株行距为1.5 m×2.5 m，待6～8年生时，隔行去行，或隔株去株，以此栽植方式提高前期单位面积产量，提高土壤利用率。山地、河滩地、肥力较差、干旱少雨的地区建园，栽植密度要小些，株行距为2 m×3 m或2 m×4 m，每亩83～111株。机械化管理水平较高的地区，也可以采用带状栽培，栽植株行距为(1.5～2) m×4 m。

四、栽植前准备

（一）整地

园地规划后要进行土地平整。平原地区如有条件应进行全园深翻，并增施有机肥。深翻40～60 cm即可。如无条件则挖定植沟或穴，沟宽或穴直径80～100 cm，深60～80 cm，距地表30 cm以下填入表土＋植物秸秆＋优质腐熟有机肥的混合物，沙滩地有条件时在此层加些黏土，以提高保肥保水能力；距地表10～30 cm处填入腐熟有机肥与表土的混合物，0～10 cm只填入表土。填好坑或沟后灌一次透水，使定植坑沉实。平原低洼地最好起垄栽植，行内比行间高出10～20 cm，利于排水防涝。

（二）苗木处理

栽植前对苗木应进行必要的处理，如远途运输的苗木，如有失水现象时，应在定植前浸水12～24 h，并对根系进行消毒。对伤根、劈根及过长根要进行修剪。栽前根系蘸1%

的磷酸二氢钾,有利于发根。

五、栽植

北方地区有春栽和秋栽两个时期。习惯上多进行春栽,如果是就近取苗,最好是顶芽开始活动前栽植为宜,这时,地温已开始回升,栽后根生长快,伤根也易恢复,地上部萌芽迅速,对成活和早期生长均有好处。3 月上旬或中旬栽植较为适宜。实践证明,晚秋栽植后卧倒埋土效果也较好,具体时间为 11 月上旬,此时空气湿度相对较高,挖苗、运苗都比春季失水少,且栽后土温仍较高,根系容易恢复。栽后灌足水,待土壤稍干将枝干卧倒埋土,注意枝头朝一个方向,以利春季出土时减少伤苗。埋土厚度 15 ~ 20 cm 即可,沙地应稍厚些,如埋土后天气干旱,则应补灌一次水。

从土地和光能充分利用及有利于机械操作等方面考虑,选择适宜的栽植方式,即正方形栽植、长方形栽植、带状栽植、三角形栽植、丛状栽植和等高线栽植。平地多采用长方形栽植,山坡地多用等高线栽植。

栽植时要注意三点:一是让根系舒展开,分布均匀,填土踏实,根与土壤充分接触;二是栽植不能过深,将根颈与地面相平;三是栽后尽快灌水;四是合理配置授粉树。日本宫田 4 号品种花粉量大,花粉成熟时易散落,可作为大果李子的优良授粉品种。利用日本宫田 4 号等作授粉树,可解决盖县大李、美国紫李、日本红李等大果李子自花不育的问题。

六、栽植后当年的管理

生产上多用春栽,春栽后应进行以下管理:

(1)扶苗定干。定植灌水后往往苗木易歪斜,待土壤稍干后应扶直苗木,并在根颈处培土,以稳定苗木,苗木扶正后定干,高度 80 ~ 100 cm。

(2)补水。扶正苗木后再灌水一次,以保根系与土壤紧密接触。

(3)铺膜。可以提高地温,保持土壤湿度,有利于苗木根系的恢复和早期生长。铺膜前树盘喷氟乐灵除草剂,每亩用药液 125 ~ 150 g 为宜,稀释后均匀喷洒于地面,喷后迅速松土 5 cm 左右,可有效地控制杂草生长。松土后铺膜,一般每株树下铺 1 m^2 的膜即可。如密植可整行铺膜。

(4)枝干接芽保护。如果定植三级苗,枝干不充实,为确保成活,可套直径为 5 ~ 7 cm 的塑料袋,起到保水、提高成活率的目的。如果栽植半成品苗,也应套塑料布做的小筒(但要有透气孔),可防止东方金龟子和大灰象甲的危害。

(5)病虫害防治。春季萌芽后,要注意东方金龟子及大灰象甲等食芽(叶)害虫的危害。对黑琥珀李、澳大利亚 14 号李、香蕉李等易感穿孔病的品种应及时喷布杀菌药剂,可使用 50% 代森铵 200 倍液,200 mL/L 链霉素液、70% 甲基硫菌灵可湿性粉剂 1 000 倍液,或 40% 氟硅唑乳油 4 000 ~ 6 000 倍液,或 10% 苯醚甲环唑水分散粒剂 1 000 倍液 + 75% 百菌清可湿性粉剂 600 ~ 800 倍液,或 10% 氟嘧菌酯乳油 2 000 ~ 4 000 倍液,或 50% 己唑醇悬浮剂 800 ~ 1 000 倍液,或 75% 肟菌酯 · 戊唑醇水分散粒剂 4 000 ~ 6 000 倍液,或 25% 吡唑醚菌酯 1 500 ~ 2 000 倍液等,每隔 10 ~ 15 d 喷一次,连喷 3 ~ 4 次。另外,及时防蚜虫和红蜘蛛的危害,特别是半成苗,用硬塑料布制成筒状,将接芽套好,但要扎几个小透气孔，以防筒内温度过高伤害新芽。

(6)摘心。栽植成品苗，当主枝长到 60 cm 左右时，应摘心至 45 cm 处，促发分枝，加速整形过程。9 月下旬对未停长新梢继续摘心，促进枝条成熟。

(7)追肥、灌水。要使李子树早期丰产，必须加强幼树的管理，使幼树整齐健壮。当新梢长至 15 ~ 20 cm 时，及时追肥，7 月以前以氮肥为主，每隔 15 d 左右追施一次，共追 3 ~ 4 次，每次每株尿素 50 g 左右即可，对弱株应多追肥 2 ~ 3 次，使弱株尽快追上壮旺树，使树势相近。7 月上旬以后适当追施磷、钾肥，以促进枝芽充实，可在 7 月上旬、8 月上旬、9 月上旬追 3 次肥，每株每次追磷酸二铵 50 g、硫酸钾 30 g 左右，除地下追肥外，还应搞叶面喷肥。追肥时开沟 5 ~ 10 cm 施入，最好在雨前追施，干旱无雨天气追肥后应灌水。

七、李子园的土肥水管理

李子树在整个生长发育过程中，根系不断从土壤中吸收养分和水分，以满足生长与结果。只有加强土肥水管理，才能为根系的生长、吸收创造良好的环境条件。

(一)土壤管理

土壤管理的中心任务是将根系集中分布层改造成适宜根系活动的活土层。这是李子树获得高产稳产的基础。具体土壤管理应注意以下几个方面：

(1)深翻熟化。在土壤封冻前均可进行。深翻时要结合增施有机肥，活化土壤微生物的活性，增加土壤通透性和蓄水保肥能力，提高根系分布层土壤肥力。深翻的时期，以采果后结合施有机肥进行效果最好。此时深翻，正值根系第二次或第三次生长高峰，伤口容易愈合，且易发新根，利于越冬和促进第二年的生长发育。深翻深度一般以 60 ~ 80 cm 为宜。方法有扩穴深翻、隔行深翻或隔株深翻、带状深翻以及全园深翻等。如有条件，深翻时最好下层施入秸秆、杂草等有机物，中部填入表土与有机肥混合物，心土撒于地表，注意少伤粗根，及时回填。

(2)李子园耕作，有清耕法、生草法、覆盖法等。不间作的果园以生草 + 覆盖效果最好。行间生草，行内覆草。行间杂草割后覆盖于树盘下，这样不破坏土壤结构，保持土壤水分，有利于增加土壤有机质。第一次覆草厚度要在 15 ~ 20 cm，以后逐年覆草，保持在这个厚度。连续 3 ~ 4 年后，深耕翻一次。北方地区覆草，冬季干燥，必须注意防火。方法是在草上覆一层土即可。另外长期覆盖易招致病虫害及鼠害，应采取相应的措施防治。生草李子园要注意控制草的高度，一般大树行间草控制在 30 cm 以下，小树控制在 20 cm 以下，草过高影响树体通风透光。

化学除草在李子园中要慎用，因李子与其他核果类果树一样，对某些除草剂反应敏感，使用不当易出现药害。大面积生产上应用时一定要先做小面积试验，对用药种类、浓度、用药量、时期等摸清后，再用于生产。

(3)间作套种。定植 1 ~ 3 年的李子园，行间可间作花生、豆类、薯类等矮秆作物，以短养长，增加前期经济效益。但要注意与幼树应有 1 m 左右的距离，以免影响幼树生长。

(二)肥水管理

1. 合理施肥

合理施肥是李子树高产优质的基础，只有合理增施有机肥，适时追施化肥，并配合叶面喷肥，才能使李子树获得较高的产量和优质的果品。

(1)基肥。一般以早秋施为好。9 月上中旬，在进行深翻时，将磷肥与有机肥及少量氮肥一并施入，施肥量依据树体大小、土壤肥力状况及结果多少而定。树体较大、土壤肥力差、结果多的树应适当多施，树体小、土壤肥力高、结果较少的树适当少施。原则是每产 1 kg 果施入 1 ~ 2 kg 有机无机混合肥，方法可采用环状沟施、行间或株间沟施、放射状沟施等。

(2)追肥。一般进行 3 ~ 5 次，前期以氮肥为主，后期氮、磷、钾配合。花前或花后追施氮肥，幼树尿素 100 ~ 200 g，成年树 500 ~ 1 000 g。弱树、果多树适当多施，旺树可不施；花芽分化前追肥，5 月下旬以施氮、磷、钾复合肥为好；硬核期和果实膨大期追肥，氮、磷、钾配合利于果实发育，也利于上色、增糖。果实采收后，加强水肥管理，株施 0.5 kg 氮、磷、钾复合肥，提高树体养分积累量，以促进树势恢复，形成充实饱满的花芽。10 月下旬至 11 月上旬，在树行两侧开挖深 40 cm、宽 30 cm 的沟或槽，株施腐熟有机肥 30 ~ 50 kg 或过磷酸钙 2 ~ 3 kg，尿素 0.5 ~ 1 kg。

(3)叶面喷肥。4 月上旬，于花期喷 0.2% 的硼酸和 0.1% 的尿素混合液，促进坐果。7 月前以尿素为主，浓度 0.2% ~ 0.3% 的水溶液，8 ~ 9 月以磷、钾肥为主，如磷酸二氢钾、硫酸钾等，浓度为 0.2% ~ 0.3% 的水溶液。对缺锌、缺铁地区还应配合硫酸锌和硫酸亚铁喷施。一个生长季叶面喷肥 5 ~ 8 次，也可结合喷药进行。

2. 合理排灌

在我国北方地区，降水多集中在 7 ~ 8 月，而春、秋和冬季均较干旱，在干旱季节必须有灌水条件，才能保证李子树的正常生长和结果，要达高产优质，适时适量灌水是不可缺少的措施，但 7 ~ 8 月雨水集中，往往又造成涝害，此时还必须注意排水。

(1)灌溉。从经验上看可通过看天、看地、看李子树本身来决定是否需要灌溉。每年于花前、花后、幼果膨大期及封冻前各灌水 1 次，7 ~ 8 月视土壤水分状况及时进行排灌水。花前灌水，有利于李子树开花、坐果和新梢生长。新梢旺长和幼果膨大期是李子树需水临界期，此时必须注意灌水。果实硬核期和果实迅速膨大期，此时也正值花芽分化期，如果天气干旱，结合灌水追肥，以提高果品产量和品质，并促进花芽分化。采果后灌水是李子树树体积累养分阶段，此时结合施肥及时灌水，有利于根系的吸收和光合作用，促进树体营养物质的积累，提高抗冻性和抗抽条能力，利于第二年春的萌芽、开花和坐果。冬前，11 月上中旬灌溉一次，可增加土壤湿度，有利于树体越冬。灌溉的方法，生产上以畦灌应用最多，还有沟灌、穴灌、喷灌、滴灌等，如有条件，应用滴灌最好，节水且灌水均匀。

(2)排水。在雨季来临之前首先要修好排水沟，连续大雨时要将地面明水排出园区。

八、整形修剪

(一)李子树的主要树形

(1)自然开心形。70 cm 左右定干，主干上留 3 个主枝，相距 10 ~ 15 cm 临近分布，以 120°平面夹角配置，主枝与主干的夹角 50° ~ 60°。每个主枝上配置 2 ~ 3 个侧枝，侧枝留的距离及数量，根据栽植株行距的大小而定。在主侧枝上配置大、中、小型结果枝组。现在生产上应用的还有二主枝自然开心形、多主枝自然开心形。

(2)两层疏散开心形。干高 40 ~ 50 cm,有中心干,第一层 3 个主枝,层内距 15 ~ 20 cm,第二层两个主枝,与第一层主枝插空配置,距第一层主枝 60 ~ 80 cm,以上开心。此树形适于干性强的品种。

(3)篱壁形。在经济较好的地区建园可以试用。树高 2 m 左右,全株选 6 个主枝,左右各 3 个,分别缚在 3 条平行的篱架铁线上。此树形适宜在温室中使用,操作方便,通风透光好。

(二)幼树的修剪

以开心形为例,李子树特别是中国李是以花束状果枝和短果枝结果为主。如何使幼树尽快增加花束状果枝和短果枝是提高早期产量的关键。李子幼树萌芽力和成枝力均较强,长势很旺,如要达到多出短果枝和花束状果枝的目的,必须轻剪甩放,减少短剪,适当疏枝,有利于树势缓和,多发花束状果枝和短果枝。李子树幼龄期间要加强夏剪,一般随时进行,但重点应搞好以下几次:

(1)4 月下旬至 5 月上旬。对枝头较多的旺枝适当疏除,背上旺枝密枝疏除,削弱顶端优势,促进下部多发短枝。

(2)5 月下旬至 6 月上旬。对骨干枝需发枝的部位可短截促发分枝,对冬剪剪口下出的新梢过多者可疏除,枝头保持 60°左右。其余枝条角度要大于枝头。背上枝可去除或捋平利用。

(3)7 ~ 8 月间。重点是处理内膛背上直立枝和枝头过密枝,促进通风透光。

(4)9 月下旬。对未停长的新梢全部摘心,促进枝条充分成熟,有利于安全越冬,也有利于第二年芽的萌发生长。无论是冬剪还是夏剪,均应注意平衡树势。对强旺枝重截后疏除多余枝,并压低枝角,对弱枝则轻剪长留,抬高枝角。可逐渐使枝势平衡。根据在晚红李 3 年生树的修剪试验,轻剪长放有利于缓和树势,提高早期产量,轻剪长放者第四年株产 19.88 kg,而短剪为主者株产仅 15.22 kg。

(三)成龄树的修剪

当李子树大量结果后,树势趋于缓和且较稳定,修剪的目的是调整生长与结果的相对平衡,维持盛果期的年限。修剪上,对进入盛果期的树应该以疏剪为主,短截为辅,适当回缩。在保持结果正常的条件下,要每年保证有一定量的壮枝新梢,只有这样,才能保持树势,也才能保证每年有新的花束状果枝形成,保持旺盛的结果能力。晚红李盛果期树一年生花束状果枝占比例最大,结果也最多。

(四)衰老树的修剪

当树势明显减弱,结果量降低,证明树已衰老。此时,修剪的目的是恢复树势,维持产量。修剪以冬剪为主,促进更新。在加强地下肥水的基础上,适当重截,去弱留强。对弱枝头,及时回缩更新,促进复壮。

九、花果管理

中国李的栽培品种多自交不亲合,而且还有异交不亲合现象。因此,李子树常常开花很多,但落花落果相当严重。落花落果一般有三个高峰:第一次,自开花完成后开始,主要是花器官发育不全,失去受精能力或未受精造成的,据 1986 年沈阳农业大学调查,朱砂李花蕊败育率达92.3%。第二次，从花后2～4周开始，果实似大米粒大小时，幼果和果梗变黄脱落，主要是授粉受精不良造成的。如授粉树不足，缺传粉昆虫，花期低温，花粉管不能正常伸长等。第三次，是在第二次落果后3周左右开始，主要是因为营养供应不足，胚发育中途停止死亡造成落果。因此，要获得丰产稳产，需进行保花保果，坐果后还要根据坐果的多少进行疏果，主要措施如下：

（1）加强采后管理。采后合理施肥、修剪及保护好叶片，对花芽分化充实有重要作用，可减少下年落花落果的发生。

（2）人工授粉。人工授粉是提高坐果最有效的措施，采集花粉时要从亲合力强的品种上采。在授粉树缺乏时必须进行人工授粉，即使不缺授粉树，但遇上阴雨或低温等不良天气，传粉昆虫活动较少，也应进行人工辅助授粉。人工授粉最有效的办法是人工点授，但费工较多。也可采用人工抖粉。即在花粉中掺入5倍左右滑石粉等填充物，装入多层纱布口袋中，在李子树花上部慢慢抖动。还可用掸授，即用鸡毛掸子在授粉树上滚动，后再在被授粉树上滚动。据浙江农大试验，用蜜李等花粉给木李授粉，坐果率可达21.8%，套袋自交的仅5.4%，自然授粉的为12.2%。

（3）花期喷硼。花期喷0.1%～0.2%的硼酸+0.1%的尿素也可促进花粉管的伸长，促进坐果。另外，用0.2%的硼砂+0.2%磷酸二氢钾+30 mg/L防落素也有利于坐果。

（4）花前放蜂。花前一周左右在李子园每1 hm^2放一箱蜂，可明显提高坐果率。结合叶面喷施0.3%～0.5%的磷酸二氢钾加0.3%～0.5%尿素，可显著提高坐果率。

（5）花前回缩及疏枝。对树势较弱树，对拖拉较长的果枝进行回缩，并疏去过密的细弱枝，一可集中养分，加强通风透光；二可疏去一部分花，减少营养消耗，有利于提高坐果且增大果个。

（6）适时疏果。疏果能适当增大果个，提高商品价值，还可保证连年丰产稳产。因此，李子树在坐果较好时必须进行疏果。疏果量的确定应根据品种特性、果个大小、肥水条件等综合因素加以考虑。对坐果率高的品种，应早疏，并一次性定果。如北京的晚红李，只要授粉品种配置合理，坐果率极高，且不易落果，必须疏果，否则果个偏小。晚红李的疏果应根据不同枝类，留果距离应有所区别，对背上强旺的1～2年生花束状枝可7～10 cm留一个果。对平斜的较壮花束状枝10～15 cm留一个果，而对下垂的细弱枝则应15～20 cm留一个果，甚至不留果，待枝势转强时再留果。对果实大的品种应留稀些，反之留密一些；肥水条件好树势强健可适当多留果，而肥水条件差、树势弱的树一定少留。

（7）控制树体旺长。果实采收后应加强肥水管理，促使树势恢复，同时，可采用叶面喷施500～800倍的多效唑2～3次来控制树体旺长，促使花芽形成。

十、果实采收

大多数李子品种，在果实充分成熟之前，大约经10 d至几周的时间，果实颜色发生明显的变化。大致可以分为以下几个阶段：最早发生变化的是果顶，由绿色变为浅绿或黄绿色，这个阶段称之为"突变期"；以后再由黄绿色变为浅黄色，后来再出现各品种所特有的黄色、红色或紫色。果色的变化是果实成熟的重要标志。随着颜色的变化，果肉逐渐变软，单宁减少，涩味下降，含糖量增加，并出现各品种所特有的香气。

李子的采收成熟度取决于果实采收后的用途，如在当地出售或制罐头，最好在果实充分着色和硬熟时采收，如制果酱和果冻，则应在充分成熟时采收；如外运，则应在果肉硬一些时采收。早熟品种只有部分果实着色时就可以陆续分期采收，如采收过晚，一方面采前落果增加；另一方面，在运输途中损失较大，会降低经济收入。

具体采收时，还应当考虑到李子果实在树上成熟不一致的特点，通常要分 2 ~ 3 次采收完毕。这样不仅可以调节市场供应，延长鲜果供应期，还可增加产量，改善品质。据观察，李子果实大多数在 6 ~ 9 月成熟，早熟品种的果实发育期不少于 60 d，晚熟品种的果实发育期则在 90 d 以上。为提早上市，在果实成熟前 10 d 左右采摘，用 1 000 mg/L 的乙烯利浸沾果实，可以提前上市 5 ~ 7 d。但不宜在树上喷乙烯利，以防止因受药害而发生落叶。

李子果实的采收方法目前多用手摘，要轻摘、轻拿、轻放、轻搬运，尽量保护好果粉。不宜摇树或用木杆打落，以免打伤果实和枝叶，影响当年经济收入和下一年产果量。

第四节　李子反季节栽培技术

一、品种和设施选择

作为反季节设施栽培的李品种，应选择需冷量较低的品种，以利早加温。促成栽培要选择果产发育期短、成熟早的品种，以利提早上市。进行大面积栽培时，应按成熟期早晚排开种植。设施栽培更要重视授粉品种的配置。除主栽品种外，再配两个以上授粉品种，根据辽宁试验，在日光温室中表现较好的品种有大石早生、美丽李、大石中生等。此外，由于李树自花结实率低，必须配置授粉树。同一温室内，最好栽植 2 ~ 3 个可互相授粉的品种。

二、苗木培育

设施栽培中所用的苗木最好选用 2 ~ 3 年生带花芽大苗，定植后尽早结果。如果先将苗木栽在容器内培育一二年后，选花芽多、长势中庸的树直接移入设施进行栽培，将会获得较好的经济效益。

李树苗木多采用嫁接繁殖，育苗程序也同其他果树类似。砧木主要有毛桃、山桃、山杏、毛樱桃、李等。一般而言，毛樱桃不能做小核品种的砧木，琥珀李不应以山杏为砧。此外，还应根据土壤质地进行选砧，南方多用本砧（李砧），嫁接亲合力、生长结果均好；北方多用本砧、毛桃砧、山桃砧等。

三、栽植技术

（1）栽植时间。北方地区可春栽或秋栽，但由于秋栽容易造成树势衰弱，且增加管理成本，降低设施使用效率，因而多采用春栽。如果是就近取苗，最好是顶芽开始活动时栽植为宜,栽后根系恢复快,伤根也易恢复,栽后地上部很快萌芽,也有利于地下部根的发生,对成活和早期生长均有好处。

(2)栽植密度。要根据土壤肥力状况、肥水条件、品种特性、砧木种类等因素确定栽植密度。一般株距为3~4 m,行距为4~6 m。为增加早期产量,也按(1~1.5)m×(2.5~3)m。

(3)栽后管理。栽后,应立即灌水,待土壤稍干后应扶直苗木,并在根颈处培土,以稳定苗木。定植后3~5 d,扶正苗木后再灌水一次,以保根系与土壤紧密接触。并结合施肥、浇水,进行除草。

四、整形修剪

(一)整形

设施栽培李树可采用自然开心形、小冠疏层形。分别介绍如下:

(1)自然开心形。栽植后从干高30~40 cm处定干。从剪口下长出的新梢中选3~4个生长健壮、方向适宜、夹角较大的新梢作为主枝。对其余的枝条,生长旺的疏去或短截,生长中等的进行摘心,以保证选留的主枝茁壮生长。

冬季时主枝剪留60 cm左右。竞争枝一律疏剪,其余的枝条依空间的大小做适当的轻剪或不剪。翌年春天,在剪口下芽长出的新梢中选出角度大、方向正的健壮枝条作为主枝延长枝来培养,对其余的枝条做适当的控制。对角度小、长势旺、有可能超过主枝延长枝的生长枝要及时疏去或重短截控制,以保证主枝延长枝的生长优势。

第二年冬季,主枝延长枝剪留60 cm左右,其余的枝条按空间的大小决定去留。除长势很旺的竞争枝要疏去或重剪外,一般枝条都尽量轻剪。第三年,按上述方法继续培养主枝延长枝,并在各主枝的外侧选留第一侧枝。各主枝上的侧枝分布要均匀,避免互相交错重叠。侧枝的角度要比主枝的大,保持主侧枝的从属关系。按此方法,每个主枝上选留2~3个侧枝,第四年即可完成树形。

(2)小冠疏层形。栽植后定干30~40 cm,从剪口下长出的新梢上部选出一个健壮的直立枝条作为主干延长枝,在其下部的枝条中选出3个长势较强、分布较均匀的枝条作为第一层的三大主枝。留作主枝的枝条任其充分生长,对其余的枝条进行摘心疏除或短截,控制其生长。

冬季修剪时,第一层的三大主枝剪留50 cm左右,主干延长枝剪留60 cm。主干延长枝外,还要选留2个长势、角度、方向良好的枝条作为第二层主枝。第二层主枝要求与第一层主枝相互错开,不重叠。层间距保持50~60 cm。其余的枝条进行摘心、短截或疏除。翌年冬季修剪时,对第一层主枝仍剪留50 cm左右,第二层主枝剪留40~50 cm,主干延长枝剪留50~60 cm,其余的枝条,生长中等的或弱的不剪,长势强的轻剪,过强的疏剪或重短截。

(二)修剪

(1)幼树的修剪。李幼树修剪的主要目的是促进发枝,以尽快形成树冠。同时,促发短果枝和花束状果枝，以提早进入结果期。因此，必须轻剪甩放，减少短剪，适当疏枝，有利于树势缓和，加强夏剪。

(2)结果树修剪。结果树修剪的主要目的是培养和更新结果枝组，调整生长与结果的相对平衡，维持盛果期的年限。应该以疏剪为主，短截为辅，适当回缩，在保持结果正常的条件下，要每年保证有一定量的壮枝新梢，以维持树势。

五、花果管理

(1)人工授粉。由于设施栽培空间封闭，再加上季节的错位，必须进行人工授粉，保证坐果率。人工授粉可采用点授、滚授或放蜂。

(2)花期喷硼。花期喷0.1%～0.2%的硼酸+0.1%的尿素也可促进花粉管的伸长，促进坐果，另外用0.2%的硼砂+0.2%磷酸二氢钾+30 mg/L防落素也有利于坐果。

(3)疏花蕾和疏果。花量过大时，可进行疏花蕾以节约养分，提高花芽质量和坐果。疏花应疏晚花、小花及发育枝上的花。

疏果一般在生理落果后进行，可依据1～2年生花束状枝每7～10 cm留一个果；平斜的较壮花束状枝10～15 cm留一个果，而对下垂的细弱枝则应15～20 cm留一个果，甚至不留果。

六、环境管理

(一)适期扣棚

李多数品种休眠期需通过7.2 ℃以下积温200～1 000 h，一般可于12月中下旬完成休眠。因此，可在1月下旬至2月上旬扣棚。在不了解栽植品种需冷量的情况下，要让低温积累量适当多一些，以免提早加温导致李树不能正常开花坐果，影响经济效益。

(二)温度管理

(1)萌芽前，气温白天最高控制在15 ℃，夜间气温最低在1～3 ℃。

(2)萌芽至开花期，最高温控制在18～20 ℃，夜间花蕾期不低于5 ℃；花期要在6 ℃以上。

(3)落花至幼果膨大期，白天温度逐渐从18～20 ℃升至20～22 ℃，最高不能超过25 ℃，夜温控制在10～12 ℃，最高不能超过15 ℃。

(4)果实着色至果实成熟期，白天控制在23～26 ℃，夜间10～15 ℃。保证昼夜温差在10～15 ℃或以上，以利果实着色和成熟。

(三)湿度的控制

(1)萌芽前，湿度可控制在70%左右。

(2)萌芽至开花期，萌芽期湿度可控制在60%～80%，开花期湿度控制在50%左右为宜，超过60%和低于30%均不利于授粉受精。

(3)落花至幼果膨大期，湿度控制在50%～70%。

(4)果实着色至果实成熟期，湿度控制在50%左右。

七、病虫害防治

(一)主要病害

(1)褐腐病。是真菌性病害,危害花、叶、枝梢及果实等部位,通常果实常受害最重。果实自幼果至成熟期都能受侵染,但近成熟果受害较重。受害初期,在果面形成圆形褐色斑点,后扩展至全果,使果实变褐、软腐。

防治方法:①休眠期清除病枝、病果、病叶,集中烧毁或深埋,减少越冬病菌。②萌芽前,喷施5波美度石硫合剂。③幼果期喷施70%甲基托布津800~1 000倍液,或40%氟硅唑乳油4 000~6 000倍液,每隔10~15 d喷一次,连喷3次,可有效防治褐腐病。

(2)穿孔病。穿孔病是核果类果树(桃、李、杏、樱桃等)常见病害,分细菌性和真菌性两类。以细菌性穿孔病发生最普遍,严重时可引起早期落叶。

防治方法:①合理施肥、灌水和修剪,增强树势,提高树体抗病能力。②休眠期结合冬剪,彻底清除病枝、落叶、落果,集中深埋或烧毁,消灭越冬菌源。③生长季节从5月上旬开始每隔15 d左右喷药一次,连喷3~4次,可用50%代森铵700倍液,或50%福美双可湿性粉剂500倍液,或70%甲基硫菌灵可湿性粉剂1 000倍液,或40%氟硅唑乳油4 000~6 000倍液,或10%苯醚甲环唑水分散粒剂1 000倍液+75%百菌清可湿性粉剂600~800倍液,或10%氟嘧菌酯乳油2 000~4 000倍液,或50%己唑醇悬浮剂800~1 000倍液,或75%肟菌酯·戊唑醇水分散粒剂4 000~6 000倍液,或25%吡唑醚菌酯1 500~2 000倍液等。

(二)主要虫害

(1)桑白蚧。以若虫或雌成虫聚集固定在枝干上吸食汁液,随后密度逐渐增大。虫体表面灰白或灰褐色,受害枝长势减弱,甚至枯死。

防治方法:①消灭越冬成虫,结合冬剪,及时剪除、刮治被害枝,也可用硬毛刷刷除在枝干上的越冬雌成虫。②重点抓住第一代若虫盛发期,未形成蜡壳时进行防治,用222.4%螺虫乙酯悬浮剂4 000~5 000倍液,22%氟啶虫胺腈悬浮剂4 000倍液,48%毒死蜱乳油500倍+有机硅渗透剂3 000倍液喷施。

(2)蚜虫。危害李树的蚜虫主要有桃蚜、桃粉蚜和桃瘤蚜三种。主要危害叶片,使叶片不规则卷曲,严重影响光合作用。

防治方法:(1)结合冬剪,刮除老皮,消灭越冬卵。(2)花后用5%的吡虫啉3000倍液,或25%噻虫嗪水分散粒剂1 000~2 000倍液,或25%噻虫嗪2 000倍液,或50%氟啶虫胺腈水分散粒剂(可立施)15 000~20 000倍液,或24.7%噻虫嗪·高效氯氟氰菊酯微囊悬浮剂1 500倍液喷布1~2次。

(3)红蜘蛛。以成、幼、若螨刺吸叶片汁液进行为害。被害叶片初期呈现灰白色失绿小斑点,后扩大,致使全叶呈灰褐色,最后焦枯脱落。

防治方法:①结合防治其他虫害,刮除树干粗皮、翘皮,集中烧毁,消灭越冬雌螨。②萌芽前,喷施3~5波美度石硫合剂。③发病初期,喷施40%哒螨灵1 500~2 000倍液,或1.8%阿维菌素1 000倍液,或5%甲氨基阿维菌素苯甲酸盐4 000倍液,或15%速螨酮乳油1 500~2 000倍液,或22.4%螺虫乙酯悬浮剂4 000~5 000倍液等。

第五节 杏李种植管理技术

一、育苗

(一)砧木繁育

(1)毛桃土藏。嫁接育苗的砧木为实生毛桃。毛桃核处理方法是:10 月下旬至 11 月上旬,选择地势平坦、排水良好、地下水位较低的地块,挖宽约 150 cm、深约 20 cm 的低床,长度以种子数量而定。将新鲜的桃核平铺于床面,种子厚度为 5 cm。灌大水将床土浸透,第 2 天待水完全渗下后在种子上盖土,厚 20 ~ 25 cm。土藏期间应注意检查种子湿度情况,一般将种子敲开后,种核内壁有水渍为正常。土藏后期如遇雨雪,可在床面上覆盖塑料布。如土的湿度过小,可在床面上喷水。

(2)整地。苗地应选择排灌良好的壤土或沙壤土,整地前亩施磷酸二钾 25 kg 及尿素 100 kg,并用敌克松进行土封壤处理。整地时用大型旋耕机将土壤旋碎耙平,然后按南北向做 70 ~ 80 cm 宽的育苗畦。

(3)播种。2 月上旬种子开始陆续萌芽,此时萌芽种率可达 40% ~ 50%。将发芽的种子拣出播种,未萌芽的种子继续土藏。一般 15 d 后萌芽率可达 80%,剩余未发芽的种子全部集中地块播种。播种时在畦的两侧距边沿 10 cm 处挖浅沟进行点播,株距 10 cm,覆土厚为 3 ~ 5 cm,每亩播种约 20 000 株。

(4)抹芽摘心。在砧木生长过程中,应随时抹除苗木基部的萌芽,抹芽时注意保留叶片,一般要求抹除高度 15 ~ 20 cm。当砧木生长高达 30 cm 时进行摘心,以促使砧木增粗及充分木质化。3 月中下旬亩追尿素 30 kg。注意及时浇水防旱。

(二)嫁接

(1)嫁接时间。5 月 20 日砧木粗度直径已达 0.4 cm 以上,此时接穗也已发育充实,即可进行嫁接。嫁接时间过晚,砧木下部叶片常因郁蔽而早期脱落,影响嫁接成活率。恐龙蛋和味帝品种由于生长量大,最晚可在 7 月 10 日前进行嫁接(仍能长成合格苗木);而风味玫瑰、味王、味馨、味厚、风味皇后等品种年生长量较小,嫁接时间不能晚于 6 月 25 日。

(2)剪取接穗。接穗应选取粗度达 0.3 cm 以上、发育充实的树冠外围枝条。剪取接穗应在早晨进行,此时枝条含水量较高,嫁接成活率高。接穗剪下后,立即剪除先端的幼嫩部分,掐除叶片和叶柄,基部插入水桶中,桶中水深不超过 5 cm,其上盖布遮阴。在苗圃地进行嫁接时,可用湿麻袋布包裹保湿。

(3)嫁接方法。以带木质嵌芽接和方块芽接为主,特别是方块芽接速度较快、成活率达 95% 以上。嫁接部位距地 15 ~ 18 cm。如嫁接部位过低,接芽以下叶片少,成活率较低。

当前果树嫁接育苗多用塑料薄膜绑扎,可较好地保湿而提高成活率。但在生产中用作绑扎材料的薄膜有中膜和微膜,因中膜较厚,接芽萌发后需及时割绑,费工费时,且易损伤接芽;用微膜作绑扎材料虽大部分接芽可顶破薄膜,但仍有部分接芽不能顶破薄膜而造成损失。实践上来看,用白色的塑料批绳作绑扎材料最好,自下而上绑扎并打活结,解绑时只需拉一下活结头或用修枝剪在上部剪一下即可解绑,此法不但操作方便,且成活率高。

(三)接后管理

(1)剪砧。嫁接后立即在接芽上方约1 cm处剪砧。如嫁接时砧木下部保留的叶片已脱落,剪砧时应保留接芽以上1~2个水平分枝,待接芽萌发抽枝达7~8片叶后再剪砧。嫁接5 d后,接芽已完全愈合,可进行解绑。

(2)灌水。为提高嫁接成活率,可在嫁接前1周对圃地进行1次灌水,其余时期可视土壤墒情及降雨情况及时排灌水。

(3)追肥。嫁接后于7月中旬亩追施20 kg氮磷钾复合肥。

(4)防治病虫害。苗期常因白粉病及酎虫危害造成下部早期落叶,可用40%粉锈宁可湿性粉剂1 000倍液,或70%甲基托布津可湿性粉剂1 000倍液和40%力克特可湿性粉剂800倍液分别防治。7月如有梨小食心虫危害,可用80%敌敌畏乳油800~1 000倍液进行防治。

二、建园

(一)园址选择

杏李适应性较强,耐旱,耐瘠薄。但为获得早期丰产,园地应选择地势平坦、排灌条件良好、土层深厚、土壤肥沃的壤土为好。还应考虑冬季防寒。

(二)整地开沟

整地在栽植前一年秋冬季节完成,深耕25 cm以上,经一犁两耙,使土壤充分疏松,消灭杂草,减少病虫。根据地势开水平定植沟,沟距3~4 m。东西向开沟有利于果园通风及充分利用太阳光。

(三)栽植施肥

栽植时间为3月上中旬,株行距2 m×3 m或2 m×4 m,亩定植111株或84株。在定植沟北侧(东西沟)或东侧(南北沟)挖定植穴,定植穴上口直径≥50 cm,深度60 cm,每穴施腐熟农家肥2~3 kg。定植时保持苗木埋土痕处与地面在同一水平面上,不宜深栽,栽植过深易导致苗木生长缓慢或苗木根部受涝缺氧死亡。培满土后踏紧,轻提一下树苗,使须根疏散,再适当覆细土。苗木定植好后,首先要浇足定根水,之后若不下雨,要定期观察土壤湿度,若土壤干燥,应及时浇水,保持土壤湿润。栽后在树盘上覆盖地膜,在距地面70 cm处定干。

(四)品种配置

杏李异花授粉需要配置适宜的授粉品种。味馨可自花授粉,但配置一定比例的味帝或风味玫瑰效果更好;风味玫瑰的授粉树为味帝和恐龙蛋;味帝的适宜授粉树为风味玫瑰、味王、恐龙蛋、风味皇后等;风味皇后的适宜授粉树为恐龙蛋、味帝、味厚等;恐龙蛋适宜授粉树为味帝、味王和味厚等;味王的适宜授粉树为味帝、恐龙蛋和味厚等;味厚的适宜授粉树为恐龙蛋、味王、味帝、风味皇后等。晚熟的恐龙蛋和味厚可互为授粉。选用花期相近的杏或李作授粉品种,主栽品种与授粉品种比例以4∶1~6∶1为宜。

早熟的风味玫瑰与味帝、恐龙蛋和味厚，花期重叠时间太短，不是很好的授粉组合，而花期相遇的大李特早红、红美丽、红天鹅绒（不是杂交杏李，是普通早熟李）均可作为风味玫瑰和味帝的授粉树，且不改变其品质。

（五）抚育管理

（1）田间管理。前促后抑，以灌水、松土、锄草为主，可在松土锄草后追肥，每株穴施尿素或磷酸二铵20 g，第1年灌水9次，松土锄草7次，7月前追肥2～3次。秋季落叶后约10月重施1次腐熟的农家肥，采用环状沟施，在树冠滴水线下挖深约30 cm、宽约20 cm的环状施肥沟，每株施腐熟的农家肥15 kg左右，覆盖土壤。第2年以后每年3月上旬（萌芽前）株施碳酸氢铵0.5 kg、果树专用肥0.5 kg。5月下旬根据结果量施硫酸钾50～75 kg/亩，7月中下旬（果实迅速生长期）株施三元复合肥0.5 kg，9月下旬施基肥，每株施腐熟的农家肥10～30 kg，果树专用肥0.5～2.0 kg。早春每隔10 d喷1次300倍液尿素，共喷2～3次。6～8月每隔10～15 d交替施喷1次300倍液尿素加0.2%磷酸二氢钾、天达2116植物生长营养液600倍液。每次施肥后及时灌水，7月中下旬，果实迅速生长期，若天气不干旱，尽量避免灌水，防止裂果，土壤封冻前灌1次封冻水。

要强化秋季管理，巩固花芽分化；夏季要抑制枝条旺长，防止树冠郁闭，保证通风透光；果收前后结合病虫防治，搞好叶面施肥（尿素、磷酸二氢钾各0.3%）；8月下旬最后一次喷药和叶面施肥时，每桶水再加入1 g赤霉素，可推迟秋季落叶。秋收后至种麦前，重施基肥，施肥量占翌年施肥量的70%，氮、磷、钾比例为1∶0.5∶1，并做好秋季中耕。

（2）整形修剪。根据杏李生产结果特性，应采用分层整形，即主干60～70 cm处留第一层三个主枝，基、腰、稍角应分别为50°、55°、60°，第二层主枝距第一层主枝50～60 cm，中干要扭曲延伸，二层留2～3个主枝，与一层主枝互错延伸。整形时重点要防止上强下弱，使第二层主枝生长量仅占第一层生长量的40%～50%。在整枝上，侧枝要在50～60 cm时摘心，副侧枝要在30～40 cm处摘心，以促进分枝；7月要采用拉枝、拿枝的方法，促进主、侧枝开张角度；要及时疏去多余背上枝，剪口并生枝，促进中、短枝和花丛枝的形成。冬季修剪以整形和调节营养生长、生殖生长平衡为重点。

味王树势弱，树姿半开张，是小冠形品种，采取自由纺锤整形。成形后树高2.5m左右，具有10～12个小主枝。小主枝上直接着生结果枝组，定植当年在整形带内选留3个分布均匀、长势较强的新梢作主枝，整形带以下新梢一律疏除。主枝长50 cm时摘心，以促发分枝。冬剪时中主干留70 cm短截，主枝延长枝在饱满芽上短截，定植后第二年在中主干上继续选留主枝，主枝间距25 cm，交错排列，其余新梢长30 cm时摘心或扭梢、拉枝，促其成花，及时疏除密挤枝、内向枝，9月中旬对旺长新梢摘心，第三年的修剪方法与第二年相同。第三年冬剪时，树形已基本形成，盛果期树冬剪时对有空间的内膛枝适度短截，以促发短果枝，利于花芽形成，及时回缩衰弱的主枝和结果枝。

三、花果管理

花期结合配制其他品种花粉液，同时加入0.3%硼砂、0.2%葡萄糖粉和20～40 mg/L赤霉素，可显著提高坐果率。谢花后，喷施0.3%磷酸二氢钾加0.2%尿素液，可明显提高坐果率。花后2～3周，在喷杀虫、杀菌药的同时，再加入萘乙酸（1 g/桶），可有效防治第一次生理落果。对坐果率高的年份，于花后15~20 d疏果，果实间距10~15 cm，一般长果枝留3~4个果，中果枝留2~3个果，短果枝和花束状结果枝留1~2个果。

注意天气预报，若花期干旱、低温、风大，要在始花期浇一次水。

四、病虫害防治

杏李抗病害能力强，偶见流胶病、褐腐病，可于秋季清除枯枝落叶，并集中烧毁，刮除胶块，枝干刷白涂剂，并全树喷施2波美度石硫合剂；萌芽后到开花期，喷施0.4波美度石硫合剂。结合冬剪彻底清除病枯枝，普通的杀菌剂即可控制全年的病害发生。

（1）流胶病。5~6月用50%异菌脲可湿性粉剂1 500倍液，或50%腐霉利可湿性粉剂2 000倍液，或12.5%烯唑醇可湿性粉剂2 000~2 500倍液喷施，每隔15 d喷1次，连喷3~4次，也可用50%多菌灵或50%甲基托布津800倍液喷雾，施药时药液要全面覆盖枝、干、叶片和果实，直至湿透。

（2）褐腐病。萌芽前喷1次4~5波美度石硫合剂，开花期、幼果期和果实膨大期在晴天喷施：多菌灵可湿性粉剂1 000倍液、75%的百菌清可湿性粉剂500~800倍液、25%嘧菌酯悬浮剂1 500倍液、32.5%苯甲·嘧菌酯悬浮剂1 500倍液、50%异菌脲悬浮剂1 000倍液等杀菌剂。

（3）虫害以大青叶蝉、蚜虫危害较重，李小食心虫、红蜘蛛发生轻微，防治可喷施杀虫剂控制。蚜虫暴发，很易造成落花落果，发芽前喷一遍3~5波美度石硫合剂，开花前后各打一遍吡虫啉加杀菌剂，喷药要匀、细，不留“死角”。大青叶蝉可在秋初大青叶蝉上树危害前用敌杀死2 000倍液在园地及周围喷洒。4~5月上旬每间隔10 d喷施1次25%灭幼脲3号悬浮剂2 000倍液、10%吡虫啉可湿性粉剂2 000倍液，防治食叶害虫、蚜虫、顶稍卷叶蛾、李尺蠖、李星毛虫等；在6月上旬至8月初，每隔10~15 d喷1次1∶1∶200倍波尔多液、20%氯虫苯甲酰胺悬浮剂2 000~3 000倍液或30%噻虫嗪·氯虫苯甲酰胺悬浮剂3 000倍液，或14%氯虫·高氯氟微囊悬浮剂（福奇）3 000~5 000倍液，或20%氰戊菊酯乳油2 000~3 000倍液。杀虫杀菌药要交替使用，关键要依据温、湿度和病虫发生规律，做到早防、勤防、严防、综合防，才能保证丰产丰收。

参考文献

[1] 王绍中,田云峰,郭天财,等.河南省小麦栽培学[M].北京:中国农业科技出版社,2010.

[2] 中国农业科学院植保研究所.中国农作物病虫害(上、下册)[M].2版.北京:中国农业出版社,1995、1996.

[3] 李继纲,梁荣奇,刘广田,等.糯性普通小麦的产生及其淀粉性状的研究[J].麦类作物学报,2001,21(2):10-13.

[4] 雷振生,季书勤,吴政卿.河南优质小麦与规范化栽培[M].郑州:中原农民出版社,2008.

[5] 吕强,熊瑛,马超,等.彩色小麦与普通小麦产量形成差异及其生理基础研究[J].作物杂志,2008(1):41-43.

[6] 张勇,周卫学,田兰荣.绿色保健彩色小麦提质增效栽培技术[J].种子科技,2019(12):49-50.

[7] 李花云.甜玉米优质高产栽培技术[J].河南农业,2019(10):52-53.

[8] 陶宏燕.甜糯玉米优质高产栽培技术[J].农业与技术,2017(5):88-89.

[9] 罗红兵,黄璜.中国特用玉米研究概述.湖南农业科学,2001(6):42.

[10] 郑殿升,方嘉禾.高品质小杂粮作物品种及栽培——种植业结构调整实用技术丛书[M].北京:中国农业出版社,2001.

[11] 穆婷婷,杜慧玲,张福,等.外源硒对谷子生理特性、硒含量及其产量和品质的影响[J].中国农业科学,2017(1):51-63.

[12] 李君霞.无公害高产高效谷子栽培技术[J].农业科技通讯,2010(11):117-119.

[13] 樊志新.富硒谷子轻简化栽培技术的集成与推广[J].现代农村科技,2019(10):22.

[14] 刘中华,李华伟,许泳清,等.赏食兼用型甘薯及其应用前景[J].作物杂志,2016(1):23-24.

[15] 杨国红,杨育峰,肖利贞.一本书明白甘薯高产与防灾减灾技术[M].郑州:中原农民出版社,2016.

[16] 肖利贞,王裕欣.名优鲜食彩色甘薯品种推介[J].乡村科技,2015,23:11.

[17] 苏少泉.中国农田杂草化学防治[M].北京:中国农业出版社,1996,24(1):89-94.

[18] 吴祚云,孟庆硕,马昆.淮北地区果蔗栽培技术[J].安徽农业,1998(3):12-13.

[19] 何毅波,李松,刘俊仙.果蔗新品种桂果蔗1号高产栽培技术[J].中国糖料,2017,39(6):54-56,59.

[20] 王文明,李松,杨柳,等.果蔗拔地拉(Badila)健康种苗在黄山歙县的引种试验初报[J].作物杂志,2013(6):140-142,59.

[21] 邓云,安国林,朱迎春,等.露地西瓜简约化栽培技术规程[J].中国瓜菜,2015,28(5):52-53.

[22] 邓云,安国林,朱迎春,等.小果型西瓜春茬设施栽培技术规程[J].中国瓜菜,2017,30(6):38-40.

[23] 邓云,安国林,朱迎春,等.小果型西瓜秋延后栽培技术规程[J].中国瓜菜,2018,31(10):64-66.

[24] 黄国俊,郝战春,宋红梅,等.日光温室甜瓜高效栽培技术[J].现代农业科技,2013(8):68.

[25] 程永安.温室大棚西葫芦、冬瓜、甘蓝栽培新技术[M].杨凌:西北农林科技大学出版社,2005.

[26] 程永安.特种南瓜高效生产新技术[M].杨凌:西北农林科技大学出版社,2005.

[27] 祝海燕,李婷婷.'贝贝'南瓜日光温室周年栽培技术[J].中国瓜菜,2020,33(1):84-86.

[28] 张桂兰,徐小军,郭西致.河南地区保护地南瓜高效栽培技术[J].北方园艺,2018(1):199-202.

[29] 周海霞,郭竞,吴小波,等.大棚黄瓜无土栽培技术[J].北方园艺,2018(24):205-208.

[30] 王朝伦,杨占朝,邢彩云.蔬菜生产实用技术[M].郑州:中原农民出版社,2014.

[31] 高丽红,眭晓蕾,齐艳花,等. 日光温室黄瓜越冬长季节栽培高产关键理论与技术[J]. 中国蔬菜,2018(10):1-6.
[32] 曹齐卫,李利斌,王永强,等. 日光温室冬春茬黄瓜超高产栽培技术[J]. 中国蔬菜,2016(9):98-100.
[33] 沈军,李贞霞,武英霞. 番茄栽培新技术[M]. 北京:中国科学技术出版社,2017.
[34] 袁晓晶. 樱桃番茄温室大棚栽培技术[J]. 河南农业,2019(3):55.
[35] 吴毅. 设施番茄高产栽培技术[J]. 现代农业科技,2020(7):73,75.
[36] 郭卫丽,陈碧华,周俊国. 茄子栽培新技术[M]. 北京:中国科学技术出版社,2017.
[37] 张全智,张利民,周丹. 日光温室早春茬茄子高效栽培技术[J]. 农业科技通讯,2019(9):326-328.
[38] 王少先. 辣椒栽培技术[M]. 郑州:中原农民出版社,2008.
[39] 王迪轩. 豆类蔬菜优质高效栽培技术问答[M]. 北京:化学工业出版社,2014.
[40] 程洁. 无公害豇豆设施栽培技术[J]. 现代农业科技,2016(19):77-78.
[41] 张建国,韩荔,周海霞,等. 大棚豆角无公害高产高效技术[J]. 农业科技通讯,2019(4):292-293.
[42] 吕爱芹,尹守恒,陈中府,等. 豇豆无公害高产高效栽培技术[J]. 现代农业科技,2005(9):4.
[43] 宋元林,毕思芸,刘东正. 大蒜、洋葱、葱、韭葱栽培新技术[M]. 北京:中国农业出版社,2000.
[44] 张建国,周海霞,李绍亭. 无公害大葱优质高产栽培技术[J]. 中国种业,2013(6):50.
[45] 梁连萍. 大蒜高产优质栽培技术[J]. 农民致富之友,2018(11):38.
[46] 张巧玲,岳俊红,李仙. 中牟县大蒜—玉米减肥控药栽培技术[J]. 现代农业科技,2018(11):8.
[47] 王喆. 洋葱高产栽培技术[J]. 现代农业科技,2018(7):96,100.
[48] 陈昆. 黄淮地区洋葱高产高效栽培技术[J]. 安徽农学通报,2017,23(21):62-63.
[49] 陈中府,李纪军,王剑英,等. 黄淮地区韭菜一年期绿色高产优质栽培与优势分析[J]. 中国蔬菜,2019(7):103-105.
[50] 尹守恒,原毅彬,陈中府,等. 韭菜小拱棚秋延后高产高效栽培技术[J]. 现代农业科技,2007(21):27,31.
[51] 马树彬. 韭菜无公害高效栽培技术问答[M]. 郑州:河南科学技术出版社,2005.
[52] 吴乃国,王恒. 山东无公害韭菜优质高效栽培技术[J]. 农业工程技术·综合版,2018(2):63,58.
[53] 刘振威. 芹菜优质栽培新技术[M]. 北京:中国科学技术出版社,2018.
[54] 王殿纯,江志训,孙兆法. 芹菜高产高效栽培技术[J]. 西北园艺,2010(11):21-23.
[55] 刘家广. 芹菜育苗及苗期栽培新技术[J]. 河南农业,2015(3):45-46.
[56] 刘卫红,路翠玲,张舜. 秋早熟大白菜无公害生产技术规程[J]. 河南农业科学,2018(11):29.
[57] 杨俊开,章华. 夏伏耐热大白菜高效栽培技术[J]. 上海蔬菜,2007(4):36.
[58] 宋元林,王倩. 大白菜 白菜 甘蓝[M]. 北京:科学技术文献出版社,1999.
[59] 吕红豪,方智远,杨丽梅,等. 保护地甘蓝高产高效栽培技术[J]. 中国蔬菜,2019(7):97-102.
[60] 方智远,孙培田,刘玉梅,等. 甘蓝栽培技术[M]. 北京:金盾出版社,2008.
[61] 余秀花. 夏秋无公害花椰菜栽培技术[J]. 中国蔬菜,2018(2):21-22.
[62] 侯勤俭,杨文秀. 花椰菜栽培技术要点及主要病虫害防治[J]. 河南农业,2008(7):54-55.
[63] 卢绪梁,严继勇,尹德兴,等. 青花菜病虫害绿色防控技术规程[J]. 长江蔬菜,2019(9):50-51.
[64] 常凌云. 水果萝卜栽培技术[J]. 河南农业,2019(1):37.
[65] 刘艳波,宋小南,史小强,等. 郑禧 991 水果萝卜栽培技术[J]. 黑龙江农业科学,2019(1):172.
[66] 杨金兰,李永辉,刘艳波,等. 优质高产萝卜品种绿玉及配套栽培技术[J]. 中国种业,2018(12):77-79.
[67] 任春风,王宝军,李万英,等. 胡萝卜种绳直播技术[J]. 农民致富之友,2017(2):139.

[68] 郭赵娟,吴焕章,李永辉. 胡萝卜优质丰产栽培技术[J]. 现代农业科技,2007,18:28.
[69] 岳冬爱,陈英侠,蔡金兰,等. 郑州市芦笋轻简化高产栽培技术[J]. 农家参谋,2017(7):46-47.
[70] 闫海霞,吴国庆,曹布霆,等. 大棚芦笋优质高效栽培技术[J]. 长江蔬菜,2017,19:35-36.
[71] 曹尚银. 中国果树志[M]. 北京:中国林业出版社,2013.
[72] 顾克余,周蓓蓓,宋长年,等. 植物生长调节剂及其在葡萄生产上的应用综述[J]. 江苏农业科学,2015(7):13-16.
[73] 吕中伟,王鹏,张晓锋,等. 阳光玫瑰葡萄无核化处理及配套栽培技术[J]. 河北果树,2016(4):21-22.
[74] 刘崇怀,樊秀彩,姜建福,等. 鲜食葡萄新品种'郑葡1号'的选育[J]. 果树学报,2016,33(8):1027-1029.
[75] 周健,宋光浩,阙天洋,等. 葡萄高产栽培技术[J]. 果树学报,2018(7):43-44.
[76] 宋润刚. 日光温室葡萄高产栽培技术(上)[J]. 农村科学实验,2001,11:13.
[77] 宋润刚. 日光温室葡萄高产栽培技术(下)[J]. 农村科学实验,2001,12:26.
[78] 陆连贺,张侠. 大棚葡萄高产栽培技术[J]. 安徽农学通报,2008,21:227-228.
[79] 李建芳. 郑州地区日光温室葡萄促早栽培技术[J]. 农业科技通讯,2017(10):273-274.
[80] 李萍. 无公害草莓病虫害的发生及防治[J]. 现代农业科技,2010(5):157.
[81] 张伟,杨洪强. 草莓标准化生产全面细解[M]. 北京:中国农业出版社,2010.
[82] 陈贵林. 大棚日光温室草莓栽培技术[M]. 北京:金盾出版社,1998.
[83] 陈延惠. 优质高档石榴生产技术[M]. 河南:中原农民出版社,2003.
[84] 尉青,王建新. 石榴优质栽培管理技术[J]. 果农之友,2015(6):15-16.
[85] 周增强,侯珲,王丽,等. 郑州地区石榴主要病虫害种类与绿色防控技术[J]. 果农之友,2019(10):31-34.
[86] 景春华. 突尼斯软籽石榴无公害丰产栽培技术[J]. 果农之友,2019(11):8-9.
[87] 潘兴,王红梅,潘佳. 郑州地区大棚甜樱桃栽培技术[J]. 果农之友,2015(10):19-20.
[88] 闫顺杰,吕杰玲,李勇. 甜樱桃标准化建园技术要点[J]. 烟台果树,2016(3):35-36.
[89] 袁玥,吴延军,凡改恩,等. 中国南方地区甜樱桃病虫害管理[J]. 浙江农业科学,2018,59(9):1540-1542.
[90] 乔丽霞,王铁军,陶宏彬. 樱桃主要病虫害综合防治技术[J]. 现代农村科技,2018(3):29-30.
[91] 李琳,余长有,朱梦丽. 优质高档桃生产技术[J]. 陕西农业科学,2009(5):236-237.
[92] 朱更瑞. 桃树高品质高效益生产技术[J]. 果农之友,2018(1):15-17.
[93] 吕慧,徐明举,贾瑞冰. 桃树Y形高效栽培全套技术规程[J]. 果农之友,2019(7):16-19.
[94] 徐明举. 桃树主干形栽培应注意的问题[J]. 果农之友,2019(2):14-16.
[95] 邵占宏,周淑鲜. 油桃日光温室栽培技术要点[J]. 河南农业科学,2001(9):27.